应用型本科 机电类专业“十三五”规划教材

理 论 力 学

主　编　纪冬梅　王　昊　徐启圣

参　编　王化更　袁斌霞　李　敏
杨　峰　王道累　吴懋亮
潘耀芳

西安电子科技大学出版社

内 容 简 介

本书为西安电子科技大学出版社“应用型本科 机电类专业‘十三五’规划教材”之一。

全书由绪论和运动学、静力学、动力学以及动力学专题四篇组成，各篇的内容都具有一定的基础性和实用性。本书主要内容为质点、刚体、刚体系的运动规律、受力分析、受力与运动规律之间的关系及碰撞、振动、动应力三种工程中常见的动力学问题。

本书主要满足100学时左右的授课需求，可以作为机械类、动力类、采矿、冶金、工程管理类等各专业理论力学的教学用书。

图书在版编目(CIP)数据

理论力学/纪冬梅，王昊，徐启圣主编. —西安：西安电子科技大学出版社，2017.9
(应用型本科 机电类专业“十三五”规划教材)
ISBN 978-7-5606-4503-2

Ⅰ. ① 理… Ⅱ. ① 纪… ② 王… ③ 徐… Ⅲ. ① 理论力学—高等学校—教材
Ⅳ. ① O31

中国版本图书馆CIP数据核字(2017)第169378号

策　　划　马晓娟　高　樱
责任编辑　马晓娟
出版发行　西安电子科技大学出版社(西安市太白南路2号)
电　　话　(029)88242885　88201467　　邮　　编　710071
网　　址　www.xduph.com　　电子邮箱　xdupfxb001@163.com
经　　销　新华书店
印刷单位　陕西利达印务有限责任公司
版　　次　2017年9月第1版　2017年9月第1次印刷
开　　本　787毫米×1092毫米　1/16　印张20.5
字　　数　484千字
印　　数　1～3000册
定　　价　38.00元
ISBN 978-7-5606-4503-2/O

XDUP 4795001-1

应用型本科 机电类专业系列教材
编审专家委员会名单

主　任：张　杰（南京工程学院机械工程学院 院长/教授）

副主任：杨龙兴（江苏理工学院 机械工程学院 院长/教授）

张晓东（皖西学院机电学院院长/教授）

陈　南（三江学院 机械学院 院长/教授）

花国然（南通大学 机械工程学院 副院长/教授）

杨　莉（常熟理工学院 机械工程学院 副院长/教授）

成　员：（按姓氏拼音排列）

陈劲松（淮海工学院 机械学院 副院长/副教授）

郭兰中（常熟理工学院 机械工程学院 院长/教授）

高　荣（淮阴工学院 机械工程学院 副院长/教授）

胡爱萍（常州大学 机械工程学院 副院长/教授）

刘春节（常州工学院 机电工程学院 副院长/副教授）

刘　平（上海第二工业大学 机电工程学院机械系 系主任/教授）

茅　健（上海工程技术大学 机械工程学院 副院长/副教授）

王荣林（南理工泰州科技学院 机械工程学院 副院长/副教授）

王树臣（徐州工程学院 机电工程学院 副院长/教授）

吴　雁（上海应用技术学院 机械工程学院 副院长/副教授）

吴懋亮（上海电力学院 能源与机械工程学院 副院长/副教授）

许泽银（合肥学院 机械工程系 主任/副教授）

许德章（安徽工程大学 机械与汽车工程学院 院长/教授）

周扩建（金陵科技学院 机电工程学院 副院长/副教授）

周　海（盐城工学院 机械工程学院 院长/教授）

朱龙英（盐城工学院 汽车工程学院 院长/教授）

朱协彬（安徽工程大学 机械与汽车工程学院 副院长/教授）

前　言

教育部在2014年度工作中明确提出，将引导一批本科高校向应用技术类高校转型。同年，国务院印发《关于加快发展现代职业教育的决定》，全面部署加快发展现代职业教育，明确了今后一个时期加快发展现代职业教育的指导思想、基本原则、目标任务和政策措施，提出“到2020年，形成适应发展需求、产教深度融合、中职高职衔接、职业教育与普通教育相互沟通，体现终身教育理念，具有中国特色、世界水平的现代职业教育体系”。在此背景下，为了满足应用型人才培养的需求，西安电子科技大学出版社组织、推出了一批适用应用型人才培养需要的优秀教材，本书有幸入选。

本书除绪论外，共四篇、14章。前三篇为基础内容，第四篇为动力学专题，可根据专业及课程要求选学。本书遵循由简到难、由浅入深的原则，依次以运动学、静力学、动力学及动力学专题四个部分阐述质点、刚体、刚体系的运动规律、受力分析、受力与运动规律之间的关系及碰撞、振动、动应力三种工程中常见的动力学问题。本书中例题及课后习题分为两类：一类侧重于理论知识的学习和解题方法的训练；另一类侧重于工程实际相关问题的引入，旨在培养学生的工程素养。

本书由上海电力学院机械机电教研室纪冬梅等和合肥学院徐启圣合作编写，绪论及第1、9、11章由纪冬梅编写，第2、4章由袁斌霞编写，第3、8、14章由徐启圣编写，第5章由杨峰编写，第6章由李敏编写，第7、12章由王化更编写，第10、13章由王昊编写，附录部分由王道累编写，吴懋亮和潘耀芳参与了第11章的编写，全书由纪冬梅、王昊统稿。

在编写本书过程中，作者参考了力学前辈们公开出版的教材和著作，在此对上述文献资料的作者致以衷心感谢！

由于编者水平所限，书中难免存在缺点和疏漏之处，恳请读者不吝赐教！

编　者

2017年8月

目　录

第一篇　运动学

第二篇　静力学

第三篇 动 力 学

第四篇 动力学专题

绪 论

力学是一门基础科学，它所阐明的规律带有普遍的性质，为许多工程技术提供理论基础。力学又是一门技术科学，为许多工程提供设计原理、计算方法和试验手段。力学和工程学的结合促使工程力学各个分支的形成和发展。

力学按研究对象可划分为固体力学、流体力学和一般力学三个分支。固体力学和流体力学通常将物体抽象为连续介质模型，其中固体力学的研究对象是弹性体，包括材料力学、弹性力学、断裂力学等；流体力学由早期的水力学和水动力学两个分支汇合而成，并衍生出空气动力学、多相流体力学、渗流力学、非牛顿流体力学等；一般力学以由实物抽象的刚体为研究对象，包括理论力学、分析力学及多刚体力学等。

0.1 理论力学的发展史

理论力学是研究物体机械运动一般规律的科学。所谓机械运动，是指物体在空间的位置随时间的变化。物质的运动各种各样，它表现为位置的变动、发热、发光、发生电磁现象、化学过程，以至于人们头脑中的思维活动等不同的运动形式。机械运动是物质运动最简单、最初级的一种形式，它是人们在生产和生活中经常遇到的一种运动。例如，各种交通工具的运动、机器的运转、大气和河水的流动、人造卫星和宇宙飞船的运行、建筑物的振动，等等，都是机械运动。

理论力学所研究的内容是以伽利略和牛顿所建立的基本定律为基础的，属于古典力学的范畴。十九世纪后半期，由于近代物理的发展，发现许多力学现象不能用古典力学的定律来解释，因而产生了研究高速物质运动规律的相对论力学和研究微观粒子运动规律的量子力学。在这些新的研究领域内，古典力学内容已不再适用。但是应该肯定，在研究速度远小于光速(3×10^5 km/s)的宏观物体的运动，特别是研究一般工程上的力学问题时，古典力学的准确性已为实践所证实。同时，为了适应新的研究领域，在古典力学基础上诞生的各个新的力学分支也在迅速地发展。

远在奴隶社会时代，人们通过生产劳动，创造了一些简单的工具和机械(如斜面、杠杆等)，并在不断使用和改进这些工具和机械中，积累了不少经验，从经验里获得知识。我国古代的《墨经》、《考工记》、《论衡》和《天工开物》等书籍文献中，对于力的概念、杠杆原理、滚动摩擦、功的概念、材料的强度以及天文学等方面的知识都有相当多的记载。由此可见，我国古代勤劳勇敢的劳动人民在很早就积累了丰富的力学知识。在欧洲，比《墨经》晚一些时期，古希腊学者亚里斯多德(公元前 384 —前 322 年)也曾做过有关力学的研究。杰出的西拉库兹(地中海)学者阿基米德(约公元前 287 — 212 年)在《论比重》一书中给出了杠杆平衡问题的正确解答，还有平行力合成、分解的理论以及重心等学说，总结了古代的静力学知识，奠定了静力学的基础。

此后，直到14世纪的漫长时期中，由于封建与神权的统治，生产力受到束缚，一切科学，包括力学，都陷于停顿状态。15世纪后半期，欧洲进入了文艺复兴时期。当时由于商业资本的兴起，手工业、城市建筑、航海造船和军事技术等各方面所提出的许多迫切问题，激励了力学和其他科学随之迅速发展。

多才多艺和学识渊博的意大利艺术家、物理学家和工程师列奥纳多·达·芬奇(1452—1519年)就是这个时代的杰出代表。他曾做过有关新型城市建设的工程设计，还研究过物体沿斜面的运动和滑动摩擦。不久以后，波兰学者哥白尼(1473—1543年)在总结前人天文观察的基础上，创造了宇宙的太阳中心学说。该学说推翻了托勒密的陈旧的地球中心学说，引起了人们宇宙观的根本变革，严重地打击了神权统治，从此自然科学便开始从神权中解放出来。

哥白尼
(公元1473—1543年)

约翰·开普勒(1571—1630年)根据哥白尼学说及大量的天文观测，发现了行星运动三定律。这些定律是后来牛顿发现万有引力定律的基础。意大利学者伽利略(1564—1642年)首先在力学中应用了有计划的科学实验，创立了科学的研究方法。他根据实验明确地提出了惯性定律的内容，得出了真空中落体运动的正确结论，引进了加速度的概念并解决了真空弹道问题。他把抛射体的运动看成是水平匀速运动和铅直匀变速运动的合成，由此可以看到力的独立作用定律的萌芽。伽利略的工作开辟了科学史上的新时代，他对奠定动力学基础作出了卓越的贡献。

伽利略
(公元1564—1642年)

由伽利略开始的动力学奠基工作，经过法国学者笛卡尔(1596—1650年)、荷兰学者惠更斯(1629—1695年)等人的努力，后来由英国的物理学家、数学家牛顿(1642—1727年)完成；牛顿于1687年在他的名著《自然哲学的数学原理》中，完备地提出了动力学的三个基本定律，并从这些定律出发将动力学作了系统的叙述。牛顿运动定律是整个古典力学的基础。为了建立质量的概念，牛顿曾利用单摆做过大量的精密实验。他还把关于“力”的各个分散、互相矛盾的概念统一起来，加以普遍化，从而建立了力的科学概念。此后牛顿发现了万有引力定律，这个定律给天体力学的发展奠定了基础。牛顿还解决了许多新的数学和力学的问题，创立了物体在阻尼介质中运动的理论。

牛顿
(公元1642—1727年)

在力学史上，17世纪被看成是动力学的奠基时期，与此同时，在17世纪到19世纪初，静力学也进一步成熟。曾由达·芬奇研究过的力平行四边形定律经过荷兰学者斯蒂芬(1548—1620年)、德国学者罗伯瓦尔(1602—1675年)进一步研究最终形成。达·芬奇引入的力矩概念，经法国学者伐里农(1654—1722年)发展，最后形成完整的力矩定理。法国学者布安索(1777—1859年)创立了完整的力偶理论，他制定了静力学的现代形式，并使力学中的几何方法得到了巨大的进展。

18 世纪转入动力学的发展时期。德国学者莱伯尼兹(1646 — 1716 年)与牛顿彼此独立地发明了微积分原理，对 18 世纪力学朝分析方向的发展提供了基础。瑞士学者约翰·伯努里(1667 — 1748 年)最先提出了以普遍形式表示的静力学基本原理，即虚位移原理；数学力学家欧拉(1707 — 1783 年)首先把牛顿第二定律表示为分析形式，并开始建立刚体动力学理论，他所导出的理想流体动力学基本方程奠定了流体力学的基础。不久，法国学者达朗贝尔(1717 — 1785 年)给出了一个解决动力学问题的普遍原理，即所谓的达朗贝尔原理，从而奠定了非自由质点动力学的基础。

此后，法国数学家、力学家拉格朗日(1736 — 1813 年)等人奠定并发展了分析力学。拉格朗日于 1783 年发表的《分析力学》一书是自牛顿以来力学发展的新的里程碑，从而建立了拉格朗日力学体系。后来，英国学者哈密顿(1805 — 1865 年)又建立了哈密顿力学。

19 世纪初到中叶，因大量使用机器而引发了对效率问题的研究，进而促进"功"的概念形成，"能"的概念也逐渐在物理学、工程学中普遍形成。在这时期发现了能量守恒和转化定律，这个定律不仅对技术应用有着特别重大的意义，而且在力学和其他学科之间，在物质运动的各种形式之间，起了沟通作用，使力学的发展在许多方面和物理学紧密地交织在一起。另外，在刚体动力学、运动稳定性和变质量质点动力学等方面也有许多重要的成就。力学的发展史内容极为丰富，更详细的叙述可参阅有关力学史的专门著作。

0.2 生活中的力学

力学无时无刻不在影响着我们的生活，改变着我们的生活，大到飞机航母、卫星火箭，小到生活用品、日常起居，正是力学的巧妙应用才使人类得到长足发展。力学在生活中随处可见，它蕴含在日常的一举一动之中。这里将用力学来分析几个生活中的例子，让我们更明白力学在生活中的美妙。

例一：肥皂泡为什么开始时上升，随后便下降？

日常生活中，我们常看到一些小朋友吹肥皂泡，一个个小肥皂泡从吸管中飞出，在阳光的照耀下，发出美丽的色彩。此时，小朋友们沉浸在欢乐和幸福之中，追逐、嬉戏。我们常常看到肥皂泡开始时上升，随后便下降，这是为什么呢？这个过程和现象，我们只要留心想一下，就会发现，它其中包含着丰富的物理知识。在开始的时候，肥皂泡里是从嘴里吹出的热空气，肥皂膜把它与外界隔开，形成里外两个区域，里面的热空气温度大于外部空气的温度。此时，肥皂泡内气体的密度小于外部空气的密度，根据阿基米德原理可知，此时肥皂泡受到的浮力大于它受到的重力，因此它会上升。这个过程跟热气球的原理是一样的。

随着时间的推移，肥皂泡内、外气体发生热交换，内部气体温度下降，因热胀冷缩，肥皂泡体积逐步减小，它受到的外界空气的浮力也会逐步变小，而其受到的重力不变，这样，当重力大于浮力时，肥皂泡就会下降。

例二：为什么秋千可以越摆越高？

很多人都喜欢打秋千，要知道，会打秋千的人，不用别人帮忙推也能越摆越高，而不会打秋千的人则始终摆不起来，知道这是什么原因吗？

人从高处摆下来的时候身子是从直立到蹲下，而从最低点向上摆时，身子又从蹲下到直立起来。由于他从蹲下到直立时，重心升高，无形中就对自己做了功，增大了重力势能。另外，在下降的过程中，因为脚对秋千做了功，人和秋千的总能量也会增加。因而，每摆一次秋千，都使打秋千的人自身能量增加一些。如此循环往复，总能量越积越多，秋千就摆得越来越高了。

例三："香蕉球"是如何形成的？

如果你经常观看足球比赛的话，一定见过罚前场直接任意球。这时候，通常是防守方五六个球员在球门前组成一道"人墙"，挡住进球路线。进攻方的主罚队员，起脚一记劲射，球绕过了"人墙"，眼看要偏离球门飞出，却又沿弧线拐过弯来直入球门，让守门员措手不及，眼睁睁地看着球进了大门。这就是颇为神奇的"香蕉球"。

为什么足球会在空中沿弧线飞行呢？原来，踢"香蕉球"的时候，运动员并不是踢中足球的中心，而是稍稍偏向一侧，同时用脚背摩擦足球，使球在空气中前进的同时还不断地旋转。这时，一方面空气迎着球向后流动，另一方面，由于空气与球之间的摩擦，球周围的空气又会被带着一起旋转。这样，球一侧空气的流动速度加快，而另一侧空气的流动速度减慢。物理知识告诉我们：气体的流速越大，压强越小(伯努利方程)。由于足球两侧空气的流动速度不一样，它们对足球所产生的压强也不一样，于是，足球在空气压力的作用下，被迫向空气流速大的一侧转弯了。乒乓球中，运动员在削球或拉弧圈球时，球的线路也会改变，道理与"香蕉球"一样。

例四：为什么熟鸡蛋能竖立旋转？

把一只煮熟的鸡蛋放在桌上旋转，如果用力合适，它转着转着就会竖立起来，而生鸡蛋就不会这样。英国和日本科学家对这一现象作出了物理学解释。熟鸡蛋在旋转过程中竖立起来，这看上去是违反物理规律的，因为它的重心升高，整个系统的能量似乎增加了。科学家在英国《自然》杂志上报告说，事实上是熟鸡蛋的部分旋转能量在蛋壳与桌面之间的摩擦力作用下转换成了一个水平方向的推力，使熟鸡蛋的长轴方向改变，在一系列的摇晃震荡中由水平变为垂直。而生鸡蛋的内核是液态，会吸收旋转能量，使它不能转化为推力，因此生鸡蛋在旋转时不会竖立起来。

科学家说，产生这一现象的关键是蛋壳与桌面间的摩擦力要恰到好处。在完全光滑的桌面上，旋转的鸡蛋不会竖立起来，而桌面太粗糙了也不行。此外，鸡蛋的旋转速度也要合适，在大约 10 转/秒的临界速度以下，鸡蛋不会竖立起来。科学家还发现，鸡蛋能否竖立起来与其旋转的初始方向没有关系，而且鸡蛋也能以任一端立着旋转。

0.3 工程中的力学

在工农业生产中，存在大量的力学应用研究的课题。无论是国内还是国际市场上经济的竞争，都迫切需要提高产品的性能和质量，而这有赖于科技的投入。当前我国许多产品质量不高，可靠性差，寿命低，以致缺乏竞争力，例如机械产品存在的振动问题、噪声问题、精度问题、可靠性问题——大至汽轮机、燃气轮机，小至录音机电机，以及汽车、风扇、洗衣机、电冰箱压缩机等，无不遇到诸多的困扰。以旋转机械为例，可以列举需要深入研究和解决的问题有：

(1) 各种自激振动问题。如油膜振荡、气流和液体引起的自激振荡、压气机的喘振、叶片的失速颤振、干摩擦引起的自激振动，以及各种参数共振等，都是生产中的严重问题，有的甚至会酿成灾难性事故。从一般力学角度看，这些问题都可归结为系统的稳定性问题。

(2) 动平衡问题。虽然工程上已有成熟技术，但还有许多人在进一步研究新的技术，如在现场通过低速动平衡来达到高速动平衡的指标的技术、无试重的动平衡技术以及自动的动平衡技术等。

(3) 叶片及叶片组振动特性的更精确的计算和优化设计。

(4) 基础—轴承—转子耦合系统分析，其中轴承油膜力具有明显的非线性，而基础必须用复模态理论描述。

(5) 高速旋转机械故障诊断的理论和方法研究。

其他如高速汽车的操纵性和稳定性，高速列车的“爬行”问题，舰船的航行稳定性，高层建筑的振动控制，电力设备中的机—电耦合振动，石油勘探中的地层参数反演方法和井下力学等问题，都与力学相关。

0.4 理论力学的研究内容、研究方法及学习目的

理论力学是研究物体机械运动一般规律的科学。在客观世界中，存在着各种各样的物质运动，例如发声、发光等物理现象，化合和分解等化学变化，以及动、植物的生长和人的思维活动等。物体在空间的位置随时间的改变，称为机械运动。在所有的运动形式中，机械运动是最简单的一种。例如，车辆的行驶、机器的运转、水的流动、建筑物的振动、人造卫星的运行等，都是机械运动。平衡是机械运动的特例，例如物体相对于地球处于静止的状态。物质的各种运动形式在一定的条件下可以互相转化，而且在高级和复杂的运动中，往往存在着简单的机械运动。

1. 理论力学的研究内容

理论力学研究的内容是速度远小于光速的宏观物体的机械运动，它以伽利略和牛顿总结的基本定律为基础，属于古典力学的范畴。至于速度接近于光速的物体的运动，必须用相对论的理论进行研究；而基本粒子的运动，则用量子力学的观点才能予以完善的描述。宏观物体远小于光速的运动是日常生活及一般工程中最常见的，因此说，在现代科学技术中，古典力学仍然起着重大作用。

理论力学通常分为静力学、运动学、动力学三部分。

静力学：研究物体的平衡规律，同时也研究力的一般性质及其合成法则。

运动学：研究物体运动的几何性质，而不考虑物体运动的原因。

动力学：研究物体的运动变化与其所受的力之间的关系。

在理论力学中，力是一个很重要的概念。力是物体间的相互作用，这种作用使物体的机械运动状态或形状发生改变。力使物体机械运动状态发生变化的效应称为力的运动效应(也称外效应)；力使物体发生变形的效应称为力的变形效应(也称内效应)。在理论力学中只讨论力的运动效应。力是矢量，一般情况下，它有大小、方向、作用点三个要素。

2. 理论力学的研究对象和研究方法

实践，认识，再实践，再认识，这是任何科学技术发展的正确途径。理论力学的发展也遵循这一规律。具体地说，是从实际出发，经过抽象化、综合、归纳，建立公理，再应用

数学演绎和逻辑推理得到定理和结论，形成理论体系，然后再通过实践来验证理论的正确性。理论力学普遍采用抽象化和数学演绎的方法来研究物体的机械运动。

抽象化的方法是根据所研究的问题的性质，抓住主要的、起决定作用的因素，抛开次要的、偶然的因素，深入事物的本质，了解其内部联系。理论力学中，在研究物体的机械运动规律时，抓住影响物体运动的主要因素，忽略影响较小的次要因素，可把实际物体抽象为力学模型作为研究对象。

理论力学中的力学模型有质点、质点系和刚体。

质点：只有质量而无大小的几何点。如果物体的尺寸和形状与所研究的问题关系不大时，就可以把此物体抽象为质点。

质点系：由有限个或无限个质点组成的系统。质点系是最一般的力学模型。

刚体：在力的作用下，其内部任意两点之间的距离始终保持不变的物体。即刚体在力的作用下不发生变形。刚体是质点系的一个特例，是对一般固体的理想化。当物体大小、形状的改变很小，对问题的研究影响不大时，可视其为刚体。

要强调的是，抽象应当以所研究的问题为前提条件。例如，对同一个物体，研究其机械运动规律时可视其为刚体，若研究其材料的内力分布与所受外力的关系等问题，必须视其为可变形固体。

数学演绎是建立理论力学体系的重要方法。经过抽象化，将长期实践和实验所积累的感性材料加以分析、综合、归纳，得到一些基本的概念、定律和原理之后，再以此为基础，经过严密的数学推演，得到一些定理和公式，构成了系统的理论力学理论。这些理论揭示了力学中一些物理量之间的内在联系，并经实践证明是正确的。在学习理论力学的过程中，注意到这门学科理论的系统性、严密性，对于理解、掌握这门课程很有帮助。

近代计算机的发展和普及，为解决复杂的力学问题提供了数值计算的方法。计算机已成为学习理论力学知识的有效工具，并在逻辑推演、公式推导、力学理论的发展中发挥重大作用。

3. 理论力学的学习目的

理论力学研究的是力学中最一般、最基本的规律，它是机械、建筑类专业的技术基础课。许多后继课程，例如材料力学、机械原理、机械零件、结构力学、振动理论等，都要以理论力学的理论为基础。理论力学分析问题、解决问题的思路和方法，对学好后继课程也很有帮助。

一些日常生活中的现象和工程技术问题，可直接运用理论力学的基本理论去分析研究。比较复杂的问题，则需要用理论力学知识结合其它专业知识进行研究。所以，学习理论力学知识，可为解决工程实际问题打下一定基础。

理论力学的理论既抽象而又紧密结合实际，研究的问题涉及面广，而且系统性和逻辑性很强。理论力学问题既灵活又有一定的规律可循。这些特点，对于培养辨证唯物主义世界观，培养逻辑思维和分析问题的能力，也起着重要作用。随着科学技术的日益发展和我国现代化进程的加快，会不断提出新的力学问题。在机械行业，机械结构小型化、轻量化设计，复合材料的研制，机械人、机械手的研究和应用，等等，给力学知识的发展和应用提供了新的机遇和天地。学好理论力学知识，将有利于我们去解决和理论力学有关的新问题，从而促进科学技术的进步，同时也推动理论力学向前发展。

第一篇　运动学

第 1 章　点的运动学

教学要求：

(1) 理解质点、刚体、时间间隔、瞬时的概念。

(2) 掌握描述质点的运动的方法：矢径法、直角坐标法和自然坐标法，并能计算点的运动规律。

对于质点，可以用运动方程、速度和加速度描述其运动规律，点的轨迹可以由运动方程得到。矢径法适用于定性表述质点的运动；直角坐标法适用于轨迹未知时定量描述质点的运动；自然坐标法适用于轨迹已知，以轨迹为自然坐标描述质点的运动。

1.1　运动学的基本概念

要研究点和物体的运动，首先要确定它们的几何位置(定位)，这只能从它们与周围物体的相互关系中去描述，指明被考察的点和物体相对于周围哪个物体作运动，作为参考的物体称为参考体。为度量点和物体相对于参考体的位置，我们在参考体上固定一个坐标系，这个坐标系称为参考系。

建立参考系解决了物体运动的位置度量，而运动物体的位置是随时间变化的，所以引入时间的两个概念：瞬时(或时刻)、时间间隔。瞬时是指某个时间点或时间轴上的一个点，时间间隔是指任意两个不同时刻之间的一段时间或时间轴上的一个区间。为了方便，规定时间间隔为一个正实数。

点的运动由三个物理量描述：位移、速度和加速度。相对于参考系运动的点称为动点；在任意一个时间间隔，动点从起始位置到终了位置的长度矢量称为动点在该时间间隔上的位移；位移的大小和方向随时间的变化率就是速度，所以速度描述了动点运动的快慢和方向；速度的大小和方向随时间的变化率就是加速度。

点在运动过程中在空间扫描出的一条空间曲线称为动点的轨迹。对同一个动点，在不同参考系中观察到的轨迹一般是不一样的。比如，一只在轮船甲板上沿直线爬行的甲虫，它相对于船(以船为参考系)的轨迹是直线，当船转弯时，它相对于地球的轨迹(在岸上的观察者看到的)显然是一条曲线。

1.2　矢量法表示点的运动

1.2.1　点的运动方程

在参考体上选一固定点 O 作为参考点，由点 O 向动点 M 作矢径 $\boldsymbol{r}$，如图 1-1 所示，

当动点 M 运动时，矢径 $\boldsymbol{r}$ 的大小和方向随时间的变化而变化。矢径 $\boldsymbol{r}$ 是时间的单值连续函数，即

$$\boldsymbol{r}=\boldsymbol{r}(t) \tag{1-1}$$

式(1-1)称为动点矢量形式的运动方程。

当动点 M 运动时，矢径 $\boldsymbol{r}$ 端点所描出的曲线称为动点的运动轨迹或矢径端迹。

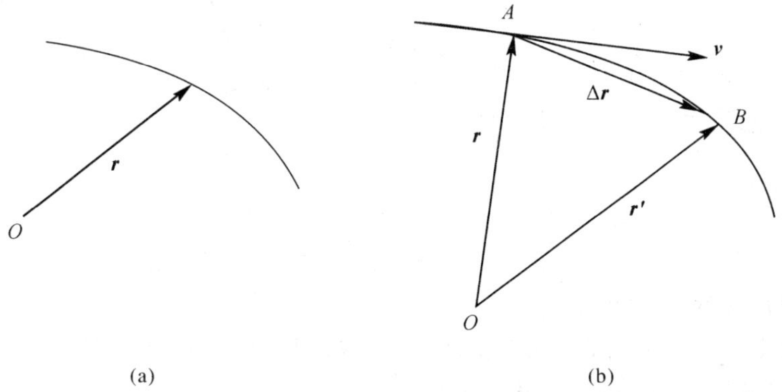

图　1-1

1.2.2　点的速度

点的速度是描述点的运动快慢和方向的物理量。

如图 1-1(b)所示，t 瞬时动点 M 位于 A 点，矢径为 $\boldsymbol{r}$，经过时间间隔 Δt 后的瞬时 t'，动点 M 位于 B 点，矢径为 $\boldsymbol{r}'$，矢径的变化为 $\Delta\boldsymbol{r}=\boldsymbol{r}'-\boldsymbol{r}$，称为动点 M 经过时间间隔 Δt 的位移，动点 M 经过时间间隔 Δt 的平均速度，用 $\boldsymbol{v}^*$ 表示，即

$$\boldsymbol{v}^*=\frac{\Delta\boldsymbol{r}}{\Delta t}$$

平均速度 $\boldsymbol{v}^*$ 与 $\Delta\boldsymbol{r}$ 同向。

平均速度的极限为点在 t 瞬时的速度，即

$$\boldsymbol{v}=\lim_{\Delta t\to 0}\boldsymbol{v}^*=\frac{\mathrm{d}\boldsymbol{r}}{\mathrm{d}t} \tag{1-2}$$

点的速度等于动点的矢径 $\boldsymbol{r}$ 对时间的一阶导数。它是矢量，其大小表示动点运动的快慢，方向为沿轨迹曲线的切线，并指向前进一侧。

速度单位是米/秒(m/s)。

1.2.3　点的加速度

与点的速度一样，点的加速度是描述点的速度大小和方向变化的物理量，即

$$\boldsymbol{a}=\lim_{\Delta t\to 0}\boldsymbol{a}^*=\frac{\mathrm{d}\boldsymbol{v}}{\mathrm{d}t}=\frac{\mathrm{d}^2\boldsymbol{r}}{\mathrm{d}t^2} \tag{1-3}$$

式中，$\boldsymbol{a}^*$ 为动点的平均加速度，$\boldsymbol{a}$ 为动点在 t 瞬时的加速度。

点的加速度等于动点的速度对时间的一阶导数，也等于动点的矢径对时间的二阶导数。它是矢量，其大小表示速度的变化快慢，其方向为沿速度矢端迹的切线，如图 1-2(a)

所示，恒指向轨迹曲线凹的一侧，如图 1-2(b)所示。

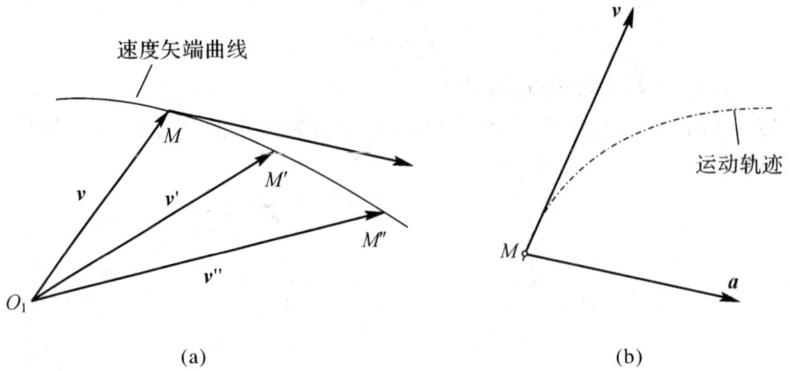

图　1-2

加速度单位为米/秒^2(m/s^2)。

为了方便书写一般采用简写方法，即一阶导数用字母上方加“·”表示，二阶导数用字母上方加“··”表示，即上面的物理量记为

$$\boldsymbol{v}=\dot{\boldsymbol{r}},\quad \boldsymbol{a}=\dot{\boldsymbol{v}}=\ddot{\boldsymbol{r}} \tag{1-4}$$

1.3　直角坐标法表示点的运动

1.3.1　点的运动方程

在固定点 O 建立直角坐标系 $OXYZ$，则动点 M 的位置可用其直角坐标 x、y、z 表示，如图 1-3 所示。当动点 M 运动时坐标 x、y、z 是时间 t 的单值连续函数时，即有

$$\begin{cases} x=f_1(t) \\ y=f_2(t) \\ z=f_3(t) \end{cases} \tag{1-5}$$

式(1-5)称为动点直角坐标形式的运动方程。

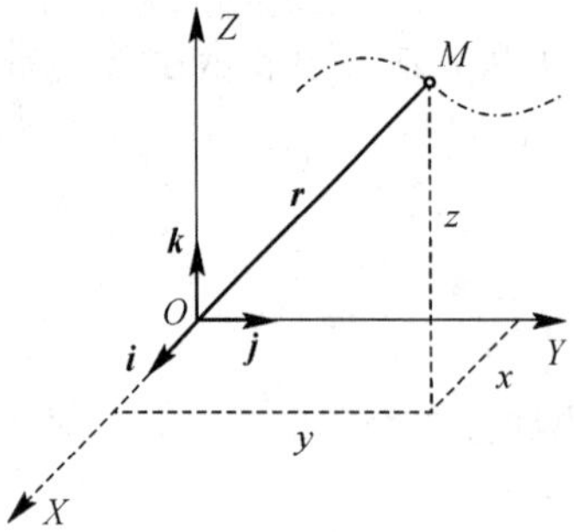

图　1-3

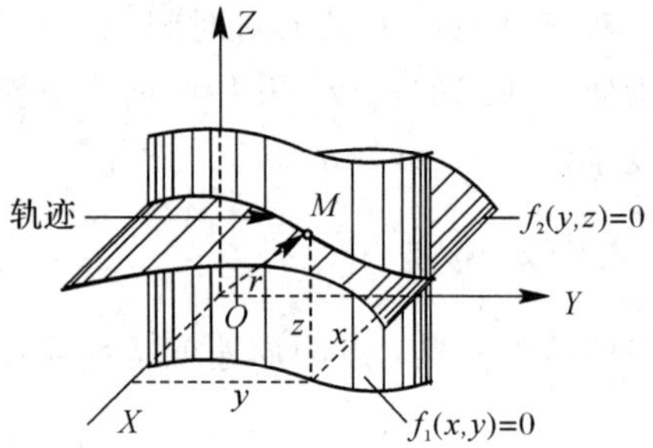

图　1-4

轨迹方程是由式(1-5)消去时间得到的两个柱面 $f_1(x,y)=0$、$f_2(y,z)=0$ 方程，其交线为动点的轨迹曲线，如图 1-4 所示；若动点在平面内运动，则轨迹方程为 $f(x,y)=$

0；若动点作直线运动，则轨迹方程为运动方程 $x=f(t)$。

动点运动方程的矢量形式与直角坐标形式之间的关系是

$$\boldsymbol{r}(t)=x(t)\boldsymbol{i}+y(t)\boldsymbol{j}+z(t)\boldsymbol{k} \tag{1-6}$$

1.3.2　点的速度

由式(1-2)得到动点的速度，其中 $\boldsymbol{i}$、$\boldsymbol{j}$、$\boldsymbol{k}$ 是直角坐标轴的单位常矢量，则有

$$\boldsymbol{v}=\dot{x}(t)\boldsymbol{i}+\dot{y}(t)\boldsymbol{j}+\dot{z}(t)\boldsymbol{k} \tag{1-7}$$

速度的解析形式为

$$\boldsymbol{v}=v_x\boldsymbol{i}+v_y\boldsymbol{j}+v_z\boldsymbol{k} \tag{1-8}$$

比较式(1-7)和式(1-8)，得速度在直角坐标轴上的投影为

$$v_x=\frac{\mathrm{d}x}{\mathrm{d}t}=\dot{x}(t),\ v_y=\frac{\mathrm{d}y}{\mathrm{d}t}=\dot{y}(t),\ v_z=\frac{\mathrm{d}z}{\mathrm{d}t}=\dot{z}(t) \tag{1-9}$$

因此，速度在直角坐标轴上的投影等于动点所对应的坐标对时间的一阶导数。

若已知速度投影，则速度的大小和方向为

$$v=\sqrt{v_x^2+v_y^2+v_z^2}$$

$$\cos(\boldsymbol{v},\boldsymbol{i})=\frac{v_x}{v},\ \cos(\boldsymbol{v},\boldsymbol{j})=\frac{v_y}{v},\ \cos(\boldsymbol{v},\boldsymbol{k})=\frac{v_z}{v} \tag{1-10}$$

1.3.3　点的加速度

同理，由式(1-3)得动点的加速度为

$$\boldsymbol{a}=\frac{\mathrm{d}\boldsymbol{v}}{\mathrm{d}t}=\dot{v}_x\boldsymbol{i}+\dot{v}_y\boldsymbol{j}+\dot{v}_z\boldsymbol{k} \tag{1-11}$$

加速度的解析形式为

$$\boldsymbol{a}=a_x\boldsymbol{i}+a_y\boldsymbol{j}+a_z\boldsymbol{k} \tag{1-12}$$

则加速度在直角坐标轴上的投影为

$$a_x=\frac{\mathrm{d}v_x}{\mathrm{d}t}=\dot{v}_x=\ddot{x}(t),\ a_y=\frac{\mathrm{d}v_y}{\mathrm{d}t}=\dot{v}_y=\ddot{y}(t),\ a_z=\frac{\mathrm{d}v_z}{\mathrm{d}t}=\dot{v}_z=\ddot{z}(t) \tag{1-13}$$

加速度在直角坐标轴上的投影等于速度在同一坐标轴上的投影对时间的一阶导数，也等于动点所对应的坐标对时间的二阶导数。

若已知加速度投影，则加速度的大小和方向为

$$a=\sqrt{a_x^2+a_y^2+a_z^2}$$

$$\cos(\boldsymbol{a},\boldsymbol{i})=\frac{a_x}{a},\ \cos(\boldsymbol{a},\boldsymbol{j})=\frac{a_y}{a},\ \cos(\boldsymbol{a},\boldsymbol{k})=\frac{a_z}{a} \tag{1-14}$$

上面是从动点作空间曲线运动来研究的，若点作平面曲线运动，则令坐标 $z=0$；若点作直线运动，则令坐标 $y=0$、$z=0$。

求解点的运动学问题大体可分为两类：第一类是已知动点的运动，求动点的速度和加速度，它是求导的过程；第二类是已知动点的速度或加速度，求动点的运动，它是求解微分方程的过程。

例 1-1　曲柄连杆机构如图 1-5 所示，设曲柄 OA 长为 r，绕 O 轴匀速转动，曲柄与

X 轴的夹角为 $\varphi=\omega t$，t 为时间(单位为 s)，连杆 AB 长为 l，滑块 B 在水平的滑道上运动，试求滑块 B 的运动方程、速度和加速度。

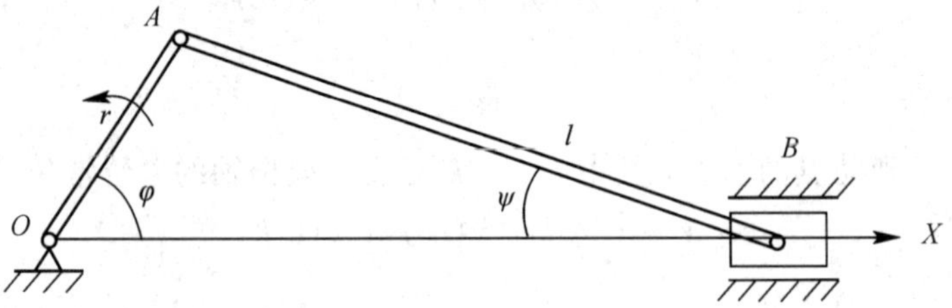

图　1-5

解　建立直角坐标系 OXY，滑块 B 的运动方程为

$$x=r\cos\varphi+l\cos\psi \tag{1}$$

其中由几何关系得

$$r\sin\varphi=l\sin\psi$$

则有

$$\cos\psi=\sqrt{1-\sin^2\psi}=\sqrt{1-\left(\frac{r}{l}\sin\varphi\right)^2} \tag{2}$$

将式(2)代入式(1)中得滑块 B 的运动方程：

$$x=r\cos\varphi+l\sqrt{1-\left(\frac{r}{l}\sin\varphi\right)^2} \tag{3}$$

对式(2)求导得滑块 B 的速度和加速度，即

$$v=\dot{x}=-r\omega\sin\omega t-\frac{r^2\omega\sin2\omega t}{2l\sqrt{1-\left(\frac{r}{l}\sin\omega t\right)^2}}$$

$$a=\dot{v}=-r\omega^2\cos\omega t-\frac{r^2\omega^2\left\{4\cos2\omega t\left[1-\left(\frac{r}{l}\sin\omega t\right)^2\right]+\frac{r^2}{l^2}\sin^2 2\omega t\right\}}{4l\left[1-\left(\frac{r}{l}\sin\omega t\right)^2\right]^{\frac{3}{2}}}$$

例 1-2　已知动点的运动方程为 $x=r\cos\omega t$，$y=r\sin\omega t$，$z=ut$，r、u、ω 为常数，试求动点的轨迹、速度和加速度。

解　由运动方程消去时间 t 得动点的轨迹方程为

$$x^2+y^2=r^2,\ y=r\sin\frac{\omega z}{u}$$

动点的轨迹曲线是沿半径为 r 的柱面上的一条螺旋线，如图 1-6(a)所示。

动点的速度在直角坐标轴上的投影为

$$\begin{cases}v_x=\dot{x}=-r\omega\sin\omega t\\ v_y=\dot{y}=r\omega\cos\omega t\\ v_z=\dot{z}=u\end{cases}$$

速度的大小和方向余弦为

$$v=\sqrt{v_x^2+v_y^2+v_z^2}=\sqrt{r^2\omega^2+u^2}$$

$$\begin{cases}\cos(\boldsymbol{v},\boldsymbol{i})=\dfrac{v_x}{v}=\dfrac{-r\omega\sin\omega t}{\sqrt{r^2\omega^2+u^2}}\\ \cos(\boldsymbol{v},\boldsymbol{j})=\dfrac{v_y}{v}=\dfrac{r\omega\cos\omega t}{\sqrt{r^2\omega^2+u^2}}\\ \cos(\boldsymbol{v},\boldsymbol{k})=\dfrac{v_z}{v}=\dfrac{u}{\sqrt{r^2\omega^2+u^2}}\end{cases}$$

由上式知速度大小为常数，其方向与 y 轴的夹角为常数，故速度矢端迹为水平面的圆，如图 1－6(b)所示。

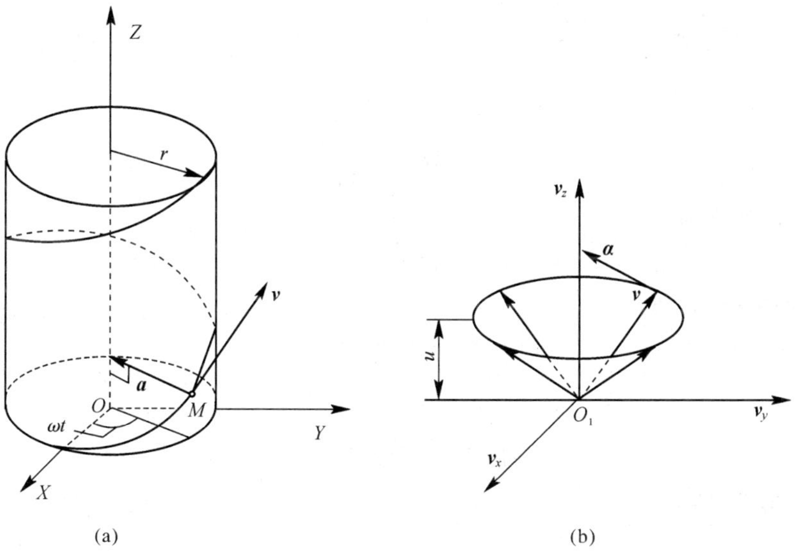

图　1－6

动点的加速度在直角坐标轴上的投影为

$$\begin{cases}a_x=\dot{v}_x=-r^2\omega\cos\omega t\\ a_y=\dot{v}_y=-r^2\omega\sin\omega t\\ a_z=\dot{v}_z=0\end{cases}$$

加速度的大小和方向余弦为

$$a=\sqrt{a_x^2+a_y^2+a_z^2}=r\omega^2$$

$$\begin{cases}\cos(\boldsymbol{a},\boldsymbol{i})=\dfrac{a_x}{a}=\dfrac{-r^2\omega\cos\omega t}{r\omega^2}=-\dfrac{r}{\omega}\cos\omega t\\ \cos(\boldsymbol{a},\boldsymbol{j})=\dfrac{a_y}{a}=\dfrac{-r^2\omega\sin\omega t}{r\omega^2}=-\dfrac{r}{\omega}\sin\omega t\\ \cos(\boldsymbol{a},\boldsymbol{k})=\dfrac{a_z}{a}=\dfrac{0}{r\omega^2}=0\end{cases}$$

由上式知动点的加速度的方向垂直于 Z 轴，并恒指向 Z 轴。

例 1－3　如图 1－7 所示为液压减震器简图。当液压减震器工作时，其活塞 M 在套筒内作直线的往复运动，设活塞 M 的加速度为 $a=-kv$，v 为活塞 M 的速度，k 为常数，初速度为 v_0，试求活塞 M 的速度和运动方程。

解　因活塞 M 作直线的往复运动，因此建立 X 轴表示活塞 M 的运动规律，如图1-7所示。活塞 M 的速度、加速度与 x 坐标的关系为

$$a=\dot{v}=\ddot{x}(t)$$

代入已知条件，则有

$$-kv=\frac{dv}{dt} \tag{1}$$

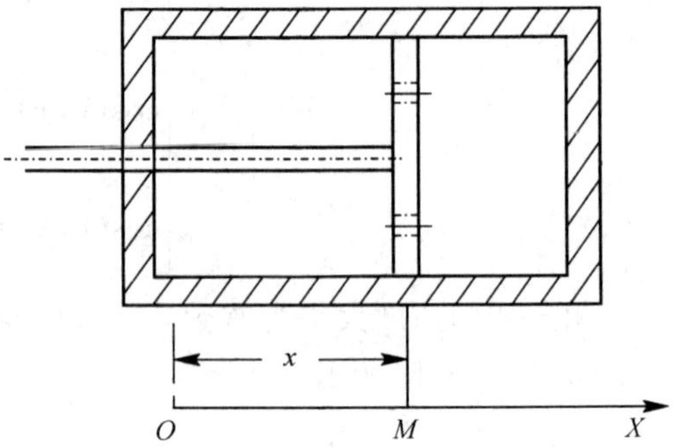

图　1-7

将式(1)进行变量分离，并积分，即

$$-k\int_0^t dt=\int_{v_0}^{v}\frac{dv}{v}$$

得

$$-kt=\ln\frac{v}{v_o}$$

活塞 M 的速度为

$$v=v_0e^{-kt} \tag{2}$$

再对式(2)进行变量分离：

$$dx=v_0e^{-kt}dt$$

积分：

$$\int_{x_0}^{x}dx=v_0\int_0^t e^{-kt}dt$$

得活塞 M 的运动方程为

$$x=x_0+\frac{v_0}{k}(1-e^{-kt}) \tag{3}$$

1.4　自然坐标法表示点的运动

1.4.1　点的运动方程

实际工程中，例如运行的列车是在已知的轨道上行驶，而列车的运行状况也是沿其运行的轨迹路线来确定的。这种沿已知轨迹路线来确定动点的位置及运动状态的方法通常称为自然法。如图1-8所示，确定动点的位置应在已知的轨迹曲线上选择一个点 O 作为参考点，一般设定运动的方向为坐标的正向，由所选取参考点 O 起，量取 OM 的弧长 s，弧长 s 称为弧坐标。当动点运动时，弧坐标 s 随时间而发生变化，即弧坐标 s 是时间 t 的单值连续函数：

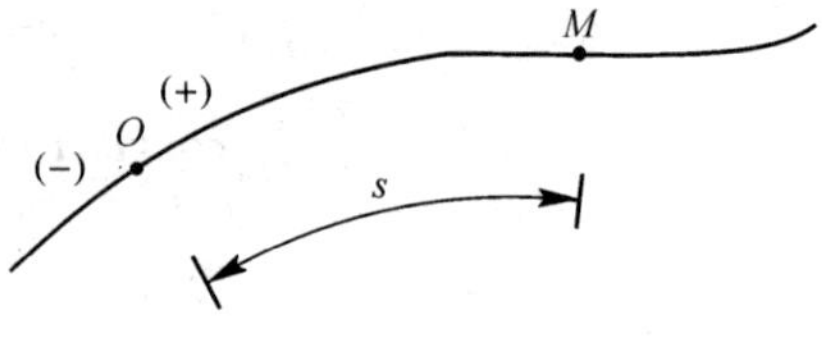

图　1-8

$$s=f(t) \tag{1-15}$$

上式称为弧坐标形式的运动方程。

1.4.2　自然轴系

为了学习速度和加速度，先学习动点轨迹的曲率半径及随动点运动的动坐标系——自然轴系。如图 1－9 所示，设在 t 瞬时动点在轨迹曲线上的 M 点，并在 M 点作其切线，沿其前进的方向给出单位矢量 $\boldsymbol{\tau}$，下一个瞬时 t' 动点在 M' 点处，并沿其前进的方向给出单位矢量 $\boldsymbol{\tau}'$。为描述曲线 M 处的弯曲程度，引入曲率的概念，即单位矢量 $\boldsymbol{\tau}$ 与 $\boldsymbol{\tau}'$ 夹角 θ 对弧长 s 的变化率，用 κ 表示：

$$\kappa=\left|\frac{\mathrm{d}\theta}{\mathrm{d}s}\right|$$

M 处的曲率半径为

$$\rho=\frac{1}{\kappa} \tag{1-16}$$

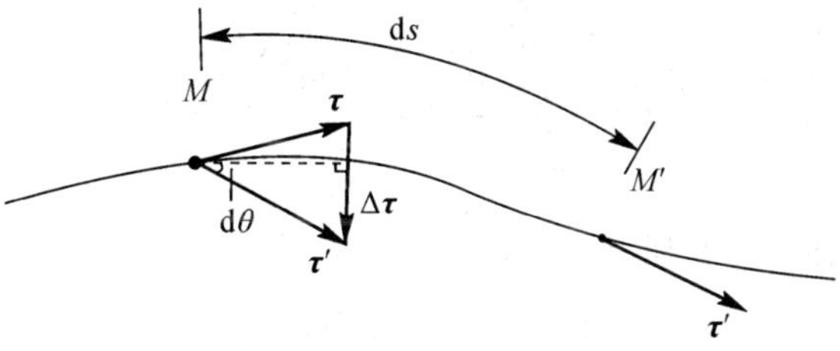

图　1－9

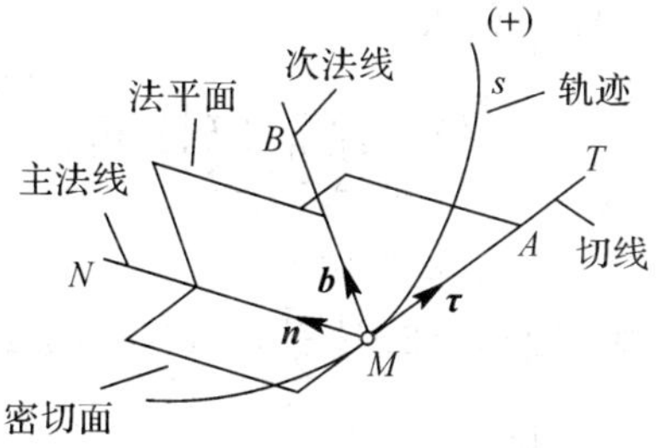

图　1－10

如图 1－10 所示，在 M 点处作单位矢量 $\boldsymbol{\tau}'$ 的平行线 MA，单位矢量 $\boldsymbol{\tau}$ 与 MA 构成一个平面 P，当时间间隔 Δt 趋于零时，MA 靠近单位矢量 $\boldsymbol{\tau}$，M' 趋于 M 点，平面 P 趋于极限平面 P_0，此平面称为密切平面。过 M 点作密切平面的垂直平面 N，N 称为 M 点的法平面。在密切平面与法平面的交线，取其单位矢量 $\boldsymbol{n}$，并恒指向轨迹曲线的曲率中心一侧，$\boldsymbol{n}$ 称为 M 点的主法线。按右手系生成 M 点处的次法线 $\boldsymbol{b}$，使得 $\boldsymbol{b}=\boldsymbol{\tau}\times\boldsymbol{n}$，从而得到由 $\boldsymbol{b}$、$\boldsymbol{\tau}$、$\boldsymbol{n}$ 构成的自然轴系。由于动点在运动，$\boldsymbol{b}$、$\boldsymbol{\tau}$、$\boldsymbol{n}$ 的方向随动点的运动而变化，故 $\boldsymbol{b}$、$\boldsymbol{\tau}$、$\boldsymbol{n}$ 为动坐标系。

1.4.3　点的速度

如图 1－11 所示，由矢量法知动点的速度大小为

$$|\boldsymbol{v}|=\left|\frac{\mathrm{d}\boldsymbol{r}}{\mathrm{d}t}\right|=\lim_{\Delta t\to 0}\left|\frac{\Delta\boldsymbol{r}}{\Delta t}\right|=\lim_{\Delta t\to 0}\left|\frac{\Delta\boldsymbol{r}}{\Delta s}\frac{\Delta s}{\Delta t}\right|$$

$$=\lim_{\Delta s\to 0}\left|\frac{\Delta\boldsymbol{r}}{\Delta s}\right|\lim_{\Delta t\to 0}\left|\frac{\Delta s}{\Delta t}\right|=|v| \tag{1-17}$$

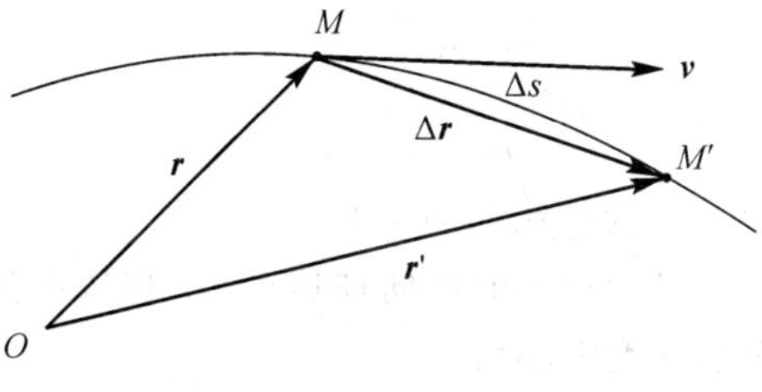

图　1－11

其中，$\lim\limits_{\Delta s\to 0}\left|\frac{\Delta\boldsymbol{r}}{\Delta s}\right|=1$；$\lim\limits_{\Delta t\to 0}\frac{\Delta s}{\Delta t}=v$，$v$ 定义为速度代数量。当动点沿轨迹曲线的正向运动时，即 $\Delta s>0$，$v>0$，反之 $\Delta s<0$，$v<0$。

动点速度方向沿轨迹曲线切线，并指向前进一侧，即点的速度的矢量表示为

$$\boldsymbol{v}=v\boldsymbol{\tau} \tag{1-18}$$

$\boldsymbol{\tau}$ 为沿轨迹曲线切线的单位矢量，恒指向 $\Delta s>0$ 的方向。

1.4.4　点的加速度

由矢量法知动点的加速度为

$$\boldsymbol{a}=\frac{\mathrm{d}\boldsymbol{v}}{\mathrm{d}t}=\frac{\mathrm{d}}{\mathrm{d}t}(v\boldsymbol{\tau})=\frac{\mathrm{d}v}{\mathrm{d}t}\boldsymbol{\tau}+v\,\frac{\mathrm{d}\boldsymbol{\tau}}{\mathrm{d}t} \tag{1-19}$$

由(1-19)式加速度应分两项，一项表示速度大小对时间的变化率，用 a_τ 表示，称为切向加速度，其方向为沿轨迹曲线切线，当 a_τ 与 v 同号时动点作加速运动，反之作减速运动；另一项表示速度方向对时间的变化率，用 a_n 表示，称为法向加速度。下面讨论法向加速度的大小及方向。

1. $\frac{\mathrm{d}\boldsymbol{\tau}}{\mathrm{d}t}$的大小

$$\left|\frac{\mathrm{d}\boldsymbol{\tau}}{\mathrm{d}t}\right|=\lim_{\Delta t\to 0}\left|\frac{\Delta\boldsymbol{\tau}}{\Delta t}\right|=\lim_{\Delta t\to 0}\frac{2\times 1\times\sin\frac{\Delta\theta}{2}}{\Delta t}=\lim_{\Delta\theta\to 0}\frac{\sin\frac{\Delta\theta}{2}}{\frac{\Delta\theta}{2}}\lim_{\Delta s\to 0}\frac{\Delta\theta}{\Delta s}\lim_{\Delta t\to 0}\frac{\Delta s}{\Delta t}=\frac{v}{\rho}$$

其中，$|\Delta\boldsymbol{\tau}|=2\times\frac{|\Delta\boldsymbol{\tau}|}{2}=2\times 1\times\sin\frac{\Delta\theta}{2}$，如图 1-9 所示。

2. $\frac{\mathrm{d}\boldsymbol{\tau}}{\mathrm{d}t}$的方向

$\frac{\mathrm{d}\boldsymbol{\tau}}{\mathrm{d}t}$的方向如图 1-9 所示，为沿轨迹曲线的主法线，恒指向曲率中心一侧。

则上面的式(1-19)成为

$$\boldsymbol{a}=a_\tau\boldsymbol{\tau}+a_\mathrm{n}\boldsymbol{n} \tag{1-20}$$

其中，$a_\tau=\frac{\mathrm{d}v}{\mathrm{d}t}=\frac{\mathrm{d}^2 s}{\mathrm{d}t^2}$(或$=\dot{v}=\ddot{s}$)，$a_\mathrm{n}=\frac{v^2}{\rho}$。

若将动点的全加速度 $\boldsymbol{a}$ 向自然坐标系 $\boldsymbol{b}$、$\boldsymbol{\tau}$、$\boldsymbol{n}$ 上投影，则有

$$\begin{cases} a_\tau=\dfrac{\mathrm{d}v}{\mathrm{d}t}=\dfrac{\mathrm{d}^2 s}{\mathrm{d}t^2} \\ a_\mathrm{n}=\dfrac{v^2}{\rho} \\ a_\mathrm{b}=0 \end{cases} \tag{1-21}$$

其中，a_b 为次法向加速度。

若已知动点的切向加速度 a_τ 和法向速度 a_n，则动点的全加速度大小为

$$a=\sqrt{a_\tau^2+a_\mathrm{n}^2}$$

全加速度与法线间的夹角(如图 1-12 所示)为

$$\tan\theta=\frac{|a_\tau|}{a_\mathrm{n}}$$

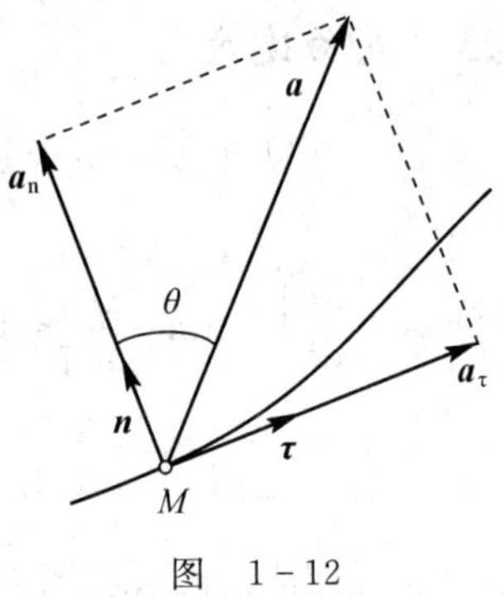

图　1-12

1.4.5 几种常见的运动

表 1－1 汇总了几种常见运动的运动规律。

表 1－1　几种常见的运动

匀变速曲线运动	匀速曲线运动	直线运动
切向加速度： $a_\tau=\frac{dv}{dt}=\frac{d^2s}{dt^2}=$恒量　(1) 积分： $v=v_0+a_\tau t$　(2) 再积分： $s=s_0+v_0t+\frac{1}{2}a_\tau t^2$　(3) 式(2)、(3)消去时间 t 得 $v^2=v_0^2+2a_\tau(s-s_0)$　(4) 法向加速度： $a_n=\frac{v^2}{\rho}$	速度： $v=$恒量　(5) 切向加速度： $a_\tau=0$　(6) 积分： $s=s_0+v_0t$　(7) 全加速度： $a=a_n=\frac{v^2}{\rho}$	曲率半径： $\rho\to\infty$ 法向加速度： $a_n=0$ 全加速度： $a=a_\tau$

例 1－4　飞轮边缘上的点按 $s=4\sin\left(\frac{\pi}{4}t\right)$ 的规律运动，飞轮的半径 $r=20\text{cm}$。试求时间 $t=10$ s 时该点的速度和加速度。

解　当时间 $t=10$ s 时，飞轮边缘上点的速度为

$$v=\frac{ds}{dt}=\pi\cos\left(\frac{\pi}{4}t\right)=0\ \text{cm/s}$$

方向为沿轨迹曲线的切线。

飞轮边缘上点的切向加速度为

$$a_\tau=\frac{dv}{dt}=-\frac{\pi^2}{4}\sin\frac{\pi}{4}t=-2.47\ \text{cm/s}^2$$

法向加速度为

$$a_n=\frac{v^2}{r}=\frac{0}{0.2}=0\ \text{cm/s}^2$$

飞轮边缘上点的全加速度大小和方向为

$$a=\sqrt{a_\tau^2+a_n^2}=a_\tau=-2.47\ \text{cm/s}^2$$

即全加速度沿点的轨迹切线方向，且与速度方向相反。

例 1－5　已知动点的运动方程为

$$x=20t,\ y=5t^2-10$$

式中，x、y 以 m 计，t 以 s 计，试求 $t=0$ 时动点的曲率半径 ρ。

解　动点的速度和加速度在直角坐标上的投影为

$$\begin{cases}v_x=\dot{x}=20\ (\text{m/s})\\ v_y=\dot{y}=10t\ (\text{m/s})\end{cases},\ \begin{cases}a_x=\dot{v}_x=0\\ a_y=\dot{v}_y=10\ (\text{m/s}^2)\end{cases}$$

动点的速度和全加速度的大小为

$$v=\sqrt{v_x^2+v_y^2}=\sqrt{400+100t^2}=10\sqrt{4+t^2}$$

$$a=\sqrt{a_x^2+a_y^2}=10(\mathrm{m/s^2})$$

在 $t=0$ 时，动点的切向加速度为

$$a_\tau=\dot{v}=\frac{10t}{\sqrt{4+t^2}}=0$$

法向加速度为

$$a_n=\frac{v^2}{\rho}=\frac{400}{\rho}$$

全加速度的大小为

$$a=\sqrt{a_x^2+a_y^2}=\sqrt{a_\tau^2+a_n^2}=a_n$$

因而 $t=0$ 时动点的曲率半径为

$$\rho=\frac{400}{a}=\frac{400}{10}=40\ \mathrm{m}$$

例 1-6　半径为 r 的轮子沿直线轨道无滑动地滚动，如图 1-13 所示，已知轮心 C 的速度为 v_C，试求轮缘上的点 M 的速度、加速度、沿轨迹曲线的运动方程和及轨迹的曲率半径 ρ。

解　沿轮子滚动的方向建立直角坐标系 OXY，初始时设轮缘上的点 M 位于 Y 轴上。在图示瞬时，点 M 和轮心 C 的连线与 CH 所成的夹角为

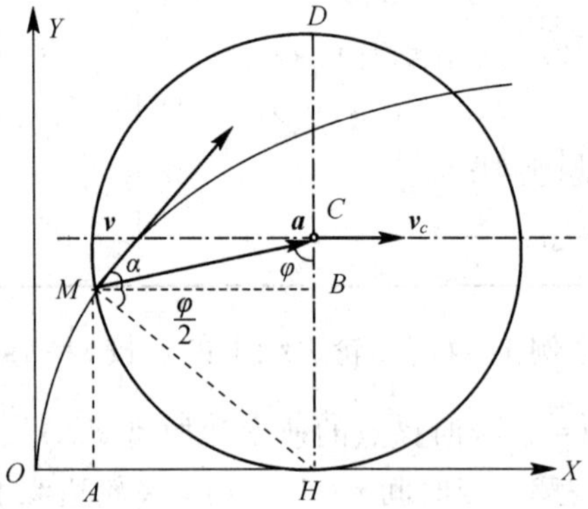

图　1-13

$$\varphi=\frac{\overset{\frown}{MH}}{r}=\frac{v_Ct}{r}$$

点 M 的运动方程为

$$\begin{cases}x=HO-AO=v_Ct-r\sin\varphi=v_Ct-r\sin\dfrac{v_Ct}{r}\\[2ex] y=CH-CB=r-r\cos\varphi=r-r\cos\dfrac{v_Ct}{r}\end{cases}\tag{1}$$

点 M 的速度在坐标轴上的投影为

$$\begin{cases}v_x=\dot{x}=v_C-v_C\cos\dfrac{v_Ct}{r}=v_C\left(1-\cos\dfrac{v_Ct}{r}\right)=2v_C\sin^2\dfrac{v_Ct}{2r}\\[2ex] v_y=\dot{y}=v_C\sin\dfrac{v_Ct}{r}=2v_C\sin\dfrac{v_Ct}{2r}\cos\dfrac{v_Ct}{2r}\end{cases}\tag{2}$$

点 M 的速度大小为

$$v=\sqrt{v_x^2+v_y^2}=2v_C\sin\frac{v_Ct}{2r}\tag{3}$$

点 M 的速度方向余弦为

$$\cos(\boldsymbol{v},\boldsymbol{i})=\frac{v_x}{v}=\sin\frac{v_Ct}{2r}=\cos\left(\frac{\pi}{2}-\frac{\varphi}{2}\right)$$

$$\cos(\boldsymbol{v},\boldsymbol{j})=\frac{v_y}{v}=\cos\frac{v_C t}{2r}=\cos\frac{\varphi}{2}$$

则速度的方向角为

$$\alpha=\frac{\pi}{2}-\frac{\varphi}{2}$$

即点 M 的速度方向为沿 $\angle MCH$ 角分线，且过点 D。

轮缘上的点 M 沿轨迹曲线的运动方程，由式(3)积分得

$$s=\int_0^t v\mathrm{d}t=\int_0^t 2v_C\sin\frac{v_C t}{2r}\mathrm{d}t=4r\left(1-\cos\frac{v_C t}{2r}\right) \tag{4}$$

点 M 的加速度在坐标轴上的投影，由式(2)得

$$\begin{cases} a_x=\dot{v}_x=\dfrac{v_C^2}{r}\sin\dfrac{v_C t}{r} \\ a_y=\dot{v}_y=\dfrac{v_C^2}{r}\cos\dfrac{v_C t}{r} \end{cases}$$

点 M 的加速度大小和方向余弦为

$$a=\sqrt{a_x^2+a_y^2}=\frac{v_C^2}{r} \tag{5}$$

$$\cos(\boldsymbol{a},\boldsymbol{i})=\frac{a_x}{a}=\sin\frac{v_C t}{r}=\cos\left(\frac{\pi}{2}-\varphi\right)$$

$$\cos(\boldsymbol{a},\boldsymbol{j})=\frac{a_y}{a}=\cos\frac{v_C t}{r}=\cos\varphi$$

则加速度的方向角为

$$\alpha=\frac{\pi}{2}-\varphi,\ \beta=\varphi$$

即点 M 的加速度方向为沿 MC，且恒指向轮心 C 点。

点 M 的切向加速度和法向加速度为

$$a_\tau=\dot{v}=\frac{v_C^2}{r}\cos\frac{v_C t}{2r},\ a_\mathrm{n}=\sqrt{a^2-a_\tau^2}=\frac{v_C^2}{r}\sin\frac{v_C t}{2r}$$

轨迹的曲率半径为

$$\rho=\frac{v^2}{a_\mathrm{n}}=4r\sin\frac{v_C t}{2r} \tag{6}$$

讨论：

(1) 点 M 与地面接触时，$\varphi=0$ 点 M 的速度 $v=0$，即圆轮沿直线轨道无滑动地滚动时与地面接触的点的速度为 0。

(2) 点 M 与地面接触时，点 M 的加速度 $a=\dfrac{v_C^2}{r}$，方向为铅直向上。

例 1-7　列车沿半径为 $R=400$ m 的圆弧轨道作匀加速运动，设初速度 $v_0=5$ m/s，经过 $t=60$ s 后，其速度达到 $v=20$ m/s，试求列车在 $t=0$、$t=60$ s 时的加速度。

解　由于列车作匀加速运动，切向加速度 a_τ 为常数，有

$$v=v_0+a_\tau t$$

切向加速度为

$$a_{\tau}=\frac{v-v_0}{t}=\frac{20-5}{60}=0.25\ \mathrm{m/s^2}$$

（1）$t=0$ 时法向加速度为

$$a_{n}=\frac{v_0^2}{\rho}=\frac{25}{400}=0.0625\ \mathrm{m/s^2}$$

全加速度为

$$a=\sqrt{a_{\tau}^2+a_{n}^2}=\sqrt{0.25^2+0.0625^2}=0.2577\ \mathrm{m/s^2}$$

全加速度与法线间的夹角为

$$\tan\alpha=\frac{|a_{\tau}|}{a_{n}}=4$$

即 $\alpha=75.96°$。

（2）$t=60$ s 时法向加速度为

$$a_{n}=\frac{v^2}{\rho}=\frac{400}{400}=1\ \mathrm{m/s^2}$$

全加速度为

$$a=\sqrt{a_{\tau}^2+a_{n}^2}=\sqrt{0.25^2+1^2}=1.031\ \mathrm{m/s^2}$$

全加速度与法线间的夹角为

$$\tan\alpha=\frac{|a_{\tau}|}{a_{n}}=\frac{0.25}{1}=0.25$$

即 $\alpha=14.04°$。

描述点的运动的方法有很多，除了本章所研究的方法以外，还有极坐标、柱坐标和球坐标等，应根据所研究的问题选择适当的方法研究点的运动。例如研究行星的运动，一般选择柱坐标或者球坐标等。

本章知识要点

1. 本章用三种方法研究点的运动：

(1) 矢量法。

动点矢量形式的运动方程：

$$\boldsymbol{r}=\boldsymbol{r}(t)$$

动点的速度：

$$\boldsymbol{v}=\frac{\mathrm{d}\boldsymbol{r}}{\mathrm{d}t}$$

动点的加速度：

$$\boldsymbol{a}=\frac{\mathrm{d}\boldsymbol{v}}{\mathrm{d}t}=\frac{\mathrm{d}^2\boldsymbol{r}}{\mathrm{d}t^2}$$

简写形式：

$$\boldsymbol{r}=\boldsymbol{r}(t),\ \boldsymbol{v}=\dot{\boldsymbol{r}},\ \boldsymbol{a}=\dot{\boldsymbol{v}}=\ddot{\boldsymbol{r}}$$

(2) 直角坐标法。

动点直角坐标形式的的运动方程：

$$\begin{cases} x = f_1(t) \\ y = f_2(t) \\ z = f_3(t) \end{cases}$$

动点的速度：

$$\boldsymbol{v} = v_x \boldsymbol{i} + v_y \boldsymbol{j} + v_z \boldsymbol{k}$$

动点的速度在直角坐标轴上的投影：

$$\begin{cases} v_x = \dfrac{\mathrm{d}x}{\mathrm{d}t} = \dot{x}(t) \\ v_y = \dfrac{\mathrm{d}y}{\mathrm{d}t} = \dot{y}(t) \\ v_z = \dfrac{\mathrm{d}z}{\mathrm{d}t} = \dot{z}(t) \end{cases}$$

动点的加速度：

$$\boldsymbol{a} = a_x \boldsymbol{i} + a_y \boldsymbol{j} + a_z \boldsymbol{k}$$

动点的加速度在直角坐标轴上的投影：

$$\begin{cases} a_x = \dfrac{\mathrm{d}v_x}{\mathrm{d}t} = \dot{v}_x = \ddot{x}(t) \\ a_y = \dfrac{\mathrm{d}v_y}{\mathrm{d}t} = \dot{v}_y = \ddot{y}(t) \\ a_z = \dfrac{\mathrm{d}v_z}{\mathrm{d}t} = \dot{v}_z = \ddot{z}(t) \end{cases}$$

(3) 自然法。

弧坐标形式的运动方程：

$$s = f(t)$$

自然轴系：由轨迹曲线切线的单位矢量 $\boldsymbol{\tau}$、主法线的单位矢量 $\boldsymbol{n}$ 和次法线的单位矢量 $\boldsymbol{b}$ 构成，满足右手螺旋关系。即

$$\boldsymbol{b} = \boldsymbol{\tau} \times \boldsymbol{n}$$

动点的速度：

$$\boldsymbol{v} = v\boldsymbol{\tau}$$

速度的代数量：

$$v = \frac{\mathrm{d}s}{\mathrm{d}t} = \dot{s}$$

动点的加速度：

$$\boldsymbol{a} = a_\tau \boldsymbol{\tau} + a_\mathrm{n} \boldsymbol{n} + a_\mathrm{b} \boldsymbol{b}$$

动点的切向加速度：

$$a_\tau = \frac{\mathrm{d}v}{\mathrm{d}t} = \frac{\mathrm{d}^2 s}{\mathrm{d}t^2}$$

动点的法向加速度：

$$a_n = \frac{v^2}{\rho}$$

动点的次法向加速度：

$$a_b = 0$$

2. 求解点的运动学问题分为两类：

(1) 已知动点的运动，求动点的速度和加速度，它是求导的过程。

(2) 已知动点的速度或加速度，求动点的运动，它是求解微分方程的过程。

思　考　题

1-1　时间间隔与瞬时的区别是什么？

1-2　质点的运动是否一定要指明相对的坐标系？为什么？

1-3　矢径法中质点的加速度表达式 $\boldsymbol{a} = \frac{d\boldsymbol{v}}{dt}$ 与自然坐标法的切向加速度表达式 $a_\tau = \frac{dv}{dt}$ 有什么不同？

1-4　如何由质点的运动方程求质点的运动轨迹？

习　　题

1-1　质点作直线运动，运动方程为

$$x = 12t - 6t^2$$

其中，t 以 s 为单位，x 以 m 为单位。求：

(1) $t=4$ s 时，质点的位置、速度和加速度；

(2) 质点通过原点时的速度；

(3) 质点速度为零时的位置；

(4) 作出 $x-t$ 图、$v-t$ 图和 $a-t$ 图。

1-2　一质点在 xy 平面内运动，在某一时刻它的位置矢量 $\boldsymbol{r}=(-4\boldsymbol{i}+5\boldsymbol{j})$m，经 $\Delta t=$ 5 s 后，其位移 $\Delta\boldsymbol{r}=(6\boldsymbol{i}-8\boldsymbol{j})$m，求：

(1) 此时刻的位矢；

(2) 在 Δt 时间内质点的平均速度($\boldsymbol{i}$、$\boldsymbol{j}$ 分别为 x、y 方向的单位矢量)。

1-3　质点在 xy 平面上运动，运动方程为

$$x = \sqrt{3}\cos\frac{\pi}{4}t, \quad y = \sin\frac{\pi}{4}t$$

其中，t 以 s 为单位，x、y 以 m 为单位。

(1) 求质点运动轨道的正交坐标方程并在 xy 平面上绘出质点的轨道；

(2) 求出质点的速度和加速度表示式，由此求出质点在轨道上运动的方向，并证明质点的加速度指向坐标原点；

(3) 求 $t = 1$ s时质点的位置和速度与加速度的大小和方向。

1－4　质点沿直线运动，其速度 $v=t^3+3t^2+2$，如果 $t=2$ 时，$x=4$，求 $t=3$ 时质点的位置、速度和加速度。(其中 v 以 m/s 为单位，t 以 s 为单位，x 以 m 为单位)

1－5　质点沿直线运动，加速度 $a=4-t^2$，如果当 $t=3$ 时，$x=9$，$v=2$，求质点的运动方程。(其中 a 以 m/s^2 为单位，t 以 s 为单位，x 以 m 为单位，v 以 m/s 为单位)

1－6　质点以不变的速率 5 m/s 运动，速度的方向与 x 轴间夹角等于 t 弧度(t 为时间的数值)，当 $t=0$ 时，$x=0$，$y=5$ m，求质点的运动方程及轨道的正交坐标方程，并在 xy 平面上描画出它的轨道。

1－7　在离水面高度为 h 的岸上，如图 1－14 所示，有人用绳子拉船靠岸，人以 v_0 的速率收绳，求当船离岸边的距离为 s 时，船的速度和加速度。

1－8　当物体以非常高的速度穿过空气时，由空气阻力产生的反向加速度大小与物体速度的平方成正比，即 $a=-kv^2$，其中 k 为常量。若物体不受其它力作用沿 x 方向运动，通过原点时的速度为 v_0，试证明在此后的任意位置 x 处其速度为

$$v=v_0\mathrm{e}^{-kx}$$

1－9　某雷达站对一个飞行中的炮弹进行观测，发现炮弹达最高点时，正好位于雷达站的上方，且速率为 v，高度为 h，如图 1－15 所示。求在炮弹此后的飞行过程中，在 t(以 s 为单位)时刻雷达的观测方向与铅垂方向之间的夹角 θ 及其变化率 $\omega=\dfrac{\mathrm{d}\theta}{\mathrm{d}t}$(雷达的转动角速度)。

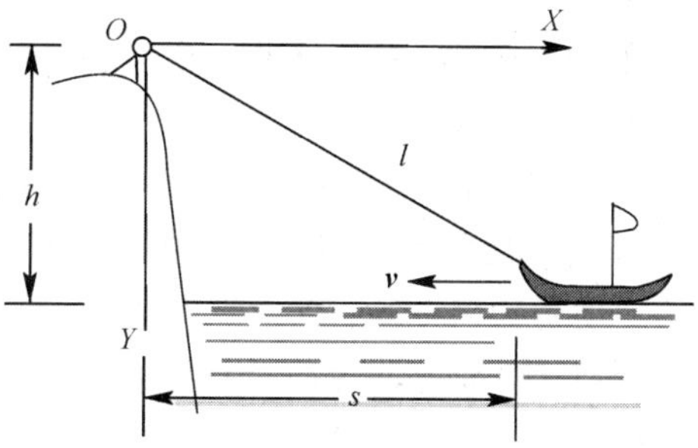

图　1－14

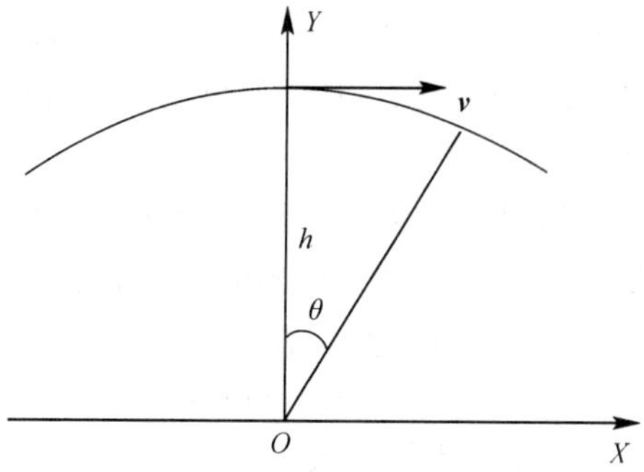

图　1－15

1－10　质点作半径为 20 cm 的圆周运动，其切向加速度恒为 5 cm/s^2，若该质点由静止开始运动，需要多少时间：

(1) 它的法向加速度等于切向加速度；

(2) 法向加速度等于切向加速度的二倍？

1－11　一质点作半径为 $r=10$ m 的圆周运动，其角加速度 $\alpha=\pi$ rad/s^2，若质点由静止开始运动，求质点在第 1 s 末的：

(1) 角速度；

(2) 法向加速度和切向加速度；

(3) 总加速度的大小和方向。

1－12　一物体被水平抛出，初速度 $v_0=15$ m/s，求物体被抛出后的第一秒末的法向加速度和切向加速度。

第 2 章 刚体的平面运动学

教学要求：

(1) 掌握刚体的平动、定轴转动、平面运动的运动特征。

(2) 能利用基点法、速度投影法、速度瞬心法求解刚体内任一点的速度和角速度问题。

(3) 能利用基点法求解刚体内任一点的加速度和角加速度问题。

(4) 掌握定轴轮系传动问题的分析方法。

本章主要研究刚体运动的两种简单情况：刚体的平动与定轴转动，以及平动和定轴转动的合成运动。

2.1 刚体的基本运动

在许多工程实际问题中，如齿轮的转动、机车车轮及其车厢的运动等，不能抽象为点的运动，而是物体的运动。如果物体的刚性足够大，以致其中弹性波的传播速度比该物体的运动速度大很多，从而可以认为弹性扰动的传播是瞬时的，就可以把该物体当作刚体处理。即在外力作用下，物体的形状和大小(尺寸)保持不变，而且内部各部分相对位置保持恒定(没有形变)，这种理想物理模型称之为刚体。在刚体中，由于各点之间的距离保持不变，因而各点间的速度与加速度存在着一定的关系。因此，刚体的运动研究以点的运动研究为基础。

刚体的基本运动包括刚体的平行移动(简称移动或平动)和定轴转动，主要研究刚体的运动规律和刚体的运动与其体上各点运动之间的关系。

2.1.1 刚体的平行移动

刚体的平行移动是指刚体运动过程中，刚体内任一直线的方向永不改变，即其方向始终与原来的方向平行，简称平动。刚体的平行移动是机械运动的一种特殊形式，是刚体的一种最基本的运动。根据刚体平动的特点，有如下定理。

定理：当刚体平动时，刚体内各点的轨迹形状都相同，且在同一瞬时各点都具有相同的速度和加速度。

证明：设物体作平动，在刚体上任取两点 A 和 B，并连接成一直线，如图 2－1 所示。运动开始时，在 AB 位置，经过极短时间 Δt 后，移动到 A_1B_1，依次再继续运动到 A_2B_2……

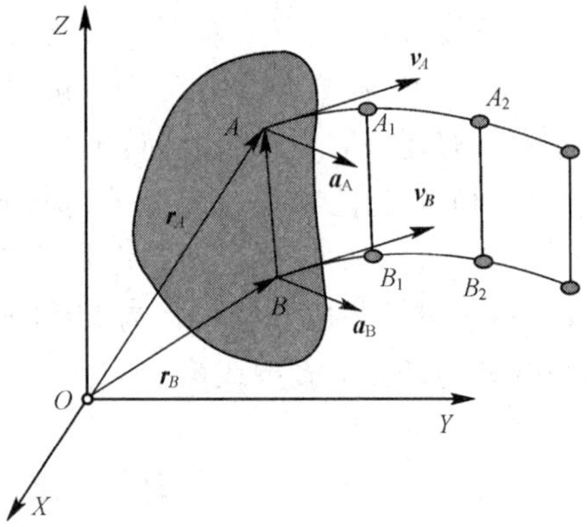

图 2－1

(1) 首先证明这 A、B 两点所描绘出的轨迹曲线的形状彼此相同。根据刚体的定义可知，刚体内部各点相对位置保持恒定。即 $AB=A_1B_1=A_2B_2$；又根据平动的定义知，刚体内任一直线的方向不改变，$AB /\!/ A_1B_1 /\!/ A_2B_2$。因此，$ABB_1A_1$、$A_1B_1B_2A_2$ 都是平行四边形。这就表明，折线 AA_1A_2 与 BB_1B_2 完全相同。当 Δt 无限小时，则折线就趋近于轨迹曲线。可见，这两条曲线是完全相同的，可以互相叠合。

(2) 证明两个任意点在同一瞬时的速度和加速度都相同。

从空间任一点 O 作至 A 点和 B 点的矢径 $\boldsymbol{r}_A$ 和 $\boldsymbol{r}_B$，由图 2－1 可知：

$$\boldsymbol{r}_A=\boldsymbol{r}_B+\overrightarrow{BA} \tag{2-1}$$

求各项对于时间的导数：

$$\frac{\mathrm{d}\boldsymbol{r}_A}{\mathrm{d}t}=\frac{\mathrm{d}\boldsymbol{r}_B}{\mathrm{d}t}+\frac{\mathrm{d}\,\overrightarrow{BA}}{\mathrm{d}t} \tag{2-2}$$

其中，$\boldsymbol{v}_A=\dfrac{\mathrm{d}\boldsymbol{r}_A}{\mathrm{d}t}$，$\boldsymbol{v}_B=\dfrac{\mathrm{d}\boldsymbol{r}_B}{\mathrm{d}t}$，且 $\overrightarrow{BA}$ 大小和方向都没发生变化，则 $\dfrac{\mathrm{d}\,\overrightarrow{BA}}{\mathrm{d}t}=\mathbf{0}$，于是

$$\boldsymbol{v}_A=\boldsymbol{v}_B \tag{2-3}$$

继续求各项对于时间的导数，则：

$$\boldsymbol{a}_A=\boldsymbol{a}_B \tag{2-4}$$

因为 A、B 为刚体上任意两点，所以上述结论对刚体平面内的所有点都成立。

综上所述，当刚体平动时，刚体内所有各点的轨迹形状都相同；在同一瞬时，刚体内所有各点的速度和加速度相同。因此，刚体内任一点的运动可以代表整个刚体的运动。即刚体的平动问题，可归结为点的运动问题。若刚体上任一点的轨迹为直线，则刚体的运动称为直线平动；若刚体上任一点的轨迹为曲线，则刚体的运动称为曲线平动。骑自行车，脚踏板的运动就是平动(假设脚底板始终水平)，但是脚踏板的运动明显不是直线平动，而是曲线平动。

例 2－1　摇筛机构如图 2－2 所示，已知 $O_1A=O_2B=40$ cm，$O_1O_2 /\!/ AB$，杆 O_1A 按 $\varphi=\dfrac{1}{2}\sin\dfrac{\pi}{4}t$ rad 的规律摆动，求当 $t=2$ s 时，筛面中点 M 的速度和加速度。

解　由于 $O_1A=O_2B$，且 $O_1O_2 /\!/ AB$，则 AB 筛子在运动中始终平行于 O_1O_2，因此，AB 做平动。

由刚体平动特点可知，平动刚体上各点的速度和加速度都相等，因此，M 点的速度和加速度等于 A(或 B 点)的速度和加速度。

可知 A 点的运动方程：

$$s=|O_1A|\times\varphi=\frac{40}{2}\sin\frac{\pi}{4}t$$

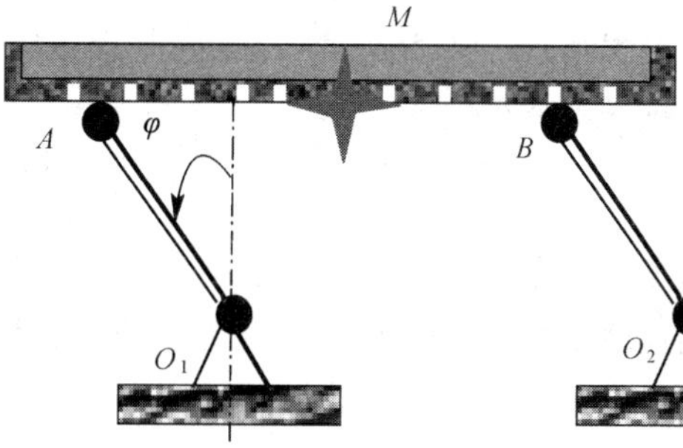

图　2－2

则 A 点的速度为

$$v_A=\frac{\mathrm{d}s}{\mathrm{d}t}=20\times\frac{\pi}{4}\cos\frac{\pi}{4}t$$

则 A 点的切向和法向加速度分别为

$$a_A^{\tau}=\frac{\mathrm{d}v_A}{\mathrm{d}t}=-\frac{5\pi^2}{4}\sin\frac{\pi}{4}t$$

$$a_A^{n}=\frac{v_A^2}{|O_1A|}=\frac{25\pi^2}{40}\cos^2\frac{\pi}{4}t$$

当 $t=2$ s 时，$v_A=0$，$a_A^{\tau}=-\frac{5\pi^2}{4}$，$a_A^{n}=0$，则可知，$v_M=0$，$a_M^{\tau}=-\frac{5\pi^2}{4}$，$a_M^{n}=0$。

2.1.2 刚体的定轴转动

刚体的定轴转动是指在运动过程中，刚体内(或其延拓部分)有一条固定不动的直线，简称转动。该固定不动的直线为转轴。

当刚体绕转轴转动时，刚体内不在转轴上的所有各点都在垂直于转轴的平面内做圆周运动，对应的圆心都在转轴上。

刚体定轴转动的转动规律：可由刚体绕定轴旋转的角度来表示。

设一刚体绕固定轴 Z 转动，如图 2-3 所示。设Ⅰ是通过定轴 Z 的固定平面，Ⅱ是固连在刚体上与刚体一起转动的平面，则任一瞬时刚体的位置可由动平面Ⅱ与定平面Ⅰ所成的角 φ 确定。一般规定：从 Z 轴的正端看，从定平面Ⅰ到平面Ⅱ的逆时针转动为正值；反之，为负值。另外，根据问题的需要，可以自行规定角坐标的正负向。

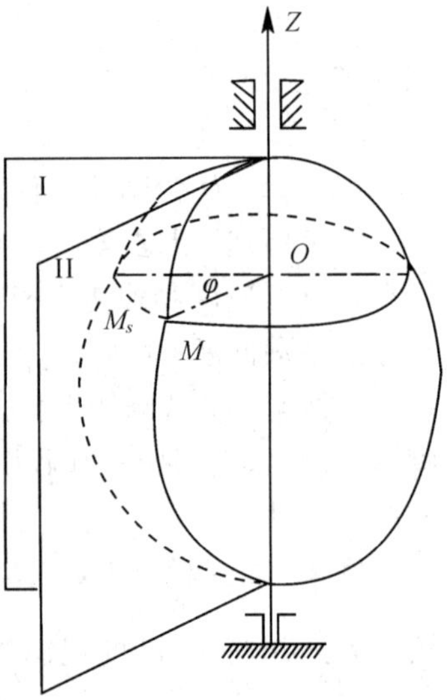

图 2-3

当刚体定轴转动时，角 φ 是时间的单值连续函数，即

$$\varphi=\varphi(t) \tag{2-5}$$

这就是刚体的定轴转动方程。若已知转动方程 $\varphi(t)$，则刚体在任一瞬时的位置即可确定。φ 为代数量，单位为 rad。

φ 为角位移，则刚体绕定轴转动的角速度等于角位移对时间的一阶导数，即

$$\omega=\dot{\varphi}=\frac{\mathrm{d}\varphi}{\mathrm{d}t} \tag{2-6}$$

角速度的单位为 rad/s，工程上常用转速 n(r/m，转/分)表示，它们的关系为

$$\omega=\frac{2\pi n}{60}=\frac{n\pi}{30} \tag{2-7}$$

若角速度是正值，表明角位移 φ 随时间而增加；反之，则角位移随时间而减小。

刚体绕定轴转动的角加速度等于角位移对时间的二阶导数，或等于角速度对时间的一阶导数，即

$$\varepsilon=\frac{\mathrm{d}^2\varphi}{\mathrm{d}t^2}=\frac{\mathrm{d}\omega}{\mathrm{d}t} \tag{2-8}$$

在平面问题中，角加速度和角速度一样都是代数量，它的单位 rad/s²。

当 ε 与 ω 的符号相同时，角速度的绝对值随时间而增加，这时称为加速转动；反之，当 ε 与 ω 的符号不相同时，角速度的绝对值随时间而减少，这时称为减速转动。

当刚体的角加速度 ε 恒为常量时，称为匀变速转动，有

$$\omega = \omega_0 + \varepsilon t$$

$$\varphi = \varphi_0 + \omega_0 t + \frac{1}{2}\varepsilon t^2$$

当刚体的角速度 ω 为常量时，称为匀速转动，有

$$\varphi = \varphi_0 + \omega t$$

例 2-2　物块以匀速 v_0 沿水平直线平动。杆 OA 可绕 O 轴转动，杆保持紧靠在物块的侧棱上，如图 2-4 所示。已知物块的高度为 h，试求 OA 杆的转动方程、角速度和角加速度。

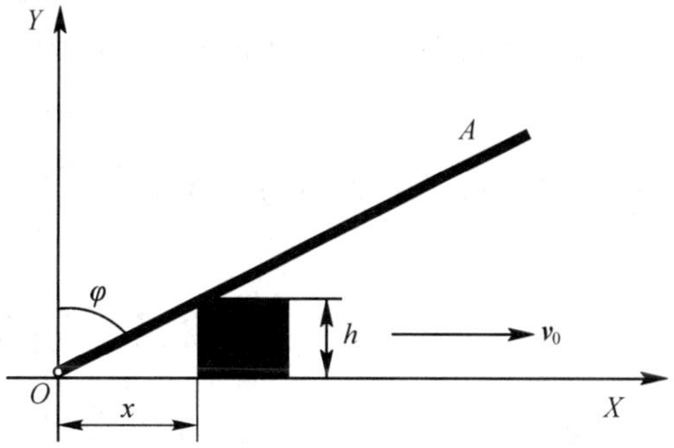

图　2-4

解　建立图 2-4 所示的直角坐标系，规定顺时针为角坐标的正向，即

$$\tan\varphi = \frac{x}{h} = -\frac{v_0 t}{h}$$

则 OA 杆的转动方程为

$$\varphi = \arctan\left(\frac{v_0 t}{h}\right)$$

故 OA 杆的角速度和角加速度分别为

$$\omega = \frac{d\varphi}{dt} = -\frac{h v_0}{h^2 + v_0^2 t^2}\quad（顺时针）$$

$$\varepsilon = \frac{d\omega}{dt} = \frac{h v_0^3 t}{(h^2 + v_0^2 t^2)^2}\quad（逆时针）$$

例 2-3　某主机采用一台电动机带动，起动时，电动机转速在 5 秒内由零均匀升到 $n=500$ r/m，此后由此转速作匀速运动如图 2-5 所示。试计算：

（1）电动机启动阶段内的角加速度；

（2）10 秒钟内电动机转过的转数。

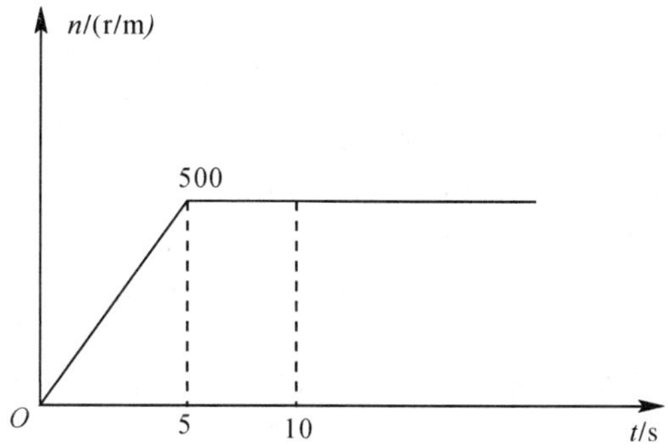

图　2-5

解　由 $\omega = \frac{n\pi}{30}$ 可知，$\omega \approx 52.3$ rad/s。

（1）在 0～5 s 的起动阶段电动机匀变速转动，则由 $\omega=\omega_0+\varepsilon t$ 可知：

$$\varepsilon=\frac{\omega-\omega_0}{t}\approx 10.46\ \text{rad/s}^2$$

（2）在 0～5 s 内，电动机作匀变速转动，则转过的角度为

$$\varphi_1=\frac{1}{2}\varepsilon t^2\approx 130.8\ \text{rad}$$

在 5～10 s 内，电动机作匀速转动，则转过的角度为

$$\varphi_2=\omega t=52.3(10-5)\approx 261.5\ \text{rad}$$

因此，电动机在 10 s 内共转过的角度为

$$\varphi=\varphi_1+\varphi_2\approx 392.8\ \text{rad}$$

每转等于 2π，所以对应的转数为 $\frac{392.8}{2\pi}\approx 62.4$ 周。

2.2　刚体的平面运动

在实际工程中，除过刚体的平动和转动外，我们观察到车轮沿直线的滚动、曲柄连杆机构中的连杆的运动及周转齿轮等运动，这些刚体内任意直线的方向不是始终与原来的方向平行，而且也找不到保持不动的直线，可见，这些刚体的运动既不是平动也不是定轴转动。但这些运动具有一个共同的特征：当刚体运动时，刚体内任意一点至某一固定平面内的距离始终保持不变，刚体的这种运动称为平面运动。

刚体的平面运动：当刚体运动时，刚体内任意一点至某一固定平面的距离始终保持不变。设平面Ⅰ为一固定平面，如果作一个和平面Ⅰ平行的固定平面Ⅱ，并且它在刚体 A 上截出一平面图形 S，如图 2－6 所示。当刚体运动时，平面图形 S 始终保持固定在平面Ⅱ内。在刚体 A 内任取与图形垂直的直线 BD，直线 BD 与平面图形 S 的交点为 C，显然直线 BD 的运动是平动，因而平面图形 S 内，点 C 的运动就可以代表整个直线 BD 的运动。可知，平面图形 S 内各点的运动就可以代表刚体的全部运动。因此，刚体的平面运动可以简化为平面图形 S 在固定平面Ⅱ中的运动。

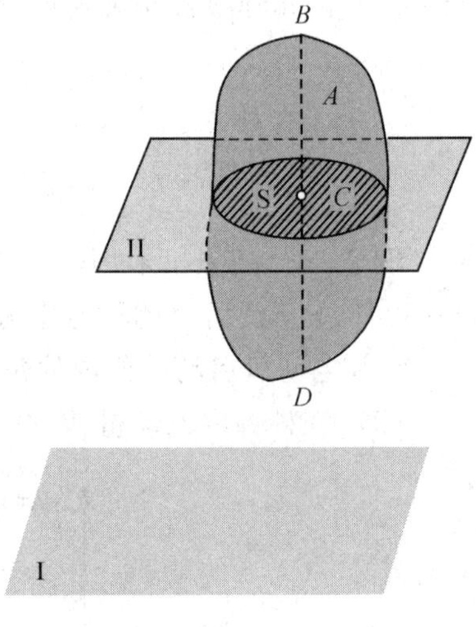

图　2－6

2.2.1　平面运动的分解及刚体平面运动的运动方程

刚体的平面运动可以分解为平动和转动，如图 2－7 所示。在图形上任取两点 A 和 B，并连接 AB，则直线 AB 的运动可代表整个图形的运动。设图形的初始位置为Ⅰ，作平面运动后的位置为Ⅱ。

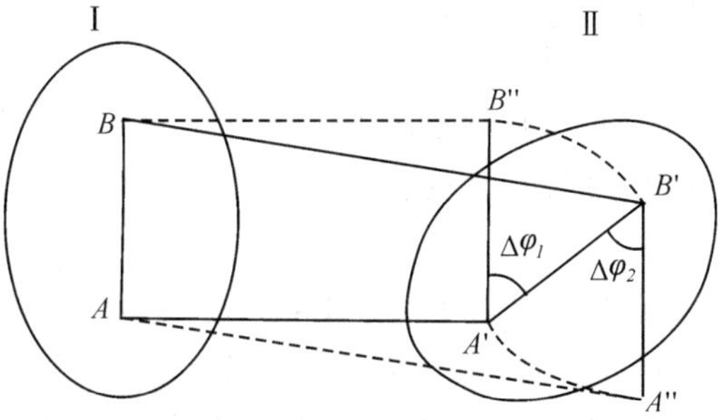

图　2-7

可见，当直线 AB 运动到 $A'B'$ 时，可分为两步：第一步，先使直线 AB 平移到 $A'B''$，然后再绕 A' 转 $\Delta\varphi_1$ 的角度，最终到达 $A'B'$，此时称 A 为基点。可见：平面运动可分解为平动和转动，即平面运动可视为平动与转动的合成运动。若将 B 视为基点，则首先平移 BA 到 $B'A''$，再绕 B' 转过 $\Delta\varphi_2$ 角度到最终位置 $A'B'$。

当 A 为基点时，平动距离为 AA'；当 B 为基点时，平动距离为 BB'。可见，平面运动的平动部分的距离随着基点的不同而不同。即

$$AA' \neq BB',\ \boldsymbol{v}_A \neq \boldsymbol{v}_B,\ \boldsymbol{a}_A \neq \boldsymbol{a}_B$$

因此，选择不同的基点，平面图形随同基点平移的位移、速度和加速度不相同。

当 A 为基点时，转过的角位移为 $\Delta\varphi_1$，转向为顺时针；当 B 为基点时，转过的角位移为 $\Delta\varphi_2$，转向为顺时针；即 $\Delta\varphi_1=\Delta\varphi_2$。可见，平面运动的转动部分与基点的选择无关。即

$$\Delta\varphi_1=\Delta\varphi_2,\ \omega_1=\omega_2,\ \varepsilon_1=\varepsilon_2$$

因此，任意瞬时，平面图形绕其平面内任意基点转动的角度、角速度与角加速度的大小和方向都相同。相对基点转动的角速度、角加速度与基点的选择无关。于是可以直接称为平面运动的角速度和角加速度。

为了描述图形的运动，设平面图形在静坐标系 OXY 内运动。并在图形上选一基点 O'，再以基点 O' 为原点取动参考系 $O'X'Y'$，如图 2-8 所示。并使动坐标轴的方向与静坐标轴的方向保持平行，即可将平面运动视为随同基点 O' 原点的动参考系 $O'X'Y'$ 的平动（牵连运动）与绕基点 O' 的转动（相对运动）的合成运动。当平面图形 S 运动时，基点 O' 的坐标 x'_O，y'_O 和角坐标 φ 都是时间 t 的单值连续函数。根据平动的特点，可知基点的运动即代表刚体的平动，其运动方程 $x'_O=f_1(t)$，$y'_O=f_2(t)$；刚体的转动部分是绕基点 O' 的转动，即 $\varphi=\varphi(t)$。

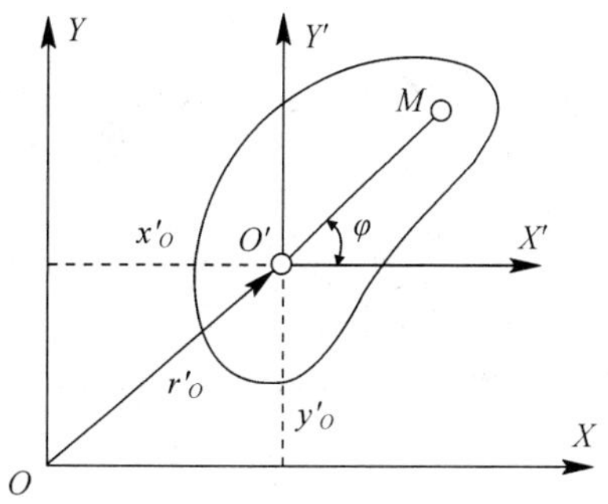

图　2-8

由于平面运动可视为平动与转动的合成，于是刚体的平面运动方程为

$$x'_O=f_1(t),\ y'_O=f_2(t),\ \varphi=\varphi(t)$$

2.2.2　平面图形内各点的速度

在上节已经说明，平面图形 S 在其平面内的运动可视为随同基点平动与绕基点转动的合成运功。利用此关系，对平面图形 S 的各点速度进行求解。

1. 基点法

假设某刚体作平面运动，初始时处于位置Ⅰ，经过 Δt 时间刚体处于Ⅱ位置，如图2－9所示。在图形内任取一点 A 为基点，刚体内任意一点 B 点的运动可以理解为随基点 A 的平动与绕基点 A 的圆周运动的合成。在刚体运动的过程中，可以认为刚体先随基点 A 平行移动到虚线位置，然后再绕 A 点以角速度 ω 定轴转动到Ⅱ位置。仅对点 A、B 而言，根据矢径法，两点的速度为

$$\boldsymbol{v}_A=\lim_{\Delta t\to 0}\frac{\Delta \boldsymbol{r}_A}{\Delta t}=\lim_{\Delta t\to 0}\frac{\overrightarrow{AA'}}{\Delta t}=\frac{\mathrm{d}\boldsymbol{r}_A}{\mathrm{d}t}$$

$$\boldsymbol{v}_B=\lim_{\Delta t\to 0}\frac{\Delta \boldsymbol{r}_B}{\Delta t}=\lim_{\Delta t\to 0}\frac{\overrightarrow{BB'}}{\Delta t}=\frac{\mathrm{d}\boldsymbol{r}_B}{\mathrm{d}t}$$

因为$\overrightarrow{BB'}=\overrightarrow{BB''}+\overrightarrow{B''B'}=\overrightarrow{AA'}+\overrightarrow{B''B'}$，所以

$$\boldsymbol{v}_B=\lim_{\Delta t\to 0}\frac{\overrightarrow{AA''}}{\Delta t}+\lim_{\Delta t\to 0}\frac{\overrightarrow{B''B'}}{\Delta t}=\boldsymbol{v}_A+\boldsymbol{v}_{AB}$$

其中，$\boldsymbol{v}_{AB}=\lim\limits_{\Delta t\to 0}\dfrac{\overrightarrow{B''B'}}{\Delta t}$，当 Δt 趋向于无穷小时，矢量线段$\overrightarrow{B''B'}$的长度与弧长$\overset{\frown}{B''B'}$的长度相等，而弧长$\overset{\frown}{B''B'}$为 B 点绕 A 在 Δt 时间内转过的弧长，故 $v_{AB}=\omega\cdot|AB|$。即刚体作平面运动时，刚体内任意一点的速度为基点的速度和绕基点作圆周运动的速度的合成，见图2－10所示。

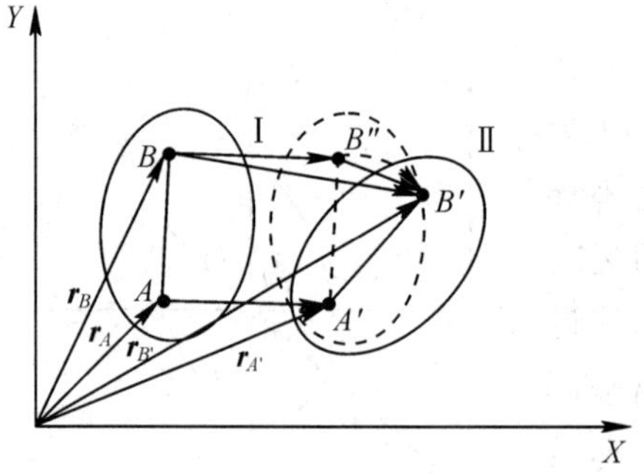

图　2－9

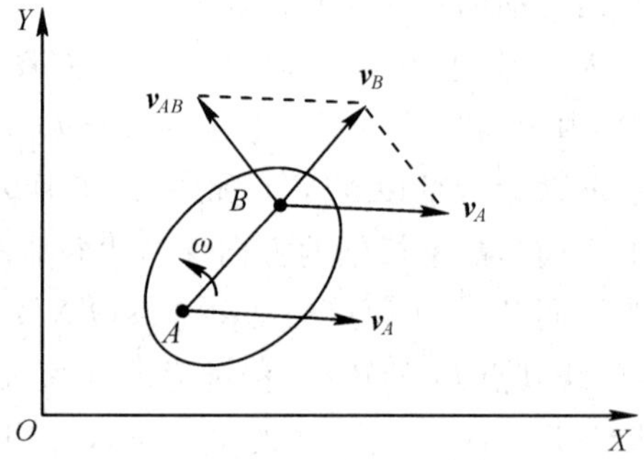

图　2－10

因此任意一点 B 的绝对速度的矢量表达式为

$$\boldsymbol{v}_B=\boldsymbol{v}_A+\boldsymbol{v}_{AB} \tag{2-9}$$

这就是平面运动的速度合成法，又称基点法。通常把平面图形中速度为已知的点选为基点。

2. 速度投影法

若将 A，B 两点的速度 $\boldsymbol{v}_A$、$\boldsymbol{v}_B$ 投影到直线 AB 上，由于 $\boldsymbol{v}_{AB}$ 总是垂直于 AB，可知其在直线 AB 的投影等于零，如图 2－10 所示。因此，A、B 两点的速度在直线 AB 的投影相

等，即

$$[\boldsymbol{v}_B]_{AB}=[\boldsymbol{v}_A]_{AB} \tag{2-10}$$

这就是速度投影定理：在任一瞬时，平面图形内任意两点的速度在此两点连线上的投影相等。当已知平面图形内某点的速度大小、方向和另一点的速度方位，要求其大小时，应用速度投影定理就很方便。速度投影定理是针对刚体任何运动的，而不仅仅限于平面运动。但速度投影定理无法直接计算平面运动中的转动部分，如角速度。

3. 速度瞬心法

如果在图形内任取一点 A，如图 2-11 所示，选 A 为基点，其速度为 $\boldsymbol{v}_A$，刚体的角速度为 ω。作 $\boldsymbol{v}_A$ 的垂线，其上必有一点 I，其绕基点作圆周运动的速度 $\boldsymbol{v}_{AI}$ 与基点速度 $\boldsymbol{v}_A$ 共线、反向。

$$v_{AI}=\omega\cdot|AI|=v_A$$

$$\boldsymbol{v}_I=\boldsymbol{v}_A+\boldsymbol{v}_{AI}=0$$

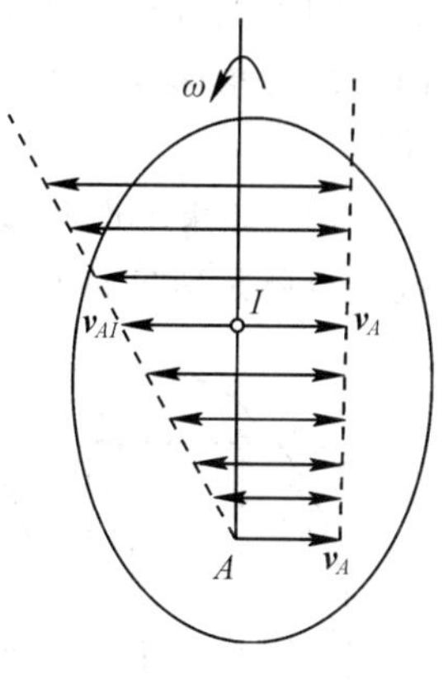

图 2-11

这样 I 点成为平面图形在此瞬时的速度中心，简称速度瞬心。在此瞬时，速度瞬心 I 是唯一的。在平面图形运动的某瞬时，以速度瞬心 I 为基点，图形上各点的速度等于相对瞬心转动的速度。即在此瞬时，平面图形的运动就简化成为绕瞬心的转动。则图形上 B 点的绝对速度等于绕基点 I 的转动速度，其大小为

$$v_B=|IB|\cdot\omega \tag{2-11}$$

其方向与 IB 垂直，转向与图形转动方向一致。由此可见，平面运动可归结为绕瞬心的转动问题。

必须指出：① 每瞬时平面图形上都存在唯一的速度瞬心。它可位于平面图形之内，也可位于图形的延伸部分；② 在不同的瞬时，图形具有不同的速度瞬心。瞬心只是瞬时不动。即速度瞬心的速度等于零，加速度并不等于零。③ 平面图形在其自身平面内的运动，也可以看成是绕一系列的速度瞬心的转动。

速度瞬心法是求平面图形内任意点的速度比较简便和常用的方法。应用这个方法时，首先应确定瞬心的位置。下面介绍几种速度瞬心的确定方法。

(1) 在某瞬时已知图形上 A、B 两点的速度的方向。

已知某瞬时平面图形上 A、B 两点的速度 $\boldsymbol{v}_A$、$\boldsymbol{v}_B$ 的方向，且 $\boldsymbol{v}_A$ 不平行于 $\boldsymbol{v}_B$。此时，过 A、B 两点分别作 $\boldsymbol{v}_A$ 与 $\boldsymbol{v}_B$ 的垂线，这两条垂直线的交点即为瞬心 I。如图 2-12 所示。

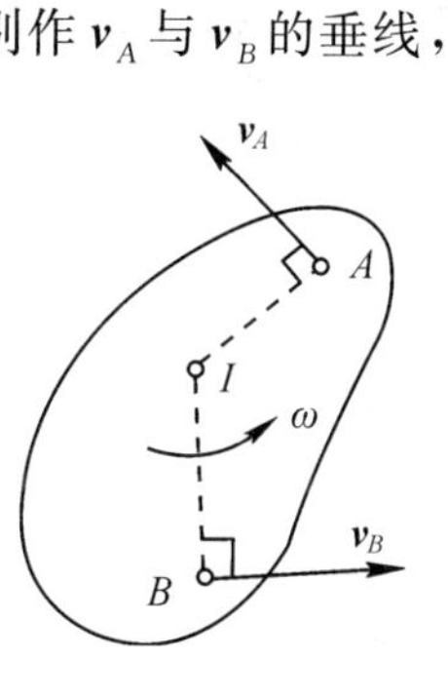

图 2-12

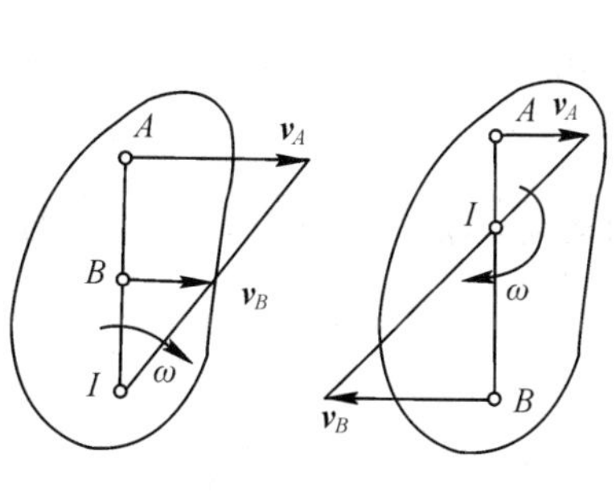

图 2-13

(2) 在某瞬时，已知图形上 A、B 两点的速度大小，且方向均与 AB 连线垂直。

如果 $\boldsymbol{v}_A /\!/ \boldsymbol{v}_B$，且 $AB \perp \boldsymbol{v}_A$，如图 2-13 所示，按比例在图中标示 $\boldsymbol{v}_A$、$\boldsymbol{v}_B$ 的大小，用直线连接 $\boldsymbol{v}_A$、$\boldsymbol{v}_B$ 矢量的末段，则此直线与 AB 线的交点即为瞬心 I。即 $\boldsymbol{v}_A$、$\boldsymbol{v}_B$ 同向时，I 外分 AB 线段；$\boldsymbol{v}_A$、$\boldsymbol{v}_B$ 反向时，I 则内分 AB 线段。

(3) 某瞬时，如果 $\boldsymbol{v}_A = \boldsymbol{v}_B$ 或 $\boldsymbol{v}_A /\!/ \boldsymbol{v}_B$，但 AB 不垂直于 $\boldsymbol{v}_A$、$\boldsymbol{v}_B$，如图 2-14 所示。在这两种情况下，瞬心在无穷远处。表明平面图形在此瞬时的角速度等于零，即 $\omega = \boldsymbol{v}_A/\infty = \boldsymbol{v}_B/\infty = 0$。

图形上各点的速度相等，这种情况称为瞬时平动。平面图形为瞬时平动时，此瞬时平面图形的角速度等于零，但加速度不等于零，平面图形上各点的速度相等，但加速度并不相等。

(4) 如果平面图形沿某固定面只滚动而不滑动，如图 2-15 所示，则图形与固定面的接触点就是速度瞬心 I。

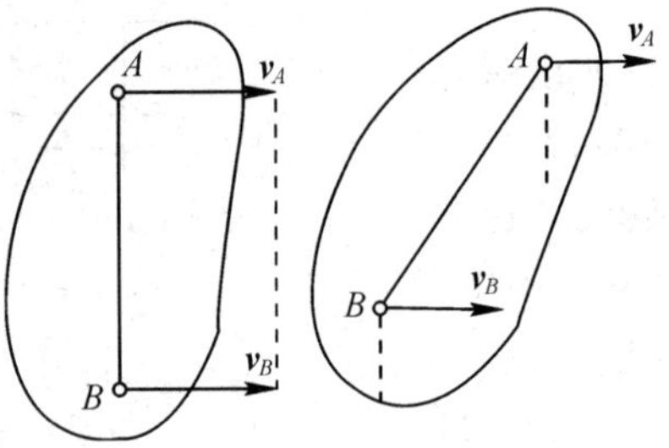

图　2-14

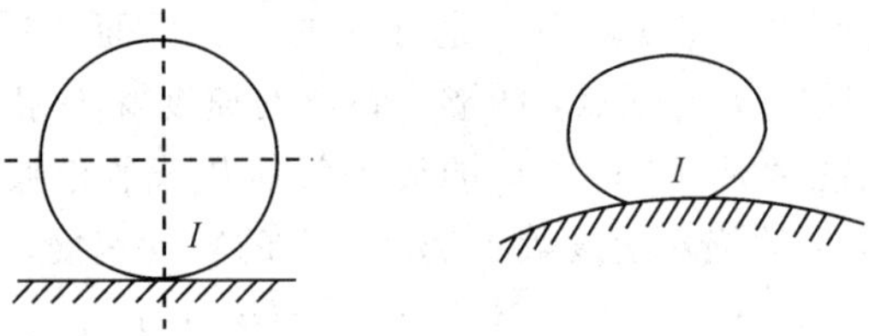

图　2-15

例 2-4　圆规机构如图 2-16 所示。已知连杆 AB 的长度 $l=20$ cm，滑块 A 的速度 $v_A=10$ cm/s，求连杆与水平方向夹角为 30°时，滑块 B 和连杆中点 M 的速度。

解　(1) 基点法。

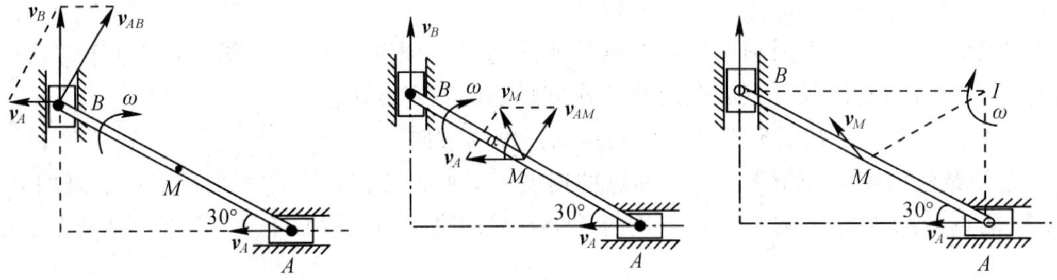

(a)　(b)　(c)

图　2-16

AB 作平面运动，以 A 为基点，则 B 点的速度矢量图如图 2-16(a)所示。则

$$\boldsymbol{v}_B = \boldsymbol{v}_A + \boldsymbol{v}_{AB}$$

从而有

$$v_B = v_A \operatorname{ctan}30^\circ = 10\sqrt{3}\ \text{cm/s}$$

$$v_{AB} = \frac{v_A}{\sin 30^\circ} = 20\ \text{cm/s}$$

$$\omega=\frac{v_{AB}}{I}=1\ \text{rad/s}\quad（顺时针）$$

以 A 为基点，则 M 点的速度矢量图如图 2－16(b)所示，则

$$\boldsymbol{v}_M=\boldsymbol{v}_A+\boldsymbol{v}_{AM}$$

从而推导得：$\alpha=60°$，$v_{AM}=\omega\cdot|AM|=10\ \text{cm/s}$，$\boldsymbol{v}_A=\boldsymbol{v}_{AM}=10\ \text{cm/s}$，方向如图 2－16(a)所示。

(2) 速度投影法。

由速度投影定理$[\boldsymbol{v}_A]_{AB}=[\boldsymbol{v}_B]_{AB}$得

$$v_A\cos30°=v_B\cos60°$$

则可知 $v_B=10\sqrt{3}\ \text{cm/s}$，方向垂直向上。

由于 $\boldsymbol{v}_M$的方向不确定，因而无法采用速度投影法求解。

(3) 速度瞬心法。

分别作 $\boldsymbol{v}_A$、$\boldsymbol{v}_B$的垂线，交于点 I，即为 AB 的速度瞬心，如图 2－16(c)所示。

由几何关系可知，

$$|AI|=|AB|\sin30°,\ |BI|=|AB|\cos30°,\ |MI|=|AI|=|AB|\sin30°$$

$$\omega=\frac{v_A}{|AI|}=\frac{v_A}{l\sin30°}=1\ \text{rad/s}\quad（顺时针）$$

$$v_B=\omega\cdot|BI|=\omega l\sin30°=10\sqrt{3}\ \text{cm/s}\quad（方向为垂直向上）$$

$$v_M=\omega\cdot|MI|=10\ \text{cm/s}\quad（方向如图 2-16(c)所示）$$

例 2－5　在图 2－17(a)所示的曲柄连杆机构中，曲柄 OA 长 r，连杆 AB 长 l，曲柄以匀角速度 ω 顺时针转动，当 OA 与水平线的夹角 $\alpha=45°$时，OA 正好与 AB 垂直。试用基点法、瞬心法，求此瞬时 AB 杆的角速度和滑块 B 的速度。

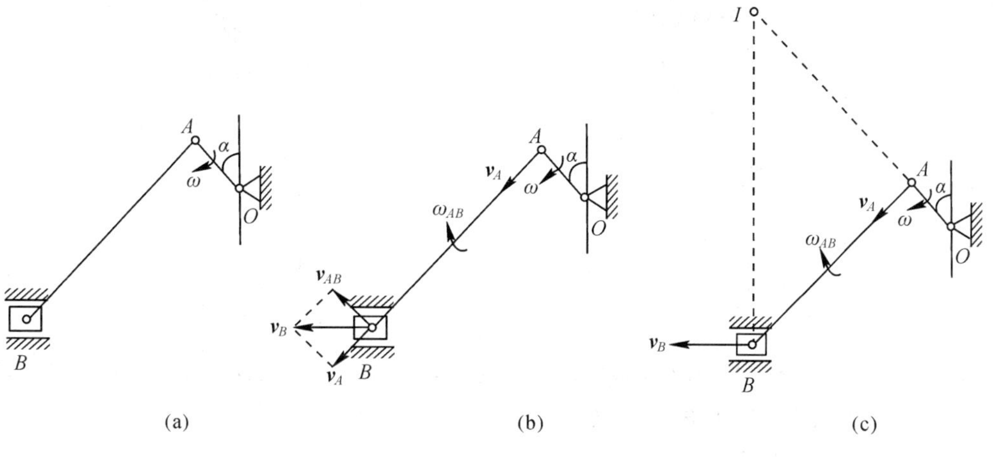

图　2－17

解　(1) 基点法。

运动分析：OA 为定轴转动；AB 为平面运动；B 为直线运动。

选速度已知的点 A 为基点，则

$$\boldsymbol{v}_B = \boldsymbol{v}_A + \boldsymbol{v}_{AB}$$

方向如图 2-17(b)所示。其中，

$$v_{AB} = v_A = \omega \cdot r$$

$$\omega_{AB} = \frac{v_{AB}}{|AB|} = \frac{r}{l} \cdot \omega = \frac{\omega}{4} \quad （顺时针）$$

$$v_B = \frac{v_A}{\cos\alpha} = \sqrt{2}\omega r \quad （方向为水平向左）$$

（2）速度瞬心法。

分别作 $\boldsymbol{v}_A$、$\boldsymbol{v}_B$的垂线，交于 I，即为 AB 的速度瞬心，如图 2-17(c)所示。

设连杆在这瞬时的角速度为 ω_{AB}。可知：$v_A = r\omega$，且 $v_A = \omega_{AB} \cdot |AI|$，即

$$\omega r = \omega_{AB} \cdot |AI|$$

又因为 $|AI| = l$，则 $|BI| = \sqrt{2}l$，故

$$\omega_{AB} = \frac{r}{l}\omega$$

$$v_B = \omega_{AB} \cdot |BI| = \sqrt{2}\omega r$$

例 2-6 图示 2-18(a)机构中，已知 $OA = BD = DE = 0.1$ m，$EF = 0.173$ m。图示位置 $\omega_{OA} = 4$ rad/s，曲柄 OA 与水平线 OB 垂直，且 B、D 和 F 在同一铅直线上。又 DE 垂直于 EF。求杆 EF 的角速度和点 F 的速度。

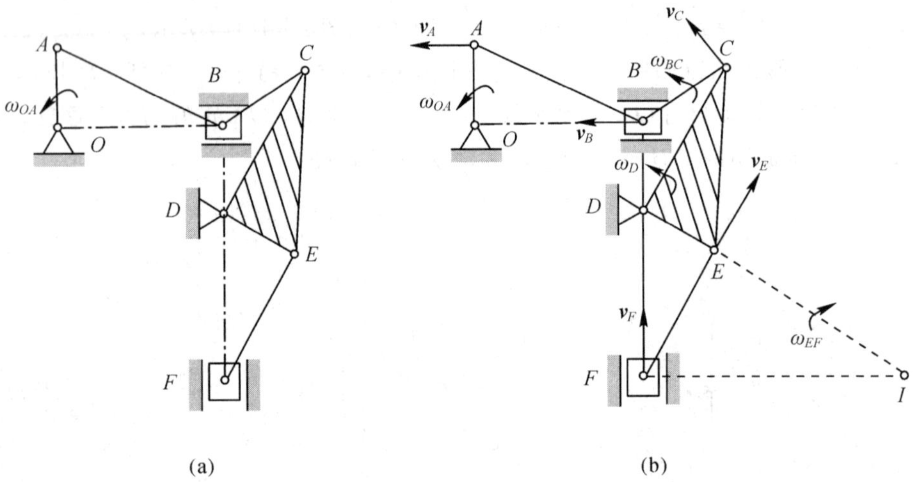

图 2-18

解 运动分析：杆 OA 和杆 CDE 作定轴转动，杆 AB、BC、EF 作平面运动，B、F 作直线运动。欲求点 F 和 EF 的角速度。

（1）已知杆 OA 的角速度，求出 v_A。则

$$v_A = \omega_{OA} \cdot |OA| = 0.4 \text{ m/s}$$

（2）杆 AB 作平面运动，瞬心无穷远，瞬时平动，则

$$v_B = v_A = 0.4 \text{ m/s}$$

（3）杆 BC 作平面运动，作 v_B、v_C的垂线，交于点 D，杆 BC 速度瞬心和 D 点重合。

$$\omega_{BC}=\frac{v_B}{|BD|}=4\ \text{rad/s}\quad（方向为逆时针）$$

$$v_C=\omega_{BC}\cdot|DC|$$

(4) CDE 作定轴转动，因而有

$$\omega_D=\frac{v_C}{|DC|}=\omega_{BC}=4\ \text{rad/s}\quad（方向为逆时针）$$

$$v_E=\omega_D\cdot|DE|=0.4\ \text{m/s}\quad（方向如图 2-18(b) 所示）$$

(5) EF 作平面运动，作 v_E、v_F 的垂线，交于点 I，如图 2-18(b)所示。

由几何关系知 $\alpha=30°$，从而有

$$\omega_{EF}=\frac{v_E}{|EI|}=1.33\ \text{rad/s}\quad（方向为逆时针）$$

$$v_F=\omega_{EF}\cdot|FI|\approx0.46\ \text{m/s}\quad（方向如图 2-18(b) 所示）$$

2.2.3　平面图形内各点的加速度

由前面可知，平面运动可以分解为随同基点的平动与绕基点的相对转动，于是平面图形内任一点 M 的速度可以应用基点法、速度投影法和速度瞬心法。那么其加速度又如何计算呢？

如图 2-9 所示，已知 A 点的加速度 a_A，求刚体上任意一点 B 的加速度。根据基点法，B 点的速度为

$$v_B=\lim_{\Delta t\to0}\frac{\overrightarrow{AA'}}{\Delta t}+\lim_{\Delta t\to0}\frac{\overrightarrow{B''B}}{\Delta t}=v_A+v_{AB}$$

求上式中各项对于时间的导数：

$$a_A=a_A+a_{AB}\tag{2-12}$$

其中，$a_{AB}=\lim\limits_{\Delta t\to0}\frac{\mathrm{d}\,\overrightarrow{B''B}}{\mathrm{d}t}$，为 B 点相对基点 A 点作圆周运动的加速度(相对运动)。

在图 2-19 所示瞬时，已知 O'点的加速度为 $\boldsymbol{a}_{O'}$，图形的角速度为 ω、角加速度为 ε。取 O'点为基点，M 点相对 O'点的圆周运动的加速度 $\boldsymbol{a}_{O'M}$可以分解为相对切向加速度 $\boldsymbol{a}_{O'M}^{\tau}=\varepsilon\cdot|O'M|$ 和相对法向加速度 $\boldsymbol{a}_{O'M}^{\mathrm{n}}=\omega^2\cdot|O'M|$。因此，平面图形内任一点的绝对加速度可写为

$$\boldsymbol{a}_M=\boldsymbol{a}_{O'}+\boldsymbol{a}_{O'M}=\boldsymbol{a}_{O'}+\boldsymbol{a}_{O'M}^{\tau}+\boldsymbol{a}_{O'M}^{\mathrm{n}}\tag{2-13}$$

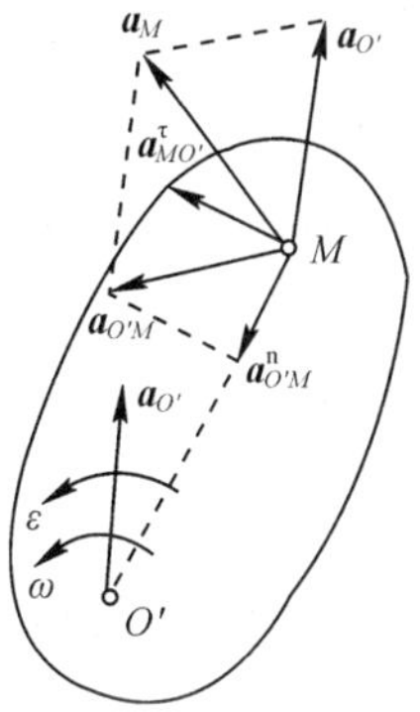

图　2-19

平面运动的加速度合成法：平面图形内任一点的加速度等于基点的加速度与绕基点转动的切向加速度和法向加速度的矢量和，又称基点法。

综上述可知，M 点的相对加速度的大小与方向，均随 M 点在图形内的位置而变。因此，总可以在图形内(或其延长部分)找到一点 Q，在此瞬时，其相对加速度 $\boldsymbol{a}_{O'Q}$恰与基点 O'的加速度 $\boldsymbol{a}_{O'}$ 大小相等、方向相反，因而其绝对加速度 $\boldsymbol{a}_Q$等于零。点 Q 为平面图形在此瞬时的加速度中心，简称加速度瞬心。

注意：① 一般情况下，加速度瞬心和速度瞬心不在同一点；② 于对于加速度没有类似速度的投影定理；③ 加速度计算也有瞬心法，但因其较为复杂不具有实用价值，因此，在求平面图形内各点的加速度时，一般采用加速度合成法。

例 2-7 如图 2-20(a)所示。四连杆机构中曲柄 OA 长 r，连杆 AB 长 $2r$，摇杆 O_1B 长 $2\sqrt{3}r$，在图示瞬时，四连杆机构中的点 O、B 和 O_1 位于同一水平线上，而曲柄 OA 与水平线垂直。如曲柄的角速度为 ω_0，角加速度为 $\varepsilon_0=\omega_0^2$，求点 O_1B 的角速度和角加速度。

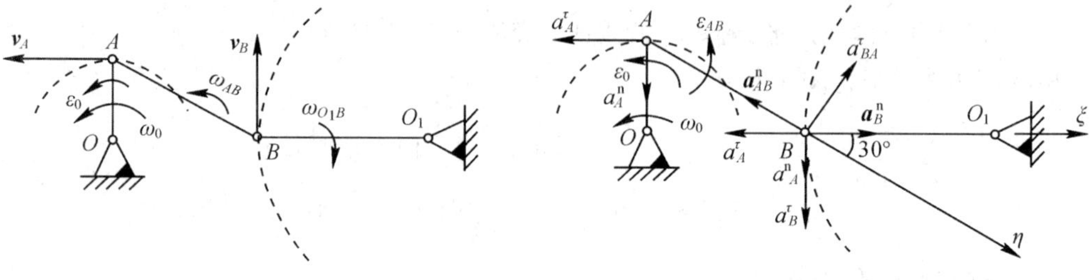

(a) (b)

图 2-20

解 运动分析：OA 作定轴转动；AB 作平面运动；O_1B 作定轴运动。

(1) A、B 两点速度方向和方位已知。从 A、B 两点分别作 $\boldsymbol{v}_A$、$\boldsymbol{v}_B$ 的垂线，其交点 O 即为 AB 杆在该瞬时的速度瞬心，如图 2-20(a)所示。

$$v_A=\omega_0 r \quad 且 \quad v_A=\omega_{AB} r$$

所以

$$\omega_{AB}=\omega_O \quad （方向为逆时针）$$

$$v_A=\omega_{AB}\cdot|OB|=\sqrt{3}\omega_0 r \quad （方向为垂直向上）$$

$$\omega_{O_1B}=\frac{v_B}{|O_1B|}=\frac{\omega_0}{2} \quad （方向为顺时针）$$

(2) 以 A 点为基点，根据加速度合成定理知：

$$\boldsymbol{a}_B=\boldsymbol{a}_A+\boldsymbol{a}_{AB}^{\tau}+\boldsymbol{\alpha}_{AB}^{n}$$

由于基点 B 的运动轨迹为圆周曲线，故将 B 点的加速度分解为切线加速度 $\boldsymbol{a}_B^{\tau}$ 和法向加速度 $\boldsymbol{a}_B^{n}$。基点 A 的运动轨迹为圆周曲线，可将 A 点的加速度分解为切线加速度 $\boldsymbol{a}_A^{\tau}$ 和法向加速度 $\boldsymbol{a}_A^{n}$。则基点的加速度合成定理如下(方向如图 2-20(b)所示)：

$$\boldsymbol{a}_B^{\tau}+\boldsymbol{a}_B^{n}=\boldsymbol{a}_A^{\tau}+\boldsymbol{a}_A^{n}+\boldsymbol{a}_{AB}^{\tau}+\boldsymbol{a}_{AB}^{n}$$

其中，

$$a_B^n=\frac{\sqrt{3}}{2}\omega_0^2 r，a_A^{\tau}=\varepsilon r=\omega_0^2 r，a_A^n=\omega_0^2 r，a_{AB}^n=2\omega_0^2 r$$

则在图示 η 方向：

$$a_B^{\tau}\sin 30^\circ+a_B^n\cos 30^\circ=-a_A^{\tau}\cos 30^\circ+a_A^n\sin 30^\circ-a_{AB}^n$$

所以

$$a_B^{\tau}=(3-2\sqrt{3})\omega_0^2 r \quad （方向为垂直向上）$$

$$\varepsilon=\frac{a_B^{\tau}}{|O_1B|}=\left(\frac{\sqrt{3}}{2}-1\right)\omega_0^2 \quad （方向为顺时针）$$

例 2-8　如图 2-21(a)所示，曲柄 $OA=r$，以角速度 ω 绕定轴 O 转动。连杆 $AB=2r$，轮 B 半径为 r，在地面上滚动而不滑动。求曲柄在图示铅直位置时杆 AB 及轮 B 的角加速度。

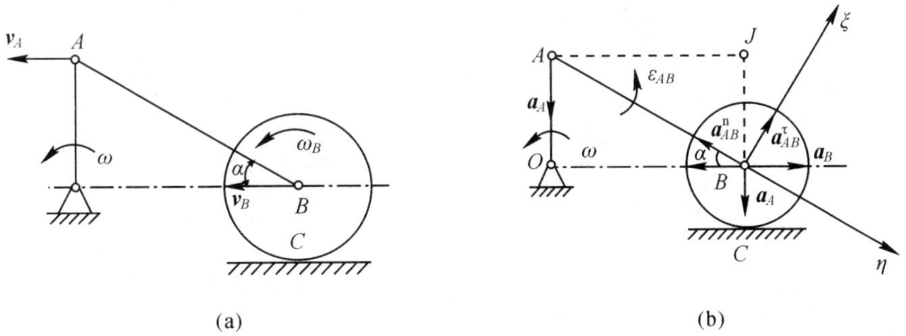

图　2-21

解　(1) 速度求解。连杆 AB 作平面运动，此瞬时，$\boldsymbol{v}_A \parallel \boldsymbol{v}_B$，而 AB 不垂直于 $\boldsymbol{v}_A$。连杆 AB 作瞬时平移，其瞬心在无穷远处，$\omega_{AB}=0$。

$$v_A=v_B=\omega r$$

轮 B 作平面运动，轮与地面间无相对滑动，则接触点 C 为轮 B 的速度瞬心，如图 2-21(a)所示，有

$$\omega_B=\frac{v_B}{r}\omega,\ \omega_{AB}=0$$

(2) 加速度求解。连杆 AB 作瞬时平动，速度相等，其角速度等于零，但其角加速度并不等于零。以点 A 为基点，根据加速度合成定理，则 B 点的绝对加速度为

$$\boldsymbol{a}_B=\boldsymbol{a}_A+\boldsymbol{a}^{\tau}_{AB}+\boldsymbol{a}^{n}_{AB}$$

B 点的加速度矢量图如图 2-21(b)所示，采用解析法，则

在 η 方向：　$a_B\cos\alpha=-a^{n}_{AB}+a_A\sin\alpha$

在 ξ 方向：　$a_B\sin\alpha=-a^{\tau}_{AB}+a_A\cos\alpha$

其中，$a_A=\omega^2 r$，垂直向下；$a^{n}_{AB}=\omega^2_{AB}\cdot|AB|=0$，则

$$a_B=a_A\tan\alpha=\frac{\sqrt{3}}{3}\omega^2 r,\ a^{\tau}_{AB}=\frac{2\sqrt{3}}{3}\omega^2 r$$

故

$$\varepsilon_{AB}=\frac{a^{\tau}_{AB}}{|AB|}=\frac{\sqrt{3}}{3}\omega^2\quad\text{(方向如图 2-21(b)所示)}$$

2.3　绕定轴转动刚体的传动问题

几个转动刚体的传动，可以通过摩擦轮、齿轮及带轮来完成，传动的方式是由主动轮带动若干从动轮而运动。

2.3.1　齿轮传动

机械中常用齿轮传动机构，以达到传递转动和变速的目的。齿轮机构分为外啮合齿轮

和内啮合齿轮，见图 2－22。

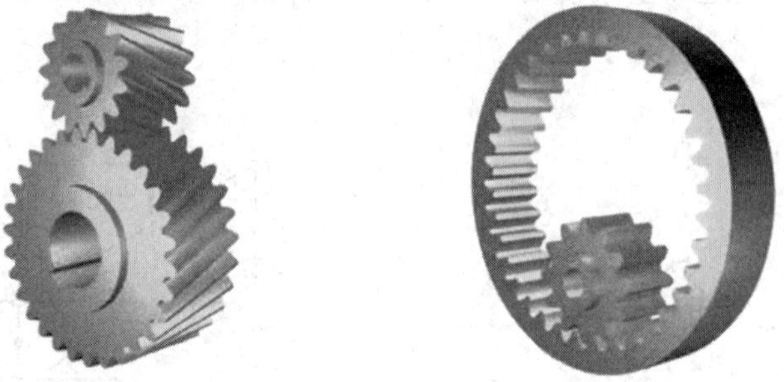

(a) 齿轮外啮合　　(b) 齿轮内啮合

图　2－22

设 ω_1、ε_1和 R_1表示齿轮Ⅰ的角速度、角加速度和半径；ω_2、ε_2和 R_2表示齿轮Ⅱ的角速度、角加速度和半径。若两齿轮分度圆的啮合点之间没有相对运动，则表示它们的速度和切向加速度的大小和方向都必须相同。即

$$\boldsymbol{v}_1=\boldsymbol{v}_2,\ a_1^{\tau}=a_2^{\tau}$$

且 $v_1=R_1\omega_1$，$v_2=R_2\omega_2$；$a_1^{\tau}=R_1\varepsilon_1$，$a_2^{\tau}=R_2\varepsilon_2$。故

$$R_1\omega_1=R_2\omega_2,\ R_1\varepsilon_1=R_2\varepsilon_2$$

即

$$\frac{\omega_1}{\omega_2}=\frac{\varepsilon_1}{\varepsilon_2}=\frac{R_2}{R_1}$$

这就表明：相啮合的两个齿轮其角速度和角加速度均与其半径成反比。这个比值即主动轮与从动轮角速度之比$\dfrac{\omega_1}{\omega_2}$，称为传动比，用 i_{12}。

从齿轮传动的要求可知，相啮合的两个齿轮之半径与其齿数 z 成正比，即

$$\frac{R_1}{R_2}=\frac{z_1}{z_2}$$

则齿轮传动的传动比为

$$i_{12}=\frac{\omega_1}{\omega_2}=\frac{\varepsilon_1}{\varepsilon_2}=\pm\frac{R_2}{R_1}=\pm\frac{z_1}{z_2} \tag{2-14}$$

其中，＋号表示内啮合，转向相同；－号表示外啮合，转向相反。

多级传动的传动比为

$$i_{1n}=i_{12}\cdot i_{23}\cdot\cdots\cdot i_{(n-1)n}$$

例 2－9　图 2－23 所示为减速箱，轴Ⅰ为主动轴，与电动机相连。已知电机转速 $n=1450$ r/m，各齿轮的齿数 $z_1=14$，$z_2=42$，$z_3=20$，$z_4=36$。求减速箱的总传动比 i_{14}及轴Ⅲ的转速。

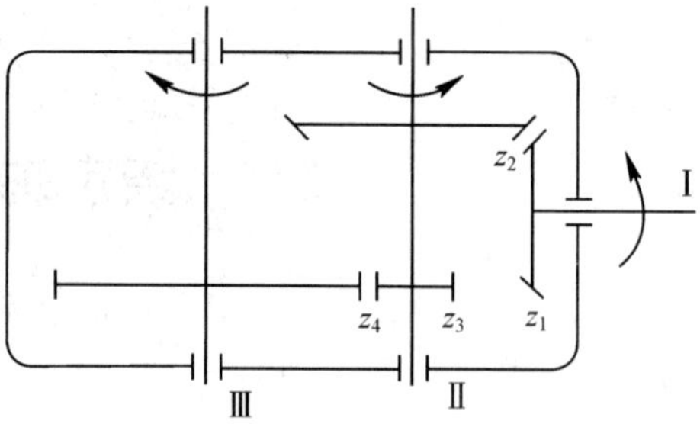

图　2－23

解　各齿轮作定轴转动，为定轴轮系的传动

问题。

轴Ⅰ与Ⅱ的传动比为

$$i_{12}=\frac{n_1}{n_2}=\frac{z_2}{z_1}$$

轴Ⅱ与Ⅲ的传动比为

$$i_{24}=\frac{n_2}{n_4}=\frac{n_2}{n_3}\cdot\frac{n_3}{n_4}=\frac{z_4}{z_3}$$

从轴Ⅰ至轴Ⅲ的总传动比为

$$i_{14}=\frac{n_1}{n_4}=\frac{n_1}{n_2}\cdot\frac{n_2}{n_3}\cdot\frac{n_3}{n_4}=i_{12}\cdot i_{24}=\frac{z_2}{z_1}\cdot\frac{z_4}{z_3}=\frac{42}{14}\times\frac{36}{20}=5.4$$

所以

$$n_4=\frac{n_1}{i_{14}}=\frac{1450}{5.4}=268.5\ \text{r/m}$$

2.3.2　皮带传动

带传动是利用张紧在带轮上的柔性带进行运动或动力传递的一种机械传动。根据传动原理的不同，有靠带与带轮间的摩擦力传动的摩擦型带传动，也有靠带与带轮上的齿相互啮合传动的同步带传动。带传动具有结构简单、传动平稳、能缓冲吸振、可以在大的轴间距和多轴间传递动力，且造价低廉、不需润滑、维护容易等特点，在近代机械传动中应用十分广泛。摩擦型带传动能过载打滑，运转噪声低，但传动比不准确(滑动率在 2%以下)；同步带传动可保证传动同步，但对载荷变动的吸收能力稍差，高速运转有噪声。带传动除用以传递动力外，有时也用来输送物料，进行零件的整列等。图 2 - 24 为带传动的示意图。

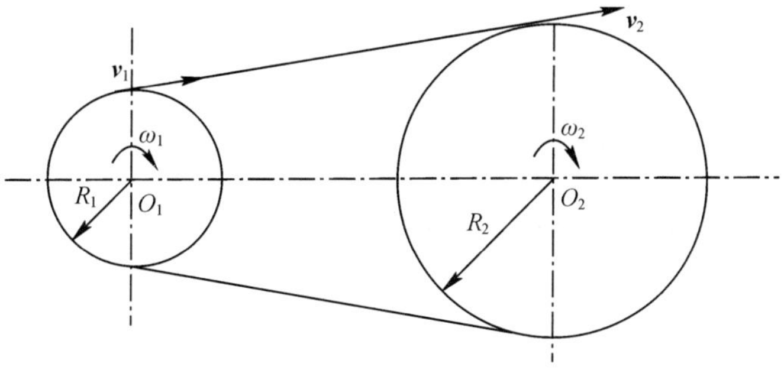

图　2 - 24

带传动的特点：① 皮带不可伸长(理想化)；② 可假设皮带与轮之间无相对滑动；③ 皮带(链条)上各点速度和切向加速度大小相同。

设 ω_1 和 R_1 表示齿轮Ⅰ的角速度和半径；ω_2 和 R_2 表示齿轮Ⅱ的角速度和半径。若两带轮的皮带与轮缘之间没有相对活动，则表示它们同一侧的速度的大小和方向都相同，即

$$\boldsymbol{v}_1=\boldsymbol{v}_2$$

即

$$R_1\omega_1=R_2\omega_2$$

则带传动的传动比为

$$i_{12}=\frac{\omega_1}{\omega_2}=\frac{R_2}{R_1} \tag{2-15}$$

本章知识要点

1. 刚体的两种基本运动：平动、定轴转动。另外，除研究刚体整体的运动外，还要研究其上的点与整体间运动的联系关系。

平动刚体上各点的轨迹形状、同一瞬时的速度和加速度都相同。因此，平动刚体可作为点，在运动学中选连接点，称此代表点的运动方程、速度和加速度为刚体的平动方程、平动速度和平动加速度。

定轴转动刚体的转动方程、角速度、角加速度分别为

$$\varphi=\varphi(t)$$

$$\omega=\dot{\varphi}=\frac{\mathrm{d}\varphi}{\mathrm{d}t}$$

$$\varepsilon=\frac{\mathrm{d}^2\varphi}{\mathrm{d}t^2}=\frac{\mathrm{d}\omega}{\mathrm{d}t}$$

2. 刚体的平面运动。刚体的平面运动可以简化为平面图形的运动，而平面图形的运动通常分解为随同基点的牵连平动和绕基点的相对转动，其平动部分与基点的选择有关，而转动部分与基点的选取无关。刚体的平面运动方程为

$$x'_O=f_1(t),\ y'_O=f_2(t),\ \varphi=\varphi(t)$$

刚体平面运动的速度和加速度的求解方法有以下几种；

(1) 速度合成法(基点法)是基本方法：

$$\boldsymbol{v}_M=\boldsymbol{v}_{O'}+\boldsymbol{v}_{O'M}$$

(2) 速度投影法是速度合成法的另一种表达形式，可以简单、快捷地求出某些特殊点的速度特征量：

$$[\boldsymbol{v}_{O'}]_{O'M}=[\boldsymbol{v}_M]_{O'M}$$

(3) 速度瞬心法的关键是正确找出速度瞬心 C 的位置：

$$v_M=|CM|\cdot\omega$$

且 $\boldsymbol{v}_M$ 垂直于 CM。

(4) 对于刚体平面上各点的加速度，通常采用加速度合成法(基点法)求解：

$$\boldsymbol{a}_M=\boldsymbol{a}_{O'}+\boldsymbol{a}_{O'M}=\boldsymbol{a}_{O'}+\boldsymbol{a}^{\tau}_{O'M}+\boldsymbol{a}^{n}_{O'M}$$

3. 刚体传动的形式主要包括齿轮传动和带传动。

(1) 齿轮传动的传动比为

$$i_{12}=\frac{\omega_1}{\omega_2}=\frac{\varepsilon_1}{\varepsilon_2}=\pm\frac{R_2}{R_1}=\pm\frac{z_2}{z_1}$$

其中，+号表示内啮合；-号表示外啮合。

(2) 带传动的传动比为

$$i_{12}=\frac{\omega_1}{\omega_2}=\frac{R_2}{R_1}$$

思　考　题

2-1　平动刚体有何特征？刚体平动时，刚体各点的轨迹一定是直线吗？直线平动与曲线平动有何不同？

2-2　已知刚体的角速度 ω 与角加速度 ε（见图 2-25），求 A、M 两点的速度、切向和法向加速度的大小，并图示方向。

2-3　若在刚体上固连一参考坐标系，随同刚体一起运动，问此参考坐标系上任一点的速度和加速度如何计算？试就平动与转动两种情况说明之。

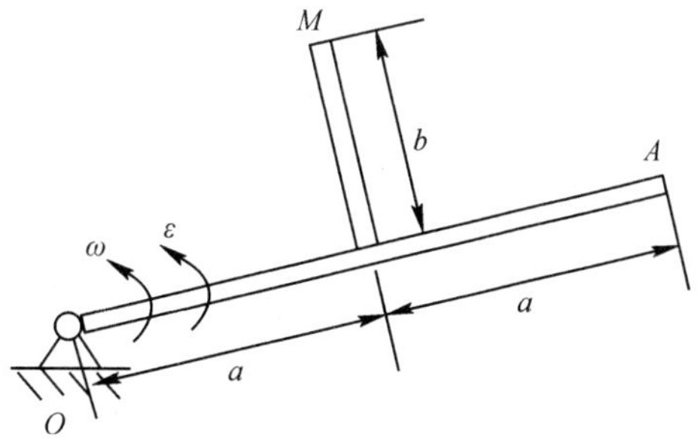

图　2-25

2-4　刚体平面运动通常分解为哪两个运动，它们与基点的选取有无关系？求刚体各点的加速度，是否需要考虑科氏加速度？

2-5　刚体平动和瞬时平动的概念有什么不同？

习　　题

2-1　搅拌机构如图 2-26 所示，已知 $O_1A=O_2B=R$，$O_1O_2=AB$，杆 O_1A 以不变的转速 n r/m 转动。试分析构件 BAM 上 M 点的轨迹及其速度和加速度。

2-2　曲柄摇杆结构如图 2-27 所示，曲柄 OA 长为 r，以角速度 ω 绕 O 轴转动，其 A 端用铰链与滑块相连，滑块可沿摇杆 O_1B 的槽子滑动，且 $O_1O=h$，求摇杆的转动方程、角速度及角加速度，并分析其转动的特点。

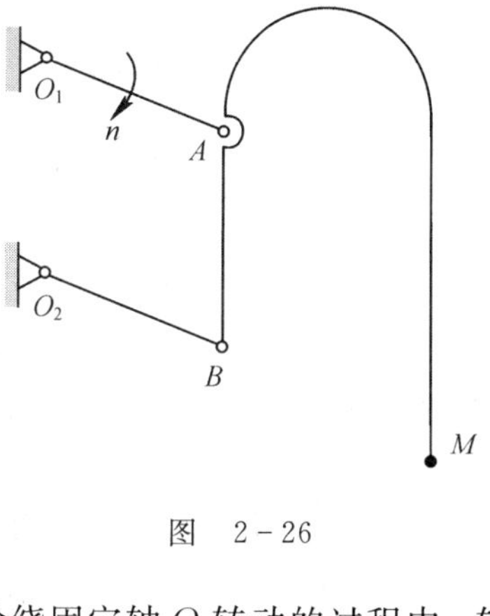

图　2-26

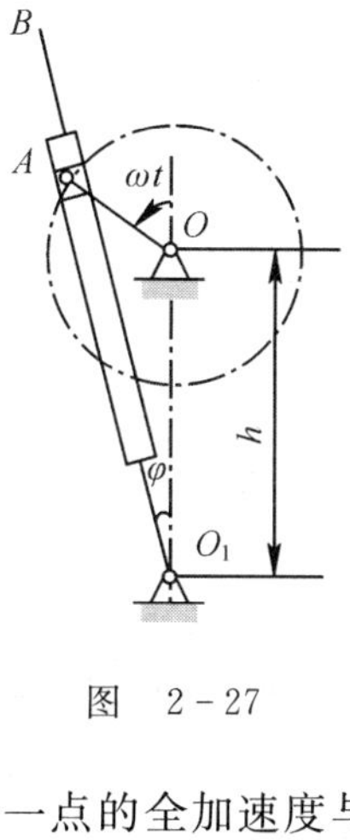

图　2-27

2-3　某飞轮绕固定轴 O 转动的过程中，轮缘上任一点的全加速度与其转动半径的夹角恒为 $\theta=60°$，当开始运动时，其转角 $\varphi_0=0$，角速度为 ω_0。求飞轮的转动方程及其角速度与转角间的关系。

2－4　如图 2－28 所示，半径为 R 的圆柱 A 缠以细绳，绳的 B 端固定，圆柱自静止下落，其轴心的速度 $v_A=\frac{2}{3}\sqrt{3gh}$，其中 h 为轴心至初始位置的距离。求圆柱的平面运动方程。

2－5　图 2－29 所示曲柄连杆机构中，曲柄 $OA=40$ cm，连杆 $AB=100$ cm，曲柄以转速 $n=180$ r/m 绕 O 轴匀速转动。求当 $\varphi=45°$时连杆 AB 的角速度及其中点 M 的速度。

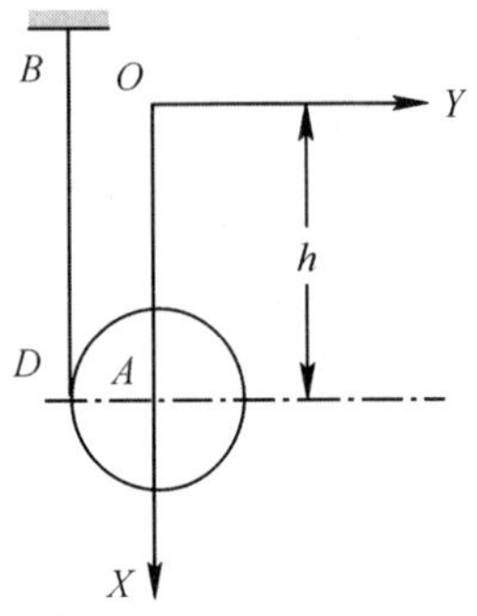

图　2－28

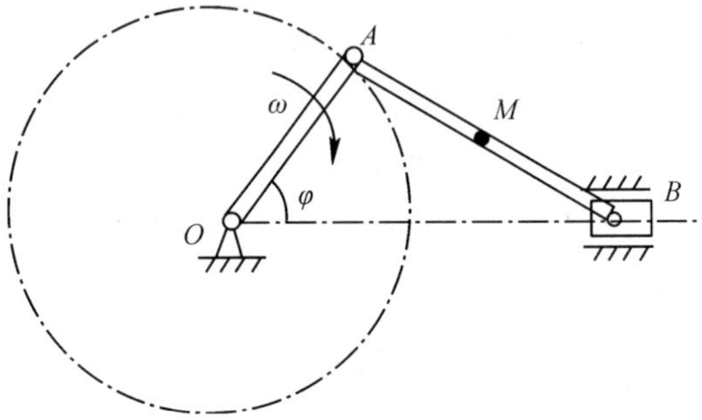

图　2－29

2－6　图 2－30 所示四连杆机构中，$OA=O_1B=0.5\ AB$，曲柄以角速度 $\omega=3$ rad/s 绕 O 轴转动。求在图示位置时，杆 AB 和杆 O_1B 的角速度。

2－7　图 2－31 所示曲柄摇杆机构中，曲柄 OA 以角速度 ω_0 绕 O 轴转动，带动连杆 AC 在摇块 B 内滑动，摇块及与刚性的 BD 杆则绕 B 转动，杆 BD 长为 l。求在图示位置时摇块的角速度及 D 点的速度。

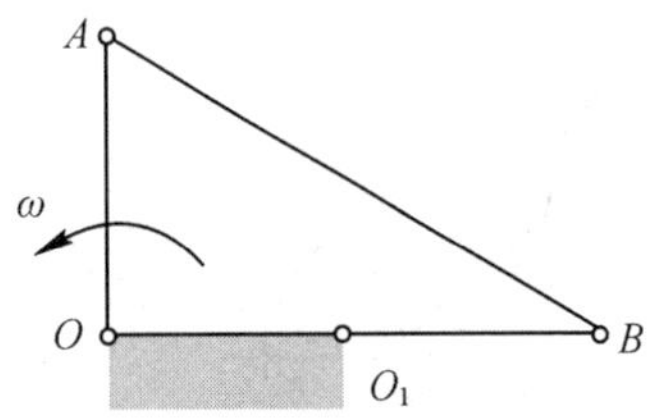

图　2－30

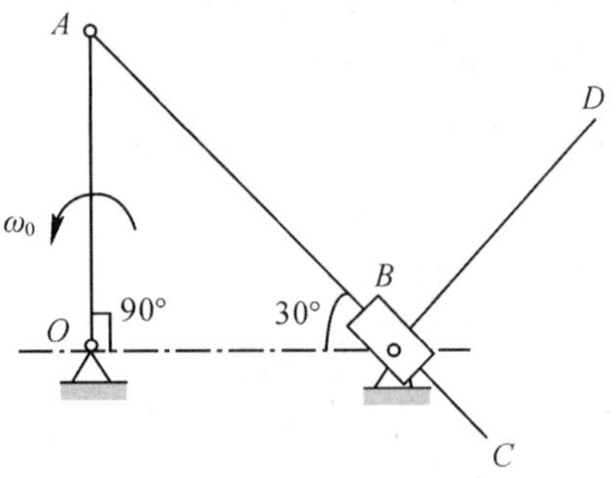

图　2－31

2－8　图 2－32 所示机构中，已知各杆长 $OA=20$ cm，$AB=80$ cm，$BD=60$ cm，$O1D=40$ cm，角速度 $\omega_0=10$ rad/s 。求机构在图示位置时，杆 BD 的角速度、杆 O_1D 的角速度及杆 BD 的中点 M 的速度。

2－9　图 2－33 所示配气机构中，曲柄以匀角速度 $\omega=20$ rad/s 绕 O 轴转动，$OA=40$ cm，$AC=CB=20\sqrt{37}$ cm，当曲柄在两铅垂位置和水平位置时，求气阀推杆 DE 的速度。

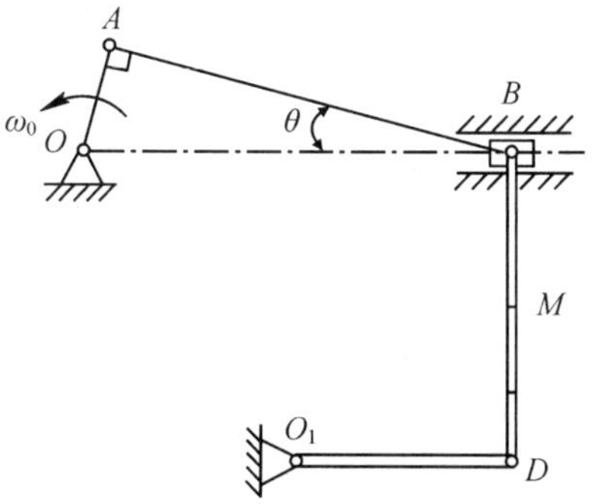

图　2-32

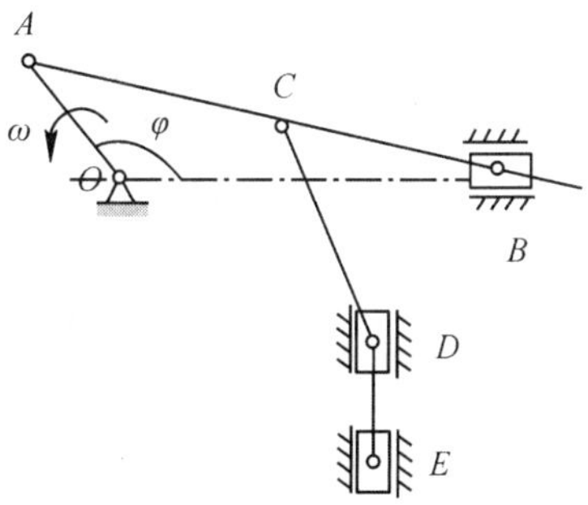

图　2-33

2-10　图 2-34 所示双曲柄连杆机构中，主动曲柄 OA 与从动曲柄 OD 都绕 O 轴转动，滑块 B 与滑块 E 用杆 BE 连接。主动曲柄以匀角速度 $\omega_0=12$ rad/s 转动，$OA=10$ cm，$AB=26$ cm，$BE=OD=12$ cm，$DE=12\sqrt{3}$ cm。求当曲柄 OA 位于图示铅垂位置时，从动曲柄 OD 与连杆 DE 的角速度。

2-11　在图 2-35 所示的瓦特行星传动机构中，平衡杆 O_1A 绕 O_1 轴转动，并由连杆 AB 带动曲柄 OB，而曲柄 OB 活动地装置在 O 轴上。在 O 轴上装有齿轮 I，齿轮 II 的轴安装在杆 AB 的 B 端，已知 $r_1=r_2=30\sqrt{3}$ cm，$O_1A=75$ cm，$AB=150$ cm，又 $\omega_{O1}=6$ rad/s。求当 $\theta=60°$ 及 $\beta=90°$ 时，曲柄 OB 及齿轮 I 的角速度。

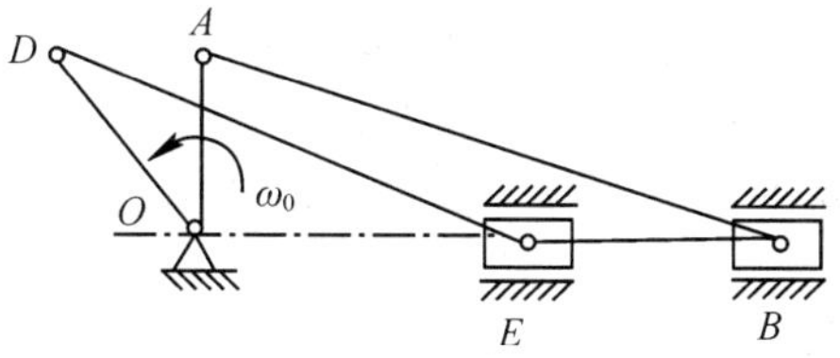

图　2-34

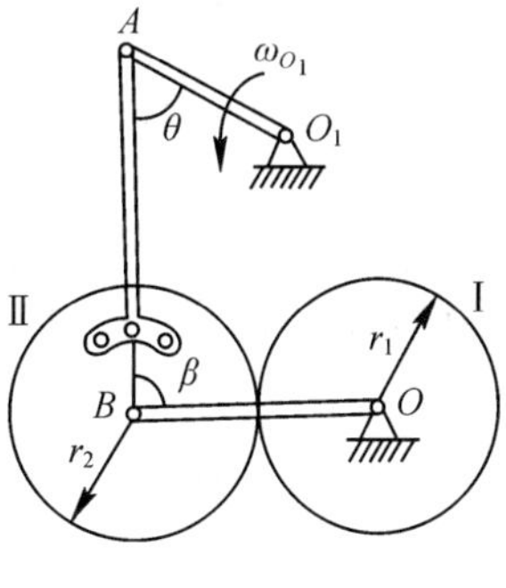

图　2-35

2-12　图 2-36 所示曲柄连杆机构带动摇杆 O_1C 绕 O_1 轴摆动，连杆 AD 上装有两个滑块，滑块 B 在水平滑槽内滑动，而滑块 D 在摇杆 O_1C 的槽内滑动。已知曲柄 $OA=5$ cm，绕 O 轴转动的角速度 $\omega_0=10$ rad/s，在图示位置时，曲柄与水平线成 90°，摇杆与水平线成 60°，距离 $O_1D=7$ cm。求摇杆的角速度。

2-13　纵向刨床机构如图 2-37 所示，曲柄 OA 长 r，以匀角速度 ω 转动。当 $\varphi=90°$、$\beta=60°$ 时，$DC:BC=1:2$，且 $OC\parallel BE$，连杆 AC 长 $2r$。求刨杆 BE 的平动速度。

2-14　车轮在铅垂面内沿倾斜直线轨道滚动而不滑动，如图 2-38 所示。轮的半径 $R=0.5$ cm，轮心 O 在某瞬时的速度 $v_O=1$ m/s，加速度 $a_O=3$ m/s²。求在轮上两相互垂直直径的端点的加速度。

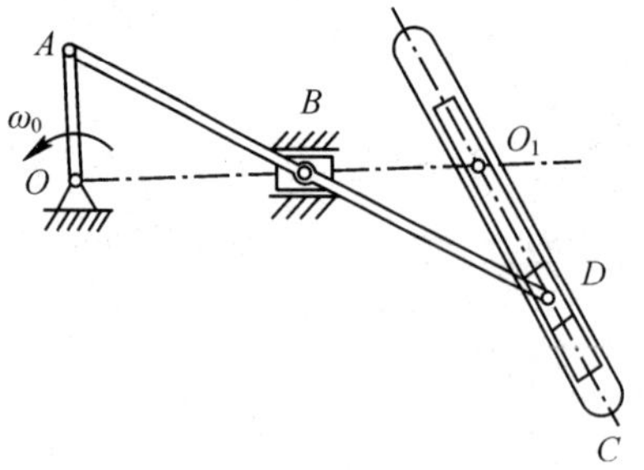

图　2-36

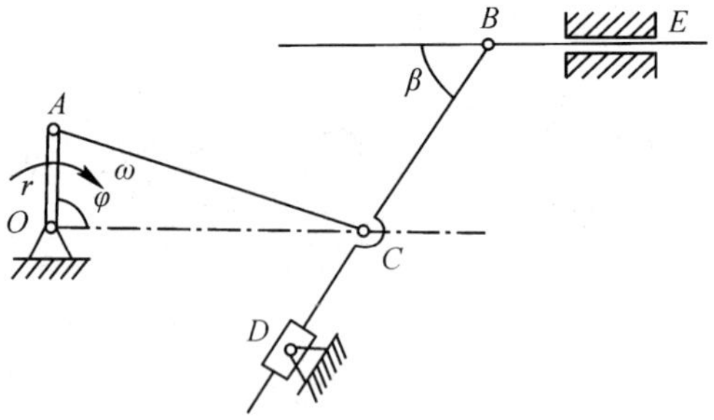

图　2-37

2-15　图 2-39 所示曲柄连杆结构中，曲柄长 20 cm，以匀角速度 $\omega_0=10$ rad/s 转动，连杆长 100 cm，求在图示位置时候连杆的角速度与角加速度以及滑块 B 的加速度。

2-16　图 2-40 所示四连杆机构，曲柄 $OA=r$，以匀角速度 ω_0转动，连杆 $AB=4r$。求在图示位置时摇杆 O_1B 的角速度与角加速度及连杆中点 M 的加速度。

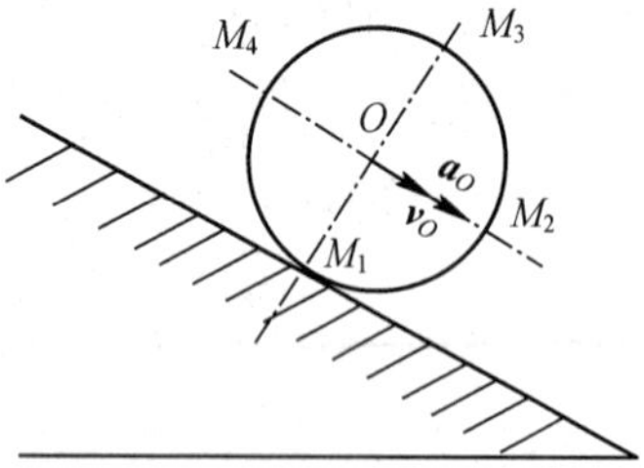

图　2-38

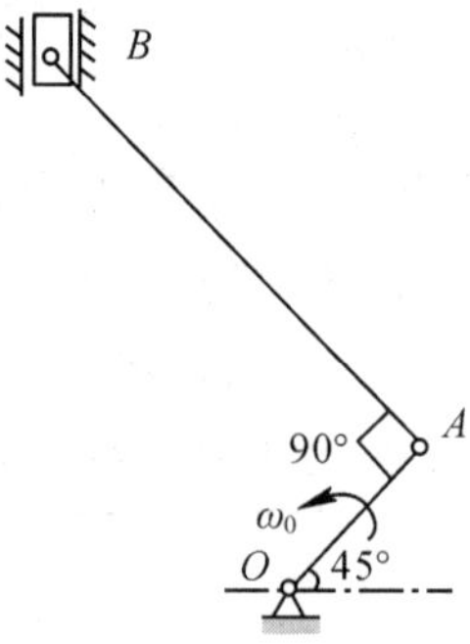

图　2-39

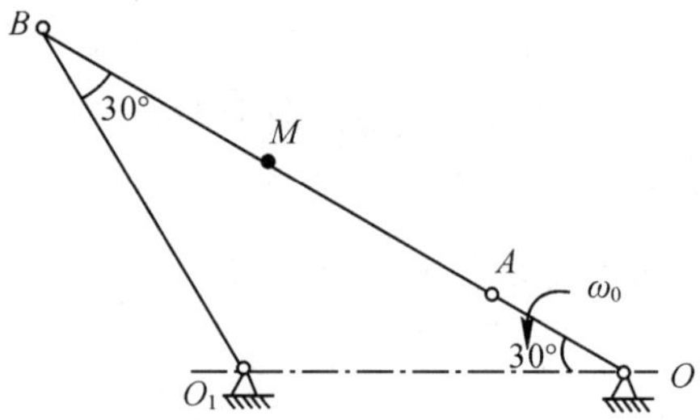

图　2-40

2-17　使砂轮高速转动的装置如图 2-41 所示。杆 O_1O_2 绕 O_1 轴转动，转速为 n_4。O_2 处用铰链连接一半径为 r_2 的活动齿轮Ⅱ，杆 O_1O_2 转动时轮Ⅱ在半径为 r_3 的固定内齿轮Ⅲ上滚动，并使半径为 r_1 的轮Ⅰ绕 O_1 轴转动。轮Ⅰ上装有砂轮，随同轮Ⅰ高速转动。已知 $r_3/r_1=11$，$n_4=900$ r/m。求砂轮的转速。

2-18　图 2-42 所示仪表机构中，已知各齿轮的齿数为 $z_1=6$，$z_2=24$，$z_3=8$，$z_4=32$，齿轮 5 的半径为 $R=4$ cm，如齿条 BC 下移 1 cm，求指针 OA 转过的角度 φ。

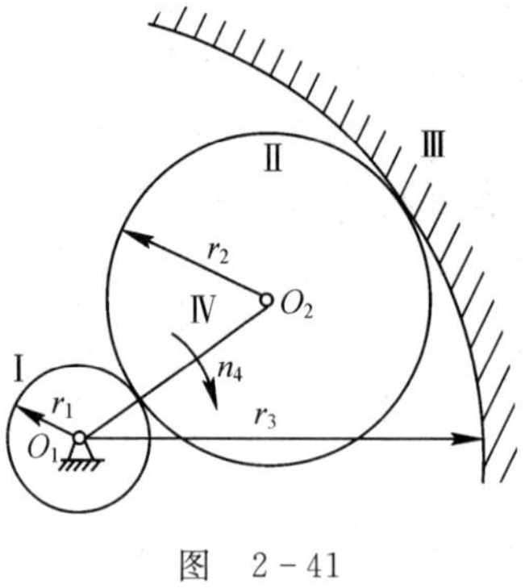

图　2-41

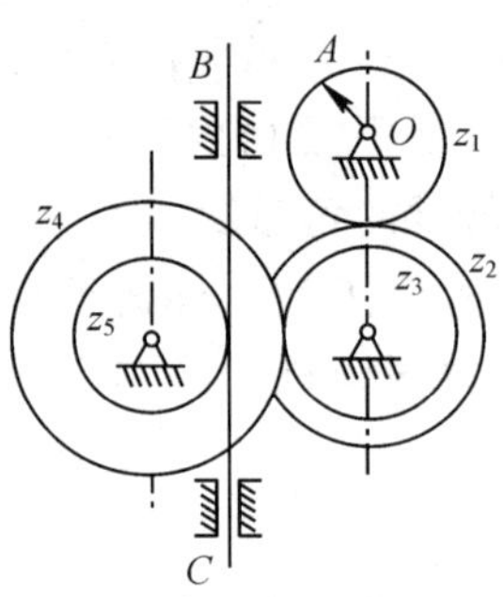

图　2-42

第 3 章　复合运动

教学要求：

（1）重点掌握速度合成定理和加速度合成定理。

（2）能正确理解一个动点、两个坐标系和三种运动，恰当地选择动点和动坐标系，熟练地应用速度合成定理和加速度合成定理计算点的速度、加速度和刚体的角速度和角加速度。

本章主要是通过不同的坐标系来研究同一点的运动，分析对于不同参考系的运动学参数之间的关系，得到速度合成定理和加速度合成定理。

前面研究点的运动时，都是相对某一个参考系而言的。但在工程实际中，有时需要研究同一点相对两个不同参考系的运动，而这两个参考系彼此间又有相对运动，显然在这两个参考系中观察到的动点的运动是不相同的。例如，列车直线行驶时，车上的观察者看到车轮轮缘上一点绕轮轴作圆周运动；但地面上的观察者却看到该点沿旋轮线运动，如图 3-1所示。又如，直管绕固定于机座的轴转动，管内有一小球沿直管向上运动，如图 3-2 所示。小球相对于管子做直线运动，但相对于机座却做曲线运动。

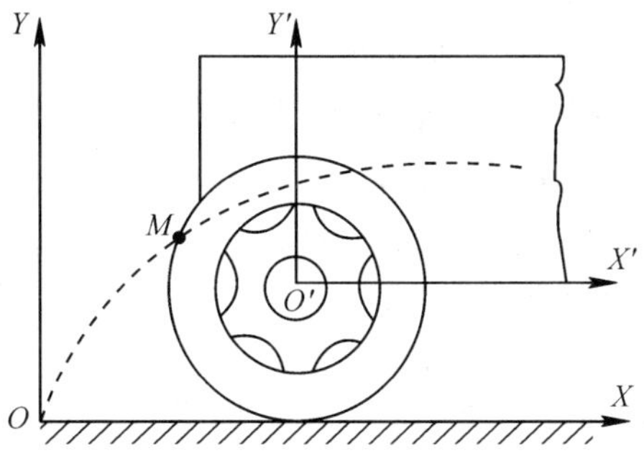

图　3-1

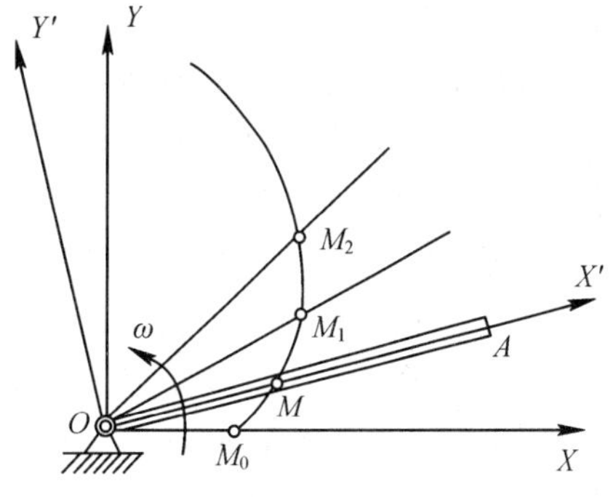

图　3-2

3.1　复合运动的概念

由两个不同的参考系描述同一点的运动虽然表现出差异，但它们之间客观地存在着一定联系。通过观察可以发现，物体相对一参考体的运动可以由几个运动组合而成。例如，在上述的例子中，车轮上的点沿旋轮线运动，但是如果以车厢作为参考体，则点相对于车厢的运动是简单的圆周运动，车厢相对于地面的运动是简单的平动。这样，轮缘上一点的运动就可以看成为两个简单运动的合成，即点相对于车厢做圆周运动，同时车厢相对于地面做平动。于是，相对于某一参考体的运动可由相对于其他参考体的几个运动组合而成，称这种运动为合成运动。

为了便于研究，通常将固连于地球表面(或相对于地面相对静止的物体)上的参考系称为固定参考系，简称定系或静系；而把固连于相对地面运动的物体上的参考系称为动参考系，简称动系。被观察的点称为动点。动点相对于定系的运动称为该点的绝对运动；动点相对于动系的运动，称为相对运动；动系相对于定系的运动，称为牵连运动。

从上述定义可知，点的绝对运动、相对运动都是指点的运动。其运动可能是直线运动或曲线运动；牵连运动是指动系所固连的刚体的运动，其运动可能是平动、转动或其他较复杂的运动。

以图 3-1 为例，为了描述轮缘上一点的运动，取动系固连于车厢，定系固连于地面。这样，上述三种运动就随之确定。动点的绝对运动是沿旋轮线的运动，相对运动是圆周运动，牵连运动是车厢的直线平动。对于图 3-2，可取动系固连于直管，定系固连于机座。于是，动点(小球)的绝对运动是曲线运动，相对运动是沿管子的直线运动，牵连运动是直管绕轴的转动。

注意，在分析这三种运动时，必须明确：① 站在什么地方看物体的运动？② 看什么物体的运动？

动点的相对运动和绝对运动是通过牵连运动相联系的。但在动系中，对动点具体起牵连运动作用的是动系上与动点相重合的那一个点，称为牵连点。由于动点相对于动系在运动，因此，在不同的瞬时，动点就与动系上不同的点相重合，即牵连点在动系上的位置是随时间而变化的。

动点相对于动系的运动轨迹、速度和加速度，称为相对运动轨迹、相对速度和相对加速度。动点相对于定系的运动轨迹、速度和加速度，称为绝对运动轨迹、绝对速度和绝对加速度。牵连点的速度和加速度称为动点的牵连速度和牵连加速度。

可以看出，如果没有相对运动，绝对运动等于牵连点的运动；如果没有牵连运动，绝对运动与相对运动就没有区别。在一般情况下，动点的绝对运动既取决于相对运动，又取决于牵连运动，它是两者合成的结果。所以，把点的绝对运动称为牵连运动与相对运动的合成运动。因此，这种类型的运动就称为点的合成运动或复合运动。

研究点的合成运动，就是要研究点的绝对运动、相对运动、牵连运动这三种运动之间的关系，也就是如何由已知动点的相对运动与牵连运动求出绝对运动；或者，如何将已知的绝对运动分解为相对运动与牵连运动。这种研究方法，无论在理论上或在工程实际上都具有重要的意义。

3.2　点的复合运动

3.2.1　点的速度合成定理

设动点 M 按某一规律沿已知曲线 K 运动，而曲线 K 又相对于地面做任意运动。以 M 为动点，动系 $O'X'Y'Z'$ 固连于曲线 K，定系 $OXYZ$ 固连于地面，如图 3-3 所示。设在某瞬时 t，动点位于相对轨迹上的 M 点，此时动点在动系上的重合点就是曲线 K 上的 M 点，经过时间间隔 Δt 后，曲线 K 随同动系 $O'X'Y'Z'$ 一起运动到新位置 K' 。动点最后到达 M' 点，而动点的重合点到达 M_1 点。在静系上来看，动点沿轨迹 $\overrightarrow{MM'}$运动，$\overrightarrow{MM'}$为绝对运动轨迹；在动系上来看，动点沿轨迹$\overrightarrow{M_1M'}$运动，相对运动轨迹为曲线 K，在这段时间内，动点的重合点沿轨迹$\overrightarrow{MM_1}$运动。显然，矢量$\overrightarrow{MM'}$和 $\overrightarrow{M_1M'}$分别代表了动点在时间 Δt 内的绝对位移和相对位移，而矢量$\overrightarrow{MM_1}$为动点在 t 时刻与动系相重合的那一点(称为牵连点)在 Δt 时间内的位移，称为动点的牵连位移。

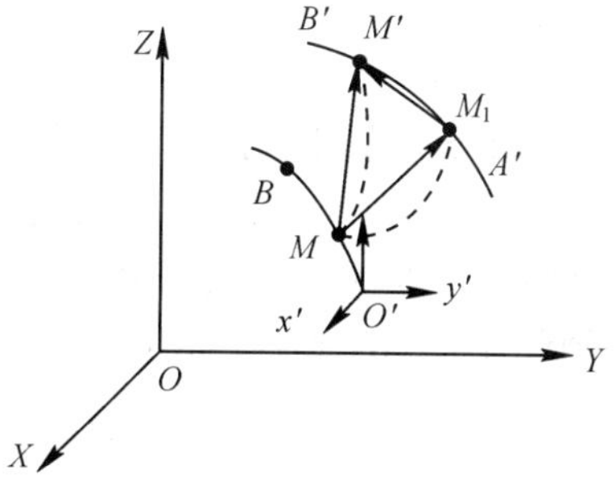

图 3-3

如图 3-3 所示，由三角形$\triangle MM_1M'$ 可以得到这三个位移的关系为$\overrightarrow{MM'}=\overrightarrow{MM_1}+\overrightarrow{M_1M'}$

即动点的绝对位移等于牵连位移和相对位移的矢量和。将上式两端除以时间间隔 Δt，并令 $\Delta t\to 0$ 并取极限，得

$$\lim_{\Delta t\to 0}\frac{\overrightarrow{MM'}}{\Delta t}=\lim_{\Delta t\to 0}\frac{\overrightarrow{MM_1}}{\Delta t}+\lim_{\Delta t\to 0}\frac{\overrightarrow{M_1M'}}{\Delta t}$$

由速度的定义可知

$$\lim_{\Delta t\to 0}\frac{\overrightarrow{MM'}}{\Delta t}=\boldsymbol{v}_{\mathrm{a}}$$

这是动点 M 在瞬时 t 的绝对速度，其方向为绝对运动轨迹$\overrightarrow{M_1M'}$在点 M 处的切线方向。又

$$\lim_{\Delta t\to 0}\frac{\overrightarrow{M_1M'}}{\Delta t}=\boldsymbol{v}_{\mathrm{r}}$$

是动点 M 在时刻 t 的相对速度，其方向为相对轨迹曲线 K 上点 M 处的切线方向，而

$$\lim_{\Delta t\to 0}\frac{\overrightarrow{MM_1}}{\Delta t}=\boldsymbol{v}_{\mathrm{e}}$$

则是曲线 K 上 M 点(牵连点)在该时刻的速度，也就是动点 M 在该时刻的牵连速度。其方向为曲线 $\overrightarrow{MM_1}$在点 M 处的切线方向。

于是，得到点的速度合成定理：

$$\boldsymbol{v}_{\mathrm{a}}=\boldsymbol{v}_{\mathrm{e}}+\boldsymbol{v}_{\mathrm{r}} \tag{3-1}$$

式(3-1)就是点的速度合成定理：动点的绝对速度等于牵连速度和相对速度的矢量和。换句话说就是，动点的绝对速度可以由牵连速度和相对速度为边所作的平行四边形的对角线来表示。这个平行四边形称为速度平行四边形。

应该指出，在推导这个定理的过程中，并没有限制动系做什么样的运动。因此，这个定理适用于牵连运动为平动、转动或其他较复杂的运动的情况。此外，式(3-1)是一个矢量等式，在平面问题中，它等同于两个代数方程。因此，在表示 $\boldsymbol{v}_{\mathrm{a}}$、$\boldsymbol{v}_{\mathrm{e}}$ 及 $\boldsymbol{v}_{\mathrm{r}}$ 三个矢量的大小和方向共六个要素中，已知其中的任意四个，就可求解另外两个要素。

在应用速度合成定理解题时，一般采用如下步骤：

（1）选择动点和动系。应注意动点和动系不能选在同一个物体上，且动点的相对运动轨迹应易于直观看出或为已知曲线。

（2）分析运动。要分清三种运动，进而判定动点的这三种速度的六个要素（各速度的大小和方向）中，哪些是已知的，哪些是待求的。

（3）由速度合成定理的矢量关系，作出速度平行四边形，由几何关系解出待求量。

下面举例说明点的速度合成定理的应用。

例 3－1　如图 3－4 所示为曲柄滑道连杆机构。曲柄长 $|OA|=a$，以匀角速度 ω 绕轴 O 转动，其端点用铰链和滑道中的滑块 A 相连，来带动连杆做往复运动。求当曲柄与连杆轴线成 φ 角时连杆的速度。

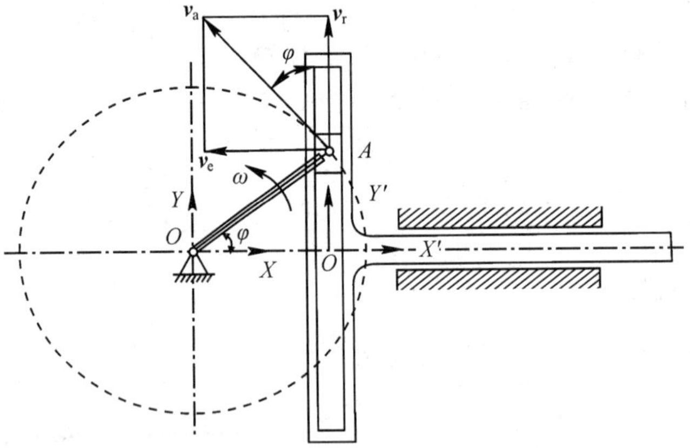

图　3－4

解　（1）选取动点和动系。由题意可知，滑块与连杆彼此有相对运动。当曲柄转动时，滑块在连杆的滑槽中做上下往复运动，并带动连杆使其左右运动。故选取滑块 A 为动点，选连杆为动系，地面为定系（以后若不加说明定系均固连于地面）。

（2）分析三种运动与三种速度。

绝对运动：由于曲柄 OA 绕轴 O 做匀速转动，所以动点 A 作匀速圆周运动。图 3－4 中的虚线圆即为动点 A 的绝对运动轨迹。动点 A 的绝对速度的大小为 $v_a=|OA|\cdot\omega$，方向沿圆周切线方向。

相对运动：动点 A 相对于动系的运动。动点在连杆槽里做直线运动，相对运动轨迹是直线，相对速度 $\boldsymbol{v}_r$ 的方向向上，大小未知。

牵连运动：动系随连杆一起向左运动（直线平动），这就是牵连运动。连杆上和动点 A 相重合的那一点的速度就是动点的牵连速度 $\boldsymbol{v}_e$。因为连杆作平动，连杆上各点的速度相同，因此其方向向左，大小是未知的。

（3）根据速度合成定理，作速度平行四边形求未知量。

$$\boldsymbol{v}_a=\boldsymbol{v}_e+\boldsymbol{v}_r$$

大小：	√	？	？	（√ 表示已知）
方向：	√	√	√	（？ 表示未知）

上式中，三个速度矢量只有两个要素，即 $\boldsymbol{v}_e$ 和 $\boldsymbol{v}_r$ 的大小是未知的，故可作速度平行四边形，如图 3－4 所示。由几何关系，可得连杆在图示位置时的速度大小为

$$v_e = v_a \sin\varphi = a\omega \sin\varphi$$

例 3-2　在如图 3-5 所示机构中，曲柄 $|OA| = 12$ cm，当 OA 绕轴 O 以匀角速度 $\omega = 7$ rad/s转动时，滑套 A 带动杆 O_1B 绕轴 O_1 转动。已知 $|OO_1| = 20$ cm，求当角 $\angle O_1OA = 90°$时，杆 O_1B 的角速度。

解　(1) 选取动点和动系。由于滑套 A 为传递运动的点，并且在传递运动的过程中具有相对运动，因此选取滑套 A 为动点，把动系固连在杆 O_1B 上。

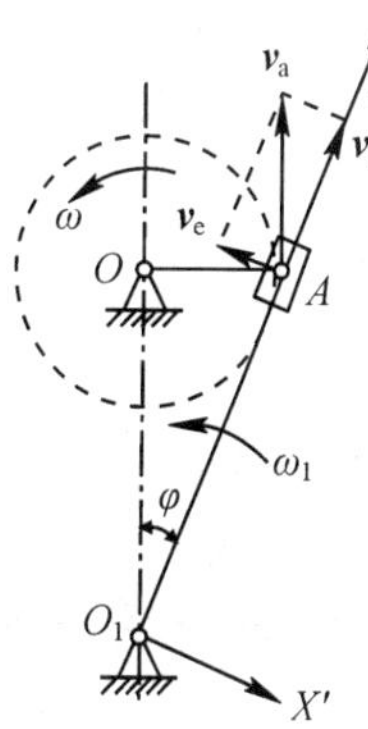

图　3-5

(2) 分析三种运动和三种速度。

绝对运动：由于曲柄 OA 绕轴 O 做匀速转动，所以动点 A 绕轴 O 做匀速圆周运动。动点 A 的绝对速度的大小为 $v_a = |OA| \cdot \omega$，方向垂直于 OA，指向与 ω 转向一致。

相对运动：动点 A 沿 O_1B 方向做直线运动，相对速度 $\boldsymbol{v}_r$ 的方向沿 O_1B，大小未知。

牵连运动：摇杆 O_1B 绕轴 O 做摆动。牵连速度 $\boldsymbol{v}_e$ 就是 O_1B 杆上与滑套 A 相重合的重合点的速度，它的方向垂直于 O_1B，大小未知。

(3) 根据速度合成定理，作速度平行四边形求未知量。

$$\boldsymbol{v}_a = \boldsymbol{v}_e + \boldsymbol{v}_r$$

大小：√　?　?

方向：√　√　√

因式中共有四个要素已知，故可以作出速度平行四边形，根据 $\boldsymbol{v}_a$ 为合矢量，可以确定 $\boldsymbol{v}_e$、$\boldsymbol{v}_r$ 的正确指向，如图 3-5 所示。根据几何关系，可求出 $\boldsymbol{v}_e$ 的大小为

$$v_e = v_a \sin\varphi = |OA| \cdot \omega \cdot \frac{|OA|}{|O_1A|} = \frac{|OA|^2}{\sqrt{|OA|^2 + |O_1O|^2}}\omega$$

设摇杆 O_1B 在此时刻的角速度为 ω_1，则

$$\omega_1 = \frac{v_e}{|O_1A|} = \frac{|OA|^2}{|OA|^2 + |O_1O|^2}\omega = 1.85 \text{ rad/s}$$

例 3-3　导杆 AB 可以在铅垂套管 D 内滑动，其下端的滚轮 A 与凸轮保持接触(见图 3-6)。凸轮以匀角速度 ω 绕轴 O 转动。在图示时刻，$|OA| = a$，而凸轮轮缘在 A 点的法线与 OA 成 θ 角。求导杆 AB 在此时刻的速度及滚轮 A 相对凸轮的相对速度。

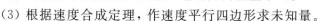

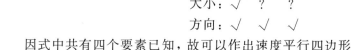

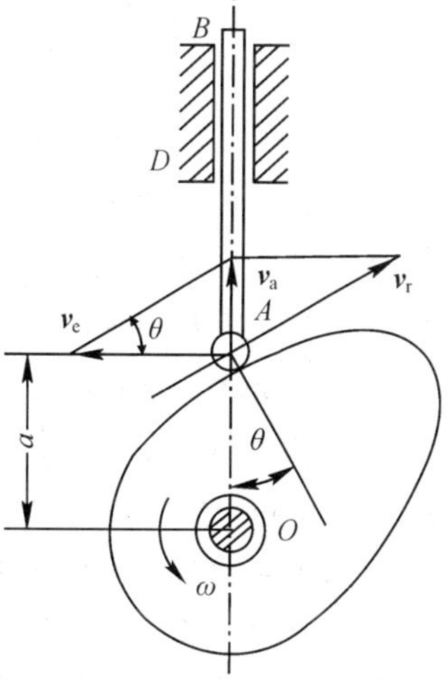

图　3-6

解　(1) 选取动点和动系。因为导杆做平动运动，其上各点速度相同，且 A 点与凸轮轮缘有相对运动，故选取 A 点为动点，取凸轮为动系。

(2) 分析三种运动与三种速度。

绝对运动：动点 A 相对于定系的运动，是沿套 D 管做铅垂直线运动，故点 A 的绝对速度的方向是铅垂的，而大小是待求的。

相对运动：动点 A 相对于动系的运动，即相对于凸轮的运动。因为运动时导杆的轮子

与凸轮轮缘保持接触，故动点 A 在凸轮上的运动轨迹与凸轮轮缘形状相同。因此，相对速度的方向是沿凸轮轮缘曲线在 A 点的切线方向，其大小是未知的。

牵连运动：为动系凸轮的转动。凸轮上与动点 A 重合的点的速度为牵连速度，其方向垂直于半径 OA，其大小为 $v_e=a\omega$。

(3) 根据速度合成定理，作速度平行四边形，求未知量。

$$\boldsymbol{v}_a=\boldsymbol{v}_e+\boldsymbol{v}_r$$

大小：?　√　?

方向：√　√　√

上式中，因三个速度矢量中只有两个要素，即 $\boldsymbol{v}_a$ 与 $\boldsymbol{v}_r$ 的大小是未知的，故可作速度平行四边形，如图 3-6 所示。由几何关系可得导杆在图示位置时的速度大小为

$$v_a=v_e\tan\theta=a\omega\tan\theta$$

又导杆的滚轮与凸轮的相对速度大小为

$$v_r=\frac{v_e}{\cos\theta}=\frac{a\omega}{\cos\theta}$$

例 3-4　偏心凸轮半径为 R，偏心距为 e，以匀角速度 ω 逆时针转动。滑杆 AB 和凸轮保持紧密接触。求图 3-7 所示位置杆 AB 的速度。

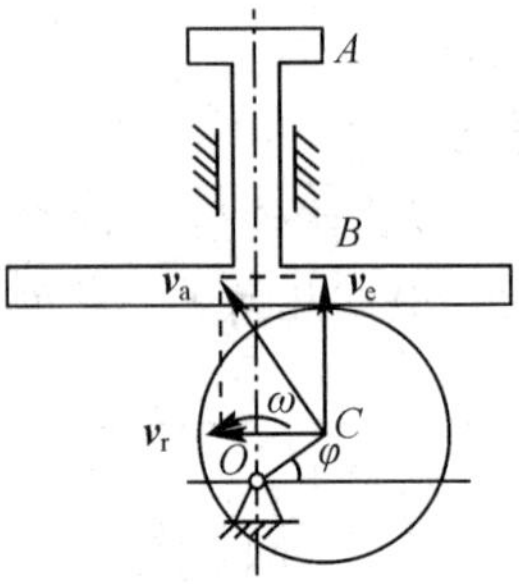

图　3-7

解　(1) 选取动点和动系。因为导杆做平动，其上各点速度相同，但此时导杆与凸轮的接触点一直在变化，没有固定不动的接触点，而凸轮的圆心点 C 到导杆底端水平部分的铅垂距离总是不变，点 C 相对于导杆而言做水平方向的直线运动。故选凸轮圆心点 C 为动点，取导杆为动系。

(2) 分析三种运动与三种速度。

绝对运动：动点 C 相对于静系的运动，为绕 O 点的圆周运动，故点 C 的绝对速度的方向垂直于 OC，且大小已知，$v_a=e\cdot\omega$。

相对运动：动点 C 相对于动系的运动，即相对于导杆的运动，为水平方向直线运动，其速度方位已知，大小是未知的。

牵连运动：动系导杆相对于静系的运动。导杆上与动点 C 重合的点的速度为牵连速度。此时，导杆与动点 C 没有重合点，假想把导杆变大，找到其与动点 C 的重合点。因为导杆相对静系做铅垂方向直线平动，故牵连点的速度沿铅垂方向，大小未知。

(3) 根据速度合成定理，做速度平行四边形，求未知量：

$$\boldsymbol{v}_a = \boldsymbol{v}_e + \boldsymbol{v}_r$$

大小：√　?　?

方向：√　√　√

上式中，因三个速度矢量中只有两个要素，即 $\boldsymbol{v}_e$ 与 $\boldsymbol{v}_r$ 的大小是未知的，故可做速度平行四边形，如图 3－7 所示。由几何关系可得导杆在图示位置时的速度大小为

$$v_e = v_a \cos\varphi = e\omega\cos\varphi\Delta t$$

3.2.2　牵连运动为平动时点的加速度合成定理

在 3.1 节中研究了点的速度合成定理，它对于任何形式的牵连运动都是适用的。但是，加速度合成的问题则比较复杂，对于不同形式的牵连运动会得到不同的结论。下面分别讨论牵连运动为平动时的情形和牵连运动为转动时的情形。

设 $OX'Y'Z'$ 为平动参考系，由于各轴方向始终不变，可使动系的各轴与定坐标轴 X、Y、Z 分别平行，如图 3－8 所示。如果动点相对于动系的相对坐标为 X'、Y'、Z'，而 $\boldsymbol{i}'$、$\boldsymbol{j}'$、$\boldsymbol{k}'$ 为动坐标轴的单位矢量，则动点 M 的相对速度和相对加速度为

$$\boldsymbol{v}_r = \dot{x}'\boldsymbol{i}' + \dot{y}'\boldsymbol{j}' + \dot{z}'\boldsymbol{k}' \tag{3-2}$$

$$\boldsymbol{a}_r = \ddot{x}'\boldsymbol{i}' + \ddot{y}'\boldsymbol{j}' + \ddot{z}'\boldsymbol{k}' \tag{3-3}$$

根据点的速度合成定理，有

$$\boldsymbol{v}_a = \boldsymbol{v}_e + \boldsymbol{v}_r$$

将上式两端对时间取一阶导数得

$$\frac{\mathrm{d}\boldsymbol{v}_a}{\mathrm{d}t} = \frac{\mathrm{d}\boldsymbol{v}_e}{\mathrm{d}t} + \frac{\mathrm{d}\boldsymbol{v}_r}{\mathrm{d}t} \tag{3-4}$$

式(3－4)左端项为动点 M 相对定系的绝对速度，即

$$\boldsymbol{a}_a = \frac{\mathrm{d}\boldsymbol{v}_a}{\mathrm{d}t} \tag{3-5}$$

由于动系为平动，其上各点的速度和加速度都是相同的，因而牵连速度 $\boldsymbol{v}_e$ 和牵连加速度 $\boldsymbol{a}_e$ 就等于动系原点 O' 的速度 $\boldsymbol{v}_{O'}$ 和加速度 $\boldsymbol{a}_{O'}$，即 $\boldsymbol{v}_e = \boldsymbol{v}_{O'}$，$\boldsymbol{a}_e = \boldsymbol{a}_{O'}$，于是 $\frac{\mathrm{d}\boldsymbol{v}_e}{\mathrm{d}t} = \frac{\mathrm{d}\boldsymbol{v}_{O'}}{\mathrm{d}t} = \boldsymbol{a}_{O'} = \boldsymbol{a}_e$，即

$$\boldsymbol{a}_e = \frac{\mathrm{d}\boldsymbol{v}_e}{\mathrm{d}t} \tag{3-6}$$

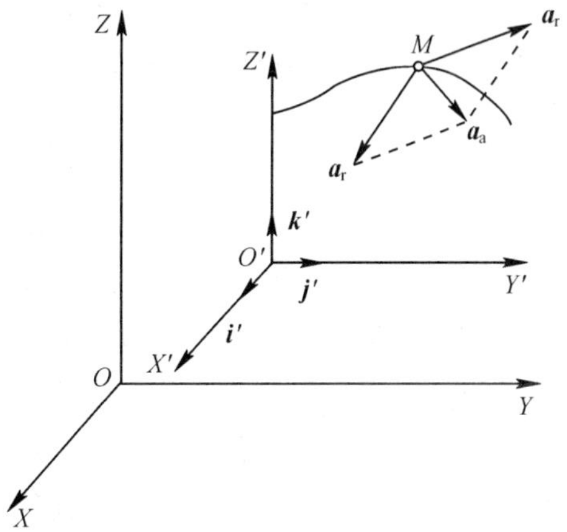

图　3－8

将式(3－2)两端对时间求一阶导数，由于动系做平动时，单位矢量 $\boldsymbol{i}'$、$\boldsymbol{j}'$、$\boldsymbol{k}'$ 的大小和方向都不改变，为恒矢量，故 $\frac{\mathrm{d}\boldsymbol{i}'}{\mathrm{d}t} = \frac{\mathrm{d}\boldsymbol{j}'}{\mathrm{d}t} = \frac{\mathrm{d}\boldsymbol{k}'}{\mathrm{d}t} = 0$，因而有

$$\frac{\mathrm{d}\boldsymbol{v}_r}{\mathrm{d}t} = \frac{\mathrm{d}\dot{x}'}{\mathrm{d}t}\boldsymbol{i}' + \frac{\mathrm{d}\dot{y}'}{\mathrm{d}t}\boldsymbol{j}' + \frac{\mathrm{d}\dot{z}'}{\mathrm{d}t}\boldsymbol{k}' = \boldsymbol{a}_r \tag{3-7}$$

将式(3－5)、式(3－6)、式(3－7)代入式(3－4)，得

$$\boldsymbol{a}_a=\boldsymbol{a}_e+\boldsymbol{a}_r \tag{3-8}$$

式(3-8)表示的是当牵连运动为平动时点的加速度合成定理：当牵连运动为平动时，动点在某时刻的绝对加速度等于该时刻它的牵连加速度与相对加速度的矢量和。

例 3-5　如图 3-9(a)所示凸轮导杆机构中，凸轮是半径 $R=100$ mm 的半圆形，以匀速度 $v_0=600$ mm/s 水平向右运动，推动杆 AB 沿铅垂方向运动。求图示时刻导杆 AB 的速度和加速度。

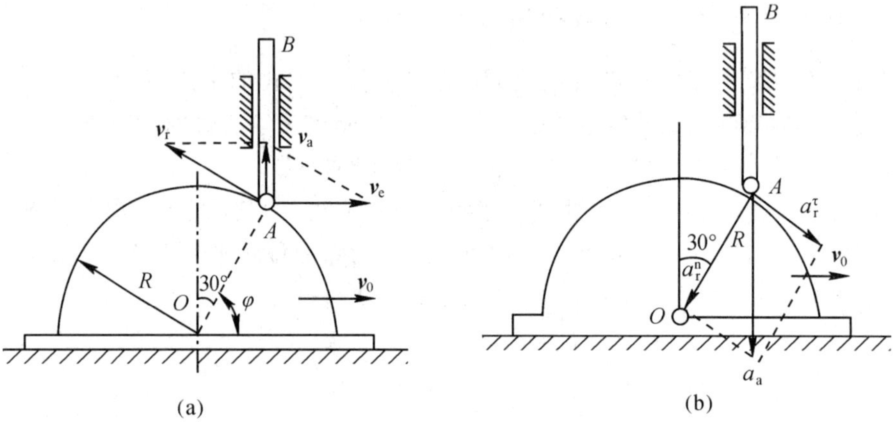

图　3-9

解　(1) 选动点和动系。因为导杆 AB 在滑槽中做平动，其上各点运动相同，且 A 点对凸轮的相对运动轨迹明显，是半径为 R 的圆，故选导杆上的 A 点为动点，取凸轮为动系。

(2) 分析三种运动和三种速度。

绝对运动：动点 A 对定系的运动是铅垂直线运动，故 A 点的绝对速度的方向沿铅垂线向上，而大小未知。

相对运动：动点 A 的相对运动是相对凸轮的运动，其相对运动轨迹是半径为 R 的半圆。相对速度的方向沿半圆在 A 点的切线方向，其大小是未知的。

牵连运动：为凸轮的平动。故动点 A 的牵连速度等于凸轮的平动速度。

(3) 根据速度合成定理，作速度平行四边形，求未知量。

$$\boldsymbol{v}_a=\boldsymbol{v}_e+\boldsymbol{v}_r$$

大小：?　√　?

方向：√　√　√

上式中，因三个速度矢量中只有两个未知要素，即 $\boldsymbol{v}_a$ 与 $\boldsymbol{v}_r$ 的大小，故上式可解，作速度平行四边形，如图 3-9 所示。由几何关系得导杆的速度大小为

$$v_a=v_e\cot60^\circ=v_0\cot60^\circ=600\cot60^\circ\ \text{mm/s}=346\ \text{mm/s}$$

动点的相对速度大小为

$$v_r=\frac{v_e}{\sin60^\circ}=\frac{v_0}{\sin60^\circ}=\frac{600}{\sin60^\circ}\ \text{mm/s}=693\ \text{mm/s}$$

(4) 加速度分析，根据加速度合成定理，作加速度矢量图，求未知量。

由(2)的三种运动分析可知，动点 A 的绝对加速度 $\boldsymbol{a}_a$ 的方向沿铅垂直线，假设其方向向上，其大小未知。由于相对运动是圆周运动，故相对加速度 $\boldsymbol{a}_r$ 由相对切向加速度 $\boldsymbol{a}_r^\tau$ 和相对法向加速度 $\boldsymbol{a}_r^n$ 组成。因为牵连运动是平动，所以牵连加速度 $\boldsymbol{a}_e$ 等于凸轮的平动加速度 $\boldsymbol{a}$，此时凸轮的加速度为 0。

根据加速度合成定理，求未知量。由 $\boldsymbol{a}_a=\boldsymbol{a}_e+\boldsymbol{a}_r$，知

$$\boldsymbol{a}_a=\boldsymbol{a}_e+\boldsymbol{a}_r^\tau+\boldsymbol{a}_r^n$$

	$\boldsymbol{a}_a$	$\boldsymbol{a}_e$	$\boldsymbol{a}_r^\tau$	$\boldsymbol{a}_r^n$
大小：	？	√	？	√
方向：	√	√	√	√

上式中，只有 $\boldsymbol{a}_a$ 和 $\boldsymbol{a}_r^\tau$ 的大小未知，故上式可以解。将各加速度矢量画出，如图 3－9(b)所示。

$$a_r^n=\frac{v_r^2}{R}$$

$$a_a=\frac{a_r^n}{\cos 30^\circ}=\frac{v_0^2}{\cos^2 30^\circ R}=1.54\frac{v_0^2}{R}$$

解得

$$a_a=5544\ \text{mm/s}^2$$

例 3－6　如图 3－10(a)所示平面机构中，曲柄 OA 以匀角速度 ω_0 转动。套筒 A 可沿杆 BC 滑动。已知 $BC=DE$，且 $BD=CE=l$。求图示位置时，杆 BD 的角速度和角加速度。

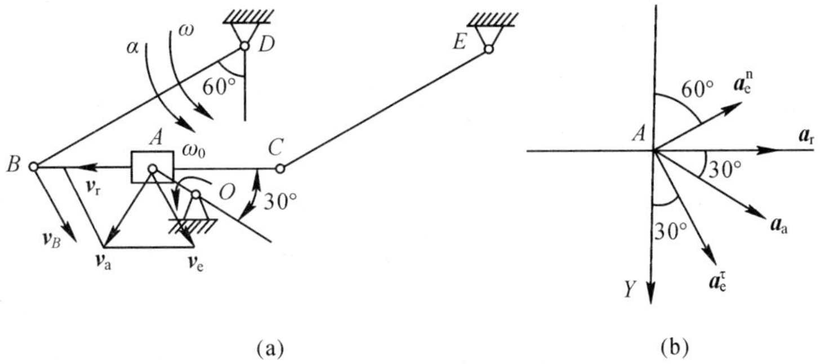

图　3－10

解　(1) 选动点和动系。由于 $DBCE$ 为平行四边形，因而杆 BC 做平动，其上各点运动相同，且套筒 A 对杆 BC 的相对运动轨迹明显，为沿 BC 的直线，故选套筒 A 点为动点，取 BC 为动系。

(2) 分析三种运动和三种速度。

绝对运动：动点 A 对定系的运动是已知的圆周运动，故点 A 的绝对速度 $\boldsymbol{v}_a$ 的方向垂直于 OA，指向与 ω_0 转向一致，大小为 $v_a=r\omega_0$。

相对运动：动点 A 的相对运动是相对杆 BC 的运动，其相对运动轨迹是直线。相对速度的方位沿直线 BC，其大小是未知的。

牵连运动：为杆 BC 的平动。故动点 A 的牵连速度 $\boldsymbol{v}_e$ 等于杆上点的速度，其大小是未知的，方向垂直于 BD，指向与 ω_0 转向一致。

(3) 根据速度合成定理，作速度平行四边形，求未知量。

$$\boldsymbol{v}_a = \boldsymbol{v}_e + \boldsymbol{v}_r$$

大小：√ ? ?

方向：√ √ √

其速度合成关系如图 3-10(a)所示，由图示几何关系解出 $v_e = v_r = v_a = r\omega_0$。

因而杆的角速度方向如图，大小为 $\omega = \dfrac{v_B}{l} = \dfrac{v_e}{l} = \dfrac{r\omega_0}{l}$。

(4) 加速度分析，根据加速度合成定理，作加速度矢量图，求未知量。

由(2)的三种运动分析可知，动点 A 的绝对加速度 $\boldsymbol{a}_a$ 的方向沿 AO 指向 A，大小为 $a_a = r\omega_0^2$。由于相对运动是直线运动，故相对加速度 $\boldsymbol{a}_r$ 沿 BC 直线，指向可假设，大小未知。因为牵连运动是曲线平动，所以牵连加速度 $\boldsymbol{a}_e$ 与点 B 加速度相同，应分解为切向加速度 $\boldsymbol{a}_e^\tau$ 和法向加速度 $\boldsymbol{a}_e^n$，其中 $\boldsymbol{a}_e^\tau$ 的大小未知，$a_e^n = v_e^2/BD = r^2\omega_0^2/l$。

根据加速度合成定理，作加速度矢量图，如图 3-10(b)所示，求未知量。由 $\boldsymbol{a}_a = \boldsymbol{a}_e + \boldsymbol{a}_r$ 得

$$\boldsymbol{a}_a = \boldsymbol{a}_e^\tau + \boldsymbol{a}_e^n + \boldsymbol{a}_r$$

大小：√ ? √ ?

方向：√ √ √ √

上式中，只有 $\boldsymbol{a}_e^\tau$ 和 $\boldsymbol{a}_r$ 的大小未知，故上式可以解。将各加速度矢量画出，如图 3-10(b)所示。因为不求 $\boldsymbol{a}_r$，故选投影轴 y 与 $\boldsymbol{a}_r$ 垂直。将上式各矢量投影于 y 轴上，得投影式：

$$a_a\sin30° = a_e^\tau\cos30° - a_e^n\sin30°$$

解得

$$a_e^\tau = \frac{(a_a + a_e^n)\sin30°}{\cos30°} = \frac{\sqrt{3}r\omega_0^2(l + r)}{3l}$$

解得为正，表明 a_e^τ 所设实际指向与假设指向一致。

因为动系平动，点 B 的加速度等于牵连加速度，因而杆 BD 的角加速度方向如图，大小为

$$\alpha = \frac{a_e^\tau}{l} = \frac{\sqrt{3}r\omega_0^2(l + r)}{3l^2}$$

3.2.3 牵连运动为转动时点的加速度合成定理

当牵连运动为转动时，点的加速度合成定理与 3.2.2 节所述的结论不同。下面仅通过一个特例用几何法推证动点的加速度合成定理，以便于读者了解定理中各项的物理意义。

设动点沿直杆 AB 做变速运动，而杆又绕轴 A 做匀速转动，转动角速度为 ω_e，如图 3-11(a)所示。设动坐标系固连在直杆 AB 上。在时刻 t，动点位于杆 AB 上的点 M，其绝对速度、牵连速度和相对速度分别为 $\boldsymbol{v}_a$、$\boldsymbol{v}_e$ 和 $\boldsymbol{v}_r$。经过时间间隔 Δt 后，杆转到位置 AB'，动点运动到点 M_3，这时它的绝对速度、牵连速度和相对速度分别为 $\boldsymbol{v}'_a$、$\boldsymbol{v}'_e$和 $\boldsymbol{v}'_r$。

由速度合成定理可得

$$\boldsymbol{v}'_a = \boldsymbol{v}'_e + \boldsymbol{v}'_r,\ \boldsymbol{v}_a = \boldsymbol{v}_e + \boldsymbol{v}_r$$

在 t 时刻，动点的绝对加速度为

$$\boldsymbol{a}_a = \lim_{\Delta t\to0}\frac{\Delta\boldsymbol{v}_a}{\Delta t} = \lim_{\Delta t\to0}\frac{(\boldsymbol{v}'_e + \boldsymbol{v}'_r) - (\boldsymbol{v}_e + \boldsymbol{v}_r)}{\Delta t} = \lim_{\Delta t\to0}\frac{\boldsymbol{v}'_e - \boldsymbol{v}_e}{\Delta t} + \lim_{\Delta t\to0}\frac{\boldsymbol{v}'_r - \boldsymbol{v}_r}{\Delta t} \qquad (3-9)$$

分别作出牵连速度增量和相对速度增量三角形，如图 3-11(b)、图 3-11(c)所示。

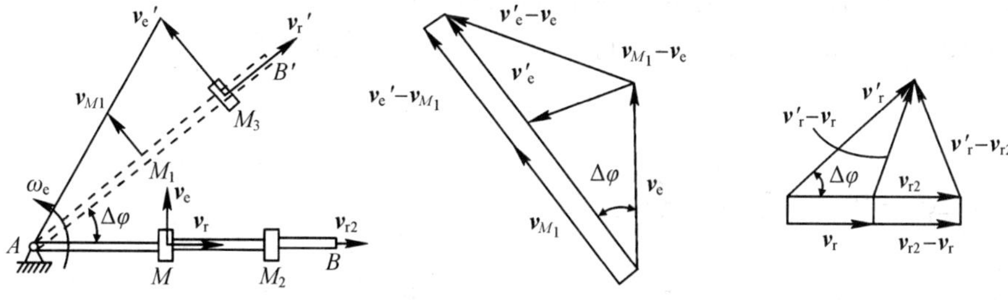

(a)　　(b)　　(c)

图　3-11

注意：式(3-9)中，等号右边的两项并不是动点在 t 时刻的牵连加速度 $\boldsymbol{a}_e$ 和相对加速度 $\boldsymbol{a}_r$，这是因为，动点的牵连加速度应该是 t 时刻杆 AB 与动点重合的那一点的速度的变化率。经过时间间隔 Δt 后，该点由位置 M 运动到位置 M_1，设这时的速度为 v_{M_1}，则 t 时刻的牵连加速度为

$$\boldsymbol{a}_e=\lim_{\Delta t\to 0}\frac{\boldsymbol{v}_{M_1}-\boldsymbol{v}_e}{\Delta t}$$

动点的相对加速度应该是在杆上看动点的速度变化率。经过时间间隔 Δt 后，动点 M 运动到点 M_2，设这时的相对速度为 v_{r2}，则动点的相对加速度为 $\boldsymbol{a}_r=\lim\limits_{\Delta t\to 0}\dfrac{\boldsymbol{v}_{r2}-\boldsymbol{v}_r}{\Delta t}$

由图 3-11(a)可见 $\boldsymbol{v}_e'\neq\boldsymbol{v}_{M_1}$，$\boldsymbol{v}_r'\neq\boldsymbol{v}_{r2}$。因此，式(3-9)中，等号右边的两项不是牵连加速度和相对加速度。利用

$$\boldsymbol{v}_e'-\boldsymbol{v}_e=(\boldsymbol{v}_e'-\boldsymbol{v}_{M_1})+(\boldsymbol{v}_{M_1}-\boldsymbol{v}_e)$$
$$\boldsymbol{v}_r'-\boldsymbol{v}_r=(\boldsymbol{v}_r'-\boldsymbol{v}_{r2})+(\boldsymbol{v}_{r2}-\boldsymbol{v}_r)$$

式(3-9)可写成

$$\boldsymbol{a}_a=\lim_{\Delta t\to 0}\frac{\boldsymbol{v}_e'-\boldsymbol{v}_{M_1}}{\Delta t}+\lim_{\Delta t\to 0}\frac{\boldsymbol{v}_{M_1}-\boldsymbol{v}_e}{\Delta t}+\lim_{\Delta t\to 0}\frac{\boldsymbol{v}_r'-\boldsymbol{v}_{r2}}{\Delta t}+\lim_{\Delta t\to 0}\frac{\boldsymbol{v}_{r2}-\boldsymbol{v}_r}{\Delta t}\tag{3-10}$$

(1) 式(3-10)右端第二项是表明牵连速度方向改变的加速度，这是牵连加速度 $\boldsymbol{a}_e$(因为转动是匀速的，故牵连切向加速度为零)。

(2) 式(3-10)右端第四项是表明相对速度本身改变的加速度，显然这是动点的相对加速度 $\boldsymbol{a}_r$。

(3) 由图 3-11(a)、图 3-11(b)可见，$\boldsymbol{v}_e'$和 $\boldsymbol{v}_{M_1}$ 方向相同，大小分别为 $\omega_e\times|AM_3|$ 和 $\omega_e\times|AM_1|$，其中，ω_e 为杆的角速度。于是，式(3-10)右端第一项$\lim\limits_{\Delta t\to 0}\dfrac{\boldsymbol{v}_e'-\boldsymbol{v}_{M_1}}{\Delta t}$的大小为

$$\lim_{\Delta t\to 0}\left|\frac{v_e'-v_{M_1}}{\Delta t}\right|=\lim_{\Delta t\to 0}\frac{\omega_e\times|AM_3|-\omega_e\times|AM_1|}{\Delta t}$$
$$=\omega_e\lim_{\Delta t\to 0}\frac{|AM_3|-|AM_1|}{\Delta t}=\omega_e\lim_{\Delta t\to 0}\frac{|M_1M_3|}{\Delta t}$$
$$=\omega_e v_r$$

它的方向垂直于 $\boldsymbol{v}_r$，并与 ω_e 的转向一致。这一项是表明由于相对运动的存在使牵连速度的大小发生改变的加速度，这是附加的加速度的一部分。

(4) 由图 3-11(a)、图 3-11(c)可见 $|\boldsymbol{v}_r'|=|\boldsymbol{v}_{r2}|$，因此可得

$$|\boldsymbol{v}_r'-\boldsymbol{v}_{r2}|=2v_r'\times\sin\frac{\Delta\varphi}{2}$$

又 $\Delta t\to0$，$\Delta\varphi\to0$，$\sin\frac{\Delta\varphi}{2}\approx\frac{\Delta\varphi}{2}$，于是

$$\lim_{\Delta t\to0}\left|\frac{\boldsymbol{v}_r'-\boldsymbol{v}_{r2}}{\Delta t}\right|=\lim_{\Delta t\to0}v_r'\times\lim_{\Delta t\to0}\frac{\Delta\varphi}{\Delta t}=v_r\omega_e$$

它的方向垂直于 $\boldsymbol{v}_r$，并与 ω_e 的转向一致。这一项是表明由于转动的牵连运动使相对速度的方向改变的加速度，这是附加的加速度的另一部分。

由此可见，(3)、(4)所讨论的这两项附加的加速度的大小相同，方向一致，合在一起记为 $\boldsymbol{a}_c$，它的大小为

$$a_c=2\omega_e v_r \tag{3-11}$$

它的方向垂直于 $\boldsymbol{v}_r$，并与 ω_e 的转向一致。这项由于转动的牵连运动与相对运动相互影响而产生的附加加速度，称为科利奥里加速度，简称科氏加速度。

于是，式(3-10)可写成

$$\boldsymbol{a}_a=\boldsymbol{a}_e+\boldsymbol{a}_r+\boldsymbol{a}_c \tag{3-12}$$

式(3-12)就是当牵连运动为转动时点的加速度合成定理：当动系为定轴转动时，动点在某时刻的绝对加速度等于该时刻它的牵连加速度、相对加速度和科氏加速度的矢量和。

在一般情形下(这里不加推导)，科氏加速度为

$$\boldsymbol{a}_c=2\boldsymbol{\omega}_e\times\boldsymbol{v}_r \tag{3-13}$$

科氏加速度的大小为

$$a_c=2\omega_e v_r\sin\theta \tag{3-14}$$

式中，θ 为角速度矢量 $\boldsymbol{\omega}_e$(见图 3-12(a)、图 3-12(b))与 $\boldsymbol{v}_r$ 间的夹角。科氏加速度的方向由右手法则决定，即从 $\boldsymbol{a}_c$ 矢量的末端观看，沿逆时针方向转过角 θ 后即与 $\boldsymbol{v}_r$ 重合(见图3-13)。

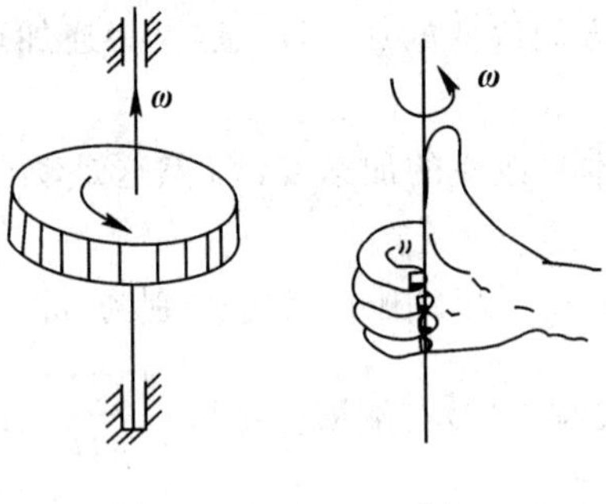

图 3-12

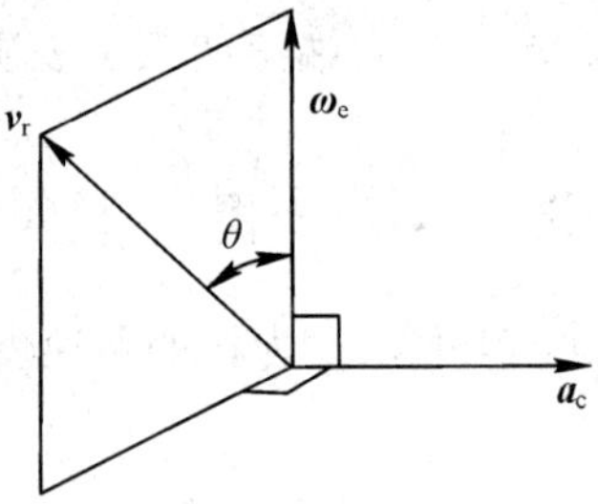

图 3-13

当 $\boldsymbol{\omega}_e$ 和 $\boldsymbol{v}_r$ 平行时($\theta=0°$或 180°)，$\boldsymbol{a}_c=0$；当 $\boldsymbol{\omega}_e$ 与 $\boldsymbol{v}_r$ 垂直时，$a_c=2\omega_e v_r$。

在工程常见的平面机构中，$\boldsymbol{\omega}_e$ 是与 $\boldsymbol{v}_r$ 垂直的，此时 $a_c=2\omega_e v_r$，且 $\boldsymbol{v}_r$ 按 $\boldsymbol{\omega}_e$ 的转向转

过 90°就是 $\boldsymbol{a}_c$ 的方向。当牵连运动为平动时，$\boldsymbol{\omega}_e=0$，因此，$\boldsymbol{a}_c=0$，此时有 $\boldsymbol{a}_a=\boldsymbol{a}_e+\boldsymbol{a}_r$。

上式表示的是牵连运动为平动时点的加速度合成定理，同式(3-8)。

例 3-7 求例 3-2 中摇杆 O_1B 在图 3-5 所示位置时的角加速度。

解 动点和动系选择、分析三种运动和三种速度同例3-2。

由速度平行四边形可求得相对速度 $v_r=v_a\cos\varphi=72$ cm/s。

加速度分析，根据加速度合成定理，作加速度矢量图，求未知量。由于动系做定轴转动，所以，加速度合成定理为 $\boldsymbol{a}_a=\boldsymbol{a}_e^\tau+\boldsymbol{a}_e^n+\boldsymbol{a}_r+\boldsymbol{a}_c$

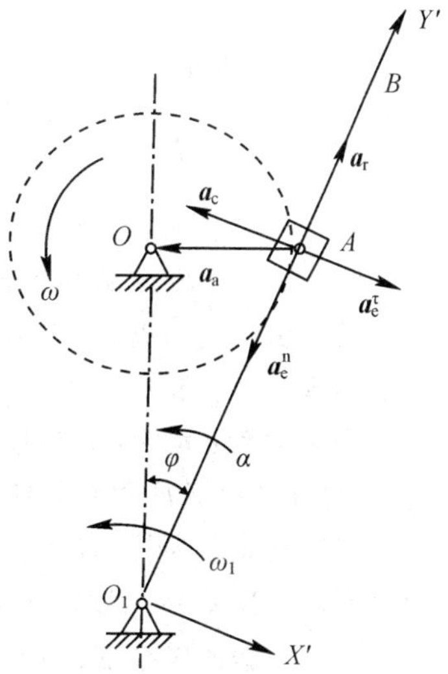

图 3-14

欲求摇杆 O_1B 的角加速度 α，只需求出 $\boldsymbol{a}_e^\tau$ 即可。现在分别分析上式中的各项。

$\boldsymbol{a}_a$：因为动点的绝对运动是以 O 为圆心的匀速圆周运动，故只有法向加速度，方向如图 3-14 所示，大小为 $a_a=|OA|\omega^2=588$ cm/s²。

$\boldsymbol{a}_e$：牵连加速度是摇杆上与动点相重合的那一点的加速度。摇杆摆动，其上点 A 的切向加速度为 $\boldsymbol{a}_e^\tau$，方向垂直于杆 O_1A，假设指向如图 3-14 所示；法向加速度为 $\boldsymbol{a}_e^n$，它的大小为 $\boldsymbol{a}_e^n=O_1A\omega_1^2$，方向如图 3-14 所示。在例 3-2 中已求得 $\omega_1=1.85$ rad/s。

$\boldsymbol{a}_r$：因相对轨迹为直线，故 $\boldsymbol{a}_r$ 沿 O_1A，假设指向如图 3-14 所示，其大小未知。

$\boldsymbol{a}_c$：由于动系转动，因此有科氏加速度 $\boldsymbol{a}_c$，根据 $\boldsymbol{a}_c=2\boldsymbol{\omega}_e\times\boldsymbol{v}_r$ 知 $a_c=2\omega_1 v_r\sin 90^\circ=2\omega_1 v_r=266.4$ cm/s²，方向如图 3-14 所示。

根据加速度合成定理：

$$\boldsymbol{a}_a=\boldsymbol{a}_e^\tau+\boldsymbol{a}_e^n+\boldsymbol{a}_r+\boldsymbol{a}_c$$

大小：√ ? √ ? √

方向：√ √ √ √ √

为了求得 $\boldsymbol{a}_e^\tau$，应将加速度合成定理向 O_1x'轴投影，得

$$-a_a\cos\varphi=a_e^\tau-a_c$$

解得 $a_e^\tau=a_c-a_a\cos\varphi=-237.4$ cm/s²，负号表示 $\boldsymbol{a}_e^\tau$ 的真实方向与图中假设的指向相反。

摇杆 O_1A 的角加速度为

$$\alpha=\frac{a_e^\tau}{|O_1A|}=\frac{-237.4}{\sqrt{12^2+20^2}}\ \text{rad/s}^2=-10.2\ \text{rad/s}^2$$

负号表示 α 的转向与图 3-14 所示方向相反，α 的真实转向为逆时针方向。

例 3-8 如图 3-15(a)所示，大圆环固定不动，其半径为 r，AB 杆绕 A 端在圆环平面内转动，图示位置时其角速度为 ω，角加速度为 α。杆与大圆环间栓一小圆环 M。求图 3-15(a)所示位置时小圆环 M 的速度和加速度。

解 (1) 选动点和动系。由于小圆环 M 同时在杆 AB 和大圆环上运动，大圆环固定不动，故选小圆环 M 为动点，取杆 AB 为动系。

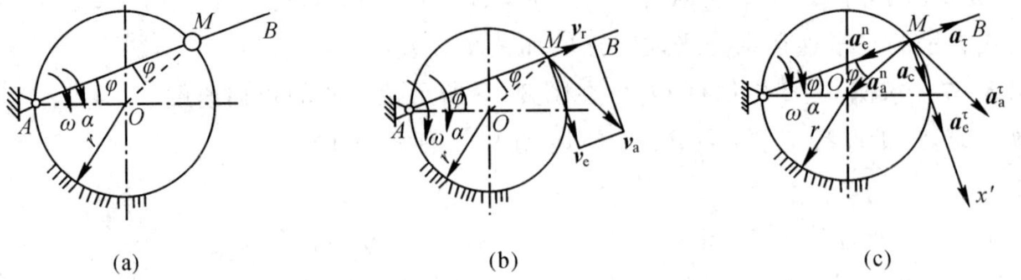

图　3-15

(2) 分析三种运动和三种速度。

绝对运动：动点 M 对定系的运动是已知的圆周运动，故 M 点的绝对速度 $\boldsymbol{v}_a$ 的方向垂直于 OM，大小未知。

相对运动：动点 M 的相对运动是相对杆 AB 的运动，其相对运动轨迹是直线。相对速度 $\boldsymbol{v}_r$ 的方向沿 AB 直线，其大小是未知的。

牵连运动：为杆 AB 的转动。故动点 M 的牵连速度 $\boldsymbol{v}_e$ 等于杆 AB 上与 M 重合点的速度，其大小为 $v_e=|AM|\cdot\omega$，方向垂直于 AM，指向与 ω 的转向一致。

(3) 根据速度合成定理，作速度平行四边形，求未知量。

$$\boldsymbol{v}_a=\boldsymbol{v}_e+\boldsymbol{v}_r$$

大小：?　√　?

方向：√　√　√

上式中，三个速度矢量中只有两个未知要素，即 $\boldsymbol{v}_a$ 与 $\boldsymbol{v}_r$ 的大小，故上式可解。作速度平行四边形如图 3-15(b)所示。由几何关系得导杆的速度为

$$v_a=\frac{v_e}{\cos\varphi}=\frac{|AM|\times\omega}{\cos\varphi}=\frac{2r\cos\varphi\times\omega}{\cos\varphi}=2r\omega$$

动点 M 的相对速度为

$$v_r=v_e\tan\varphi=2r\omega\cos\varphi\tan\varphi=2r\omega\sin\varphi$$

(4) 加速度分析，根据加速度合成定理，作加速度矢量图，见图 3-15(c)，求未知量。

由(2)的三种运动分析可知，动点 M 的绝对加速度分解为切向加速度 $\boldsymbol{a}_a^\tau$ 和法向加速度 $\boldsymbol{a}_a^n$，其中 $\boldsymbol{a}_a^\tau$ 垂直于 OM，假设方向如图所示，大小未知；$\boldsymbol{a}_a^n$ 方向如图所示，大小为 $a_a^n=\frac{v_a^2}{r}=4r\omega^2$。

相对运动是直线运动，故相对加速度 $\boldsymbol{a}_r$ 的方向沿 AB 直线，假设指向如图所示，其大小未知。

牵连加速度为杆 AB 上与 M 重合点的加速度，其上点 M 的切向加速度为 $\boldsymbol{a}_e^\tau$，方向垂直于杆 AB，指向与角加速度的转向一致，如图所示，大小为 $\boldsymbol{a}_e^\tau=|AM|\times\alpha=2r\cos\varphi\times\alpha$（方向如图 3-15(c) 所示）；法向加速度为 $\boldsymbol{a}_e^n$，它的大小为 $a_e^n=|AM|\cdot\omega^2$，方向如图 3-15(c)所示。

由于动系转动，因此有科氏加速度 $\boldsymbol{a}_c$，根据 $\boldsymbol{a}_c=2\boldsymbol{\omega}_e\times\boldsymbol{v}_r$ 知

$$a_c=2\omega v_r\sin90^\circ=2\omega v_r=4r\omega^2\sin\varphi$$

方向如图 3-15(c)所示。

根据加速度合成定理：

$$\boldsymbol{a}_{a}^{\tau}+\boldsymbol{a}_{a}^{n}=\boldsymbol{a}_{e}^{\tau}+\boldsymbol{a}_{e}^{n}+\boldsymbol{a}_{r}+\boldsymbol{a}_{c}$$

大小：?　√　√　√　?　√

方向：√　√　√　√　√　√

为了求得 $\boldsymbol{a}_{a}^{\tau}$，应将加速度合成定理向 Mx' 轴投影，得

$$a_{a}^{\tau}\cos\varphi+a_{a}^{n}\sin\varphi=a_{e}^{\tau}+a_{c}$$

$$a_{a}^{\tau}\cos\varphi+4r\omega^{2}\sin\varphi=2r\alpha\cos\varphi+4r\omega^{2}\sin\varphi$$

解得

$$a_{a}^{\tau}=2r\alpha$$

综合以上各例，在应用点的合成运动的方法分析点的速度和加速度时，一般采用如下步骤：

(1) 选择动点和动系。应注意动点和动系不能选在同一个物体上，且动点的相对运动轨迹应易于直观看出或为已知曲线。

(2) 分析运动。要分清三种运动，进而判定动点的这三种速度的六个要素(各速度的大小和方向)中，哪些是已知的，哪些是待求的。

(3) 由速度合成定理的矢量关系 $\boldsymbol{v}_{a}=\boldsymbol{v}_{e}+\boldsymbol{v}_{r}$，作出速度平行四边形，由几何关系解出待求量。

(4) 加速度分析，根据加速度合成定理，作加速度矢量图，求未知量。求加速度时，通常因涉及的矢量多于三个，用作矢量多边形的方法就很不方便，故用投影的方法就显得十分简便，且可把不需求出的量通过在与其垂直的轴上投影消去。

必须注意，这里是矢量等式 $\boldsymbol{a}_{a}=\boldsymbol{a}_{e}+\boldsymbol{a}_{r}+\boldsymbol{a}_{c}$(或 $\boldsymbol{a}_{a}=\boldsymbol{a}_{e}+\boldsymbol{a}_{r}$，牵连运动为平动时)的两边分别在同一坐标轴上投影，与静力学平衡方程 $\sum F_{x}=0$ 和 $\sum F_{y}=0$ 是不相同的。

3.3　刚体的复合运动*

工程中，刚体除了平动、定轴转动以及平面运动外，还作复合运动。如图 3-16(a)所示，车轮在转弯时，车轮绕水平轴和竖直轴这两根相交轴转动；在图 3-16(b)中，机械手

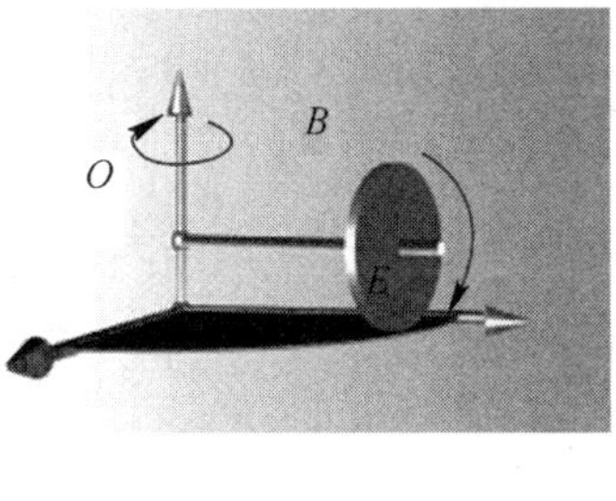

(a) 车轮转动

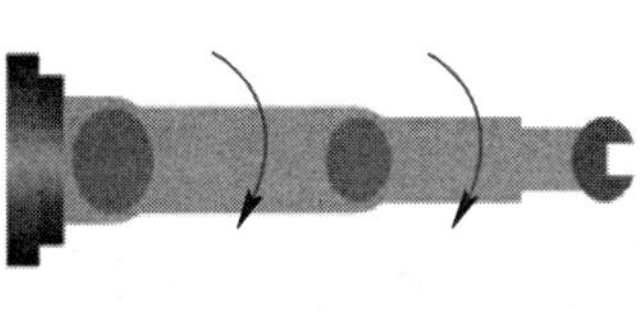

(b) 机械手

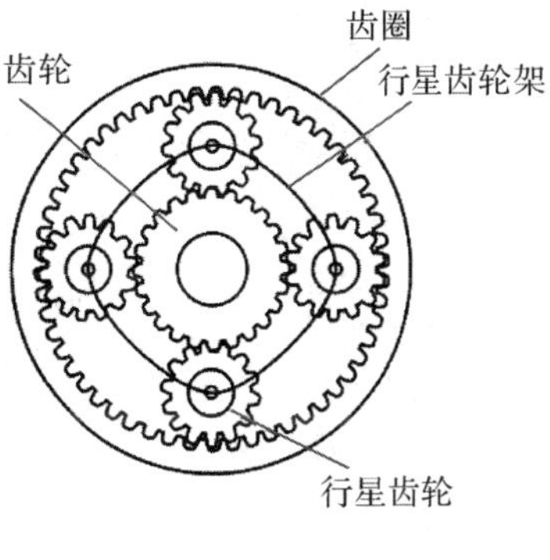

(c) 行星轮

图　3-16

抓举重物时，手部绕两根水平平行轴转动；类似地，行星轮在运转时，太阳轮、行星轮和齿圈分别绕着平行的轴转动，其中，行星轮除了绕着自身的轴自转外，还绕着太阳轮的轴公转。这种类似车轮、机械手和行星轮的刚体，同时绕着不同的轴转动，这种运动称为刚体的复合运动。刚体复合运动研究刚体相对不同参考系的运动之间的关系，其核心问题是角速度合成和角加速度合成问题。

如图 3-17 所示，刚体相对动系 $Oxyz$ 以角速度 $\boldsymbol{\omega}_r$ 作定点运动，而动系又相对于定系 $OXYZ$ 以角速度 $\boldsymbol{\omega}_e$ 作定点运动。

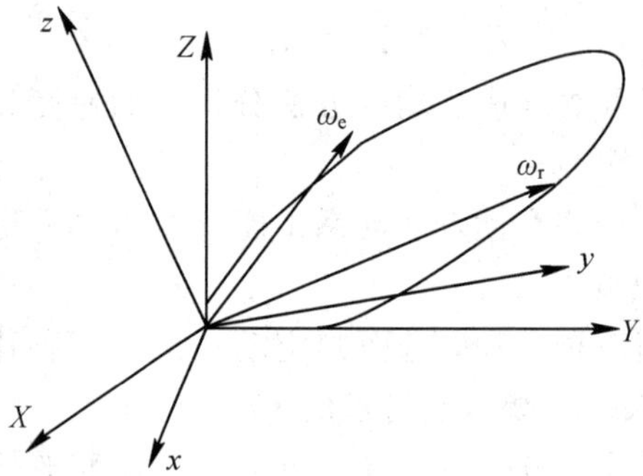

图　3-17

根据点的复合运动知识可知：

定系：$OXYZ$；

动系：$Oxyz$；

相对运动：刚体相对于动系作定点运动，角速度为 $\boldsymbol{\omega}_r$；

牵连运动：动系相对于定系作定点运动，角速度为 $\boldsymbol{\omega}_e$；

绝对运动：刚体相对于定系作定点运动，角速度为 $\boldsymbol{\omega}$。

那么 $\boldsymbol{\omega}$ 与 $\boldsymbol{\omega}_r$ 和 $\boldsymbol{\omega}_e$ 之间的关系是怎样的呢？

3.3.1　角速度合成定理

取刚体上任意一点 P 为动点，如图 3-18 所示。

由于

$$\boldsymbol{v}_r=\boldsymbol{\omega}_r\times\boldsymbol{r},\ \boldsymbol{v}_e=\boldsymbol{\omega}_e\times\boldsymbol{r}$$

而

$$\boldsymbol{v}=\boldsymbol{v}_e+\boldsymbol{v}_r,\ \boldsymbol{v}=\boldsymbol{\omega}\times\boldsymbol{r}$$

则

$$\boldsymbol{\omega}\times\boldsymbol{r}=(\boldsymbol{\omega}_e+\boldsymbol{\omega}_r)\times\boldsymbol{r}$$

因此

$$\boldsymbol{\omega}=\boldsymbol{\omega}_e+\boldsymbol{\omega}_r$$

此式表明，刚体的绝对角速度等于牵连角速度加上相对角速度，这就是刚体复合运动角速度合成定理，可推广到牵连运动和相对运动都是一般运动的情况，也可推广到多个运动合成的情况，即

$$\boldsymbol{\omega}=\sum_{i=1}^{n}\boldsymbol{\omega}_{\mathrm{i}} \tag{3-15}$$

特别地，如图 3-19 所示，在反向转动情况下，如 $\omega_e=\omega_r$，则 $\omega=0$，刚体作平动。此两个转动的合成称为转动偶。

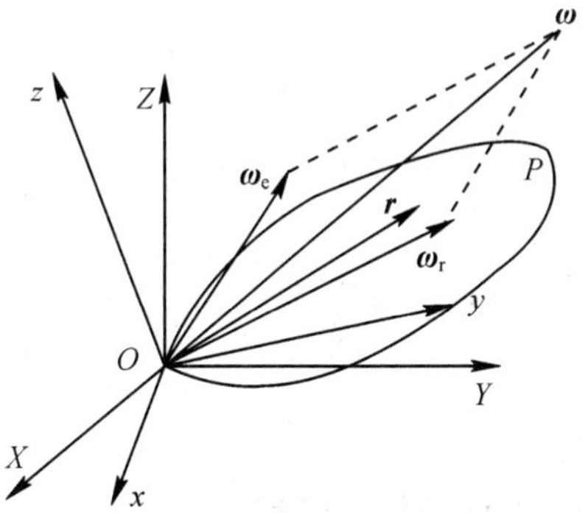

图　3-18

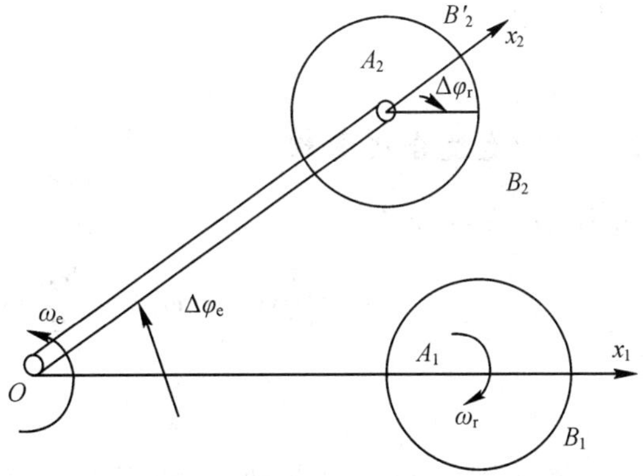

图　3-19

例 3-9　一个机构有三个齿轮互相啮合，并用一曲柄相连，轮子中心在同一直线上，如图 3-20 所示。已知：定轮 0 与动轮 2 的半径相等，曲柄的绝对角速度为 $\boldsymbol{\omega}_{30}$。求动轮 2 的绝对角速度 $\boldsymbol{\omega}_{20}$。

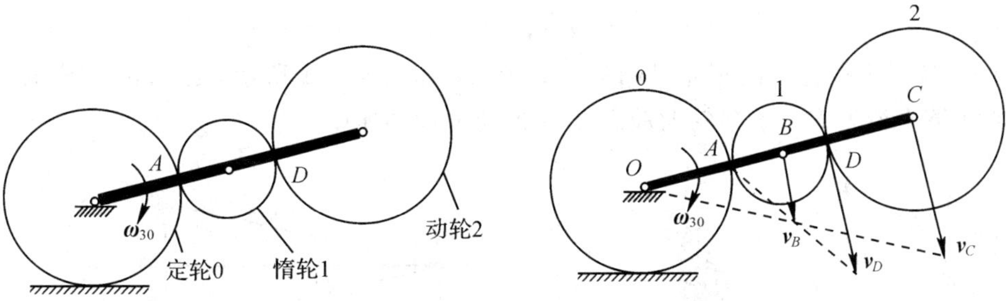

图　3-20

解法 1　设 ω_{ij} 表示第 i 个刚体相对于第 j 个刚体的角速度。由齿轮啮合的无滑动条件得

$$r_0\omega_{03}=r_1\omega_{13}=r_2\omega_{23}$$

由 $r_0=r_2$ 得

$$\omega_{23}=\omega_{03}=-\omega_{30}$$

根据角速度合成公式得

$$\omega_{20}=\omega_{23}+\omega_{30}=0$$

可见，动轮 2 作平动！

解法 2　杆 OC 作定轴转动：

$$v_B=(r_0+r_1)\omega_{30}$$

$$v_C=(r_0+2r_1+r_2)\omega_{30}$$

$$\omega_{10}=\frac{v_B}{r_1}=\left(1+\frac{r_0}{r_1}\right)\omega_{30}$$

A 点为轮 1 的瞬心：

$$v_D=2r_1\omega_{10}=2(r_1+r_0)\omega_{30}=v_C$$

动轮 2 作平动，即

$$\omega_{20}=0$$

3.3.2　角加速度合成定理

由 $\boldsymbol{\omega}=\boldsymbol{\omega}_e+\boldsymbol{\omega}_r$ 可得

$$\boldsymbol{\varepsilon}=\frac{\mathrm{d}}{\mathrm{d}t}(\boldsymbol{\omega}_e+\boldsymbol{\omega}_r)=\frac{\mathrm{d}\boldsymbol{\omega}_e}{\mathrm{d}t}+\left(\frac{\mathrm{d}\boldsymbol{\omega}_r}{\mathrm{d}t}+\boldsymbol{\omega}_e\times\boldsymbol{\omega}_r\right)$$

则

$$\boldsymbol{\varepsilon}=\boldsymbol{\varepsilon}_e+\boldsymbol{\varepsilon}_r+\boldsymbol{\omega}_e\times\boldsymbol{\omega}_r \tag{3-16}$$

这就是刚体复合运动时的角加速度合成定理。应用时，有两种特殊情况：

(1) 绕平行轴转动的合成。相对运动和牵连运动都是定轴转动，并且两个转动轴平行时，$\boldsymbol{\omega}_e\times\boldsymbol{\omega}_r=0$，则

$$\boldsymbol{\varepsilon}=\boldsymbol{\varepsilon}_e\pm\boldsymbol{\varepsilon}_r$$

(2) 绕相交轴转动的合成。相对运动和牵连运动都是常角速度的定轴转动，且两个转动轴不平行，则

$$\boldsymbol{\varepsilon}=\boldsymbol{\omega}_e\times\boldsymbol{\omega}_r$$

例 3-10　半径为 r 的车轮沿圆弧作纯滚动，如图 3-21 所示，已知轮心 E 的速度为 u，轮心轨道半径为 R。求车轮上最高点 B 的速度和加速度。

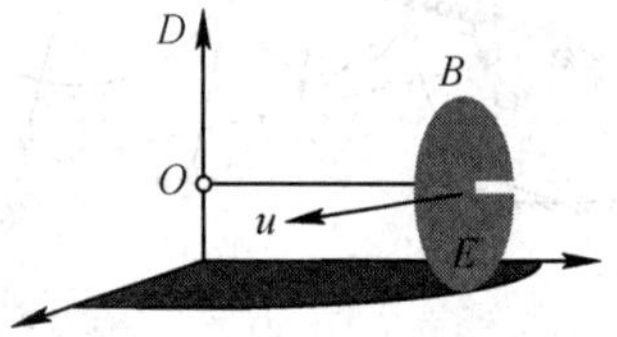

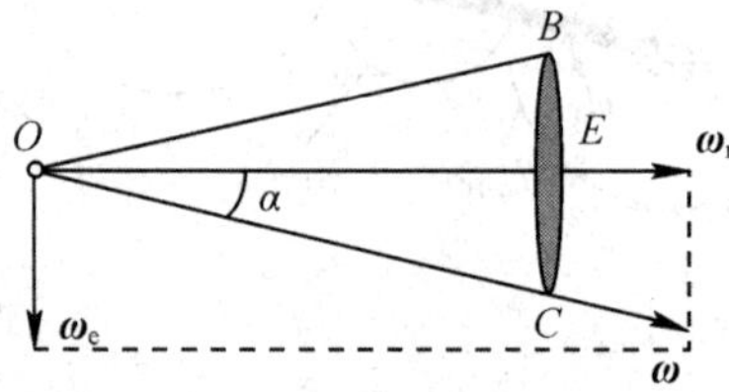

图　3-21

解　由题意知动系为轮轴 OE；相对运动为车轮绕 OE 轴的定轴转动；牵连运动为动系绕着竖直轴 OD 的定轴转动。则

$$\omega_e=\frac{u}{R},\ \omega_r=\frac{u}{r}$$

由 $\boldsymbol{\omega}=\boldsymbol{\omega}_e+\omega_r$，得

$$\omega=\frac{\omega_e}{\sin\alpha},\ \omega_r=\omega\cos\alpha$$

由于牵连运动和相对运动的转速都为常数，即 $\boldsymbol{\varepsilon}_e=\boldsymbol{\varepsilon}_r=0$，则根据公式(3-15)得

$$|\boldsymbol{\varepsilon}|=|\boldsymbol{\omega}_e\times\boldsymbol{\omega}_r|=\omega_e\omega_r=\omega^2\sin\alpha\cos\alpha=\frac{u^2}{Rr}$$

那么 B 点的速度为和加速度为

$$|\boldsymbol{v}_B|=|\boldsymbol{\omega}\times\boldsymbol{r}_{OB}|=\omega_e\frac{\sqrt{r^2+R^2}}{\sin\alpha}\cdot\sin2\alpha$$

$$\begin{aligned}\boldsymbol{a}_B&=\boldsymbol{\varepsilon}\times\boldsymbol{r}_{OB}+\boldsymbol{\omega}\times(\boldsymbol{\omega}\times\boldsymbol{r}_{OB})\\&=\omega^2\sqrt{r^2+R^2}\sin\alpha\cos\alpha+\left(\frac{\omega_e}{\sin\alpha}\right)^2\sqrt{r^2+R^2}\sin2\alpha\boldsymbol{n}\end{aligned}$$

讨论：如果刚体作一般运动，即 $\boldsymbol{v}_O\neq0$，$\boldsymbol{a}_O\neq0$，如何求 B 点的速度和加速度？此时，以 O 点作为基点，根据点的合成定理，可得 B 点的速度和加速度：

$$\boldsymbol{v}_B=\boldsymbol{v}_O+\boldsymbol{\omega}\times\boldsymbol{r}_{OB}$$

$$\boldsymbol{a}_B=\boldsymbol{a}_O+\boldsymbol{\varepsilon}\times\boldsymbol{r}_{OB}+\boldsymbol{\omega}\times(\boldsymbol{\omega}\times\boldsymbol{r}_{OB})$$

本章知识要点

1. 基本概念。

(1) 点的复合运动。

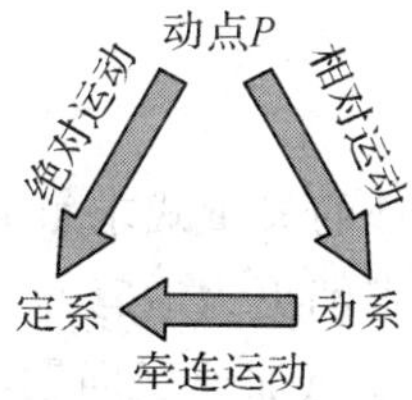

(2) 绝对导数和相对导数 $\dfrac{\mathrm{d}\boldsymbol{r}}{\mathrm{d}t}=\boldsymbol{\omega}\times\boldsymbol{r}+\dfrac{\mathrm{d}\boldsymbol{r}'}{\mathrm{d}t}$。

(3) 科氏加速度概念 $\boldsymbol{a}_c=2\boldsymbol{\omega}\times\boldsymbol{v}_r$。

2. 基本理论。

(1) 速度合成定理：

$$\boldsymbol{v}_a=\boldsymbol{v}_e+\boldsymbol{v}_r$$

(2) 速度合成定理：

$$\boldsymbol{a}_a=\boldsymbol{a}_e+\boldsymbol{a}_r+\boldsymbol{a}_c$$

(3) 角速度合成定理：

$$\boldsymbol{\omega}=\boldsymbol{\omega}_e+\boldsymbol{\omega}_r$$

(4) 角加速度合成定理：

$$\boldsymbol{\varepsilon}=\boldsymbol{\varepsilon}_e+\boldsymbol{\varepsilon}_r+\boldsymbol{\omega}_e\times\boldsymbol{\omega}_r$$

思　考　题

3-1　何为三种运动、三种速度和三种加速度？

3-2　应用点的合成运动理论研究机构传动问题时，如何选取动点与动系？

3-3　在动系平动时，为什么可以说动系的速度就是动点的牵连速度，而动系转动时就不能这样说？

3-4　应用加速度合成定理时，为什么要弄清动系做什么运动？

3-5　科氏加速度的大小和方向如何求？当科氏加速度为零时，动系是否为平动？

3-6　试判断如图 3-22(a)、(b)所示图形中的速度平行四边形有无错误？错在哪里？

3-7　图 3-23 所示机构中动点的加速度矢量图如图所示，为了求 $\boldsymbol{a}_a$ 的大小，取加速度在 x' 轴上的投影式

$$a_a\cos\varphi - a_c = 0$$

所以 $a_a=\dfrac{a_c}{\cos\varphi}$。如此计算对吗？

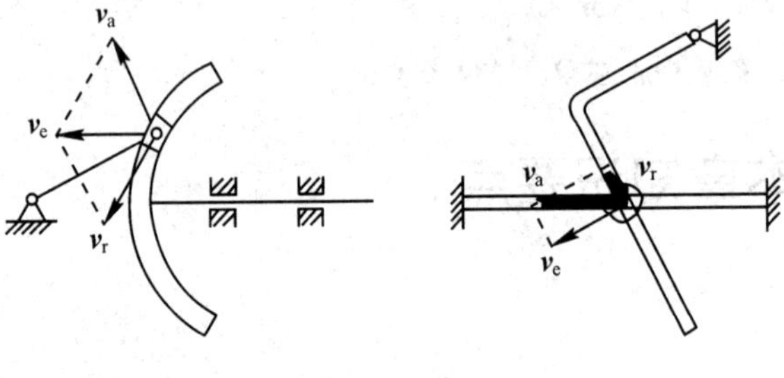

(a)　　　(b)

图　3-22

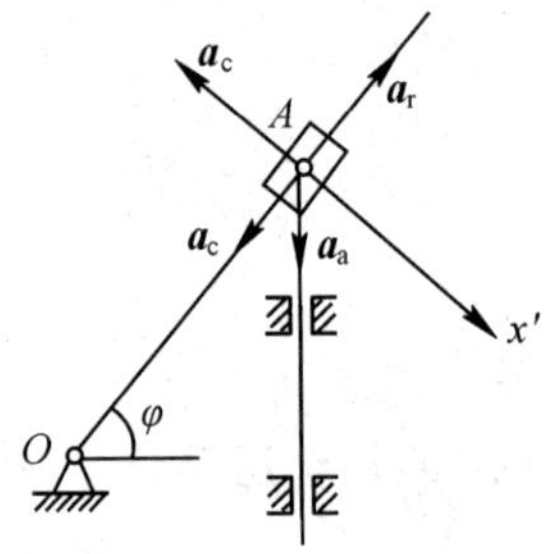

图　3-23

3-8　应用速度、加速度合成定理的矢量式求解时，在什么情况下选用几何法求解简便，什么情况下选用投影法(解析式)求解更为适宜？

3-9　应用加速度合成定理求解动点加速度问题时，为什么要先进行速度分析，它会给加速度分析提供什么信息？

3-10　判断下列结论是否正确。

(1) 某时刻动点的绝对速度 $\boldsymbol{v}_a=0$，则动点的牵连速度和相对速度 $\boldsymbol{v}_e$ 也都等于零。

(2) $\boldsymbol{v}_a$、$\boldsymbol{v}_e$、$\boldsymbol{v}_r$ 三种速度的大小之间不可能有这样的关系：$v_r=\sqrt{v_a^2+v_e^2}$。

(3) 由速度合成定理公式 $\boldsymbol{v}_a=\boldsymbol{v}_e+\boldsymbol{v}_r$ 可知，绝对速度的绝对值一定比相对速度的绝对值大，也比牵连速度的绝对值大。

(4) 如图 3-24 所示，已知直角弯杆 OCD 的角速度 ω 及尺寸 l，选小环 M 为动点、弯杆 OCD 为动系，三种速度分析结果如图所示，其中牵连速度 $v_e=|CM|\times\omega=l\omega\sin30^\circ$，由速度平行四边形得 $v_a=\dfrac{v_e}{\sin30^\circ}=l\omega$。

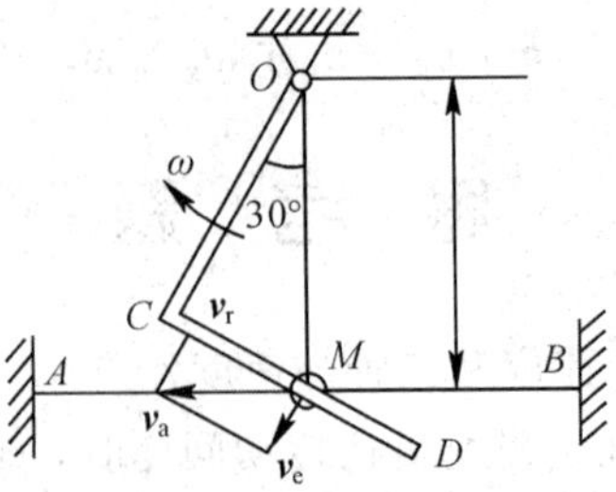

图　3-24

习　题

3-1　车厢以速度 v 沿水平直线轨道行驶。雨滴铅直落下，滴在车厢的玻璃上，留下与铅直线成 α 角的雨痕。求雨滴的绝对速度。

3-2　如图 3-25 所示，车床上车削直径 $d=80$ mm 的工件的主轴转速 $n=60$ r/min，车刀的走刀速度 $v=5$ mm/s。试求车刀刀尖对于工件的相对速度。

3-3　在如图 3-26(a)、(b)所示的两种机构中，已知 $O_1O_2=a=250$ mm，杆 O_1A 以匀角速度 ω_1 转动，$\omega_1=3$ rad/s。求图示位置时杆 O_2A 的角速度。

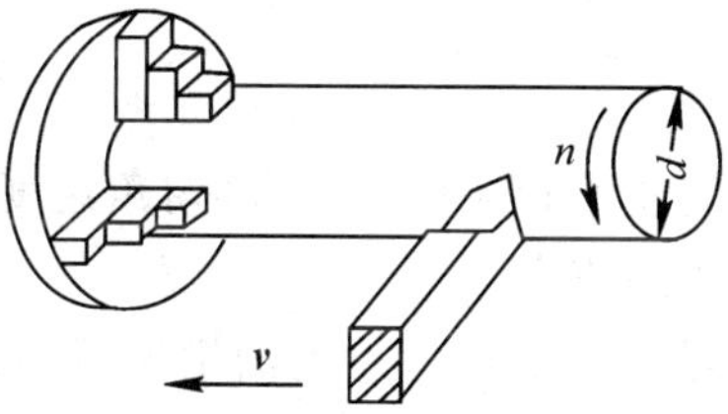

图　3-25

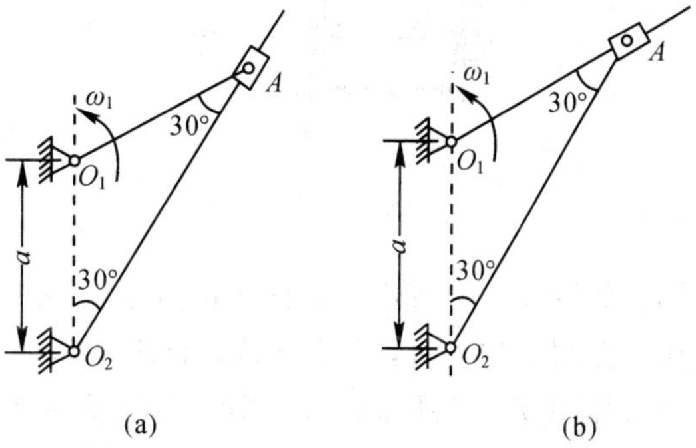

图　3-26

3-4　如图 3-27 所示，河岸互相平行，一船以匀速由 A 点向对岸垂直行驶，经 10 分钟到达对岸。由于水流的影响(设各处河水流速均匀且不随时间改变)，这时船到达点为下游处的 C 点。为使船从 A 点到达对岸的 B 点，船应逆流并与 AB 成某一角度的方向行驶。在此情况下，船经过 12.5 min 到达对岸。求河宽 l，船对水的相对速度 v_1 及水流的速度 v_2。

3-5　在如图 3-28 所示的曲柄滑道机构中，曲柄长 $OA=r$，并以等角速度 ω 绕 O 轴转动。装在水平杆上的滑槽 DE 与水平线成 60°角。求当曲柄与水平线的交角分别为 $\varphi=0°$、30°、60°时，杆的速度。

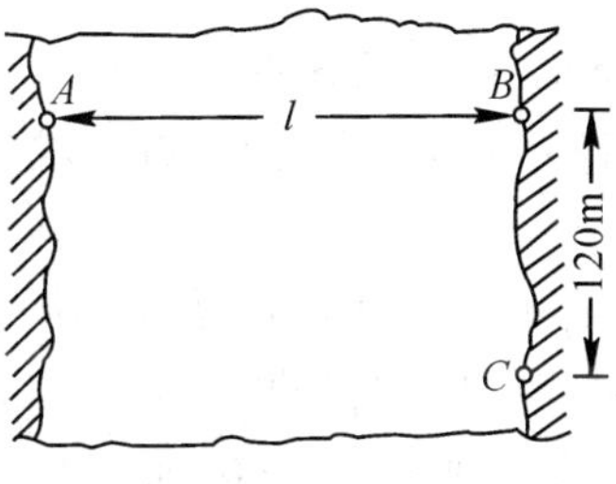

图　3-27

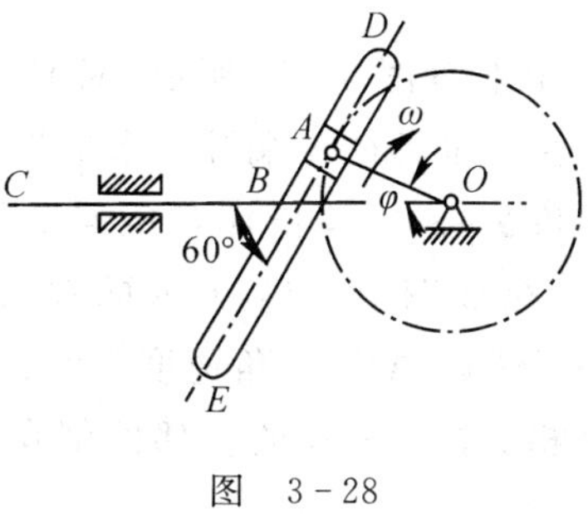

图　3-28

3-6　如图 3-29 所示，摇杆机构的滑杆 AB 以等速 v 向上运动，初始时刻摇杆 OC

水平。摇杆长 $OC=a$，距离 $OD=l$。求当 $\varphi=\frac{\pi}{4}$时点 C 的速度的大小。

3-7　如图 3-30 所示，三角形块沿水平方向运动，其斜边与水平线成 α 角。杆 AB 的 A 端靠在斜面上，另一端的活塞 B 在筒内铅垂滑动。如三角形块以速度 $\boldsymbol{v}_0$ 向右运动，求活塞 B 的速度。

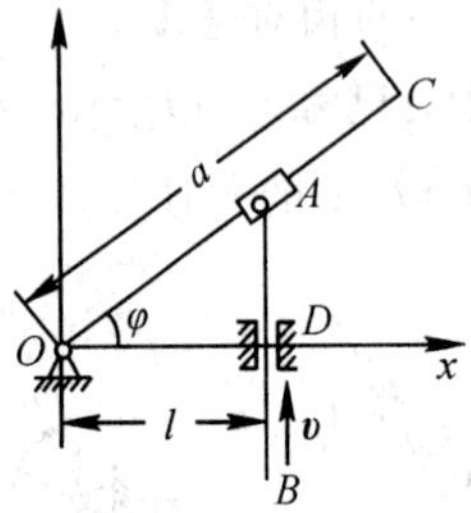

图　3-29

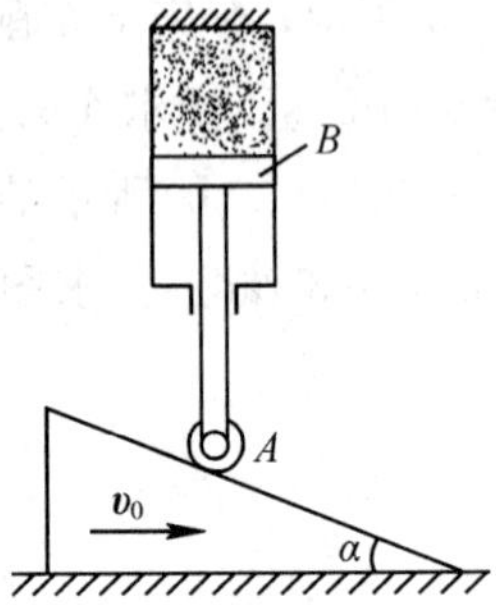

图　3-30

3-8　如图 3-31 所示，偏心凸轮偏心距 $OC=e$，轮半径 $r=\sqrt{3}e$，以匀角速度 ω_O 绕 O 轴转动。在图示位置时，$OC\perp CA$。试求从动杆 AB 的速度。

3-9　如图 3-32 所示，摇杆 OC 绕 O 轴转动，经过固定在齿条上的销子带动齿条上下平动，而齿条又带动半径为 10 cm 的齿轮绕固定轴转动。如 $l=40$ cm，摇杆的角速度 $\omega=0.5$ rad/s。求当 $\varphi=30°$时齿轮的角速度。

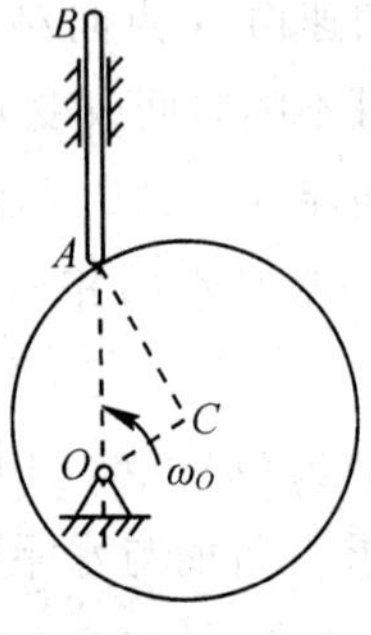

图　3-31

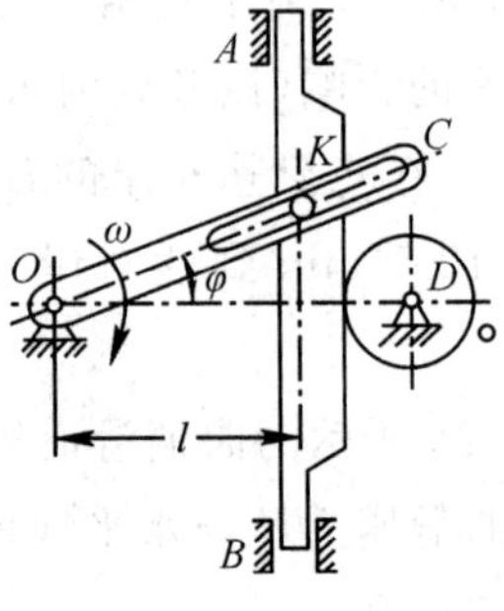

图　3-32

3-10　机构如图 3-33 所示，曲柄长 $OA=40$ cm，以等角速度 $\omega=0.5$ rad/s 绕轴逆时针转动。由于曲柄的 A 端推动水平板 B，而使滑杆 C 沿铅直方向上升。求当曲柄与水平线间的夹角 $\theta=30°$时，滑杆 C 的速度和加速度。

3-11　在如图 3-34 所示的铰接四连杆机构中，$O_1A=O_2B=100$ mm，并且 $O_1O_2=AB$，杆 O_1A 以等角速度 $\omega=2$ rad/s 绕轴 O_1 转动。杆 AB 上有一套筒 C，此套筒与杆 CD 相铰接。机构的各部件都在同一铅直面内。求当 $\varphi=60°$ 时，杆 CD 的速度和加速度。

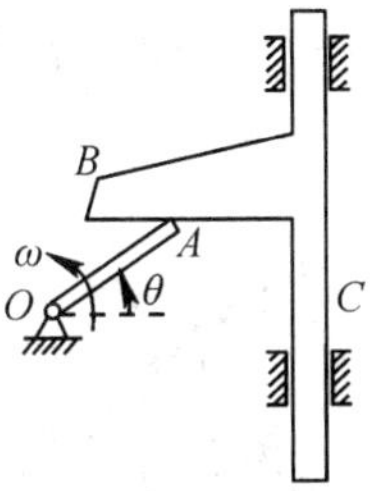

图　3-33

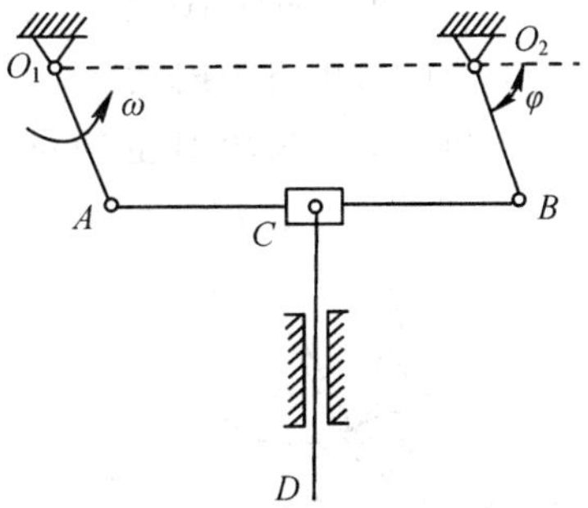

图　3-34

3-12　平面机构 O_1ABO_2 与一半圆环铰接于 A、B 两点，如图 3-35 所示，小圆环 M 相对半圆环的弧坐标为 s_r。已知 $O_1O_2=AB$，$O_1A=O_2B=200$ mm，$R=60$ mm，$\varphi=\frac{5}{48}\pi t^3$ rad，$s_r=\widehat{AM}=10\pi t^2$ mm。试求当 $t=2$ s 时小圆环的速度和加速度。

3-13　试求题 3-8 中从动杆 AB 的加速度。

3-14　如图 3-36 所示，直角曲杆 OBC 绕 O 轴转动，使套在其上的小环沿固定直杆滑动。已知：$OB=0.1$ m，OB 与 BC 垂直，曲杆的角速度 $\omega=0.5$ rad/s ，角加速度为零。求当 $\varphi=60°$时，小环的速度和加速度。

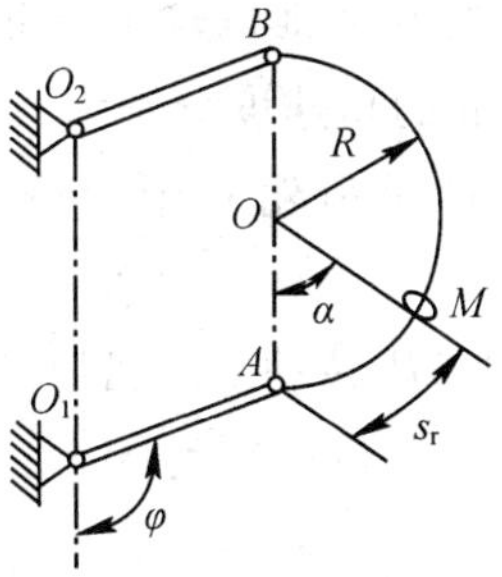

图　3-35

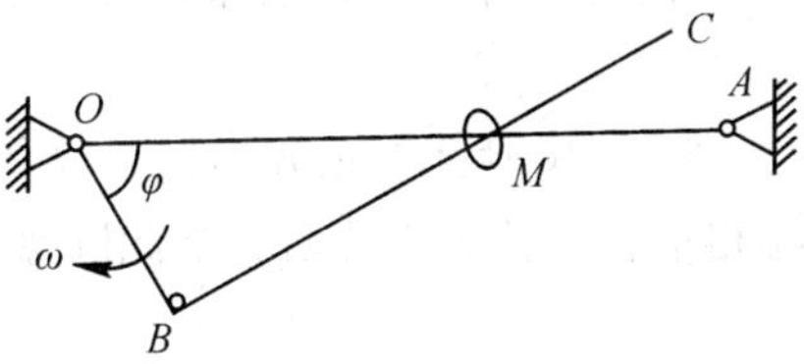

图　3-36

3-15　牛头刨床机构如图 3-37 所示。已知曲柄 $O_1A=200$ mm，以匀角速度绕轴 $\omega=2$ rad/s转动，求图示位置时滑枕 CD 的速度和加速度。

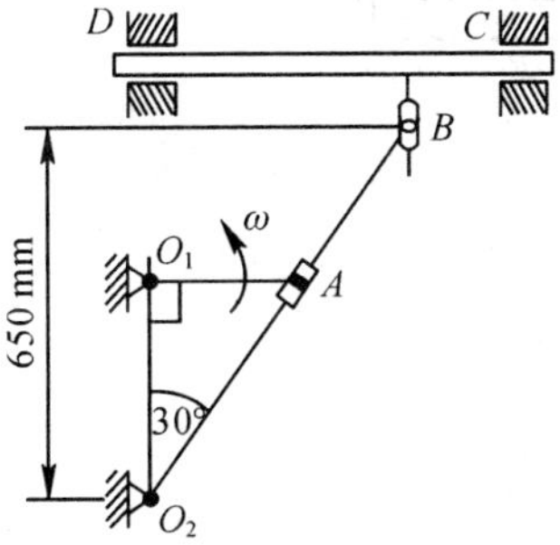

图　3-37

3-16 如图 3-38 所示，曲柄 III 连接定齿轮 I 的 O_1 轴和行星齿轮 II 的 O_2 轴，齿轮的啮合可为外啮合(见图(a))也可为内啮合(见图(b))。曲柄Ⅲ以角速度 ω_3 绕 O_1 轴转动。如齿轮半径分别为 r_1 和 r_2，求齿轮 II 的绝对角速度 ω_2 和其相对曲柄的角速度 ω_{23}。

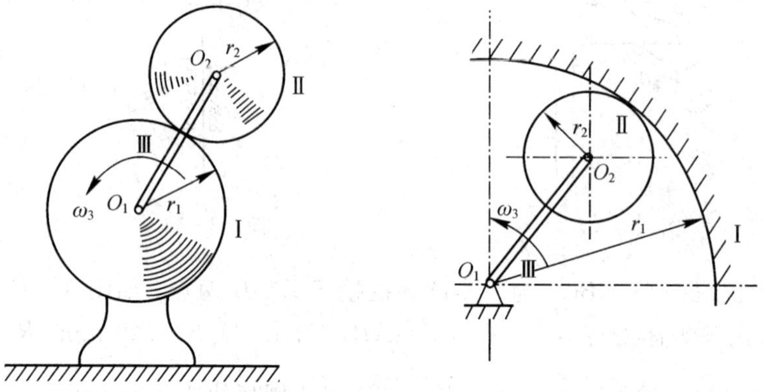

图 3-38

3-17 如图 3-39 所示为差动齿轮构造，曲柄Ⅲ可绕固定轴 AB 转动，在曲柄上套一活动地行星齿轮Ⅳ，此行星齿轮由两个半径各为 $r_1=5$ cm，$r_2=2$ cm 的锥齿轮牢固地叠合而成，两锥齿轮又分别与半径为 $R_1=10$ cm 和 $R_2=5$ cm 的两个锥齿轮Ⅰ和Ⅱ啮合；齿轮Ⅰ和Ⅱ可绕 AB 轴转动，但不与曲柄相连。今两齿轮Ⅰ和Ⅱ的角速度分别为 $\omega_1=4.5$ rad/s 及 $\omega_2=9$ rad/s，且转向相同，求曲柄Ⅲ的角速度 ω_3 及行星齿轮对于曲柄的相对角速度 ω_{43}。

3-18 如图 3-40 所示，正方形框架以 2 r/min 绕轴 AB 转动。圆盘以 2 r/min 绕着与框架对角线相重合的轴 BC 转动。求此圆盘的绝对角速度和角加速度。

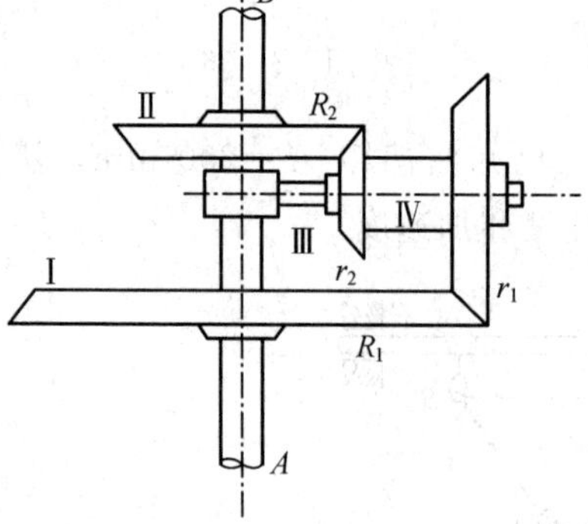

图 3-39

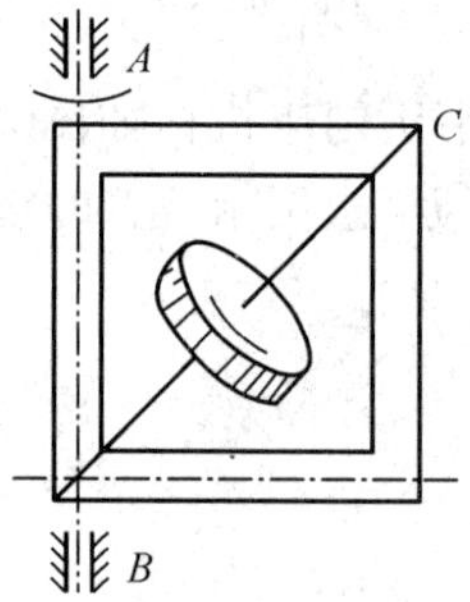

图 3-40

第二篇　静力学

第4章 静力学的基本概念和公理

教学要求：

(1) 掌握静力学公理。

(2) 掌握五类平面约束：柔性体约束、光滑接触面约束、光滑圆柱铰链约束、辊轴约束及链杆约束。

(3) 能应用静力学公理和五类约束对物体进行受力分析和正确画出受力分析图。

(4) 在掌握静力学公理和平面约束的基础上，通过分离研究对象，分析施加于其上的主动力和约束力，并画出受力分析图。

4.1 静力学的基本概念

静力学是研究物体的平衡或力系的平衡规律的力学分支。静力学一词是P·伐里农于1725年引入的。静力学是材料力学和其他各种工程力学的基础，在土建工程和机械设计中有广泛的应用。研究刚体平衡得到的平衡条件，对变形体来说，只是平衡的必要条件而不是充分条件。研究连续介质如弹性体、塑性体、流体等的静力学，除了必须满足将变形体看成刚体(刚化)得到的平衡方程以外，尚须补充与物质特性有关的力学方程，如对弹性体须补充胡克定律等。

所谓物体的平衡，是指物体相对于周围物体保持其静止或作匀速直线平动的状态。一切物体都是处于运动状态的，所谓的平衡都只是暂时和相对的。在一般的工程技术问题中，平衡就是指物体相对于地球的平衡，特别指相对于地面的静止。要使物体保持平衡状态，作用于物体上的力系要满足一定的条件，这些条件称为力系的平衡条件。研究物体的平衡条件，就是研究物体在各种力系对于物体作用的总效应和力系的平衡条件，并应用这些平衡条件解决工程技术问题。为了便于寻求各种力系对于物体作用的总效应和力系的平衡条件，需要将力系进行简化，使其变化为另一个与其作用效应相同的简单力系。这种等效简化力系的方法称为力系简化。因此，在静力学中主要解决如下两个基本问题：① 力系的简化；② 力系的平衡条件及其应用。

静力学中的研究对象为刚体。所谓刚体，是指在任何情况下永远不变形的物体，即刚体内任意两点的的距离永远保持不变。实际上，宇宙中并不存在刚体，这是人们为了研究客观世界，把实际的物体经过抽象化所得到的理想模型。因此，问题得到了简化，可按原尺寸进行计算，得出普遍的刚体的平衡和运动规律。在静力学中研究的对象主要是刚体，因此，有时静力学也称为刚体静力学。另外，在理论力学中，除了将物体抽象化为刚体外，另外还有两个理想模型，即质点和质点系。所谓质点，是指具有一定质量而其形状与大小可以忽略不计的物体。所谓质点系，是指由有限个或无限个有着一定联系的质点所组成的质点群，有时也称为机械系统。质点系中各质点间的距离保持不变的系统称为不变质点系。刚体就是由无限个质点组成的不变质点系；若由 n 个刚体组成的系统则称为物体系统，简称物系。

静力学的基本物理量有三个：力、力偶、力矩。

所谓力，是指物体间的相互作用，这种作用效果使物体的运动状态或形状发生变化。物体间可以有物理性质完全不同的各种作用，如热、电磁以及化学作用等力，但力只是物体间的机械作用——即改变物体机械运动的作用。力作用于物体的效应分为外效应(运动效应)和内效应(变形效应)。外效应是指力使整个物体对外界参照系的运动变化；内效应是指力使物体内各部分相互之间的变化。对刚体则不必考虑内效应。实践表明：力对物体的作用效应决定于：力的大小、力的方向、力的作用点。通常称它们为力的三要素。力可以用一个有方向的线段，即矢量 $\boldsymbol{F}$ 表示，力的单位是 N 或 kN。

所谓力偶，是指大小相等、方向相反且作用线不在同一直线上的两个力，它是一个自由矢量。力偶能够改变刚体旋转运动，同时保持其平移运动不变。力偶不会给予刚体质心任何加速度。

所谓力矩，是指从给定点到力作用线任意点的向径和力本身的矢积，也指力对物体产生转动效应的量度，即力对一轴线或对一点的矩；方向由右手螺旋定则确定并垂直于力与力臂所构成的平面。力矩能够使物体改变其旋转运动。其中，所谓力偶矩，是指力乘以二力作用线间的距离(力臂)；力偶矩与转动轴的位置无关。

若所有力的作用线在同一个平面内，称为平面力系；否则称为空间力系。若所有力的作用线汇交于同一点时，则称为汇交力系；而所有力的作用线都相互平行时，则称为平行力系；否则，称为任意力系。

如果两个力系分别作用于刚体时所产生的外效应相同，则称这两个力系是等效力系。若一力同另一力系等效，则这个力称为这一力系的合力。

静力学的研究方法有两种：一种是几何的方法，称为几何静力学或称初等静力学；另一种是分析方法，称为分析静力学。

几何静力学可以用解析法，即通过平衡条件式用代数的方法求解未知约束反作用力；也可以用图解法，即以力的多边形原理和伐里农及潘索提出的多边形原理为基础，用几何作图的方法来研究静力学问题。几何静力学从静力学公理(包括二力平衡公理、增减平衡力系公理、力的平行四边形法则、作用和反作用定律、刚化公理)出发，通过推理得出平衡力系应满足的条件，即平衡条件；用数学方程表示，就构成平衡方程。静力学中关于力系简化和物体受力分析的结论，也可应用于动力学。借助达朗贝尔原理，可将动力学问题化为静力学问题的形式。

分析静力学是拉格朗日提出来的，它以虚位移原理为基础，以分析的方法为主要研究手段。它建立了任意力学系统平衡的一般准则，因此，分析静力学的方法是一种更为普遍的方法。分析静力学研究任意质点系的平衡问题，给出质点系平衡的充分必要条件(见虚位移原理)。几何静力学主要研究刚体的平衡规律，得出刚体平衡的充分必要条件，又称刚体静力学。

4.2　静力学公理

公理是人类经过长期实践和经验而得到的结论，它被反复的实践所验证，是无须证明而为人们所公认的结论。静力学公理是静力学理论的基础。

公理1(二力平衡公理)　作用于刚体上的两个力，使刚体平衡的必要与充分条件是：该两力的大小相等、方向相反且作用于同一直线上。

公理1揭示了作用于物体最简单的力系平衡所需满足的条件。对刚体来说，上面的条件是充要条件，如图4－1所示。对变形体来说，上面的条件只是必要条件，如图4－2所示。

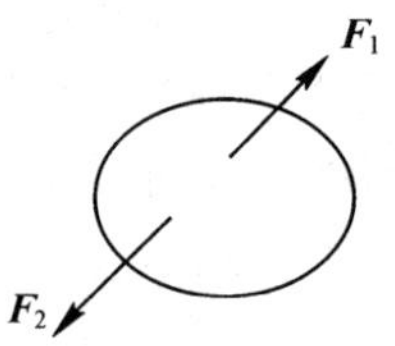

图　4－1

图　4－2

工程上常遇到只受到两个力作用而平衡的构件，称为二力构件或二力杆。根据公理1，作用于二力构件的两力必沿作用点的连线。

公理2(加减平衡力系公理)　可以在作用于刚体的任何一个力系上加上或去掉几个互成平衡的力，而不改变原力系对刚体的作用。

推论(力的可传性原理)　作用于刚体上的力，其作用点可以沿作用线在该刚体内前后任意移动，而不改变它对该刚体的作用。

证明　设力 $\boldsymbol{F}$ 作用于刚体的 A 点(见图4－3)，在其作用线上任取一点 B，并在 B 点添加一对相互平衡的力 $\boldsymbol{F}_1$ 和 $\boldsymbol{F}_2$，且设 $-\boldsymbol{F}_1=\boldsymbol{F}_2=\boldsymbol{F}$，由公理2可知，这不影响原来的力 $\boldsymbol{F}$ 对于刚体的效应。根据公理1得知力 $\boldsymbol{F}$ 与 $\boldsymbol{F}_1$ 相互平行，再由公理2去掉两个力，于是仅余下作用于 B 点的力 $\boldsymbol{F}_2$，显然可知，力 $\boldsymbol{F}_2$ 与原来作用于 A 点的力 $\boldsymbol{F}$ 等效。因此，力对于刚体的效应与力的作用点在作用线上的位置无关，即，力可以沿其作用线在刚体内任意移动而不改变它对于刚体的效应。

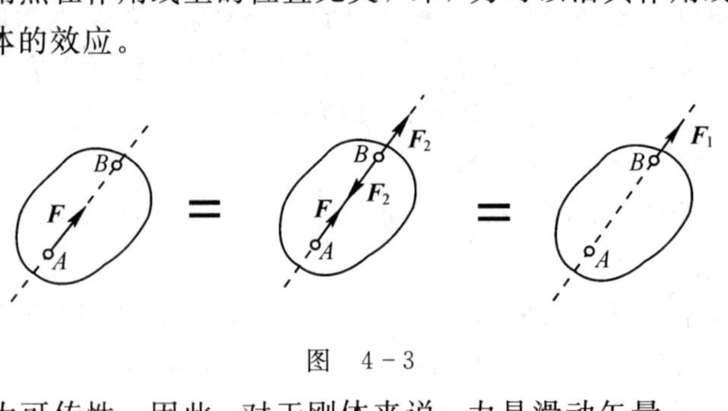

图　4－3

力这种性质称为可传性。因此，对于刚体来说，力是滑动矢量。

公理3(力的平行四边形法则)　作用于物体上任一点的两个力可合成为作用于同一点的一个力，即合力。合力的矢由原两力的矢为邻边而作出的力平行四边形的对角矢来表示。

设在物体的 A 点作用力 $\boldsymbol{F}_1$ 和 $\boldsymbol{F}_2$(图 4－4(a))，如以力 $\boldsymbol{F}_R$表示它们的合力，则可以写成矢量表达式：

$$\boldsymbol{F}_R = \boldsymbol{F}_1 + \boldsymbol{F}_2 \tag{4-1}$$

即合力 $\boldsymbol{F}_R$等于两个分力 $\boldsymbol{F}_1$ 与 $\boldsymbol{F}_2$ 的矢量和。

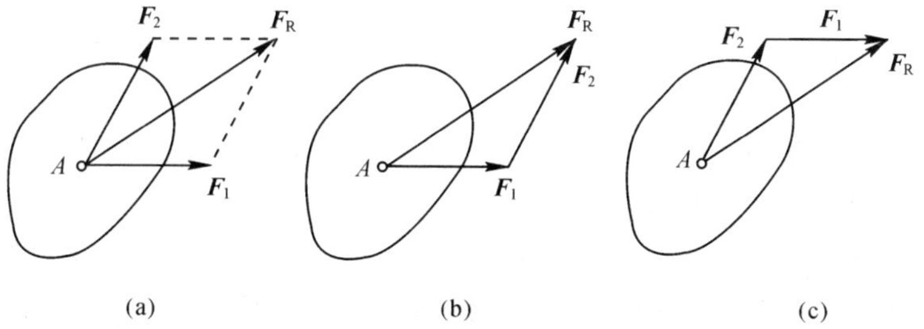

图　4－4

公理 3　反映了力的方向性的特征。矢量相加与数量相加不同，必须用平行四边形的关系确定，它是力系简化的重要基础。

因为合力 $\boldsymbol{F}_R$的作用点也在 A 点，求合力的大小及方向可以根据下面方法代替：从点 A 作矢量 $\boldsymbol{F}_1$，在其末端作矢量 $\boldsymbol{F}_2$，则 $\boldsymbol{F}_1$ 与 $\boldsymbol{F}_2$ 的矢量和 $\boldsymbol{F}_R$ 为合力(见图 4－4(b))；若先从点 A 作矢量 $\boldsymbol{F}_2$，在其末端作矢量 $\boldsymbol{F}_1$，则 $\boldsymbol{F}_1$ 与 $\boldsymbol{F}_2$ 的矢量和 $\boldsymbol{F}_R$ 为合力(见图 4－4(c))。因此，由只表示力的大小及方向的分力矢和合力矢所构成的三角形称为力三角形，这种求合力矢的作图规则称为力的三角形法则。

反之，力的分解是力的合成的逆运算，求一个力的分力的过程。同样遵守平行四边形定则。把一个已知力作为平行四边形的对角线，那么与已知力共点的平行四边形的两条邻边就表示已知力的两个分力。如果没有其他限制，对于同一条对角线，可以作出无数个不同的平行四边形。为此，在分解某个力时，常可采用以下两种方式：① 按照力产生的实际效果进行分解，即先根据力的实际作用效果确定分力的方向，再根据平行四边形定则求出分力的大小。② 根据"正交分解法"进行分解，即先选定直角坐标系，再将已知力投影到坐标轴上求出它的两个分量。在工程问题中，通常采用第②种方法。

推论(三力平衡汇交定理)　当刚体在三个力作用下平衡时，若其中两力的作用线相交于某点，则第三力的作用线必定也通过这个点，且这三个力共面，如图 4－5 所示。

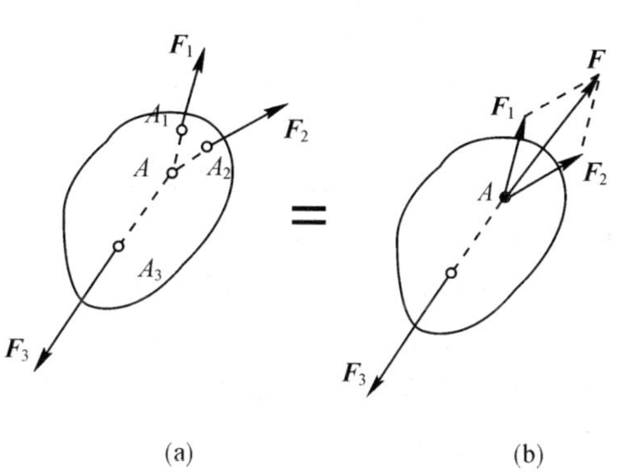

图　4－5

证明 设有相互平衡的三个力 $\boldsymbol{F}_1$、$\boldsymbol{F}_2$和 $\boldsymbol{F}_3$分别作用于刚体的 A_1、A_2和 A_3三点。已知力 $\boldsymbol{F}_1$、$\boldsymbol{F}_2$的作用线交于 A 点。按刚体的力的可传性，将力 $\boldsymbol{F}_1$和 $\boldsymbol{F}_2$移到点 A，并用公理3求得其合力 $\boldsymbol{F}$。因此，可用合力 $\boldsymbol{F}$ 能代替力 $\boldsymbol{F}_1$和 $\boldsymbol{F}_2$的作用，根据已知条件，合力 $\boldsymbol{F}$ 应与力 $\boldsymbol{F}_3$平衡，由公理 1 可知，力 $\boldsymbol{F}_3$的作用线必与合力 $\boldsymbol{F}$ 的作用线重合。因此，力 $\boldsymbol{F}_3$的作用线也在力 $\boldsymbol{F}_1$和 $\boldsymbol{F}_2$所构成的平行四边形上，且通过点 A。

三力平衡汇交定理说明了不平行的三个力平衡的必要条件，有时也用来确定第三个力的作用线的方位。

公理 4(作用与反作用定律) 任何两个物体相互作用的力，总是大小相等，作用线相同，但指向相反，并同时分别作用于这两个物体上。

公理 4 是牛顿第三定律，这个公理概括了自然界中物体间相互作用力的关系，表明一切力总是成对的出现。根据这个公理，已知作用力可求出反作用力，它是物体系统受力分析时必须遵循的原则，为研究多个物体组成物系问题提供了基础。

必须注意：作用力与反作用力是分别作用在两个物体上的，因此不能把它与公理 1 混淆。例如，图 4-6(a)所示提升装置中，重物用钢丝绳悬挂在鼓轮上，$\boldsymbol{W}$ 为重物所受的重力，$\boldsymbol{T}$ 为绳子给重物的拉力，这两个力都作用在重物上，从而使重物匀速直线提升，所以它们是二力平衡，而不是作用力与反作用力。而 $\boldsymbol{T}$ 的反作用力是重物对绳子的拉力 $\boldsymbol{T}'$(图 4-6(b))，与力 $\boldsymbol{T}$ 大小相等、方向相反、共线但作用点不在同一个物体上。

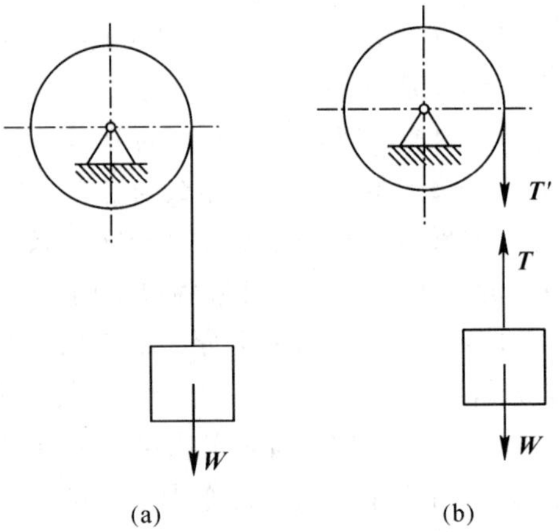

图 4-6

公理 5(刚化公理) 变形体在某一力系作用下处于平衡，如将此变形体变成刚体(刚化为刚体)，则平衡状态保持不变。

公理 5 告诉我们，静力学所研究的关于刚体的平衡条件，对于变形体来说也是必要的，即处于平衡状态的变形体，可用刚体静力学的平衡理论。这个公理建立了刚体力学与变形体力学间的练习，同时也说明了刚体的平衡和运动规律的普遍意义。

必须注意：刚体的平衡条件对于变形体而言，只是必要非充分条件。例如，当绳子在两个大小相等方向相反的拉力作用下处于平衡状态，若将绳子变成刚性杆时，平衡状态不受影响；但是刚性杆受大小相等方向相反的两个压力而平衡时，如将刚性杆变成绳索，则不能保持平衡状态。因此，对于变形体来说，除了要满足刚体静力学的平衡状态外，还须满足与变形体的物理性质有关的附加条件。

4.3　约束与约束反力

力是物体间相互的机械作用，当分析某物体上各个力时，需要了解物体与周围其它物体相互作用形式和联接方式。我们按照是否与其它物体直接接触将物体分为两类：① 自由体是指物体的位移在空间不受任何限制，可以在空间任意移动。例如：飞行中的子弹，航行中的飞船。② 非自由体是指物体的位移受到周围物体的限制，不能作任意运动的物体。例如：桌面上的球、垂直桌面向下的位移受到桌面的限制，用绳悬挂的吊灯，因绳不能伸长吊灯在沿绳伸长的方向的位移受到吊绳的限制。

在力学中，机械的各个构件如不按照适当的方式相互联系，就不能恰当地传递运动和实现规定动作；工程结构如不受到限制，就不能承受载荷以满足各种需要。因此，凡是限制某物体运动所加的限制条件称为约束。即由周围物体所构成的、限制非自由体位移的装置称为约束体，也称约束。例如，沿轨道行驶的车辆，轨道事先限制车辆的运动，轨道就是约束体；射击时，子弹射出之前，受到枪膛的限制了子弹的运动，枪膛就是约束体，但当子弹出膛后子弹作抛物线运动而不是事先的限制，没有约束体；轴支撑于轴承上，轴承就是约束体。

约束体阻碍限制物体的自由运动，改变了物体的运动状态，因此约束体必然承受物体的作用力，同时给予物体以相等、相反、共线的反作用力，即约束作用在物体上的力称为称为约束反力(约束力，简称反力)，属于被动力。除过约束力外，物体还受到各种载荷，如重力、风力等，它们是促使物体运动或有运动趋势的力，属于主动力。

约束反力除了与作用在物体上的主动力有关，还与约束本身的性质有关。不同性质的约束，约束反力是不同的。约束力阻止物体运动的作用是通过约束体与物体相互接触来实现的，因此，作用点在接触处，方向与约束体阻止的运动方向相反；但大小未知，由静力学的平衡条件求出。

下面介绍工程中几种常见的约束及其约束反力。

1. 柔性体约束

属于这类约束体的有绳索、链条、皮带等，忽略刚性，不计重量。这类约束的特点是只能承受拉力，不能承受压力和抵抗弯曲，只能限制物体沿伸长方向的位移。因此，柔性约束的约束反力只能是拉力，作用点在与物体的连接点上，作用线沿绳索，指向背离物体。通常用字母 $\boldsymbol{T}$ 或 $\boldsymbol{F}_{\mathrm{T}}$ 表示，如图 4-7 所示。

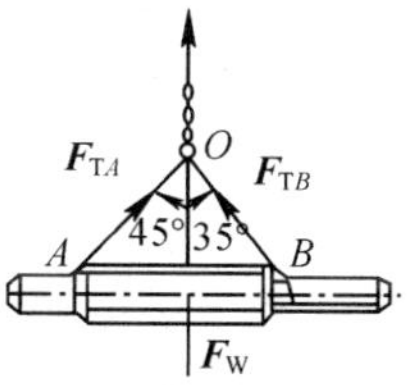

(a)

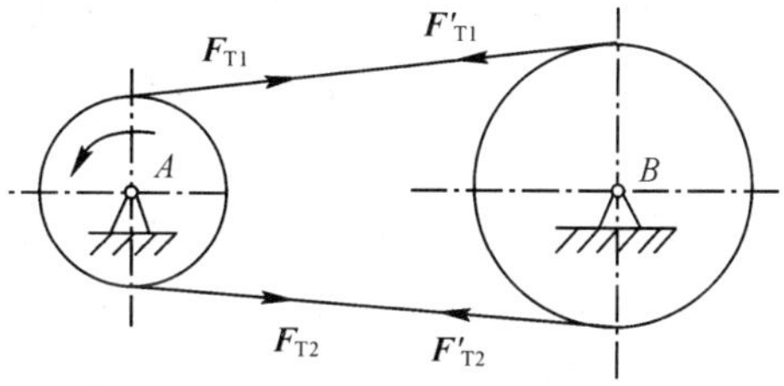

(b)

图　4-7

凡是只能阻止物体沿某一方向运动而不能阻止物体沿相反方向运动的约束称为单面约束，否则称为双面约束。单面约束的约束力方向是确定的，而双面约束的约束力的方向决定于物体的运动趋势。可见，柔性体约束的为单面约束，约束力的指向背离物体。

2. 光滑接触面(线)约束

这类约束忽略摩擦，接触表面为理想光滑的。这类约束的特点是不论支撑面的形状如何，只能承受压力，不能承受拉力，只能限制物体沿接触面公法线而趋向支撑接触面的运动。因此，光滑接触面的约束力只能是压力，作用点在接触处，方向沿着接触面的公法线而指向物体，常用符号 $\boldsymbol{N}$ 或 $\boldsymbol{F}_{\mathrm{N}}$ 表示，如图 4-8(a)、(b)所示。这类约束也是单面约束，其约束力常又称为法向约束力。若两接触面有一个原弧面，约束反力作用线一定通过圆心；若有一个平面，约束反力的作用线一定垂直该平面。

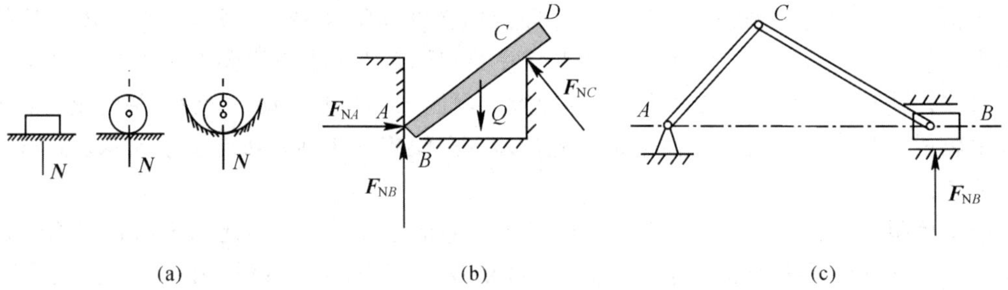

图　4-8

注意：若接触处的面积很小，则约束力可视为集中力；否则约束力为沿整个接触表面积的分布力，其合力的作用点将不能预先确定。在图 4-8(c)中，由于滑槽在上下两面限制滑块构成一个双面约束，若不能确定滑槽的哪一面限制滑块的运动，则约束力 $\boldsymbol{F}_{NB}$ 的指向可先假设，最后由平衡条件确定。

3. 光滑圆柱铰链约束

光滑圆柱铰链是力学中一个抽象化的模型。凡是两个非自由体相互连接后，接触处的摩擦可忽略不计，只能限制两个非自由体的相对移动，而不能限制它们相对转动的约束，都可以称为光滑铰链约束，也称为销钉。例如，门窗上的合页、机器上的轴承，图 4-8(c)中曲柄与连杆之间和连杆与滑块之间的连接等。这类约束可视为圆柱销插入两构件的圆柱孔而构成，并忽略摩擦和圆柱销与构件上圆柱孔的间隙。这类约束的特点是只能限制物体的任意径向移动，不能限制物体绕圆柱销轴线的转动和平行于圆柱销轴线的移动。光滑圆柱铰链约束的约束力只能是压力，在垂直于圆柱销轴线的平面内，通过圆柱销中心，方向不定。

用销钉把构件与底座连接，并把底座固定在支承物上而构成的支座称为固定铰链约束，简称铰支座，如图 4-9(a)所示。计算时用简图 4-9(b)。这类支座约束的特点是物体只能绕铰链轴线转动不能发生垂直于铰轴的任何移动。所以，铰支座约束的约束力在垂直于圆柱销轴线的平面内，通过圆柱销中心，方向不同，通常用两个互相垂直的分力表示，如图 4-9(c)所示。

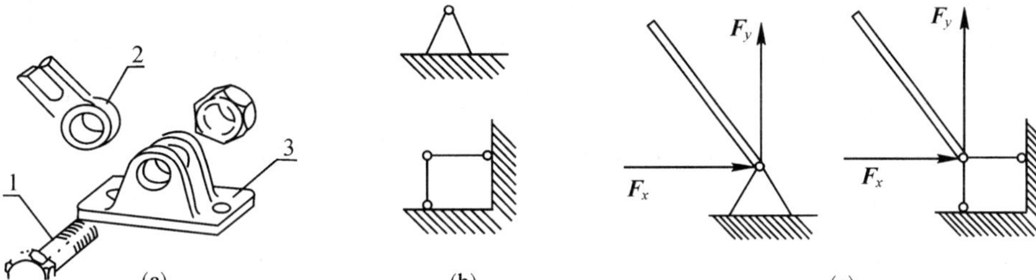

(a)　　(b)　　(c)

1-销钉；2-构件；3-底座

图　4-9

用光滑圆柱铰链把构件与构件连接，称为中间铰链约束，如图 4-10(a)所示。计算时所用简图为图 4-10(b)。这类约束的特点是物体也只能绕铰链轴线转动而不能发生垂直于铰轴的任何移动。同样，中间铰链约束的约束力在垂直于圆柱销轴线的平面内，通过圆柱销中心，方向不同，通常用两个互相垂直的分力表示，如图 4-10(c)所示。

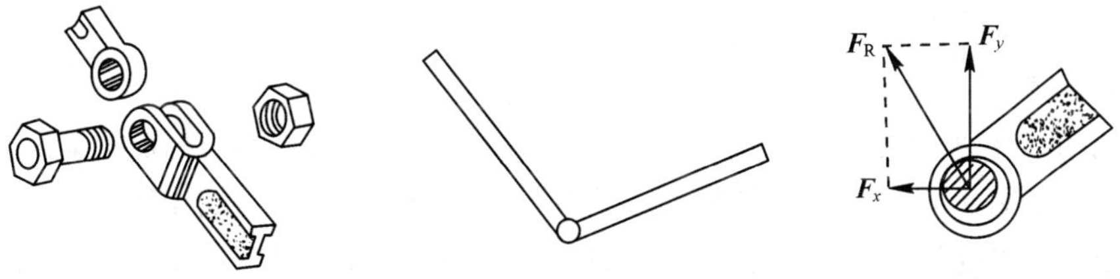

(a)　　(b)　　(c)

图　4-10

必须注意：在分析铰链约束力时，通常把销钉固连在其中任意一个构件上一起分析，这样就简化成只有两个构件的结构。例如，在图 4-11(a)所示的三铰拱结构中，如将铰链 **C** 处的销钉固连在构件 II 上，则构件 I、II 互为约束。铰链处的约束力如图 4-11(b)所示。特别注意：约束和被约束构件之间的相互作用力要满足公理 4：即作用力的方向一经假定，其反作用力的方向随之确定，不能再作假定。

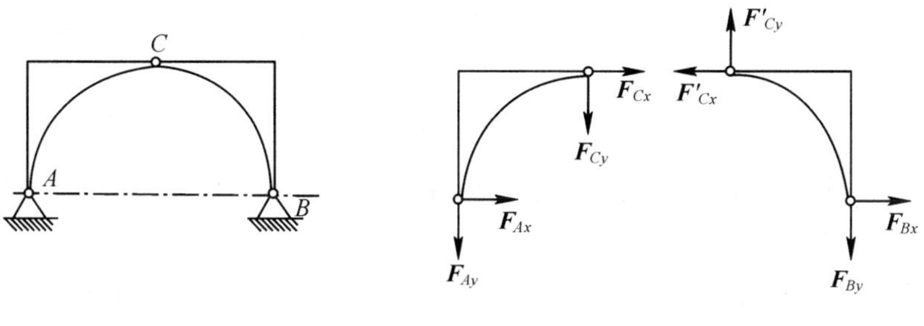

(a)　　(b)

图　4-11

4. 辊轴支座约束

为了保证构件变形时既能发生微小的转动又能发生微小的移动，可将构件的铰支座用几个辊轴(滚珠)支承在光滑的支座面上，就构成了辊轴支座约束，也称为活动铰链支座，如图 4－12(a)所示。图 4－12(b)是计算时所用的简图。这类约束的特点是只能限制物体与圆柱铰链连接处沿垂直于支承面的方向运动，而不能阻止物体沿光滑支承面的远动。所以，辊轴支承约束的约束力应垂直于支承面，通过圆柱销钉中心，常用符号 $\boldsymbol{F}_{\mathrm{N}}$表示，如图 4－12(c)所示。一般情况下属于双面约束。

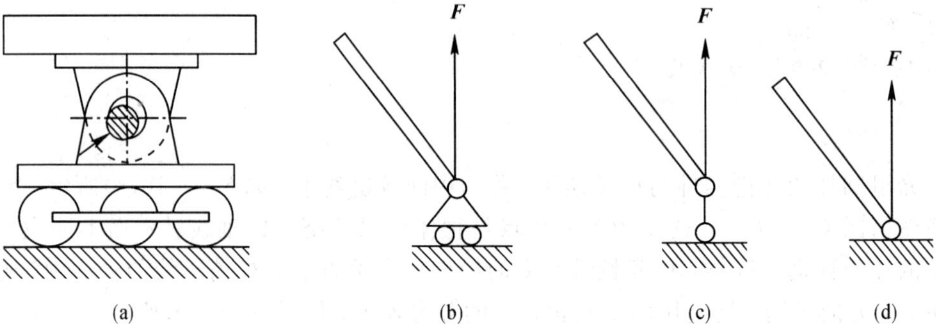

图　4－12

5. 链杆约束

链杆约束是指两端用光滑铰链连接，中间不受力，不计自重，仅在两端受力的刚杆，常备用来作为拉杆或者撑杆形成链杆约束，如图 4－13(a)所示。由于链杆约束属于二力构件，既能受拉也能受压。因此，链杆约束的约束力沿链杆两端铰链的连线，指向不确定，通常假设链杆受拉，如图 4－13(b)所示。故链杆约束也是双面约束。

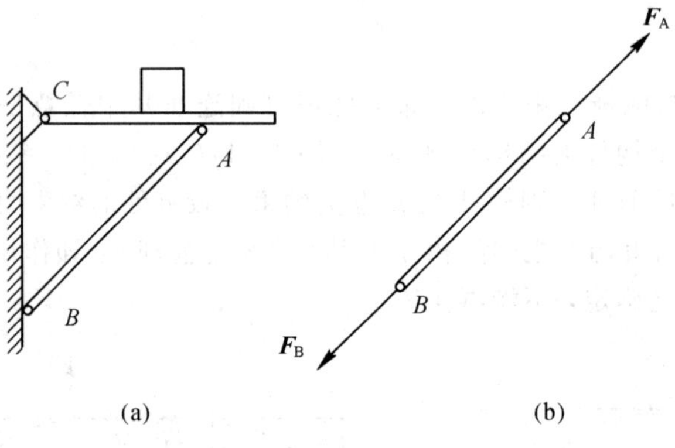

图　4－13

必须注意：链杆约束的约束力是沿链杆两端铰链的连线，而不是沿着构件的沿线，如图 4－14(b)所示。

根据上述几种约束情况来看，由于各种约束的构成不同，所以限制物体运动的特性也不同，但是其约束力的作用线总是沿着约束所能阻止的运动方向。对于单面约束，约束力的指向是确定的，即与约束所阻止物体的运动方向相反；对于双面约束，约束力的指向是与物体的运动趋势有关，不能预先确定。

把约束对于问题的作用以约束力的形式表示。解除约束原理：当受约束的物体在某些

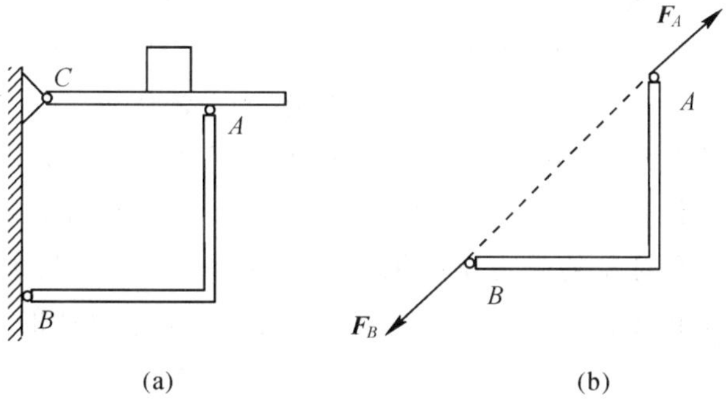

图　4-14

主动力的作用下处于平衡，若将其部分或全部的约束去除，用相应的约束力代替，则物体的平衡不受影响。基于这一原理，在解决实际物体的平衡时，可以将该物体所受的各种约束全部解除，而用相应的约束力代替。

4.4　受力分析与受力图

解决力学问题时，首先要选定需要进行研究的物体，即选择研究对象；然后根据已知条件，约束类型并结合基本概念和公理分析它的受力情况，这个过程称为物体的受力分析。为了便于计算，将研究对象的约束全部解除，将其从周围的物体中分离出来，孤立地考察它，画出其简图，这种被解除了约束的物体称为分离体；将作用于该分离体的所有的主动力和约束力以力矢表示在简图上，这种图形称为分离体的受力图。

取分离体，画受力图，是力学所特有的研究方法。恰当地选择研究对象，正确地画出受力图，是解决力学问题的关键步骤。一般按如下步骤画物体受力图：

(1) 选研究对象，取分离体。根据问题的已知条件确定研究对象，画出其轮廓图形。几何图形应合理简化，既能反映实际又能分清主次。研究对象可以是一个物体，也可以是由几个物体组成的物体系统。

(2) 先画主动力，再画约束力。明确研究对象受到周围哪些物体的作用后，可先画主动力，再画约束力。画约束力时要根据约束类型及特性确定约束力的方向和作用点。

(3) 另外，有时要根据二力平衡共线、三力平衡汇交等平衡条件来确定某些约束力的指向或作用线的位置。

画受力分析图时，应注意以下事项：

(1) 不要漏画力。除重力、电磁力外，物体之间只有通过接触才有相互机械作用力，要分清研究对象(受力体)都与周围哪些物体(施力体)相接触，接触处必有力，力的方向由约束类型而定。

(2) 不要多画力。要注意力是物体之间的相互机械作用。因此对于受力体所受的每一个力，都应能明确地指出它是哪一个施力体施加的。

(3) 不要画错力的方向。约束反力的方向必须严格地按照约束的类型来画，不能单凭直观或根据主动力的方向来简单推想。在分析两物体之间的作用力与反作用力时，要注意，作用力的方向一旦确定，反作用力的方向一定要与之相反，不要把箭头方向画错。

(4) 受力图上不能再带约束，即受力图一定要画在分离体上。

(5) 受力图上只画外力，不画内力。一个力，属于外力还是内力，因研究对象的不同，有可能不同。当物体系统拆开来分析时，原系统的部分内力，就成为新研究对象的外力。

(6) 同一系统各研究对象的受力图必须整体与局部一致，相互协调，不能相互矛盾。对于某一处的约束反力的方向一旦设定，在整体、局部或单个物体的受力图上要与之保持一致。

(7) 正确判断二力构件。

例 4-1　如图 4-15 所示，分别画出球 O、杆 AB 的受力分析图。

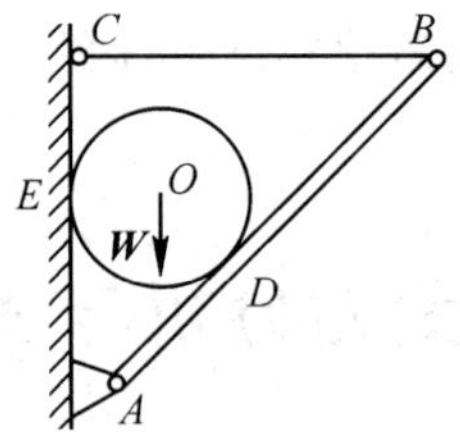

图　4-15

解　(1) 先取球 O 为研究对象。将球 O 从墙面和杆 AB 的约束中分离出来，画出其轮廓简图。作用于球 O 的主动力是重力 $\boldsymbol{W}$，铅垂向下；墙面和杆 AB 给球 O 的约束力分别为 $\boldsymbol{N}_E$ 和 $\boldsymbol{N}_D$，方向是垂直墙面和杆 AB 指向圆心 O；球 O 的受力分析图如图 4-16(a)所示。

(2) 取杆 AB 为研究对象。将杆 AB 从绳子 CB、球 O、固定铰链 A 的约束中分离出来，画出其轮廓简图。绳子 CB 对杆 AB 的约束力为 $\boldsymbol{T}_B$，沿绳的中心线背离杆 AB；固定铰链 A 对杆 AB 的约束力用通过点 A 的相互垂直的两个分力 $\boldsymbol{F}_{Ay}$ 和 $\boldsymbol{F}_{Ax}$ 表示；球 O 对杆 AB 的约束力是杆 AB 给球 O 的约束力的反力作用力 $\boldsymbol{N}'_D$。受力分析图如图 4-16(b)所示。另外，杆 AB 的受力图还可以画成图 4-16(c)。根据三力平衡条件，已知力 $\boldsymbol{T}_B$ 和 $\boldsymbol{N}'_D$ 相交于一点，则其余一力 $\boldsymbol{F}_A$ 也交于同一点，从而确定约束力 $\boldsymbol{F}_A$ 的方向。

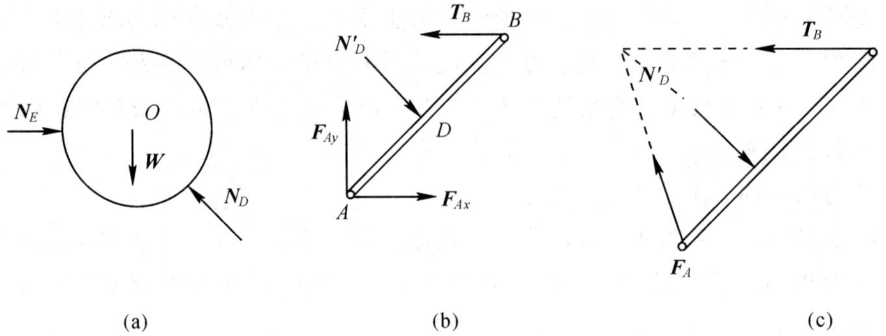

图　4-16

例 4-2　在图示 4-17 所示的平面系统中，均质球 A 重 $\boldsymbol{W}_1$，借本身重量和摩擦不计

的理想滑轮 C 和柔绳维持在仰角是α的光滑斜面上，绳的一端挂着重 $\boldsymbol{W}_2$ 的物体 B。试分析物体 B、球 A 和滑轮 C 的受力情况，并分别画出平衡时各物体的受力图。

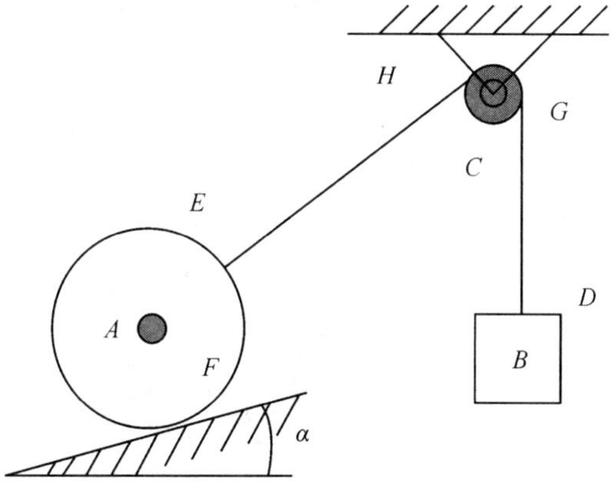

图　4-17

解　(1) 取物体 B 为研究对象。作用于物体 B 的主动力是重力 $\boldsymbol{W}_2$，铅垂向下；绳子 GD 对物体 B 的约束力为 $\boldsymbol{F}_D$，沿绳的中心线背离物体 B，如图 4-18(a)所示。

(2) 取球 A 为研究对象。作用于球 A 主动力是重力 $\boldsymbol{W}_1$，铅垂向下；绳子 EH 对球 A 的约束力为 $\boldsymbol{F}_E$，沿绳的中心线背离球 A；斜面对球 O 的支持力为 $\boldsymbol{F}_F$，垂直斜面指向圆心 A，如图 4-18(b)所示。

(3) 取滑轮 C 为研究对象。作用绳子 EH 和 GD 对滑轮约束力分别为 $\boldsymbol{F}_H$ 和 $\boldsymbol{F}_G$；中间铰链 C 对滑轮的约束力用通过点 A 的相互垂直的两个分力 $\boldsymbol{Y}_C$ 和 $\boldsymbol{X}_C$ 表示，如图 4-18(c)所示。

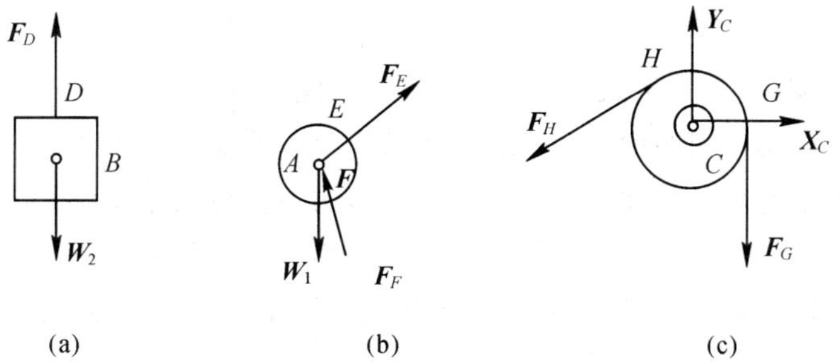

图　4-18

例 4-3　等腰三角形构架 ABC 的顶点 A、B、C 都用铰链连接，底边 AC 固定，而 AB 边的中点 D 处有平行于固定边 AC 的力 $\boldsymbol{F}$，如图 4-19 所示。不计各杆自重，试画出 AB 和 BC 的受力图。

解　(1) 取杆 BC 为研究对象。由于 BC 两端用铰链约束，杆重不计，中间不受力；可知，BC 杆属于链杆约束，为二力杆。链杆的约束力方向是沿链杆两端铰链的连线，如图 4-20(a)所示。

(2) 取杆 AB 为研究对象。先画出外加主动力 $\boldsymbol{F}$；AB 杆 B 端的约束力与力 BC 杆 B 端的约束力互为作用力与反作用力的关系，以 $\boldsymbol{F}'_B$ 表示；固定铰链 A 对杆 AB 的约束力用

通过点 A 的相互垂直的两个分力 $\boldsymbol{F}_{Ax}$ 和 $\boldsymbol{F}_{Ay}$ 表示；如图 4-20(b)表示。另外，杆 AB 的受力图还可以画成图 4-20(c)。根据三力平衡条件，已知力 $\boldsymbol{F}'_B$ 和 $\boldsymbol{F}$ 相交于一点 H，则其余一力 $\boldsymbol{F}_A$ 也交于同一点 H。从而确定约束力 $\boldsymbol{F}_A$ 沿 A、H 两点的连线。

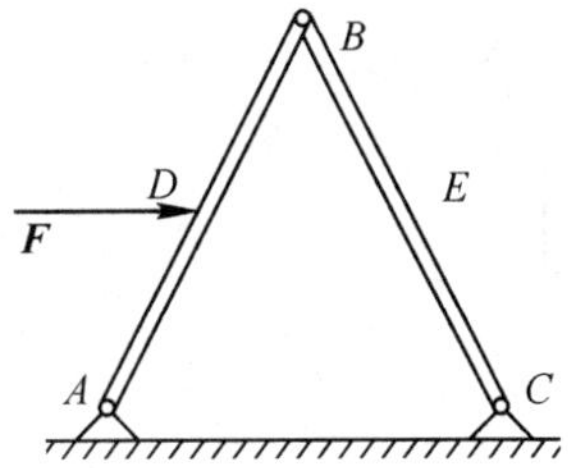

图　4-19

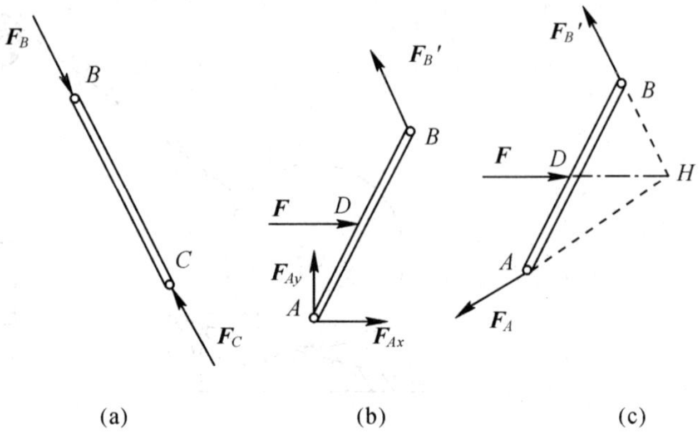

图　4-20

本章知识要点

本章主要分析物体的受力情况。

静力学研究的两个基本问题是：① 力系的简化，② 力系的平衡条件。研究方法有几何法和解析法。

静力学的公理是静力学理论的基础。其中，公理 1、公理 2 及力的可传性原理只适用于刚体。

平衡、刚体、约束、约束力及主动力是静力学的基本概念。

(1) 在一般工程实际问题中，平衡通常是指相对于地面的静止或匀速直线平动。

(2) 刚体是指不变形的物体，它是力学中物体的一种抽象化模型。

(3) 即由周围物体所构成的、限制非自由体位移的装置称为约束体，也称约束。

(4) 约束力是指约束体给予物体的作用力，称为约束反力(约束力、简称反力)，属于被动力。

(5) 除过约束力外，物体还受到各种载荷，如重力、风力等，它们是促使物体运动或有运动趋势的力，属于主动力。

恰当地选择研究对象，正确地画出受力图，是解决力学问题的关键步骤。

思　考　题

4-1　两杆连接如图 4-21 所示，能否根据力的可传性原理，将作用于杆 AC 上的力 $\boldsymbol{F}$ 沿其作用线移到杆 BC 上而成为 $\boldsymbol{F}'$。

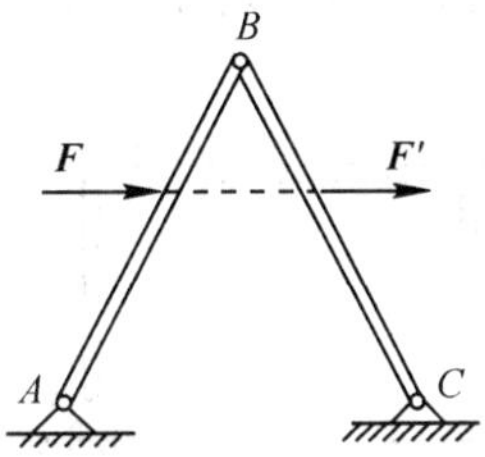

图　4 - 21

4 - 2　检查图 4 - 22 所示的各受力图是否正确，如有错误请改正(设杆的自重和各处摩擦不计)。

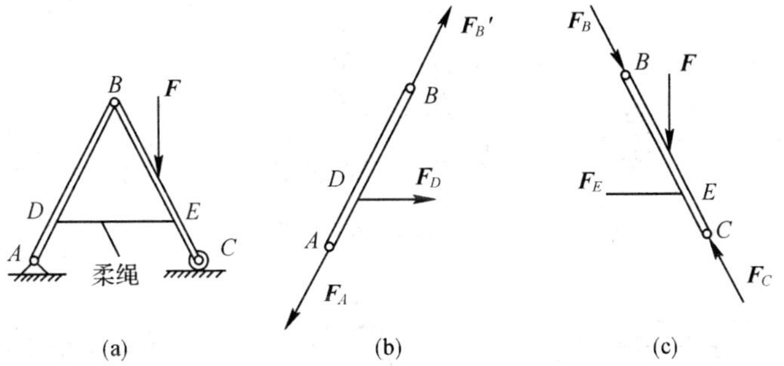

图　4 - 22

4 - 3　什么是二力杆？只能两点受力的构件是否为二力构件？为什么？

习　　题

下列习题中假定接触处是光滑的，物体的重量除图上已注明外，均略去不计。

4 - 1　画出图 4 - 23 所示指定物体的受力图。

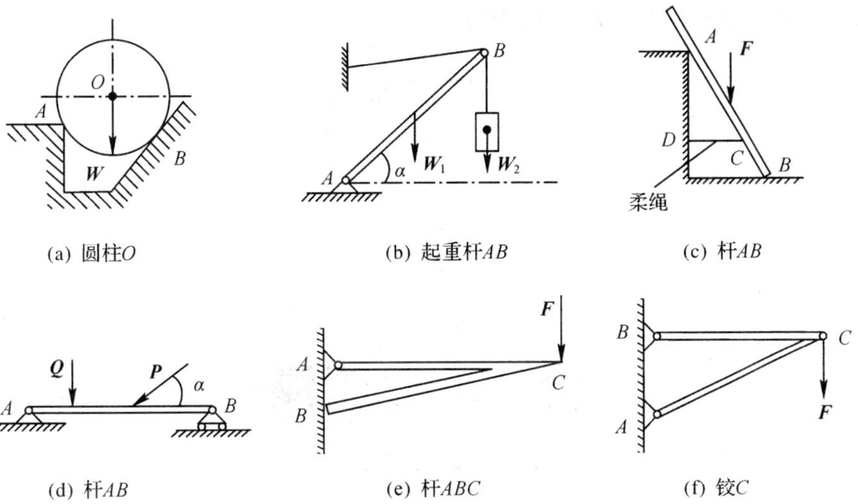

图　4 - 23

4－2　画出图 4－24 所示各物系中指定物体的受力图。

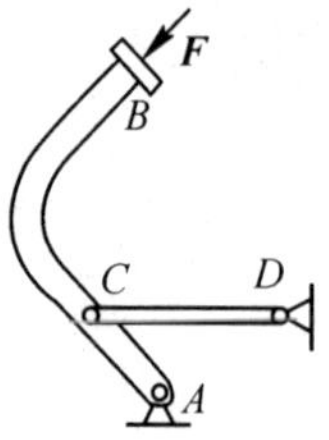

(a) 杆ABC和杆CD

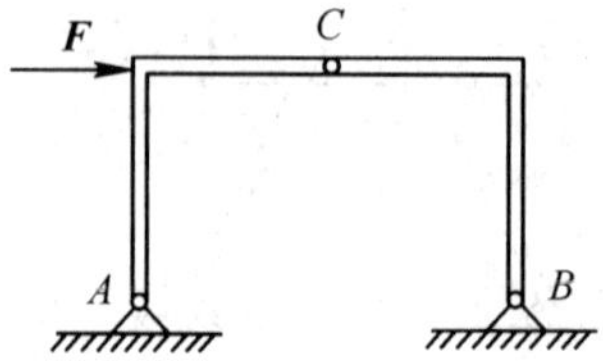

(b) 构件AC和BC

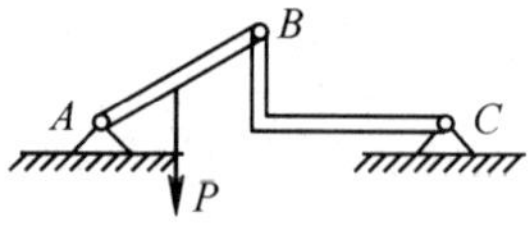

(c) 梁AB和BC

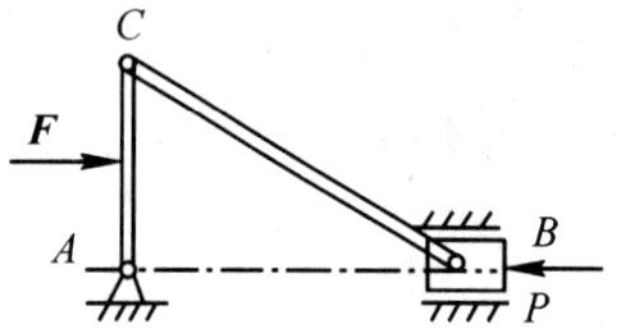

(d) 杆AC、BC及滑块B

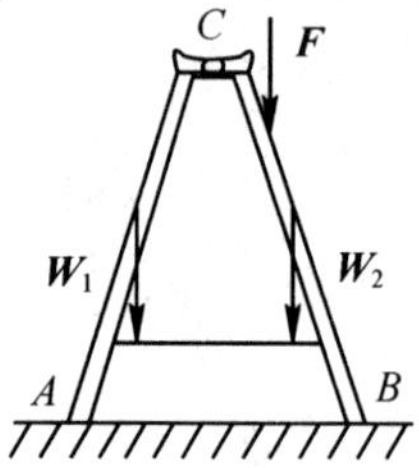

(e) 整体、BC、AC

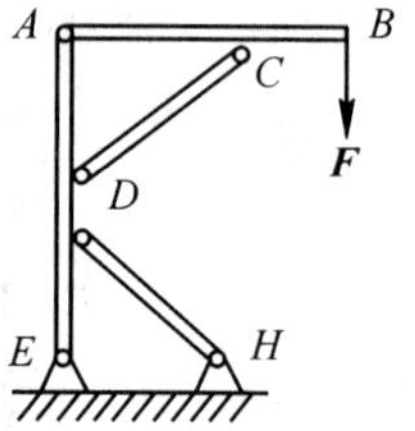

(f) 整体、横梁AB、立柱AE

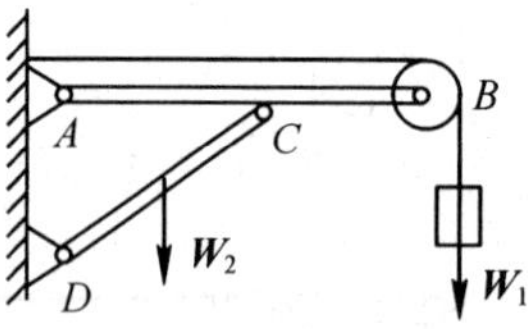

(g) 杆AB、杆AB(连同滑轮)整体

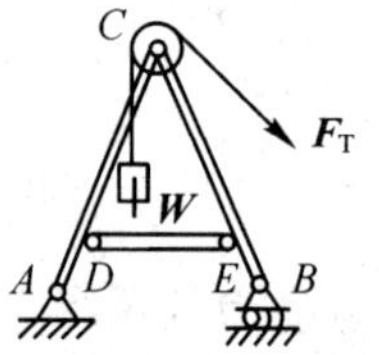

(h) 滑轮重物，杆DE、BC、AC(连同滑轮)，整体

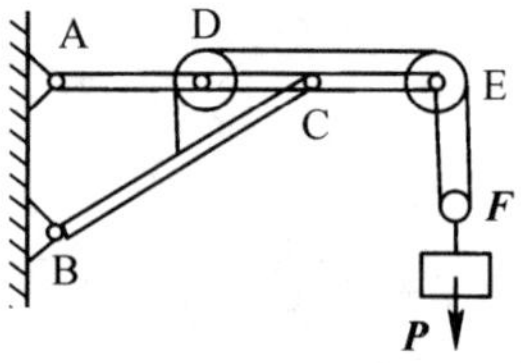

(i) 整体、BC杆、滑轮D、滑轮E、AE杆

图　4－24

4－3　如图 4－25 所示压榨机中，杆 AB 和 BC 的长度相等，自重忽略不计。A 、B、C、E 处为铰链连接。已知活塞 D 上受到油缸内的总压力为 $\boldsymbol{F}$，$h=200$ mm，$l=1500$ mm。试画出杆 AB，活塞和连杆以及压块 C 的受力图。

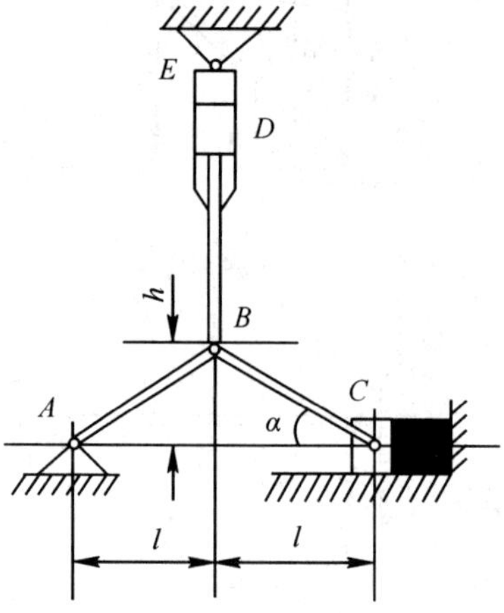

图　4－25

4-4　图 4-26 所示厂房为三铰式屋架结构，吊车梁安装在屋架突出部分 D 和 E 上。试分别画出吊车梁 DE、屋架 AC、屋架 BC 的受力图。

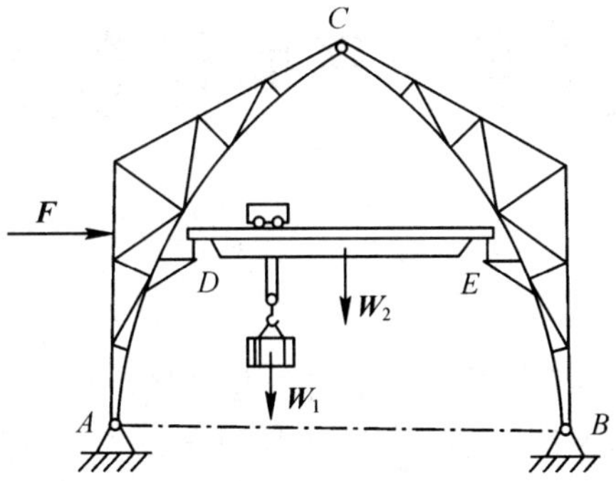

图　4-26

第5章　平面任意力系

教学要求：

（1）掌握平面任意力系的简化方法，熟悉简化结果，能熟练地计算主矢和主矩。

（2）对平面一般力系的平衡问题，能熟练地取分离体，对其进行受力分析，画出受力分析图，熟练应用平面任意力系的平衡方程求解单个物体和简单物体系统的平衡问题。

在工程实际中，作用在结构上的力系有多种形式，力的作用线可以简化在同一平面上的力系称为平面力系，其中，力系中力的作用线不全交于一点或不全彼此平行的力系称为平面任意力系。本章通过力系的简化，研究平面任意力系，并且建立平面任意力系的平衡条件。

5.1　力沿坐标轴的投影与平面汇交力系

1. 平面汇交力系合成的几何法和平衡条件

各力作用线在同一平面内，并且汇交于一点的力系称为平面汇交力系。图5－1中的梁和吊环所受的力系为平面汇交力系。

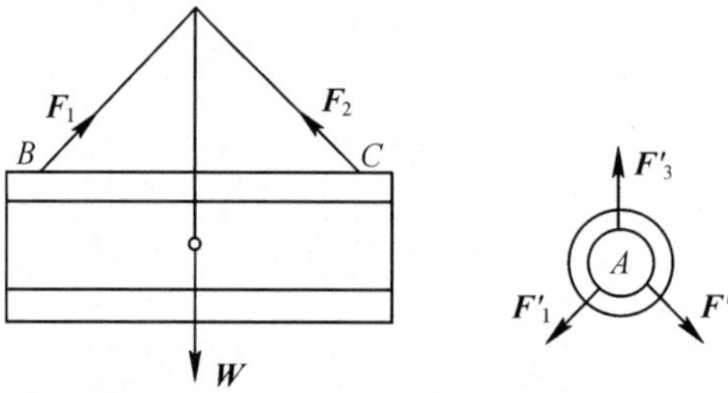

图　5－1

设刚体上作用有一个平面汇交力系 $\boldsymbol{F}_1$、$\boldsymbol{F}_2$ 和 $\boldsymbol{F}_3$，见图5－2(a)，根据力的可传性，可简化为一个等效的平面共点力系，见图5－2(b)；连续应用力三角形法则，见图5－2(c)：先将 $\boldsymbol{F}_1$ 和 $\boldsymbol{F}_2$ 合成为合力 $\boldsymbol{F}_{12}$，再将 $\boldsymbol{F}_{12}$ 与 $\boldsymbol{F}_3$ 合成为合力 $\boldsymbol{F}$，则 $\boldsymbol{F}$ 就是力系的合力。如果只需求出合力 $\boldsymbol{F}$，则代表 $\boldsymbol{F}_{12}$ 的虚线可不必画出，只需将力系中各力首尾相接，连成折线，则封闭边就表示合力 $\boldsymbol{F}$，其方向与各分力的绕行方向相反。比较图5－2(c)和图5－2(d)可以看出，画分力的先后顺序并不影响合成的结果。这种用作力多边形来求平面汇交力系合力的方法称为几何法。显然，上面求两力合力的力三角形法则是力多边形法则的特例。同时对于有 n 个力的平面汇交力系，上述方法也是适用的。可见平面汇交力系合成的结果为一个合力 $\boldsymbol{F}$，它等于各分力的矢量和，写为

$$\boldsymbol{F}=\boldsymbol{F}_1+\boldsymbol{F}_2+\cdots+\boldsymbol{F}_n=\sum_{i=1}^{n}\boldsymbol{F}_i=\sum\boldsymbol{F}_i \tag{5-1}$$

显然，物体在平面汇交力系作用下平衡的必要和充分条件是力系的合力等于零，即

$$\sum\boldsymbol{F}_i=0 \tag{5-2}$$

如上所述，平面汇交力系的合力是用力多边形的封闭边来表示的。当合力等于零时，力多边形的封闭边(图 5-2(c)和(d)中的 **F** 边)不再存在。所以平面汇交力系平衡的几何条件是力系中各力构成自行封闭的力多边形。

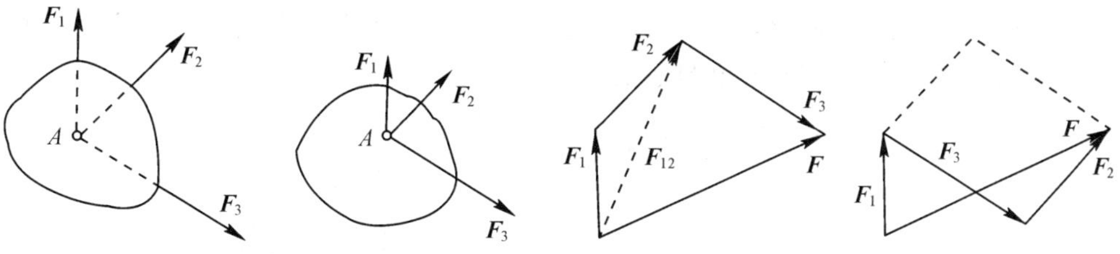

(a)　(b)　(c)　(d)

图　5-2

2. 力在坐标轴上的投影

设有一力 **F**，见图 5-3，在力 **F** 作用平面内选取直角坐标系 Oxy，过力 **F** 的起点 A 和终点 B 分别向 x 轴和 y 轴作垂线，得垂足 a_1、b_1 和 a_2、b_2，则线段 a_1b_1 和 a_2b_2 分别称为力 **F** 在 x 轴上和 y 轴上的投影，并分别用 F_x 和 F_y 表示。

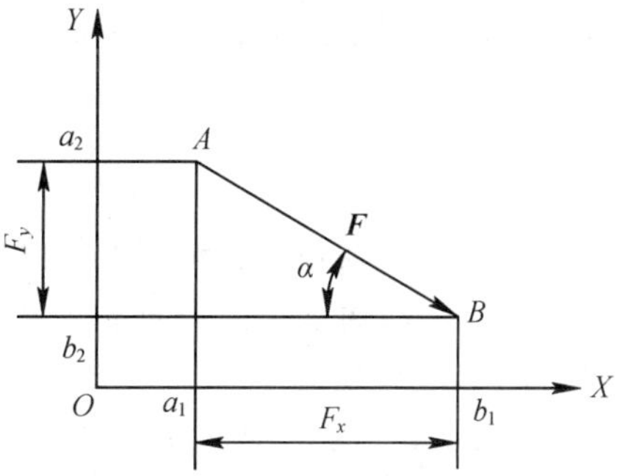

图 5-3　力在坐标轴上的投影

设力 **F** 与 x 轴所夹的锐角为 α，则求力 **F** 的投影的表达式为

$$\left.\begin{aligned}F_x&=\pm F\cos\alpha\\F_y&=\pm F\sin\alpha\end{aligned}\right\} \tag{5-3}$$

当由 a_1 到 b_1 和 a_2 到 b_2 的指向分别与 x 轴、y 轴的正方向一致时取“+”，反之取“−”。在图 5-3 中，F_x 应取“+”，F_y 应取“−”，即

$$\left.\begin{aligned}F_x&=F\cos\alpha\\F_y&=-F\sin\alpha\end{aligned}\right\}$$

需要注意：力是矢量，而力在坐标轴上的投影则是代数量。

反之，若已知力 F 在坐标轴上的投影 F_x、F_y，则该力的大小及与坐标轴夹角的余弦为

$$\left.\begin{aligned}F&=\sqrt{F_x^2+F_y^2}\\\cos\alpha&=\frac{F_x}{F}\\\cos\beta&=\frac{F_y}{F}\end{aligned}\right\} \tag{5-4}$$

3. 合力投影定理

设有力系 $\boldsymbol{F}_1$，$\boldsymbol{F}_2$，…，$\boldsymbol{F}_n$，其合力为 $\boldsymbol{F}_R$。则由于力系的合力与整个力系等效，所以合力在某轴上的投影一定等于各分力在同一轴上的投影的代数和(证明从略)，这一结论称为合力投影定理。写为

$$\left.\begin{aligned} F_x &= F_{1x} + F_{2x} + \cdots + F_{nx} = \sum F_{ix} \\ F_y &= F_{1y} + F_{2y} + \cdots + F_{ny} = \sum F_{iy} \end{aligned}\right\} \tag{5-5}$$

4. 平面汇交力系合成的解析法和平衡条件

由合力投影定理可知，合力在某轴上的投影一定等于各分力在同一轴上的投影的代数和，所以合力大小及与坐标轴夹角的余弦为

$$\left.\begin{aligned} F_R &= \sqrt{F_{Rx}^2 + F_{Ry}^2} = \sqrt{(\sum F_{ix}^2) + (\sum F_{iy}^2)} \\ \cos\alpha &= \frac{F_{Rx}}{F_R} \\ \cos\beta &= \frac{F_{Ry}}{F_R} \end{aligned}\right\} \tag{5-6}$$

平面汇交力系平衡的条件为合力 $\boldsymbol{F}_R=0$。由上式可知，$\sum F_{ix}$ 和 $\sum F_{iy}$ 必须分别等于零。因此可得平面汇交力系平衡的解析条件为

$$\left.\begin{aligned} \sum F_{ix} &= 0 \\ \sum F_{iy} &= 0 \end{aligned}\right\} \tag{5-7}$$

即力系中各力在两个坐标轴上的投影的代数和应分别等于零。

式(5-7)通常称为平面汇交力系的(解析)平衡方程。这是两个独立的方程，因此可以求解两个未知数。

例 5-1　图 5-4(a)所示为一利用定滑轮匀速提升工字钢梁的装置。若已知梁的重力 $W=15$ kN，几何角度 $\alpha=45°$，不计摩擦和吊索、吊环的自重，试分别用几何法和解析法求吊索 1 和 2 所受的拉力。

解　(1) 几何法。

① 取梁为研究对象。

② 受力分析。梁受重力 $\boldsymbol{W}$ 和吊索 1、2 的拉力 $\boldsymbol{F}_1$ 和 $\boldsymbol{F}_2$ 的作用。其中 $\boldsymbol{W}$ 的大小和方向均为已知；$\boldsymbol{F}_1$ 和 $\boldsymbol{F}_2$ 为沿着吊索方向的拉力，大小待求，且三力组成平面汇交力系，并处于平衡。

③ 作出梁的受力图，见图 5-4(b)。

④ 列出平衡方程：

$$\boldsymbol{F} = \sum \boldsymbol{F}_i = 0$$

$$\boldsymbol{W} + \boldsymbol{F}_1 + \boldsymbol{F}_2 = 0$$

⑤ 解方程，即作出矢量封闭图，求出待求量。首先选取适当的力的比例尺 $\mu_F=5$ kN/cm，见图 5-4(c)；然后画出已知力 $\boldsymbol{W}$，即取 $JK=W/\mu_F=(15/5)$ cm$=3$ cm，见图 5-4(d)，并从力 $\boldsymbol{W}$ 的末端 K 和始端 J 分别作力 $\boldsymbol{F}_1$ 和 $\boldsymbol{F}_2$ 的方向线，得交点 L，则 KL 即为力 $\boldsymbol{F}_1$，LJ 即为力 $\boldsymbol{F}_2$。量得两线段的长度为 $KL=LJ=2.1$ cm，因此吊索 1、2 的拉力为

$$F_1 = F_2 = \mu_F \cdot KL = (5 \times 2.1)\ \text{kN} = 10.5\ \text{kN}$$

或按几何关系计算：

$$F_1 = F_2 = \mu_F \cdot KL = \mu_F \frac{JK}{2\cos\alpha} = \frac{W}{2\cos\alpha} = \frac{15}{2\cos 45^\circ} = 10.6\ \text{kN}$$

(2) 解析法。

①、②、③步与几何法相同。

④ 列平衡方程(以水平方向为 X 轴，铅垂方向为 Y 轴)：

$$\sum F_{ix} = 0:\ F_1 \sin\alpha - F_2 \sin\alpha = 0$$

$$\sum F_{iy} = 0:\ F_1 \cos\alpha + F_2 \cos\alpha - W = 0$$

⑤ 解方程组，可得

$$F_1 = F_2 = \frac{W}{2\cos\alpha} = \frac{15}{2\cos 45^\circ} = 10.6\ \text{kN}$$

$\boldsymbol{F}_1$ 和 $\boldsymbol{F}_2$的方向如图 5-4(b)所示。

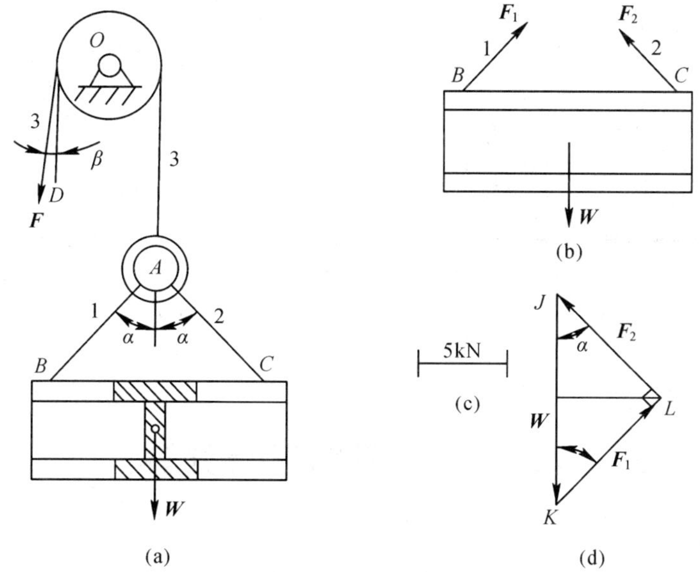

图　5-4

例 5-2　图 5-5 所示为一夹紧机构，杆 AB 和 BC 的长度相等，各杆自重忽略不计，A、B、C 处为铰链连接。已知 $F=3$ kN，$h=200$ mm，$l=1\ 500$ mm。求压块 C 加于工件的压力。

解　(1) 取 DB 杆为研究对象，作用于 DB 杆上的力有压力 $\boldsymbol{F}$，及杆 AB 和 BC 所作用的力 $\boldsymbol{F}_{AB}$ 和 $\boldsymbol{F}_{BC}$，设二力杆 AB 和 BC 均受压力(见图 5-5(c))，则 DB 杆的受力如图 5-5(b)所示。这是一个平面汇交的平衡力系。建立直角坐标系 xBy，列平衡方程：

$$\sum F_x = 0:\ F_{AB} \cos\alpha - F_{BC} \cos\alpha = 0$$

$$\sum F_y = 0:\ F_{AB} \sin\alpha + F_{BC} \sin\alpha - F = 0$$

解得

$$F_{AB}=F_{BC}=\frac{F}{2\sin\alpha}$$

（2）取压块 C 为研究对象，受力如图 5－5(d)所示，这也是一个平面汇交的平衡力系。由二力杆 BC 可知：$F'_{C}=F'_{B}C=F_{BC}$，又 $F_{C}=F'_{C}$，故 $F_{C}=F_{BC}$。建立直角坐标系 xCy，列平衡方程：

$$\sum F_{x}=0:\ -Q+F_{C}\cos\alpha=0$$

解得

$$Q=F_{C}\cos\alpha=\frac{F}{2\sin\alpha}\cos\alpha=\frac{F}{2}\cot\alpha=\frac{F}{2}\cdot\frac{l}{h}=\frac{3\times1500}{2\times200}\ \text{kN}=11.3\ \text{kN}$$

压块对工件的压力与力 Q 等值反向，作用于工件上。

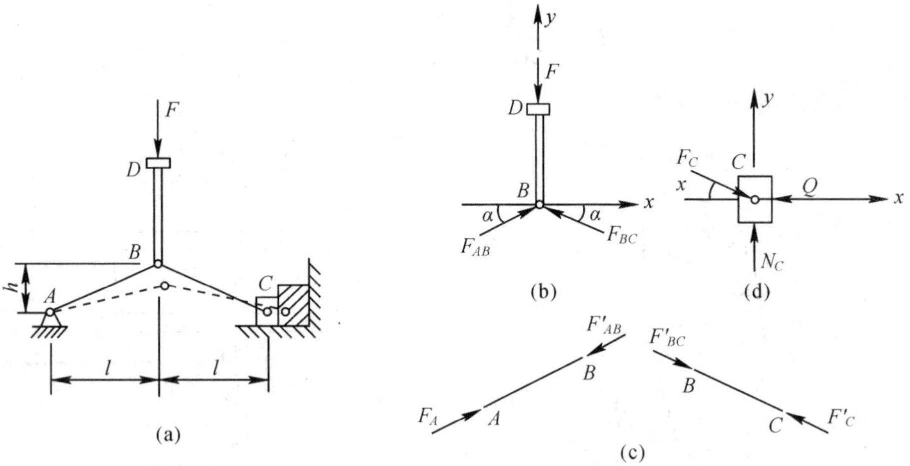

图　5－5

5.2　力矩的概念与计算

1. 力矩概念

力对刚体的移动效应取决于力的大小、方向和作用线；而力对刚体的转动效应则用力矩来度量。实践告诉我们，用扳手拧(转动)螺母时，见图 5－6(a)，其转动效应取决于力 $\boldsymbol{F}$ 的大小、方向(扳手的旋向)以及力 $\boldsymbol{F}$ 到转动中心 O 的距离 h。

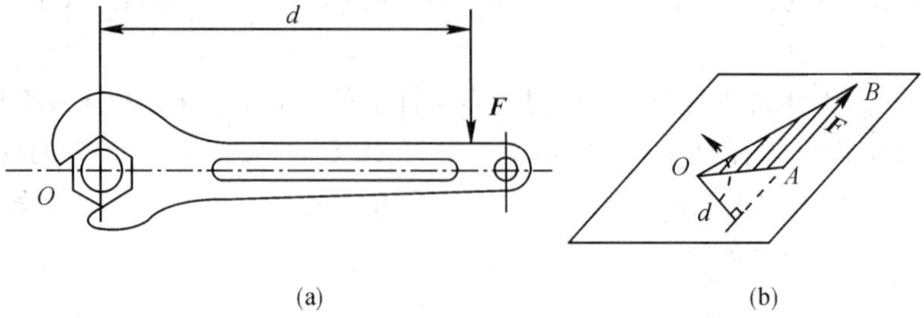

图 5－6　力矩概念

一般情况下，刚体在图示平面内受力 $\boldsymbol{F}$ 作用，见图 5-6(b)，并绕某一点 O 转动，则点 O 称为矩心，矩心 O 到力 $\boldsymbol{F}$ 作用线的距离 d 称为力臂，乘积 $F \cdot d$ 并加上适当的正负号称为力对 O 点之矩，简称力矩，用符号 $M_O(\boldsymbol{F})$ 或 M_O 表示，即

$$M_O = M_O(\boldsymbol{F}) = \pm Fd = 2\Delta OAB \tag{5-8}$$

力矩的正、负号规定如下：力使刚体绕矩心作逆时针方向转动时为正，反之为负。因此，力矩是一个与矩心位置有关的代数量。力矩的单位为 N·m。

由力矩的定义可知：

(1) 若将力 $\boldsymbol{F}$ 沿其作用线移动，则因为力的大小、方向和力臂都没有改变，所以不会改变该力对某一矩心的力矩。

(2) 若 $\boldsymbol{F}=0$，则 $M_O(\boldsymbol{F})=0$；若 $M_O(\boldsymbol{F})=0$，$\boldsymbol{F}\neq 0$，则 $d=0$，即力通过 O 点。力矩等于零的条件是：力等于零或力的作用线通过矩心。

2. 合力矩定理

设在物体上 A 点作用有平面汇交力系 $\boldsymbol{F}_1$、$\boldsymbol{F}_2$、…、$\boldsymbol{F}_n$，则该力的合力 $\boldsymbol{F}$ 可由汇交力系的合成求得，如图 5-7所示。

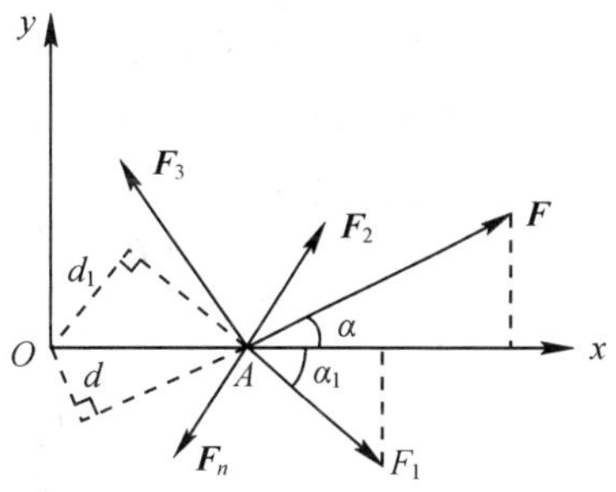

图　5-7

计算力系中各力对平面内任一点 O 的力矩，令 $OA=l$，则

$$M_O(\boldsymbol{F}_1) = -F_1 d_1 = -F_1 l \sin\alpha_1 = F_{1y} l$$

$$M_O(\boldsymbol{F}_2) = F_{2y} l$$

$$M_O(\boldsymbol{F}_n) = F_{2n} l$$

由上图可以看出，合力 $\boldsymbol{F}$ 对 O 点的矩为

$$M_O(\boldsymbol{F}) = Fd = Fl\sin\alpha = F_y l$$

根据合力投影定理，有

$$F_y = F_{1y} + F_{2y} + F_{3y} + \cdots + F_{ny}$$

$$F_y l = F_{1y} l + F_{2y} l + F_{3y} l + \cdots + F_{ny} l$$

即

$$M_O(\boldsymbol{F}) = M_O(\boldsymbol{F}_1) + M_O(\boldsymbol{F}_2) + \cdots + M_O(\boldsymbol{F}_n) = \sum M_O(\boldsymbol{F}_i) \tag{5-9}$$

或

$$M_O = M_{O1} + M_{O2} + \cdots + M_{On} = \sum M_{Oi} = \sum M_O$$

由此可知，由于合力与整个力系等效，所以合力对 O 点的矩一定等于各个分力对 O 点之矩的代数和，这一结论称为合力矩定理。

3. 力对点之矩的求法(力矩的求法)

(1) 用力矩的定义式，即用力和力臂的乘积求力矩。

注意：力臂是矩心到力作用线的距离，即力臂必须垂直于力的作用线。

(2) 运用合力矩定理求力矩。

例 5-3　如图 5-8 所示，构件 OBC 的 O 端为铰链支座约束，力 $\boldsymbol{F}$ 作用于 C 点，其方向角为 α，又知 $OB=l$，$BC=h$，求力 $\boldsymbol{F}$ 对 O 点的力矩。

解　(1) 利用力矩的定义进行求解。

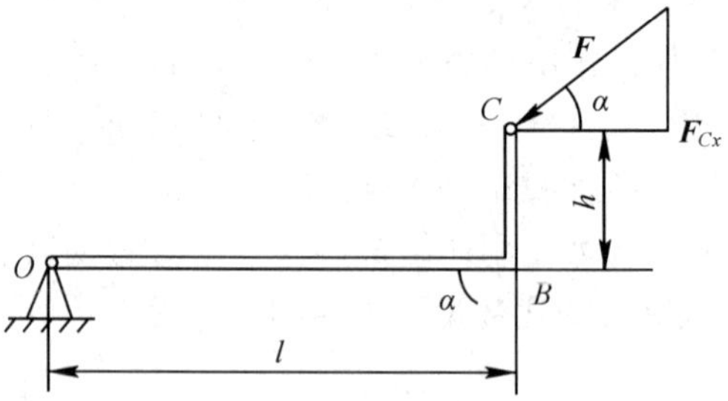

图　5-8

如图 5-9 所示，过点 O 作出力 $\boldsymbol{F}$ 作用线的垂线，与其交于 a 点，则力臂 d 即为线段 Oa。再过 B 点作力作用线的平行线，与力臂的延长线交于 b 点，则有

$$M_O(\boldsymbol{F}) = -Fd = -F(ob - ab) = -F(l\sin\alpha - h\cos\alpha)$$

(2) 利用合力矩定理求解。

将力 $\boldsymbol{F}$ 分解成一对正交的分力，如图 5-10 所示，力 $\boldsymbol{F}$ 的力矩就是这两个分力对点 O 的力矩的代数和，即

$$M_O(\boldsymbol{F}) = M_O(\boldsymbol{F}_{cx}) + M_O(\boldsymbol{F}_{cy}) = Fh\cos\alpha - Fl\sin\alpha = -F(l\sin\alpha - h\cos\alpha)$$

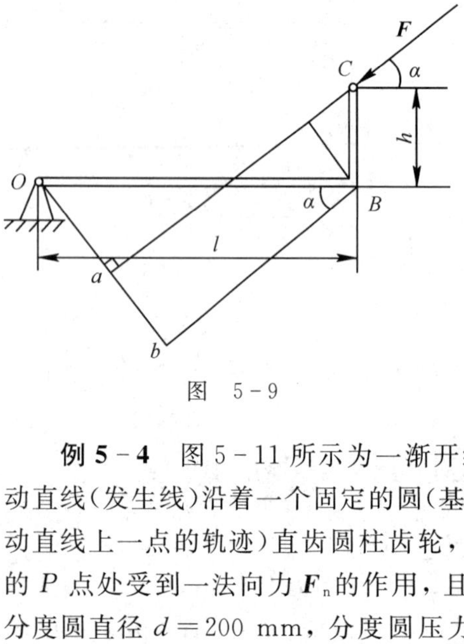

图　5-9

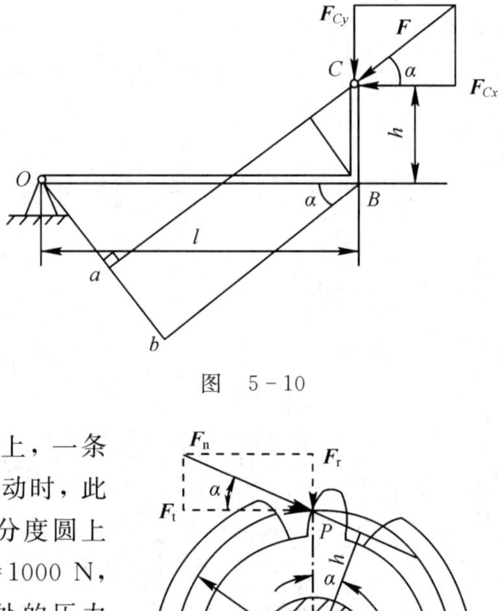

图　5-10

例 5-4　图 5-11 所示为一渐开线(在平面上，一条动直线(发生线)沿着一个固定的圆(基圆)作纯滚动时，此动直线上一点的轨迹)直齿圆柱齿轮，其齿廓在分度圆上的 P 点处受到一法向力 $\boldsymbol{F}_n$ 的作用，且已知 $F_n = 1000$ N，分度圆直径 $d = 200$ mm，分度圆压力角(P 点处的压力角)$\alpha = 20°$，试求力 $\boldsymbol{F}_n$ 对轮心 O 点之矩。

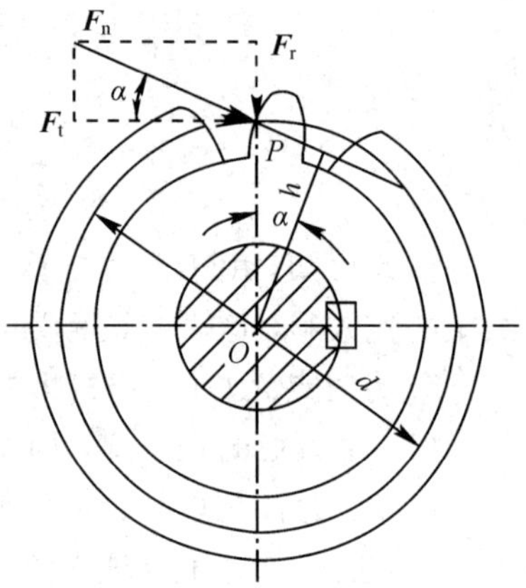

图　5-11

解　(1) 根据力矩的定义求解。

$$M_O(F_n) = -F_n h = -F_n\left(\frac{d}{2}\cos\alpha\right)$$

$$= \left[-1000\left(\frac{0.2}{2} \times \cos 20°\right)\right] \text{N} \cdot \text{m}$$

$$= -94 \text{ N} \cdot \text{m}$$

(2) 用合力矩定理求解。

将法向力 $\boldsymbol{F}_n$分解为圆周力 $\boldsymbol{F}_t$和径向力 $\boldsymbol{F}_r$，则可得

$$M_O(\boldsymbol{F}_n)=M_O(\boldsymbol{F}_t)+M_O(\boldsymbol{F}_r)=-(F_n\cos\alpha)\frac{d}{2}+0$$

$$=\left[-(1000\times\cos20^\circ)\frac{0.2}{2}\right]\text{N}\cdot\text{m}=-94\ \text{N}\cdot\text{m}$$

5.3　力偶及其性质、平面力偶系

1. 力偶的定义

在工程实践中常见物体受两个大小相等、方向相反、作用线相互平行的力的作用，使物体产生转动。例如，用手拧水龙头、转动方向盘等，如图 5-12(a)、(b)所示。

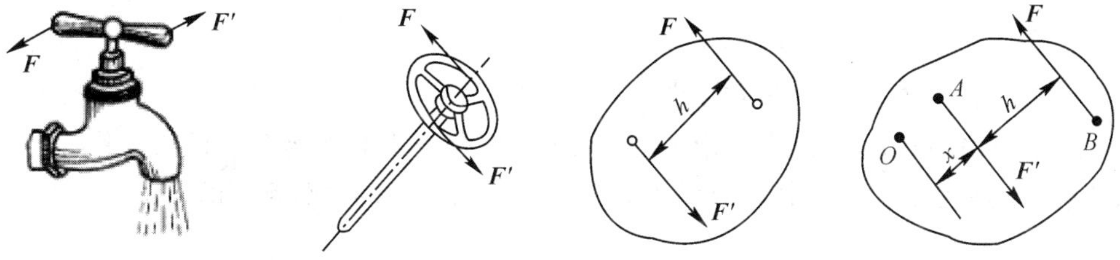

(a)　(b)　(c)　(d)

图　5-12

如前所述，力使刚体绕某点转动的效应可用力矩来度量。因此力偶对刚体的转动效应就可用组成力偶的两力对某点的矩的代数和来度量。如图 5-12(d)所示，在刚体上作用一力偶 $\boldsymbol{F}$、$\boldsymbol{F}'$，在力偶作用平面内任取一点 O 为矩心，则力偶对 O 点的矩为 $M_O(\boldsymbol{F}、\boldsymbol{F}')=M_O(\boldsymbol{F})+M_O(\boldsymbol{F}')=F(h+x)+(-F'x)=Fh$。同理可以证明，矩心 O 取在其他任何位置，其结果保持不变。由此说明力偶中两力对任一点的矩的代数和是一个恒定的代数量，这个与矩心位置无关的恒定的代数量称为力偶矩，用“M”①表示，其大小等于力偶中一力的大小与力偶臂的乘积，其正、负号规定与力矩的规定相同，即力偶使刚体逆时针转动时取正，反之取负。因此力偶矩的一般表达式为

$$M=M_O(\boldsymbol{F}、\boldsymbol{F}')=M_O(\boldsymbol{F})+M_O(\boldsymbol{F}')=\pm Fh \tag{5-10}$$

力偶矩的单位也与力矩的单位相同，为 N·m。

2. 力偶的性质

(1) 力偶是一个由二力组成的特殊的不平衡力系，它不能合成为一个合力，所以不能与一力等效或平衡，力偶只能与力偶等效或平衡。

(2) 只要保持力偶矩不变，可以同时改变力偶中力的大小和力偶臂的长短，而不改变力偶对刚体的转动效应，见图 5-13(a)、(b)，即决定力偶对刚体转动效应的唯一特征量是

---

① 力矩用 M_O(或 M_A、M_B等)表示，以反映矩心位置 O(或 A、B 等)，而力偶也对刚体产生转动效应，且力偶矩就是力偶中两力对任一点的力矩的代数和，故两者应采用相同的字母表示，只是力偶矩与矩心位置无关，故直接用“M”表示，以资区别(不采取另用字母“T”表示)。

力偶矩，因此力偶可以直接用力偶矩(带箭头的弧线)来表示，见图 5－13(c)。

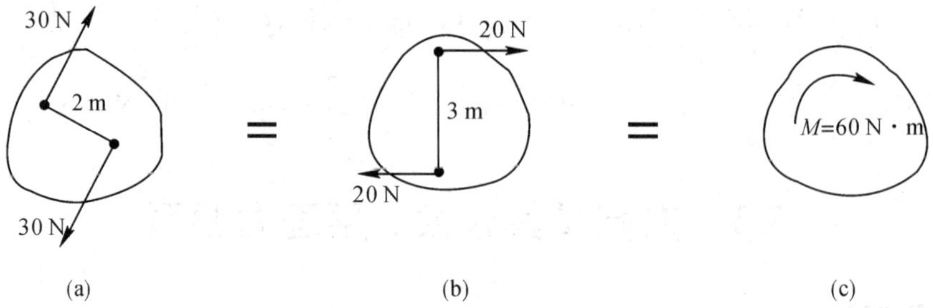

图　5－13

(3) 力偶可以在其作用平面内任意转移，因其力偶矩不变，所以并不改变它对刚体的转动效应。

(4) 力偶在任意坐标上投影为 0。

3. 平面力偶系的合成与平衡条件

在同一平面内且作用于同一刚体上的多个力偶称为平面力偶系。显然，平面力偶系的合成结果必为一个合力偶，其合力偶矩等于各个分力偶矩的代数和，即

$$M = M_1 + M_2 + \cdots + M_n = \sum M_i \tag{5-11}$$

因此平面力偶系平衡的必要和充分条件是所有各力偶的力偶矩的代数和等于零，即

$$\sum M_i = 0 \tag{5-12}$$

例 5－5　在图 5－14 所示的展开式两级圆柱齿轮减速器(用于降低转速、传递动力、增大转矩的独立传动部件)中(图中未示出中间传动轴)，已知在输入轴Ⅰ上作用有力偶矩 $M_1=-500\ \text{N}\cdot\text{m}$，在输出轴Ⅱ上作用有阻力偶矩 $M_2=2000\ \text{N}\cdot\text{m}$，地脚螺钉 A 和 B 相距 $l=800\ \text{mm}$，不计摩擦和减速器自重，求 A、B 处的法向约束力。

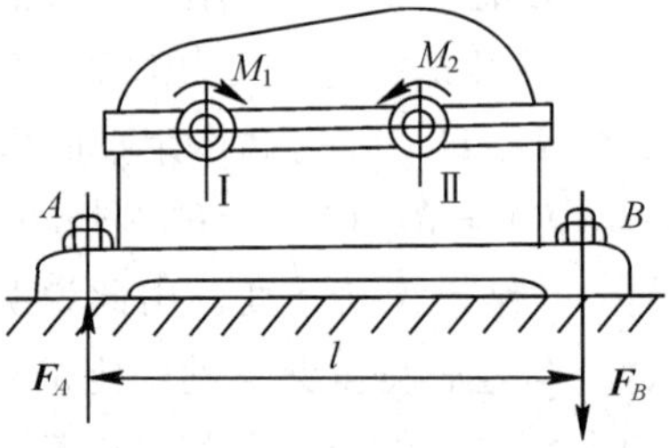

图　5－14

解　(1) 取减速器为研究对象。

(2) 受力分析和受力图。减速器在图示平面内受到两个力偶 M_1 和 M_2 以及 A、B 处地脚螺钉的法向约束力的作用下平衡。由于力偶只能与力偶平衡，故 A、B 处的法向约束力 $\boldsymbol{F}_A$ 和 $\boldsymbol{F}_B$ 必构成一力偶。假设 $\boldsymbol{F}_A$ 和 $\boldsymbol{F}_B$ 的方向如图 5－14 所示。

(3) 列平衡方程并求解。由平衡条件 $\sum M_i = 0$，可得平衡方程：

$$M_1 + M_2 + (-F_A l) = 0$$

得

$$F_A = F_B = \frac{M_1 + M_2}{l} = \frac{-500 + 2000}{0.8}\ \text{N} = 1875\ \text{N}$$

计算结果为正值，说明 $\boldsymbol{F}_A$ 和 $\boldsymbol{F}_B$ 的假设方向是正确的。(答题时需要说明解出的力的方向)

例 5－6　联轴器上有四个均匀分布在同一圆周上的螺栓 A、B、C、D，该圆的直径

$AC = BD = 150$ mm，电动机传给联轴器的力偶矩 $M = 2.5$ kN·m，如图 5－15 所示，试求每个螺栓的受力。

解　(1) 作用在联轴器上的力为电动机施加的力偶，每个螺栓作用力的方向如图5－15所示。假设四个螺栓受力均匀，即 $F_1 = F_2 = F_3 = F_4 = F$，此四力组成两个力偶（平面力偶系）。联轴器等速转动时，平面力偶系平衡。

(2) 列平衡方程：

$$\sum M_O = 0：M - F \times AC - F \times BD = 0$$

因 $AC = BD$，故

$$F = \frac{M}{2AC} = \frac{2.5}{2 \times 0.15} = 8.33 \text{ kN}$$

每个螺栓受力均为 8.33 kN，其方向分别与 $\boldsymbol{F}_1$、$\boldsymbol{F}_2$、$\boldsymbol{F}_3$、$\boldsymbol{F}_4$ 的方向相反。

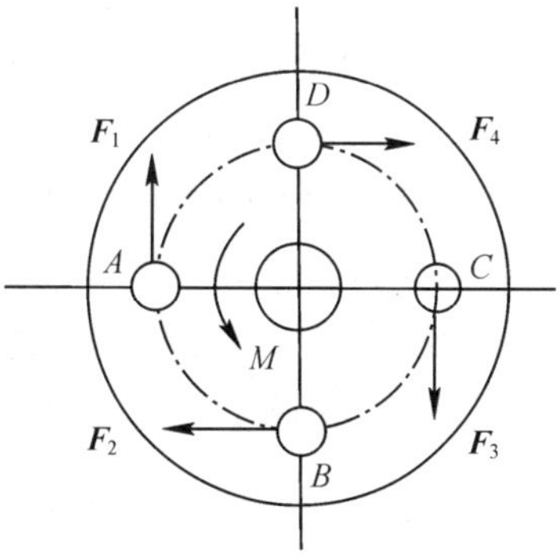

图　5－15

5.4　力线平移定理

研究复杂力系总是希望用简单力系等效替换，为此，可不再使用平行四边形法则求合力，而应用力的平移定理对所研究的复杂力系进行简化，此法具有一般性。

力线平移定理：作用在刚体上任意点 A 的力 $\boldsymbol{F}$ 可以平行移到另一点 B，只需附加一个力偶，此力偶的矩等于原来的力 $\boldsymbol{F}$ 对平移点 B 的矩。

证明　如图 5－16(a)所示，作用在刚体上任意点 A 的力 $\boldsymbol{F}$，由加减平衡力系原理，在刚体的另一点 B 加上平衡力系 $\boldsymbol{F}' = -\boldsymbol{F}''$，并令 $F' = F'' = F$，如图 5－16(b)所示，则 $\boldsymbol{F}$ 和 $\boldsymbol{F}'$ 构成一个力偶，其矩为

$$M = \pm Fd = M_B(\boldsymbol{F})$$

则力 $\boldsymbol{F}$ 平行移到另一点 B，如图 5－16(c)所示。证毕。

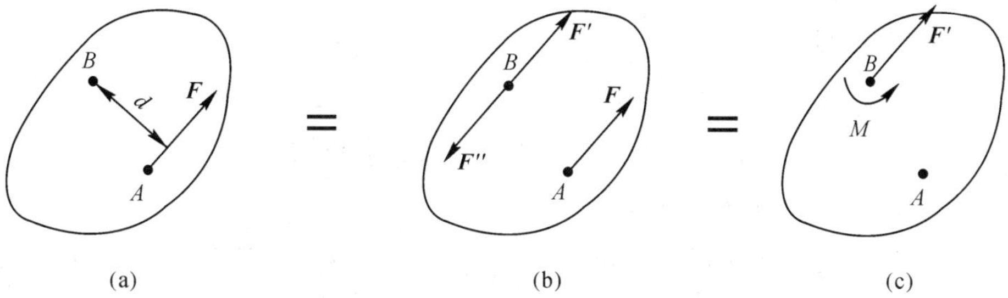

图　5－16

此定理的逆过程为作用在刚体上一点的一个力和一个力偶可以和一个力等效，此力为原来力系的合力。

5.5 平面任意力系的简化

1. 平面一般力系向平面内任意一点的简化

设在刚体上作用有平面任意力系 $\boldsymbol{F}_1$，$\boldsymbol{F}_2$，…，$\boldsymbol{F}_n$，各力的作用点分别为 A_1，A_2，…，A_n(见图 5-17(a))。为了简化力系，在力系所在的平面内任意选取一点 O，称之为简化中心，根据力线平移定理，将各力都平行移到 O 点，同时施加相应的附加力偶，这样原力系转化为汇交于 O 点的平面汇交力系 $\boldsymbol{F}'_1$，$\boldsymbol{F}'_2$，…，$\boldsymbol{F}'_n$和力偶矩为 M_1，M_2，…，M_n 的平面力偶系，如图 5-17(b)所示。

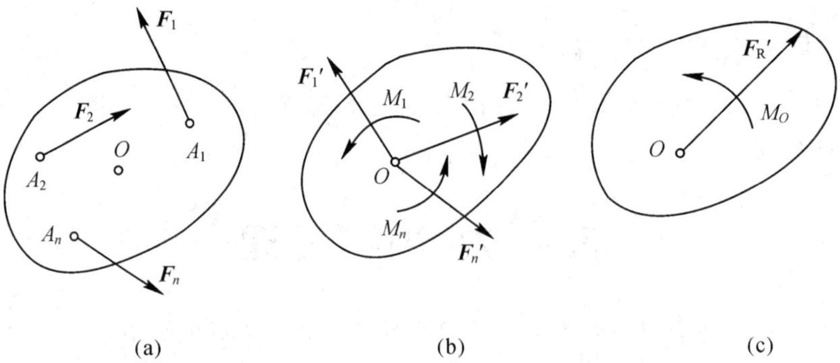

图 5-17

利用合理投影定理，可以将汇交于 O 的平面汇交力系用一合力表示：

$$\boldsymbol{F}'_{\mathrm{R}}=\boldsymbol{F}'_1+\boldsymbol{F}'_2+\cdots+\boldsymbol{F}'_n=\sum\boldsymbol{F}'$$

而 $\boldsymbol{F}'_1=\boldsymbol{F}_1$，$\boldsymbol{F}'_2=\boldsymbol{F}_2$，…，$\boldsymbol{F}'_n=\boldsymbol{F}_n$，故

$$\boldsymbol{F}'_{\mathrm{R}}=\boldsymbol{F}_1+\boldsymbol{F}_2+\cdots+\boldsymbol{F}_{\mathrm{n}}=\sum\boldsymbol{F} \tag{5-13}$$

其中，$\boldsymbol{F}'_{\mathrm{R}}=\sum\boldsymbol{F}$ 称为平面任意的主矢。需要注意的是，主矢 $\boldsymbol{F}'_{\mathrm{R}}$是自由量，它仅代表平面任意力系的各力矢的矢量和，并不涉及到作用点，因此，主矢的大小、方向与平面任意力系向哪一简化中心简化无关。

$$F'_{\mathrm{R}x}=F_{1x}+F_{2x}+\cdots+F_{nx}=\sum F_x$$

$$F'_{\mathrm{R}y}=F_{1y}+F_{2y}+\cdots+F_{ny}=\sum F_y$$

因此主矢的大小及其与坐标轴 x 的夹角为

$$\left.\begin{aligned}F'_{\mathrm{R}}&=\sqrt{(F'_{\mathrm{R}x})^2+(F'_{\mathrm{R}y})^2}=\sqrt{\left(\sum F_x\right)^2+\left(\sum F_y\right)^2}\\ \theta&=\arctan\frac{F'_{\mathrm{R}y}}{F'_{\mathrm{R}x}}=\arctan\frac{\sum F_y}{\sum F_x}\end{aligned}\right\} \tag{5-14}$$

根据 5.3 节所述，平面附加力偶系可以合成为一合力偶，其力偶矩以 M 表示，应等于各附加力偶的代数和，即

$$M=M_1+M_2+\cdots+M_n$$

由于 $M_1=M_O(\boldsymbol{F}_1)$，$M_2=M_O(\boldsymbol{F}_2)$，…，$M_n=M_O(\boldsymbol{F}_n)$，所以

$$M=M_O(\boldsymbol{F}_1)+M_O(\boldsymbol{F}_2)+\cdots+M_O(\boldsymbol{F}_\mathrm{n})=\sum M_O(\boldsymbol{F})=M_O \tag{5-15}$$

其中，$M_O=\sum M_O(\boldsymbol{F})$ 称为平面任意力系对于简化中心点 O 的主矩，即平面任意力系向平面内某简化中心简化，主矩的大小等于各力对简化中心力矩的代数和。

归纳以上内容为：平面任意力系向平面内某简化中心简化，得到一个主矢 $\boldsymbol{F}'_\mathrm{R}$ 和一个主矩 M_O；主矢等于原力系组成汇交力系的合力，作用在简化中心上，其大小和方向与简化中心的选择无关；主矩等于原力系各分力对简化中心力矩的代数和，其值一般与简化中心的选择有关。

下面利用平面任意力系的简化结果阐述平面固定端约束。

物体一端被约束固定，完全限制了物体在图示平面内的运动，构成固定端约束，如图 5-18(a)和(b)所示的对车刀和工件的约束，图 5-18(c)为其约束简图。

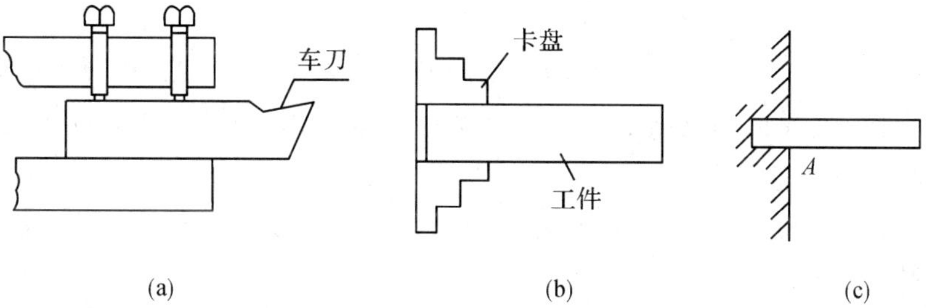

图　5-18

这种约束不但限制了被约束物体的平动自由度，也限制了物体的转动自由度。被约束物体在嵌入部分受力情况很复杂，如图 5-19(a)所示。不管被约束物体在嵌入部分受力情况多么复杂，如果作为平面问题考虑，其所受力系总为一平面任意力系，将该力系向某简化中心简化，见图 5-19(b)，总能简化为一主矢和一主矩，因主矢的大小、方向均未知，所以可以用两个互相垂直的分量表示，如图 5-19(c)所示。

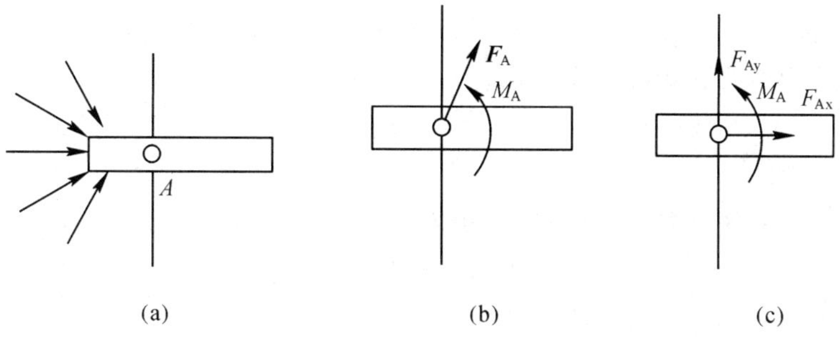

图　5-19

工程结构中的几个构件固结在一起，如图 5-20 所示，各构件之间的夹角保持不变，节点处的约束与平面固定端约束类似。

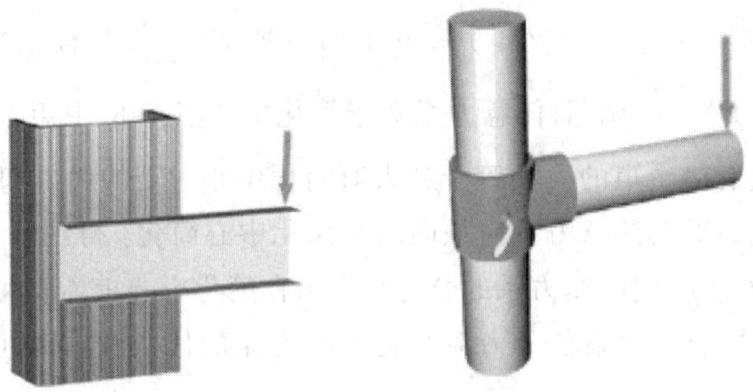

图　5-20

2. 简化结果分析

平面一般力系向平面内任一点简化，得到一个主矢 $\boldsymbol{F}'_R$ 和一个主矩 M_O，下面对简化结果进行讨论。简化结果可以分为以下四种情况：

(1) $\boldsymbol{F}'_R=0$，$M_O\neq 0$，则力系合成为一合力偶，其力矩 $M_O=\sum M_O(\boldsymbol{F})$，此时，不论力系向哪一点简化，力系的简化结果都是相同的一个合力偶。此时，力系的主矢、主矩的简化结果均与简化中心点无关。

(2) $\boldsymbol{F}'_R\neq 0$，$M_O=0$，则力系合成为一合力，作用于简化中心点。但是若向其他点简化，简化得到的主矢相同，但是 $M_O\neq 0$。

(3) $\boldsymbol{F}'_R\neq 0$，$M_O\neq 0$，则力系合成为一合力和一合力偶，由力线平移定理可知，此时可以进一步简化为一合力，如图 5-21 所示。

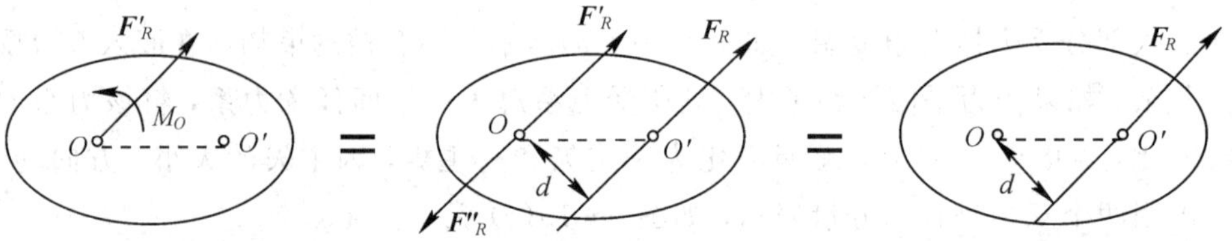

图　5-21

由简化中心至合力作用线的垂直距离为

$$d=\frac{|M_O|}{F'_R}$$

在这种情况下，合力 $\boldsymbol{F}_R$ 对 O 点的力矩为

$$M_O(\boldsymbol{F}_R)=\pm F_R d=M_O$$

而 $M_O=\sum M_O(\boldsymbol{F})$，由此可得到

$$M_O(\boldsymbol{F}_R)=\sum M_O(\boldsymbol{F}) \tag{5-16}$$

式(5-16)表明：若平面任意力系可以合成为一合力，则合力对作用平面内任意一点的力矩等于力系中各力对同一点的力矩代数和。此为平面任意力系的合力矩定理。

(4) $F'_R=0$，$M_O=0$，则力系为平衡力系，下节讨论。

5.6　平面任意力系的平衡条件与平衡方程

由上一节讨论，我们知道平面任意力系保持平衡的充要条件为：力系的主矢与主矩均为零，即 $F'_R=0$，$M_O=0$，由式(5－14)、(5－16)可知：

$$\sum F_x=0,\ \sum F_y=0,\ \sum M_O(\boldsymbol{F})=0 \tag{5-17}$$

于是得平面任意力系平衡的解析条件：平面任意力系中各力向力系所在平面的两个垂直的坐标轴投影的代数和为零，各力对任意点的矩的代数和为零。式(5－17)为平面任意力系的平衡方程，是三个独立方程，最多只能解三个未知力。

式(5－17)为平面任意力系平衡方程的基本形式，还有其它两种形式的方程，即

$$\sum M_A(\boldsymbol{F})=0,\quad \sum M_B(\boldsymbol{F})=0,\quad \sum F_x=0 \tag{5-18}$$

式(5－18)为二力矩式，x 轴不能与 A、B 连线垂直。式(5－18)前两式为合力矩，等于零，说明合力的作用线通过 A、B 两点连线，但 x 轴不与 A、B 连线垂直，以保证力系中的合力为零。

$$\sum M_A(\boldsymbol{F})=0,\quad \sum M_B(\boldsymbol{F})=0,\quad \sum M_C(\boldsymbol{F})=0 \tag{5-19}$$

式(5－19)为三力矩式，A、B、C 三点不共线。

以上为平面任意力系的三种不同形式的平衡方程，求解时应根据具体问题而定，只能选择其中的一种形式，且列三个平衡方程，求解三个未知力。若列第四个方程，则它是不独立的，是前三个的线性组合。同时，在求解时应尽可能地使一个方程含有一个未知力，避免联立求解。

例 5－7　水平梁 AB，A 端为固定铰支座，B 端为水平面上的滚动支座，受力及几何尺寸如图 5－22(a)所示，$M=qa^2$ 试求 A、B 端的约束力。

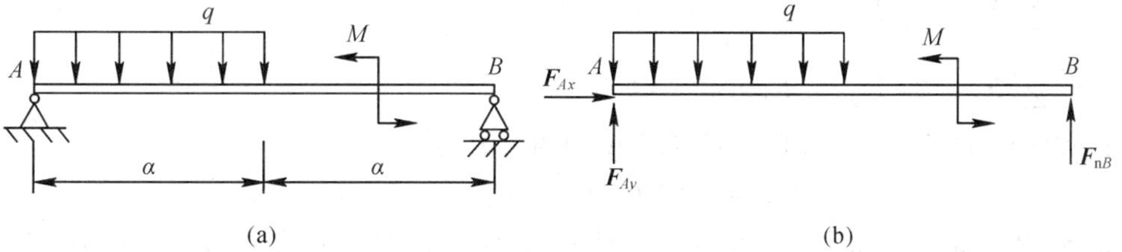

图　5－22

解　(1) 选梁 AB 为研究对象，作用在它上的主动力有：均布荷载 q，力偶矩为 M；约束力为固定铰支座 A 端的 $\boldsymbol{F}_{Ax}$、$\boldsymbol{F}_{Ay}$ 两个分力，滚动支座 B 端的铅垂向上的法向力 $\boldsymbol{F}_{nB}$，如图 5－22(b)所示。

(2) 建立坐标系，列平衡方程。

$$\sum M_A(F_i)=0:\ F_{nB}\cdot 2a+M-\frac{1}{2}qa^2=0 \tag{a}$$

$$\sum F_x=0:\ F_{Ax}=0 \tag{b}$$

$$\sum F_y=0:\ F_{Ay}+F_{nB}-qa=0 \tag{c}$$

由式(a)、式(b)、式(c)解得 A、B 端的约束力为

$$F_{nB}=-\frac{qa}{4}(\downarrow),\quad F_{Ax}=0,\quad F_{Ay}=\frac{5qa}{4}(\uparrow)$$

负号说明原假设方向与实际方向相反。

例 5-8　如图 5-23(a)所示的刚架，已知：$q=3$ kN/m，$F=6\sqrt{2}$ kN，$M=10$ kN·m，不计刚架的自重，试求固定端 A 的约束力。

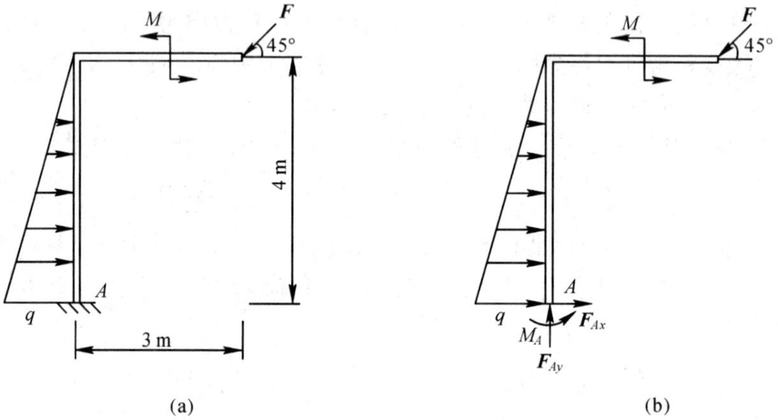

图　5-23

解　(1) 选刚架为研究对象，作用在它上的主动力有：三角形荷载 q、集中荷载 F、力偶矩 M；约束力为固定端 A 两个垂直分力 $\boldsymbol{F}_{Ax}$、$\boldsymbol{F}_{Ay}$ 和力偶矩 M_A，如图 5-23(b)所示。

(2) 建立坐标系，列平衡方程。

$$\sum M_A(F_i)=0:\ M_A-\frac{1}{2}q\times4\times\frac{1}{3}\times4+M-3F\sin45^\circ+4F\cos45^\circ=0 \quad (a)$$

$$\sum F_x=0:\ F_{Ax}+\frac{1}{2}q\times4-F\cos45^\circ=0 \quad (b)$$

$$\sum F_y=0:\ F_{Ay}-F\sin45^\circ=0 \quad (c)$$

由式(a)、式(b)、式(c)解得固定端 A 的约束力为

$$F_{Ax}=0,\quad F_{Ay}=6\ \text{kN}(\uparrow),\quad M_A=-8\ \text{kN}\cdot\text{m}(\text{顺时针})$$

例 5-9　如图 5-24(a)所示的起重机平面简图，A 端为止推轴承，B 端为向心轴承，其自重为 $P_2=100$ kN，起吊重物的重量为 $P_1=40$ kN，几何尺寸如图，试求 A、B 端的约束力。

解　(1) 选起重机 AB 为研究对象，作用在它上的主动力有：起重机的重力 $\boldsymbol{P}_1$ 和起吊重物的重力 $\boldsymbol{P}_2$；约束力为止推轴承 A 端的 $\boldsymbol{F}_{Ax}$、$\boldsymbol{F}_{Ay}$ 两个分力，向心轴承 B 端的垂直轴的力 $\boldsymbol{F}_{nB}$，如图 5-24(b)所示。

(2) 建立坐标系，列平衡方程。

$$\sum M_A(F_i)=0:\ -4F_{nB}-2P_2-4P_1=0 \quad (a)$$

$$\sum F_x=0:\ F_{nB}+F_{Ax}=0 \quad (b)$$

$$\sum F_y=0:\ -F_{Ay}-P_1-P_2=0 \quad (c)$$

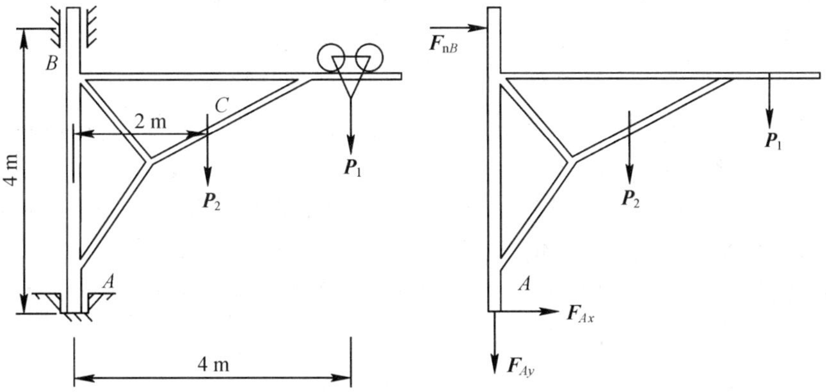

(a)　　　　(b)

图　5-24

由式(a)、式(b)、式(c)解得 A、B 端的约束力为

$$F_{nB}=-90\ \mathrm{kN}(\leftarrow),\quad F_{Ax}=90\ \mathrm{kN}(\rightarrow),\quad F_{Ay}=-140\ \mathrm{kN}(\uparrow)$$

5.7　物体系统的平衡——静定与静不定的概念

工程中，刚架结构、三铰拱、桁架等结构都是由几个物体通过某种连接方式组成的有机整体，若能将结构简化成平面结构，则称为平面刚体系；当它们处于平衡状态时，求解每个物体的平衡问题时，称为平面刚体系的平衡问题。求解平衡问题，实际上要看所求解的未知力的个数与平衡方程的个数是否相等，若刚体系的全部未知力的数目与所列的平衡方程的数目相等，此类问题称为静定问题，理论力学的静力学部分均为静定问题；反之，若刚体系的全部未知力的数目多于所列的平衡方程的数目，此类问题称为静不定问题，也称为超静定问题。超静定问题求解时，需要引入相应的变形与力之间关系的补充方程，才能求解，这已超出理论力学的研究范畴，将在后续课程“材料力学”中学习。

如图 5-25(a)所示，悬臂梁 AB 是静定梁，若作用在它上面的力是平面任意力系，固定端的约束反力有三个，可列三个平衡方程，解三个未知力，故是静定的。但由于自由端可能产生较大的变形，须在此增加一个支撑，如图 5-25(b)所示，增加了约束，结构的强度提高了，但未知力的数目也随之增加，变为四个，三个平衡方程不能求解全部的未知力，此时的问题转为静不定问题或超静定问题。

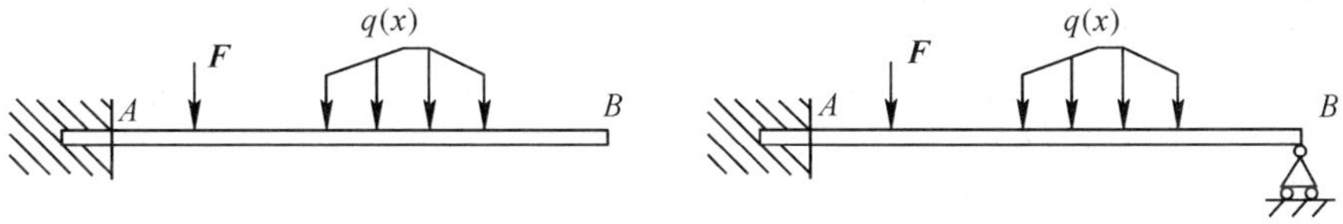

(a)　　　　(b)

图　5-25

平面静定刚体系一般都是用铰链连接的，对它们计算可以有两种方式：

(1) 将每个刚体从它们的连接处拆开，并对每个刚体建立相应的平衡方程，若是平面任意力系可列三个平衡方程，刚体系由 n 个刚体组成，则共可列 $3n$ 个平衡方程，可解 $3n$ 个未知力(包括全部的约束力和全部的内力)，但这样做的缺点是工作量较大。

(2) 根据求解问题的要求，首先选整体为研究对象，列相应的平衡方程；其次选某一部分为研究对象，列相应的平衡方程；最后选单一物体为研究对象进行求解。这样做可以减少不需要求解的未知力，工作量比第一种少，静定刚体系的计算多采用这一种方式。

例 5-10　水平梁是由 AB、BC 两部分组成的，A 处为固定端约束，B 处为铰链连接，C 端为滚动支座，已知：$F=10$ kN，$q=20$ kN/m，$M=10$ kN·m，几何尺寸如图 5-26(a)所示，试求 A、C 处的约束力。

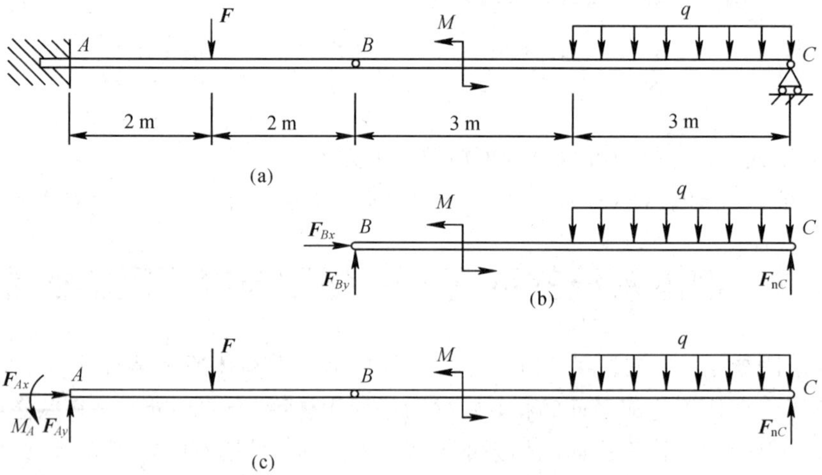

图　5-26

解　(1) 选梁 BC 为研究对象，作用在它上的主动力有：力偶 M 和均布荷载 q；约束力为 B 处的两个垂直分力 $\boldsymbol{F}_{Bx}$、$\boldsymbol{F}_{By}$，C 处的法向力 $\boldsymbol{F}_{nC}$，如图 5-26(b)所示。列平衡方程：

$$\sum M_B(F_i)=0:\ 6F_{nC}+M-3q\times\left(3+\frac{3}{2}\right)=0 \qquad \text{(a)}$$

解得

$$F_{nC}=43.33 \text{ kN}$$

(2) 选整体为研究对象，作用在它上的主动力有：集中力 $\boldsymbol{F}$、力偶 M 和均布荷载 q；约束力为固定端 A 两个垂直分力 $\boldsymbol{F}_{Ax}$、$\boldsymbol{F}_{Ay}$ 和力偶矩 M_A，以及 C 处的法向力 $\boldsymbol{F}_{nC}$，如图5-26(c)所示。列平衡方程：

$$\sum M_A(F_i)=0:\ M_A-2F+10F_{nC}+M-3q\times\left(7+\frac{3}{2}\right)=0 \qquad \text{(b)}$$

$$\sum F_x=0:\ F_{Ax}=0 \qquad \text{(c)}$$

$$\sum F_y=0:\ F_{Ay}-F-3q+F_{nC}=0 \qquad \text{(d)}$$

由式(b)、式(c)、式(d)解得 A、C 端的约束力为 $F_{Ax}=0$，$F_{Ay}=26.67$ kN，$M_A=86.7$ kN·m，方向如图 5-26 所示。

例 5－11　刚架结构由三部分组成，其中 A、D 为固定铰支座，E 为滚动支座，B、C 为铰链，受力及几何尺寸如图 5－27(a)所示，试求 A、D、E 处的约束力。

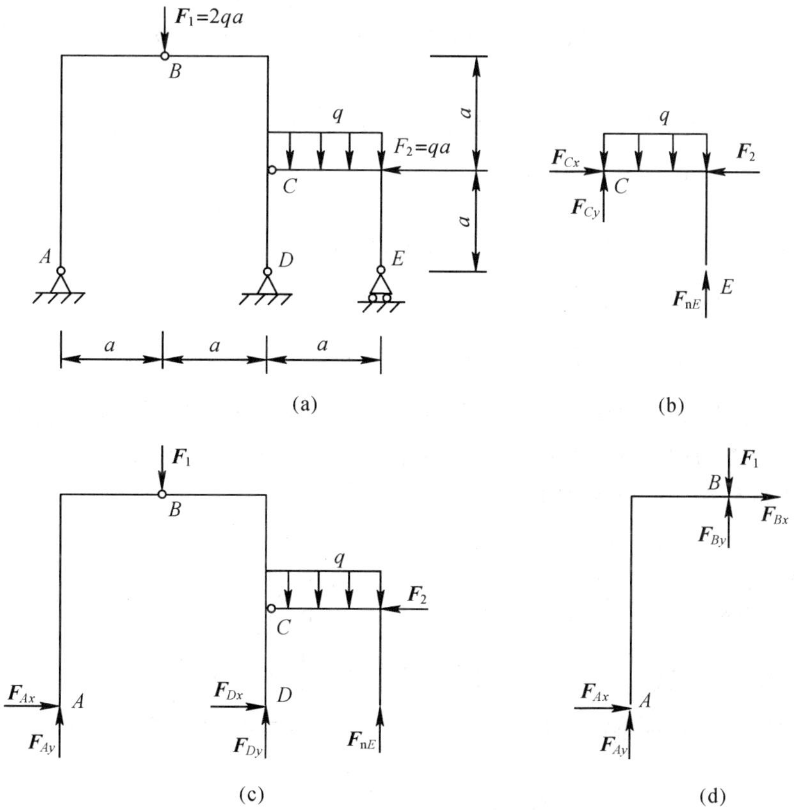

图　5－27

解　(1) 选 EC 为研究对象，作用在它上的主动力有：均布荷载 q 和集中荷载 $F_2=qa$；约束力为滚动支座 E 处的法向力 $\boldsymbol{F}_{nE}$ 及铰链 C 处的的两个垂直分力 $\boldsymbol{F}_{Cx}$、$\boldsymbol{F}_{Cy}$，如图 5－27(b)所示。列平衡方程：

$$\sum M_C(F_i)=0：aF_{nE}-\frac{1}{2}qa^2=0 \tag{a}$$

解得

$$F_{nE}=\frac{1}{2}qa\ (\uparrow)$$

(2) 选整体为研究对象，作用在它上的主动力有：均布荷载 q 和集中荷载 $F_1=2qa$、$F_2=qa$；约束力为滚动支座 E 处的法向力 $\boldsymbol{F}_{nE}$ 及固定铰支座 A、D 处的垂直分力 $\boldsymbol{F}_{Ax}$、$\boldsymbol{F}_{Ay}$，$\boldsymbol{F}_{Dx}$、$\boldsymbol{F}_{Dy}$，如图 5－27(c)所示。列平衡方程：

$$\sum M_A(F_i)=0：2aF_{Dy}+3aF_{nE}+aF_2-2.5aqa-aF_1=0 \tag{b}$$

$$\sum F_x=0：F_{Ax}+F_{Dx}-F_2=0 \tag{c}$$

$$\sum F_y=0：F_{Ay}+F_{Dy}+F_{nE}-F_1-qa=0 \tag{d}$$

将 F_{nE} 代入式(b)和式(d)中得

$$F_{Dy}=qa(\uparrow),\ F_{Ay}=\frac{3}{2}qa(\uparrow)$$

(3) 选 AB 为研究对象，假设集中荷载 $F_1=2qa$ 作用在 B 点，受力如图 5-27(d)所示。列平衡方程：

$$\sum M_B(F_i)=0:\quad 2aF_{Ax}-aF_{Ay}=0 \tag{e}$$

解得

$$F_{Ax}=\frac{3}{4}qa\ (\rightarrow)$$

将 F_{Ax}、F_{Ay} 代入式(c)中解得

$$F_{Dx}=\frac{1}{4}qa\ (\rightarrow)$$

例 5-12　构架由杆 AB、AC 和 DF 组成，如图 5-28(a)所示。在 DF 杆上的销子 E 可在杆 AC 的光滑槽内滑动，不计各杆的自重，在水平杆 DF 的一端作用铅直力 $\boldsymbol{F}$，试求铅直杆 AB 上的铰链 A、D 和 B 所受的力。

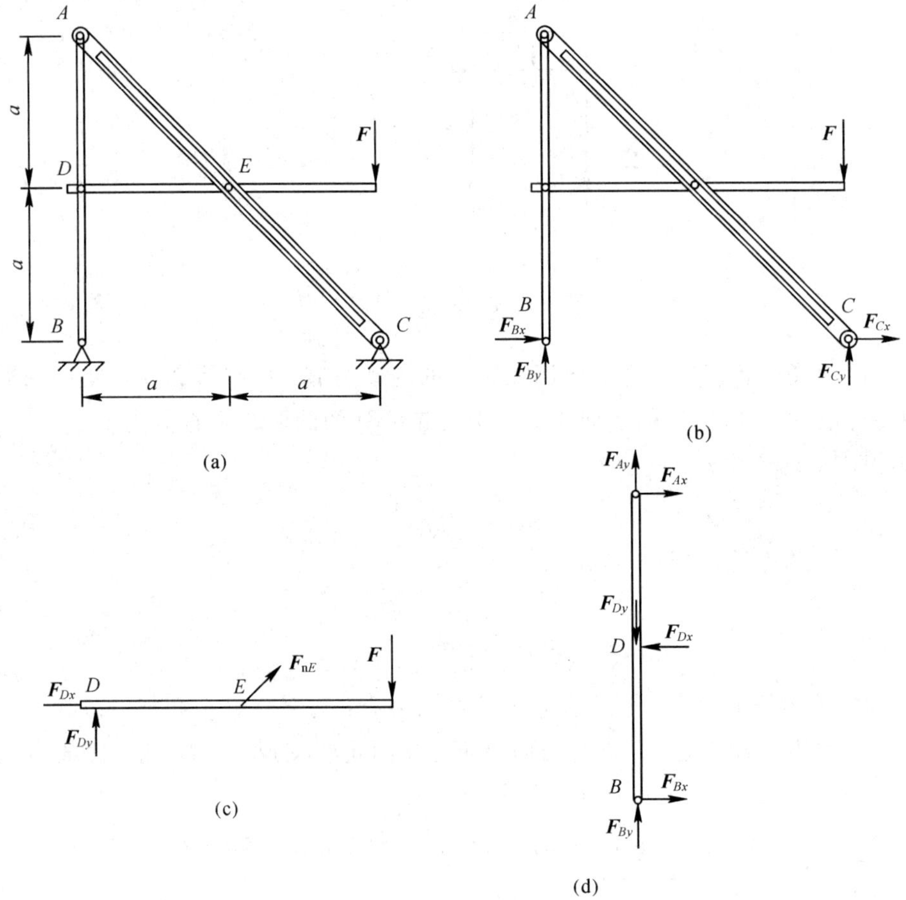

图　5-28

解　(1) 选整体为研究对象，作用在 DE 杆自由端的集中荷载 $\boldsymbol{F}$ 为主动力，约束力为固定铰支座 B、C 的垂直分力 $\boldsymbol{F}_{Bx}$、$\boldsymbol{F}_{By}$ 和 $\boldsymbol{F}_{Cx}$、$\boldsymbol{F}_{Cy}$，如图 5-28(b)所示。列平衡方程：

$$\sum M_C(F_i)=0：-2aF_{By}=0 \tag{a}$$

则

$$F_{By}=0$$

(2) 选杆 DE 为研究对象，作用在它上的主动力是集中荷载 $\boldsymbol{F}$，约束力为 D 处的垂直分力 $\boldsymbol{F}_{Dx}$、$\boldsymbol{F}_{Dy}$ 和销子 E 处垂直于杆 AC 的力 $\boldsymbol{F}_{nE}$，如图 5-28(c)所示。列平衡方程：

$$\sum M_D(F_i)=0：aF_{nE}\sin 45^\circ-2aF=0 \tag{b}$$

$$\sum F_x=0：F_{Dx}+F_{nE}\cos 45^\circ=0 \tag{c}$$

$$\sum F_y=0：F_{Dy}+F_{nE}\sin 45^\circ-F=0 \tag{d}$$

由式(b)解得 $F_{nE}=2\sqrt{2}F$。代入式(c)和(d)得

$$F_{Dx}=-2F，F_{Dy}=-F$$

(3) 选杆 AB 为研究对象，受力如图 5-28(d)所示。列平衡方程：

$$\sum M_A(F_i)=0：2aF_{Bx}-aF'_{Dx}=0 \tag{e}$$

$$\sum F_x=0：F_{Ax}-F'_{Dx}+F_{Bx}=0 \tag{f}$$

$$\sum F_y=0：F_{Ay}-F'_{Dy}+F_{By}=0 \tag{g}$$

将 $F'_{Dx}=-2F$ 代入式(e)和式(f)，联立式(g)得

$$F_{Bx}=-F，F_{Ax}=-F，F_{Ay}=-F$$

总之，求解平面刚体系的平衡问题时，应注意作用力与反作用力的关系，当选择的研究对象的作用力方向一经假定，则反作用力的方向必相反，这一点初学者要注意。

5.8　平面静定桁架的内力分析

桁架是工程中常见的一种杆系结构，它是由若干直杆在其两端用铰链连接而成的几何形状不变的结构。桁架中各杆件的连接处称为节点。由于桁架结构受力合理，使用材料比较经济，因而在工程实际中被广泛采用。房屋的屋架(见图 5-29)、桥梁的拱架、高压输电塔、电视塔、修建高层建筑用的塔吊等便是例子。

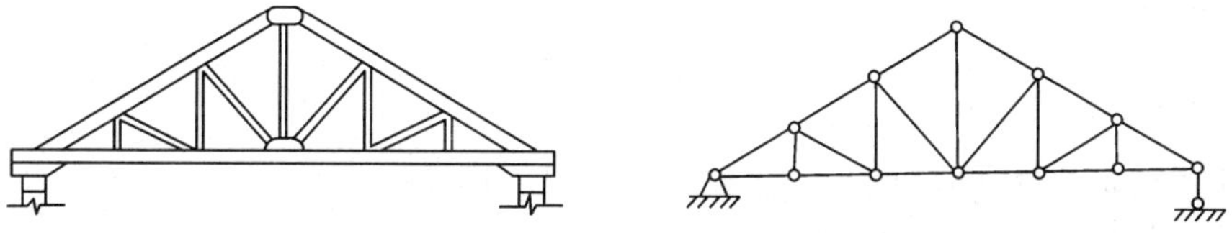

图　5-29

杆件轴线都在同一平面内的桁架称为平面桁架(如一些屋架、桥梁桁架等)，否则称为空间桁架(如输电铁塔、电视发射塔等)。本节只讨论平面桁架的基本概念和初步计算，有关桁架的详细理论可参考“结构力学”课本。在平面桁架计算中，通常引用如下假定：

(1) 组成桁架的各杆均为直杆；

(2) 所有外力(载荷和支座反力)都作用在桁架所处的平面内，且都作用于节点处；

(3) 组成桁架的各杆件彼此都用光滑铰链连接，杆件自重不计，桁架的每根杆件都是二力杆。

满足上述假定的桁架称为理想桁架，实际的桁架与上述假定是有差别的，如钢桁架结构的节点为铆接(见图 5－30)或焊接，钢筋混凝土桁架结构的节点是有一定刚性的整体节点，杆件的中心线也不可能是绝对直的，但上述三点假定已反映了实际桁架的主要受力特征，其计算结果可满足工程实际的需要。

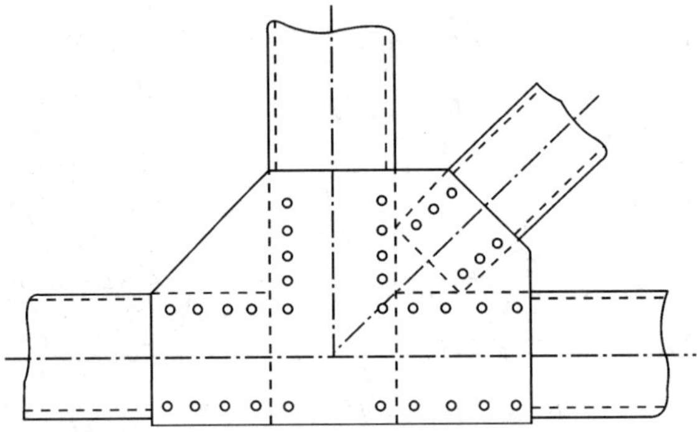

图　5－30

分析静定平面桁架内力的基本方法有节点法和截面法，下面分别予以介绍。

1. 节点法

因为桁架中各杆都是二力杆，所以每个节点都受到平面汇交力系的作用，为计算各杆内力，可以逐个地取节点为研究对象，分别列出平衡方程，即可由已知力求出全部杆件的内力，这种方法称为节点法。由于平面汇交力系只能列出两个独立平衡方程，所以应用节点法往往从只含两个未知力的节点开始计算。

例 5－13　求平面桁架各杆的内力，受力及几何尺寸如图 5－31(a)所示。

解　(1) 求平面桁架的支座约束力。列平衡方程：

$$\sum M_A(F_i)=0：16F_{nB}-1\times10-2\times10-3\times10-4\times10=0$$

$$\sum F_x=0：F_{Ax}=0$$

$$\sum F_y=0：F_{Ay}+F_{nB}-5\times10=0$$

解得

$$F_{Ay}=F_{nB}=25\ \text{kN}$$

(2) 求平面桁架各杆的内力，假设各杆的内力为拉力。

1 节点：受力如图 5－31(b)所示，列平衡方程：

$$\sum F_x=0：F_{14}=0$$

$$\sum F_y=0：-F_{12}-10=0$$

解得

$$F_{14}=0，F_{12}=-10\ \text{kN(压)}$$

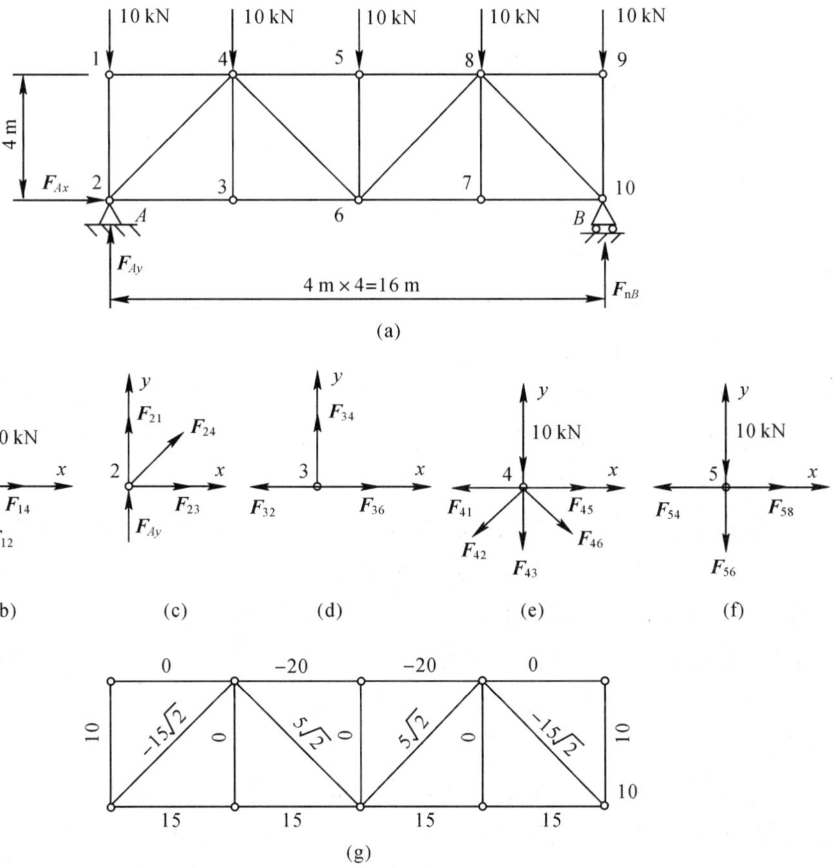

图 5-31

2 节点：受力如图 5-31(c)所示，列平衡方程：

$$\sum F_x = 0:\ F_{23} + F_{24}\cos 45° = 0$$

$$\sum F_y = 0:\ F_{21} + F_{24}\sin 45° + F_{Ay} = 0$$

由于 $F_{21} = F_{12} = -10$ kN，代入上式得

$$F_{24} = -15\sqrt{2}\ \text{kN(压)},\ F_{23} = 15\ \text{kN(拉)}$$

3 节点：受力如图 5-31(d)所示，列平衡方程：

$$\sum F_x = 0:\ F_{36} - F_{32} = 0$$

$$\sum F_y = 0:\ F_{34} = 0$$

由于 $F_{32} = F_{23} = 15$ kN，代入上式得

$$F_{32} = 15\ \text{kN(拉)},\ F_{34} = 0$$

4 节点：受力如图 5-31(e)所示，列平衡方程：

$$\sum F_x = 0:\ F_{45} + F_{46}\cos 45° - F_{41} - F_{42}\cos 45° = 0$$

$$\sum F_y = 0:\ -F_{43} - F_{46}\sin 45° - F_{42}\sin 45° - 10 = 0$$

由于 $F_{41}=F_{14}=0$、$F_{42}=F_{24}=-15\sqrt{2}$ kN、$F_{43}=F_{34}=0$，代入上式得

$$F_{45}=-20\ \text{kN(压)},\ F_{46}=5\sqrt{2}\ \text{kN(拉)}$$

5 节点：受力如图 5-31(f)所示，列平衡方程：

$$\sum F_x=0:\ F_{58}-F_{54}=0$$

$$\sum F_y=0:\ -F_{56}-10=0$$

由于 $F_{54}=F_{45}=-20$ kN，代入上式得

$$F_{58}=-20\ \text{kN(压)},\ F_{56}=-10\ \text{kN(压)}$$

由对称性，剩下部分不用再求，将内力表示在图上如图 5-31(g)所示。

由上面例子可见，桁架中存在内力为零的杆，我们通常将内力为零的杆称为零力杆。如果我们在进行内力计算之前根据节点平衡的一些特点，将桁架中零力杆找出来，便可以节省这部分计算工作量。下面给出一些特殊情况判断零力杆：

(1) 一个节点连着两个杆，当该节点无荷载作用时，这两个杆的内力均为零。

(2) 三个杆汇交的结点上，当该节点无荷载作用时，且其中两个杆在一条直线上，则第三个杆的内力为零，在一条直线上的两个杆内力大小相同，符号相同。

(3) 四个杆汇交的节点上无荷载作用时，且其中两个杆在一条直线上，另外两个杆在另一条直线上，则共线的两杆内力大小相同，符号相同。

2. 截面法

节点法适用于求桁架全部杆件内力的场合。如果只要求计算桁架内某几个杆件所受的内力，则可用截面法。这种方法是适当地选择一截面，在需要求解其内力的杆件处假想地把桁架截开为两部分，然后考虑其中任一部分的平衡，应用平面任意力系平衡方程求出这些被截断杆件的内力。

例 5-14　平面桁架力受力及几何尺寸如图 5-32(a)所示，试求 1、2、3 杆的内力。

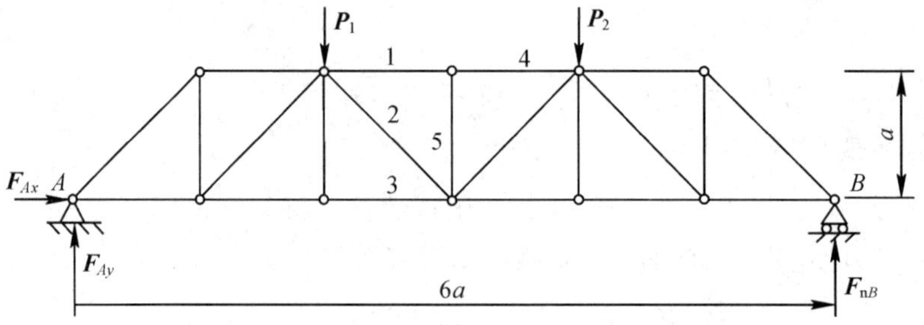

(a)

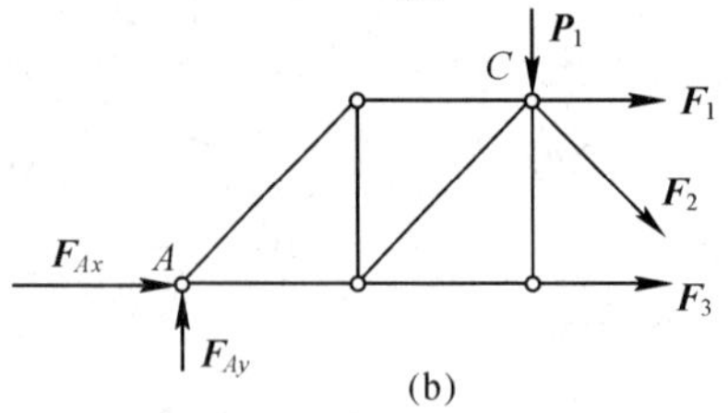

(b)

图　5-32

解　(1) 求平面桁架的支座约束力。列平衡方程：

$$\sum M_A(F_i)=0: -2P_1a-4P_2a+6F_{nB}a=0$$

$$\sum F_x=0: F_{Ax}=0$$

$$\sum F_y=0: F_{Ay}+F_{nB}-P_1-P_2=0$$

解得

$$F_{nB}=\frac{P_1+2P_2}{3},\ F_{Ax}=0,\ F_{Ay}=\frac{2P_1+P_2}{3}$$

(2) 求 1、2、3 杆的内力。假想将 1、2、3 杆截开，取其中一部分，如图 5-32(b)所示。列平衡方程：

$$\sum M_C(F_i)=0: -2aF_{Ay}+aF_3=0$$

$$\sum F_x=0: F_1+F_3+F_2\sin 45°=0$$

$$\sum F_y=0: F_{Ay}-P_1-F_2\cos 45°=0$$

解得

$$F_3=\frac{4P_1+2P_2}{3},\ F_1=-(P_1+P_2),\ F_2=\frac{\sqrt{2}(P_2-P_1)}{3}$$

本章知识要点

1. 力矩是力学中的一个基本概念，是力对物体的转动效应的度量。合力矩定理适合于任何一种力系。

2. 力偶是力学中的一个基本力学量。力偶在任意坐标轴上的投影等于零，力偶对于任一点之矩为一常量并等于力偶矩。

力偶不能与一力相平衡。力偶的最主要性质是等效性，在保持力偶矩不改变的条件下，力偶可在作用面内任意移转，并可同时变更力偶的力的大小与臂的长短。

3. 本章用解析法研究平面任意力系的合成与平衡问题，相关内容在静力学中占有重要的地位。

任意力系的合成是用力系向已知点简化的方法，该方法以力线平移定理为基础，归结为力系的主矢和力系对于简化中心的主矩的计算与分析。

平面一般力系向平面内任一点简化，得到一个主矢 $\boldsymbol{F}'_R$ 和一个主矩 M_O，但这不是力系简化的最终结果，如果进一步分析简化结果，则有下列情况：

$$\boldsymbol{F}'_R=0,\ M_O\neq 0$$

$$\boldsymbol{F}'_R\neq 0,\ M_O=0$$

$$\boldsymbol{F}'_R\neq 0,\ M_O\neq 0$$

$$\boldsymbol{F}'_R=0,\ M_O=0\text{(力系平衡)}$$

4. 平面任意力系平衡的必要与充分条件：力系的主矢和对任意点的主矩均等于零。其平衡方程有三种不同形式：

$$\sum F_x = 0, \quad \sum F_y = 0, \quad \sum M_O(\boldsymbol{F}) = 0$$

$$\sum M_A(\boldsymbol{F}) = 0, \quad \sum M_B(\boldsymbol{F}) = 0, \quad \sum F_x = 0$$

$$\sum M_A(\boldsymbol{F}) = 0, \quad \sum M_B(\boldsymbol{F}) = 0, \quad \sum M_C(\boldsymbol{F}) = 0$$

5. 桁架杆件的内力计算，通常应用节点法和截面法。

思 考 题

5-1　简述力偶的性质及等效条件。

5-2　平面汇交力系向汇交点以外一点简化，其结果如何？

5-3　为什么平面汇交力系的平衡方程可以取两个力矩方程或者是一个投影方程和一个力矩方程？矩心和投影轴的选择有什么条件？

5-4　如何理解桁架求解的两个方法？其平衡方程如何选取？

习　　题

5-1　重 W，半径为 r 的均匀圆球，用长为 L 的软绳 AB 及半径为 R 的固定光滑圆柱面支持，如图 5-33 所示，A 与圆柱面的距离为 d。求绳子的拉力 F_T 及固定面对圆球的作用力 F_N。

5-2　如图 5-34 所示，吊桥 AB 长 L，重 W_1，重心在中心。A 端由铰链支于地面，B 端由绳拉住，绳绕过小滑轮 C 挂重物，重量 W_2 已知。重力作用线沿铅垂线 AC，$AC = AB$。问吊桥与铅垂线的交角 θ 为多大方能平衡，并求此时铰链 A 对吊桥的约束力 $\boldsymbol{F}_A$。

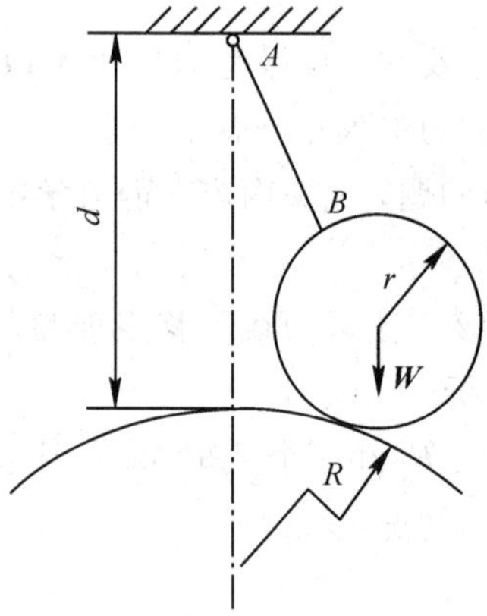

图　5-33

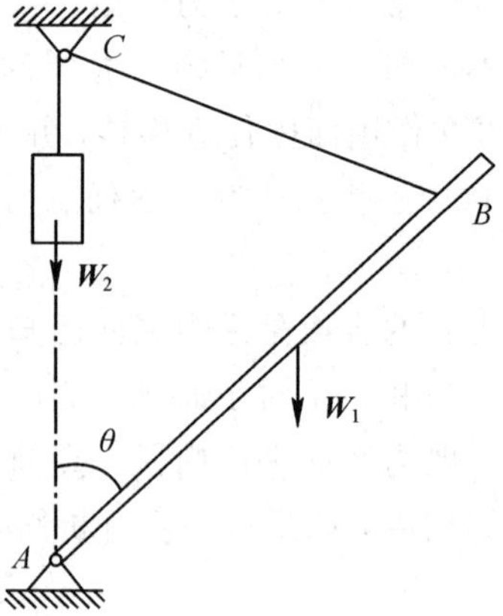

图　5-34

5-3　试求图 5-35 所示各梁支座的约束力。设力的单位为 kN，力偶矩的单位为 kN·m，长度单位为 m，分布载荷集度单位为 kN/m。（提示：计算非均布载荷的投影和与力矩和时需应用积分。）

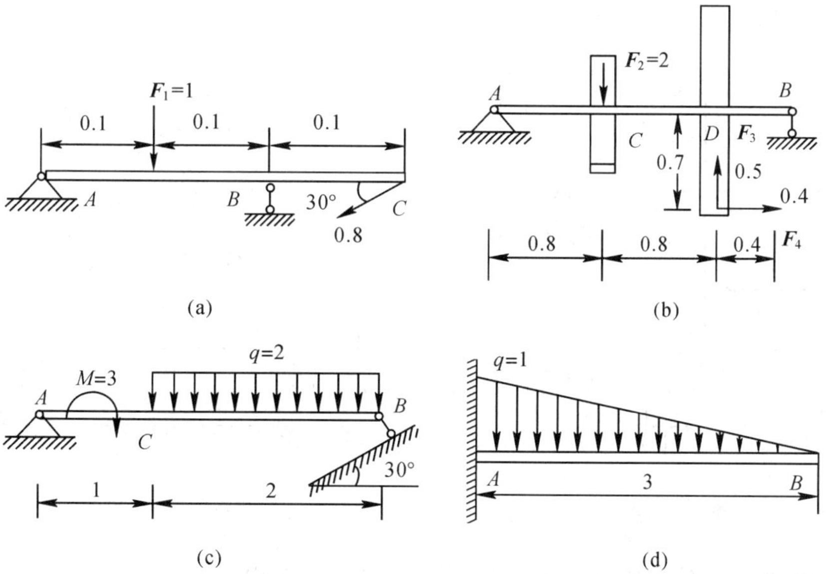

图　5-35

5-4　露天厂房立柱的底部是杯形基础，见图 5-36。立柱底部用混凝土砂浆与杯形基础固连在一起。已知吊车梁传来的铅垂载荷为 $F=60$ kN，风压集度 $q=2$ kN/m，又立柱自重 $G=40$ kN，长度 $a=0.5$ m，$h=10$ m，试求立柱底部的约束力。

5-5　图 5-37 所示三铰拱在左半部分受到均布力 q 作用，A、B、C 三点都是铰链。已知每个半拱重 $W=300$ kN，$a=16$ m，$e=4$ m，$q=10$ kN/m，求支座 A，B 的约束力。

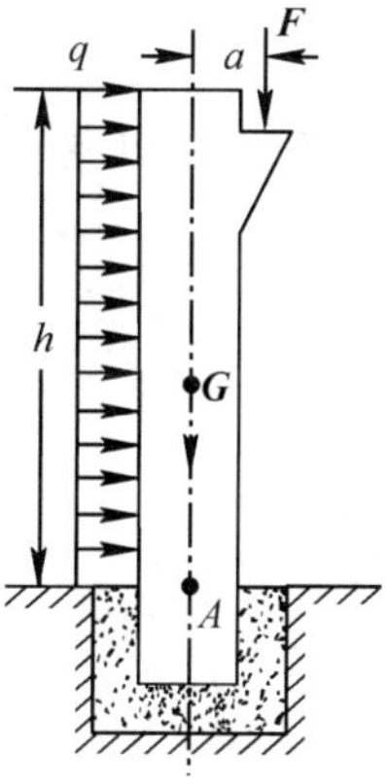

图　5-36

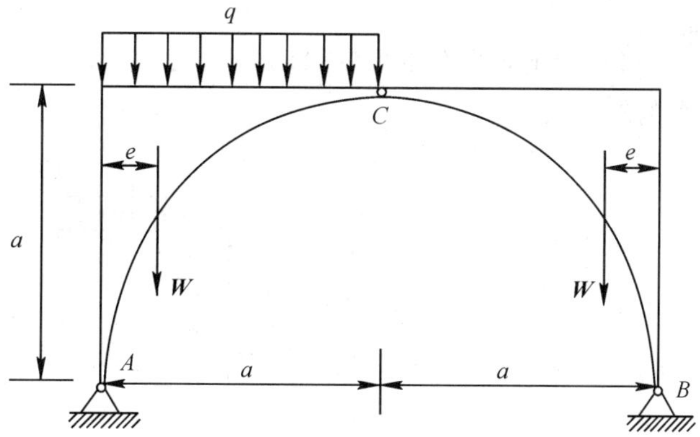

图　5-37

5-6　图 5-38 所示构架中，物体重 $W=1200$ N，由细绳跨过滑轮 E 而水平系于墙上，尺寸如图中所示，求支承 A 和 B 处的约束力及杆 BC 的内力 $\boldsymbol{F}_{BC}$。

5-7　如图 5-39 所示，活动梯子置于光滑水平面上，并在铅垂面内，梯子两部分 AC 和 AB 各重为 Q，重心在中点，彼此用铰链 A 和绳子 DE 连接。一人重为 P 立于 F 处，试求绳子 DE 的拉力和 B、C 两点的约束力。

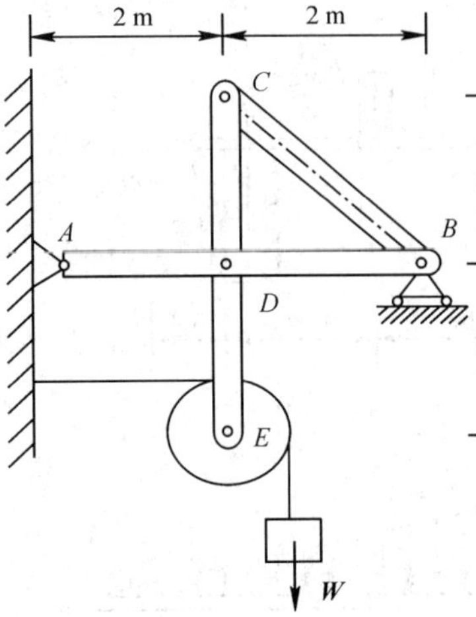

图 5-38

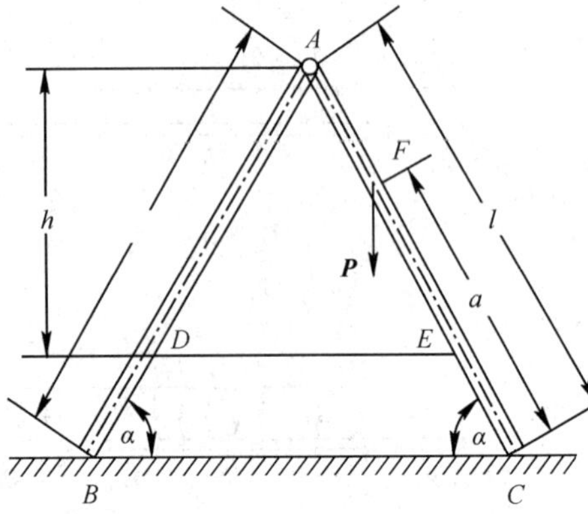

图 5-39

5-8 外伸梁 AC 受集中力 $\boldsymbol{F}_P$ 及力偶($\boldsymbol{F}$，$\boldsymbol{F}'$)的作用，如图 5-40 所示。已知 $F_P=2$ kN，力偶矩 $M=1.5$ kN·m，求支座 A、B 的反力。

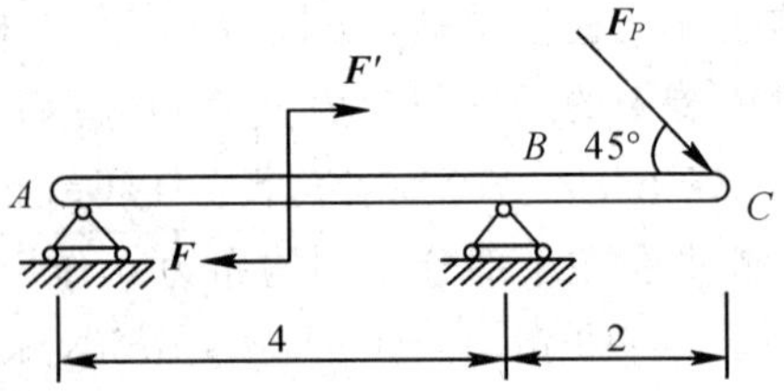

图 5-40

5-9 悬管刚架受力如图 5-41 所示，已知 $q=4$ kN/m，$F_2=5$ kN，$F_1=4$ kN，求固定端 A 的约束反力。

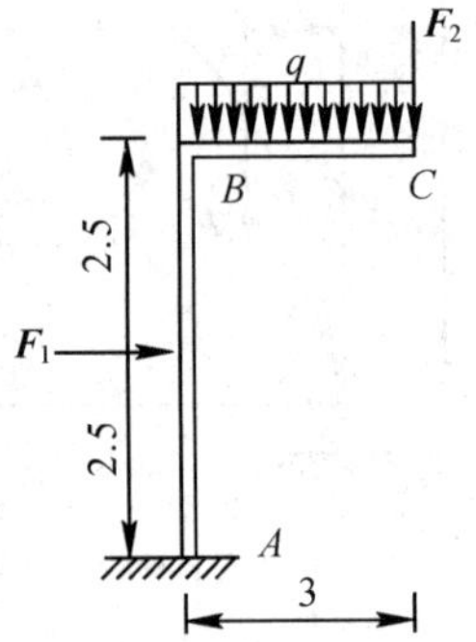

图 5-41

5-10 求图 5-42 所示刚架支座 A、B 的反力。已知：图(a)中，$M=2.5$ kN·m，$F=5$ kN；图(b)中，$q=1$ kN/m，$F=3$ kN。

5-11 汽车起重机在图 5-43 所示位置保持平衡。已知起重量 $W_1=10$ kN，起重机自重 $W_2=70$ kN。求 A、B 两处地面的反力。起重机在此位置的最大起重量为多少？

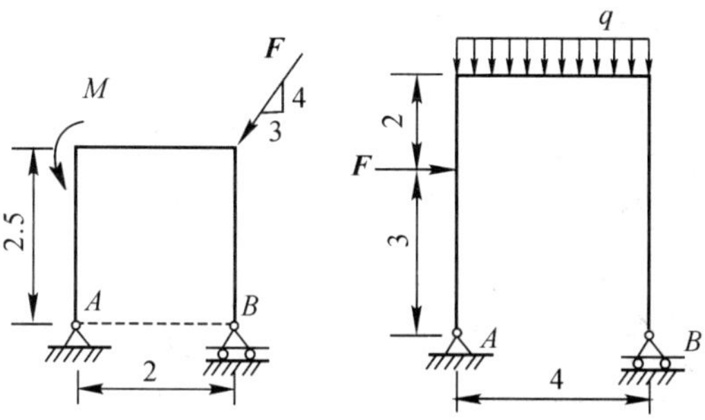

(a)　　　　(b)

图　5 - 42

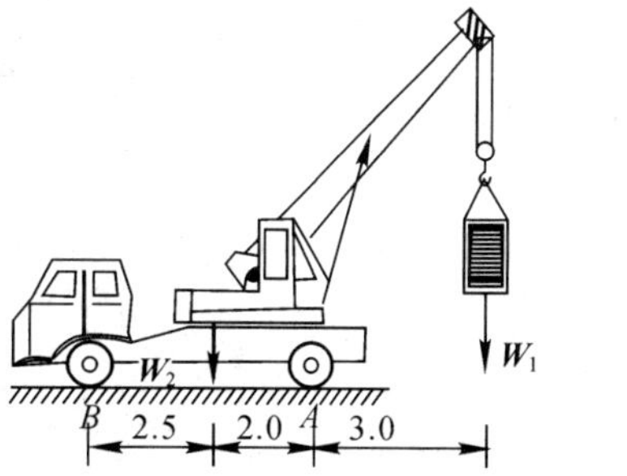

图　5 - 43

5 - 12　水平梁由 AC、BC 两部分组成，A 端插入墙内，B 端搁在辊轴支座上，C 处用铰链连接，受 $\boldsymbol{F}$、M 作用，如图 5 - 44 所示。已知 $F=4$ kN，$M=6$ kN · m，求 A、B 两处的反力。

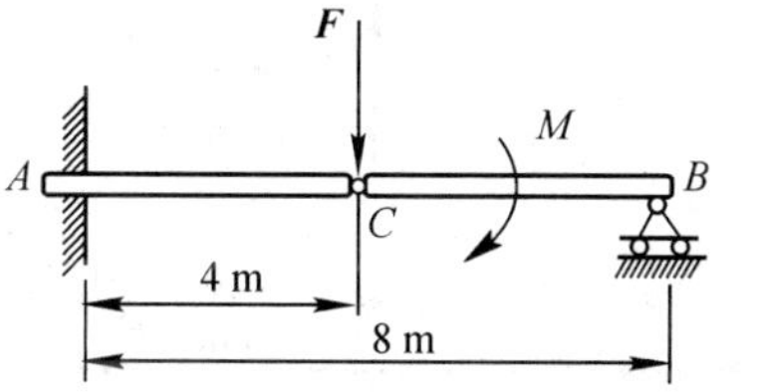

图　5 - 44

5 - 13　桁架的载荷和尺寸如图 5 - 45 所示。求杆 BH，CD 和 GD 的受力。

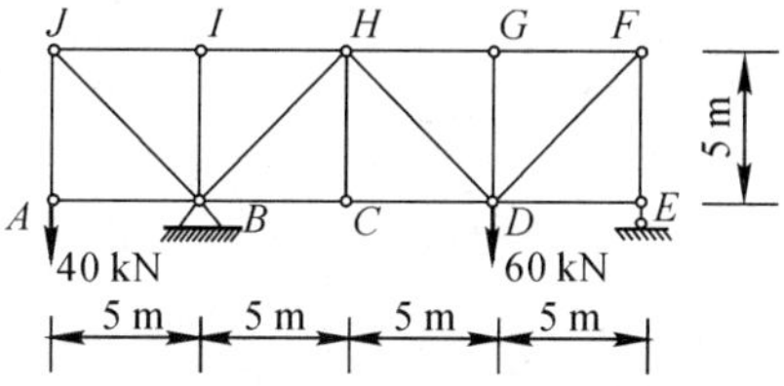

图　5 - 45

5 - 14　判断图 5 - 46 所示平面桁架的零力杆(杆件内力为零)。

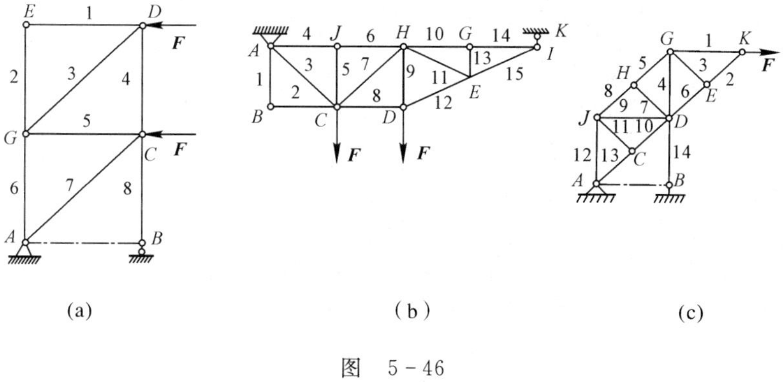

(a)　　　　(b)　　　　(c)

图　5 - 46

5－15 利用截面法求图 5－47 中杆 1、4、8 的内力。

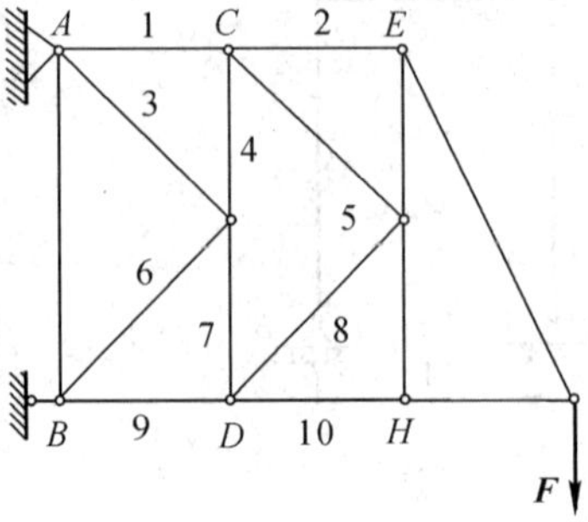

图 5－47

5－16 利用截面法求图 5－48 中杆 4、5、6 的内力。

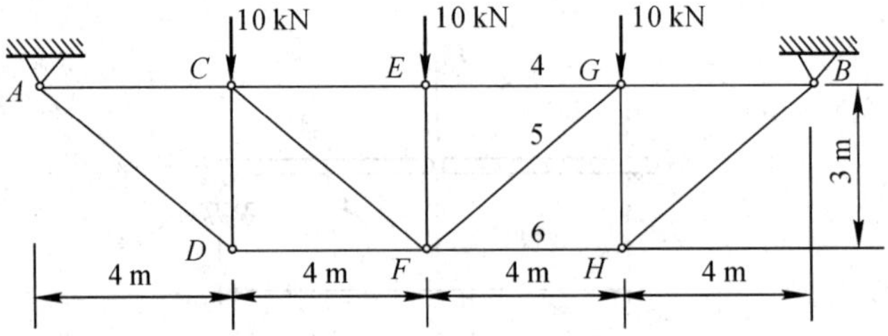

图 5－48

第6章 摩 擦

教学要求：

(1) 正确理解工程中的摩擦现象、滑动摩擦力的基本性质以及库仑静摩擦定律。

(2) 熟练掌握考虑摩擦的平衡问题的两种解法——解析法和几何法。

在解析法中，能够运用摩擦定律和平衡方程求解待求未知量的平衡范围；在几何法中，能够运用摩擦角的概念分析求解待求未知量的平衡范围。

本章主要通过解析法和几何法解决考虑静滑动摩擦的物体或系统的平衡问题。

6.1 摩擦现象

前几章对物体进行受力分析时，都假定物体或体系在光滑约束的情况下运行，但是，实际上完全光滑接触是不存在的，两物体的接触面之间一般都有摩擦。在一些问题中，摩擦对所研究的问题不起主要作用，因而可以把它略去，但是有些问题中，摩擦却是重要的，甚至是决定性的因素，这样就必须加以考虑。本章研究的内容以摩擦力的概念为基础，以摩擦定律为重点，着重研究摩擦存在时平衡问题的处理方法。

按照两接触物体之间的相对运动形式，摩擦可分为滑动摩擦和滚动摩擦。当两个接触面有相对移动或者相对摩擦趋势时，在接触处就彼此阻碍滑动，或者阻碍滑动的发生，这种现象称为滑动摩擦。例如活塞在气缸中的滑动，就有滑动摩擦。当两物体有相对滚动或者相对滚动的趋势时，物体间会产生阻碍滚动的现象，称为滚动摩擦。如车轮在地面上的滚动，就有滚动摩擦。按照相互作用物体的物理本质不同，摩擦可分为干摩擦和湿摩擦。干摩擦是固体与固体表面之间在无任何润滑剂存在时的相互作用，例如挡土墙与地基之间的摩擦，传送带与物料之间的摩擦。湿摩擦是流体与流体层之间或流体与固体表面之间的相互作用。例如水流对水坝面间的摩擦，气流对风筒筒壁间的摩擦都属于湿摩擦，湿摩擦是流体内部的粘性所引起的，它与流体的流速有关。由于干摩擦发生在固体表面之间，故又称外摩擦；湿摩擦由流体内部粘性引起，故又称为内摩擦。本章节只讨论干摩擦。

摩擦是在工程上和日常生活中都具有重要的作用。如机械中的各种制动器；摩擦传动(皮带轮转动、摩擦轮转动、摩擦离合器等)；皮带输送；机床夹具；矿石破碎；钢板轧制；车辆的启动与制动；物体间的连接(楔连接、螺纹连接等)与锁紧等各种问题中，摩擦力对物体的平衡与运动起着重要的作用，此时，摩擦将是主要的研究问题，不可忽略。但是，另一方面，摩擦又会使机器消耗能量，磨损部件，影响机器的正常使用。研究摩擦的目的，就是掌握其规律，利用有利的一面，设法减少或消除有害的一面。

6.2　滑动摩擦

滑动摩擦力是两物体接触表面有相对滑动趋势或有相对滑动时出现的切向阻力。前者称为静滑动摩擦力，后者称为动滑动摩擦力。阻碍物体相对滑动的力称为滑动摩擦力。为了理解摩擦力及摩擦现象，通过以下实验来了解摩擦力，并总结其变化规律。实验装置如图 6－1 所示。重量为 $\boldsymbol{G}$ 的物体 A 放在固定水平面上，绳子的一端连接于物体上，另一端绕过滑轮而连于装有砝码的盘子。如略去绳子重量和滑轮的阻力，则绳子对物体的拉力 $\boldsymbol{T}$ 的大小就等于盘子和砝码的重量 $\boldsymbol{Q}$。

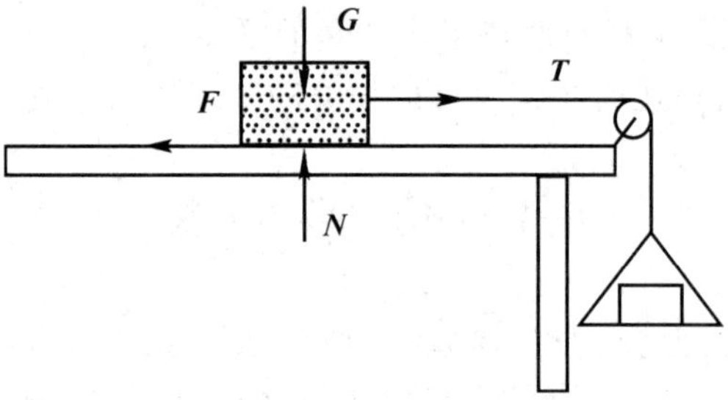

图　6－1

1. 静滑动摩擦

实验表明，当力 $\boldsymbol{T}$ 不大时，物块所受到重力 $\boldsymbol{G}$ 与固定面对它的法向约束反力 $\boldsymbol{N}$ 平衡，物体保持静止不动。当盘中加入砝码，则物块收到一水平向右的拉力 $\boldsymbol{T}$，如果物体与固定平面之间是绝对光滑而没有摩擦力，则微小的 $\boldsymbol{T}$ 就能使物块向右运动，实验表明，当 $\boldsymbol{T}$ 不大时，物块仍保持静止，可见物块与水平面之间确实存在着阻碍物块相对于固定面滑动的力 $\boldsymbol{F}$，此力就是静滑动摩擦力，简称静摩擦力，它阻碍物块在 $\boldsymbol{T}$ 作用下向右运动。但是当 $\boldsymbol{T}$ 超过某一数值时，物体就要沿平面运动，物体就处于将要滑动而未滑动的临界状态，此时静摩擦力达到最大值，称为最大静摩擦力或者极限摩擦力，以 $\boldsymbol{F}_{\max}$ 表示。所以静摩擦力是有一定范围的，即 $0 \leqslant F \leqslant F_{\max}$，静滑动摩擦力 $\boldsymbol{F}$ 的大小由平衡条件确定，根据 $\sum F_x = 0$，有 $T - F = 0$，得 $T = F$。静摩擦力方向与物体相对滑动的趋势相反。当所加的 $\boldsymbol{T}$ 值大于 $\boldsymbol{F}_{\max}$ 时，物体就开始滑动，滑动时沿着接触面所产生的摩擦力，称为滑动摩擦力，简称动摩擦力，以 $\boldsymbol{F}'$ 表示。

大量的实验证明：最大的静摩擦力与两物体接触面积的大小无关，而与两物体间的正压力（或法向反力）成正比，即

$$F_{\max} = fN \tag{6-1}$$

这既是静滑动摩擦定律，又称库伦定律，式中 f 为比例常数，称为静滑动摩擦系数，简称静摩擦系数，它是无量纲的数值。这个系数的大小与相互接触物体的材料、表面粗糙度、湿度、温度等有关。其数值由实验测定，也可以从一些工程手册中查到，常用材料的静滑动摩擦系数如表 6－1 所示。

表 6-1 几种常见材料的静摩擦系数

摩擦材料名称	摩擦系数			
	静滑动摩擦		动滑动摩擦	
	无润滑	有润滑	无润滑	有润滑
钢-钢	0.15	0.10～0.12	0.10	0.05～0.10
钢-铸铁	0.20～0.30		0.16～0.18	0.05～0.15
钢-青铜	0.15	0.10～0.15	0.15～0.18	0.07
钢-夹布胶木			0.22	
软钢-铸铁	0.2		0.18	0.05～0.15
软铁-青铜	0.2		0.18	0.07～0.15
铸铁-铸铁		0.15～0.16	0.15	0.07～0.12
铸铁-青铜	0.28	0.16	0.15～0.21	0.07～0.15
青铜-青铜		0.10	0.15～0.20	0.04～0.10
皮革-铸铁或钢			0.30～0.50	0.12～0.15
硬木-铸铁或钢			0.20～0.35	0.12～0.16
铸铁-皮革	0.55	0.15	0.28	0.12
皮革-木材	0.4～0.5		0.03～0.05	
青铜-夹皮胶木			0.23	
木材-木材	0.4～0.6	0.1	0.2～0.5	0.07～0.10

静摩擦系数的测定可采用活动斜面来测定。实验方法如下：先将要测定的两种材料做成斜面和滑块(图 6-2)，并令其接触表面与实际情况符合，将滑块放在斜面上，物体受到重力 $\boldsymbol{G}$、支持力 N 和摩擦力 $\boldsymbol{F}$ 的作用，重力垂直支持面反力与摩擦力形成的合力称为全反力 $\boldsymbol{F}_R$，全反力与支持面的垂线的夹角为 φ。随着慢慢增大斜面的倾角 α，直至滑块在自重作用下处于平衡的临界状态，设此时斜面的倾角为 α_m，角 φ 也增至最大值 φ_m，最大静摩擦力 F_{max}，根据力的平衡可知 $\begin{cases}\dfrac{F_{max}}{N}=\tan\alpha_m \\ F_{max}=fN\end{cases}$，可得 $f=\tan\alpha_m=\tan\varphi_m$，即

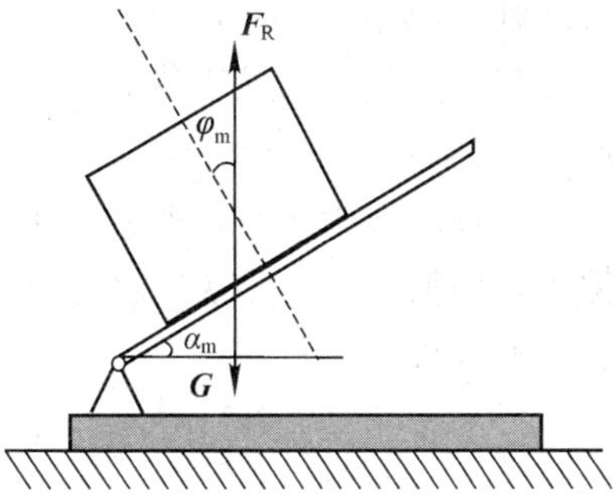

图 6-2

$f=\tan\varphi_m$，这个角度 φ_m 称为摩擦角。摩擦角的正切等于静摩擦系数，摩擦角和静摩擦系数都是表示材料的摩擦性质的物理量。

2. 动滑动摩擦

根据大量的实验可得出和静滑动摩擦定律相似的动滑动摩擦定律：动摩擦力的大小与两物体的正压力(或法向反力)成正比，即

$$F'=f'N \tag{6-2}$$

式中，f'称为动滑动摩擦系数，简称动摩擦系数，它与接触物体的材料及接触面情况有关，在速度不大时，可认为与运动速度无关。f'略小于 f，一般情况下随相对滑动速度的增加而减小。常见材料的动摩擦系数列于表 6－1 中。动滑动摩擦系数小于静滑动摩擦系数表明，要使物体从静止开始滑动比较困难，当一旦滑动以后，要维持物体继续滑动则比较省力。当精确度要求不高时，可认为 f'与 f 相同。

6.3　具有滑动摩擦的平衡问题

考虑摩擦时物体的平衡问题，与忽略摩擦时物体的平衡问题一样，都是平衡问题，所以必须满足力系平衡条件。但是考虑摩擦时的平衡问题时，必须添加摩擦力，满足摩擦条件，即满足 $0\leqslant F\leqslant fF_n$或 $F_{max}=fF_n$(称为摩擦方程)。并且，摩擦力的方向总是沿着接触面的切线且与相对滑动趋势的方向相反。下面以例题进行说明。

例 6－1　如图 6－3(a)所示，将重力为 $\boldsymbol{G}$ 的物块放在斜面上，已知物块与斜面间的静摩擦系数为 f，切斜面的倾角 α 大于接触面的摩擦角 φ_m，如果加一水平力 $\boldsymbol{P}$ 使物块平衡，求该力的最大值和最小值。

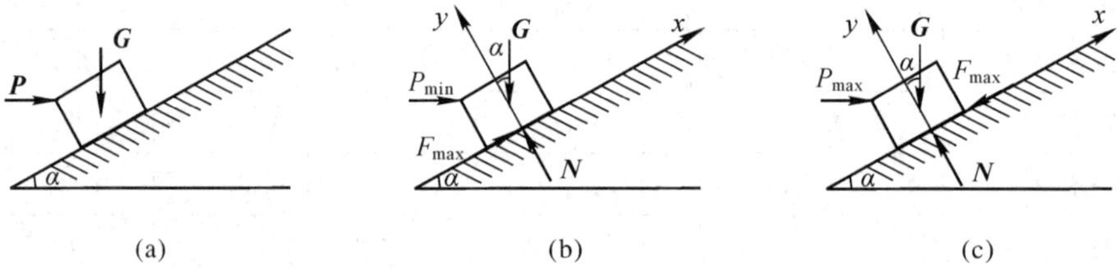

图　6－3

解　由经验知，当力 $\boldsymbol{P}$ 太大时，物块将上滑；力 $\boldsymbol{P}$ 太小时，物块可能下滑。所以物块有两种运动趋势，而 $\boldsymbol{P}$ 的数值必能在某一范围内。

(1) 求力 $\boldsymbol{P}$ 的最小值 P_{min}。由于斜面的倾角 $\alpha>\varphi_m$，故若不加力 $\boldsymbol{P}$，物块就会沿着斜面下滑。

当加一力 P_{min}时，物块应处于沿着斜面即将下滑的临界状态，所以作用在它上面的摩擦力达到最大值，且方向沿斜面向上。取物块为研究对象，其受力如图 6－3(b)所示。列出平衡方程：

$$\sum F_x=0：P_{min}\cos\alpha+F_{max}-G\sin\alpha=0 \tag{a}$$

$$\sum F_y=0：-P_{min}\sin\alpha+N-G\cos\alpha=0 \tag{b}$$

且

$$F_{max}=fN$$

联立方程可得

$$P_{min}=\frac{\sin\alpha-\mu\cos\alpha}{\cos\alpha+\mu\sin\alpha}G$$

(2) 求力 $\boldsymbol{P}$ 的最大值 P_{max}。

当 $\boldsymbol{P}$ 由最小值逐渐增大时，物块将由上向下滑动的趋势变为沿着斜面向上滑动的趋势，当力 $\boldsymbol{P}$ 达到最大时，物块处于要下滑还未下滑的临界状态，摩擦力也达到最大值，且方向沿着斜面向下，物块的受力图如图 6-3(c)所示。取物块为研究对象，列出平衡方程：

$$\sum F_x = 0: P_{\max}\cos\alpha - F_{\max} - G\sin\alpha = 0 \tag{c}$$

$$\sum F_y = 0: -P_{\max}\sin\alpha + N - G\cos\alpha = 0 \tag{d}$$

且

$$F_{\max} = fN$$

联立方程可得

$$P_{\max} = \frac{\sin\alpha + \mu\cos\alpha}{\cos\alpha - \mu\sin\alpha}G$$

综合上述两个结果可知，只有当力 $\boldsymbol{P}$ 满足：

$$\frac{\sin\alpha - \mu\cos\alpha}{\cos\alpha + \mu\sin\alpha}G \leqslant P \leqslant \frac{\sin\alpha + \mu\cos\alpha}{\cos\alpha - \mu\sin\alpha}G$$

时，物块才能够保持平衡，这说明有摩擦时平衡有个范围，主动力在该范围内取任意值，物体都能平衡。

例 6-2 图 6-4 为一起重机制动装置。已知鼓轮半径为 r，制动轮半径为 R，制动块与制动轮间的静摩擦系数为 f，起重机重量为 G，制动杆结构和主要尺寸如图所示，试求制动鼓轮转动所必须的力 $\boldsymbol{F}$。

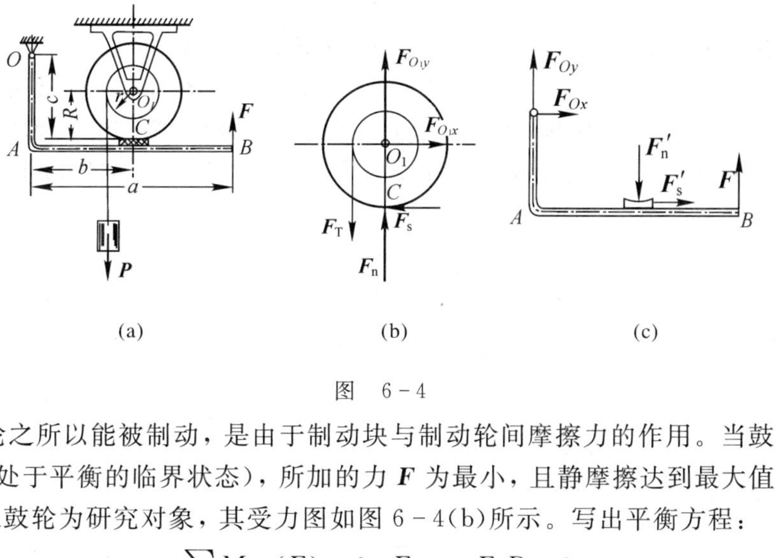

图 6-4

解 鼓轮之所以能被制动，是由于制动块与制动轮间摩擦力的作用。当鼓轮恰能被制动时(即鼓轮处于平衡的临界状态)，所加的力 $\boldsymbol{F}$ 为最小，且静摩擦达到最大值。

(1) 先取鼓轮为研究对象，其受力图如图 6-4(b)所示。写出平衡方程：

$$\sum M_{O_1}(F) = 0: F_{\mathrm{T}}r - F_{\mathrm{s}}R = 0$$

且

$$F_{\mathrm{s}} = \frac{r}{R}F_{\mathrm{T}} = \frac{r}{R}P$$

(2) 再取杠杆 OAB 为研究对象。

$$\sum M_O(F) = 0: Fa + F'_{\mathrm{s}}c - F'_{\mathrm{n}}b = 0$$

$$F'_{\mathrm{s}} \leqslant fF'_{\mathrm{n}}$$

得

$$F'_s \leqslant \frac{faF}{b - fc}$$

所以

$$F \geqslant \frac{rP(b - fc)}{fRa}$$

例 6-3 长为 $2a$，重为 G 的梯子，一端放在地板上，另一端靠在铅直墙上，梯子与地板成 α 角，如图 6-5(a)所示，设梯子与地面及墙之间的摩擦角分别为 $(\varphi_m)_A$ 和 $(\varphi_m)_B$。试求梯子不至下滑的最小 α 值。

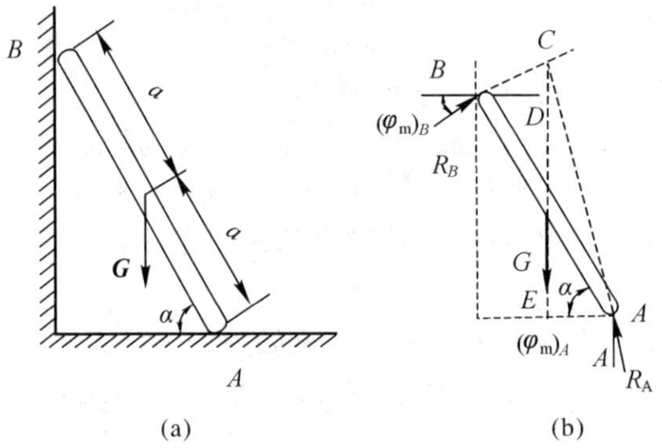

图 6-5

解 扶梯处于将要滑动的临界状态时，角 α 的值最小，这时 B 点的摩擦力向上，A 点的摩擦力向左，且它们都达到最大值。若用全反力表示，则 R_A 和 R_B 与所在点接触面的法线夹角为 $(\varphi_m)_A$ 和 $(\varphi_m)_B$，如图 6-5(b)所示。扶梯在三力 G、R_A 和 R_B 作用下处于平衡，根据三力平衡汇交定理，此三力必汇交于一点 C。做辅助线 CE 垂直于地面，$BD \perp CE$，由图可看出：

$$|DE| = |CE| - |CD| = \frac{|EA|}{\tan(\varphi_m)_A} - |BD|\tan(\varphi_m)_B$$

$$= \frac{|EA| - |BD|\tan(\varphi_m)_A \tan(\varphi_m)_B}{\tan(\varphi_m)_A}$$

但

$$|DE| = 2\alpha\sin\alpha, |EA| = |BD| = \alpha\cos\alpha$$

代入上式并化简后得

$$\tan\alpha = \frac{1 - \tan(\varphi_m)_A \tan(\varphi_m)_B}{2\tan(\varphi_m)_A}$$

于是得 α 角的最小值为

$$\alpha_{\min} = \arctan\frac{1 - \tan(\varphi_m)_A \tan(\varphi_m)_B}{2\tan(\varphi_m)_A}$$

即当 $\alpha \geqslant \alpha_{\min}$时，梯子均可保持平衡而不至于滑下。

从以上例题的分析可知：考虑摩擦时物体平衡问题的处理方法步骤与不计摩擦时物体平衡问题基本一样，但有如下特点：

在进行受力分析取研究对象时，必须将有相对运动趋势(有摩擦)的接触拆开，使摩擦力显现出来。在受力分析时，除分析主动力、约束反力外，还需要分析摩擦力，摩擦力的方向总是与物体间相对滑动趋势方向相反。

列方程时，由于是平衡问题，故必须满足平衡方程。又由于摩擦问题，故必须满足摩擦方程，为了求解方便，列摩擦方程时多考虑临界状态列等式方程。最后求解方程组。

考虑摩擦时满足物体的平衡条件是有一定范围的：$0\leqslant F\leqslant F_{\max}$，所以解答也是一个范围。

6.4 滚动摩擦

摩擦不仅在物体滑动时存在，当物体滚动时也存在摩擦阻力，即当两接触物体间相对滚动或有相对滚动趋势时，物体之间产生阻碍滚动的作用，称为滚动磨擦。

在实践中可以知道，滚动比滑动省力。例如移动笨重物体时，常常在底下垫上一些圆棍，推动起来更加容易。机器中用滚动轴承代替滑动轴承，车辆依靠车轮在地面上滚动行驶等都是以滚动代替滑动从而提高效率、减轻劳动强度的例子。为什么滚动比滑动更加省力，它有什么特性，下面通过轮子的受力分析来说明这些问题。

图 6－6 为一个半径为 r 的轮子，放在水平面上，车轮上的作用力有重力 $\boldsymbol{W}$，在轮心上作用水平拉力 $\boldsymbol{F}$，路面对车轮的作用力有法向反力 $\boldsymbol{F}_{\mathrm{n}}$ 和互动摩擦力 $\boldsymbol{F}_{\mathrm{s}}$，如图 6－6(a)所示。由经验可知，当力 $\boldsymbol{F}$ 不大时，轮子仍保持静止。只有当力 $\boldsymbol{F}$ 达到某一定数值时，车轮才滚动。这是由于车路和路面都不是绝对刚体，当车轮受力后，车轮与地面接触处发生变形，这种变形影响了反作用力在接触面的分布情况(如图 6－6(b)所示，这时分布在接触面上的反作用力的合力不作用在最低点 A 点，而是作用在轮子滚动的前方某点，即偏移了一微小距离 d，如图 6－6(c)所示。由此可知，在研究滚动摩擦时，变形是问题的主要因素，不可忽略。将反作用的合力分解为法向反力 $\boldsymbol{F}_{\mathrm{n}}$ 和摩擦力 $\boldsymbol{F}_{\mathrm{s}}$，以及一附加力偶，这个力偶就称为滚动摩擦阻力偶(简称滚阻力偶)，其力偶矩设为 M_f，如图 6－6(d)所示。

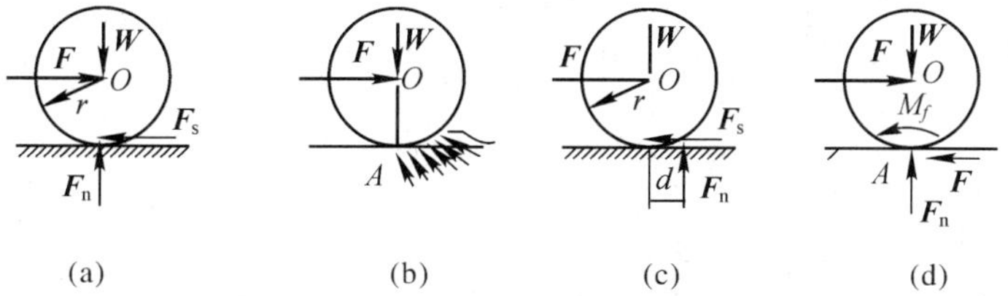

(a) (b) (c) (d)

图 6－6

力偶矩大小为 $M_f=Fr$，即滚动摩擦力偶矩等于主动力对车轮最低点 A 之距。如果主动力偶增加，则滚阻力偶也增加。当 $\boldsymbol{F}$ 力较小时，车轮虽然处于平衡，但有滚动的趋势。当增加，滚动趋势增大，直到主动力矩 Fr 增加到超过某一临界值 $M_{\max}$时，车轮即要从静止开始滚动。$M_{\max}$为最大滚动摩擦最大阻力偶矩。

根据实验可得出与滑动摩擦定律相似的滚动摩擦定律：滚动摩擦力偶矩的最大值与支承面的正压力(或法向反力)成正比，即

$$M_{\max}=\delta F_{\mathrm{n}}$$

式中，比例系数 δ 称为滚动摩擦系数。它具有力偶臂的意义，其单位是长度的单位，一般

用 cm 或 mm，表示全反力作用点到车轮最低点 A 的最大偏移量，即 $\delta=d$。

滚动摩擦系数与接触物体的材料及表面状况(硬度、温度、湿度等)有关，一般与轮子的半径无关。δ 值可由工程手册中查到。一些常用的材料滚动摩擦系数如表 6-2 所示。

表 6-2　几种材料的滚动摩擦系数

材　料	δ/mm	材料	δ/mm
铸铁-铸铁	0.05	木材与木材	0.5～0.8
软钢与软钢	0.05	木材与钢	0.3～0.4
淬火钢-淬火钢	0.01	轮胎与路面	2～10

例 6-4　轮胎半径 $r=40$ cm，受载荷力 $W=2000$ N，轴传来的水平推力为 $\boldsymbol{P}$，如图 6-7(a)所示。设静摩擦系数 $f=0.6$，滚动摩擦系数 $\delta=0.24$ cm，试求推动此轮前进的力 $\boldsymbol{P}$ 的大小。

解　取轮子为研究对象，其受力如图 6-7(b)所示，轮子受到力 $\boldsymbol{P}$ 和 $\boldsymbol{W}$ 及 F_n 和 F_s(即滚动摩擦力偶矩 M_f 的作用，这些组成平面的一般力系。轮子前进有两种可能：第一种是滚动，第二种是滑动，下面分别进行探讨。

(1) 滚动。考虑轮子处于将要滚动的临界状态，这时，滚动摩擦力偶矩达到最大值，即

$$M_f=M_{\max}=\delta F_n \tag{a}$$

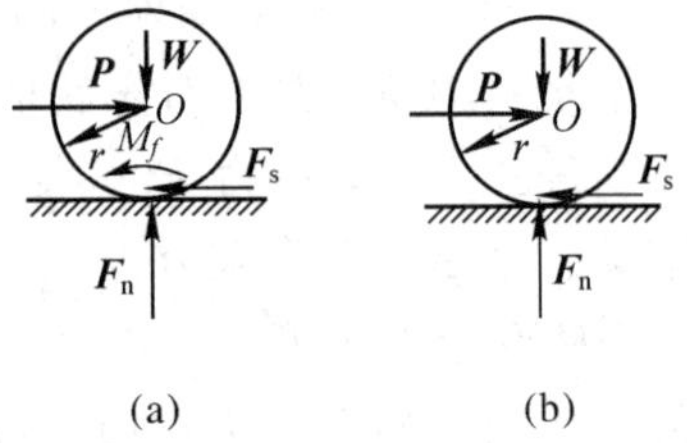

图　6-7

列平衡方程：

$$\sum F_x=0: P-F_s=0 \tag{b}$$

$$\sum F_y=0: F_n-W=0 \tag{c}$$

$$\sum m_A(F)=0: M_f-Pr=0 \tag{d}$$

由式(a)和式(d)得

$$Pr=\delta F_n$$

将式(c)代入上式，得

$$P=\frac{\delta}{r}W=\frac{0.24}{40}\times 2000=12 \text{ N}$$

即只要略大于 12 N 的力，就可以使轮子向前滚动。

(2) 滑动。考虑轮子处于将要滑动的临界状态，这时，摩擦力 F_s 达到最大值，即

$$F_s=F_{s\max}=fF_n \tag{e}$$

列平衡方程：

$$\sum F_x=0: P-F_s=0 \tag{f}$$

$$\sum F_y=0: F_n-W=0 \tag{g}$$

将式(f)和式(g)代入式(e)得

$$P=fW=0.6\times 2000=1200 \text{ N}$$

即要使轮子滑动，需要略大于 1200 N 的力，当然，这是不可能的，因为当推力 $\boldsymbol{F}$ 略大于 12 N时，轮子已向前滚动了。

此例使轮子滑动的力竟是使它滚动的力的100倍，可见，滚动要比滑动省力得多。

本章知识要点

本章研究了滑动摩擦和滚动摩擦的规律，以及考虑摩擦时物体的平衡问题。

1. 滑动摩檫力是在两个物体相互接触面之间有相对滑动趋势或者有相对滑动时出现的阻碍力。前者为静摩擦力，后者为动摩擦力。

摩擦力的分类：

- 摩擦
  - 干摩擦
    - 滑动摩擦
      - 静滑动摩擦：定律 $F_{\max}=\mu N$
      - 动滑动摩擦：定律 $F'=\mu' N$
    - 滚动摩擦：定律 $M_{\max}=\delta N$
  - 湿摩擦(未做研究)

2. 当滑动即将开始时，全反力 $\boldsymbol{F}_R$ 与接触面的法线间的夹角最大值 φ_m，称为摩擦角，φ_m 是表征接触物体的材料性质与接触面状况的参量。摩擦角与静摩擦系数的关系是：$\tan\varphi_m=f$。不管主动力的合力的大小如何，只要它的作用线在摩擦角之内，物体总是能平衡的。

3. 考虑摩擦时物体的平衡问题的解题特点：

(1) 摩擦力的方向总是与物体相对滑动摩擦的方向相反，物体的滑动趋向可根据主动力来观察。

(2) 由于摩擦力的大小有一定的范围，所以物体的平衡也有一定的范围。

(3) 解题时，往往只分析物体处于平衡的临界状态，这时，除列出平衡方程外，还要列出摩擦力关系式，即 $F=fF_n$。待求出结果后，再讨论平衡范围。

(4) 阻碍物体滚动的为一力偶，称为滚动摩擦力偶。其力偶矩 M_f 的转向与相对滚动的趋势相反，大小在零与最大值之间，即 $0\leqslant M_f\leqslant M_{f\max}$。最大滚动摩擦力偶矩 $M_{f\max}=\delta F_n$，其中 δ 为滚动摩擦系数，它的单位为长度单位。

思 考 题

6-1 什么是滑动静摩擦力？它的方向怎么确定？它的大小怎么确定？有人说摩擦力永远与物体的运动方向相反，对吗？试举例说明。

6-2 摩擦力是否一定为阻力？试举例说明。

6-3 试求图6-8所示物体所受摩擦力的大小和方向。已知物体与接触面的静摩擦系数 $\mu=0.2$。

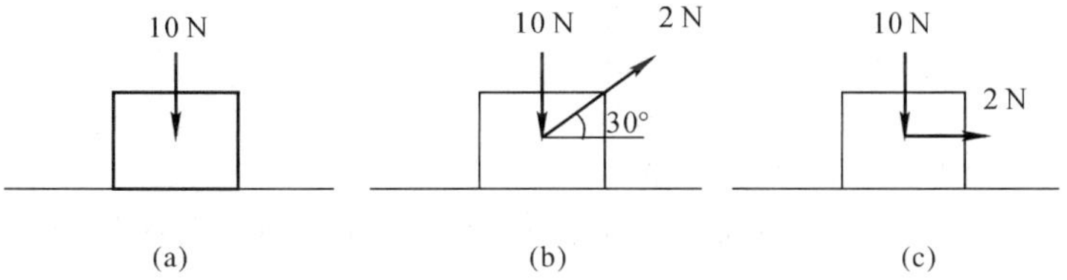

图 6-8

6-4　如图 6-9 所示，物块重 W，与水平间的摩擦系数为 μ，要使物块向右滑动，可用力 $\boldsymbol{P}$ 推它，如图 6-2(a)所示，也可用力 $\boldsymbol{P}$ 拉它，如图 6-2(b)所示，判断哪种作用方式合理，为什么？

6-5　重为 G_1 的物体 A 置于斜面上，如图 6-10 所示，已知斜面的倾角 α 小于摩擦角 φ_m 时，物块静置于斜面上。为使物块 A 下滑，于其上另加一重为 G_2 的 B 物块，并使两物体固结在一起，问能否达到下滑的目的，为什么？

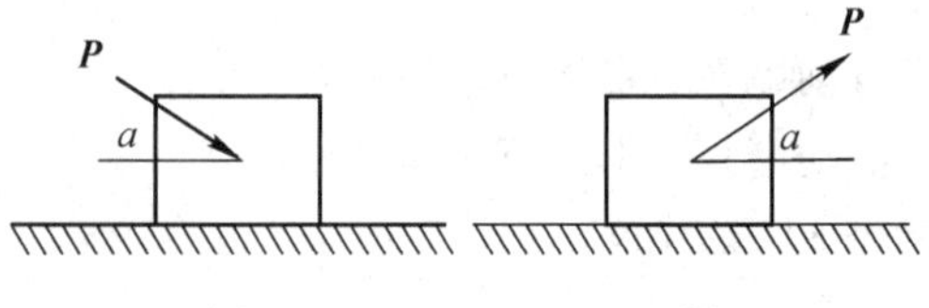

图　6-9

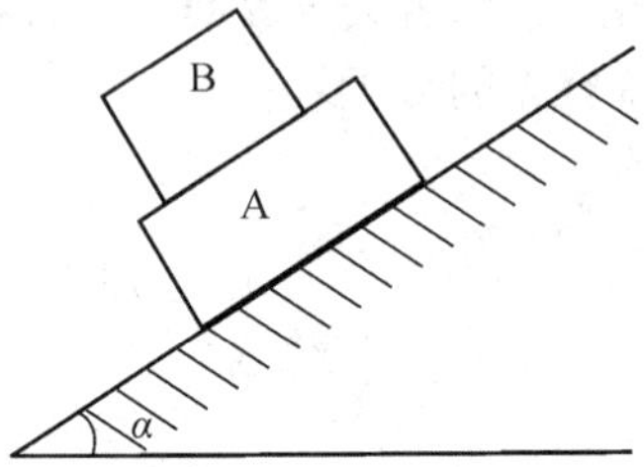

图　6-10

6-6　在粗糙斜板上放置重物，当重物不下滑时，可敲打斜板，重物就会下滑，为什么？

6-7　如图 6-11 所示，物块 A 放在粗糙斜面上，设 $\alpha>\varphi_m$(物块 A 会下滑)，今在物块上分别加上铅垂力 $\boldsymbol{P}_1$、水平力 $\boldsymbol{P}_2$、垂直于斜面的力 $\boldsymbol{P}_3$、平行于斜面的力 $\boldsymbol{P}_4$。问几者当中，什么力可以制止物块下滑？什么力可能使物块上滑？试用摩擦角的概念加以说明。

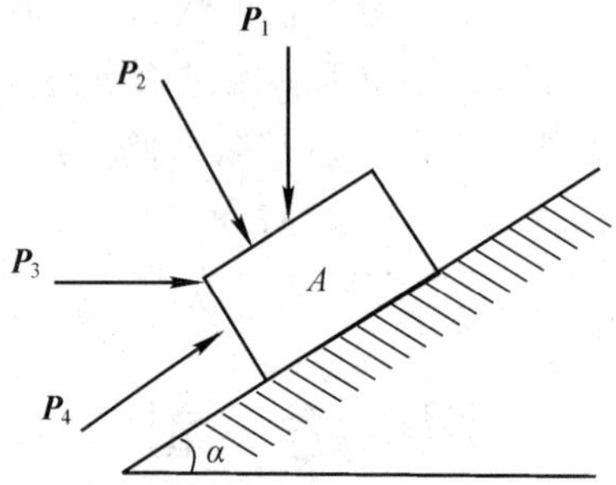

图　6-11

6-8　滚动摩擦产生的原因是什么？滚动摩擦系数的物理意义是什么？它与滑动摩擦系数有什么区别？

6-9　说明考虑摩擦时物体的平衡问题的特点是什么？为什么考虑摩擦时，物体平衡有一个范围？

习　题

6-1　如图 6-12 所示，物块 A 重 100 N，B 重 200 N，又 A 与 B 间，B 与地面间的滑动摩擦系数 $f=0.25$，若用与水平成 30°的绳索拉住物块 A，求能将 B 拉出的最小水平力 P。

6-2　如图 6-13 所示，置于 V 型槽中的棒料上作用一力偶，力偶矩 $M=15\ \text{N}\cdot\text{m}$

时，刚好能转动此棒料，已知棒料重力 $P=400$ N，直径 $D=0.25$ m，不计滚动摩擦，求棒料与 V 型槽的静摩擦系数 f_s？

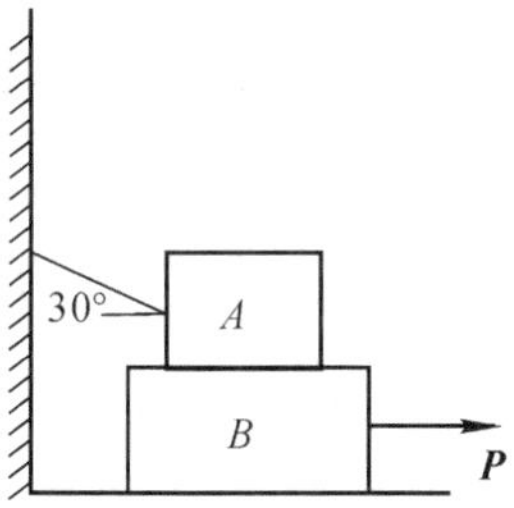

图　6－12

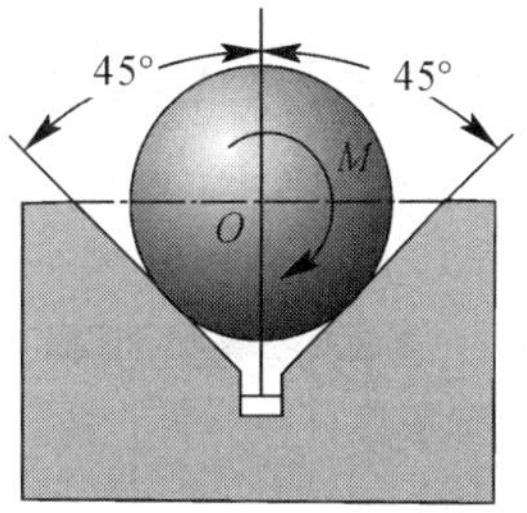

图　6－13

6－3　梯子 AB 靠在墙上，其重力为 $P=200$ N，如图 6－14 所示，梯长为 l，并与水平面交角 $\theta=60°$，已知接触面间的静摩擦系数均为 0.25。今有一重 650 N 的人沿梯向上爬，问人能到达的最高点 C 到点 A 的距离 s 应为多少。

6－4　两根相同的匀质杆 AB 和 BC，在端点 B 用光滑铰链连接，A、C 端放在不光滑的水平面上，如图 6－15 所示。当 ABC 成等边三角形时，系统在铅直面内处于临界平衡状态。求杆端与水平面的摩擦系数 f_s。

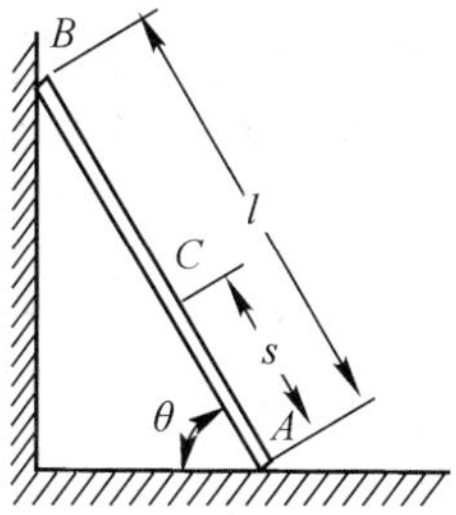

图　6－14

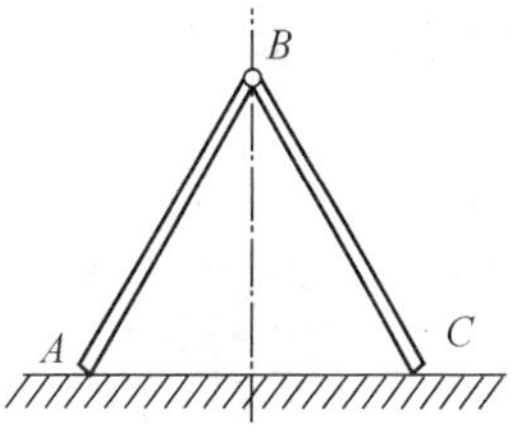

图　6－15

6－5　两物块 A、B 相叠放在水平面上，如图 6－16(a)所示。已知 A 块重 80 kN，B 块重 100 kN。A 块和 B 块间的静摩擦系数 $\mu_1=0.6$，B 块与水平面间的静摩擦系数 $\mu_2=0.8$。求拉动 B 块的最小力 $\boldsymbol{P}_1$ 的大小。若 A 块被水平一绳拉紧，如图 6－16(b)所示，此时最小力 $\boldsymbol{P}_2$ 的值应为多少？

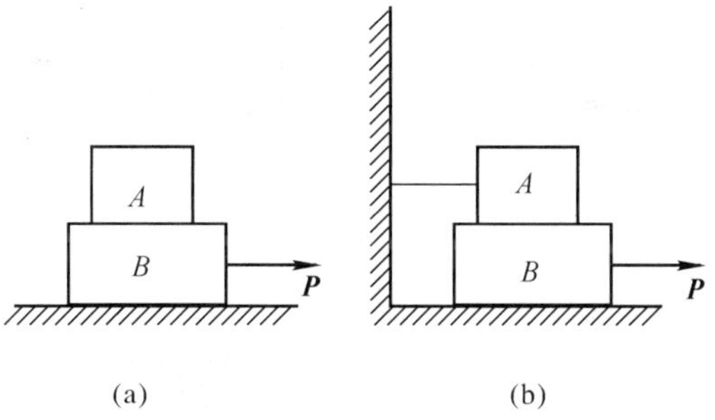

图　6－16

6-6　如图 6-17 所示，不计自重的拉门与上下滑道之间的静摩擦系数均为 f_s，门高为 h，若在门上 $2/3h$ 处用水平力 $\boldsymbol{F}$ 拉门而不会卡住，问门的自重对不被卡住的门宽最小值是否有影响？

6-7　平面曲杆连杆滑块结构如图 6-18 所示，$OA=1$，在曲柄 OA 上作用有一矩为 M 的力偶，OA 水平。连杆 AB 与铅垂线的夹角为 θ，滑块与水平面之间的摩擦因数为 f_s，不计重力，且 $\tan\theta > f_s$。求机构在图示位置保持平衡时 $\boldsymbol{F}$ 力的值。

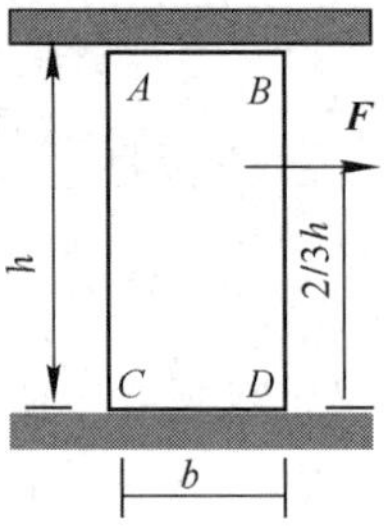

图　6-17

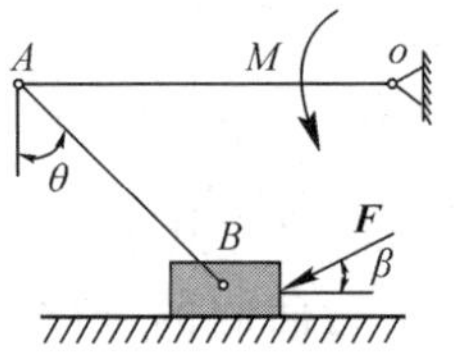

图　6-18

6-8　轧压机由两轮构成，两轮的直径均为 $d=500$ mm，轮间的间隙为 $a=5$ mm，两轮反向转动，如图 6-19 所示。已知烧红的铁板与铸铁轮间的摩擦系数 $f_s=0.1$，问能轧压的铁板的厚度 b 是多少。

6-9　匀质长板 AD 重 P，长为 4 m，用一短板 BC 支撑，如图 6-20 所示，若 $AC=BC=AB=3$ m，板 AB 的自重不计。求 A、B、C 处摩擦角各为多大才能使之保持平衡？

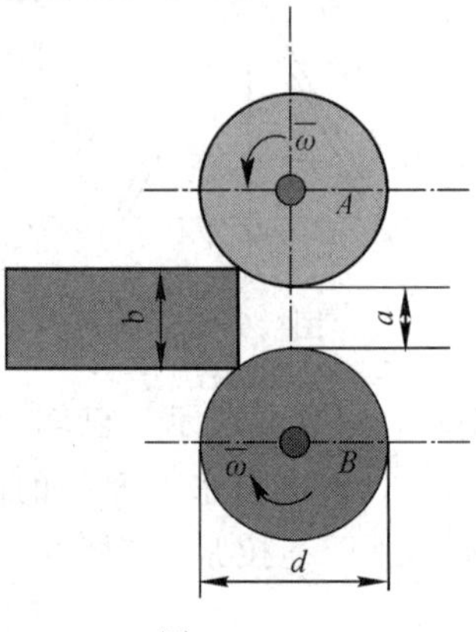

图　6-19

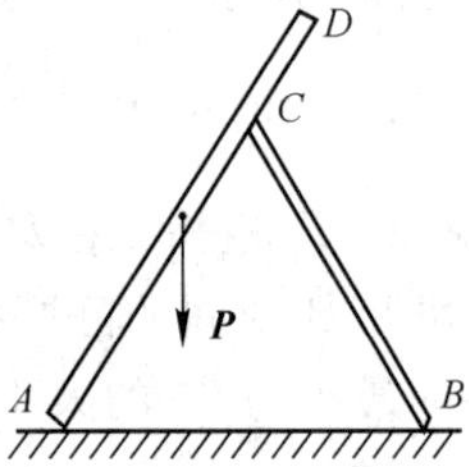

图　6-20

6-10　如图 6-21 所示，钢管车间的钢管运转台架，依靠钢管自重缓慢而无滑动地滚下，钢管直径为 50 mm。设钢管与台架间的滚动磨擦系数 $\delta=0.5$ mm。那么台架的最小倾角 θ 应为多大？

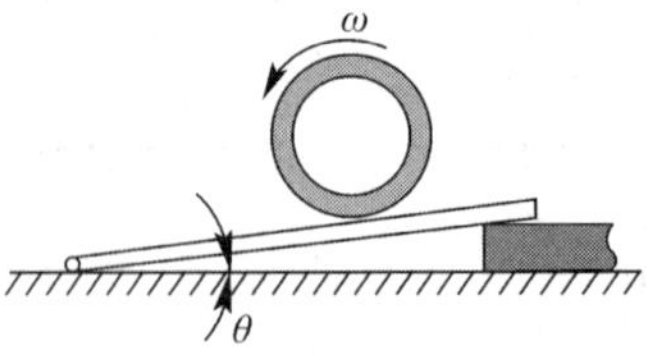

图　6-21

第 7 章　空间力系和重心

教学要求：

（1）能够掌握空间约束力的画法，正确画出空间物体的受力图，熟练掌握空间力的投影和力对轴之矩的计算。

（2）熟练地应用空间力系的平衡方程求解工程中的力学问题，掌握用组合方法确定物体重心位置的方法。

空间力系是各力的作用线不在同一平面内的力系。这是力系中最一般的情形。许多工程结构和机械构件都受空间力系的作用，例如车床主轴、桅式起重机、闸门等。对它们进行静力分析时都要应用空间力系的简化和平衡理论。

本章研究空间力系的简化和平衡问题，并介绍物体重心的概念和确定重心位置的方法。与研究平面力系相似，空间力系的简化与平衡问题也采用力系向一点简化的方法进行研究。

7.1　空间力沿坐标轴的分解与投影

1. 空间力沿直角坐标轴的分解

如图 7-1 所示，设力 $\boldsymbol{F}$ 沿直角坐标轴的分力分别为 $\boldsymbol{F}_x$、$\boldsymbol{F}_y$、$\boldsymbol{F}_z$，则有

$$\boldsymbol{F}=\boldsymbol{F}_x+\boldsymbol{F}_y+\boldsymbol{F}_z \tag{7-1}$$

力 $\boldsymbol{F}$ 的三个分力可以用它在三个相应轴上的投影来表示：

$$\boldsymbol{F}_x=F_x\boldsymbol{i}$$
$$\boldsymbol{F}_y=F_y\boldsymbol{j}$$
$$\boldsymbol{F}_z=F_z\boldsymbol{k}$$

则有

$$\boldsymbol{F}=F_x\boldsymbol{i}+F_y\boldsymbol{j}+F_z\boldsymbol{k} \tag{7-2}$$

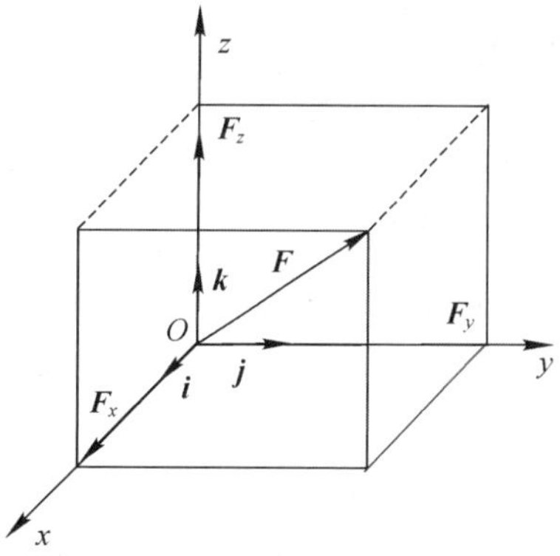

图　7-1

其中，$\boldsymbol{i}$、$\boldsymbol{j}$、$\boldsymbol{k}$ 分别是 x、y、z 轴的正向单位矢量。

2. 空间力在直角坐标轴上的投影

1）直接投影法

如图 7-2 所示，若已知力 $\boldsymbol{F}$ 与空间直角坐标轴 x、y、z 正向之间夹角分别为 α、β、γ，以 F_x、F_y、F_z 表示力 $\boldsymbol{F}$ 在 x、y、z 三轴上的投影，则

$$F_x=F\cos\alpha,\ F_y=F\cos\beta,\ F_z=F\cos\gamma \tag{7-3}$$

力在坐标轴上的投影为代数量。在式(7-3)中，当 α、β、γ 为锐角时，投影为正，反之为负。

2）二次投影法

若力 $\boldsymbol{F}$ 在空间的方位用图 7-3 所示的形式来表示，其中 γ 为力 $\boldsymbol{F}$ 与 z 轴的夹角，φ 为力 $\boldsymbol{F}$ 所在铅垂平面与 x 轴的夹角，则可用二次投影法计算力 $\boldsymbol{F}$ 在三个坐标轴上的投影。

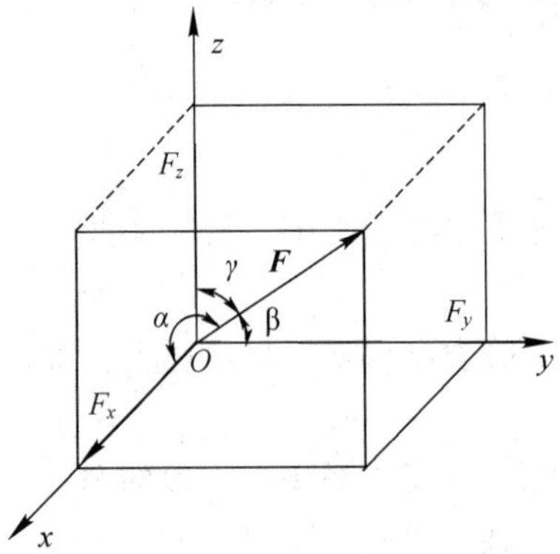

图 7-2

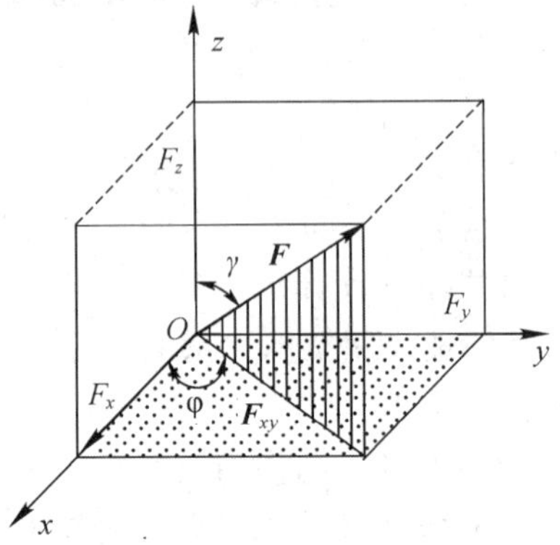

图 7-3

先将力 $\boldsymbol{F}$ 向 z 轴和 xy 平面投影，得

$$F_z = F\cos\gamma，F_{xy} = F\sin\gamma$$

注意：力在平面上的投影 $\boldsymbol{F}_{xy}$ 为矢量。

再将 $\boldsymbol{F}_{xy}$ 向 x、y 轴投影，得

$$F_x = F_{xy}\cos\varphi = F\sin\gamma\cos\varphi$$

$$F_y = F_{xy}\sin\varphi = F\sin\gamma\sin\varphi$$

因此

$$\left.\begin{aligned} F_x &= F_{xy}\cos\varphi = F\sin\gamma\cos\varphi \\ F_y &= F_{xy}\sin = F\sin\gamma\sin\varphi \\ F_z &= F\cos\gamma \end{aligned}\right\} \tag{7-4}$$

反之，若已知力在直角坐标轴上的投影，则可以确定该力的大小和方向。

$$\left\{\begin{aligned} &F = \sqrt{F_x^2 + F_y^2 + F_z^2} \\ &\cos\alpha = \frac{F_x}{F}，\cos\beta = \frac{F_y}{F}，\cos\gamma = \frac{F_z}{F} \end{aligned}\right. \tag{7-5}$$

其中，α、β、γ 为力 $\boldsymbol{F}$ 分别与 x、y、z 轴正向的夹角。

例 7-1 图 7-4 所示的圆柱斜齿轮，其上受啮合力 $\boldsymbol{F}_n$ 的作用。已知斜齿轮的齿倾角（螺旋角）β 和压力角 α，试求力 $\boldsymbol{F}_n$ 沿 x、y 和 z 轴的分力。

解 先将力 $\boldsymbol{F}_n$ 向 z 轴和 Oxy 平面投影，得

$$F_z = -F_n\sin\alpha$$

$$F_{xy} = F_n\cos\alpha$$

再将力 $\boldsymbol{F}_{xy}$ 向 x、y 轴投影，得

$$F_x = -F_{xy}\sin\beta = -F_n\cos\alpha\sin\beta$$

$$F_y = -F_{xy}\cos\beta = -F_n\cos\alpha\cos\beta$$

则 $\boldsymbol{F}_n$ 沿各轴的分力为

$$\boldsymbol{F}_x = -F_n\cos\alpha\sin\beta\boldsymbol{i},\ \boldsymbol{F}_y = -F_n\cos\alpha\cos\beta\boldsymbol{j},\ \boldsymbol{F}_z = -F_n\sin\alpha\boldsymbol{k}$$

式中，$\boldsymbol{i}$、$\boldsymbol{j}$、$\boldsymbol{k}$ 为沿 x、y、z 轴的单位矢量，负号表明各分力与轴的正向相反。$\boldsymbol{F}_x$ 称为轴向力，$\boldsymbol{F}_y$ 称为圆周力，$\boldsymbol{F}_z$ 称为径向力。

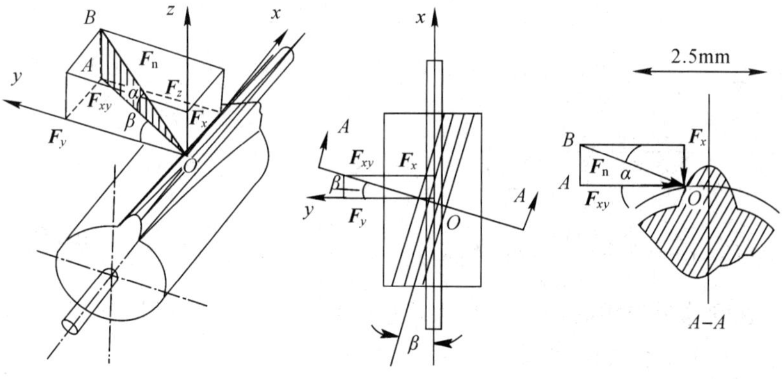

(a)　　(b)　　(c)

图　7-4

例 7-2　已知力沿直角坐标轴的解析式为 $\boldsymbol{F} = 3\boldsymbol{i} + 4\boldsymbol{j} - 5\boldsymbol{k}$(kN)，试求这个力的大小和方向，并作图表示。

解　将已知式与式(7-2)比较，可得

$$F_x = 3,\ F_y = 4,\ F_z = -5$$

根据式(7-5)求得

$$F = \sqrt{F_x^2 + F_y^2 + F_z^2} = 5\sqrt{2}$$

$$\cos(\boldsymbol{F},\boldsymbol{i}) = \frac{3}{5\sqrt{3}} = 0.4243$$

$$\cos(\boldsymbol{F},\boldsymbol{j}) = \frac{4}{5\sqrt{3}} = 0.5657$$

$$\cos(\boldsymbol{F},\boldsymbol{k}) = \frac{-5}{5\sqrt{3}} = -0.7071$$

则角度为

$$(\boldsymbol{F},\boldsymbol{i}) = \alpha = 64.9^\circ$$

$$(\boldsymbol{F},\boldsymbol{j}) = \beta = 55.55^\circ$$

$$(\boldsymbol{F},\boldsymbol{k}) = \gamma = 135^\circ$$

如图 7-5 所示。

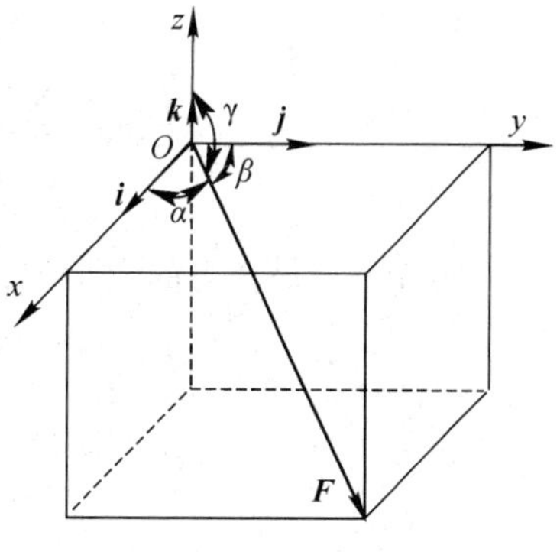

图　7-5

7.2　空间汇交力系的合成与平衡

将平面汇交力系的合成法则扩展到空间，可得：空间汇交力系的合力等于各分力的矢量和，合力的作用线通过汇交点。合力矢为

$$F_R = F_1 + F_2 + \cdots + F_n = \sum_{i=1}^{n} F_i \tag{7-6}$$

由式(7－2)可得

$$F_R = \sum F_{xi} i + \sum F_{yi} j + \sum F_{zi} k \tag{7-7}$$

其中，$\sum F_{xi}$、$\sum F_{yi}$、$\sum F_{zi}$ 为合力 F_R 沿 x、y、z 轴的投影。由此可得合力的大小和方向余弦为

$$\left.\begin{array}{l} F_R = \sqrt{(\sum F_{xi})^2 + (\sum F_{yi})^2 + (\sum F_{zi})^2} \\ \cos(F_R, i) = \dfrac{\sum F_{xi}}{F_R},\ \cos(F_R, j) = \dfrac{\sum F_{yi}}{F_R},\ \cos(F_R, k) = \dfrac{\sum F_{zi}}{F_R} \end{array}\right\} \tag{7-8}$$

例 7－3　在刚体上作用有四个汇交力，它们在坐标轴上的投影如表 7－1 所示，试求这四个力的合力的大小和方向。

表 7－1　例 7－3 表

	F_1	F_2	F_3	F_4	单位
F_x	1	2	0	2	kN
F_y	10	15	−5	10	kN
F_z	3	4	1	−2	kN

解　由表 7－1 得

$$\sum F_{xi} = 1 + 2 + 0 + 2 = 5 \text{ kN}$$

$$\sum F_{yi} = 10 + 15 - 5 + 10 = 30 \text{ kN}$$

$$\sum F_{zi} = 3 + 4 + 1 - 2 = 6 \text{ kN}$$

代入式(7－8)得合力的大小和方向余弦为

$$F_R = \sqrt{5^2 + 30^2 + 6^2} = 31 \text{ kN}$$

$$\cos(F_R, i) = \frac{5}{31},\ \cos(F_R, j) = \frac{30}{31},\ \cos(F_R, k) = \frac{6}{31}$$

由此得夹角

$$(F_R, i) = 80°43',\ (F_R, j) = 14°36',\ (F_R, k) = 78°50'$$

由于一般空间汇交力系合成为一个合力，因此，空间汇交力系平衡的必要和充分条件为：该力系的合力等于零，即

$$F_R = \sum_{i=1}^{n} F_i = 0 \tag{7-9}$$

由式(7－8)可知，为使合力 F_R 为零，必须同时满足：

$$\sum F_{xi} = 0,\ \sum F_{yi} = 0,\ \sum F_{zi} = 0 \tag{7-10}$$

于是可得结论，空间汇交力系平衡的必要和充分条件为：该力系中所有各力在三个坐标轴上的投影的代数和分别等于零。式(7－9)、式(7－10)称为空间汇交力系的平衡方程。

应用解析法求解空间汇交力系的平衡问题的步骤，与平面汇交力系问题相同，只不过

需列出三个平衡方程，可求解三个未知量。

例 7-4　如图 7-6(a)所示，用起重杆吊起重物。起重杆的 A 端用球铰链固定在地面上，而 B 端则用绳 CB 和 DB 拉住，两绳分别系在墙上的点 C 和 D，连线 CD 平行于 x 轴。已知：$CE=EB=DE$，$\alpha=30°$，CDB 平面与水平面间的夹角 $\angle EBF=30°$（参见图 7-6(b)），物重 $P=10$ kN。如起重杆的重量不计，试求起重杆所受的压力和绳子的拉力。

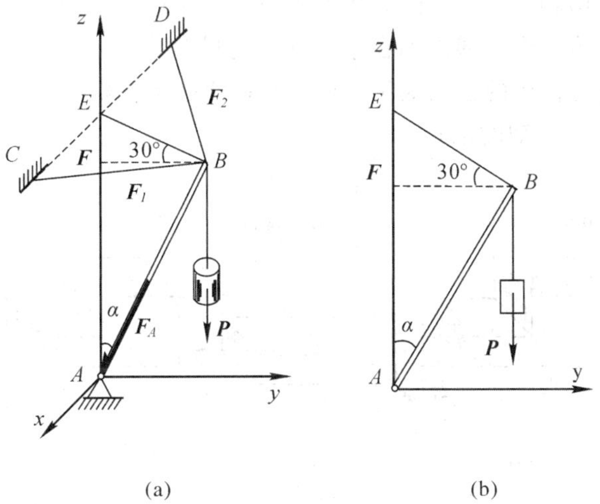

图　7-6

解　取起重杆 AB 与重物为研究对象，其上受有主动力 $\boldsymbol{P}$，B 处受绳拉力 $\boldsymbol{F}_1$ 与 $\boldsymbol{F}_2$；球铰链 A 的约束反力方向一般不能预先确定，可用三个正交分力表示。本题中，由于杆重不计，又只在 A、B 两端受力，所以起重杆 AB 为二力构件，球铰 A 对 AB 杆的反力 $\boldsymbol{F}_A$ 必沿 A、B 连线。$\boldsymbol{P}$、$\boldsymbol{F}_1$、$\boldsymbol{F}_2$ 和 $\boldsymbol{F}_A$ 四个力汇交于点 B，为一空间汇交力系。

取坐标轴如图 7-6 所示。由已知条件知：$\angle CBE=\angle DBE=45°$，列平衡方程：

$$\sum F_{xi}=0: F_1\sin45°-F_2\sin45°=0$$

$$\sum F_{yi}=0: F_A\sin30°-F_1\cos45°\cos30°-F_2\cos45°\cos30°=0$$

$$\sum F_{zi}=0: F_1\cos45°\sin30°+F_2\cos45°\sin30°+F_A\cos30°-P=0$$

求解上面的三个平衡方程，得

$$F_1=F_2=3.54\ \text{kN},\ F_A=8.66\ \text{kN}$$

F_A 为正值，说明图中所设 F_A 的方向正确，杆 AB 受压力。

7.3　空间力偶理论

1. 力偶矩以矢量表示，空间力偶等效条件

由平面力偶理论知道，只要不改变力偶矩的大小和力偶的转向，力偶可以在它的作用面内任意移转；只要保持力偶矩的大小和力偶的转向不变，也可以同时改变力偶中力的大小和力偶臂的长短，却不改变力偶对刚体的作用。实践经验还告诉我们，力偶的作用面也可以平移。例如用螺丝刀拧螺钉时，只要力偶矩的大小和力偶的转向保持不变，长螺丝刀

或短螺丝刀的效果是一样的。即力偶的作用面可以垂直于螺丝刀的轴线平行移动，而并不影响拧螺钉的效果。由此可知，空间力偶的作用面可以平行移动，而不改变力偶对刚体的作用效果。反之，如果两个力偶的作用面不相互平行(即作用面的法线不相互平行)，即使它们的力偶矩大小相等，这两个力偶对物体的作用效果也不同。

如图 7-7 所示的三个力偶，分别作用在三个同样的物块上，力偶矩都等于 200 N·m。因为前两个力偶的转向相同，作用面又相互平行，因此这两个力偶对物块的作用效果相同(图 7-7(a)、(b))。第三个力偶作用在平面Ⅱ上(见图 7-7(c))，虽然力偶矩的大小相同，但是它与前两个力偶对物块的作用效果不同，前者使静止物块绕平行于 x 轴的轴转动，而后者则使物块绕平行于 y 轴的轴转动。

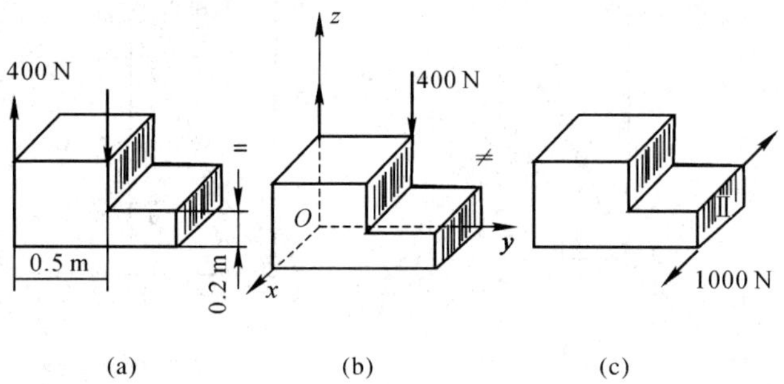

图　7-7

综上所述，空间力偶对刚体的作用除了与力偶矩大小有关外，还与其作用面的方位及力偶的转向有关。

由此可知，空间力偶对刚体的作用效果取决于下列三个因素：

(1) 力偶矩的大小；

(2) 力偶作用面的方位；

(3) 力偶的转向。

空间力偶的三个因素可以用一个矢量表示，矢量的长度表示力偶矩的大小，矢量的方位与力偶作用面的法线方位相同，矢量的指向与力偶转向的关系服从右手螺旋规则。即如以力偶的转向为右手螺旋的转动方向，则螺旋前进的方向即为矢的指向(见图 7-8(b))；或从矢的末端看去，应看到力偶的转向是逆时针转向(见图 7-8(a))。这样，这个矢就完全包括了上述三个因素，我们称它为力偶矩矢，记作 $\boldsymbol{M}$。由此可知，力偶对刚体的作用完全由力偶矩矢所决定。

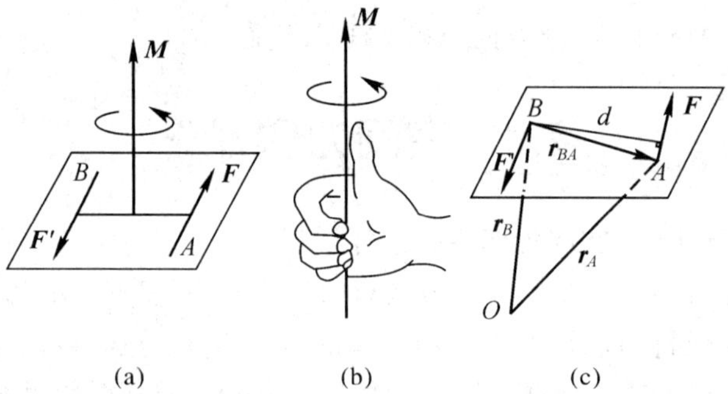

图　7-8

应该指出，由于力偶可以在同平面内任意移转，并可搬移到平行平面内，而不改变它对刚体的作用效果，故力偶矩矢可以平行搬移，且不需要确定矢的初端位置。这样的矢量称为自由矢量。

为进一步说明力偶矩矢为自由矢量，显示力偶的等效特性，可以证明：力偶对空间任一点 O 的矩都是相等的，都等于力偶矩。

如图 7-8(c)所示，组成力偶的两个力 $\boldsymbol{F}$ 和 $\boldsymbol{F}'$ 对空间任一点 O 之矩的矢量和为

$$\boldsymbol{M}_O(\boldsymbol{F},\boldsymbol{F}')=\boldsymbol{M}_O(\boldsymbol{F})+\boldsymbol{M}_O(\boldsymbol{F}')=\boldsymbol{r}_A\times\boldsymbol{F}+\boldsymbol{r}_B\times\boldsymbol{F}'$$

式中，$\boldsymbol{r}_A$ 与 $\boldsymbol{r}_B$ 分别为由点 O 到二力作用点 A，B 的矢径。因 $\boldsymbol{F}'=-\boldsymbol{F}$，故上式可写为

$$\boldsymbol{M}_O(\boldsymbol{F},\boldsymbol{F}')=\boldsymbol{r}_A\times\boldsymbol{F}+\boldsymbol{r}_B\times\boldsymbol{F}'=(\boldsymbol{r}_A-\boldsymbol{r}_B)\times\boldsymbol{F}=\boldsymbol{r}_{BA}\times\boldsymbol{F}$$

显见，$\boldsymbol{r}_{BA}\times\boldsymbol{F}$ 的大小等于 Fd，方向与力偶$(\boldsymbol{F},\boldsymbol{F}')$的力偶矩矢 $\boldsymbol{M}$ 一致。由此可见，力偶对空间任一点的矩矢都等于力偶矩矢，与矩心位置无关。

综上所述，力偶的等效条件可叙述为：两个力偶的力偶矩相等，则它们是等效的。

2. 空间力偶系的合成与平衡条件

可以证明，任意个空间分布的力偶可合成为一个合力偶，合力偶矩矢等于各分力偶矩矢的矢量和，即

$$\boldsymbol{M}=\boldsymbol{M}_1+\boldsymbol{M}_2+\cdots+\boldsymbol{M}_n=\sum_{i=1}^{n}\boldsymbol{M}_i \tag{7-11}$$

证明：设有矩为 $\boldsymbol{M}_1$ 和 $\boldsymbol{M}_2$ 的两个力偶分别作用在相交的平面Ⅰ和Ⅱ内，如图 7-9 所示。首先证明它们合成的结果为一力偶。为此，在这两平面的交线上取任意线段 $AB=d$，利用同平面内力偶的等效条件，将两力偶各在其作用面内移转和变换，使它们的力偶臂与线段 AB 重合，而保持力偶矩的大小和力偶的转向不变。这时，两力偶分别为$(\boldsymbol{F}_1,\boldsymbol{F}'_1)$和$(\boldsymbol{F}_2,\boldsymbol{F}'_2)$，它们的力偶矩矢分别为 $\boldsymbol{M}_1$ 和 $\boldsymbol{M}_2$。将力 $\boldsymbol{F}_1$ 和 $\boldsymbol{F}_2$ 合成为力 $\boldsymbol{F}_R$，又将力 $\boldsymbol{F}'_1$ 和 $\boldsymbol{F}'_2$ 合成为力 $\boldsymbol{F}'_R$。由图显然可见，力 $\boldsymbol{F}_R$ 与 $\boldsymbol{F}'_R$ 等值而反向，组成一个力偶，即为合力偶，它作用在平面Ⅲ内，令合力偶矩矢为 $\boldsymbol{M}$。

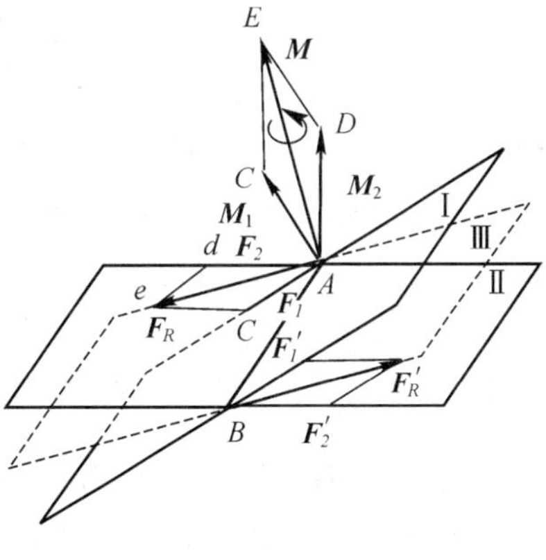

图 7-9

下面再证明：合力偶矩矢等于原有两力偶矩矢的矢量和。由图 7-9 易于证明四边形 $ACED$ 与平行四边形 $Aced$ 相似，因而 $ACED$ 也是一个平行四边形。于是可得

$$\boldsymbol{M}=\boldsymbol{M}_1+\boldsymbol{M}_2$$

如有 n 个空间力偶，按上法逐次合成，最后得一力偶，合力偶的矩矢应为

$$\boldsymbol{M}=\sum_{i=1}^{n}\boldsymbol{M}_i$$

合力偶矩矢的解析表达式为

$$\boldsymbol{M}=M_x\boldsymbol{i}+M_y\boldsymbol{j}+M_z\boldsymbol{k} \tag{7-12}$$

其中，M_x、M_y、M_z 为合力偶矩矢在 x、y、z 轴上的投影。将式(7-11)分别向 x、y、z 轴投影，有

$$\begin{cases}M_x=M_{1x}+M_{2x}+\cdots+M_{nx}=\sum_{i=1}^{n}M_{ix}\\M_y=M_{1y}+M_{2y}+\cdots+M_{ny}=\sum_{i=1}^{n}M_{iy}\\M_z=M_{1z}+M_{2z}+\cdots+M_{nz}=\sum_{i=1}^{n}M_{iz}\end{cases}\tag{7-13}$$

即合力偶矩矢在 x、y、z 轴上的投影等于各分力偶矩矢在相应轴上投影的代数和。

算出合力偶矩矢的投影后，合力偶矩矢的大小和方向余弦可用下列公式求出，即：

$$\begin{cases}M=\sqrt{M_x^2+M_y^2+M_z^2}=\sqrt{\left(\sum M_{xi}\right)^2+\left(\sum M_{yi}\right)^2+\left(\sum M_{zi}\right)^2}\\\cos(\boldsymbol{M},\boldsymbol{i})=\dfrac{M_x}{M},\ \cos(\boldsymbol{M},\boldsymbol{j})=\dfrac{M_y}{M},\ \cos(\boldsymbol{M},\boldsymbol{k})=\dfrac{M_z}{M}\end{cases}\tag{7-14}$$

例 7-5　工件如图 7-10(a)所示，它的四个面上同时钻五个孔，每个孔所受的切削力偶矩均为 80 N·m。求工件所受合力偶的矩在 x、y、z 轴上的投影 M_x、M_y、M_z，并求合力偶矩矢的大小和方向。

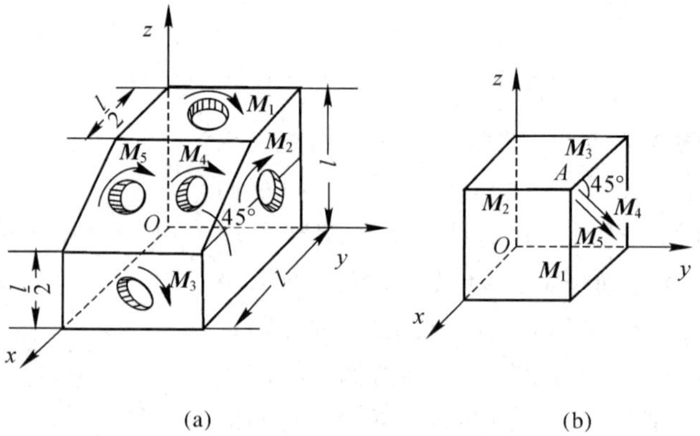

图　7-10

解　先将作用在四个面上的力偶用力偶矩矢量表示，并将它们平行移到点 A，如图 7-10(b)所示。根据式(7-13)，得

$$M_x=\sum M_{ix}=-M_3-M_4\cos45^\circ-M_5\cos45^\circ=-193.1\ \text{N}\cdot\text{m}$$

$$M_y=\sum M_{iy}=-M_2=-80\ \text{N}\cdot\text{m}$$

$$M_z=\sum M_{iz}=-M_1-M_4\sin45^\circ-M_5\sin45^\circ=-193.1\ \text{N}\cdot\text{m}$$

再根据式(7-14)求得合力偶矩矢的大小和方向余弦为

$$M=\sqrt{M_x^2+M_y^2+M_z^2}=284.6\ \text{N}\cdot\text{m}$$

$$\cos(\boldsymbol{M},\boldsymbol{i})=\frac{M_x}{M}=-0.6786$$

$$\cos(\boldsymbol{M},\boldsymbol{j})=\frac{M_y}{M}=-0.2811$$

$$\cos(\boldsymbol{M},\boldsymbol{k})=\frac{M_z}{M}=-0.6786$$

由于空间力偶系可以用一个合力偶来代替，因此，空间力偶系平衡的必要和充分条件是：该力偶系的合力偶矩等于零，亦即所有力偶矩矢的矢量和等于零，即

$$\boldsymbol{M}=\sum_{i=1}^{n}\boldsymbol{M}_i=0 \tag{7-15}$$

由上式，有

$$M=\sqrt{\left(\sum M_{xi}\right)^2+\left(\sum M_{yi}\right)^2+\left(\sum M_{zi}\right)^2}=0$$

欲使上式成立，必须同时满足：

$$\sum M_{xi}=0,\ \sum M_{yi}=0,\ \sum M_{zi}=0 \tag{7-16}$$

上式为空间力偶系的平衡方程。即空间力偶系平衡的必要和充分条件为：该力偶系中所有合力偶矩矢在三个坐标轴上投影的代数和分别等于零。

上述三个独立的平衡方程可求解三个未知量。

7.4　力对点之矩与力对轴之矩

1. 力对点之矩

对于平面力系，用代数量表示力对点的矩足以概括它的全部要素。但是在空间的情况下，不仅要考虑力矩的大小、转向，而且还要注意力与矩心所组成的平面的方位。方位不同，即使力矩大小一样，作用效果也将完全不同。例如，作用在飞机尾部铅垂舵和水平舵上的力，对飞机绕重心转动的效果不同，前者能使飞机转弯，而后者能使飞机发生俯仰。因此，在研究空间力系时，必须引入力对点的矩这个概念；除了包括力矩的大小和转向外，还应包括力的作用线与矩心所组成的平面的方位。这三个因素可以用一个矢量来表示：矢量的模等于力的大小与矩心到力作用线的垂直距离 h（力臂）的乘积；矢量的方位和该力与矩心组成的平面的法线的方位相同。矢量的指向按以下方法确定：从这个矢量的末端来看，物体由该力所引起的转动是逆时针转向，如图 7－11 所示。也可由右手螺旋规则来确定。

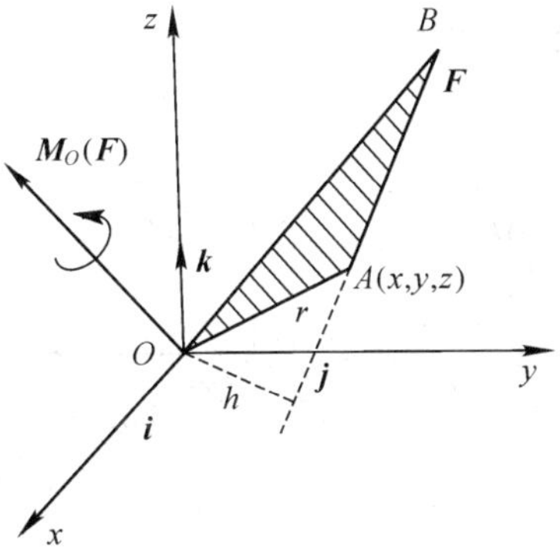

图　7－11

力 $\boldsymbol{F}$ 对点 O 的矩的矢量记作 $\boldsymbol{M}_O(\boldsymbol{F})$，即力矩的大小为

$$|\boldsymbol{M}_O(\boldsymbol{F})| = Fh = 2\triangle OAB$$

式中，$\triangle OAB$ 为三角形 OAB 的面积。

由图 7-11 易见，以 r 表示力作用点 A 的矢径，则矢积 $\boldsymbol{r}\times\boldsymbol{F}$ 的模等于三角形 OAB 面积的两倍，其方向与力矩矢 $\boldsymbol{M}_O(\boldsymbol{F})$ 一致。因此可得

$$\boldsymbol{M}_O(\boldsymbol{F}) = \boldsymbol{r}\times\boldsymbol{F} \tag{7-17}$$

上式为力对点的矩的矢积表达式，即：力对点的矩矢等于矩心到该力作用点的矢径与该力的矢量积。

若以矩心 O 为原点，作空间直角坐标系 $Oxyz$，如图 7-11 所示，令 $\boldsymbol{i}$、$\boldsymbol{j}$、$\boldsymbol{k}$ 分别为坐标轴 x、y、z 方向的单位矢量。设力作用点 A 的坐标为 $A(x, y, z)$，力在三个坐标轴上的投影分别为 F_x、F_y、F_z，则矢径 $\boldsymbol{r}$ 和力 $\boldsymbol{F}$ 分别为

$$\boldsymbol{r} = x\boldsymbol{i} + y\boldsymbol{j} + z\boldsymbol{k}$$

$$\boldsymbol{F} = F_x\boldsymbol{i} + F_y\boldsymbol{j} + F_z\boldsymbol{k}$$

代入式(7-17)，并采用行列式形式，得

$$\boldsymbol{M}_O(\boldsymbol{F}) = \boldsymbol{r}\times\boldsymbol{F} = \begin{vmatrix} \boldsymbol{i} & \boldsymbol{j} & \boldsymbol{k} \\ x & y & z \\ F_x & F_y & F_z \end{vmatrix}$$

$$= (yF_z - zF_y)\boldsymbol{i} + (zF_x - xF_z)\boldsymbol{j} + (xF_y - yF_x)\boldsymbol{k} \tag{7-18}$$

由于力矩矢量 $\boldsymbol{M}_O(\boldsymbol{F})$ 的大小和方向都与矩心 O 的位置有关，故力矩矢的始端必须在矩心，不可任意挪动。这种矢量称为定位矢量。

2. 力对轴之矩

工程中，经常遇到刚体绕定轴转动的情形，为了度量力对绕定轴转动刚体的作用效果，必须了解力对轴的矩的概念。现计算作用在斜齿轮上的力 $\boldsymbol{F}$ 对 z 轴的矩。根据合力矩定理，将力 $\boldsymbol{F}$ 分解为 $\boldsymbol{F}_z$ 与 $\boldsymbol{F}_{xy}$，其中分力 $\boldsymbol{F}_z$ 平行于 z 轴，不能使静止的齿轮转动，故它对 z 轴之矩为零；只有垂直于 z 轴的分力 $\boldsymbol{F}_{xy}$ 对 z 轴有矩，等于力 $\boldsymbol{F}_{xy}$ 对轮心 C 的矩(见图 7-12(a))。一般情况下，可先将空间一力 $\boldsymbol{F}$ 投影到垂直于 z 轴的 $Oxyz$ 平面内，得力 $\boldsymbol{F}_{xy}$；再将力 $\boldsymbol{F}_{xy}$ 对平面与轴的交点 O 取矩(见图 7-12(b))，以符号 $M_z(\boldsymbol{F})$ 表示力对 z 轴的矩，即

$$M_z(\boldsymbol{F}) = M_O(\boldsymbol{F}_{xy}) = \pm F_{xy}h = \pm 2A_{\triangle Oab} \tag{7-19}$$

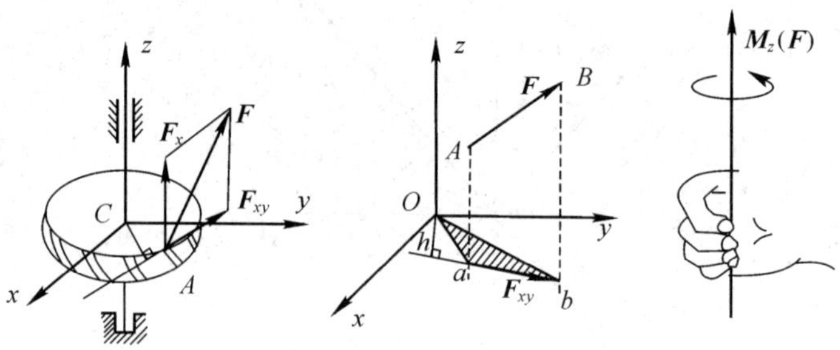

(a)　　(a)　　(c)

图 7-12

于是，可得力对轴的矩的定义如下：力对轴的矩是力使刚体绕该轴转动效果的度量，是一个代数量，其绝对值等于该力在垂直于该轴的平面上的投影对于这个平面与该轴的交点的矩的大小。其正负号如下确定：从 z 轴正端来看，若力的这个投影使物体绕该轴按逆时针转动，则取正号，反之取负号。也可按右手螺旋规则确定其正负号，如图 7－12(c)所示，拇指指向与 z 轴一致为正，反之为负。

力对轴的矩等于零的情形：

(1) 当力与轴相交时(此时 $h=0$)；

(2) 当力与轴平行时(此时，$|\boldsymbol{F}_{xy}|=0$)。

这两种情形可以合起来说：当力与轴在同一平面时，力对该轴的矩等于零。

力对轴的矩的单位为 N・m。

力对轴的矩也可用解析式表示。设力 $\boldsymbol{F}$ 在三个坐标轴上的投影分别为 F_x、F_y、F_z。力作用点 A 的坐标为 x、y、z，如图 7－13 所示。根据合力矩定理，得

$$M_z(\boldsymbol{F})=M_O(\boldsymbol{F}_{xy})=M_O(\boldsymbol{F}_x)+M_O(\boldsymbol{F}_y)$$

即

$$M_z(\boldsymbol{F})=xF_y-yF_x$$

同理可得其余二式。将此三式合写为

$$\left.\begin{aligned}M_x(\boldsymbol{F})&=yF_z-zF_y\\M_y(\boldsymbol{F})&=zF_x-xF_z\\M_z(\boldsymbol{F})&=xF_y-yF_x\end{aligned}\right\}\qquad(7-20)$$

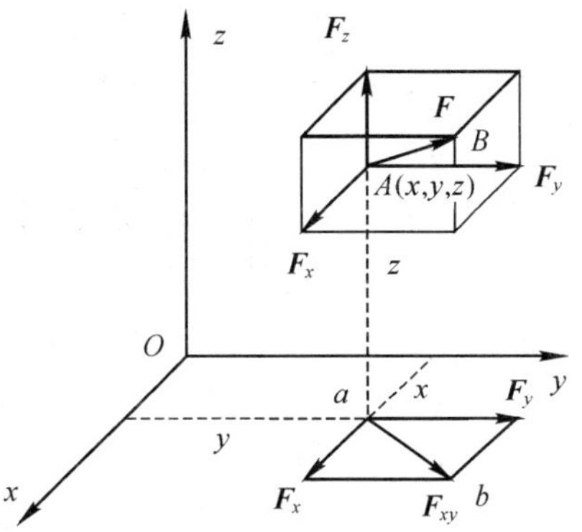

图　7－13

以上三式是计算力对轴之矩的解析式。

例 7－6　手柄 $ABCE$ 在平面 Axy 内，在 D 处作用一个力 $\boldsymbol{F}$，如图 7－14 所示，它在垂直于 y 轴的平面内，偏离铅直线的角度为 α。如果 $CD=a$，杆 BC 平行于 x 轴，杆 CE 平行于 y 轴，AB 和 BC 的长度都等于 l。试求力 $\boldsymbol{F}$ 对 x、y 和 z 三轴的矩。

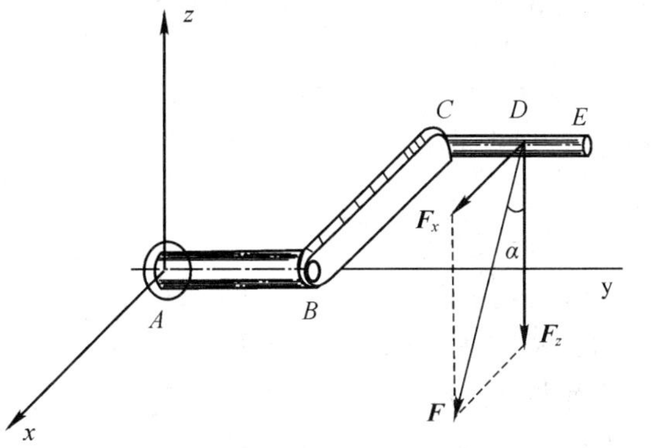

图　7－14

解　将力 $\boldsymbol{F}$ 沿坐标轴分解为 $\boldsymbol{F}_x$ 和 $\boldsymbol{F}_z$ 两个分力，其中 $\boldsymbol{F}_x=\boldsymbol{F}\sin\alpha$，$\boldsymbol{F}_z=\boldsymbol{F}\cos\alpha$。根据合力矩定理，力 $\boldsymbol{F}$ 对轴的矩等于分力 $\boldsymbol{F}_x$ 和 $\boldsymbol{F}_z$ 对同一轴的矩的代数和。注意到力与轴平行或相交时的矩为零，于是有

$$M_x(\boldsymbol{F})=M_x(\boldsymbol{F}_z)=-F_z(AB+CD)=-F(l+a)\cos\alpha$$

$$M_y(\boldsymbol{F})=M_y(\boldsymbol{F}_z)=-F_z\cdot BC=-Fl\cos\alpha$$

$$M_z(\boldsymbol{F})=M_z(\boldsymbol{F}_z)=-F_x(AB+CD)=-F(l+a)\sin\alpha$$

本题也可直接用力对轴之矩的解析表达式(7-20)计算。力 $\boldsymbol{F}$ 在 x、y、z 轴上的投影为

$$F_x=F\sin\alpha,\ F_y=0,\ F_z=-F\cos\alpha$$

力作用点 D 的坐标为

$$x=-l,\ y=l+a,\ z=0$$

按式(7-20)，得

$$M_x(\boldsymbol{F})=yF_z-zF_y=(l+a)(-F\cos\alpha)-0=-F(l+a)\cos\alpha$$

$$M_y(\boldsymbol{F})=zF_x-xF_z=0-(-l)(-F\cos\alpha)=-Fl\cos\alpha$$

$$M_z(\boldsymbol{F})=xF_y-yF_x=0-(l+a)(F\sin\alpha)=-F(l+a)\sin\alpha$$

两种计算方法结果相同。

3. 力对点之矩与力对通过该点的轴的矩的关系

由矢量解析式(7-18)可知，单位矢量 $\boldsymbol{i}$、$\boldsymbol{j}$、$\boldsymbol{k}$ 前面的三个系数，应分别表示力对点的矩矢 $\boldsymbol{M}_O(\boldsymbol{F})$在三个坐标轴上的投影，即

$$\left.\begin{aligned}[\boldsymbol{M}_O(\boldsymbol{F})]_x&=yF_z-zF_y\\ [\boldsymbol{M}_O(\boldsymbol{F})]_y&=zF_x-xF_z\\ [\boldsymbol{M}_O(\boldsymbol{F})]_z&=xF_y-yF_x\end{aligned}\right\}\qquad(7-21)$$

比较式(7-21)与式(7-20)，可得

$$\left.\begin{aligned}[\boldsymbol{M}_O(\boldsymbol{F})]_x&=M_x(F)\\ [\boldsymbol{M}_O(\boldsymbol{F})]_y&=M_y(F)\\ [\boldsymbol{M}_O(\boldsymbol{F})]_z&=M_z(F)\end{aligned}\right\}\qquad(7-22)$$

上式说明：力对点的矩矢在通过该点的某轴上的投影，等于力对该轴的矩。

上述结论也可直接由力矩的定义来证明。设有力 $\boldsymbol{F}$ 和任意点 O，如图 7-15 所示，作矢 $\boldsymbol{M}_O(\boldsymbol{F})$表示该力对点 O 的矩，它垂直于三角形 OAB 的平面，其大小为 $|\boldsymbol{M}_O(\boldsymbol{F})|=2\triangle OAB$。

过点 O 作任意轴 z，将力 $\boldsymbol{F}$ 投影到通过 O 点且垂直于 z 轴的平面 Oxy 上，根据式(7-19)，求得力 $\boldsymbol{F}$ 对 z 轴的矩为

$$M_z(\boldsymbol{F})=M_O(\boldsymbol{F}_{xy})=2\triangle Oab$$

而$\triangle Oab$ 是$\triangle OAB$ 在平面 Oxy 上的投影。根据几何学中的定理，$\triangle Oab$ 的面积等于$\triangle OAB$ 的面积乘以这两个三角形所在平面之间夹角的余弦。这两平面的夹角等于这两平面法线之间的夹角 γ，也就是矢量 $\boldsymbol{M}_O(\boldsymbol{F})$与 z 轴之间的夹角(见图 7-15)，故

$$\triangle OAB\cos\gamma=\triangle Oab$$

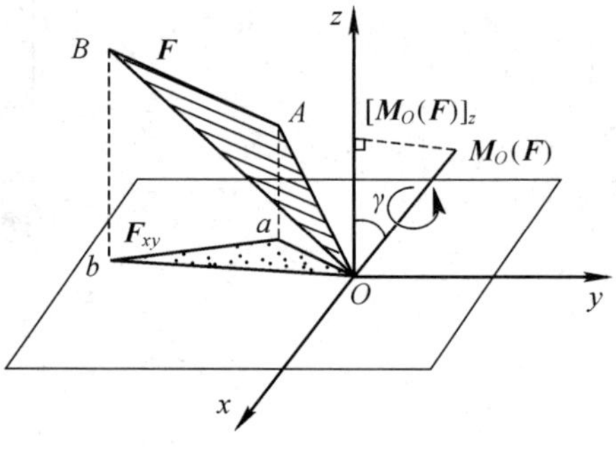

图 7-15

则

$$|\boldsymbol{M}_O(\boldsymbol{F})|\cos\gamma=M_z(\boldsymbol{F})$$

此式左端就是力矩矢 $\boldsymbol{M}_O(\boldsymbol{F})$在 z 轴上的投影，可用$[\boldsymbol{M}_O(\boldsymbol{F})]_z$ 表示。于是上式可写为

$$[M_O(\boldsymbol{F})]_z = M_z(F)$$

即式(7-22)的第三等式。同理可证得式(7-22)的另外两个等式。

式(7-22)建立了力对点的矩与力对轴的矩之间的关系。因为在理论分析时用力对点的矩矢较简便，而在实际计算中常用力对轴的矩，所以建立它们二者之间的关系是很有必要的。

如果力对通过点 O 的直角坐标轴 x、y、z 的矩是已知的，则可求得该力对点 O 的矩的大小和方向余弦为

$$\begin{cases} |\boldsymbol{M}_O(\boldsymbol{F})| = \sqrt{[M_x(F)]^2 + [M_y(F)]^2 + [M_z(F)]^2} \\ \cos\alpha = \dfrac{M_x(F)}{|\boldsymbol{M}_O(\boldsymbol{F})|},\ \cos\beta = \dfrac{M_y(F)}{|\boldsymbol{M}_O(\boldsymbol{F})|},\ \cos\gamma = \dfrac{M_z(F)}{|\boldsymbol{M}_O(\boldsymbol{F})|} \end{cases} \tag{7-23}$$

式中，α、β、γ 分别为矢 $\boldsymbol{M}_O(\boldsymbol{F})$ 与 x、y、z 轴间的夹角。

7.5　空间任意力系的简化

1. 空间任意力系向一点的简化

现在来讨论空间任意力系的简化问题。与第 5 章平面任意力系的简化方法一样，应用力的平移定理，依次将作用于刚体上的每个力向简化中心 O 平移，同时附加一个相应的力偶。这样，原来的空间任意力系被空间汇交力系和空间力偶系两个简单力系等效替换，如图 7-16(b)所示。其中

$$\boldsymbol{F}'_1 = \boldsymbol{F}_1,\ \boldsymbol{F}'_2 = \boldsymbol{F}_2,\ \cdots,\ \boldsymbol{F}'_n = \boldsymbol{F}_n$$

$$\boldsymbol{M}_1 = \boldsymbol{M}_O(\boldsymbol{F}_1),\ \boldsymbol{M}_2 = \boldsymbol{M}_O(\boldsymbol{F}_2),\ \cdots,\ \boldsymbol{M}_n = \boldsymbol{M}_O(\boldsymbol{F}_n)$$

作用于点 O 的空间汇交力系可合成一力 $\boldsymbol{F}'_R$(见图 7-16(c))，此力的作用线通过 O，其大小和方向等于力系的主矢，即

$$\boldsymbol{F}'_R = \sum_{i=1}^{n}\boldsymbol{F}'_i = \sum_{i=1}^{n}\boldsymbol{F}_i = \sum_{i=1}^{n}F_{ix}\boldsymbol{i} + \sum_{i=1}^{n}F_{iy}\boldsymbol{j} + \sum_{i=1}^{n}F_{iz}\boldsymbol{k} \tag{7-24}$$

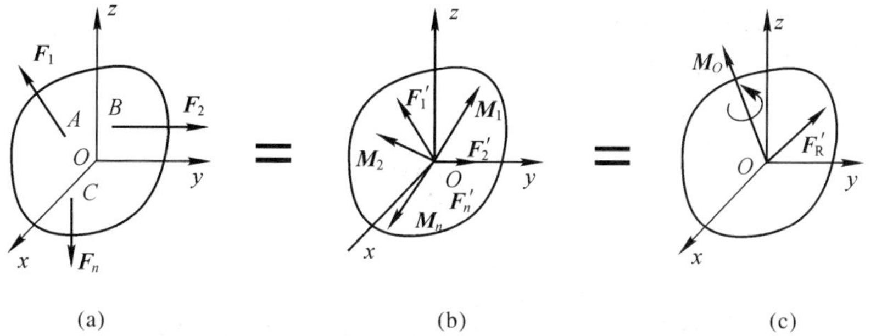

图　7-16

空间分布的力偶系可合成为一力偶(见图 7-16(c))。以 $\boldsymbol{M}_O$ 表示其力偶矩矢，它等于各附加力偶矩矢的矢量和，又等力对于点 O 之矩的矢量和，即原力系对点 O 的主矩为

$$\boldsymbol{M}_O = \sum_{i=1}^{n}\boldsymbol{M}_i = \sum_{i=1}^{n}\boldsymbol{M}_O(\boldsymbol{F}_i) = \sum_{i=1}^{n}(\boldsymbol{r}_i \times \boldsymbol{F}_i) \tag{7-25}$$

由力矩的解析表达式(7-18)，有

$$\boldsymbol{M}_O=\sum_{i=1}^{n}(y_iF_{iz}-z_iF_{iy})\boldsymbol{i}+\sum_{i=1}^{n}(z_iF_{ix}-x_iF_{iz})\boldsymbol{j}+\sum_{i=1}^{n}(x_iF_{iy}-y_iF_{ix})\boldsymbol{k} \quad (7-26)$$

于是可得结论如下：空间任意力系向任一点 O 简化，可得一力和一力偶。这个力的大小和方向等于该力系的主矢，作用线通过简化中心 O；此力偶的矩矢等于该力系对简化中心的主矩。与平面任意力系一样，主矢与简化中心的位置无关，主矩一般与简化中心的位置有关。

由式(7-24)，此力系主矢的大小和方向余弦为

$$\left.\begin{aligned}&F'_{\mathrm{R}}=\sqrt{\left(\sum F_{ix}\right)^2+\left(\sum F_{iy}\right)^2+\left(\sum F_{iz}\right)^2}\\&\cos(\boldsymbol{F}'_{\mathrm{R}},\boldsymbol{i})=\frac{\sum F_{ix}}{F'_{\mathrm{R}}},\ \cos(\boldsymbol{F}'_{\mathrm{R}},\boldsymbol{j})=\frac{\sum F_{iy}}{F'_{\mathrm{R}}},\ \cos(\boldsymbol{F}'_{\mathrm{R}},\boldsymbol{k})=\frac{\sum F_{iz}}{F'_{\mathrm{R}}}\end{aligned}\right\} \quad (7-27)$$

式(7-26)中，单位矢量 $\boldsymbol{i}$、$\boldsymbol{j}$、$\boldsymbol{k}$ 前的系数，即主矩 $\boldsymbol{M}_O$ 沿 x、y、z 轴的投影，也等于力系各力对 x、y、z 轴之矩的代数和 $\sum M_x(\boldsymbol{F})$、$\sum M_y(\boldsymbol{F})$、$\sum M_z(\boldsymbol{F})$。
则此力系对点 O 的主矩的大小和方向余弦为

$$\left\{\begin{aligned}&M_O=\sqrt{\left[\sum M_x(\boldsymbol{F})\right]^2+\left[\sum M_y(\boldsymbol{F})\right]^2+\left[\sum M_z(\boldsymbol{F})\right]^2}\\&\cos(\boldsymbol{M}_O,\boldsymbol{i})=\frac{\sum M_x(\boldsymbol{F})}{M_O},\ \cos(\boldsymbol{M}_O,\boldsymbol{j})=\frac{\sum M_y(\boldsymbol{F})}{M_O},\ \cos(\boldsymbol{M}_O,\boldsymbol{k})=\frac{\sum M_z(\boldsymbol{F})}{M_O}\end{aligned}\right. \quad (7-28)$$

下面通过作用在飞机上的力系说明空间力系简化结果的实际意义。飞机在飞行时受到重力、升力、推力和阻力等力组成的空间任意力系的作用。通过其重心 O 作直角坐标系 $Oxyz$，如图 7-17 所示。将力系向飞机的重心 O 简化，可得一力 $\boldsymbol{F}'_{\mathrm{R}}$ 和一力偶，力偶矩矢为 $\boldsymbol{M}_O$。如果将此力和力偶矩矢向上述三坐标轴分解，则得到三个作用于重心 O 的正交分力 $\boldsymbol{F}'_{\mathrm{R}x}$、$\boldsymbol{F}'_{\mathrm{R}y}$、$\boldsymbol{F}'_{\mathrm{R}z}$ 和三个绕坐标轴的力偶 $\boldsymbol{M}_{Ox}$、$\boldsymbol{M}_{Oy}$、$\boldsymbol{M}_{Oz}$。可以看出它们的意义是：

$\boldsymbol{F}'_{\mathrm{R}x}$—有效推进力；$\boldsymbol{F}'_{\mathrm{R}y}$—有效升力；$\boldsymbol{F}'_{\mathrm{R}z}$—侧向力；

$\boldsymbol{M}_{Ox}$—滚转力矩；$\boldsymbol{M}_{Oy}$—偏航力矩；$\boldsymbol{M}_{Oz}$—俯仰力矩。

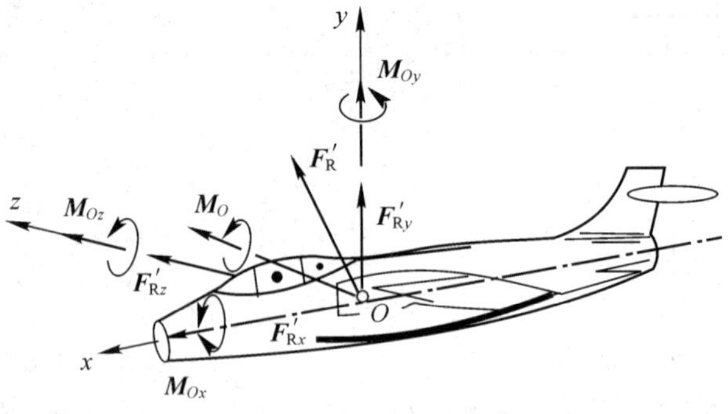

图 7-17

2. 空间任意力系简化结果的分析

空间任意力系向一点简化可能出现下列四种情况：① $\boldsymbol{F}'_{\mathrm{R}}=0$，$\boldsymbol{M}_O\neq0$；② $\boldsymbol{F}'_{\mathrm{R}}\neq0$，$\boldsymbol{M}_O=0$；③ $\boldsymbol{F}'_{\mathrm{R}}\neq0$，$\boldsymbol{M}_O\neq0$；④ $\boldsymbol{F}'_{\mathrm{R}}=0$，$\boldsymbol{M}_O=0$。现分别加以讨论。

1）空间任意力系简化为一合力偶的情形

当空间任意力系向任一点简化时，若主矢 $\boldsymbol{F}'_{\mathrm{R}}=0$，主矩 $\boldsymbol{M}_O\neq0$，这时得一力偶。显然，这力偶与原力系等效，即原力系合成为一合力偶，这合力偶矩矢等于原力系对简化中心的主矩。由于力偶矩矢与矩心位置无关，因此，在这种情况下，主矩与简化中心的位置无关。

2）空间任意力系简化为一合力的情形

当空间任意力系向任一点简化时，若主矢 $\boldsymbol{F}'_{\mathrm{R}}\neq0$，而主矩 $\boldsymbol{M}_O=0$，这时得一力。显然，此力与原力系等效，即原力系合成为一合力，合力的作用线通过简化中心 O，其大小和方向等于原力系的主矢。

若空间任意力系向一点简化的结果为主矢 $\boldsymbol{F}'_R\neq0$，又主矩 $\boldsymbol{M}_O\neq0$，且 $\boldsymbol{F}'_{\mathrm{R}}\perp\boldsymbol{M}_O$（见图 7-18(a)）。这时，力 $\boldsymbol{F}'_{\mathrm{R}}$ 和力偶矩矢为 $\boldsymbol{M}_O$ 的力偶（$\boldsymbol{F}''_{\mathrm{R}}$，$\boldsymbol{F}_{\mathrm{R}}$）在同一平面内（见图 7-18(b)），如平面力系简化结果那样，可将力 $\boldsymbol{F}'_{\mathrm{R}}$ 与力偶（$\boldsymbol{F}''_{\mathrm{R}}$，$\boldsymbol{F}_{\mathrm{R}}$）进一步合成，得作用于点 O' 的一个力 $\boldsymbol{F}_{\mathrm{R}}$（见图 7-18(c)）。此力即为原力系的合力，其大小和方向等于原力系的主矢，即

$$\boldsymbol{F}_{\mathrm{R}}=\sum\boldsymbol{F}_i$$

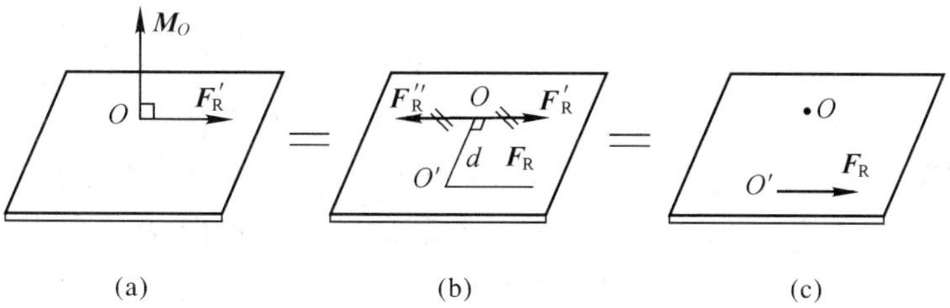

图　7-18

其作用线离简化中心 O 的距离为

$$d=\frac{|\boldsymbol{M}_O|}{\boldsymbol{F}_{\mathrm{R}}} \tag{7-29}$$

由图 7-18(b)可知，力偶（$\boldsymbol{F}''_{\mathrm{R}}$，$\boldsymbol{F}_{\mathrm{R}}$）的矩 $\boldsymbol{M}_O$ 等于合力 $\boldsymbol{F}_{\mathrm{R}}$ 对点 O 的矩，即

$$\boldsymbol{M}_O=\boldsymbol{M}_O(\boldsymbol{F}_{\mathrm{R}})$$

又根据式(7-25)，有

$$\boldsymbol{M}_O=\sum\boldsymbol{M}_O(\boldsymbol{F}_i)$$

故得关系式：

$$\boldsymbol{M}_O(\boldsymbol{F}_{\mathrm{R}})=\sum\boldsymbol{M}_O(\boldsymbol{F}_i) \tag{7-30}$$

即空间任意力系的合力对于任一点的矩等于各分力对同一点的矩的矢量和。这就是空间任意力系的合力矩定理。

根据力对点的矩与力对轴的矩的关系，把上式投影到通过点 O 的任一轴上，可得

$$M_z(\boldsymbol{F}_{\mathrm{R}})=\sum M_z(\boldsymbol{F}_i) \tag{7-31}$$

即空间任意力系的合力对于任一轴的矩等于各分力对同一轴的矩的代数和。

3）空间任意力系简化为力螺旋的情形

如果空间任意力系向一点简化后，主矢和主矩都不等于零，而 $\boldsymbol{F}'_R /\!/ \boldsymbol{M}_O$，这种结果称为力螺旋，如图 7-19 所示。所谓力螺旋，就是由一力和一力偶组成的力系，其中的力垂直于力偶的作用面。例如，钻孔时的钻头对工件的作用以及拧木螺钉时螺丝刀对螺钉的作用都是力螺旋。

力螺旋是由静力学的两个基本要素力和力偶组成的最简单的力系，不能再进一步合成。力偶的转向和力的指向符合右手螺旋规则的称为右螺旋(见图 7-19(a))，否则称为左螺旋(见图 7-19(b))。力螺旋的力作用线称为该力螺旋的中心轴。在上述情形下，中心轴通过简化中心。

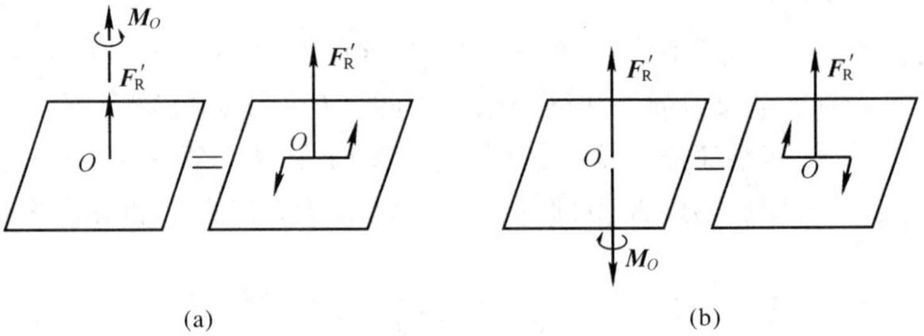

图　7-19

如果 $\boldsymbol{F}'_R \neq 0$，$\boldsymbol{M}_O \neq 0$，同时两者既不平行，又不垂直，如图 7-20(a)所示。此时可将 $\boldsymbol{M}_O$ 分解为两个分力偶 $\boldsymbol{M}''_O$ 和 $\boldsymbol{M}'_O$，它们分别垂直于 $\boldsymbol{F}'_R$ 和平行于 $\boldsymbol{F}'_R$，如图 7-20(b)所示，则 $\boldsymbol{M}''_O$ 和 $\boldsymbol{F}'_R$ 可用作用于点 O' 的力 $\boldsymbol{F}_R$ 来代替。由于力偶矩矢是自由矢量，故可将 $\boldsymbol{M}'_O$ 平行移动，使之与 $\boldsymbol{F}_R$ 共线。这样便得一力螺旋，其中心轴不在简化中心 O，而是通过另一点 O'，如图 7-20(c)所示。O、O' 两点间的距离为

$$d = \frac{|\boldsymbol{M}''_O|}{\boldsymbol{F}'_R} = \frac{M_O \sin\theta}{\boldsymbol{F}'_R} \tag{7-32}$$

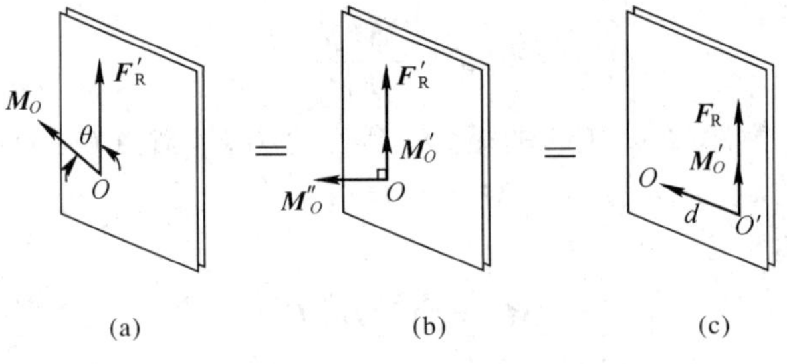

图　7-20

可见，一般情形下空间任意力系可合成为力螺旋。

4）空间任意力系简化为平衡的情形

当空间任意力系向任一点简化时，若主矢 $\boldsymbol{F}'_R=0$，主矩 $\boldsymbol{M}_O=0$，这是空间任意力系平衡的情形，将在下节详细讨论。

7.6　空间任意力系的平衡条件与平衡方程

1. 空间任意力系的平衡方程

空间任意力系处于平衡的必要和充分条件是：此力系的主矢和对于任一点的主矩都等于零，即：

$$\boldsymbol{F}'_{\mathrm{R}}=0,\ \boldsymbol{M}_O=0$$

根据式(7－27)和式(7－28)，可将上述条件写成空间任意力系的平衡方程：

$$\begin{cases}\sum F_x=0, & \sum F_y=0, & \sum F_z=0\\ \sum M_x(F)=0, & \sum M_y(F)=0, & \sum M_z(F)=0\end{cases}\tag{7-33}$$

于是得结论：空间任意力系平衡的必要和充分条件是所有各力在三个坐标轴中每一个轴上的投影的代数和等于零，以及这些力对于每一个坐标轴的矩的代数和也等于零。

与平面力系相同，空间力系的平衡方程也有其它的形式。我们可以从空间任意力系的普遍平衡规律中导出特殊情况的平衡规律，例如空间平行力系、空间汇交力系和平面任意力系等平衡方程。现以空间平行力系为例，其余情况读者可自行推导。

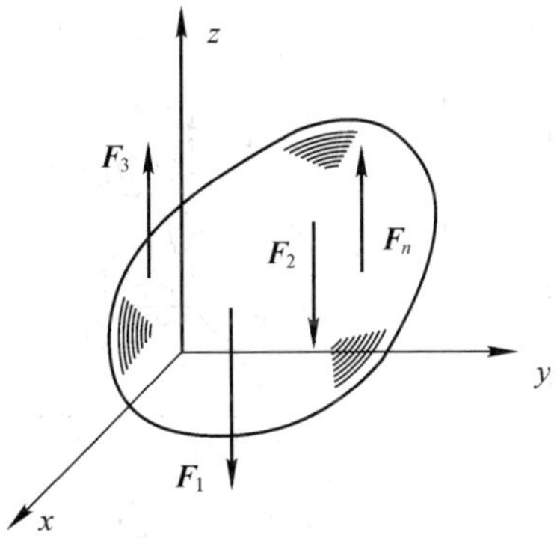

图　7－21

设物体受一空间平行力系作用，如图 7－21 所示。令 z 轴与这些力平行，则各力对于 z 轴的矩等于零。又由于 x 和 y 轴都与这些力垂直，所以各力在这些方向上的投影为零。因而，在平衡方程组(7－33)中，第一、第二和第六个方程成了恒等式。因此，空间平行力系只有三个平衡方程，即：

$$\sum F_z=0,\ \sum M_x(F)=0,\ \sum M_y(F)=0\tag{7-34}$$

2. 空间约束的类型举例

前几章已陆续介绍了一些工程中常见的约束及其约束反力的分析方法。一般情况下，当刚体受到空间任意力系作用时，在每个约束处，其约束反力的未知量可能有 1 个到 6 个。决定每种约束的约束反力未知量个数的基本方法是：观察被约束物体在空间可能的 6 种独立的位移中(沿 x、y、z 三轴的移动和绕此三轴的转动)，有哪几种位移被约束所阻碍。阻碍移动的是约束反力；阻碍转动的是约束反力偶。现将几种常见的约束及其相应的约束反力综合列表，如表 7－2 所示。

表 7－2　空间约束的类型及其约束反力举例

	约束力未知量	约束类型
1	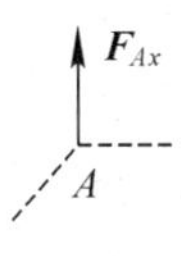	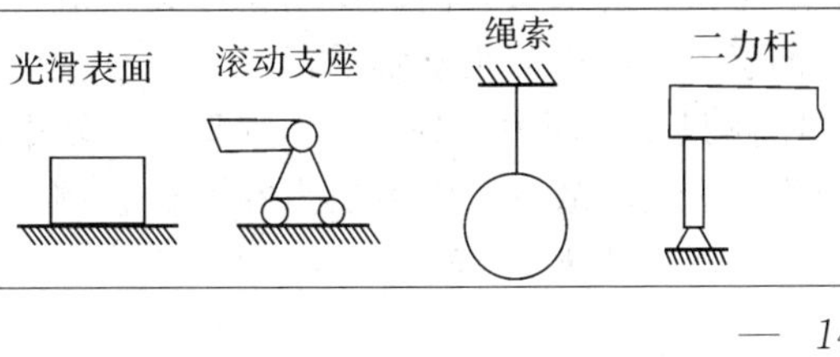

续表

	约束力未知量	约 束 类 型
2	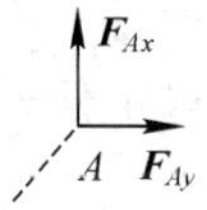	径向轴承　圆柱铰链　铁轨　蝶铰链 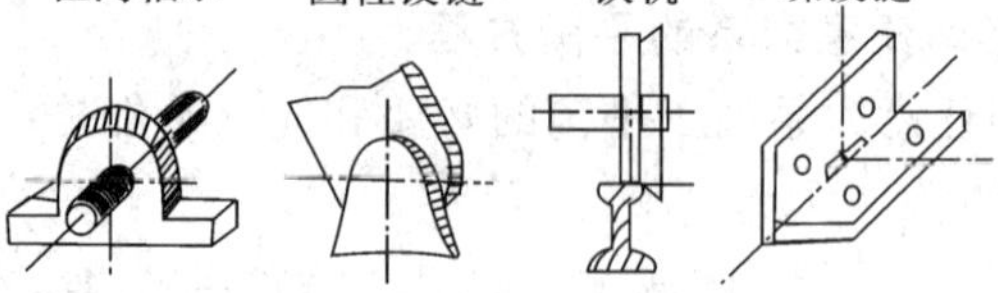
3	F_{Az}	球形铰链 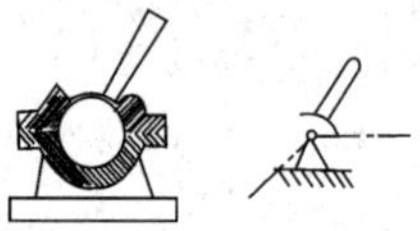 止推轴承 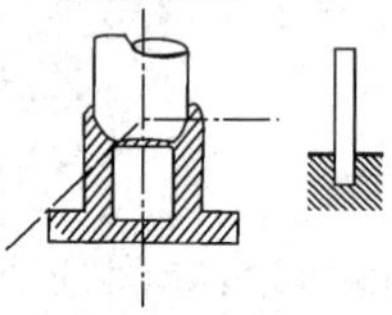
4	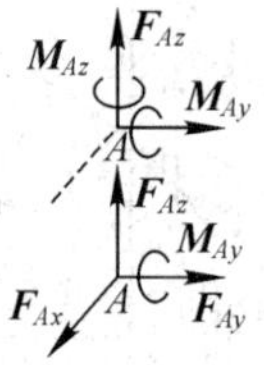	导向轴承  (a) 万向接头 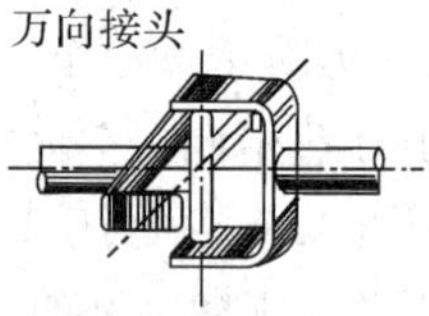 (b)
5	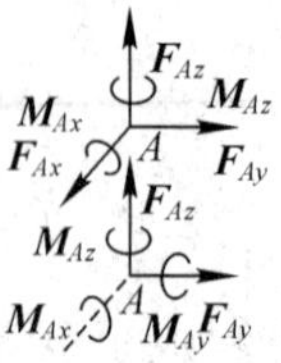	带有销子的夹板  (a) 导轨 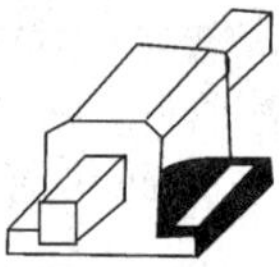 (b)
6		空间的固定端支座 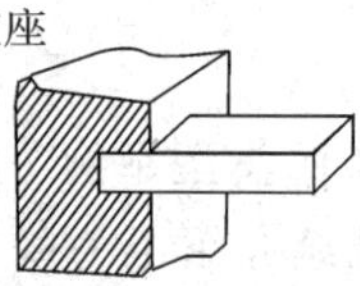

分析实际的约束时，有时要忽略一些次要因素，抓住主要因素，作一些合理的简化。例如，导向轴承能阻碍轴沿 y 和 z 轴的移动，并能阻碍绕 y 轴和 z 轴的转动，所以有 4 个约束反作用 $\boldsymbol{F}_{Ay}$、$\boldsymbol{F}_{Az}$、$\boldsymbol{M}_{Ay}$ 和 $\boldsymbol{M}_{Az}$；而径向轴承限制轴绕 y 和 z 轴的转动作用很小，故 $\boldsymbol{M}_{Ay}$ 和 $\boldsymbol{M}_{Az}$ 可忽略不计，所以只有两个约束反力 $\boldsymbol{F}_{Ay}$ 和 $\boldsymbol{F}_{Az}$。又如，一般小柜门都装有两个合页，形如表 7-1 中的蝶铰链，它主要限制物体沿 y、z 方向的移动，因而有两个约束反力 $\boldsymbol{F}_{Ay}$ 和 $\boldsymbol{F}_{Az}$。合页不限制物体绕转轴的转动，单个合页对物体绕 y、z 轴转动的限制作用也很小，因而没有约束反力偶。而当物体受到沿合页轴向的作用力时，其中一个合页将限制物体轴向移动，应视为止推轴承。

如果刚体只受平面力系的作用，则垂直于该平面的约束反力和绕平面内两轴的约束反力偶都应为零，相应减少了约束反力的数目。例如，在空间任意力系作用下，固定端的约束反力共有 6 个，即 $\boldsymbol{F}_{Ax}$、$\boldsymbol{F}_{Ay}$、$\boldsymbol{F}_{Az}$、$\boldsymbol{M}_{Ax}$、$\boldsymbol{M}_{Ay}$ 和 $\boldsymbol{M}_{Az}$；而在 Oyz 平面内受平面任意力系作用时，固定端的约束反力就只有 3 个，即 $\boldsymbol{F}_{Ay}$、$\boldsymbol{F}_{Az}$ 和 $\boldsymbol{M}_{Ax}$。

3. 空间力系平衡问题举例

空间任意力系的平衡方程有六个，所以对于在空间任意力系作用下平衡的物体，只能求解六个未知量，如果未知量多于六个，就是静不定问题；对于在空间平行力系作用下平衡的物体，则只能求解三个未知量。因此，在解题时必须先分析物体受力情况。

例 7－7　图 7－22 所示的三轮小车，自重 $P=8$ kN，作用于点 E，载荷 $P_1=10$ kN，作用于点 C。求小车静止时地面对车轮的反力。

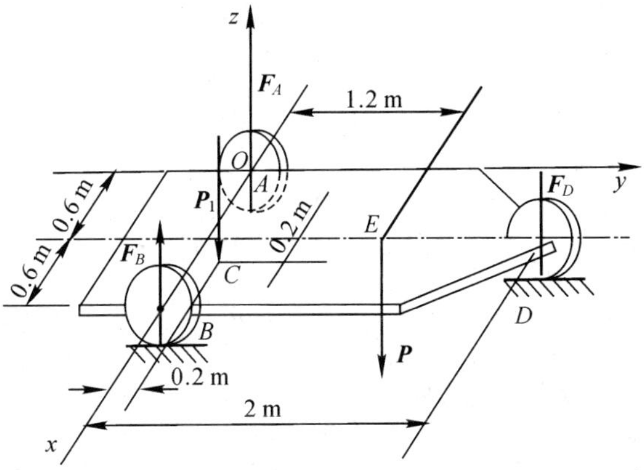

图　7－22

解　以小车为研究对象，受力如图 7－22 所示。其中 $\boldsymbol{P}$ 和 $\boldsymbol{P}_1$ 是主动力，$\boldsymbol{F}_A$、$\boldsymbol{F}_B$ 和 $\boldsymbol{F}_D$ 为地面的约束反力，此 5 个力相互平行，组成空间平行力系。取坐标系 $Oxyz$ 如图所示，列出三个平衡方程：

$$\sum F_z=0:\quad -P_1-P+F_A+F_B+F_D=0 \tag{a}$$

$$\sum M_x(F)=0:\quad -0.2P_1-1.2P+2F_D=0 \tag{b}$$

$$\sum M_y(F)=0:\quad 0.8P_1+0.6P-0.6F_D-1.2F_B=0 \tag{c}$$

由式(b)解得

$$F_D=5.8\text{ kN}$$

代入式(c)，解出

$$F_B=7.78\text{ kN}$$

代入式(a)，解出

$$F_A=4.42\text{ kN}$$

例 7－8　在图 7－23(a)中，皮带的拉力 $F_2=2F_1$，曲柄上作用有铅垂力 $F=2$ kN。已知皮带轮的直径 $D=400$ mm，曲柄长 $R=300$ mm，皮带 1 和皮带 2 与铅垂线间夹角分别为 θ 和 β，$\theta=30°$，$\beta=60°$(见图 7－23(b))，其它尺寸如图所示。求皮带拉力和轴承反力。

解　以整个轴为研究对象。在轴上作用的力有：皮带拉力 $\boldsymbol{F}_1$、$\boldsymbol{F}_2$；作用在曲柄上的力 $\boldsymbol{F}$；轴承反力 $\boldsymbol{F}_{Ax}$、$\boldsymbol{F}_{Az}$、$\boldsymbol{F}_{Bx}$ 和 $\boldsymbol{F}_{Bz}$。轴受空间任意力系作用，选坐标轴如图所示，列出平衡方程：

$$\sum F_x=0:\quad F_1\sin30°+F_2\sin60°+F_{Ax}+F_{Bx}=0$$

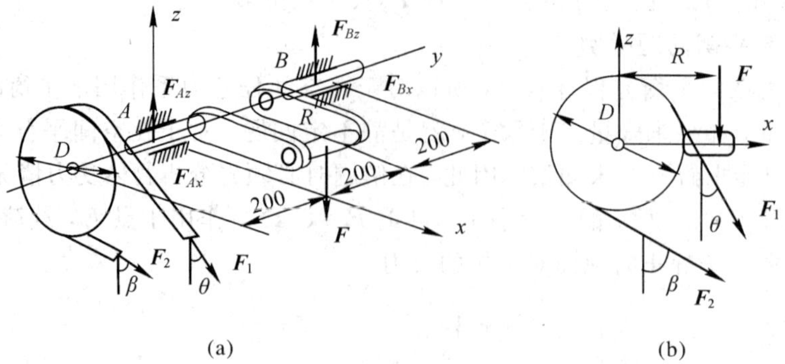

图 7-23

$$\sum F_y=0:\quad 0=0$$

$$\sum F_z=0:\quad -F_1\cos30^\circ-F_2\cos60^\circ-F+F_{Az}+F_{Bz}=0$$

$$\sum M_x(F)=0:\quad F_1\cos30^\circ\cdot0.2+F_2\cos60^\circ\cdot0.2-F\cdot0.2+F_{Bz}\cdot0.4=0$$

$$\sum M_y(F)=0:\quad FR-\frac{D}{2}(F_2-F_1)=0$$

$$\sum M_z(F)=0:\quad F_1\sin30^\circ\cdot0.2+F_2\sin60^\circ\cdot0.2-F_{Bx}\cdot0.4=0$$

又有 $F_2=2F_1$，联立上述方程，解得

$$F_1=3000\ \text{N},\ F_2=6000\ \text{N}$$

$$F_{Ax}=-1004\ \text{N},\ F_{Az}=9397\ \text{N}$$

$$F_{Bx}=3348\ \text{N},\ F_{Bz}=-1799\ \text{N}$$

此题中，平衡方程 $\sum F_y=0$ 成为恒等式，独立的平衡方程只有 5 个；在题设条件 $F_2=2F_1$ 之下，才能解出上述 6 个未如量。

空间任意力系有 6 个独立的平衡方程，可求解 6 个未知量，但其平衡方程不局限于式(7-33)所示的形式。为使解题简便，每个方程中最好只包含一个未知量。为此，我们在选投影轴时应尽量与其余未知力垂直；在选取矩的轴时应尽量与其余的未知力平行或相交。投影轴不必相互垂直，取矩的轴也不必与投影轴重合，力矩方程的数目可取 3 个至 6 个。现举例如下。

例 7-9　图 7-24 所示均质长方板由六根直杆支持于水平位置，直杆两端各用球铰链与板和地面连接。板重为 P，在 A 处作用一水平力 $\boldsymbol{F}$，且 $F=2P$。求各杆的内力。

解　取长方板为研究对象，各支杆均为二力杆，设它们均受拉力。板的受力图如图所示。列平衡方程：

$$\sum M_{AB}(\boldsymbol{F})=0:\quad -F_6a-P\,\frac{a}{2}=0 \tag{a}$$

解得

$$F_6=-\frac{P}{2}\ (\text{压力})$$

又

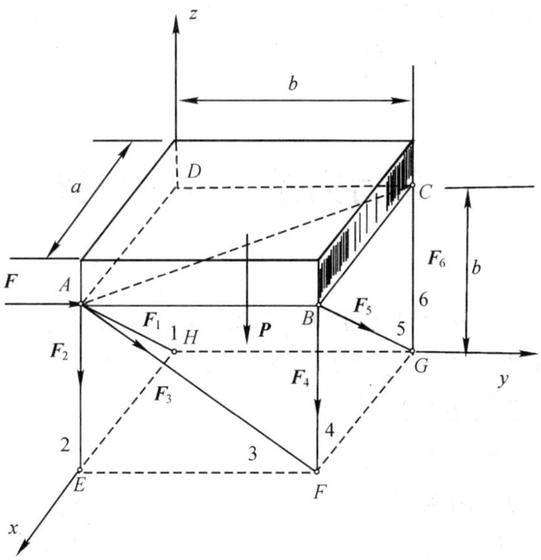

图　7-24

$$\sum M_{AE}(\boldsymbol{F})=0:\quad F_5=0 \tag{b}$$

$$\sum M_{AC}(\boldsymbol{F})=0:\quad F_4=0 \tag{c}$$

$$\sum M_{EF}(\boldsymbol{F})=0:\quad -P\frac{a}{2}-F_6a-F_1\frac{ab}{\sqrt{a^2+b^2}}=0 \tag{d}$$

将 $F_6=-\dfrac{P}{2}$代入式(d)，得

$$F_1=0$$

由

$$\sum M_{FG}(\boldsymbol{F})=0:\quad -P\frac{b}{2}+Fb-F_2b=0 \tag{e}$$

得

$$F_2=1.5P$$

由

$$\sum M_{BC}(\boldsymbol{F})=0:\quad -P\frac{b}{2}-F_2b-F_3\cos45^\circ b=0 \tag{f}$$

得

$$F_3=-2\sqrt{2}P\ (\text{压力})$$

此例中用 6 个力矩方程求得 6 个杆的内力。一般，力矩方程比较灵活，常可使一个方程只含一个未知量。当然也可以采用其他形式的平衡方程求解。如用 $\sum F_x=0$ 代替式(d)，同样求得 $F_1=0$；又如，可用 $\sum F_y=0$ 代替式(f)，同样求得 $F_3=-2\sqrt{2}P$。读者还可以试用其他方程求解。但无论怎样列方程，独立平衡方程的数目只有 6 个。空间任意力系平衡方程的基本形式为式(7-33)，即 3 个投影方程和 3 个力矩方程，它们是相互独立

的。其他不同形式的平衡方程还有很多组，也只有 6 个独立方程。由于空间情况比较复杂，本书不再讨论其独立性条件，但只要各用一个方程逐个求出各未知数，这 6 个方程一定是独立的。

7.7　平行力系的中心与重心

1. 平行力系中心

平行力系中心是平行力系合力通过的一个点。设在刚体上 A、B 两点作用两个平行力 $\boldsymbol{F}_1$、$\boldsymbol{F}_2$，如图 7-25所示。将其合成，得合力矢为

$$\boldsymbol{F}_R=\boldsymbol{F}_1+\boldsymbol{F}_2$$

由合力矩定理可确定合力作用点 C：

$$\frac{F_1}{BC}=\frac{F_2}{AC}=\frac{F_R}{AB}$$

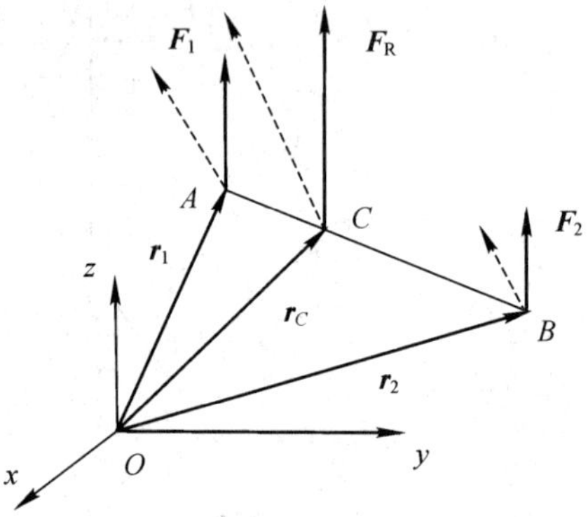

图　7-25

若将原有各力绕其作用点转过同一角度，使它们保持相互平行，则合力 $\boldsymbol{F}_R$ 仍与各力平行，也绕点 C 转过相同的角度，且合力的作用点 C 不变，如图 7-25所示。上面的分析对反向平行力也适用。对于多个力组成的平行力系，以上的分析方法和结论仍然适用。

由此可知，平行力系合力作用点的位置仅与各平行力的大小和作用点的位置有关，而与各平行力的方向无关。称该点为此平行力系的中心。

取各力作用点矢径如图 7-25 所示，由合力矩定理，得

$$\boldsymbol{r}_C\times\boldsymbol{F}_R=\boldsymbol{r}_1\times\boldsymbol{F}_1+\boldsymbol{r}_2\times\boldsymbol{F}_2$$

设力作用线方向的单位矢量为 $\boldsymbol{F}^0$，则上式变为

$$\boldsymbol{r}_C\times F_R\boldsymbol{F}^0=\boldsymbol{r}_1\times F_1\boldsymbol{F}^0+\boldsymbol{r}_2\times F_2\boldsymbol{F}^0$$

从而得

$$\boldsymbol{r}_C=\frac{F_1\boldsymbol{r}_1+F_2\boldsymbol{r}_2}{F_R}=\frac{F_1\boldsymbol{r}_1+F_2\boldsymbol{r}_2}{F_1+F_2}$$

若有若干个力组成的平行力系，用上述方法可以求得合力大小 $F_R=\sum F_i$，合力方向与各力方向平行，合力的作用点为

$$\boldsymbol{r}_C=\frac{\sum F_i\boldsymbol{r}_i}{\sum F_i} \tag{7-35}$$

显然，$\boldsymbol{r}_C$ 只与各力的大小及作用点有关，而与平行力系的方向无关。点 C 即为此平行力系的中心。

将式(7-35)投影到图 7-25 中的直角坐标轴上，得

$$x_C=\frac{\sum F_i x_i}{\sum F_i},\ y_C=\frac{\sum F_i y_i}{\sum F_i},\ z_C=\frac{\sum F_i z_i}{\sum F_i} \tag{7-36}$$

2. 重心

在地球附近的物体都受到地球对它的作用力，即物体的重力；重力作用于物体内每一微小部分，是一个分布力系。对于工程中一般的物体，这种分布的重力可足够精确地视为空间平行力系。一般所谓重力，就是这个空间平行力系的合力。不变形的物体(刚体)在地表面无论怎样放置，其平行分布重力的合力作用线，都通过此物体上一个确定的点，这一点称为物体的重心。

重心在工程实际中具有重要的意义。如重心的位置会影响物体的平衡和稳定，对于飞机和船舶尤为重要；高速转动的转子，如果转轴不通过重心，将会引起强烈的振动，甚至引起破坏。

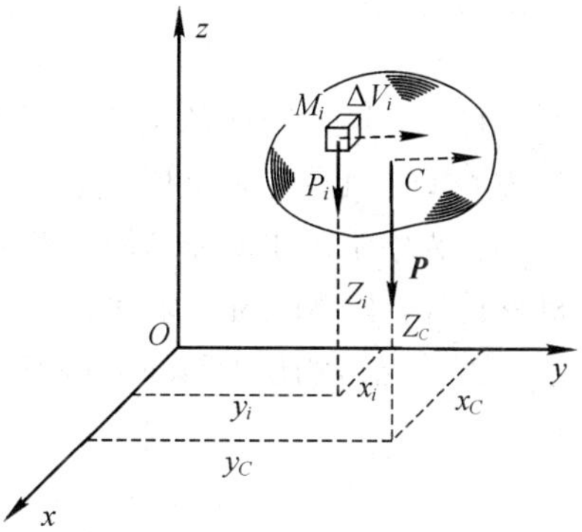

图　7-26

下面通过平行力系的合力推导物体重心的坐标公式，这些公式也可用于确定物体的质量中心、面积形心和液体的压力中心等。如将物体分割成许多微小体积，每小块体积为 ΔV_i，所受重力为 $\boldsymbol{P}_i$。这些重力组成平行力系，其合力 $\boldsymbol{P}$ 的大小就是整个物体的重量，即

$$\boldsymbol{P}=\sum \boldsymbol{P}_i \tag{7-37}$$

取直角坐标系 $Oxyz$，使重力及其合力与 z 轴平行，如图 7-26 所示。设任一微体的坐标为 x_i、y_i、z_i，重心 C 的坐标为 x_C、y_C、z_C。根据合力矩定理，对 x 轴取矩，有

$$-Py_C=-(P_1y_1+P_2y_2+\cdots+P_ny_n)=-\sum P_iy_i$$

再对 y 轴取矩，有

$$Px_C=P_1x_1+P_2x_2+\cdots+P_nx_n=\sum P_ix_i$$

为求坐标 z_C，由于重心在物体内占有确定的位置，可将物体 M_i 连同坐标系 $Oxyz$ 一起绕 x 轴顺时针转 90°，使 y 轴向下，这样各重力 $\boldsymbol{P}_i$ 及其合力 $\boldsymbol{P}$ 都与 y 轴平行，如图 7-26中虚线箭头所示。这时，再对 x 轴取矩，得

$$-Pz_C=-(P_1z_1+P_2z_2+\cdots+P_nz_n)=-\sum P_iz_i$$

由以上三式可得计算重心坐标的公式，即

$$x_C=\frac{\sum P_i x_i}{\sum P_i}\ y_C=\frac{\sum P_i y_i}{\sum P_i},\ z_C=\frac{\sum P_i z_i}{\sum P_i} \tag{7-38}$$

物体分割得越多，即每一小块体积越小，则按式(7-38)计算的重心位置愈准确。在极限情况下可用积分计算。

如果物体是均质的，单位体积的重量为 $\gamma=$常值，以 ΔV_i 表示微小体积，物体总体积为 $V=\sum \Delta V_i$ 。将 $P_i=\gamma\Delta V_i$ 代入式(7-38)，得

$$\begin{cases} x_C=\dfrac{\sum x_i\gamma\Delta V_i}{\sum \gamma\Delta V_i}=\dfrac{\sum x_i\Delta V_i}{V} \\ y_C=\dfrac{\sum y_i\gamma\Delta V_i}{\sum \gamma\Delta V_i}=\dfrac{\sum y_i\Delta V_i}{V} \\ z_C=\dfrac{\sum z_i\gamma\Delta V_i}{\sum \gamma\Delta V_i}=\dfrac{\sum z_i\Delta V_i}{V} \end{cases} \tag{7-39}$$

上式的极限为

$$x_C=\frac{\int_V x\,\mathrm{d}V}{V},\ y_C=\frac{\int_V y\,\mathrm{d}V}{V},\ z_C=\frac{\int_V z\,\mathrm{d}V}{V} \tag{7-40}$$

可见，均质物体的重心与其单位体积的重量(比重)无关，仅取决于物体的形状。这时的重心就是几何中心，即形心。

工程中常采用薄壳结构，例如厂房的顶壳、薄壁容器、飞机机翼等，其厚度与其表面积相比是很小的，如图 7-27 所示。若薄壳是均质等厚的，则其重心公式为

$$\begin{cases} x_C=\dfrac{\sum x_i\Delta S_i}{S}=\dfrac{\int_S x\,\mathrm{d}S}{S} \\ y_C=\dfrac{\sum y_i\Delta S_i}{S}=\dfrac{\int_S y\,\mathrm{d}S}{S} \\ z_C=\dfrac{\sum z_i\Delta S_i}{S}=\dfrac{\int_S z\,\mathrm{d}S}{S} \end{cases} \tag{7-41}$$

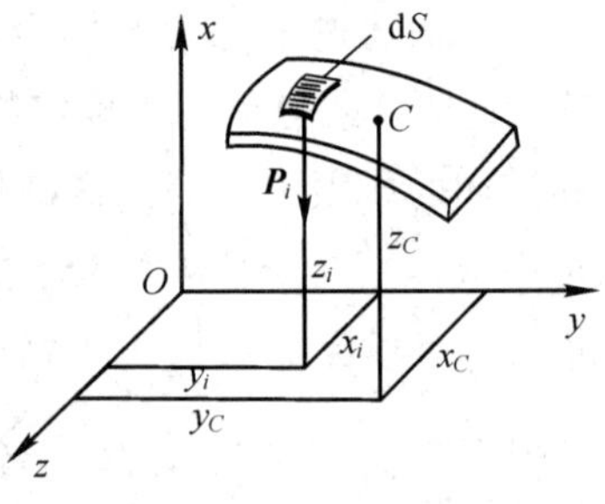

图 7-27

这时的重心称为面积的重心。曲面的重心一般不在曲面上，而位于相对于曲面的确定的一点。

如果物体是均质等截面的细长线段，其截面尺寸与其长度 l 相比是很小的，如图7-28所示，则其重心公式为

$$\begin{cases} x_C=\dfrac{\sum x_i\Delta l_i}{l}=\dfrac{\int_l x\,\mathrm{d}l}{l} \\ y_C=\dfrac{\sum y_i\Delta l_i}{l}=\dfrac{\int_l y\,\mathrm{d}l}{l} \\ z_C=\dfrac{\sum z_i\Delta l_i}{l}=\dfrac{\int_l z\,\mathrm{d}l}{l} \end{cases} \tag{7-42}$$

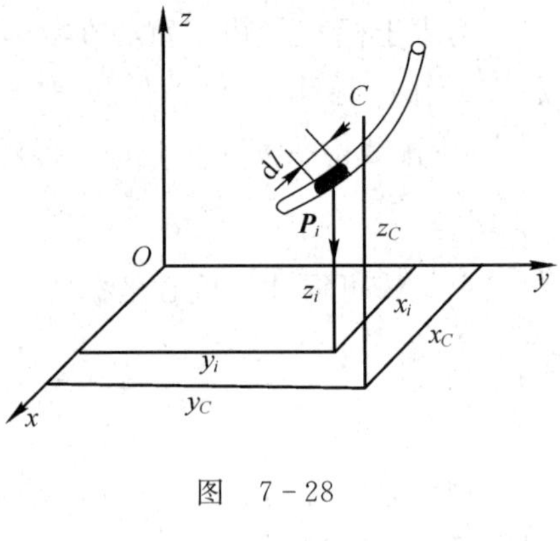

图 7-28

这时的重心称为线段的重心，曲线的重心一般不在曲线上。

由式(7-40)、式(7-41)、式(7-42)可知，均质物体的重心就是几何中心，通常也称

为形心。

3. 确定物体重心的方法

1）简单几何形状物体的重心

如均质物体有对称面，或对称轴，或对称中心，不难看出，该物体的重心必相应地在这个对称面，或对称轴，或对称中心上。例如：正圆锥体或正圆锥面、正棱柱体或正棱柱面的重心都在其轴线上；椭球体或椭圆面的重心在其几何中心上；平行四边形的重心在其对角线的交点上；等等。简单形状物体的重心可从工程手册中查到，表 7 - 3 列出了常见的几种简单形状物体的重心。工程中常用的型钢（如 T 字钢、角钢、槽钢等）的截面的形心，也可以从型钢表中查到。

表 7 - 3　简单物体的重心表

图　　形	重心位置	图　　形	重心位置
三角形 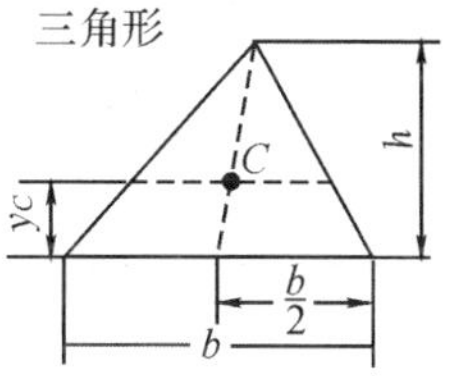	在中线的交点 $y_C=\frac{1}{3}h$	梯形 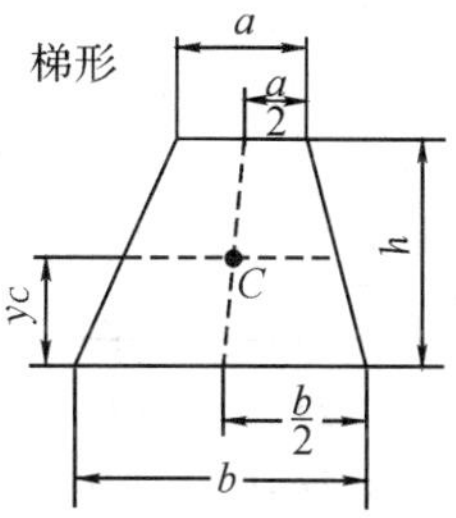	$y_C=\frac{h(2a+b)}{3(a+b)}$
圆弧 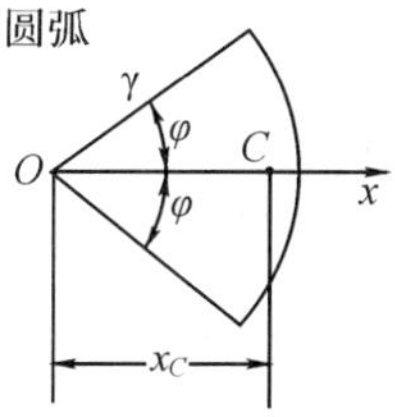	$x_C=\frac{r\sin\varphi}{\varphi}$ 对于半圆弧 $x_C=\frac{2r}{\pi}$	弓形 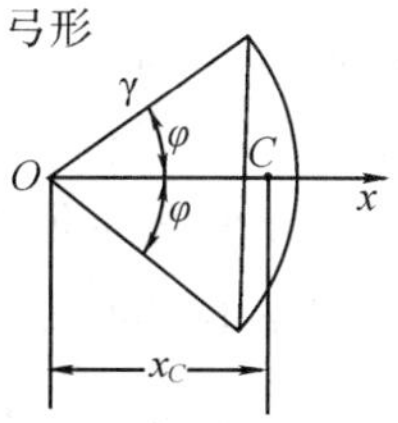	$x_C=\frac{2}{3}\frac{r^3\sin^3\varphi}{A}$ 面积 $A=\frac{r^2(2\varphi-\sin 2\varphi)}{2}$
扇形 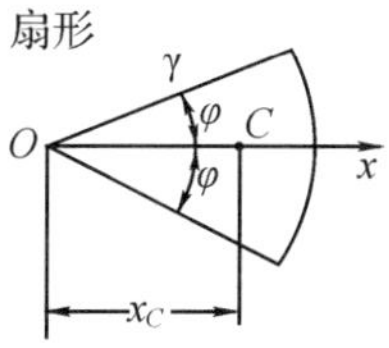	$x_C=\frac{2}{3}\frac{r\sin\varphi}{\varphi}$ 对于半圆 $x_C=\frac{4r}{3\pi}$	部分圆环 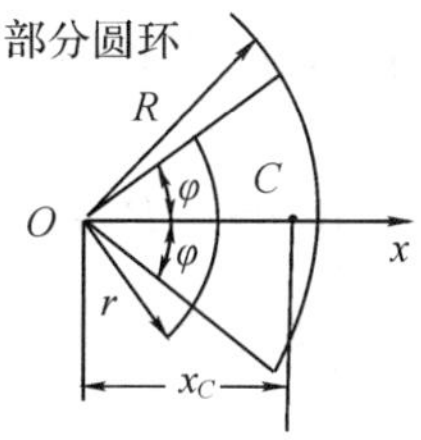	$x_C=\frac{2}{3}\frac{R^3-r^3}{R^2-r^2}\frac{\sin\varphi}{\varphi}$
二次抛物线面 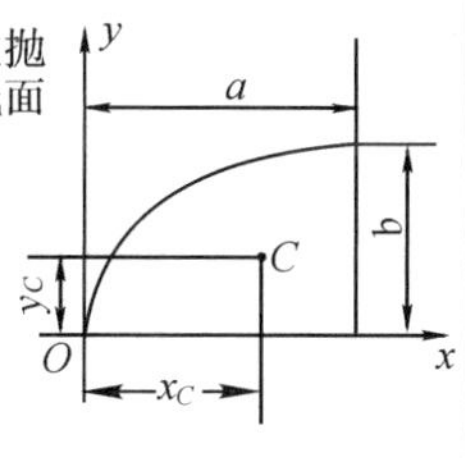	$x_C=\frac{5}{8}a$ $y_C=\frac{2}{5}b$	二次抛物线面 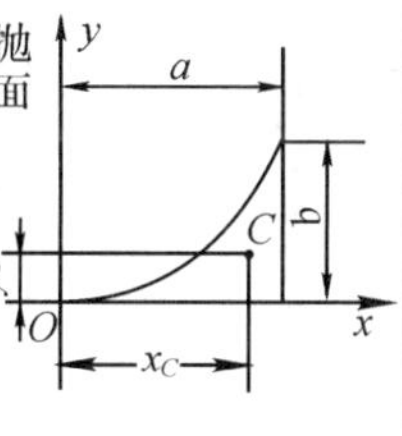	$x_C=\frac{3}{4}a$ $y_C=\frac{3}{10}b$

续表

图　　形	重心位置	图　　形	重心位置
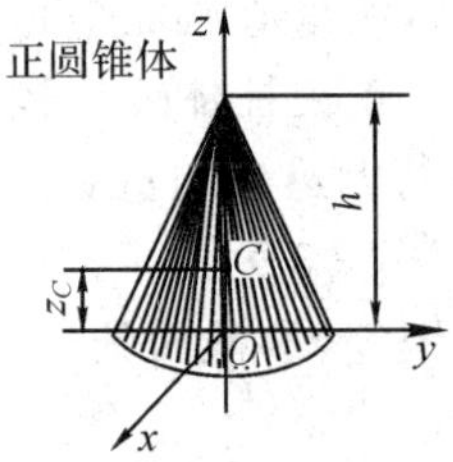	$z_C=\frac{1}{4}h$	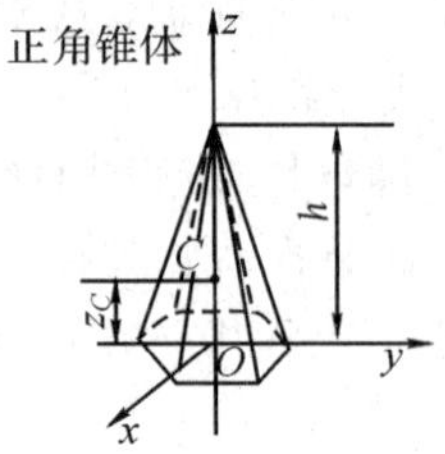	$z_C=\frac{1}{4}h$
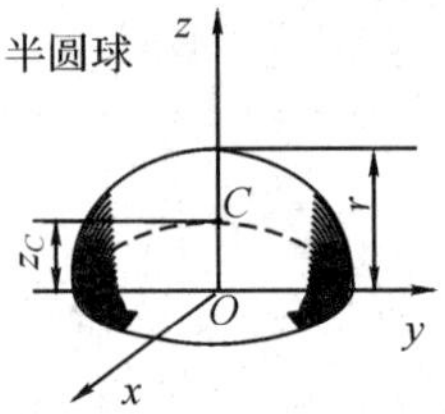	$z_C=\frac{3}{8}r$	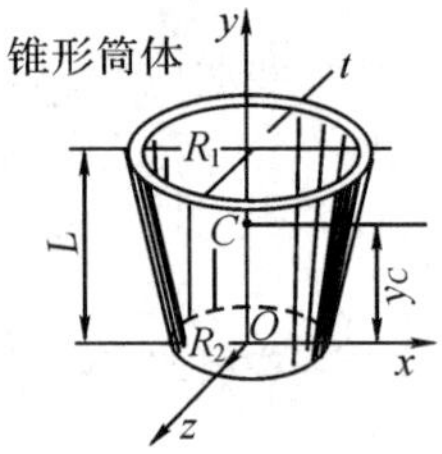	$y_C=\frac{4R_1+2R_2-3t}{6(R_1+R_2-t)}$

表 7-3 中列出的重心位置，均可按前述公式积分求得，如下例。

例 7-10 试求图 7-29 所示半径为 R、圆心角为 2α 的扇形面积的重心。

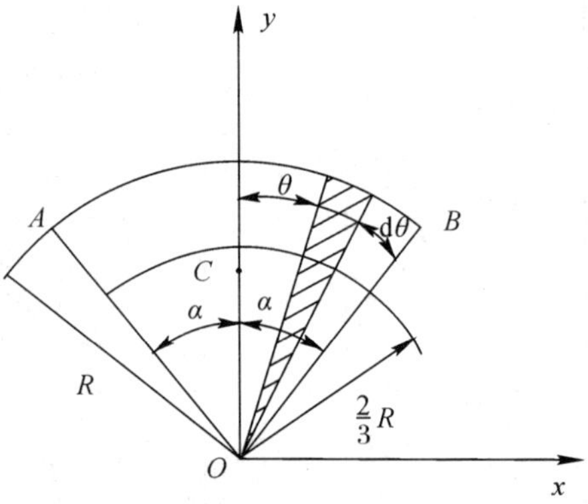

图 7-29

解 取中心角的平分线为 y 轴。由于对称关系，重心必在这个轴上，即 $x_C=0$，现在只需求出 y_C。把扇形面积分成无数无穷小的面积元素（可看作三角形），每个小三角形的重心都在距顶点 O 为 $\frac{2}{3}R$ 处。任一位置 θ 处的微小面积 $\mathrm{d}S=\frac{1}{2}R^2\mathrm{d}\theta$，其重心的 y 坐标为 $y=\frac{2}{3}R\cos\theta$，扇形总面积为

$$S=\mathrm{d}S=\int_{-\alpha}^{\alpha}\frac{1}{2}R^2\mathrm{d}\theta=R^2\alpha$$

由形心坐标公式(7-41)，可得

$$y_C=\frac{\int_S y\mathrm{d}S}{S}=\frac{\int_{-\alpha}^{\alpha}\frac{2}{3}R\cos\theta\cdot\frac{1}{2}R^2\mathrm{d}\theta}{R^2\alpha}=\frac{2}{3}R\ \frac{\sin\alpha}{\alpha}$$

如以 $\alpha=\frac{\pi}{2}$ 代入，即得半圆形的重心：

$$y_C=\frac{4R}{3\pi}$$

2）用组合法求重心

（1）分割法。若一个物体由几个简单形状的物体组合而成，而这些物体的重心是已知

的，那么整个物体的重心即可用式(7-40)求出。

例 7-11　试求 Z 形截面重心的位置，其尺寸如图 7-30 所示，图中单位为 mm。

解　取坐标轴如图所示，将该图形分割为三个矩形(例如用 ab 和 cd 两线分割)。以 C_1、C_2、C_3 表示这些矩形的重心，而以 S_1、S_2、S_3 表示它们的面积。C_1、C_2、C_3 的坐标分别为(x_1, y_1)、(x_2, y_2)、(x_3, y_3)，由图得

$$x_1=15, \ y_1=45, \ S_1=300$$

$$x_2=5, \ y_2=30, \ S_2=400$$

$$x_3=15, \ y_3=5, \ S_3=300$$

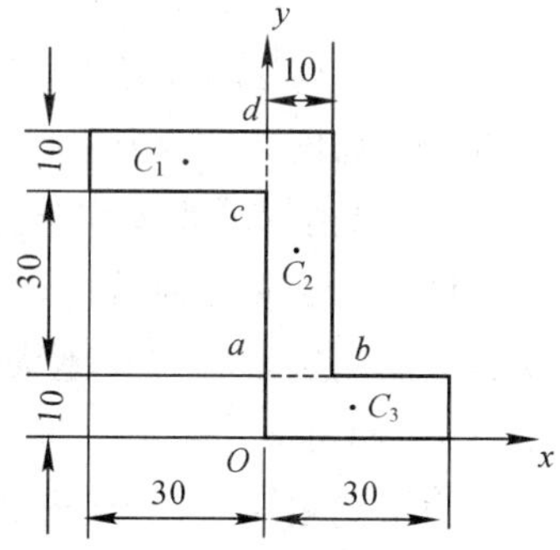

图　7-30

按公式求得该截面重心的坐标 x_C、y_C 为

$$x_C=\frac{x_1S_1+x_2S_2+x_3S_3}{S_1+S_2+S_3}=2\ \text{mm}$$

$$y_C=\frac{y_1S_1+y_2S_2+y_3S_3}{S_1+S_2+S_3}=27\ \text{mm}$$

(2) 负面积法(负体积法)。若在物体或薄板内切去一部分(例如有空穴或孔的物体)，则这类物体的重心，仍可应用与分割法相同的公式来求得，只是切去部分的体积或面积应取负值。

例 7-12　试求图 7-31 所示振动沉桩器中的偏心块的重心。已知：$R=100$ mm，$r=17$ mm，$b=13$ mm。

解　将偏心块看成是由三部分组成，即半径为 R 的半圆 S_1，半径为 $r+b$ 的半圆 S_2 和半径为 r 的小圆 S_3。因 S_3 是切去的部分，所以面积应取负值。令坐标原点与圆心重合，且偏心块的对称轴为 y 轴，则有 $x_C=0$。设 y_1、y_2、y_3 分别是 S_1、S_2、S_3 重心的坐标，由例 7-9 的结果可知：

$$y_1=\frac{4R}{3\pi}=\frac{400}{3\pi}$$

$$y_2=-\frac{4(r+b)}{3\pi}=-\frac{40}{\pi}$$

$$y_3=0$$

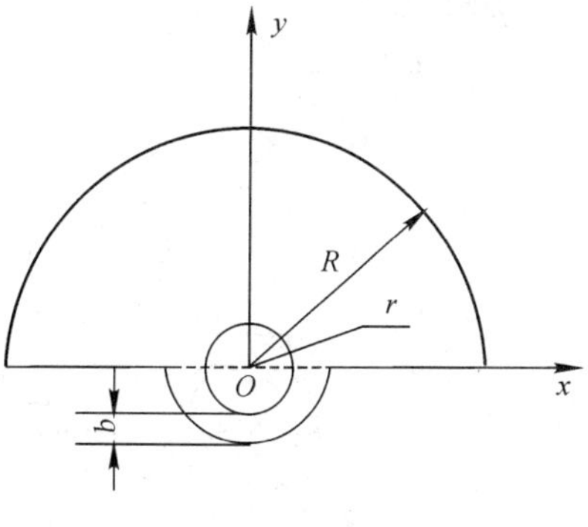

图　7-31

于是，偏心块重心的坐标为

$$y_C=\frac{y_1S_1+y_2S_2+y_3S_3}{S_1+S_2+S_3}$$

$$=\frac{\frac{\pi}{2}\times 100^2\times\frac{400}{3\pi}+\frac{\pi}{2}\times(17+13)^2\times\left(-\frac{40}{\pi}\right)+(-\pi\times 17^2)\times 0}{\frac{\pi}{2}\times 100^2+\frac{\pi}{2}\times(17+13)^2+(-\pi\times 17^2)}$$

$$=40.01\ \text{mm}$$

3) 用实验方法测定重心的位置

工程中一些外形复杂或质量分布不均的物体很难用计算方法求其重心，此时可用实验方法测定重心位置。下面介绍两种方法。

(1) 悬挂法。如果需求一薄板的重心，可先将板悬挂于任一点 A，如图 7-32(a)所示。根据二力平衡条件，重心必在过悬挂点的铅直线上，于是可在板上画出此线。然后再将板悬挂于另一点 B，同样可画出另一直线。两直线相交于点 C，这个点就是重心，如图 7-32(b)所示。

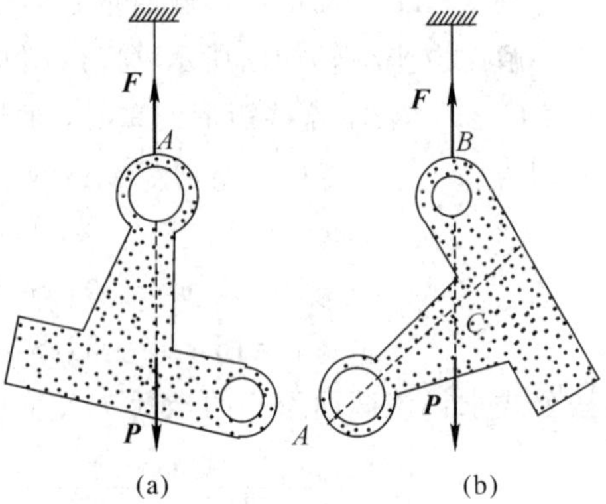

图 7-32

(2) 称重法。下面以汽车为例简述测定重心的方法。如图 7-33 所示，首先称量出汽车的重量 P，测量出前后轮距 l 和车轮半径 r。

设汽车是左右对称的，则重心必在对称面内，我们只需测定重心 C 距地面的高度 z_C 和距后轮的距离 x_C 即可。

为了测定 x_C，将汽车后轮放在地面上，前轮放在磅秤上，车身保持水平，如图 7-33(a)所示。这时磅秤上的读数为 F_1。因车身是平衡的，故

$$Px_C = F_1 l$$

于是得

$$x_C = \frac{F_1}{P} l \tag{a}$$

欲测定 z_C，需将车的后轮抬到任意高度 H，如图 7-33(b)所示。这时磅秤的读数为 F_2。同理得

$$x'_C = \frac{F_2}{P} l' \tag{b}$$

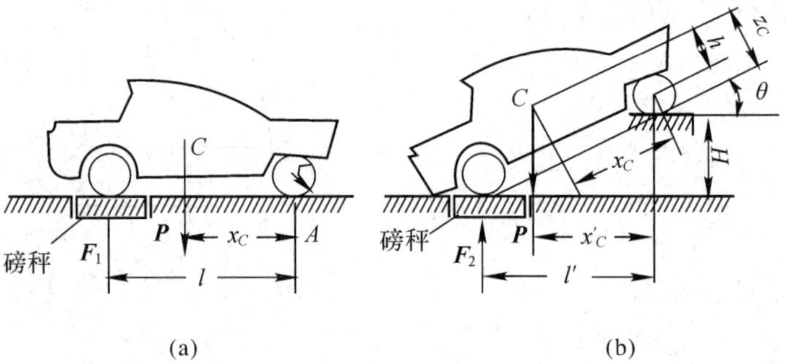

图 7-33

由图中的几何关系知：

$$l' = l\cos\theta,\ x'_C = x_C\cos\theta + h\sin\theta,\ \sin\theta = \frac{H}{l},\ \cos\theta = \frac{\sqrt{l^2 - H^2}}{l}$$

其中 h 为重心与后轮中心的高度差，则

$$h = z_C - r$$

把以上各关系式代入式(b)中，经整理后即得计算高度 z_C 的公式，即

$$z_C = r + \frac{F_2 - F_1}{P}\frac{1}{H}\sqrt{l^2 - H^2}$$

式中均为已测定的数据。

本章知识要点

1. 力在空间直角坐标轴上的投影。

(1) 直接投影法：

$$F_x = F\cos(\boldsymbol{F},\boldsymbol{i}),\ F_y = F\cos(\boldsymbol{F},\boldsymbol{j}),\ F_z = F\cos(\boldsymbol{F},\boldsymbol{k})$$

(2) 间接投影法(即二次投影法)(见图 7－3)：

$$F_x = F_{xy}\cos\varphi = F\sin\gamma\cos\varphi,\ F_y = F_{xy}\sin = F\sin\gamma\sin\varphi$$

2. 空间力偶及其等效定理。

(1) 力偶矩矢。空间力偶对刚体的作用效果取决于三个因素(力偶矩大小、力偶作用面方位及力偶的转向)，它可用力偶矩矢 $\boldsymbol{M}$ 表示(见图 7－8)。

$$\boldsymbol{M}_O(\boldsymbol{F},\boldsymbol{F}') = \boldsymbol{r}_{BA} \times \boldsymbol{F}$$

力偶矩矢与矩心无关，是自由矢量。

(2) 力偶的等效定理：若两个力偶的力偶矩矢相等，则它们彼此等效。

3. 力矩的计算。

(1) 力对点的矩是一个定位矢量，如图 7－11 所示。

$$\boldsymbol{M}_O(\boldsymbol{F}) = \boldsymbol{r} \times \boldsymbol{F} = \begin{vmatrix} \boldsymbol{i} & \boldsymbol{j} & \boldsymbol{k} \\ x & y & z \\ F_x & F_y & F_z \end{vmatrix},\ |\boldsymbol{M}_O(\boldsymbol{F})| = Fh = 2\triangle OAB$$

(2) 力对轴的矩是一个代数量，可按下列两种方法求得：

① $M_z(\boldsymbol{F}) = \pm F_{xy}h = \pm 2A_{\triangle Oab}$(见图 7－12)

② $M_x(\boldsymbol{F}) = yF_z - zF_y,\ M_y(\boldsymbol{F}) = zF_x - xF_z,\ M_z(\boldsymbol{F}) = xF_y - yF_x$

(3) 力对点的矩与力对通过该点的轴的矩的关系。

$$[\boldsymbol{M}_O(\boldsymbol{F})]_x = M_x(F),\ [\boldsymbol{M}_O(\boldsymbol{F})]_y = M_y(F),\ [\boldsymbol{M}_O(\boldsymbol{F})]_z = M_z(F)$$

4. 空间力系的简化与合成。

(1) 空间汇交力系合成为一个通过其汇交点的合力，其合力矢为

$$\boldsymbol{F}_{\mathrm{R}} = \sum_{i=1}^{n}\boldsymbol{F}_i = \sum_{i=1}^{n}F_{ix}\boldsymbol{i} + \sum_{i=1}^{n}F_{iy}\boldsymbol{j} + \sum_{i=1}^{n}F_{iz}\boldsymbol{k}$$

(2) 空间力偶系合成结果为一合力偶，其合力偶矩矢为

$$\boldsymbol{M}_O = \sum_{i=1}^{n}\boldsymbol{M}_i = \sum_{i=1}^{n}M_{ix}\boldsymbol{i} + \sum_{i=1}^{n}M_{iy}\boldsymbol{j} + \sum_{i=1}^{n}M_{iz}\boldsymbol{k}$$

(3) 空间任意力系向点 O 简化得一个作用在简化中心 O 的力 $\boldsymbol{F}'_{\mathrm{R}}$ 和一个力偶，力偶矩矢为 $\boldsymbol{M}_O$。

$$\boldsymbol{F}'_{\mathrm{R}} = \sum_{i=1}^{n}\boldsymbol{F}_i\text{(主矢)},\ \boldsymbol{M}_O = \sum_{i=1}^{n}\boldsymbol{M}_O(\boldsymbol{F}_i)\text{(主矩)}$$

(4) 空间任意力系简化的最终结果列表如下：

主矢	主　　矩		最后结果	说　　明
$\boldsymbol{F}'_{\mathrm{R}}=0$	$\boldsymbol{M}_O=0$		平衡	
	$\boldsymbol{M}_O\neq 0$		合力偶	此时主矩与简化中心的位置无关
$\boldsymbol{F}'_{\mathrm{R}}\neq 0$	$\boldsymbol{M}_O=0$		合力	合力作用线通过简化中心
	$\boldsymbol{M}_O\neq 0$	$\boldsymbol{F}'_{\mathrm{R}}\perp\boldsymbol{M}_O$	合力	合力作用线离简化中心 O 的距离为 $d=\dfrac{\lvert\boldsymbol{M}_O\rvert}{F'_{\mathrm{R}}}$(见图 7-18)
	$\boldsymbol{M}_O\neq 0$	$\boldsymbol{F}'_{\mathrm{R}}/\!/\boldsymbol{M}_O$	力螺旋	力螺旋的中心轴通过简化中心
		$\boldsymbol{F}'_{\mathrm{R}}$ 与 $\boldsymbol{M}_O$ 成 θ 角	力螺旋	力螺旋的中心轴离简化中心 O 的距离为 $d=\dfrac{\lvert\boldsymbol{M}_O\rvert\sin\theta}{\boldsymbol{F}'_{\mathrm{R}}}$(见图 7-20)

5. 空间任意力系平衡方程的基本形式。

$$\begin{cases}\sum F_x=0,\ \sum F_y=0,\ \sum F_z=0\\ \sum M_x(F)=0,\ \sum M_y(F)=0,\ \sum M_z(F)=0\end{cases}$$

6. 几种特殊力系的平衡方程。(1) 空间汇交力系。

$$\sum F_x=0,\ \sum F_y=0,\ \sum F_z=0$$

(2) 空间力偶系。

$$\sum M_x(F)=0,\ \sum M_y(F)=0,\ \sum M_z(F)=0$$

(3) 空间平行力系若力系中各力与 z 轴平行，则其平衡方程的基本形式为

$$\sum F_z=0,\ \sum M_x(F)=0,\ \sum M_y(F)=0$$

(4) 平面任意力系若力系在 Oxy 平面内，则其平衡方程的基本形式为

$$\sum F_x=0,\ \sum F_y=0,\ \sum M_z(F)=0$$

上述各式，为便于书写，将下标 i 略去。

7. 物体重心的坐标公式。

$$x_C=\frac{\sum P_i x_i}{\sum P_i},\ y_C=\frac{\sum P_i y_i}{\sum P_i},\ z_C=\frac{\sum P_i z_i}{\sum P_i}$$

思　考　题

7-1　作用在刚体上的四个力偶，若其力偶矩矢都位于同一平面内，则一定是平面力偶系？若平面力矩系各力偶矩矢自行封闭，则一定是平衡力系？为什么？

7-2　用矢量积 $\boldsymbol{r}_A\times\boldsymbol{F}$ 计算力 $\boldsymbol{F}$ 对点 O 之矩。当力沿其作用线移动，改变了力作用点的坐标 x、y 、z 时，其计算结果有否变化？

7-3　试证：空间力偶对任一轴之矩等于其力偶矩矢在该轴上的投影。

7-4　空间平行力系简化的结果是什么？可能合成为力螺旋吗？

7-5　(1) 空间力系中各力的作用线平行于某一固定平面；(2) 空间力系中各力的作用线分别汇交于两个固定点。试分析这两种力系最多各有几个独立的平衡方程。

7-6　传动轴用两个止推轴承支持，每个轴承有三个未知力，共 6 个未知量，而空间任意力系的平衡方程恰好有 6 个，是否为静定问题？

7-7　空间任意力系总可以用两个力来平衡，为什么？

7-8　某一空间力系对不共线的三个点的主矩都等于零，此力系是否一定平衡？

7-9　空间任意力系向两个不同的点简化，试问下述情况是否可能：(1) 主矢相等，主矩也相等；(2) 主矢不相等，主矩相等；(3) 主矢相等，主矩不相等；(4) 主矢、主矩都不相等。

7-10　一均质等截面直杆的重心在哪里？若把它弯成半圆形，重心的位置是否改变？

习　题

7-1　已知 $F_1=100$ N，$F_2=300$ N，$F_3=200$ N，作用位置及尺寸如图 7-34 所示；求 力系向 O 点简化的结果。

7-2　已知小正方格的边长为 10 mm，各力的大小及作用线位置如图 7-35 所示，求力系的合力。

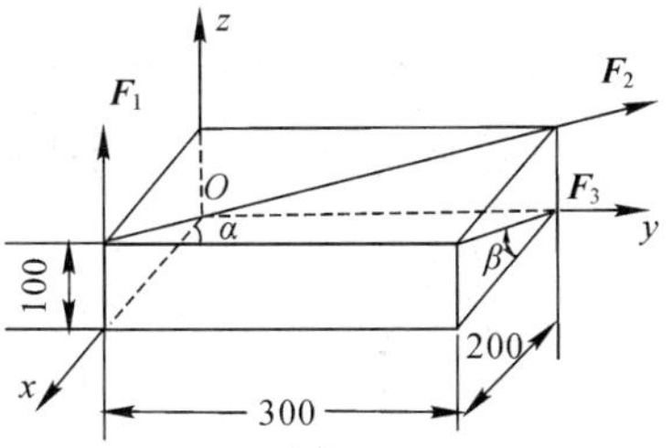

图　7-34

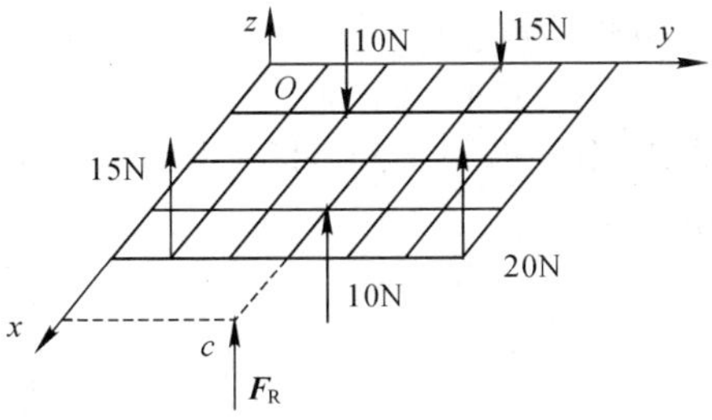

图　7-35

7-3　图 7-36 所示力系 $F_1=25$ kN，$F_2=35$ kN，$F_3=20$ kN，力偶矩 $M=50$ kN·m。各力作用点坐标如图。试计算：(1) 力系向 O 点简化的结果；(2) 力系的合力。

7-4　图 7-37 所示荷载 $F_P=100\sqrt{2}$ N，$F_Q=200\sqrt{2}$ N，分别作用在正方形的顶点 A 和 B 处。试将此力系向 O 点简化，并求其简化的最后结果。

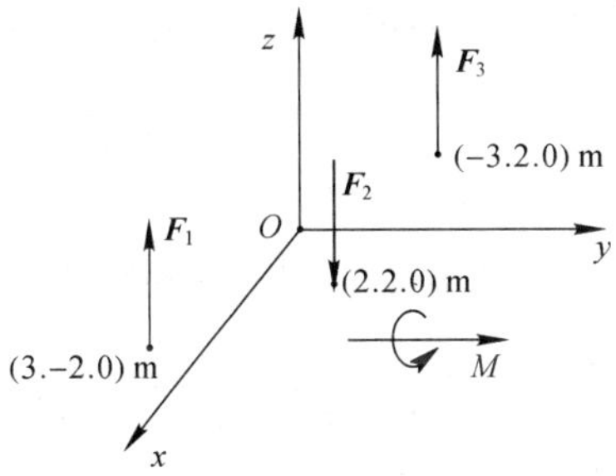

图　7-36

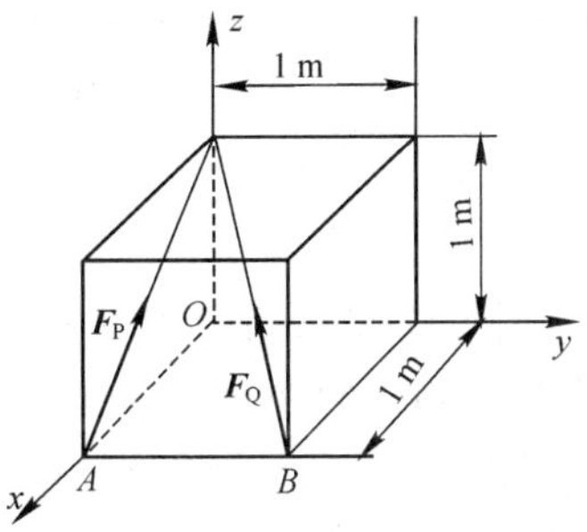

图　7-37

7-5　图 7-38 所示三力 $\boldsymbol{F}_1$、$\boldsymbol{F}_2$ 和 $\boldsymbol{F}_3$ 的大小均等于 F，作用在正方体的棱边上，边长为 a。求力系简化的最后结果。

7-6　如图 7-39 所示，已知 G 处受力 $\boldsymbol{F}$ 作用，板和杆的自重不计，求各杆的内力。

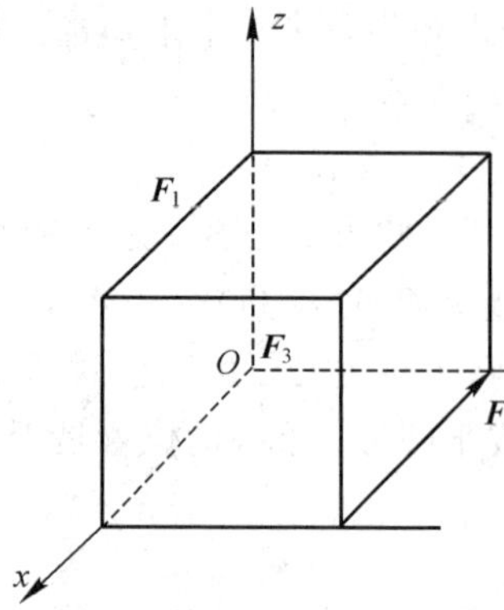

图　7-38

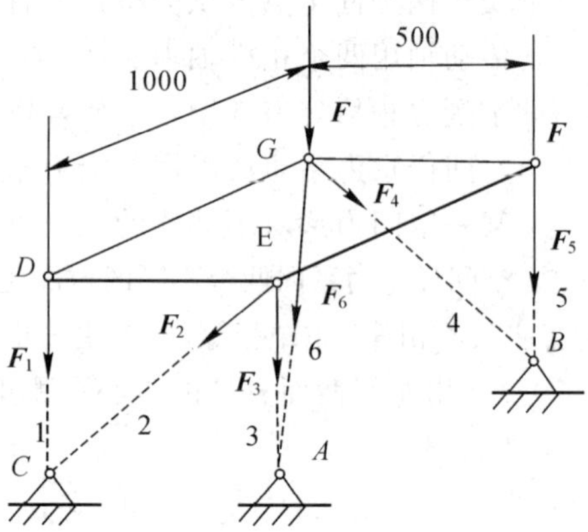

图　7-39

7-7　图 7-40 所示空间桁架由六杆 1、2、3、4、5 和 6 构成。在节点 A 上作用一力 $\boldsymbol{F}$，此力在矩形 $ABDC$ 平面内，且与铅直线成 45°角。$\triangle EAK=\triangle FBM$。等腰三角形 EAK、FBM 和 NDB 在顶点 A、B 和 D 处均为直角，又 $EC=CK=FD=DM$。若 $F=10\ \text{kN}$，求各杆的内力。

7-8　在图 7-41 所示起重机中，已知：$AB=BC=AD=AE$，点 A、B、D 和 E 均为球铰链连接，如三角形 ABC 的投影为 AF 线，AF 与 y 轴的夹角为 α，求铅直支柱和各斜杆的内力。

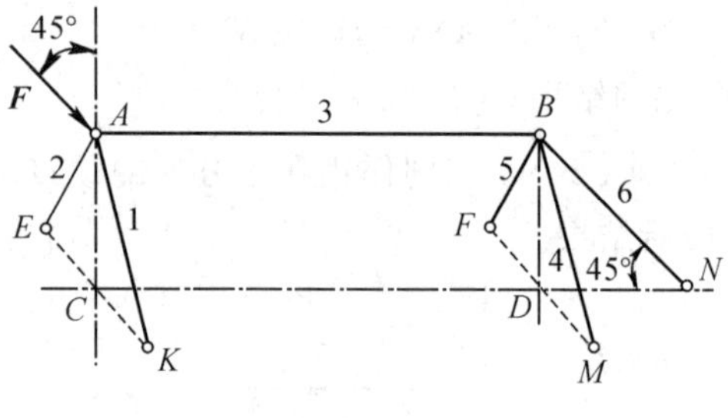

图　7-40

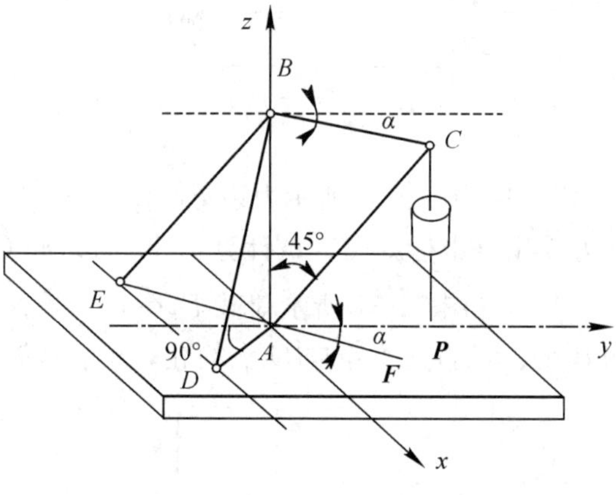

图　7-41

7-9　在图 7-42 所示工件上同时钻四个孔，每孔所受的切削力偶矩均为 8 N·m，每孔的轴线垂直于相应的平面。求这四个力偶的合力偶。

7-10　图 7-43 所示三圆盘 A、B 和 C 的半径分别为 150 mm、100 mm 和 50 mm。三轴 OA、OB 和 OC 在同一平面内，$\angle AOB$ 为直角。在这三圆盘上分别作用力偶，组成各力偶的力作用在轮缘上，它们的大小分别等于 10 N、20 N 和 F。如这三圆盘所构成的物系是自由的，不计物系重量，求能使此物系平衡的力 $\boldsymbol{F}$ 的大小和角 α。

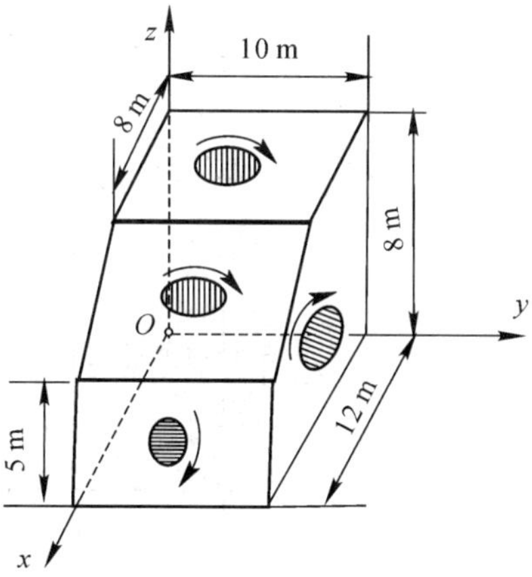

图　7-42

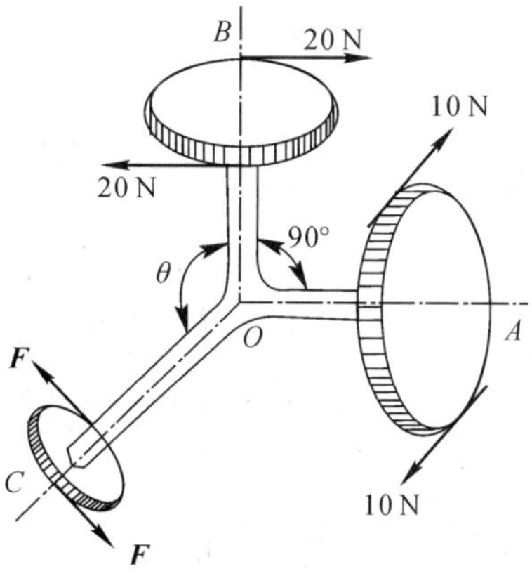

图　7-43

7-11　如图 7-44 所示，均质长方形薄板重 $P=200$ N，用球铰链 A 和蝶铰链 B 固定在墙上，并用绳子 CE 维持在水平位置。求绳子的拉力和支座反力。

7-12　无重曲杆 $ABCD$ 有两个直角，且平面 ABC 与平面 BCD 垂直。杆的 D 端为球铰支座，另一 A 端受轴承支持，如图 7-45 所示。在曲杆的 AB、BC 和 CD 上作用三个力偶，力偶所在平面分别垂直于 AB、BC 和 CD 三线段。已知力偶矩 M_2 和 M_3，求使曲杆处于平衡的力偶矩 M_1 和支座反力。

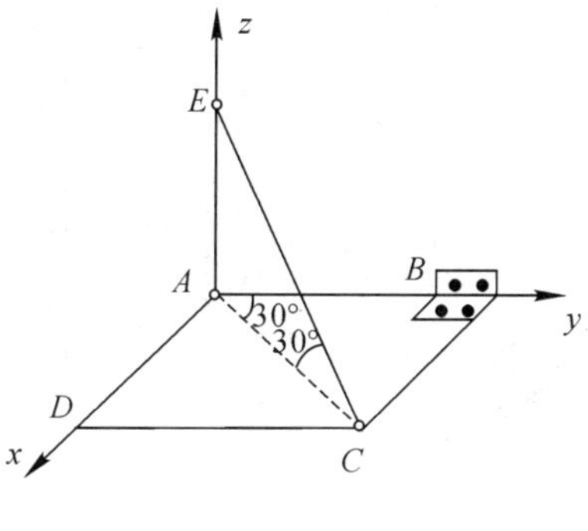

图　7-44

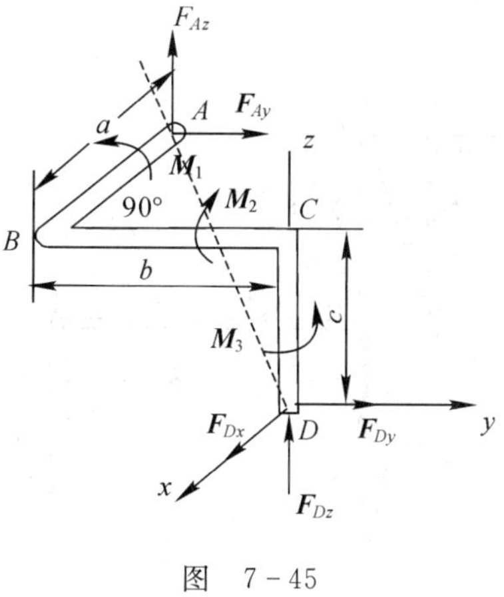

图　7-45

7-13　杆系由球铰连接，位于正方体的边和对角线上，如图 7-46 所示。在节点 D 沿对角线 LD 方向作用力 $\boldsymbol{F}_D$。在节点 C 沿 CH 边铅直向下作用 $\boldsymbol{F}$。如球铰 B、L 和 H 是固定的，杆重不计，求各杆的内力。

7-14　使水涡轮转动的力偶矩为 $M_z=1200$ N·m。在锥齿轮 B 处受到的力分解为三个分力：切向力 $\boldsymbol{F}_\tau$，轴向力 $\boldsymbol{F}_n$ 和径向力 $\boldsymbol{F}_r$。这些力的比例为 $F_\tau:F_n:F_r=1:0.32:0.17$。已知水涡轮连同轴和锥齿轮的总重为 $P=12$ kN，其作用线沿轴 Cz，锥齿轮的平均半径 $OB=0.6$ m，其余尺寸如图 7-47 所示。求止推轴承 C 和轴承 A 的约束力。

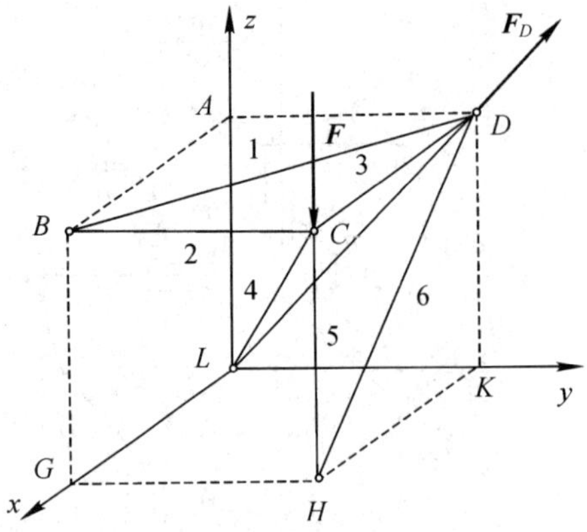

图　7-46

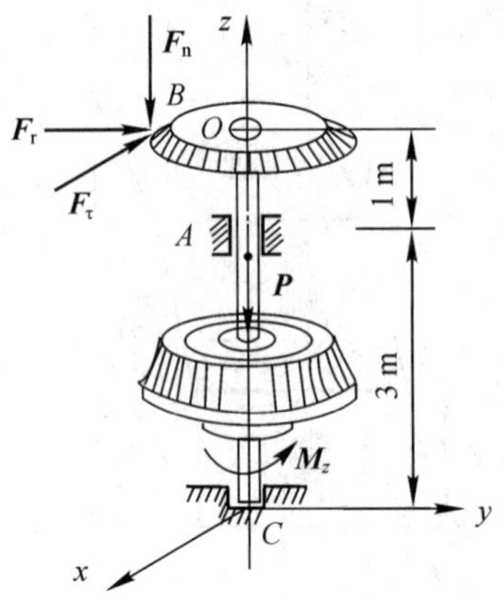

图　7-47

7-15　扒杆如图7-48所示，立柱AB用BG和BH两根缆风绳拉住，并在A点用球铰约束，A、H、G三点位于Oxy平面内，G、H两点的位置对称于y轴，臂杆的D端吊悬的重物重W=20 kN，求两绳的拉力和支座A的约束反力。

7-16　如图7-49所示作用在踏板上的铅垂力$\boldsymbol{F}_1$使得位于铅垂位置的连杆上产生的拉力F=400 N，α=30°，a=60 mm，b=100 mm，c=120 mm。求轴承A、B处的约束力和主动力$\boldsymbol{F}_1$。

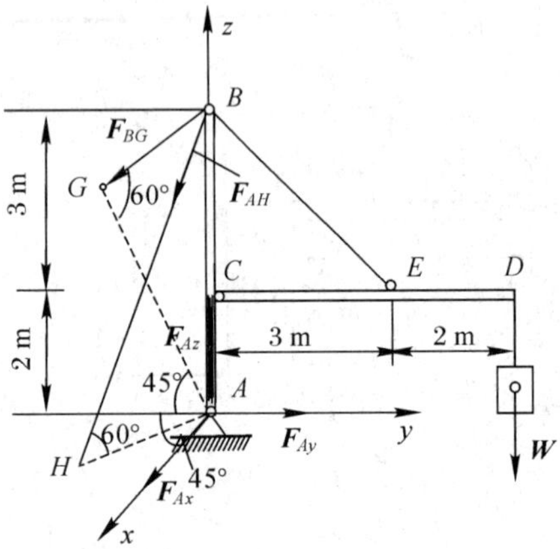

图　7-48

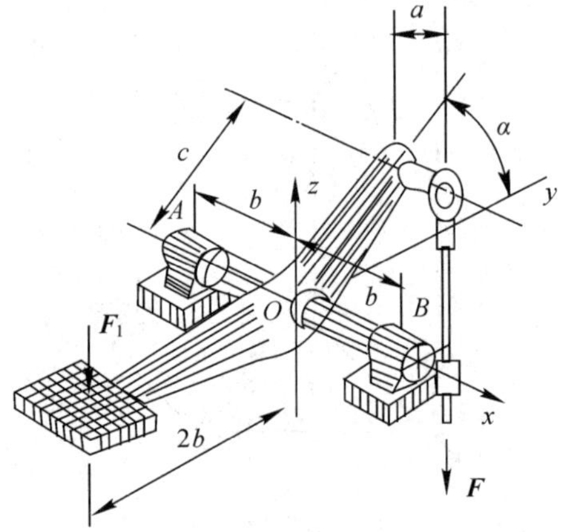

图　7-49

第三篇　动力学

第 8 章　质点的动力学

教学要求：

(1) 掌握动力学基本定律和质点的运动微分方程，要求能正确应用质点的运动微分方程，解决质点动力学的两类问题。

(2) 掌握动力学的三个普遍定理：动量定理、动量矩定理和动能定理。能够恰当地选取研究对象，正确地进行受力分析与运动分析，选择合适的定理解决动力学的两类问题。

动力学是研究作用在物体上的力与物体运动状态变化之间关系的学科。动力学的研究对象是运动速度远小于光速的宏观物体，属经典力学。动力学是物理学和天文学的基础，也是许多工程学科的基础。

动力学的研究以牛顿三个运动定律为基础；牛顿运动定律的建立则以实验为依据。动力学是牛顿力学(又称经典力学)的一部分，但自 20 世纪以来，动力学又常被人们理解为侧重于工程技术应用方面的一个力学分支。

质点是具有一定质量而几何形状和尺寸大小可以忽略不计的物体。质点是物体最简单、最基础的模型，是构成复杂物体系统的基础。动力学可分为质点动力学和质点系动力学(刚体动力学)，前者是后者的基础。

8.1　动力学基本定律

8.1.1　牛顿三定律

1. 牛顿第一定律(惯性定律)

任何物体，如果不受外力作用(包括所受合外力为零的情况)，将保持静止或匀速直线运动状态。这是物体的固有属性，称为惯性。这个定律定性地表明了物体受力与运动之间的关系，即力是改变物体运动状态的根本原因。

2. 牛顿第二定律(力与加速度之间的关系定律)

物体受到外力作用时，所产生的加速度的大小与作用力的大小成正比，而与物体的质量成反比，加速度的方向与力的方向相同。用方程表示为

$$m\boldsymbol{a} = \boldsymbol{F} \tag{8-1}$$

式中，$\boldsymbol{F}$ 为质点所受的合力；m 为质点的质量；$\boldsymbol{a}$ 为质点在力 $\boldsymbol{F}$ 作用下产生的加速度。该表达式又称质点动力学基本方程，它建立了质点的加速度、质量与作用力之间的定量关系。式(8-1)表明，质点的质量越大，其运动状态越不容易改变，因此，质量是质点惯性的度量。

3. 牛顿第三定律(作用与反作用定律)

两物体间相互作用的作用力和反作用力，总是大小相等、方向相反、沿着同一直线。这一定律是静力学的公理之一，适用任何受力或任何运动状态的物体。

作用与反作用定律对研究质点系动力学问题具有重要意义。因为牛顿第二定律只适用于单个质点，而本章将要研究的问题大多是关于质点系的，牛顿第三定律给出了质点系中各质点间相互作用的关系，从而使质点动力学的理论能推广应用于质点系。

8.1.2　惯性参考系

动力学基本定律涉及质点的不同运动状态——静止、匀速直线运动和加速运动等运动状态，所给出的结论只有在惯性参考系中才是正确的。

在某参考系中，若观测某个所受合外力等于零的质点的运动，如果此质点正好处于静止或匀速直线运动状态，则该参考系称为惯性参考系。在一般工程问题中，将固定于地球表面的坐标系或相对于地面作匀速直线运动(平移运动)的坐标系作为惯性参考系。在研究地球自转的影响不可忽略的问题时，需要取以太阳为中心、三根坐标轴指向三个恒星的坐标系作为惯性参考系。本课程如无特殊说明，均采用固定在地球表面的惯性参考系。

8.1.3　力学单位

1. 国际单位制(SI)

国际单位制中，长度、质量和时间的基本单位分别取为 m(米)、kg(千克)和 s(秒)。

力的单位是导出单位。当质量为 1 kg 的质点，获得 1 m/s^2 的加速度时，作用于该质点上的力为

$$1\ \text{N}=1\ \text{kg}\times 1\ \text{m/s}^2$$

2. 厘米克秒制(CGS)

厘米克秒制中，长度、质量和时间的基本单位分别取为 cm(厘米)、g(克)和 s(秒)。力的单位是导出单位。当质量为 1 g 的质点，获得 1 cm/s^2 的加速度时，作用于该质点上的力为 1 dyn(达因)，即

$$1\ \text{dyn}=1\ \text{g}\times 1\ \text{cm/s}^2$$

3. 牛顿和达因的单位换算

$$1\ \text{N}=10^5\,\text{dyn}$$

8.2　质点运动微分方程

在解决工程实际问题时，常根据需要将动力学的基本方程(8-1)改写为其他不同形式，以便应用。

8.2.1　矢量形式的运动微分方程

如图 8-1 所示，设有质量为 m 的质点 M 受到力 $\boldsymbol{F}_1$，$\boldsymbol{F}_2$，…，$\boldsymbol{F}_n$ 的作用做曲线运动，合力为 $\boldsymbol{F}_R$，用 r 表示质点的位矢，则质点的运动微分方程为

$$m\boldsymbol{a}=\sum_{i=1}^{n}\boldsymbol{F}_i=\boldsymbol{F}_{\mathrm{R}} \tag{8-2}$$

由 $\boldsymbol{a}=\dfrac{\mathrm{d}^2\boldsymbol{r}}{\mathrm{d}t^2}$，运动微分方程的另一矢量形式为

$$m\frac{\mathrm{d}^2\boldsymbol{r}}{\mathrm{d}t^2}=\sum_{i=1}^{n}\boldsymbol{F}_i=\boldsymbol{F}_{\mathrm{R}} \tag{8-3}$$

应用矢量形式微分方程进行理论分析非常方便，但有时由于难以确定位置矢量 $\boldsymbol{r}$，以致求解某些具体问题时很困难，而且所得到结果的力学意义也不明显。因此，应用时需要根据具体问题选择合适的坐标形式。

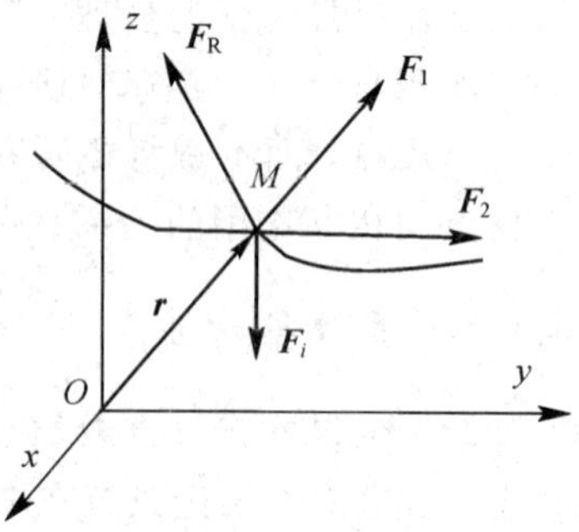

图　8－1

8.2.2　直角坐标形式的运动微分方程

由矢量方程(8－3)在图 8－1 中的直角坐标系上投影，可得到质点的运动微分方程的直角坐标形式：

$$\left.\begin{aligned}m\frac{\mathrm{d}^2x}{\mathrm{d}t^2}&=\sum_{i=1}^{n}F_{xi}\\ m\frac{\mathrm{d}^2y}{\mathrm{d}t^2}&=\sum_{i=1}^{n}F_{yi}\\ m\frac{\mathrm{d}^2z}{\mathrm{d}t^2}&=\sum_{i=1}^{n}F_{zi}\end{aligned}\right\}\quad\text{或}\quad\left.\begin{aligned}ma_x&=F_{\mathrm{R}x}\\ ma_y&=F_{\mathrm{R}y}\\ ma_z&=F_{\mathrm{R}z}\end{aligned}\right\} \tag{8-4}$$

直角坐标形式的运动微分方程，原则上适用于所有问题，也是最常用的形式。但对于如质点沿球面或柱面运动的某些问题，用直角坐标就不如用球坐标或柱坐标方便。

8.2.3　自然坐标形式的运动微分方程

在点的运动学部分，知道了点的全加速度 $\boldsymbol{a}$ 在切线与主法线构成的密切面内，点的加速度在副法线上的投影等于零，即

$$\boldsymbol{a}=a_\tau\boldsymbol{\tau}+a_{\mathrm{n}}\boldsymbol{n},\ a_{\mathrm{b}}=0$$

式中，$\boldsymbol{\tau}$ 和 $\boldsymbol{n}$ 分别是沿轨迹切线和主法线的单位矢量。

将矢量方程(8－2)投影到自然坐标系上，可得到质点运动微分方程的自然坐标形式：

$$\left.\begin{aligned}m\ddot{s}&=\sum_{i=1}^{n}\boldsymbol{F}_{\tau i}=m\boldsymbol{a}_\tau\\ m\frac{\dot{s}^2}{\rho}&=\sum_{i=1}^{n}\boldsymbol{F}_{\mathrm{n}i}=m\boldsymbol{a}_{\mathrm{n}}\\ 0&=\sum_{i=1}^{n}\boldsymbol{F}_{\mathrm{b}i}\end{aligned}\right\} \tag{8-5}$$

式中，ρ 为质点运动轨迹的曲率半径；$\boldsymbol{a}_\tau$ 为质点的切向加速度；$\boldsymbol{a}_{\mathrm{n}}$ 为质点的法向加速度。

需要注意的是，除了以上三种常见形式的质点运动微分方程外，根据点的运动特点，还可以应用其他形式，如柱坐标、球坐标、极坐标等。正确分析研究对象的运动特点，选择一组合适的微分方程，会使问题的求解过程大为简化。

8.2.4　质点动力学的三类基本问题

(1) 第一类基本问题：已知质点的运动，求解此质点所受的力。此时只需对质点已知的运动方程求两次导数，得到质点的加速度，代入质点的运动微分方程，即可求解第一类基本问题。

(2) 第二类基本问题：已知作用在质点上的力，求解此质点的运动。这类问题是解微分方程，即按作用力的函数规律进行积分，并根据问题的具体运动条件确定积分常数。求解微分方程时将出现积分常数，这些积分常数通常根据质点运动的初始条件(如初始速度和初始位置等)来确定。因此，对于这类问题，除了作用于质点的力外，还必须知道质点运动的初始条件。此外，对于含有非线性函数的运动微分方程，大多数情况下很难得到解析解，通常只能应用数值方法求解。

(3) 混合问题：综合第一类基本问题和第二类基本问题的问题，叫做质点动力学混合问题。

例 8-1　曲柄连杆机构如图 8-2(a)所示。曲柄 OA 以匀角速度 ω 转动，$OA=r$，$AB=l$，当 $\lambda=r/l$ 比较小时，以 O 为坐标原点，滑块 B 的运动方程可近似写为 $x=l(1-\lambda^2/4)+r(\cos\omega t+\lambda\cos 2\omega t/4)$，如滑块的质量为 m，忽略摩擦及连杆 AB 的质量，求当 $\varphi=\omega t=0$ 和 $\pi/2$ 时，连杆 AB 所受的力。

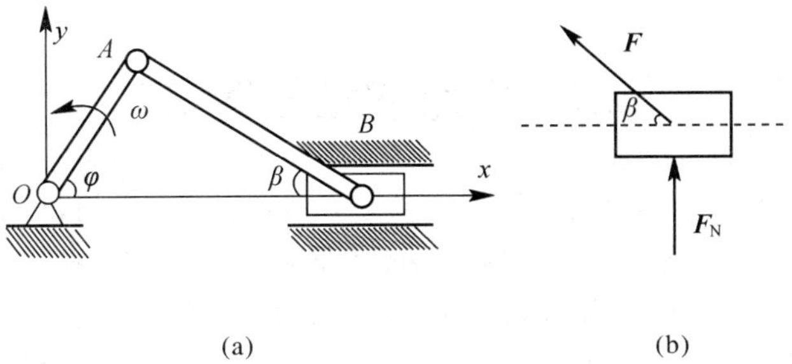

图　8-2

解　该问题属于动力学第一类基本问题。以滑块 B 为研究对象，当 $\varphi=\omega t$ 时，受力如图 8-2(b)所示。滑块 B 沿 x 轴的运动微分方程为

$$ma_x=-F\cos\beta$$

由题已给定的滑块 B 的运动方程，可通过微分求得

$$a_x=\frac{\mathrm{d}^2x}{\mathrm{d}t^2}=-r\omega^2(\cos\omega t+\lambda\cos 2\omega t)$$

当 $\varphi=\omega t=0$ 时，

$$a_x=-r\omega^2(1+\lambda)$$

且 $\beta=0$，可得 AB 杆所受拉力为

$$F=mr\omega^2(1+\lambda)$$

当 $\omega t=\frac{\pi}{2}$时，$a_x=r\omega^2\lambda$，而 $\cos\beta=\frac{\sqrt{l^2-r^2}}{l}$，则有 $mr\omega^2\lambda=-F\frac{\sqrt{l^2-r^2}}{l}$，代入 $\lambda=\frac{r}{l}$，得

$F=-\dfrac{mr^2\omega^2}{\sqrt{l^2-r^2}}$，此时 AB 杆受的力为压力。

例 8-2 如图 8-3 所示，小球质量为 m，悬挂于长为 l 的细绳上，绳重不计。小球在铅垂面内摆动时，在最低处的速度为 $\boldsymbol{v}$；摆到最高处时，绳与铅垂线夹角为 φ，此时小球速度为零。试分别计算小球在最低和最高位置时绳的拉力。

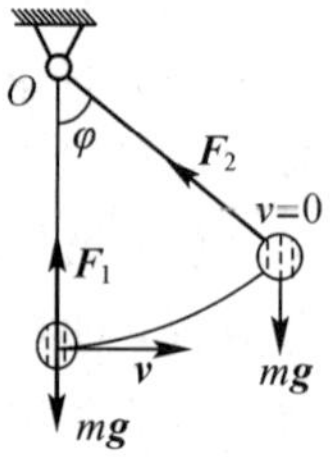

图 8-3

解 如图 8-3 所示，由于小球做圆周运动，小球在最低处受重力 $G=mg$ 和绳拉力 F_1。此时有法向加速度 $a_n=v^2/l$，由质点运动微分方程沿法向的投影式，有

$$F_1-mg=ma_n=m\frac{v^2}{l}$$

则绳的拉力为

$$F_1=mg+m\frac{v^2}{l}=m\left(g+\frac{v^2}{l}\right)$$

小球在最高处 φ 角时，受力分析如图 8-3 所示，由于小球此时速度为零，法向加速度为零，则其运动微分方程沿法向投影式为

$$F_2-mg\cos\varphi=ma_n=0$$

则绳的拉力 $F_2=mg\cos\varphi$。

8.3 质点的动量定理

从本节起，将要讲述解答动力学问题的其它方法，而首先要讨论的是动力学普遍定理(包括动量定理、动量矩定理、动能定理及由此推导出来的其它一些定理)。它们以简明的数学形式，表明两种量 —— 一种是同运动特征相关的量(动量、动量矩、动能等)，一种是同力相关的量(冲量、力 矩、功等) —— 之间的关系，从不同侧面对物体的机械运动进行深入的研究。在一定条件下，用这些定理来解答动力学问题非常方便简捷 。

本节将研究质点的动量定理，建立了动量的改变与力的冲量之间的关系。

1. 质点的动量

质点的质量与速度的乘积 $m\boldsymbol{v}$ 称为质点的动量，按照下式计算：

$$\boldsymbol{p}=m\boldsymbol{v} \tag{8-6}$$

它是瞬时矢量，方向与 $\boldsymbol{v}$ 相同，单位是 kg · m/s。

动量具有明显的物理意义，它是力的作用效应的一种量度。如：子弹的质量很小，但由于其运动速度很大，故可穿透坚硬的钢板；即将靠岸的轮船，虽速度很慢，但由于质量很大，仍可撞坏用钢筋混凝土筑成的码头。

2. 质点的冲量

冲量是指力 $\boldsymbol{F}$ 在时间 t 上的累计，即 $\boldsymbol{F}\cdot t$，用字母 $\boldsymbol{I}$ 表示。由于冲量为矢量 $\boldsymbol{F}$ 乘上一个标量 t，因此冲量仍是矢量，并且具有力 $\boldsymbol{F}$ 的矢量特征，当然由于时间 t 的加入，使得冲量为一过程量。即，力 $\boldsymbol{F}$ 在物体上作用 t 时间的冲量 $\boldsymbol{I}$ 为

$$\boldsymbol{I}=\boldsymbol{F}\cdot t \tag{8-7}$$

3. 质点的动量定理

由牛顿第二定律 $\boldsymbol{F}=m\boldsymbol{a}$，又 $\boldsymbol{a}=\frac{\mathrm{d}\boldsymbol{v}}{\mathrm{d}t}$，故 $\boldsymbol{F}=m\frac{\mathrm{d}\boldsymbol{v}}{\mathrm{d}t}$，也就是

$$\boldsymbol{F}\cdot\mathrm{d}t=m\mathrm{d}\boldsymbol{v} \tag{8-8}$$

写为积分形式为

$$\int_{t_1}^{t_2}\boldsymbol{F}\cdot\mathrm{d}t=\int_{v_1}^{v_2}m\mathrm{d}\boldsymbol{v} \tag{8-9}$$

积分后得

$$\boldsymbol{F}\cdot\Delta t=m\Delta\boldsymbol{v} \tag{8-10}$$

即质点的动量在任一时间内的增量，等于作用于该质点上的力在同一时间内对质点的冲量。此即为质点的动量定理。式(8-8)、式(8-9)、式(8-10)分别为动量定理的微分式、积分式和普通式，可以根据问题的不同选择不同的形式。

将式(8-9)往直角坐标系投影，得

$$\frac{\mathrm{d}}{\mathrm{d}t}(mv_x)=F_x,\ \frac{\mathrm{d}}{\mathrm{d}t}(mv_y)=F_y,\ \frac{\mathrm{d}}{\mathrm{d}t}(mv_z)=F_z$$

积分得

$$\int_{t_1}^{t_2}F_x\cdot\mathrm{d}t=\int_{v_{x1}}^{v_{x2}}m\mathrm{d}v_x,\ \int_{t_1}^{t_2}F_y\cdot\mathrm{d}t=\int_{v_{y1}}^{v_{y2}}m\mathrm{d}v_y,\ \int_{t_1}^{t_2}F_z\cdot\mathrm{d}t=\int_{v_{z1}}^{v_{z2}}m\mathrm{d}v_z$$

即为质点动量定理在坐标轴的投影形式，当只需解决质点在某方向的动力学问题时非常方便，而不需要求解其它方向的动力学问题。

4. 质点的动量守恒

由式(8-9)可知，如果 $F=0$，则 $m\boldsymbol{v}$ 为常矢量，表示质点的动量守恒，此时质点作惯性运动；如果 $F_x=0$，则 mv_x 为常量，表示质点在 x 轴的动量守恒，说明质点沿 x 轴的运动是惯性运动。

例 8-3　如图 8-4(a)所示，锻锤 A 的质量 $m=3000$ kg，从高度 $h=1.45$ m 处自由下落到锻件 B 上。假设锻锤由接触锻件到最大变形所用时间 $t=0.01$ s，求锻锤作用在锻件上的平均碰撞力。

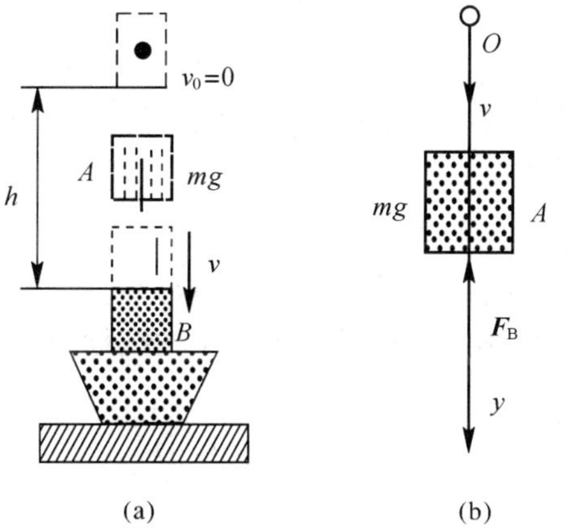

图　8-4

解　取锻锤作为研究对象。从高度 h 自由下落到锻件产生最大变形的过程，可分成两个阶段。

(1) 碰撞前的自由下落阶段。如图 8-4(a)所示，锻锤只受重力作用，由机械能量守恒定律得

$$\frac{1}{2}mv^2 - 0 = mgh$$

得 $v=\sqrt{2gh}$。

(2) 锻锤由开始接触锻件到最大变形阶段。如图 8-4(b)所示，该阶段锻锤受重力 mg 和锻件对锻锤的碰撞力(设其平均值为 F_B)的作用，写出冲量定理在铅直轴 y 上的投影式，并注意到锻件变形最大时锻锤速度为零，从而有

$$0 - mv = mgt - F_B t$$

从而求得

$$F_B = \frac{mv}{t} + mg$$

计算得 $F_B = 16.3\times10^2$ kN。

8.4　质点的动量矩定理

质点的动量定理，建立了动量的改变与力的冲量之间的关系。先考察一个问题：如图 8-5 所示，当质点用一根绳拴住，套在某一轴或一点旋转时，分析在下面三种情况下，质点运动状态的强弱：

(1) 当质量不变、转速不同、绳长不变时。

(2) 当质量不变、速度不变、绳长变化时。

(3) 当质量不同、速度相同、绳长相同时。

显然当其它条件不变时，转速不同、质点到点的距离不同或质量不同时，质点运动的强弱不同，可见需要一个新的参数——动量矩来度量。

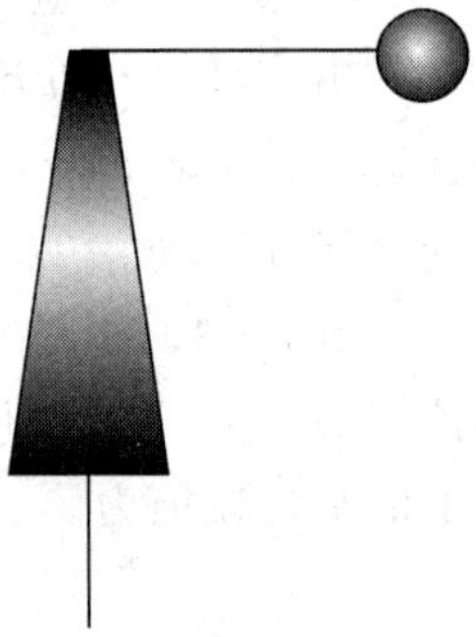

图　8-5

1. 质点动量矩的计算

设质点质量为 m，速度为 $\boldsymbol{v}$，质点相对点 O 的矢经为 $\boldsymbol{r}$，则对点 O 的动量矩定义为

$$\boldsymbol{L}_O(m\boldsymbol{v}) = \boldsymbol{r}\times(m\boldsymbol{v}) \tag{8-11}$$

即质点对点 O 的动量矩等于质点的动量对点 O 的矩。

以点 O 为原点建立直角坐标系 $Oxyz$，质点 A 的坐标为(x, y, z)，则矢径 $\boldsymbol{r}$ 和质点速度 $\boldsymbol{v}$ 的解析投影式为

$$\boldsymbol{r} = x\boldsymbol{i} + y\boldsymbol{j} + z\boldsymbol{k}$$

$$\boldsymbol{v} = v_x\boldsymbol{i} + v_y\boldsymbol{j} + v_z\boldsymbol{k}$$

则式(8-11)可写成如下的行列式：

$$\boldsymbol{L}_O=\boldsymbol{r}\times m\boldsymbol{v}=\begin{vmatrix}\boldsymbol{i} & \boldsymbol{j} & \boldsymbol{k}\\ x & y & z\\ mv_x & mv_y & mv_z\end{vmatrix}\tag{8-12}$$

表明质点对某点 O 点的动量矩是一个矢量，起点在 O 点上，其方向垂直于矢径 $\boldsymbol{r}$ 和速度 $\boldsymbol{v}$ 所确定的平面，其大小等于二者所确定的三角形面积的两倍。如图 8-6 所示，指向由右手螺旋法则确定：四指从 O 点转向 $m\boldsymbol{v}$ 的运动方向。将式(8-12)投影到直角坐标轴上，得到：

$$\left.\begin{aligned}L_x(m\boldsymbol{v})=[L_O(m\boldsymbol{v})]_x=y(mv_z)-z(mv_y)\\ L_y(m\boldsymbol{v})=[L_O(m\boldsymbol{v})]_y=z(mv_x)-x(mv_z)\\ L_z(m\boldsymbol{v})=[L_O(m\boldsymbol{v})]_z=x(mv_y)-y(mv_x)\end{aligned}\right\}\tag{8-13}$$

则

$$L_O=L_x\boldsymbol{i}+L_y\boldsymbol{j}+L_z\boldsymbol{k}$$

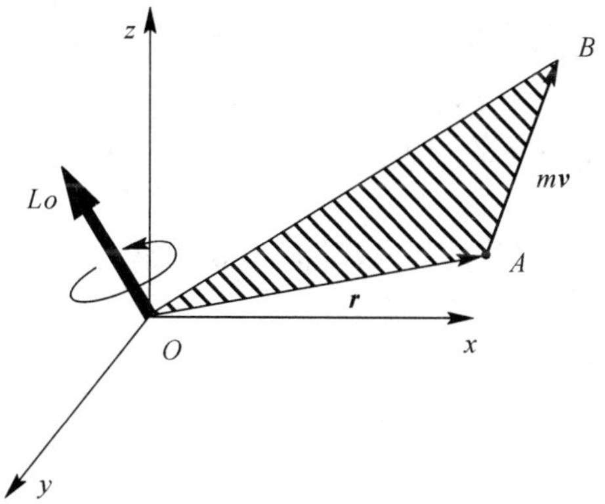

图　8-6

可见，动量对某一点对动量矩在经过该点的坐标轴上的投影，等于动量对于该轴的动量矩。因此，可以通过求动量对轴的矩来求动量对某一点的动量矩。这和在静力学中，力对点的矩以及力对经过该点的直角坐标 x、y 及 z 轴的矩的关系类似。

2. 质点动量矩定理

由式(8-11)，求导得

$$\frac{\mathrm{d}}{\mathrm{d}t}\boldsymbol{L}_O(m\boldsymbol{v})=\frac{\mathrm{d}\boldsymbol{r}}{\mathrm{d}t}\times m\boldsymbol{v}+\boldsymbol{r}\times\frac{\mathrm{d}}{\mathrm{d}t}(m\boldsymbol{v})$$

因为$\frac{\mathrm{d}\boldsymbol{r}}{\mathrm{d}t}=\boldsymbol{v}$，故 $\boldsymbol{v}\times m\boldsymbol{v}=\boldsymbol{0}$。

由质点动量定理$\frac{\mathrm{d}}{\mathrm{d}t}(m\boldsymbol{v})=\boldsymbol{F}$，得

$$\frac{\mathrm{d}}{\mathrm{d}t}\boldsymbol{L}_O(m\boldsymbol{v})=\boldsymbol{r}\times\boldsymbol{F}=\boldsymbol{M}_O(\boldsymbol{F})\tag{8-14}$$

这就是质点的动量矩定理。质点对某固定点的动量矩对时间的一阶导数，等于作用于该质点的力的合力对同一点的矩。

将式(8-14)两边分别向坐标轴投影，再利用对点和对轴动量矩公式可得

$$\left.\begin{aligned}\frac{\mathrm{d}}{\mathrm{d}t}L_x(m\boldsymbol{v})=M_x(\boldsymbol{F})\\\frac{\mathrm{d}}{\mathrm{d}t}L_y(m\boldsymbol{v})=M_y(\boldsymbol{F})\\\frac{\mathrm{d}}{\mathrm{d}t}L_z(m\boldsymbol{v})=M_z(\boldsymbol{F})\end{aligned}\right\}\tag{8-15}$$

可见，质点对某固定轴的动量矩对时间的导数，等于作用于该质点的所有力对于同一轴之矩的代数和。

注意：这儿的固定点和固定轴，都是惯性坐标系下的固定点和固定轴。

如果质点在运动过程中所受的合力对固定点的矩为零，即

$$M_O(\boldsymbol{F})=\boldsymbol{0}$$

则该质点对固定点 O 的动量矩 $L_O(m\boldsymbol{v})$ 保持为常量，称为质点对点的动量矩守恒。动量矩大小和方向不发生变化，方向不变说明 $m\boldsymbol{v}$ 和 $\boldsymbol{r}$ 始终在一个平面内且质点绕相同的方向运行；mvr 大小不变，说明 vr 若大小不变，若 r 小则 v 大。如(行星)绕太阳，月亮绕地球运动等，都属于这种情况。

如果质点在运动过程中所受的合力对固定点的矩不为零，但力 F 对过 O 点的某坐标轴(如 x)的矩为零，即

$$M_x(\boldsymbol{F})=\boldsymbol{0}$$

则

$$\frac{\mathrm{d}}{\mathrm{d}t}L_x(m\boldsymbol{v})=0$$

即 $L_x(m\boldsymbol{v})=$常量。

该质点对 x 轴的动量矩不变，称为即质点对 x 轴的动量矩守恒。

例 8-4　试用动量矩定理导出单摆(数学摆)的运动微分方程。

解　如图 8-7 所示，把单摆看成一个在圆弧上运动的质点 A，设其质量为 m，摆线长 l。又设在任一瞬时质点 A 具有速度 $\boldsymbol{v}$，摆线 OA 与铅垂线的夹角为 φ。

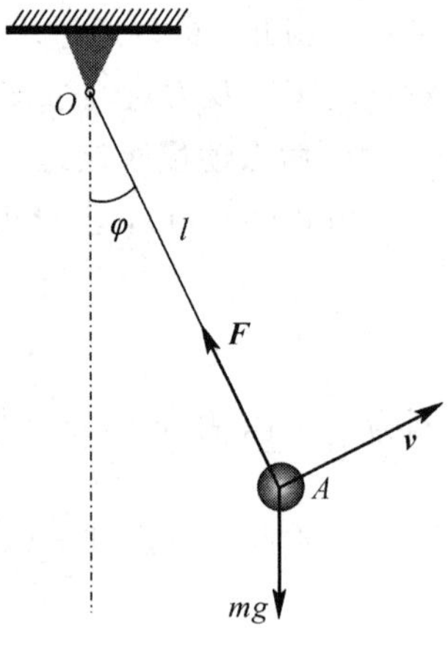

图　8-7

取通过悬点 O 而垂直于运动平面的固定轴 z，质点对此轴的动量矩为

$$L_z(m\boldsymbol{v})=mvl=m(l\omega)l=ml^2\frac{\mathrm{d}\varphi}{\mathrm{d}t}$$

合力对 z 轴的矩为

$$M_z(\boldsymbol{F})=-mgl\sin\varphi$$

由质点动量矩定理得

$$\frac{\mathrm{d}}{\mathrm{d}t}\left(ml^2\frac{\mathrm{d}\varphi}{\mathrm{d}t}\right)=-mgl\sin\varphi$$

化简得

$$\frac{\mathrm{d}^2\varphi}{\mathrm{d}t^2}+\frac{g}{l}\sin\varphi=0$$

这就是单摆的运动微分方程。当 φ 很小时，摆作微摆动，$\sin\varphi\approx\varphi$，于是上式变为

$$\ddot{\varphi}+\frac{g}{l}\varphi=0$$

此微分方程的解为 $\varphi=A\sin\left(\sqrt{\frac{g}{l}}t+\varphi_0\right)$，其中 A 和 φ_0 为积分常数，取决于初始条件。可见单摆的微幅摆动为简谐运动。

8.5　质点的动能定理

8.5.1　力的功的概念

1. 常力的功

设质点 M 在大小和方向都不变的力 $\boldsymbol{F}$ 的作用下，沿直线走过一段路程 $\boldsymbol{s}$，力 $\boldsymbol{F}$ 在这段路程内所积累的效应用力的功来量度，以 W 记之，并定义为

$$W=\boldsymbol{F}\cdot\boldsymbol{s}=Fs\cos\theta \tag{8-16}$$

式中，θ 为力 F 与直线位移方向之间的夹角。

功是代数量，功在国际单位制中的单位为焦耳(J)，1 J 等于 1 N 的力在同方向 1 m 的路程上做的功。

2. 变力的功

如图 8－8 所示，质点 M 在任意变力 $\boldsymbol{F}$ 作用下沿曲线运动，力在无限小位移 $\mathrm{d}\boldsymbol{r}$ 中可视为常力，小弧段 $\mathrm{d}s$ 可视为直线，$\mathrm{d}\boldsymbol{r}$ 可视为沿 M 点的切线。

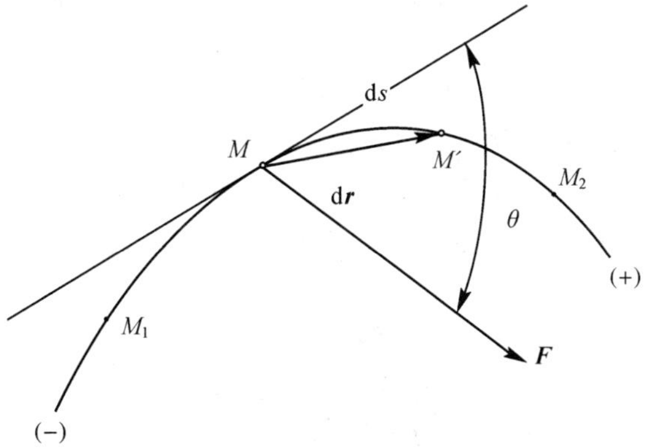

图　8－8

在一无限小位移中力所做的功称为元功，以 δW 表示。所以力的元功为

$$\delta W=\boldsymbol{F}\cdot\mathrm{d}\boldsymbol{r}=F\cos\theta\mathrm{d}s$$

或写成直角坐标形式为

$$\delta W=F_x\mathrm{d}x+F_y\mathrm{d}y+F_z\mathrm{d}z$$

在一般情况下，上式右边不表示某个坐标函数的全微分，所以元功用符号 δW 而不用 $\mathrm{d}W$。

力在有限路程上的功：力在有限路程 M_1M_2 上的功为力在此路程上元功的定积分，即

$$W_{12}=\int_{M_1}^{M_2}\boldsymbol{F}\cdot \mathrm{d}\boldsymbol{r}=\int_0^s F\cos\theta \mathrm{d}s \quad 或 \quad W_{12}=\int_{M_1}^{M_2}(F_x\mathrm{d}x+F_y\mathrm{d}y+F_z\mathrm{d}z) \tag{8-17}$$

可见，当力始终与质点位移垂直时，即 $\theta=0$，该力不做功。

8.5.2　常见力的功

1. 重力的功

如图 8-9 所示，质点沿轨迹由 M_1 运动到 M_2，其重力在直角坐标轴上的投影为

$$F_x=0,\quad F_y=0,\quad F_z=-mg$$

所以重力的功为

$$W_{12}=\int_{z_1}^{z_2}-mg\,\mathrm{d}z=mg(z_1-z_2) \tag{8-18}$$

由此可见，重力的功仅与质点运动开始和终了位置有关，而与运动轨迹无关。

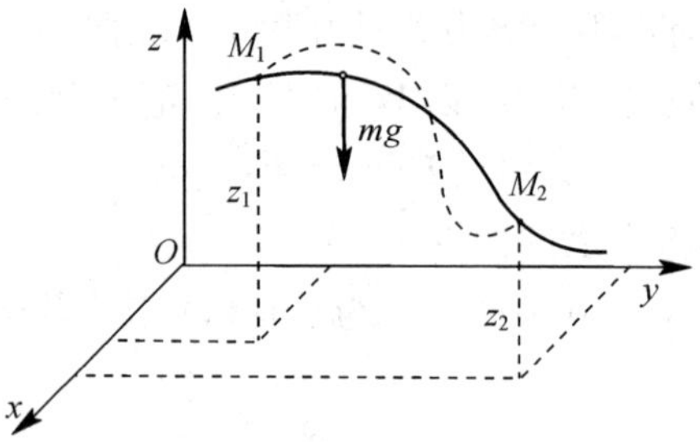

图　8-9

2. 弹性力的功

设质点受指向固定中心 O 点的弹性力作用，当质点的矢径表示为 $\boldsymbol{r}=r\,\boldsymbol{e}_r$时，在弹性限度内弹性力可表示为

$$\boldsymbol{F}=-k(r-l_0)\,\boldsymbol{e}_r$$

式中，k 为弹簧的刚度系数；l_0为弹簧的原长；$\boldsymbol{e}_r$为沿质点矢径方向的单位矢量。

弹性力在如图 8-10 所示有限路程 M_1M_2上的功为

$$W_{12}=\int_{M_1}^{M_2}\boldsymbol{F}\cdot \mathrm{d}\boldsymbol{r}=\int_{M_1}^{M_2}-k(r-l_0)\boldsymbol{e}_r\cdot \mathrm{d}\boldsymbol{r}$$

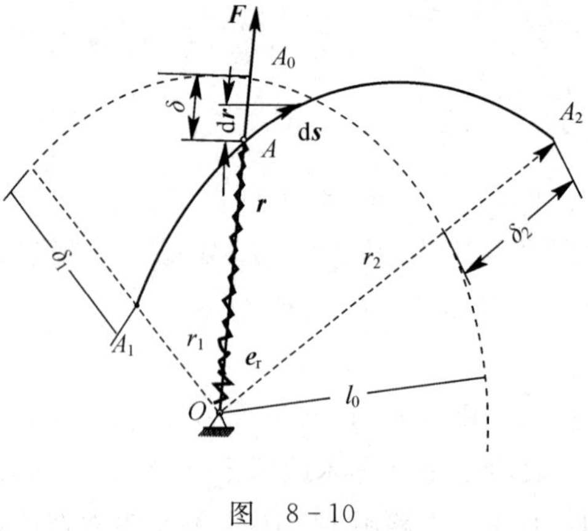

图　8-10

因为

$$\boldsymbol{e}_{\mathrm{r}} \cdot \mathrm{d}\boldsymbol{r} = \frac{\boldsymbol{r}}{r} \cdot \mathrm{d}\boldsymbol{r} = \frac{1}{2r}\mathrm{d}(\boldsymbol{r} \cdot \boldsymbol{r}) = \frac{1}{2r}\mathrm{d}r^2 = \mathrm{d}r$$

那么

$$W_{12} = \int_{r_1}^{r_2} -k(r - l_0)\mathrm{d}r = \frac{1}{2}k\left[(r_1 - l_0)^2 - (r_2 - l_0)^2\right]$$

或

$$W_{12} = \frac{1}{2}k(\delta_1^2 - \delta_2^2) \tag{8-19}$$

式中，δ_1、δ_2 分别为质点在起点及终点处弹簧的变形量。

由式(8－19)可知，弹性力在有限路程上的功只取决于弹簧在开始及终了位置的变形量，而与质点的运动路径无关。

3. 定轴转动刚体上作用力的功

如图 8－11 所示，作用于定轴转动刚体上的力 $\boldsymbol{F}$ 的元功为

$$\delta W = \boldsymbol{F} \cdot \mathrm{d}\boldsymbol{r} = F_\tau \mathrm{d}s = F_\tau R\mathrm{d}\varphi$$

$$F_\tau R = M_z(\boldsymbol{F}) = M_z$$

于是

$$\delta W = M_z \mathrm{d}\varphi$$

积分得力 $\boldsymbol{F}$ 在有限转动中的功为

$$W_{12} = \int_{\varphi_1}^{\varphi_2} M_z \mathrm{d}\varphi$$

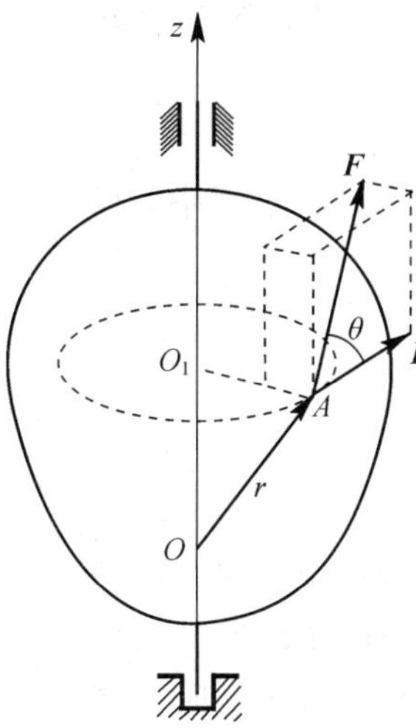

图　8－11

8.5.3　质点的动能定理

质点的动能定理建立了质点的动能与作用力的功之间的关系。牛顿第二定律给出 $m\dfrac{\mathrm{d}\boldsymbol{v}}{\mathrm{d}t} = \boldsymbol{F}$，两边点乘 $\mathrm{d}\boldsymbol{r}$，得

$$m\frac{\mathrm{d}\boldsymbol{v}}{\mathrm{d}t}\cdot \mathrm{d}\boldsymbol{r}=\boldsymbol{F}\cdot \mathrm{d}\boldsymbol{r}$$

因 $\boldsymbol{v}=\frac{\mathrm{d}\boldsymbol{r}}{\mathrm{d}t}$，于是上式可写为

$$m\boldsymbol{v}\cdot \mathrm{d}\boldsymbol{v}=\boldsymbol{F}\cdot \mathrm{d}\boldsymbol{r}$$

或

$$\mathrm{d}\left(\frac{1}{2}mv^2\right)=\delta W \tag{8-20}$$

式(8-20)称为质点动能定理的微分形式，即作用于质点上力的元功等于质点动能的增量。式中，$\frac{1}{2}mv^2$ 为质点的动能；$\delta W=F\cdot \mathrm{d}r$ 为力的元功。

将式(8-20)积分，得

$$\int_{v_1}^{v_2}\mathrm{d}\left(\frac{1}{2}mv^2\right)=W_{12}$$

$$\frac{1}{2}mv_2^2-\frac{1}{2}mv_1^2=W_{12} \tag{8-21}$$

式中，$W_{12}=\int_{M_1}^{M_2}\boldsymbol{F}\cdot \mathrm{d}\boldsymbol{r}$ 为作用于质点上的力在有限路程上的功。

式(8-21)为质点动能定理的积分形式，即质点运动的某个过程中，作用于质点上的力做的功等于质点动能的改变量。

由此可见，力做正功，质点动能增加；力做负功，质点动能减少。

例 8-5　质量为 m 的物块，自高度 h 处自由落下，落到有弹簧支撑的板上，如图 8-12所示。弹簧的刚性系数为 k，不计弹簧和板的质量，求弹簧的最大变形。

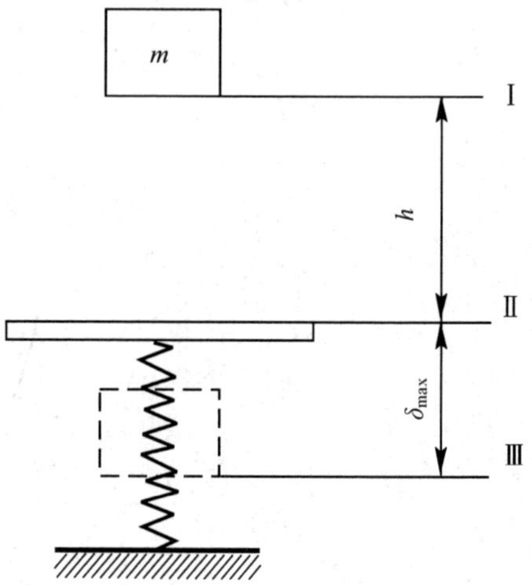

图　8-12

解　将物块下落过程分为两个阶段。

(1) 重物由位置Ⅰ落到板上。在这一过程中，只有重力做功，应用动能定理，有

$$\frac{1}{2}mv_1^2-0=mgh$$

其中

$$v_1=\sqrt{2gh}$$

(2) 物块继续向下运动，弹簧被压缩，物块速度逐渐减小，当速度等于零时，弹簧被压缩到最大变形 $\delta_{\max}$。在这一过程中，重力和弹性力均做功。应用动能定理，有

$$0-\frac{1}{2}mv_1^2=mg\delta_{\max}-\frac{1}{2}k\delta_{\max}^2$$

解得

$$\delta_{\max}=\frac{mg}{k}\pm\frac{1}{k}\sqrt{m^2g^2+2kmgh}$$

由于弹簧的变形量是正值，因此取正号，即

$$\delta_{max}=\frac{mg}{k}+\frac{1}{k}\sqrt{m^2g^2+2kmgh}$$

上述两个阶段，也可以合在一起考虑，即

$$0-0=mg(h+\delta_{max})-\frac{1}{2}k\delta_{max}^2$$

解得的结果与前面所得相同。

上式说明，在物块从位置Ⅰ到位置Ⅲ的运动过程中，重力做正功，弹性力做负功，恰好抵消，因此物块运动始末位置的动能是相同的。显然，物块在运动过程中动能是变化的，但在应用动能定理时不必考虑始末位置之间动能是如何变化的。

本章知识要点

1. 牛顿三定律。

(1) 第一定律(惯性定律)。第一定律反映质点具有惯性，并以其质量来度量惯性。

(2) 第二定律(力与加速度之间的关系的定律)。第二定律反映质点所受的力与其加速度成比例。

(3) 第三定律(作用与反作用定律)。第三定律反映质点上的作用力与反作用力等值、反向、共线，分别作用于质点和另一物体上。

2. 质点动力学基本问题。

(1) 动力学第一类基本问题。第一类基本问题是已知质点的运动，求作用于质点的力。求解这类基本问题时，需要先得到质点的加速度。

(2) 动力学第二类基本问题。第二类基本问题是已知作用于质点的力，求质点的运动。求解这类问题时，一般用积分过程。

(3) 混合问题。综合第一类基本问题和第二类基本问题的问题，叫做质点动力学混合问题。

3. 质点的运动微分方程。

(1) 矢量形式的运动微分方程：

$$m\frac{d^2\boldsymbol{r}}{dt^2}=\sum_{i=1}^{n}\boldsymbol{F}_i$$

(2) 直角坐标形式的运动微分方程：

$$\begin{cases} m\dfrac{d^2x}{dt^2}=\sum\limits_{i=1}^{n}F_{xi} \\ m\dfrac{d^2y}{dt^2}=\sum\limits_{i=1}^{n}F_{yi} \\ m\dfrac{d^2z}{dt^2}=\sum\limits_{i=1}^{n}F_{zi} \end{cases}$$

(3) 微分方程在自然轴上的投影：

$$\begin{cases} m\dfrac{\mathrm{d}v}{\mathrm{d}t}=\sum\limits_{i=1}^{n}F_{\tau i} \\ m\dfrac{v^2}{\rho}=\sum\limits_{i=1}^{n}F_{\mathrm{n}i} \\ 0=\sum\limits_{i=1}^{n}F_{\mathrm{b}i} \end{cases}$$

4. 质点的动量定理。

(1) 质点的动量等于质点的质量与速度的乘积：

$$\boldsymbol{p}=m\boldsymbol{v}$$

(2) 质点的冲量：

$$\boldsymbol{I}=\boldsymbol{F}\cdot t$$

(3) 质点的动量定理。积分形式为

$$\int_{t_1}^{t_2}\boldsymbol{F}\cdot\mathrm{d}t=\int_{v_1}^{v_2}m\,\mathrm{d}\boldsymbol{v}$$

直角坐标系投影形式为

$$\begin{cases} \int_{t_1}^{t_2}F_x\cdot\mathrm{d}t=\int_{v_{x1}}^{v_{x2}}m\,\mathrm{d}v_x \\ \int_{t_1}^{t_2}F_y\cdot\mathrm{d}t=\int_{v_{y1}}^{v_{y2}}m\,\mathrm{d}v_y \\ \int_{t_1}^{t_2}F_z\cdot\mathrm{d}t=\int_{v_{z1}}^{v_{z2}}m\,\mathrm{d}v_z \end{cases}$$

(4) 质点的动量守恒。

① 如果 $F=0$，则 $m\boldsymbol{v}$ 为常矢量，表示质点的动量守恒；

② 如果 $F_x=0$，则 mv_x 为常量，表示质点在 x 轴的动量守恒。

5. 质点的动量矩定理。

(1) 质点的动量矩：

$$\boldsymbol{L}_O(m\boldsymbol{v})=\boldsymbol{r}\times(m\boldsymbol{v})$$

直角坐标系投影形式为

$$\begin{cases} L_x(mv)=[L_O(mv)]_x=y(mv_z)-z(mv_y) \\ L_y(mv)=[L_O(mv)]_y=z(mv_x)-x(mv_z) \\ L_z(mv)=[L_O(mv)]_z=x(mv_y)-y(mv_x) \end{cases}$$

二者关系为

$$\boldsymbol{L}_O=L_x\boldsymbol{i}+L_y\boldsymbol{j}+L_z\boldsymbol{k}$$

(2) 质点的动量矩定理：

$$\frac{\mathrm{d}}{\mathrm{d}t}\boldsymbol{L}_O(m\boldsymbol{v})=\boldsymbol{r}\times\boldsymbol{F}=\boldsymbol{M}_O(\boldsymbol{F})$$

直角坐标系投影形式为

$$\left.\begin{aligned}\frac{d}{dt}L_x(m\boldsymbol{v})&=M_x(\boldsymbol{F})\\\frac{d}{dt}L_y(m\boldsymbol{v})&=M_y(\boldsymbol{F})\\\frac{d}{dt}L_z(m\boldsymbol{v})&=M_z(\boldsymbol{F})\end{aligned}\right\}$$

(3) 质点的动量矩守恒定理。

① 如果 $M_O(\boldsymbol{F})=\boldsymbol{0}$，则质点对固定点 O 的动量矩 $\boldsymbol{L}_O(m\boldsymbol{v})$ 保持为常矢量，表示质点对点的动量矩守恒。

② 如果 $M_O(\boldsymbol{F})\neq\boldsymbol{0}$ 但 $M_x(\boldsymbol{F})=\boldsymbol{0}$，则质点对固定点 O 的动量矩 $L_x(m\boldsymbol{v})$ 保持为常量，表示质点对 x 轴的动量矩守恒。

6. 质点的动能定理。

(1) 力的功。

① 常力功为

$$W_{12}=\boldsymbol{F}\cdot\boldsymbol{s}=Fs\cos\theta$$

② 变力元功为

$$\delta W=\boldsymbol{F}\cdot d\boldsymbol{r}=F_x dx+F_y dy+F_z dz$$

③ 力 F 在有限路程上的功为

$$W_{12}=\int_{M_1}^{M_2}\boldsymbol{F}\cdot d\boldsymbol{r}=\int_{M_1}^{M_2}(F_x dx+F_y dy+F_z dz)$$

④ 常见力的功为

重力功：　$W_{12}=P(z_1-z_2)$

弹性力功：　$W_{12}=\dfrac{k}{2}(\delta_1^2-\delta_2^2)$

力矩功：　$W_{12}=\displaystyle\int_{M_1}^{M_2}M_z d\varphi$

(2) 质点动能：

$$T=\frac{1}{2}mv^2$$

(3) 质点动能定理：

$$\frac{1}{2}mv_2^2-\frac{1}{2}mv_1^2=\int_{M_1}^{M_2}\boldsymbol{F}\cdot d\boldsymbol{r}$$

思　考　题

8-1　一宇航员体重为 700 N，在太空中漫步时，他的体重与在地球上一样吗？

8-2　什么是惯性？是否任何物体都具有惯性？正在加速运动的物体，其惯性是仍然存在还是已经消失？

8-3　如图 8-13 所示，绳子通过两个定滑轮，在绳的两端分别挂着两个质量完全相同的物体，开始时处于静止状态。若给右边的物体一水平速度，则左边物体应该________。

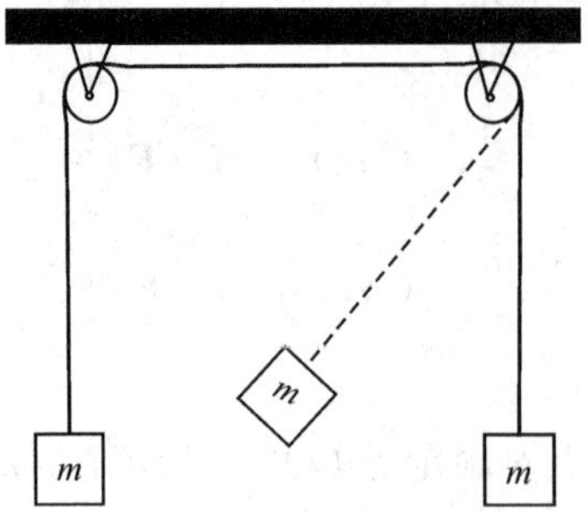

图　8-13

8-4　质点的运动方向是否一定与质点受合力的方向相同？某瞬时，质点的加速度大，是否说明该质点所受的作用力也一定大？

8-5　质量相同的两物体 A 和 B，其初速度相同均为 v_0。现在两物体上分别作用力 F_A 和 F_B，若 $F_A>F_B$，经过相同的时间间隔后，则有________。

A　$v_A>v_B$　　B　$v_A=v_B$　　C　$v_A<v_B$　　D　不能确定

8-6　质量为 m 的质点在力 $\boldsymbol{F}$ 作用下沿曲线运动，如图 8-14 所示。根据动力学基本方程的描述，选出质点运动与所受力的关系不可能出现的应是________。

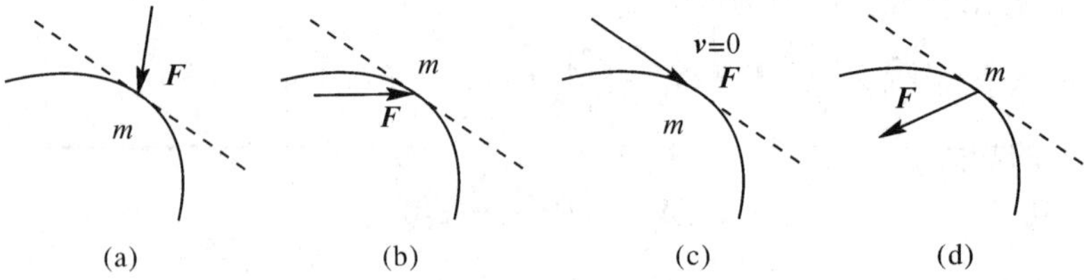

图　8-14

8-7　若知道一质点的质量和所受到的力，能否知道它的运动规律？

8-8　当质点的动量与某轴平行时，质点对该轴的动量矩是否恒为零？

习　题

8-1　质量为 $m=2$ kg 的质点沿空间曲线运动，其运动方程为：$x=4t^2-t^3$，$y=-5t$，$z=t^4-2$。求 $t=1$ s 时作用于该质点的力，包括大小、方向及作用点。

8-2　某质量为 5 kg 的质点在 $\boldsymbol{F}=-90\cos(2t)\boldsymbol{i}-100\sin(2t)\boldsymbol{j}$（$\boldsymbol{F}$ 以 N 计）作用下运动，已知当 $t=0$ 时，$x_0=4$ cm，$y_0=5$ cm，$\dot{x}_0=0$，$\dot{y}_0=10$ cm/s。试求该质点的运动方程。

8-3　水管喷头从 1 m 高处以 13 m/s 的速度向外喷水，水管与水平线夹角为 30°，如图 8-15 所示。求水能达到的最大高度 H 及水平距离 d。

8-4　通过光滑圆环 C 的绳索将物体 A 与 B 相连，已知 $m_A=7.5$ kg，$m_B=6.0$ kg，物体 A 与水平面的摩擦因素 $f=0.6$，在图 8-16 所示瞬时，物体 B 具有朝右上方的速度 $v_B=2$ m/s。若在此时突然剪断墙与物体间的绳子，求该瞬时物体 A 的加速度 a_A。

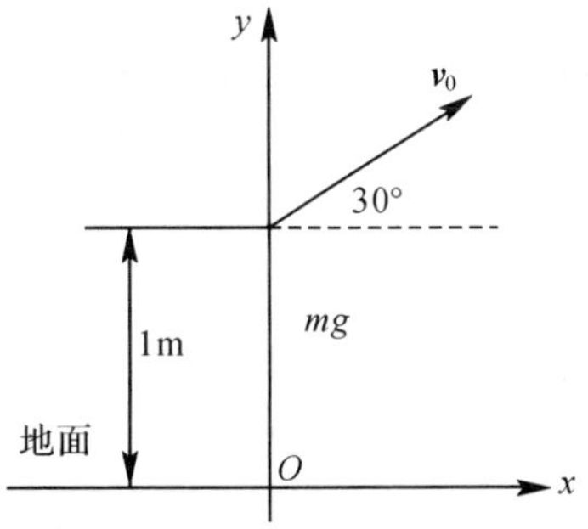

图　8－15

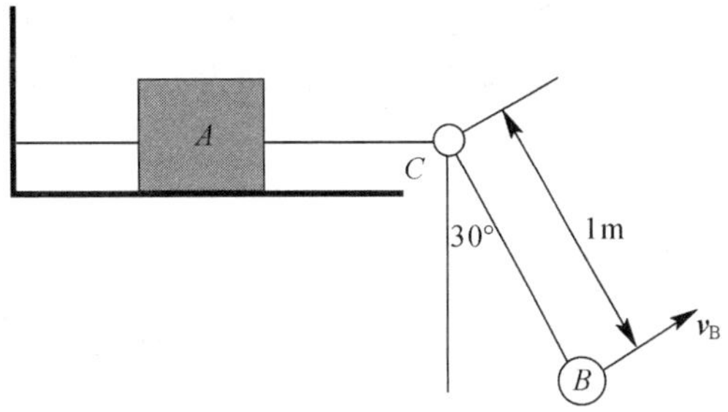

图　8－16

8－5　如图 8－17 所示倾角为 30°的楔形斜面以 $a=4\ m/s^2$ 的加速度向右运动，质量为 $m=5$ kg 的小球 A 用软绳维系置于斜面上，试求绳子的拉力及斜面的压力，并求当斜面的加速度达到多大时绳子的拉力为零?

8－6　水平转台以匀角加速度 α 从静止开始绕 z 轴转动，转台上与转轴距离为 r 处放置一质量为 m 的物块 A，物块与转台间的摩擦因素为 f，如图 8－18 所示。求经过多少时间后，物块开始在转台上怎么运动?

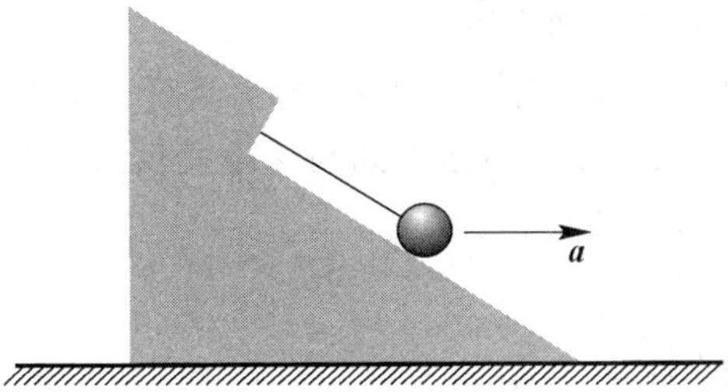

图　8－17

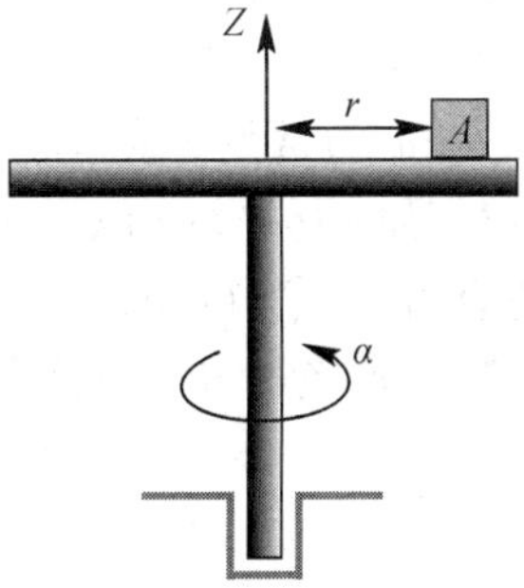

图　8－18

8－7　质量为 3 kg 的销钉 M 在一有直槽的 T 形杆推动下，沿一圆弧槽运动，T 形杆 AB 以匀速 $v=2$ m/s 向右运动，如图 8－19 所示。试求在 $\theta=30°$ 时，槽作用在销钉上的约束反力(不计摩擦)。

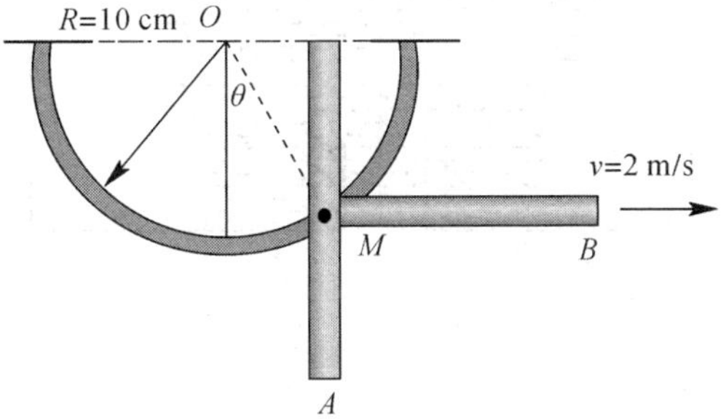

图　8－19

8－8　质量为 1 kg 的物体从高 5 m 处的平台以 1 m/s 的速度水平抛出，不计空气阻

力，求物体落地时的动量。（$g=10\ \mathrm{m/s^2}$）

8-9　如图 8-20 所示，质量为 m 的小球以速度 v 碰到墙壁上，被反弹回来的速度大小为 $2v/3$，若球与墙的作用时间为 t，求小球与墙相碰过程中所受的墙壁给它的作用力。

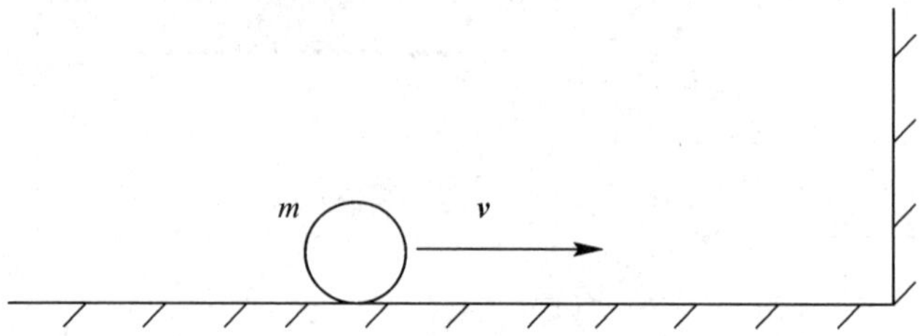

图　8-20

8-10　质量为 10 kg 的铁锤，从某一高度处落下后与立在地面上的木桩相碰，碰前速度大小为 10 m/s，碰后静止在木桩上，若铁锤与木桩的作用时间为 0.1 s，重力加速度取 $g=10\ \mathrm{m/s^2}$。求：

（1）铁锤受到的平均冲力。

（2）木桩对铁锤的平均弹力。

8-11　质量为 m 的质点在平面 Oxy 内运动，其运动方程为

$$x=a\cos\omega t,\qquad y=a\sin 2\omega t$$

其中，a、b、ω 为常数，试求质点对坐标原点 O 的动量矩。

8-12　如图 8-21 所示，小球 B，质量为 m，连接在长为 l 的无重杆 AB 上，放在盛有液体的容器中。杆以初角速度 ω_0 绕 O_1O_2 轴转动，小球受到与速度相反方向的阻力，k 为比例常数。求经过多长时间角速度减为一半？

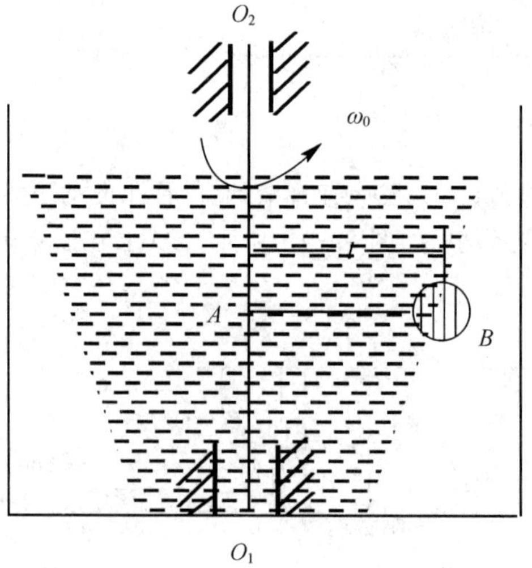

图　8-21

8-13　如图 8-22 所示，均质链条重为 P，长为 l，初始静止，且垂下的部分长为 a，试求链条全部离开桌面时重力所作的功。

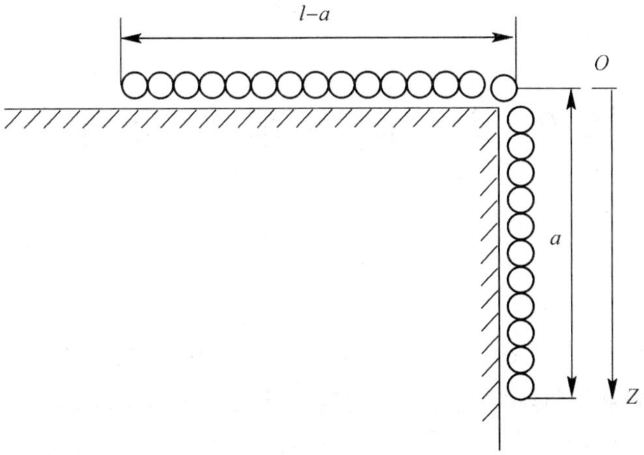

图　8-22

8-14　如图8-23所示，矩形盒 B 的质量为 M，放在水平面上，盒内有一质量为 m 的物体 A，A 与 B、B 与地面间的动摩擦因数分别为 μ_1、μ_2，开始时二者均静止。现瞬间使物体 A 获取一向右且与矩形盒 B 左、右侧壁垂直的水平速度 $\boldsymbol{v}_0$，之后物体 A 在盒 B 的左右壁碰撞时，B 始终向右运动。在 A 与 B 最后一次碰撞后，B 停止运动，A 则继续向右滑行距离 S 后也停止运动，求盒 B 运动的时间 t。

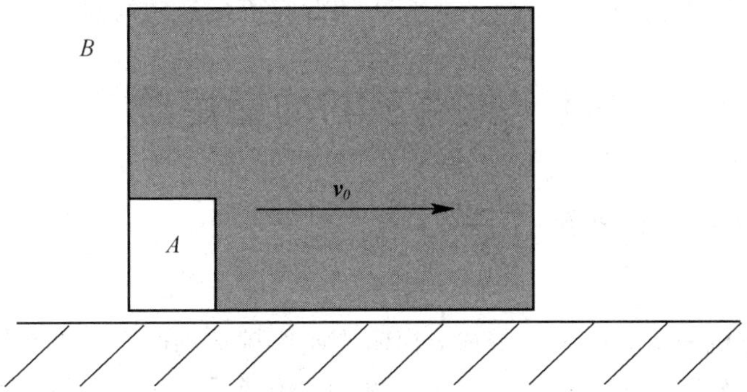

图　8-23

第9章　质点系的动力学

教学要求：

(1) 理解并能计算动力学中的基本物理量：动量、动量矩、动能、冲量、功。

(2) 能通过查表和平行轴定理计算具有简单几何形状的刚体的转动惯量。

(3) 理解并能运用动量定理、质心运动定理、动量矩和动能定理求解简单的动力学问题。

若用质点运动微分方程解决质点系动力学问题，则在数学上会遇到很大困难。因此，这种方法难以在工程问题中推广应用。实际上在许多工程问题中并不需要求出每个质点的运动规律，而是只需知道质点系整体的运动特征就够了。接下来介绍解决质点系动力学问题的其它方法。首先介绍动力学普遍定理。动力学普遍定理包括动量定理、动量矩定理、动能定理。这些定理建立了表现运动特征的量(动量、动量矩、动能)和表现力作用效果的量(冲量、冲量矩、功)之间的关系。在应用普遍定理解决实际问题时，不仅运算简单，而且各个量都具有明确的物理意义，便于更深入地研究机械运动的规律。

9.1　质点系的动量定理

9.1.1　质点系的动量与冲量

1. 动量

物体间往往有机械运动的相互传递，物体传递机械运动时，其相互作用力不仅与物体的速度变化有关，而且与它们的质量有关。例如，子弹质量虽小，但速度很大，当遇到障碍物时，会产生很大的冲击力；轮船靠岸时，速度虽小，但质量很大，操纵稍有疏忽，足以将船撞坏。据此，可以用质点的质量与速度的乘积，来表示质点的这种运动量。

质点的动量为

$$\boldsymbol{p}=m\boldsymbol{v} \tag{9-1}$$

动量为矢量，方向与 $\boldsymbol{v}$ 一致，单位为 kg · m/s。

质点系的动量为

$$\boldsymbol{p}=\sum m_i\boldsymbol{v}_i \tag{9-2}$$

对质点系而言，质心(点 C)坐标的矢量式为 $\boldsymbol{r}_C=\dfrac{\sum m_i\boldsymbol{r}_i}{M}$，对表达式左右两边同时求导，得到 $M\boldsymbol{v}_C=\sum m_i\boldsymbol{v}_i$，因此质点系的动量还可以表达为

$$\boldsymbol{p}=M\boldsymbol{v}_C \tag{9-3}$$

即质点系的动量等于质心速度与其全部质量的乘积。

例 9-1　图 9-1 所示均质轮与均质杆的质量为 m，质心速度大小为 v_C，求动量。

图　9-1

解　(1) 均质圆轮作纯滚动，其动量大小为 $p=mv_C$，方向与速度 $\boldsymbol{v}_C$ 同向。

(2) 均质圆轮作定轴转动，其动量大小为 $p=mv_C=\mathbf{0}$。

(3) 均质杆作定轴转动，其动量大小为 $p=mv_C=m\omega/2$，方向垂直于杆，与速度 $\boldsymbol{v}_C$ 同向。

例 9-2　如图 9-2 所示已知 $m_1=2m_2=4m_3=4m$，$\theta=45°$，求质点系的动量。

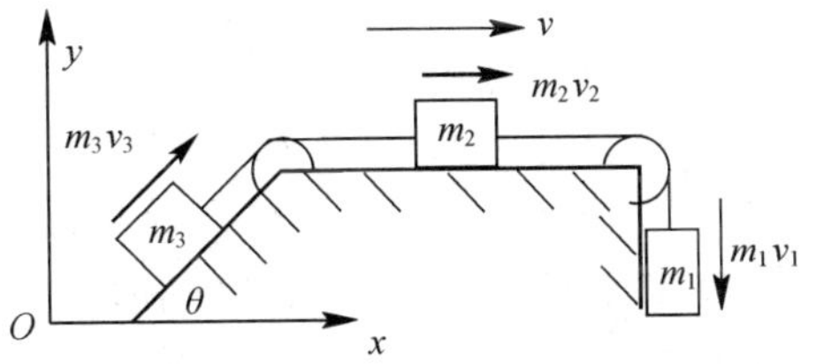

图　9-2

解

$$\boldsymbol{p}=\sum m_i\boldsymbol{v}_i=m_1\boldsymbol{v}_1+m_2\boldsymbol{v}_2+m_3\boldsymbol{v}_3$$

$$p_x=m_2v_2+m_3v_3\cos\theta=2mv+mv\times\frac{\sqrt{2}}{2}=2.707\ mv$$

$$p_y=-m_1v_1+m_3v_3\sin\theta=-4mv+mv\times\frac{\sqrt{2}}{2}=-3.293\ mv$$

$$p=\sqrt{p_x^2+p_y^2}=4.263\ mv$$

方向：$\cos\alpha=\dfrac{p_x}{p}=0.635$，$\cos\beta=\dfrac{p_y}{p}=-0.7725$，$\alpha=-50.58°$，$\beta=-140.58°$。

2. 冲量

物体在力的作用下引起的运动变化，不仅与力的大小和方向有关，还与力作用的时间长短有关。定义力随时间的积累效应为冲量。

常力的冲量为

$$\boldsymbol{I}=\boldsymbol{F}t \tag{9-4}$$

冲量为矢量，方向与 $\boldsymbol{F}$ 一致，单位为 N·s，冲量与动量的量纲相同。

如果力是变量，微元时间内的元冲量为

$$\mathrm{d}\boldsymbol{I}=\boldsymbol{F}\mathrm{d}t \tag{9-5}$$

在时间 t 内的冲量为

$$\boldsymbol{I}=\int_0^t\boldsymbol{F}\mathrm{d}\boldsymbol{t} \tag{9-6}$$

9.1.2 质点系的动量定理

1. 质点的动量定理

由牛顿第二定律 $m\boldsymbol{a}=\dfrac{\mathrm{d}(m\boldsymbol{v})}{\mathrm{d}t}=\boldsymbol{F}$ 得

$$\mathrm{d}(m\boldsymbol{v})=\boldsymbol{F}\mathrm{d}t \tag{9-7}$$

式(9-7)为质点动量定理的微分式，即质点动量的增量等于作用于质点上的元冲量。对上式积分，如时间由 0 到 t，速度由 $\boldsymbol{v}_1$ 到 $\boldsymbol{v}_2$，得

$$m\boldsymbol{v}_2-m\boldsymbol{v}_1=\int_{t_1}^{t_2}\boldsymbol{F}\mathrm{d}t \tag{9-8}$$

式(9-8)为质点动量定理的积分形式，即在某一时间间隔内，质点动量的变化等于作用于质点的力在同一段时间内的冲量。

若质点所受外力为 0，即 $\sum\boldsymbol{F}=0$，则

$$\boldsymbol{p}=m\boldsymbol{v}=c \tag{9-9}$$

式(9-9)为质点动量定理的守恒表达式。

例 9-3 滑块 C 的质量为 $m=19.6$ kg，在力 $P=866$ N 的作用下沿倾角为 30°的导杆 AB 运动。已知力 $\boldsymbol{P}$ 与导杆 AB 之间的夹角为 45°，滑块与导杆的动摩擦系数 $f=0.2$，初瞬时滑块静止，求滑块的速度增大到 $v=2$ m/s 所需的时间。

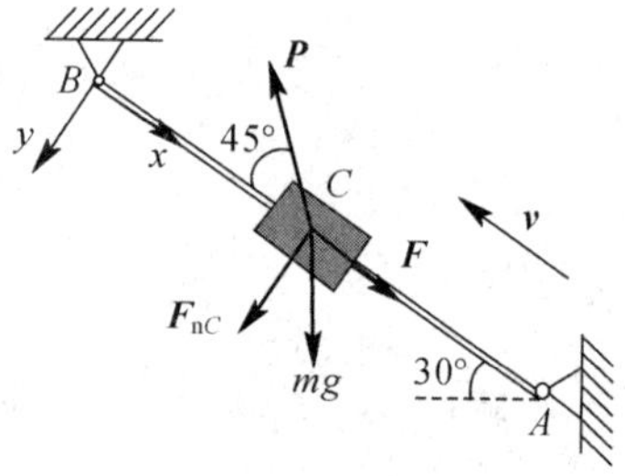

图 9-3

解 研究对象：滑块 C；受力图：受常力作用，如图 9-3所示；运动分析：直线运动。

由动量定理积分形式：

$$mv_{2x}-mv_{1x}=I_x$$
$$mv_{2y}-mv_{1y}=I_y$$

得到

$$-mv-0=(-P\cos45^\circ+mg\sin30^\circ+F)t \tag{1}$$
$$0-0=(-P\sin45^\circ+F_{\mathrm{n}C}+mg\cos30^\circ)t \tag{2}$$

解 式(1)、(2)得

$$F_{\mathrm{n}C}=P\sin45^\circ-mg\cos30^\circ$$
$$F=F_{\mathrm{n}C}=f(P\sin45^\circ-mg\cos30^\circ)$$

$$t=\frac{mv}{P\cos45^\circ-mg\sin30^\circ-f(P\sin45^\circ-mg\cos30^\circ)}=0.0941\ \mathrm{s}$$

2. 质点系的动量定理

对质点系而言，每个质点的动量与元冲量的关系为

$$\mathrm{d}(m_i\boldsymbol{v}_i)=(\boldsymbol{F}_i^{(e)}+\boldsymbol{F}_i^{(i)})\mathrm{d}t \tag{9-10}$$

式中，$\boldsymbol{F}_i^{(e)}$ 为外力，即外界物体对该质点作用的力；$\boldsymbol{F}_i^{(i)}$ 为内力，即质点系内其它质点对该质点作用的力。

因质点系内力等值、反向成对出现，$\boldsymbol{F}_i^{(i)}$ 内力互相平衡，故质点系的动量与元冲量的

关系为

$$\sum \mathrm{d}(m_i \boldsymbol{v}_i) = \sum \boldsymbol{F}_i^{(e)} \mathrm{d}t \tag{9-11}$$

即

$$\mathrm{d}\boldsymbol{p} = \sum \boldsymbol{F}_i^{(e)} \mathrm{d}t = \sum \mathrm{d}\boldsymbol{I}_i^{(e)} \tag{9-12}$$

式(9-12)为质点系动量定理的微分式，质点系动量的增量等于作用于质点系的外力元冲量的矢量和。式(9-12)或写成

$$\frac{\mathrm{d}\boldsymbol{p}}{\mathrm{d}t} = \sum \boldsymbol{F}_i^{(e)} \tag{9-13}$$

即质点系的动量对时间的导数等于作用于质点系的外力的矢量和。动量定理是矢量式，在应用时应取投影式：

$$\begin{cases} \dfrac{\mathrm{d}p_x}{\mathrm{d}t} = \sum F_x^{(e)} \\ \dfrac{\mathrm{d}p_y}{\mathrm{d}t} = \sum F_y^{(e)} \\ \dfrac{\mathrm{d}p_z}{\mathrm{d}t} = \sum F_z^{(e)} \end{cases} \tag{9-14}$$

对式(9-13)积分，如时间由 0 到 t，动量由 $\boldsymbol{p}_0$ 到 $\boldsymbol{p}$，得

$$\boldsymbol{p} - \boldsymbol{p}_0 = \sum \boldsymbol{I}_i^{(e)} \tag{9-15}$$

式(9-15)为质点系动量定理的积分形式，其投影表达形式为

$$\left. \begin{aligned} p_{2x} - p_{1x} &= \sum I_x^{(e)} \\ p_{2y} - p_{1y} &= \sum I_y^{(e)} \\ p_{2z} - p_{1z} &= \sum I_z^{(e)} \end{aligned} \right\} \tag{9-16}$$

式(9-16)表示在某一时间间隔内，质点系动量的改变量等于在这段时间内作用于质点系外力冲量的矢量和。

例 9-4　电动机的外壳固定在水平基础上，定子质量为 m_1，质心位于转轴的中心 O_1，转子质量为 m_2，由于制造误差，转子偏心距为 e。转子以角速度 ω 匀速转动，求基础的水平与垂直约束力。

解　(1) 取电机整体研究，受力、运动分析如图 9-4 所示。

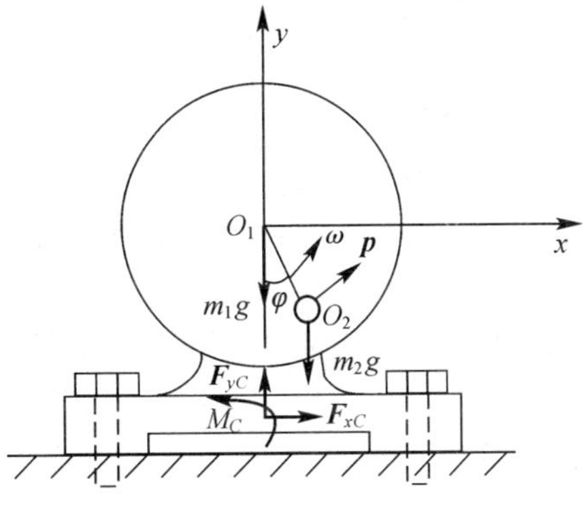

图　9-4

系统总动量为 $p = p_{定子} + p_{转子} = p_{转子} = m_2\omega e$，方向如图，从而有

$$p_x = m_2\omega e\cos\omega t，p_y = m_2\omega e\sin\omega t$$

(2) 由动量定理投影式有

$$\frac{\mathrm{d}p_x}{\mathrm{d}t} = \sum F_x^{(e)}：-m_2\omega^2 e\sin\omega t = F_x$$

$$\frac{dp_y}{dt}=\sum F_y^{(e)}: m_2\omega^2 e\cos\omega t=-m_1 g-m_2 g+F_y$$

(3) 求解得

$$F_x=-m_2\omega^2 e\sin\omega t,\ F_y=(m_1+m_2)g+m_2\omega^2 e\cos\omega t$$

电机不转时，只有向上的基础约束力$(m_1+m_2)g$，为静约束力；电机转动时的基础约束力为动约束力。动约束力与静约束力的差值是由于系统运动产生的，称为附加动约束力。

3. 质点系动量守恒定律

如果作用于质点系的外力的主矢等于零，即 $\sum \boldsymbol{F}^{(e)}=0$，则由$\frac{d\boldsymbol{p}}{dt}=\sum \boldsymbol{F}^{(e)}$ 知 $\boldsymbol{p}=\boldsymbol{p}_0=$常量，即质点系的动量保持不变；如果作用于质点系的外力主矢在某一坐标轴上的投影恒等于零，若$\sum F_x^{(e)}=0$，则由$\frac{dp_x}{dt}=\sum F_x^{(e)}=0$ 知 $p_x=p_{0x}=$常量，即质点系的动量在该坐标轴上的投影保持不变。此为质点系的动量守恒。

质点系动量守恒的现象很多，如子弹与枪体组成的质点系，射击前，动量等于零，射击时子弹获得向前的动量，而枪体则获得向后的动量(反座现象)，当枪在水平方向没有外力时，这个方向总动量保持为零。

再如，静水中有一不动的小船，人与船组成一质点系，当人从船头走向船尾时，船身则向船头方向移动。

例 9-5　如图 9-5 所示，物块 A 可沿水平面自由滑动，其质量为 m_A，小球 B 的质量为 m_B，以细杆与物块铰接，杆长为 l，质量不计，初始系统静止，并有初始摆角 φ_0。释放后，细杆近似以 $\varphi=\varphi_0\cos\omega t$ 规律摆动，ω 为常数，求物块 A 的最大速度。

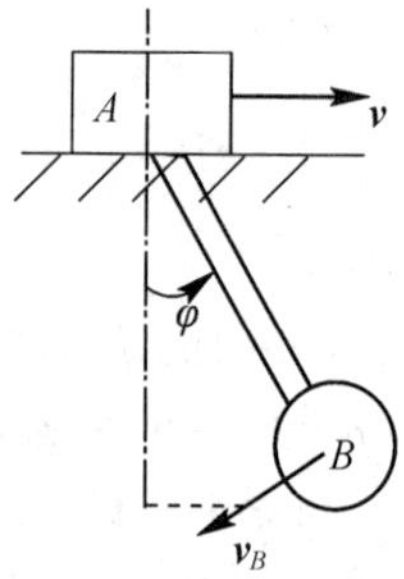

图　9-5

解　(1) 取整体研究，由受力分析知系统水平方向不受外力作用，所以系统沿水平方向动量守恒。

(2) 运动分析。

细杆角速度为

$$\omega=\frac{d\varphi}{dt}=-\omega\varphi_0\sin\omega t$$

当 $\sin\omega t=1$，$\cos\omega t=0$，$\varphi=0$，细杆在铅垂位置，小球相对物块有最大的水平速度，大小为 $v_r=l\dot{\varphi}_{max}=l\omega\varphi_0$。设这时物块向右的绝对速度的大小为 v，则小球向左的绝对速度的大小为 v_r-v。

(3) 根据动量守恒定律，列方程：

$$p_x=p_{x0}=0: m_A v-m_B(v_r-v)=0$$

得

$$v=\frac{m_B v_r}{m_A+m_B}=\frac{m_B l\omega\varphi_0}{m_A+m_B}$$

当 $\sin\omega t=-1$ 时，也有 $\varphi=0$，此时物块有向左的最大速度$\frac{m_B l\omega\varphi_0}{m_A+m_B}$。

9.1.3　质点系的质心运动定理

1. 质心运动定理

因为 $\dfrac{\mathrm{d}\boldsymbol{p}}{\mathrm{d}t}=\dfrac{\mathrm{d}(M\boldsymbol{v}_C)}{\mathrm{d}t}=M\boldsymbol{a}_C=\sum\boldsymbol{F}_i^{(e)}$，由质点系动量定理 $\dfrac{\mathrm{d}\boldsymbol{P}}{\mathrm{d}\boldsymbol{t}}=\sum\boldsymbol{F}_i^{(e)}$，故

$$M\boldsymbol{a}_C=\sum\boldsymbol{F}_i^{(e)} \tag{9-17}$$

此为质点系的质心运动定理，即质点系的质量与质心加速度的乘积等于作用于质点系外力的矢量和。上式与质点的动力学基本方程 $m\boldsymbol{a}=\sum\boldsymbol{F}$ 相似，质心运动定理也可叙述如下：质点系质心的运动，可以看成为一个质点的运动，设想此质点集中了整个质点系的质量及其所受的外力。

式(9-17)是矢量式，应用时取投影式，直角坐标轴上的投影式：

$$Ma_{Cx}=\sum F_x^{(e)},\ Ma_{Cy}=\sum F_y^{(e)},\ Ma_{Cz}=\sum F_z^{(e)} \tag{9-18}$$

自然坐标轴上的投影式：

$$m\frac{v_C^2}{\rho}=\sum F_{\mathrm{n}}^{(e)},\ m\frac{\mathrm{d}v_C}{\mathrm{d}t}=\sum F_{\tau}^{(e)},\ \sum F_{\mathrm{b}}^{(e)}=0 \tag{9-19}$$

例如爆破山石时，石块向四处飞落，在碎石落地前，全部石块的质心运动与一个抛射质点的运动一样，根据质心运动轨迹，可在定向爆破时，预先估计大部分石块堆落的地方，见图 9-6。

图　9-6

例 9-6　均质曲柄 AB 长 r，质量为 m_1，假设受力偶作用以不变的角速度 ω 转动，并带动滑槽、连杆及活塞 D，滑槽、连杆及活塞的总质量为 m_2，质心在点 C。滑块 B 质量不计，在活塞 D 上作用一恒力 $\boldsymbol{F}$，不计摩擦，求曲柄 AB 在 A 处受到的最大水平分力。

解　(1) 取整体研究，水平方向受力如图 9-7 所示。

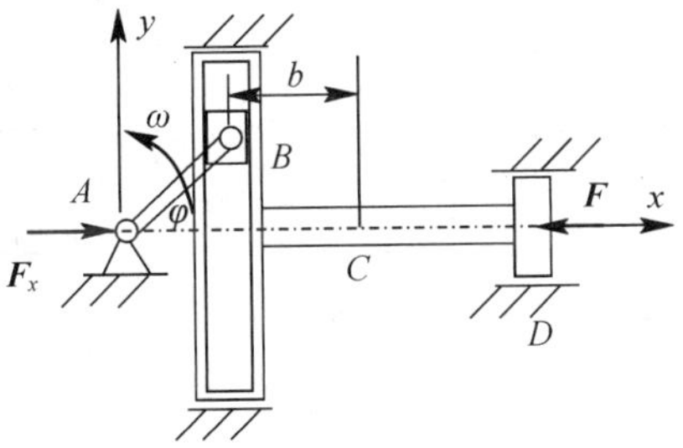

图　9-7

(2) 质心运动定理在 x 轴上的投影式：

$$ma_{Cx}=\sum F_x^{(e)}\text{：}(m_1+m_2)a_{Cx}=F_x-F$$

因为

$$x_C=\frac{m_1\dfrac{r}{2}\cos\varphi+m_2(r\cos\varphi+b)}{m_1+m_2},\quad a_C=\frac{\mathrm{d}^2x_C}{\mathrm{d}t^2}=\frac{-r\omega^2}{m_1+m_2}\left(\frac{m_1}{2}+m_2\right)\cos\omega t$$

解得

$$F_x=F-r\omega^2\left(\frac{m_1}{2}+m_2\right)\cos\omega t$$

所以最大水平分力为

$$F_{x\max}=F+r\omega^2\left(\frac{m_1}{2}+m_2\right)$$

2. 质心运动守恒定理

如作用于质点系的外力主矢恒等于 0，则质心做匀速直线运动，若开始静止，则质心位置始终保持不变。即 $\sum \boldsymbol{F}^{(e)}=0$，由 $m\boldsymbol{a}_C=\sum \boldsymbol{F}^{(e)}$ 知 $\boldsymbol{a}_C=\dfrac{\mathrm{d}\boldsymbol{v}_C}{\mathrm{d}t}=0$，$\boldsymbol{v}_C=$常量；若 $t=0$ 时，$\boldsymbol{v}_C=0$，则由 $\boldsymbol{v}_C=\dfrac{\mathrm{d}\boldsymbol{r}_C}{\mathrm{d}t}$ 知 $\boldsymbol{r}_C=$常量。此为质点系质心运动全局守恒定理。

如作用于质点系的外力在某轴上投影的代数和恒等于 0，则质心在该轴上的速度的投影保持不变，若开始时速度投影等于 0，则质心沿该轴的坐标保持不变。即 $\sum F_x^{(e)}\equiv 0$，则由 $ma_{Cx}=\sum F_x^{(e)}$ 知 $a_{Cx}=\dfrac{\mathrm{d}v_{Cx}}{\mathrm{d}t}=0$，$v_{Cx}=$常量；若 $t=0$ 时，$v_{Cx}=0$，则由 $v_{Cx}=\dfrac{\mathrm{d}x_C}{\mathrm{d}t}$，知 $x_C=$常量。此为质点系质心运动局部守恒定理。

例 9-7　在静止的小船上，一个站在船头的人想上岸，小船质量 $m_1=210$ kg，人质量 $m_2=70$ kg，船头距岸 0.8 m，人的步长为 0.8 m，水的阻力不计。那么人能否上岸？差多少？

解　(1) 取船和人整体研究，由受力分析知，系统水平方向外力为 0，又因开始时静止，因此系统质心在水平轴上的坐标保持不变。

(2) 列方程求解：

$$x_{C1}=x_{C2}$$

$$x_{C1}=\frac{m_1(0.8+l/2)+m_2\times 0.8}{m_1+m_2}$$

$$x_{C2}=\frac{m_1(s+0.8+l/2)+m_2\times(s+0.4)}{m_1+m_2}$$

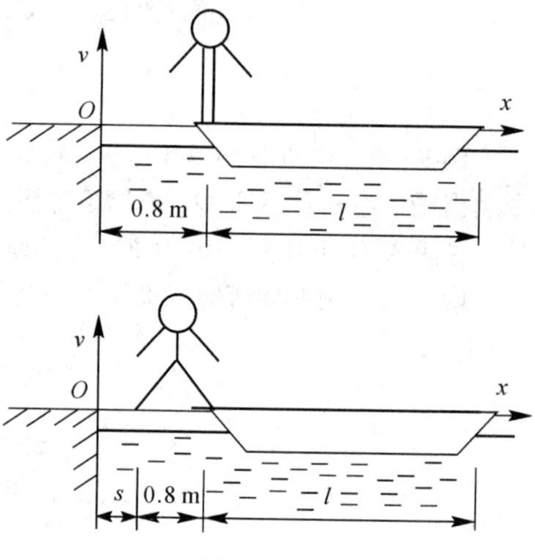

图　9-8

所以

$$m_2\times 0.4=(m_1+m_2)s$$

所以

$$s=\frac{70\times 0.4}{210+70}=0.1\ \mathrm{m}$$

因此人不能上岸，差 0.1 m。

9.2　质点系的动量矩定理

9.2.1　质点系的动量矩

1. 质点的动量矩

质点的动量矩，也称角动量(Angular Momentum)，是用于描述转动特征的物理量。

一质量为 m 的质点，以速度 $\boldsymbol{v}$ 运动，如图 9－9 所示，相对于坐标原点 O 的位置矢量为 $\boldsymbol{r}$，定义质点对坐标原点 O 的动量矩为该质点的位置矢量与动量的矢量积，即

$$\boldsymbol{L}=\boldsymbol{M}_O(m\boldsymbol{v})=\boldsymbol{r}\times\boldsymbol{P}=\boldsymbol{r}\times m\boldsymbol{v} \tag{9-20}$$

动量矩是矢量，大小为 $L=rmv\sin\alpha$，式中 α 为质点动量与质点位置矢量的夹角；动量矩的方向可用右手螺旋法则来确定，如图 9－10 所示；动量矩的单位为 $\mathrm{kg\cdot m^2\cdot s^{-1}}$。

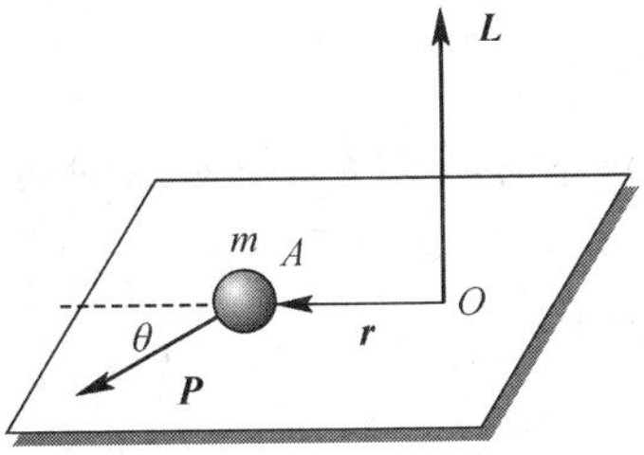

图　9－9

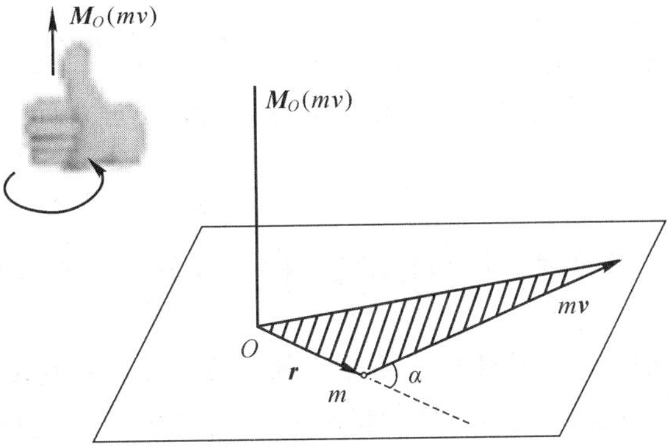

图　9－10

针对质点的动量矩，须说明：

(1) 动量矩，也称为角动量，大到天体，小到基本粒子，都具有转动的特征。但从 18 世纪定义角动量，直到 20 世纪人们才开始认识到角动量是自然界最基本最重要的概念之一，它不仅在经典力学中很重要，而且在近代物理中的运用更为广泛。

例如，电子绕核运动，具有轨道角动量，电子本身还有自旋运动，具有自旋角动量等。原子、分子和原子核系统的基本性质之一，是它们的角动量仅具有一定的不连续的量值。这叫做角动量的量子化。因此，在这种系统的性质的描述中，角动量起着主要的作用。

(2) 角动量不仅与质点的运动有关，还与参考点有关。对于不同的参考点，同一质点有不同的位置矢量，因而角动量也不相同。因此在说明一个质点的角动量时，必须指明是相对于哪一个参考点而言的。

(3) 动量矩的定义式 $\boldsymbol{L}=\boldsymbol{r}\times\boldsymbol{P}=\boldsymbol{r}\times m\boldsymbol{v}$ 与力矩的定义式 $\boldsymbol{M}=\boldsymbol{r}\times\boldsymbol{F}$ 形式相同，故称为

动量矩——动量对转轴的矩，见图 9-11。

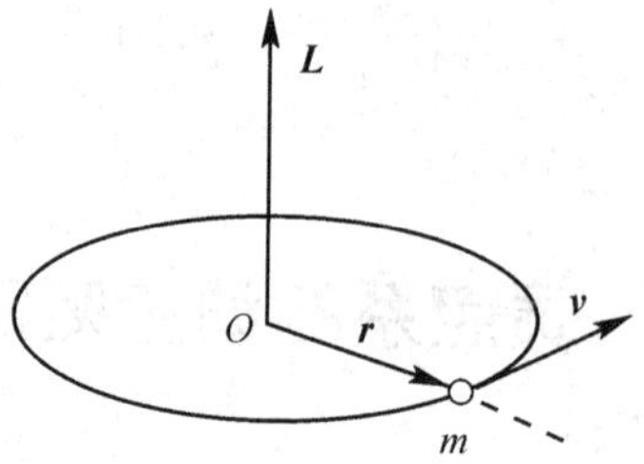

图　9-11

(4) 若质点作圆周运动，$\boldsymbol{v}\perp\boldsymbol{r}$，且在同一平面内，则角动量的大小为 $L=mrv=mr^2\omega$。

(5) 质点作匀速直线运动时，尽管位置矢量 $\boldsymbol{r}$ 变化，但是质点的角动量 $\boldsymbol{L}$ 保持不变，$L=mrv\sin\alpha=mrd$。

(6) 类似于力对点的力矩和力对轴的力矩的关系，质点对质点对点 O 的动量矩矢在某轴上的投影，等于质点对该轴的动量矩，即$[\boldsymbol{M}_O(m\boldsymbol{v})]_z=M_z(m\boldsymbol{v})$。

2. 质点系的动量矩

质点系对固定点 O 的动量矩等于质点系内各质点对固定点 O 的动量矩的矢量和，即

$$\boldsymbol{L}_O=\sum_{i=1}^{n}\boldsymbol{M}_O(m_i\boldsymbol{v}_i) \tag{9-21}$$

质点系对固定轴 z 的矩等于质点系内各质点对同一轴 z 动量矩的代数和，即

$$L_z=\sum_{i=1}^{n}M_z(m_i\boldsymbol{v}_i)=[\boldsymbol{L}_O]_z \tag{9-22}$$

刚体作平移时动量矩的计算：将刚体的质量集中在刚体的质心上，按质点的动量矩计算。

刚体作定轴转动时动量矩的计算：设定轴转动刚体如图 9-12 所示，其上任一质点 i 的质量为 m_i，到转轴的垂直距离为 r_i，某瞬时的角速度为 ω，刚体对转轴 z 的动量矩由式(9-22)得

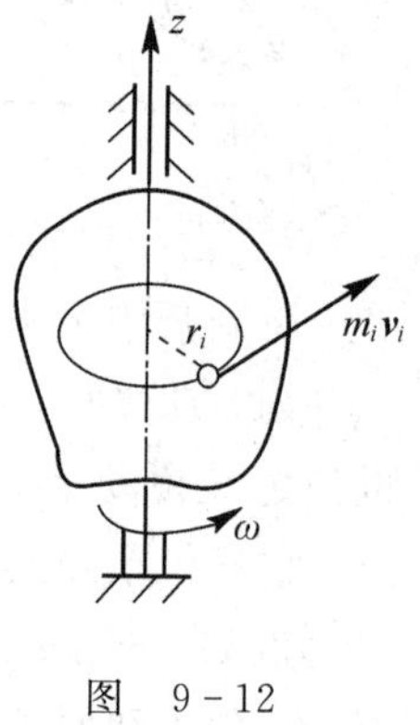

图　9-12

$$L_z=\sum_{i=1}^{n}M_z(m_i\boldsymbol{v}_i)=\sum_{i=1}^{n}(m_iv_ir_i)=\sum_{i=1}^{n}(m_i\omega r_ir_i)$$
$$=\left(\sum_{i=1}^{n}m_ir_i^2\right)\omega=J_z\omega$$

即

$$L_z=J_z\omega \tag{9-23}$$

其中，$J_z=\sum_{i=1}^{n}m_ir_i^2$ 为刚体对转轴 z 的转动惯量(具体参考附录)。

定轴转动刚体对转轴 z 的动量矩等于刚体对转轴 z 的转动惯量与角速度的乘积。

3. 刚体对轴的转动惯量

1) 简单形状物体的转动惯量

(1) 均质细直杆对 z_C 轴的转动惯量。如图 9-13 所示，设质量为 m，杆长为 l，则

$$J_z = \sum m_i r_i^2 = \int_{-l/2}^{l/2} x^2 \frac{m}{l} \mathrm{d}x = \frac{ml^2}{12}$$

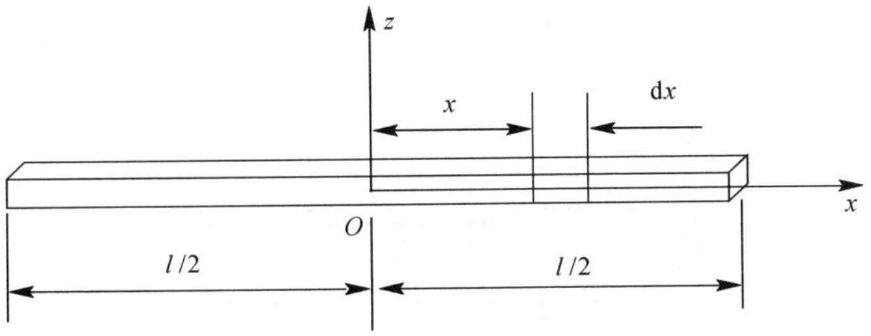

图　9-13

(2) 均质薄圆环(薄壁圆筒，见图 9-14)对中心轴的转动惯量为

$$J_z = \sum m_i r_i^2 = R^2 \sum m_i = mR^2$$

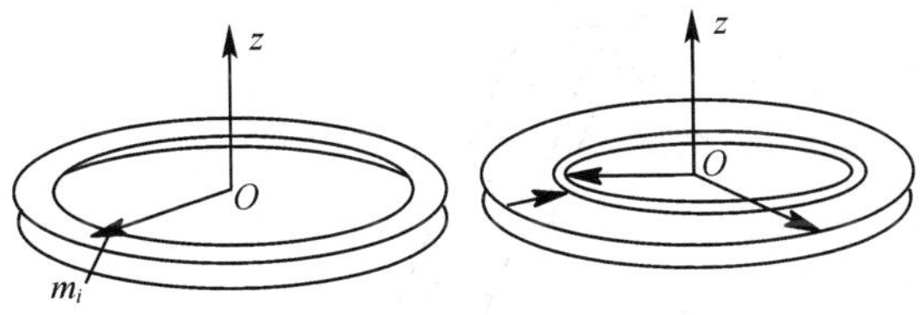

图　9-14

(3) 均质圆板(圆柱)对中心轴的转动惯量为

$$J_z = \sum m_i r_i^2 = \int_0^R r^2 \frac{m}{\pi R^2} \times 2\pi r \mathrm{d}r = \frac{mR^2}{2}$$

2) 惯性半径

令 $\rho_z = \sqrt{\frac{J_z}{m}}$，为惯性半径或回转半径，则

$$J_z = m\rho_z^2$$

对简单几何形状或几何形状已标准化的零件的惯性半径、转动惯量可在有关手册中查到。

3) 平行轴定理

定理：如图 9-15 所示，刚体对于任一轴的转动惯量，等于刚体对于通过质心，并与该轴平行的轴的转动惯量，加上刚体的质量与两轴间距离平方的乘积，即

$$J_z = J_{zC} + md^2$$

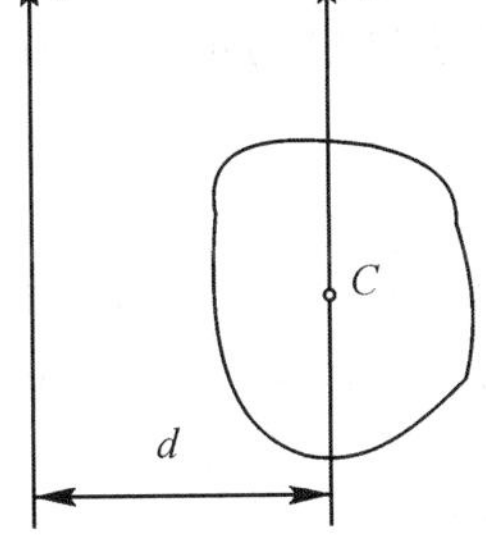

图　9-15

例 9-8　质量为 m，长为 l 的均质细杆，如图 9-16 所示，求 J_z。

解　根据平行移轴定理有

$$J_z = J_{zC} + m\left(\frac{l}{2}\right)^2 = m\frac{l^2}{12} + m\frac{l^2}{4} = m\frac{l^2}{3}$$

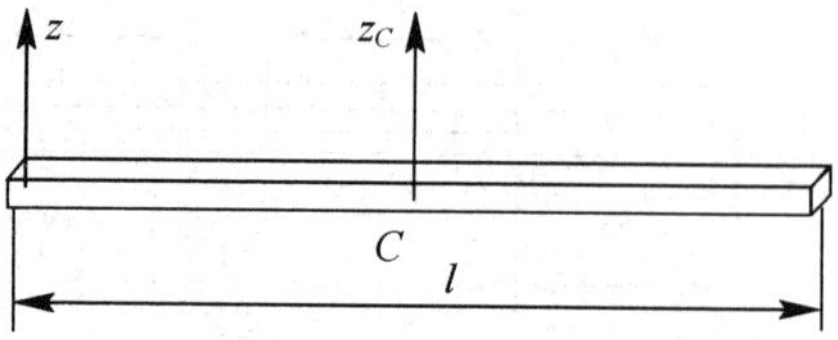

图　9-16

例 9-9　钟摆简化如图 9-17 所示，均质细杆质量为 m_1，杆长为 l，均质圆盘质量为 m_2，圆盘直径为 d。求摆对悬挂点 O 的水平轴的转动惯量。

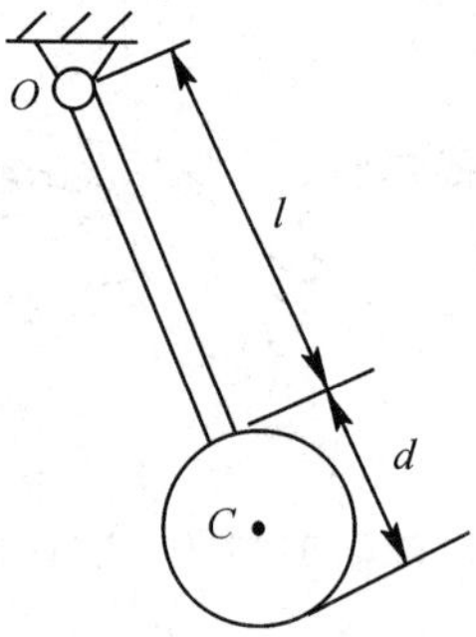

图　9-17

解　钟摆对 O 点水平轴的转动惯量为

$$J_O = J_{O杆} + J_{O盘}$$

而 $J_{O杆} = m_1\dfrac{l^2}{3}$，$J_{O盘} = J_{盘C} + m_2\left(l + \dfrac{d}{2}\right)^2$，故

$$J_O = \frac{1}{2}m_2\left(\frac{d}{2}\right)^2 + m_2\left(l + \frac{d}{2}\right)^2 + m_2\left(\frac{3}{8}d^2 + l^2 + ld\right)$$

9.2.2　质点系的动量矩定理

1. 质点的动量矩定理

如图 9-9 所示，设质点对固定点 O 的动量矩为 $\boldsymbol{M}_O(m\boldsymbol{v})$，力 $\boldsymbol{F}$ 对同一点 O 的力矩为 $\boldsymbol{M}_O(\boldsymbol{F})$，将式(9-20)对时间求导得

$$\frac{\mathrm{d}}{\mathrm{d}t}[\boldsymbol{M}_O(m\boldsymbol{v})] = \frac{\mathrm{d}}{\mathrm{d}t}(\boldsymbol{r} \times m\boldsymbol{v}) = \frac{\mathrm{d}\boldsymbol{r}}{\mathrm{d}t} \times m\boldsymbol{v} + \boldsymbol{r} \times \frac{\mathrm{d}}{\mathrm{d}t}(m\boldsymbol{v})$$

$$= \boldsymbol{v} \times m\boldsymbol{v} + \boldsymbol{r} \times \boldsymbol{F} = \boldsymbol{M}_O(\boldsymbol{F})$$

即

$$\frac{\mathrm{d}}{\mathrm{d}t}[\boldsymbol{M}_O(m\boldsymbol{v})] = \boldsymbol{M}_O(\boldsymbol{F}) \tag{9-24}$$

质点的动量矩定理：质点对某一固定点的动量矩对时间的导数等于作用在质点上力对同一点的矩。

将式(9-24)向直角坐标系投影得

$$\left\{\begin{aligned}&\frac{\mathrm{d}}{\mathrm{d}t}[M_x(m\boldsymbol{v})]=M_x(\boldsymbol{F})\\&\frac{\mathrm{d}}{\mathrm{d}t}[M_y(m\boldsymbol{v})]=M_y(\boldsymbol{F})\\&\frac{\mathrm{d}}{\mathrm{d}t}[M_z(m\boldsymbol{v})]=M_z(\boldsymbol{F})\end{aligned}\right. \qquad (9-25)$$

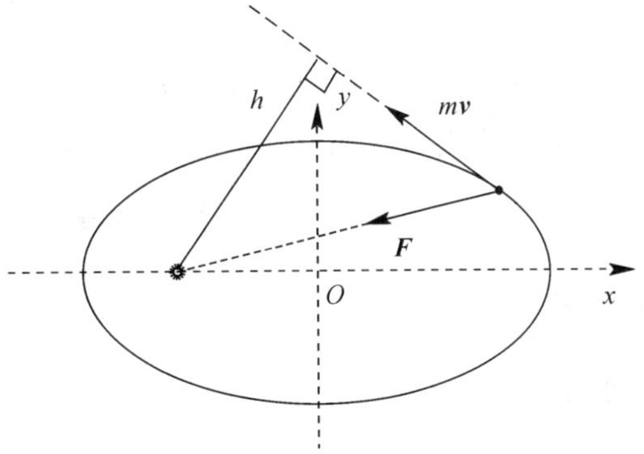

图　9-18

特殊情形：

当质点受有心力 $\boldsymbol{F}$ 的作用时，如图 9-18 所示，力矩 $\boldsymbol{M}_O(\boldsymbol{F})=0$，则质点对固定点 O 的动量矩 $\boldsymbol{M}_O(m\boldsymbol{v})=$ 恒矢量，质点的动量矩守恒。例如行星绕着恒星转，受恒星的引力作用，引力对恒星的矩 $\boldsymbol{M}_O(\boldsymbol{F})=0$，行星的动量矩 $\boldsymbol{M}_O(m\boldsymbol{v})=$恒矢量，此恒矢量的方向是不变的，因此行星作平面曲线运动；此恒矢量的大小是不变的，即 $mvh=$恒量，行星的速度 $\boldsymbol{v}$ 与恒星到速度矢量的距离 h 成反比。

例 9-10　如图 9-19 所示单摆，由质量为 m 的小球和绳索构成。单摆悬吊于点 O，绳长为 l，当单摆作微振幅摆动时，试求单摆的运动规律。

解　根据题意以小球为研究对象。小球受力为铅垂重力 $m\boldsymbol{g}$ 和绳索拉力 $\boldsymbol{F}$。单摆在铅垂平面内绕点 O 作微振幅摆动，设摆与铅垂线的夹角为 φ，φ 为逆时针时为正，如图 9-19 所示，则质点对点 O 的动量矩为

$$M_O(m\boldsymbol{v})=mvl$$

作用在小球上的力对点 O 的矩为

$$M_O(\boldsymbol{F})=-mgl\sin\varphi$$

由质点的动量矩定理得

$$m\dot{v}l=-mgl\sin\varphi \qquad (1)$$

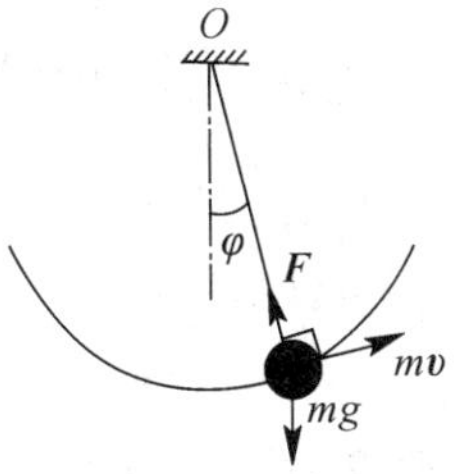

图　9-19

由于 $v=l\omega=l\dot{\varphi}$，则 $\dot{v}=l\ddot{\varphi}$，又由于单摆作微振幅摆动，则 $\sin\varphi\approx\varphi$，从而由式(1)得单摆运动微分方程为

$$\frac{\mathrm{d}^2\varphi}{\mathrm{d}t^2}+\frac{g}{l}\varphi=0 \qquad (2)$$

解式(2)得单摆的运动规律为

$$\varphi=\varphi_O\sin(\omega_{\mathrm{n}}t+\theta)$$

其中，$\omega_{\mathrm{n}}=\sqrt{\dfrac{g}{l}}$ 称为单摆的角频率，单摆的周期为

$$T=\frac{2\pi}{\omega_{\mathrm{n}}}=2\pi\sqrt{\frac{l}{g}}$$

φ_0 称为单摆的振幅，θ 称为单摆的初相位，它们由运动的初始条件确定。

2. 质点系的动量矩定理

设质点系由 n 个质点组成，对每一个质点列式(9-24)有

$$\frac{\mathrm{d}}{\mathrm{d}t}[\boldsymbol{M}_O(m_i \boldsymbol{v}_i)] = \boldsymbol{M}_O(\boldsymbol{F}_i^e) + \boldsymbol{M}_O(\boldsymbol{F}_i^i)$$

其中，$\boldsymbol{M}_O(\boldsymbol{F}_i^e)$为外力矩，$\boldsymbol{M}_O(\boldsymbol{F}_i^i)$为内力矩，上式共列 n 个方程，将这些方程进行左右连加，并考虑内力矩之和为零，得

$$\sum_{i=1}^{n} \frac{\mathrm{d}}{\mathrm{d}t}[\boldsymbol{M}_O(m_i \boldsymbol{v}_i)] = \sum_{i=1}^{n} \boldsymbol{M}_O(\boldsymbol{F}_i^e)$$

$$\frac{\mathrm{d}}{\mathrm{d}t}\sum_{i=1}^{n}[\boldsymbol{M}_O(m_i \boldsymbol{v}_i)] = \sum_{i=1}^{n} \boldsymbol{M}_O(\boldsymbol{F}_i^e)$$

即

$$\frac{\mathrm{d}}{\mathrm{d}t}\boldsymbol{L}_O = \sum_{i=1}^{n} \boldsymbol{M}_O(\boldsymbol{F}_i^e) \tag{9-26}$$

质点系的动量矩定理：质点系对某一固定点的动量矩对时间的导数等于作用在质点系上的外力对同一点矩的矢量和(或称外力的主矩)。

将式(9-26)向直角坐标系投影得

$$\begin{cases} \dfrac{\mathrm{d}}{\mathrm{d}t}L_x = \displaystyle\sum_{i=1}^{n} M_x(\boldsymbol{F}_i^e) \\ \dfrac{\mathrm{d}}{\mathrm{d}t}L_y = \displaystyle\sum_{i=1}^{n} M_y(\boldsymbol{F}_i^e) \\ \dfrac{\mathrm{d}}{\mathrm{d}t}L_z = \displaystyle\sum_{i=1}^{n} M_z(\boldsymbol{F}_i^e) \end{cases} \tag{9-27}$$

特殊情形：

(1) 当作用在质点系上的外力对某点的矩等于零，即 $\sum_{i=1}^{n} M_O(\boldsymbol{F}_i^e)=0$ 时，由式(9-26)知，质点系动量矩$\boldsymbol{L}_O$＝恒矢量，则质点系对该点的动量矩守恒。

(2) 当作用在质点系上的外力对某一轴的矩等于零时，质点系对该轴的动量矩守恒。例如 $\sum_{i=1}^{n} M_x(\boldsymbol{F}_i^e)=0$，由式(9-27)知，质点系对 x 轴的动量矩 L_x＝恒量，则质点系对 x 轴的动量矩守恒。

例 9-11　在矿井提升设备中，两个鼓轮固联在一起，总质量为 m，对转轴 O 的转动惯量为 J_O，在半径为 r_1 的鼓轮上悬挂一质量为 m_1 的重物 A，而在半径为 r_2 的鼓轮上用绳牵引小车 B 沿倾角 θ 的斜面向上运动，小车的质量为 m_2。在鼓轮上作用有一不变的力偶矩 M，如图 9-20 所示。不计绳索的质量和各处的摩擦，绳索与斜面平行，试求小车上升的加速度。

解　选整体为质点系，作用在质点系上的力为三个物体的重力 $m\boldsymbol{g}$、$m_1\boldsymbol{g}$、$m_2\boldsymbol{g}$，在鼓轮上不变的力偶矩 M，以及作用在轴 O 处和截面的约束力$\boldsymbol{F}_{Ox}$、$\boldsymbol{F}_{Oy}$、$\boldsymbol{F}_{\mathrm{n}}$。质点系对转轴 O 的动量矩为

$$L_O = J_O\omega + m_1 v_1 r_1 + m_2 v_2 r_2$$

其中，$v_1 = r_1\omega$，$v_2 = r_2\omega$，则

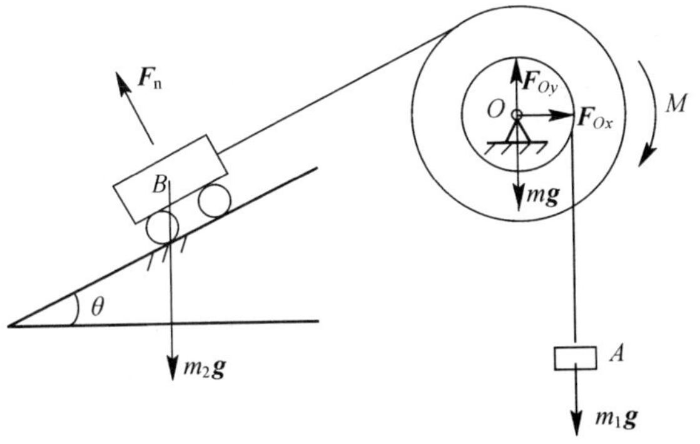

图 9-20

$$L_O = J_O\omega + m_1r_1^2\omega + m_2r_2^2\omega$$

作用在质点系上的力对转轴 O 的矩为

$$M_O = M + m_1gr_1 - m_2gr_2\sin\theta$$

由质点系的动量矩定理有

$$\frac{\mathrm{d}}{\mathrm{d}t}\boldsymbol{L}_O = \sum_{i=1}^{n}\boldsymbol{M}_O(\boldsymbol{F}_i^e)$$

得

$$J_O\dot{\omega} + m_1r_1^2\dot{\omega} + m_2r_2^2\dot{\omega} = M + m_1gr_1 - m_2gr_2\sin\theta$$

解得鼓轮的角加速度为

$$\alpha = \frac{M + m_1gr_1 - m_2gr_2\sin\theta}{J_O + m_1r_1^2 + m_2r_2^2}$$

小车上升的加速度为

$$a = \frac{M + (m_1r_1 - m_2r_2\sin\theta)g}{J_O + m_1r_1^2 + m_2r_2^2}r_2$$

例 9-12 如图 9-21 所示的装置，质量为 m 的杆 AB 可在质量为 M 的管 CD 内任意地滑动，$AB=CD=l$，CD 管绕铅直轴 z 转动，在运动初始时，杆 AB 与管 CD 重合，角速度为 ω_0，各处摩擦不计。试求杆 AB 伸出一半时此装置的角速度。

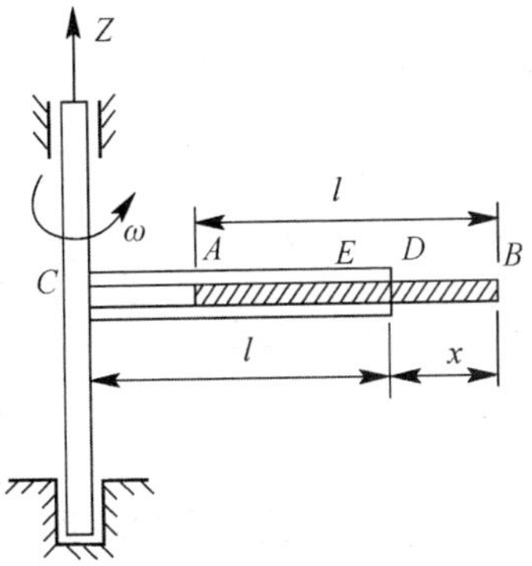

图 9-21

解 以整体为质点系，因作用在质点系上的外力为重力和转轴处的约束力，对转轴的力矩均为零，故质点系对转轴的动量矩守恒。即

$$L_z = \text{恒量}$$

管 CD 作定轴转动，杆 AB 作平面运动，由运动学知

$$\omega = \omega_{AB} = \omega_{CD}$$

杆 AB 的质心 E 的速度为

$$\boldsymbol{v}_{Ea} = \boldsymbol{v}_{Ee} + \boldsymbol{v}_{Er}$$

管 CD 对转轴的动量矩为

$$L_{zCD}=J_z\omega=\frac{1}{3}Ml^2\omega$$

当杆 AB 伸出为 x 时，对转轴的动量矩为

$$L_{zAB}=mv_{Ee}\left(\frac{l}{2}+x\right)+J_C\omega=m\left(\frac{l}{2}+x\right)^2\omega+\frac{1}{12}ml^2\omega$$

当 $x=0$ 时：

$$L_{z1}=L_{zCD}+L_{zAB}=\frac{1}{3}Ml^2\omega_0+m\,\frac{l^{2\,2}}{4}\omega_0+\frac{1}{12}ml^2\omega_0$$

当 $x=\frac{l}{2}$ 时：

$$L_{z2}=L_{zCD}+L_{zAB}=\frac{1}{3}Ml^2\omega+m\left(\frac{l}{2}+\frac{l}{2}\right)^2\omega+\frac{1}{12}ml^2\omega=\frac{1}{3}Ml^2\omega+\frac{13}{12}ml^2\omega$$

由 $L_{z1}=L_{z2}$ 得此装置在该瞬时的角速度为

$$\omega=\frac{M+m}{M+\frac{13}{4}m}\omega_0$$

3. 质点系相对质心的动量矩定理

建立定系 $Oxyz$ 和以质心 C 为坐标原点的动坐标系 $Cx'y'z'$。设质点系质心 C 的矢径为$\boldsymbol{r}_C$，任一质点 i 的质量为 m_i，对两个坐标系的矢径分别为$\boldsymbol{r}_i$、$\boldsymbol{\rho}_i$，三者的关系如图 9－22 所示。

$$\boldsymbol{r}_i=\boldsymbol{r}_C+\boldsymbol{\rho}_i$$

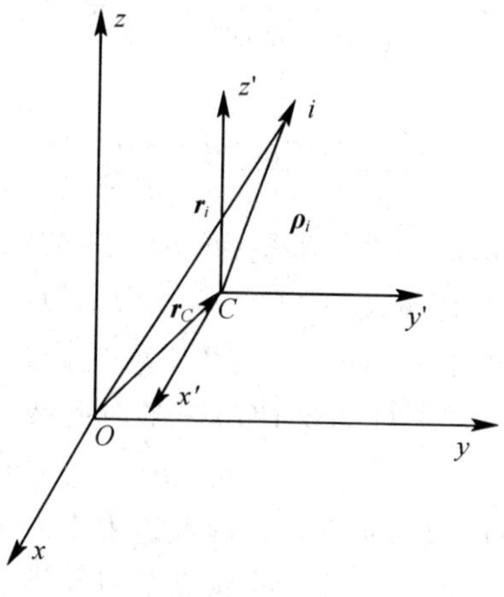

图　9－22

质点系对固定点 O 的动量矩为

$$\boldsymbol{L}_O=\sum_{i=1}^{n}\boldsymbol{r}_i\times m_i\boldsymbol{v}_i=\sum_{i=1}^{n}(\boldsymbol{r}_C+\boldsymbol{\rho}_i)\times m_i\boldsymbol{v}_i$$

$$=\boldsymbol{r}_C\times\sum_{i=1}^{n}m_i\boldsymbol{v}_i+\sum_{i=1}^{n}\boldsymbol{\rho}_i\times m_i\boldsymbol{v}_i \qquad (1)$$

其中，质点系对质心 C 的动量矩为

$$\boldsymbol{L}_C=\sum_{i=1}^{n}\boldsymbol{\rho}_i\times m_i\boldsymbol{v}_i \tag{2}$$

质点系相对定系的动量为

$$\boldsymbol{p}=\sum_{i=1}^{n}m_i\boldsymbol{v}_i=M\boldsymbol{v}_C \tag{3}$$

将式(2)和式(3)代入式(1)得质点系对固定点 O 的动量矩和质点系对质心 C 的动量矩间的关系为

$$\boldsymbol{L}_O=\boldsymbol{r}_C\times\boldsymbol{p}+\boldsymbol{L}_C \tag{4}$$

式(4)对时间求导得

$$\frac{\mathrm{d}\boldsymbol{L}_O}{\mathrm{d}t}=\boldsymbol{v}_C\times M\boldsymbol{v}_C+\boldsymbol{r}_C\times\frac{\mathrm{d}\boldsymbol{p}}{\mathrm{d}t}+\frac{\mathrm{d}\boldsymbol{L}_C}{\mathrm{d}t} \tag{5}$$

作用在质点系上的外力对固定点 O 的力矩为

$$\boldsymbol{M}_O=\sum_{i=1}^{n}\boldsymbol{r}_i\times\boldsymbol{F}_i^e=\sum_{i=1}^{n}(\boldsymbol{r}_C+\boldsymbol{\rho}_i)\times\boldsymbol{F}_i^e=\boldsymbol{r}_C\times\sum_{i=1}^{n}\boldsymbol{F}_i^e+\sum_{i=1}^{n}\boldsymbol{\rho}_i\times\boldsymbol{F}_i^e \tag{6}$$

作用在质点系上的外力对质心 C 的力矩为

$$\boldsymbol{M}_C=\sum_{i=1}^{n}\boldsymbol{\rho}_i\times\boldsymbol{F}_i^e \tag{7}$$

将式(5)、(6)和(7)代入质点系动量矩定理式(9-26)中，并考虑质点系动量定理，从而得

$$\frac{\mathrm{d}\boldsymbol{L}_C}{\mathrm{d}t}=\boldsymbol{M}_C \tag{9-28}$$

质点系相对质心的动量矩定理：质点系相对质心的动量矩对时间的导数等于作用在质点系上的外力对质心之矩的矢量和(或称主矩)。

应当指出：

(1) 质点系动量矩定理只有对固定点或质心点取矩时其方程的形式才是一致的，否则对其它动点取矩时质点系动量矩定理将更加复杂；

(2) 不论是质点系的动量矩定理还是质点系相对于质心的动量矩定理，质点系动量矩的变化均与内力无关，与外力有关，外力是改变质点系的动量矩的根本原因。

9.2.3 刚体定轴转动运动微分方程

如图 9-23 所示，设定轴转动刚体某瞬时的角速度为 ω，作用在刚体上的主动力为 $\boldsymbol{F}_i$、约束力为 $\boldsymbol{F}_{ni}$ $(i=1, \cdots, n)$，刚体对转轴 z 的动量矩由式(9-23)有

$$L_z=J_z\omega$$

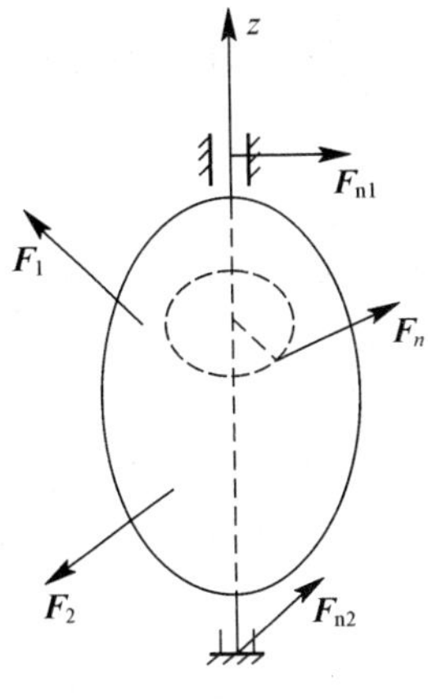

图 9-23

将上面的动量矩代入式(9-27)中的第三式中，得刚体定轴转动微分方程为

$$\frac{\mathrm{d}}{\mathrm{d}t}(J_z\omega)=\sum_{i=1}^{n}M_z(\boldsymbol{F}_i)$$

或

$$J_z \frac{d\omega}{dt} = \sum_{i=1}^{n} M_z(\boldsymbol{F}_i) \quad 或 \quad J_z\alpha = \sum_{i=1}^{n} M_z(\boldsymbol{F}_i) \tag{9-29}$$

其中，$\sum_{i=1}^{n} M_z(\boldsymbol{F}_i)$ 为主动力对转轴 z 的矩。因为转轴处的约束力对转轴的矩 $\sum_{i=1}^{n} M_z(\boldsymbol{F}_{Ni}) = 0$，因而刚体对转轴 z 的转动惯量与角加速度的乘积等于作用在转动刚体上的主动力对转轴 z 的矩的代数和(或主矩)。

刚体定轴转动微分方程 $J_z\alpha = \sum_{i=1}^{n} M_z(\boldsymbol{F}_i)$ 与质点运动微分方程 $m\boldsymbol{a} = \sum_{i=1}^{n} \boldsymbol{F}_i$ 类似，可知转动惯量是转动刚体的惯性量度。当 $\sum_{i=1}^{n} M_z(\boldsymbol{F}_i) = 0$ 时，刚体转动对转轴 z 的动量矩 $L_z = J_z\omega =$ 恒量，即动量矩守恒。例如花样滑冰运动员通过伸展和收缩手臂以及另一条腿，改变其转动刚体惯量，从而达到增大和减少旋转角速度的目的；当 $\sum_{i=1}^{n} M_z(\boldsymbol{F}_i) =$ 恒量时，对于确定的刚体和转轴而言，刚体作匀变速转动。

下面举例介绍利用刚体定轴转动微分方程求解动力学的两类问题。

例 9-13 如图 9-24 所示，飞轮以角速度 ω_0 绕轴 O 转动，飞轮对轴 O 转动惯量为 J_O，当制动时其摩擦阻力矩为 $M = -k\omega$，其中，k 为比例系数。试求飞轮经过多少时间后角速度减少为初角速度的一半，及在此时间内转过的转数。

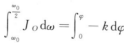

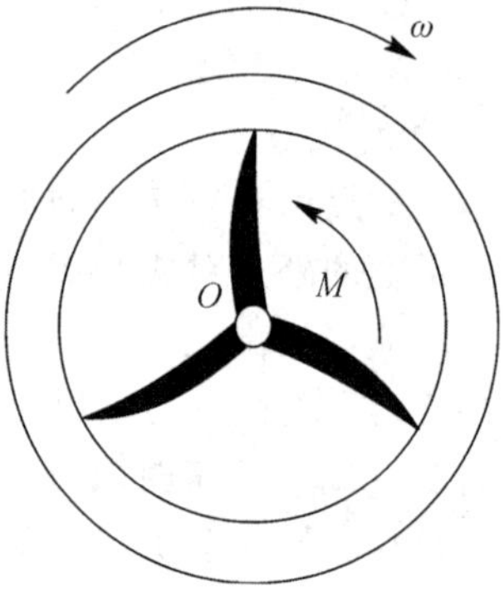

图 9-24

解 (1) 求飞轮经过多少时间后角速度减少为初角速度的一半。

飞轮绕轴 O 转动的微分方程为

$$J_O \frac{d\omega}{dt} = M$$

将摩擦阻力矩 $M = -k\omega$ 代入上式有

$$J_O \frac{d\omega}{dt} = -k\omega$$

采用解微分方程的分离变量法，并积分：

$$\int_{\omega_0}^{\frac{\omega_0}{2}} J_O \frac{d\omega}{\omega} = -\int_0^t k\,dt$$

解得时间为

$$t = \frac{J_O}{k}\ln 2$$

(2) 求飞轮转过的转数。

飞轮绕轴 O 转动的微分方程写成为

$$J_O \frac{d\omega}{dt} = -k\frac{d\varphi}{dt}$$

方程的两边约去 dt，并积分得

$$\int_{\omega_0}^{\frac{\omega_0}{2}} J_O\,d\omega = \int_0^{\varphi} -k\,d\varphi$$

解得飞轮转过的角度为

$$\varphi = \frac{J_O\omega_0}{2k}$$

则飞轮转过的转数为

$$n = \frac{\varphi}{2\pi} = \frac{J_O\omega_0}{4\pi k}$$

例 9－14　传动轴系如图 9－25(a)所示，主动轴Ⅰ和从动轴Ⅱ的转动惯量分别为 J_1 和 J_2，传动比为 $i_{12}=R_2/R_1$，R_1 和 R_2 分别为主动轴Ⅰ和从动轴Ⅱ的半径。若在轴Ⅰ上作用主动力矩 M_1，在轴Ⅱ上有阻力矩 M_2，各处摩擦不计，试求主动轴Ⅰ的角加速度。

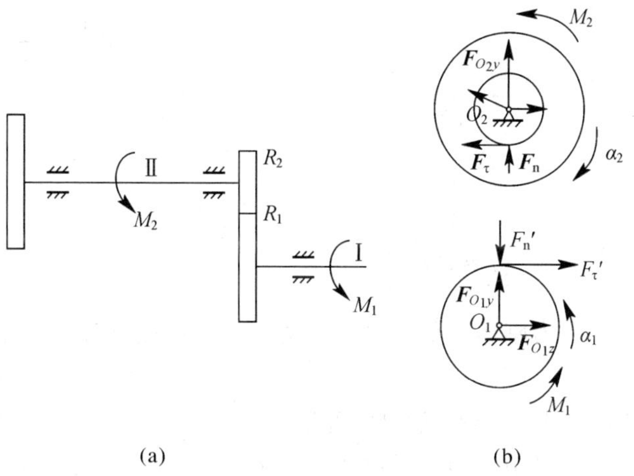

图　9－25

解　由于主动轴Ⅰ和从动轴Ⅱ为两个转动的物体，应用动量矩定理时应分别研究。受力传动轴系的受力分析图如图 9－25(b)所示，设沿角加速度的方向为建立动量矩方程的正方向，其定轴转动微分方程为

$$J_1\alpha_1 = M_1 - F'_\tau R_1 \tag{1}$$

$$J_2\alpha_2 = F_\tau R_2 - M_2 \tag{2}$$

因轮缘上的切向力 $F_\tau = F'_\tau$，传动比 $i_{12}=\dfrac{R_2}{R_1}=\dfrac{\alpha_1}{\alpha_2}$，利用式(1)×$i_{12}$＋式(2)转换，并注意 $\alpha_2=\dfrac{\alpha_1}{i_{12}}$得主动轴Ⅰ的角加速度为

$$\alpha_1 = \frac{M_1 - \dfrac{M_2}{i_{12}}}{J_1 + \dfrac{J_2}{i_{12}^2}}$$

9.2.4　刚体平面运动微分方程

由运动学知，刚体的平面运动可以分解为随基点的平移和相对于基点转动的两部分。在动力学中，一般取质心为基点，因此刚体的平面运动可以分解为随质心的平移和相对于质心的转动两部分。这两部分的运动分别由质心运动定理和相对于质心的动量矩定理来确定。

如图 9-26 所示，作用在刚体上的力简化为质心所在平面内一平面力系 $\boldsymbol{F}_i^e(i=1,\cdots,n)$，在质心 C 处建立平移坐标系 $Cx'y'$，由质心运动定理和相对于质心的动量矩定理得

$$\begin{cases} M\boldsymbol{a}_C=\sum_{i=1}^{n}\boldsymbol{F}_i^e \\ \dfrac{\mathrm{d}}{\mathrm{d}t}(J_C\omega)=\sum_{i=1}^{n}M_C(\boldsymbol{F}_i^e) \end{cases} \tag{9-30}$$

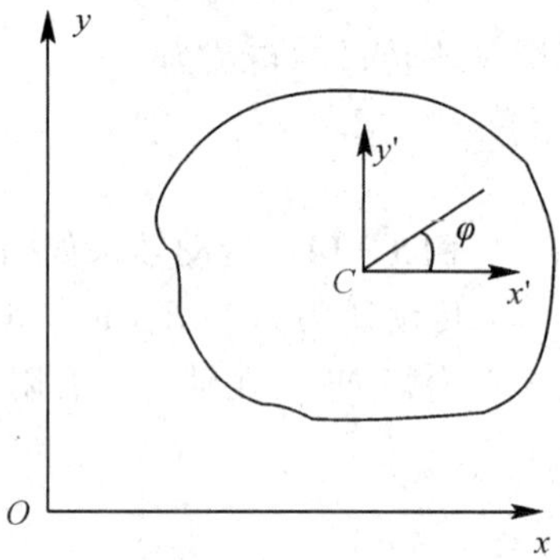

图　9-26

式(9-30)的投影形式为

$$\begin{cases} Ma_{Cx}=\sum_{i=1}^{n}F_{ix}^e \\ Ma_{Cy}=\sum_{i=1}^{n}F_{iy}^e \\ J_C\ddot{\varphi}=\sum_{i=1}^{n}M_C(\boldsymbol{F}_i^e) \end{cases} \tag{9-31}$$

即式(9-30)或式(9-31)为刚体平面运动微分方程，利用此方程可求解刚体平面运动的两类动力学问题。

例 9-15　均质的鼓轮，半径为 R，质量为 m，在半径为 r 处沿水平方向作用有力 $\boldsymbol{F}_1$ 和 $\boldsymbol{F}_2$，使鼓轮沿平直的轨道向右作无滑动滚动，如图 9-27 所示，试求轮心点 O 的加速度及使鼓轮作无滑动滚动时的摩擦力。

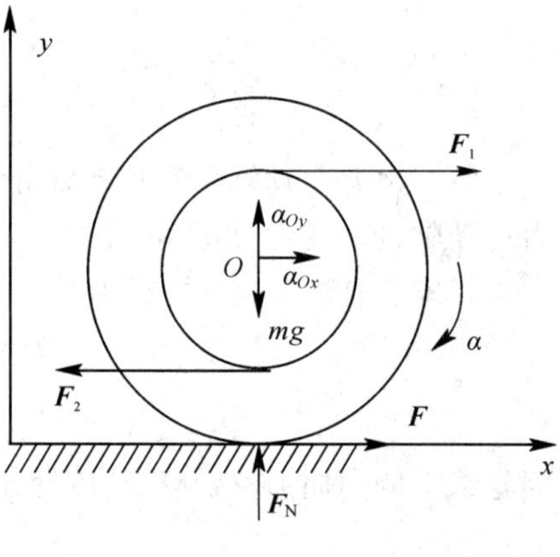

图　9-27

解　由于鼓轮作平面运动，因此鼓轮的受力如图 9-27 所示，建立鼓轮平面运动微分方程为

$$ma_{Ox}=F_1-F_2+F \tag{1}$$

$$ma_{Oy}=F_N-mg \tag{2}$$

$$J_O\alpha=F_1r+F_2r-FR \tag{3}$$

因鼓轮沿平直的轨道作无滑动的滚动，则 $a_{Oy}=0$，$F_N=mg$，$\omega=\dfrac{v_O}{R}$，$\alpha=\dfrac{\dot{v}_O}{R}=\dfrac{a_{Ox}}{R}$，代入式(3)得

$$J_O\frac{a_{Ox}}{R}=F_1r+F_2r-FR \tag{4}$$

式(1)和式(4)联立得轮心点 O 的加速度为

$$a=a_{Ox}=\frac{(F_1+F_2)r+(F_1-F_2)R}{J_O+mR^2}R$$

其中转动惯量 $J_O=\dfrac{1}{2}mR^2$，则有

$$a = a_{Ox} = \frac{2[(F_1 + F_2)r + (F_1 - F_2)R]}{3mR}$$

使鼓轮作无滑动滚动时的摩擦力为

$$F = \frac{2(F_1 + F_2)r - (F_1 - F_2)R}{3R}$$

例 9-16　如图 9-28(a)所示均质杆 AB 质量为 m，长为 l，放在铅直平面内，杆的一端 A 靠在光滑的铅直墙壁上，杆的另一端 B 靠在光滑水平面上，初始时，杆 AB 与水平线的夹角为 φ_0，设杆无初速地沿铅直墙面倒下，试求杆质心 C 的加速度和杆 AB 两端 A、B 处的约束力。

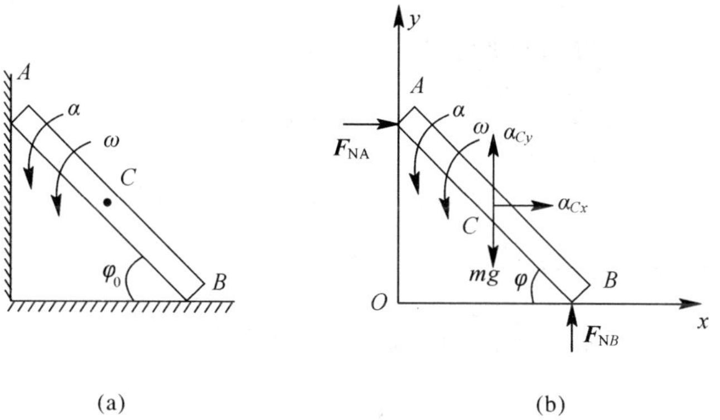

图　9-28

解　根据题意，杆 AB 在铅直平面内作平面运动，其受力如图 9-28(b)所示。建立杆的平面运动微分方程为

$$m\ddot{x}_C = F_{NA} \tag{1}$$

$$m\ddot{y}_C = F_{NB} - mg \tag{2}$$

$$J_C \cdot \alpha = F_{NB}\frac{l}{2}\cos\varphi - F_{NA}\frac{l}{2}\sin\varphi \tag{3}$$

由几何条件得质心的坐标为

$$\begin{cases} x_C = \dfrac{l}{2}\cos\varphi \\ y_C = \dfrac{l}{2}\sin\varphi \end{cases} \tag{4}$$

并注意 $\dot{\varphi} = -\omega$(即角速度方向与夹角 φ 增大的方向相反)。

式(4)对时间求导，得

$$\begin{cases} \ddot{x}_C = \dfrac{l}{2}(\alpha\sin\varphi - \omega^2\cos\varphi) \\ \ddot{y}_C = -\dfrac{l}{2}(\alpha\cos\varphi + \omega^2\sin\varphi) \end{cases} \tag{5}$$

其中转动惯量 $J_C = \dfrac{1}{12}ml^2$。

将式(5)代入式(1)和式(2)，并将式(1)、式(2)、式(3)联立求解得杆 AB 的角加速度为

$$\alpha=\frac{3g\cos\varphi}{2l} \tag{6}$$

对角加速度作如下的变换为

$$\alpha=\frac{\mathrm{d}\omega}{\mathrm{d}t}=-\frac{\mathrm{d}\omega}{\mathrm{d}\varphi}\frac{\mathrm{d}\varphi}{\mathrm{d}t}$$

代入式(6)，并积分得杆 AB 的角速度为

$$\omega=\sqrt{\frac{3g}{l}(\sin\varphi_0-\sin\varphi)} \tag{7}$$

将式(6)和式(7)代入式(5)得质心加速度为

$$\begin{cases}\ddot{x}_C=\dfrac{3g}{4}(3\sin\varphi-2\sin\varphi_0)\cos\varphi\\ \ddot{y}_C=-\dfrac{3g}{4}(1+\sin^2\varphi-2\sin\varphi\sin\varphi_0)\end{cases} \tag{8}$$

则杆 AB 两端 A、B 处的约束力为

$$\begin{cases}F_{NA}=\dfrac{3mg}{4}(3\sin\varphi-2\sin\varphi_0)\cos\varphi\\ F_{NB}=\dfrac{1}{4}mg-\dfrac{3mg}{4}(\sin^2\varphi-2\sin\varphi\sin\varphi_0)\end{cases}$$

例 9－17　均质圆轮半径为 r，质量为 m，受轻微干扰后，在半径为 R 的圆弧轨道上往复无滑动的滚动，如图 9－29 所示，试求圆轮轮心 C 的运动方程，以及作用在圆轮上的约束力。

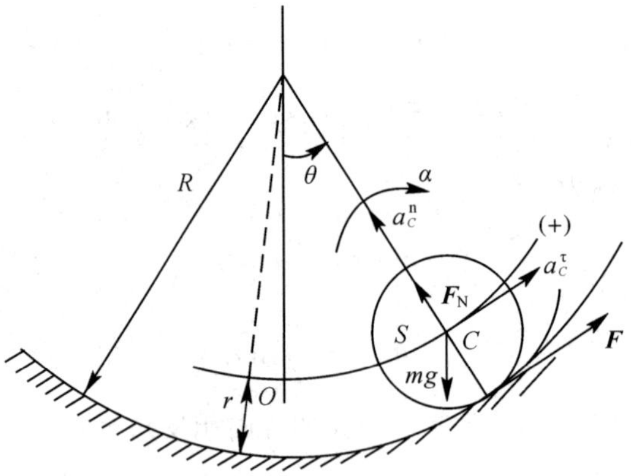

图　9－29

解　由于圆轮作平面运动，轮心 C 作圆周运动，则在轮心 C 的最低点 O 建立自然坐标系，并假设圆轮顺时针方向为动量矩方程的正方向，坐标及轮的受力如图 9－29 所示。列圆轮平面运动微分方程为

$$ma_C^\tau=F-mg\sin\theta \tag{1}$$

$$ma_C^{n} = F_N - mg\cos\theta \tag{2}$$

$$J_C \cdot \alpha = -Fr \tag{3}$$

其中，轮心的加速度 $a_C^{\tau} = \dfrac{d^2 s}{dt^2}$，$a_C^{n} = \dfrac{v_C^2}{R-r}$，转动惯量 $J_C = \dfrac{1}{2}mr^2$。

由于圆轮作无滑动的滚动，其角速度为

$$\omega = \frac{v_C}{r}$$

则角加速度为

$$\alpha = \frac{\dot{v}_C}{r} = \frac{a_C^{\tau}}{r} \tag{4}$$

轮心 C 运动的弧坐标为

$$s = (R-r)\theta \tag{5}$$

将式(5)代入式(4)得

$$\alpha = \frac{\dot{v}_C}{r} = \frac{a_C^{\tau}}{r} = \frac{R-r}{r}\ddot{\theta} \tag{6}$$

式(6)代入式(3)，并与式(1)联立求解，注意当圆轮作微幅滚动时，有 $\sin\theta \approx \theta$，从而得

$$\frac{d^2 s}{dt^2} + \frac{2g}{3(R-r)}s = 0$$

此微分方程的解为

$$s = s_0 \sin(\omega_n t + \theta) \tag{7}$$

其中，$\omega_n = \sqrt{\dfrac{2g}{3(R-r)}}$ 为圆轮滚动的圆频率。s_0 为振幅，θ 为初相位，它们均由初始条件定。

当 $t=0$ 时，由题意知

$$\begin{cases} s = 0 \\ v = v_0 \end{cases}$$

则

$$\begin{cases} 0 = s_0 \sin\theta \\ v_0 = s_0 \omega_n \cos\theta \end{cases}$$

解得 $\theta = 0$，$s_0 = \dfrac{v_0}{\omega_n} = v_0\sqrt{\dfrac{3(R-r)}{2g}}$，代入式(7)圆轮轮心 C 的运动方程为

$$s = v_0\sqrt{\frac{3(R-r)}{2g}}\sin\left(\sqrt{\frac{2g}{3(R-r)}}t\right)$$

作用在圆轮上的约束力为

$$F = mg\sin\theta - mv_0\sqrt{\frac{2g}{3(R-r)}}\sin\left(\sqrt{\frac{2g}{3(R-r)}}t\right)$$

$$F_N = mg\cos\theta + m\frac{v_0^2}{R-r}\cos^2\left(\sqrt{\frac{2g}{3(R-r)}}t\right)$$

9.3　质点系的动能定理

9.3.1　力的功

定义：力对质点所作的功等于力在质点位移方向的分量与位移大小的乘积。如图9-30所示，设质点 M 在任意变力 $\boldsymbol{F}$ 作用下沿曲线运动，在一个无限小位移中力作的功称为元功 δW：

$$\delta W = F\cos\theta \mathrm{d}s \quad 或 \quad \delta W = \boldsymbol{F} \cdot \mathrm{d}\boldsymbol{r} \tag{9-32}$$

功的单位为J(焦耳)。

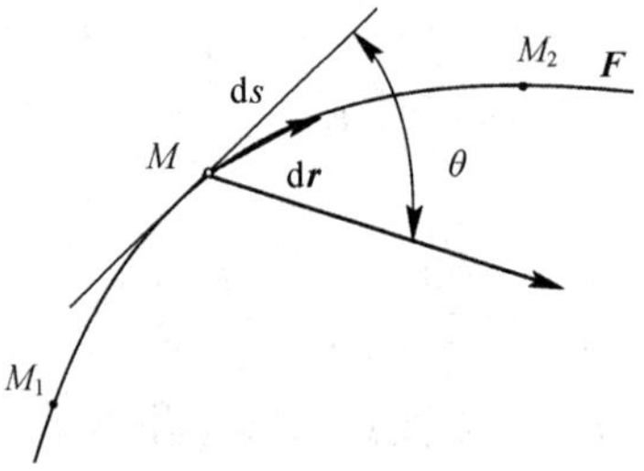

图　9-30

力在全程作的功为

$$W = \int_0^s F\cos\theta \mathrm{d}s \quad 或 \quad W = \int_{M_1}^{M_2} \boldsymbol{F} \cdot \mathrm{d}\boldsymbol{r} \tag{9-33}$$

在直角坐标系有 $\boldsymbol{F} = F_x\boldsymbol{i} + F_y\boldsymbol{j} + F_z\boldsymbol{k}$，$\mathrm{d}\boldsymbol{r} = \mathrm{d}x\boldsymbol{i} + \mathrm{d}y\boldsymbol{j} + \mathrm{d}z\boldsymbol{k}$，故

$$W = \int_{M_1}^{M_2} \boldsymbol{F} \cdot \mathrm{d}\boldsymbol{r} = \int_{M_1}^{M_2} (F_x\mathrm{d}x + F_y\mathrm{d}y + F_z\mathrm{d}z) \tag{9-34}$$

下面介绍常见力所作的功。

1. 重力的功

如图9-31所示，设质点由 M_1 运动到 M_2，重力 $\boldsymbol{P} = m\boldsymbol{g}$ 在直角坐标轴上的投影为：$F_x = 0$，$F_y = 0$，$F_z = -mg$。

重力作功为

$$W_{12} = \int_{z_1}^{z_2} -mg\mathrm{d}z = mg(z_1 - z_2)$$

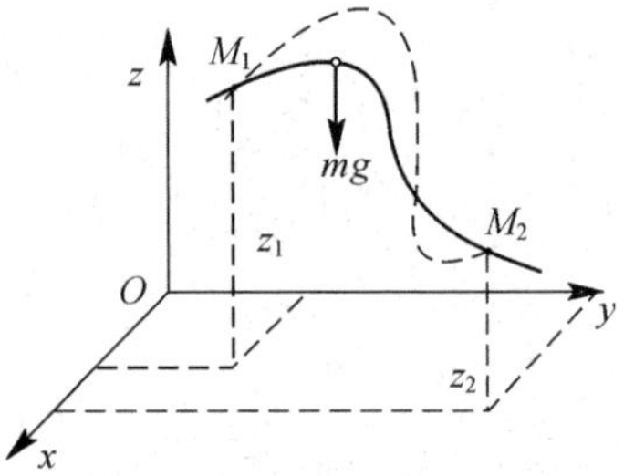

图　9-31

可见重力作功仅与质点运动的始、末位置的高度差有关，与运动轨迹的形状无关；对质点系而言，重力的功为

$$W_{12} = \sum m_i g(z_{i1} - z_{i2})$$

因为 $mz_C = \sum m_i z_i$，所以质点系的重力功也可以写成：

$$W_{12} = mg(z_{C1} - z_{C2})$$

即：质心下降，重力作正功；质心上移，重力作负功。

2. 弹性力的功

如图9-32所示，弹簧在力 $\boldsymbol{F}$ 作用下变形，变形过程中力 $\boldsymbol{F}$ 做的功为

$$W_{12}=\int_{M_1}^{M_2}\boldsymbol{F}\cdot\mathrm{d}\boldsymbol{r}=\int_{M_1}^{M_2}k(l_0-r)\boldsymbol{e}_r\cdot\mathrm{d}\boldsymbol{r}$$

因为

$$\boldsymbol{e}_r\cdot\mathrm{d}\boldsymbol{r}=\frac{\boldsymbol{r}}{r}\cdot\mathrm{d}\boldsymbol{r}=\frac{1}{2r}\mathrm{d}(\boldsymbol{r}\cdot\boldsymbol{r})=\frac{1}{2r}(r^2)=\mathrm{d}r$$

所以

$$W_{12}=\int_{r_1}^{r_2}k(l_0-r)\mathrm{d}r=-\frac{k}{2}[(l_0-r_2)^2-(l_0-r_1)^2]=\frac{k}{2}(\delta_1^2-\delta_2^2)$$

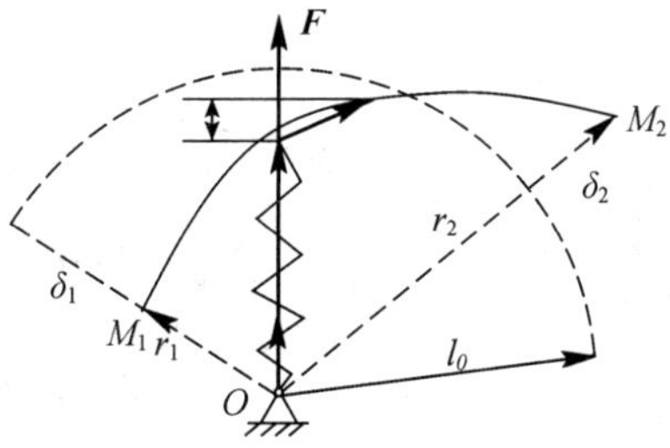

图　9－32

可见，弹性力作功只与弹簧在始末位置的变形量 δ 有关，当 $\delta_1>\delta_2$ 时，弹性力作正功，当 $\delta_1<\delta_2$ 时，弹性力作负功。

3. 定轴转动刚体上作用力的功

如图 9－33 所示，刚体作定轴转动，作用在刚体上的力 $\boldsymbol{F}$ 所做的元功为

$$\delta W=\boldsymbol{F}\cdot\mathrm{d}\boldsymbol{r}=F_\tau\mathrm{d}s=F_\tau R\mathrm{d}\varphi=M_z\mathrm{d}\varphi$$

刚体转动过程中，力 $\boldsymbol{F}$ 的功表示为

$$W_{12}=\int_{\varphi_1}^{\varphi_2}M_z\mathrm{d}\varphi$$

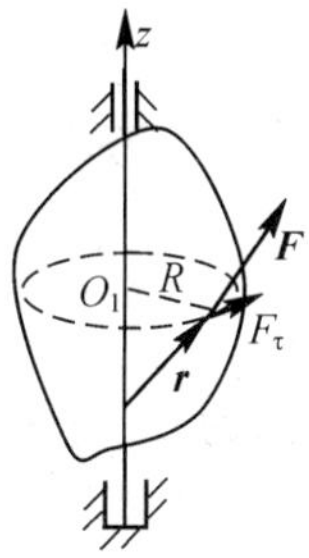

图　9－33

9.3.2　质点系的动能

1. 质点的动能

设质点质量为 m，速度为 v，则质点的动能为

$$T=\frac{1}{2}mv^2 \tag{9-35}$$

动能的单位为 J(焦耳)，动能是标量，恒为正。

2. 质点系的动能

若质点系由 n 个质点组成，质点质量为 m_i，速度为 v_i，计算每个质点的动能，因动能为标量，故质点系的动能为 n 个质点动能的代数和：

$$T=\sum_{i=1}^{n}\frac{1}{2}m_iv_i^2 \tag{9-36}$$

对于刚体而言，根据刚体的不同运行形式，其动能分别为

平移刚体：

$$T=\sum\frac{1}{2}m_iv_i^2=\frac{1}{2}v_C^2\sum m_i=\frac{1}{2}mv_C^2$$

定轴转动刚体(如图 9－34 所示)：

$$T=\sum\frac{1}{2}m_iv_i^2=\sum\frac{1}{2}m_i(r_i\omega)^2=\frac{1}{2}\omega^2\sum m_ir_i^2=\frac{1}{2}J_z\omega^2$$

刚体作平面运动，如图 9－35 所示，某瞬时，点 P 为速度瞬心，C 为刚体的质心，则此时刚体动能为

$$T=\frac{1}{2}J_P\omega^2=\frac{1}{2}(J_C+m\mathrm{d}^2)\omega^2=\frac{1}{2}J_C\omega^2+\frac{1}{2}mv_C^2$$

即平面运动刚体的动能等于随质心平移的动能与绕质心转动的动能的和。

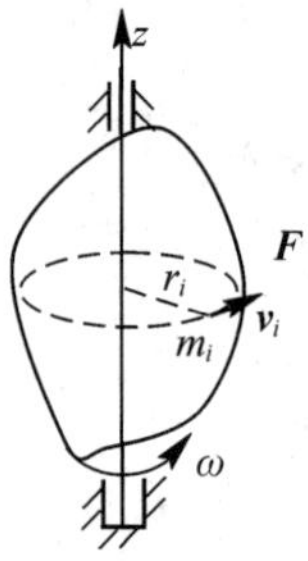

图　9－34

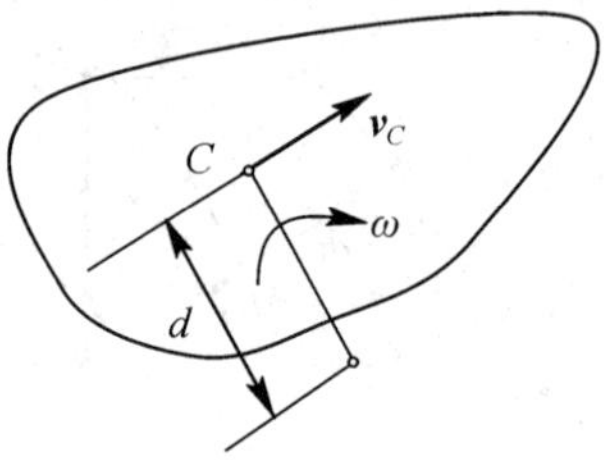

图　9－35

9.3.3　质点系的动能定理

1. 质点的动能定理

由质点动力学基本方程：

$$m\boldsymbol{a}=m\frac{\mathrm{d}\boldsymbol{v}}{\mathrm{d}t}=\boldsymbol{F}$$

因为 $m\dfrac{\mathrm{d}\boldsymbol{v}}{\mathrm{d}t}\cdot\mathrm{d}\boldsymbol{r}=\boldsymbol{F}\cdot\mathrm{d}\boldsymbol{r}$，所以 $m\boldsymbol{v}\cdot\mathrm{d}\boldsymbol{v}=\delta W$，写成

$$\mathrm{d}\left(\frac{1}{2}mv^2\right)=\delta W \tag{9-37}$$

此为质点动能定理的微分形式，即质点动能的增量等于作用在质点上力的元功。积分上式得

$$\frac{1}{2}mv_2^2-\frac{1}{2}mv_1^2=W_{12} \tag{9-38}$$

此为质点动能定理的积分形式，即在质点运动的某个过程中，质点动能的改变量等于作用于质点的力作的功。力作正功，质点动能增加；力作负功，质点动能减小。

2. 质点系的动能定理

若质点系由 n 个质点组成，质点质量为 m_i，速度为 v_i，对每个质点建立式(9－37)，有

$$\mathrm{d}\left(\frac{1}{2}m_iv_i^2\right)=\delta W_i \tag{9-39}$$

其中，δW_i 表示作用于这个质点的力所作的元功，求和 n 个式(9－39)表达式，得

$$\sum\mathrm{d}\left(\frac{1}{2}m_iv_1^2\right)=\sum\delta W_i \tag{9-40}$$

若用 T 表示质点系的动能，则式(9－40)改写为

$$dT = \sum \delta W_i \tag{9-41}$$

式(9-41)为质点系动能定理的微分形式，即质点系动能的增量等于作用于质点系全部力所作元功的和。

积分式(9-41)得

$$T_2 - T_1 = \sum W_i \tag{9-42}$$

式(9-41)为质点系动能定理的积分形式，即质点系在某一运动过程中动能的改变量，等于作用于质点系的全部力在这段过程中所作功的和。

3. 理想约束——约束力作功等于零的约束

在理想约束条件下，质点系动能的改变只与主动力作功有关，只需计算主动力所作的功。常见的理想约束：固定端、光滑铰支座、光滑固定面、光滑铰链、刚性二力杆、不可伸长的绳索、不计滚动摩阻的纯滚动的接触点等。

(1) 对固定端、光滑固定面，约束力没有位移，作功为 0；对光滑固定面，约束力垂直于力作用点的位移，作功为 0。

(2) 对光滑铰链，铰链处相互作用的约束力等值、反向，在铰链中心的任何位移上作功之和为 0，如图 9-36(a)所示。

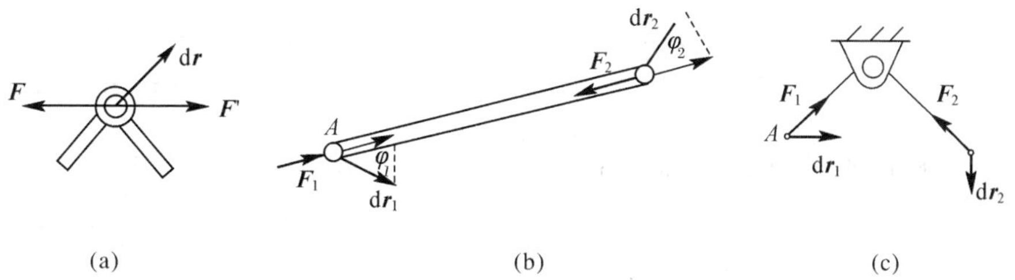

图　9-36

(3) 对刚性二力杆，二力杆给 A、B 两点的约束力为

$$F_1 = F_2$$

$$\delta W_1 = \boldsymbol{F}_1 \cdot d\boldsymbol{r}_1 = F_1 dr_1 \cdot \cos\varphi_1$$

$$\delta W_2 = \boldsymbol{F}_2 \cdot d\boldsymbol{r}_2 = -F_2 dr_2 \cdot \cos\varphi_2$$

因杆件是刚性的，所以

$$dr_1 \cdot \cos\varphi_1 = dr_2 \cdot \cos\varphi_2$$

显然约束力作功之和为 0，如图 9-36(b)所示。

(4) 对不可伸长的绳索，绳索给 A、B 两点的拉力为 $F_1 = F_2$，因绳索不可伸长，所以两端位移沿绳索的投影相等，因而约束力作功之和为 0，如图 9-36(c)所示。

(5) 对不计滚动摩阻的纯滚动的接触点一般滑动摩擦与物体的相对位移反向，摩擦力作负功，不是理想约束，但当轮子在固定面上只滚不滑时，接触点为瞬心，滑动摩擦力作用点没有位移，此时，滑动摩擦力不作功。因此，不计滚动摩阻时，纯滚动的接触点是理想约束。

4. 内力作功

(1) 内力作功有时不为 0。必须注意，作用于质点系的力既有外力，也有内力，在某些情形下，内力虽然等值、反向，但作功之和并不为 0。

例如，由两个相互吸引的质点组成的质点系，如图 9－37 所示，两质点的相互作用力是一对内力，当两质点相互趋近时，两力作功之和为正；当两质点相互离开时，两力作功之和为负。

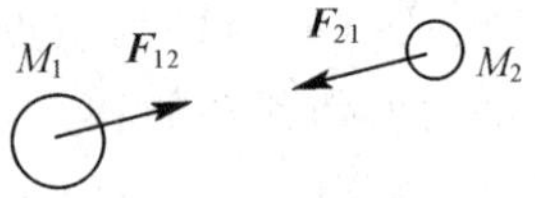

图　9－37

又如，汽车发动机的气缸内膨胀的气体对活塞和汽缸的作用力都是内力，内力作功的和不等于 0，内力的功使汽车的动能增加。再如，机器中轴与轴承之间的摩擦力对整个机器是内力，它们作负功，应用动能定理时，要计入这些内力所作的功。

(2) 刚体所有内力作功的和等于 0，不可伸长的绳索所有内力作功的和等于 0。

刚体内两质点相互作用的力是内力，两力大小相等、方向相反。因刚体上任意两点的距离保持不变，沿这两点连线的位移必定相等，其中一力作正功，另一力作负功，这一对力作功之和为 0，刚体内任一对内力作功之和都等于 0。

例 9－18　如图 9－38 所示，质量为 m 的质点，自高处落下，落到下面有弹簧支承的板上。不计板和弹簧的质量，弹簧的刚度系数为 k。求弹簧的最大压缩量。

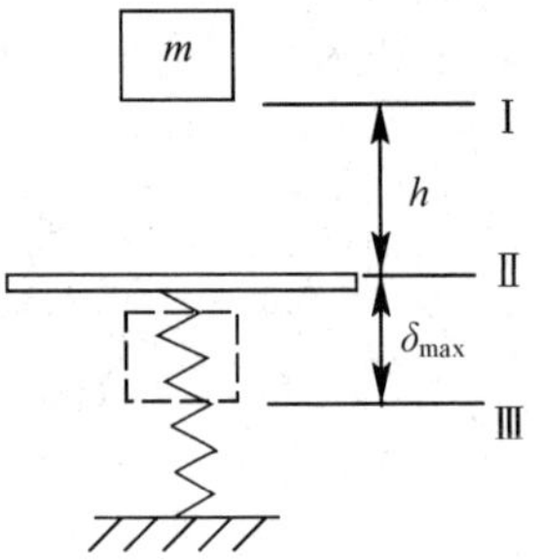

图　9－38

解　(1) 质点从位置Ⅰ→位置Ⅱ，速度由 0→v。由动能定理：

$$\frac{1}{2}mv^2-0=mgh$$

得

$$v=\sqrt{2gh}$$

(2) 质点从位置Ⅱ→位置Ⅲ，速度由 v→0，弹簧压缩量由0→δ_{max}。

由动能定理：

$$0-\frac{1}{2}mv^2=mg\delta_{max}-\frac{1}{2}k\delta_{max}^2$$

得

$$\delta_{max}=\frac{mg}{k}+\frac{1}{k}\sqrt{m^2g^2+2kmgh}$$

(3) 质点从位置Ⅰ→位置Ⅲ，速度由 0→0，弹簧压缩量由0→δ_{max}。

由动能定理：

$$0-0=mg(h+\delta_{max})-\frac{1}{2}k\delta_{max}^2$$

得

$$\delta_{max}=\frac{mg}{k}+\frac{1}{k}\sqrt{m^2g^2+2kmgh}$$

结果与前面相同，可见质点在运动过程中动能是变化的，但在应用动能定理时，不必考虑在始末位置之间动能是如何变化的。

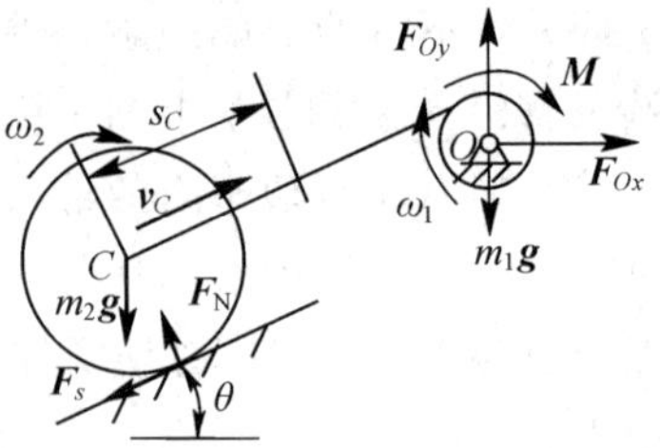

图　9－39

例 9－19　卷扬机如图 9－39 所示，鼓轮在常力偶 $\boldsymbol{M}$ 作用下将圆柱沿斜坡上拉。鼓轮半径为 R_1，质量为

m_1，质量分布在轮缘上；圆柱半径为 R_2，质量为 m_2，质量均匀分布。设斜坡的倾角为 θ，圆柱只滚不滑。系统从静止开始运动，求圆柱中心 C 经过路程 s 时的速度。

解　(1) 取整体研究，受力分析如图 9-39 所示，只有 $\boldsymbol{M}$、$m_2\boldsymbol{g}$ 对系统作功。

(2) 由动能定理：

$$T_2 - T_1 = \sum W$$

得

$$\frac{1}{2}J_{1O}\omega_1^2 + \frac{1}{2}m_2 v_C^2 + \frac{1}{2}J_{2C}\omega_2^2 = M\varphi_1 - m_2 gs\sin\theta$$

$$\frac{1}{2}(m_1 R_1^2)\left(\frac{v_C}{R_1}\right)^2 + \frac{1}{2}m_2 v_C^2 + \frac{1}{2}\left(\frac{1}{2}m_2 R_2^2\right)\left(\frac{v_C}{R_2}\right)^2 = M\left(\frac{s}{R_1}\right) - m_2 gs\sin\theta$$

所以

$$\frac{1}{2}m_1 v_C^2 + \frac{3}{4}m_2 v_C^2 = (M - m_2 gR_1\sin\theta)\frac{s}{R_1} \tag{a}$$

所以

$$v_C = 2\sqrt{\frac{(M - m_2 gR_1\sin\theta)s}{(2m_1 + 3m_2)R_1}}$$

(3) 若将式(a)两端对时间取一阶导数，得

$$\left(m_1 + \frac{3}{2}m_2\right)v_C\frac{\mathrm{d}v_C}{\mathrm{d}t} = \left(\frac{M}{R_1} - m_2 g\sin\theta\right)\frac{\mathrm{d}s}{\mathrm{d}t}$$

式中，

$$\frac{\mathrm{d}v_C}{\mathrm{d}t} = a_C,\ \frac{\mathrm{d}s}{\mathrm{d}t} = v_C$$

所以

$$a_C = \frac{2(M - m_2 gR_1\sin\theta)}{R_1(2m_1 + 3m_2)}$$

9.3.4　功率、功率方程及机械效率

在工程中，经常需要知道一部机器单位时间内能做多少功。

1. 功率

功率即为单位时间内力所作的功，以 P 表示。

$$P = \frac{\delta W}{\mathrm{d}t} = \frac{\boldsymbol{F}\cdot\mathrm{d}\boldsymbol{r}}{\mathrm{d}t} = \boldsymbol{F}\cdot\boldsymbol{v} = F_\tau v \tag{9-43}$$

即功率等于切向力与力作用点速度的乘积。

作用在转动刚体上力的功率为

$$P = \frac{\delta W}{\mathrm{d}t} = \frac{M_z\mathrm{d}\varphi}{\mathrm{d}t} = M_z\omega \tag{9-44}$$

即作用于转动刚体上力的功率等于该力对转轴的矩与角速度的乘积，单位为瓦特(W=J/s)

例如，对每台机床、每部机器能够输出的最大功率是一定的，因此用机床加工时，如果切削力较大，必须选择较小的切削速度；当切削力较小时，可选择较大的切削速度。又如汽车上坡时，由于需要较大的驱动力，这时驾驶员一般选用低速挡，以求在发动机功率

一定的条件下，产生最大的驱动力。

2. 功率方程

由质点系动能定理微分形式 $\mathrm{d}T=\sum\delta W_i$，有$\dfrac{\mathrm{d}T}{\mathrm{d}t}=\dfrac{\sum\delta W_i}{\mathrm{d}t}$，所以

$$\frac{\mathrm{d}T}{\mathrm{d}t}=\sum P_i \tag{9-45}$$

式(9-45)为功率方程，即质点系的动能对时间的一阶导数，等于作用于质点系的所有力的功率的代数和。

功率方程常用来研究工作时能量的变化和转化的问题。每部机器的功率可分三部分，以电动机驱动的车床为例，功率分为

① 输入功率——电场对电机转子作用力的功率。

② 有用功率——车床加工零件必须付出的功率。

③ 无用功率——由摩擦等损耗掉的功率。

一般功率方程可写成：

$$\frac{\mathrm{d}T}{\mathrm{d}t}=P_{输入}-P_{有用}-P_{无用}\quad 或\quad P_{输入}=P_{有用}-P_{无用}+\frac{\mathrm{d}T}{\mathrm{d}t} \tag{9-46}$$

即系统的输入功率等于有用功率、无用功率和系统动能的变化率的和。

3. 机械效率 η

因为输入机器的功，并没有完全对外做功，所以引入机械效率表明机器对输入功率的有效利用程度，它是评定机器质量好坏的指标之一。机械的传动效率为

$$\eta=\frac{P_{有效}}{P_{输入}}=\frac{P_{有用}+\dfrac{\mathrm{d}T}{\mathrm{d}t}}{P_{输入}}<1 \tag{9-47}$$

一部机器的传动部分一般由许多零件组成，每经过一级传动，轴承与轴之间、皮带与轮之间、齿轮与齿轮之间都因摩擦而消耗功率，因此各级传动都有各自的效率。如图9-40所示，设Ⅰ-Ⅱ、Ⅱ-Ⅲ、Ⅲ-Ⅳ各级的效率分别为 η_1、η_2、η_3，则Ⅰ-Ⅳ的总效率为

$$\eta=\eta_1\cdot\eta_2\cdot\eta_3 \tag{9-48}$$

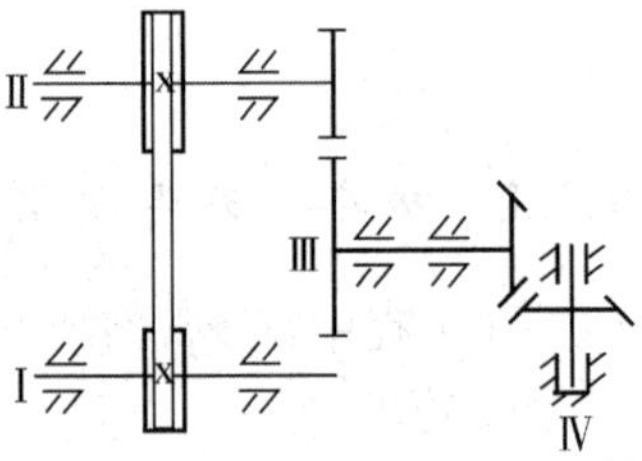

图　9-40

对于有 n 级传动的系统，总效率等于各级效率的连乘积：

$$\eta=\eta_1\cdot\eta_2\cdots\eta_n$$

例 9-20　车床的电动机功率 $P_{输入}=5.4\ \mathrm{kW}$。由于传动零件之间的摩擦，损耗功率占输入功率的 30%，如工件直径 $d=100\ \mathrm{mm}$，转速 $n=42\ \mathrm{r/min}$，那么允许切削力的最大值为多少？若工件的转速改为 $n'=112\ \mathrm{r/min}$，那么允许切削力的最大值为多少？

解　损失的无用功率：

$$P_{无用}=P_{输入}\times 30\%=1.62\ \mathrm{kW}$$

当工件匀速转动时，

$$P_{有用}=P_{输入}-P_{无用}=3.78\ \mathrm{kW}$$

设切削力为 $\boldsymbol{F}$，切削速度为 $\boldsymbol{v}$，则

$$P_{有用}=Fv=Fr\omega=F\cdot\frac{d}{2}\cdot\frac{2\pi n}{60}$$

所以

$$F=\frac{60}{\pi dn}P_{有用}$$

当 $n=42$ r/min 时，允许的最大切削力为 17.19 kN；当 $n=112$ r/min 时，允许的最大切削力为 6.45 kN。

本章知识要点

本章主要内容为质点系的动力学三个普遍定理及刚体作定轴转动和平面运动时的微分方程。

1. 质点系的动量定理。

(1) 质点系的动量。

$$\boldsymbol{P}=\sum m_i\boldsymbol{v}_i \quad 或 \quad \boldsymbol{P}=M\boldsymbol{v}_C$$

(2) 质点系的动量定理。

微分形式为

$$\mathrm{d}\boldsymbol{P}=\sum \boldsymbol{F}_i^{(e)}\mathrm{d}t=\sum \mathrm{d}\boldsymbol{I}_i^{(e)}$$

在直角坐标系投影形式为

$$\left.\begin{aligned}\frac{\mathrm{d}P_x}{\mathrm{d}t}&=\sum F_x^{(e)}\\\frac{\mathrm{d}P_y}{\mathrm{d}t}&=\sum F_y^{(e)}\\\frac{\mathrm{d}P_z}{\mathrm{d}t}&=\sum F_z^{(e)}\end{aligned}\right\}$$

(3) 质点系的动量守恒。

如果 $\sum \boldsymbol{F}_i^{(e)}=0$，则 $\boldsymbol{P}$ 为常矢量，表示质点系的动量守恒；如果 $\sum F_{ix}^{(e)}=0$，则 P_x 为常量，表示质点系在 x 轴的动量守恒。

(4) 质点系的质心运动定理。

$$M\boldsymbol{a}_C=\sum \boldsymbol{F}_i^{(e)}$$

即质点系的质量与质心加速度的乘积等于作用于质点系外力的矢量和。

直角坐标轴上的投影式为

$$Ma_{Cx}=\sum F_x^{(e)},\ Ma_{Cy}=\sum F_y^{(e)},\ Ma_{Cz}=\sum F_z^{(e)}$$

自然坐标轴上的投影式为

$$M\frac{v_C^2}{\rho}=\sum F_{\mathrm{n}}^{(e)},\ M\frac{\mathrm{d}v_C}{\mathrm{d}t}=\sum F_{\tau}^{(e)},\ \sum F_{\mathrm{b}}^{(e)}=0$$

2. 质点系的动量矩定理。

(1) 质点系动量矩。

质点系对点的动量矩为

$$\boldsymbol{L}_O = \sum_{i=1}^{n} \boldsymbol{M}_O(m_i \boldsymbol{v}_i)$$

质点系对轴的动量矩为

$$\boldsymbol{L}_z = \sum_{i=1}^{n} M_z(m_i \boldsymbol{v}_i) = [\boldsymbol{L}_O]_z$$

质点系对点的动量矩和对轴的动量矩的关系：

$$L_z = [\boldsymbol{L}_O]_z$$

刚体作平移时动量矩的计算：将刚体的质量集中在刚体的质心上，按质点的动量矩计算。

刚体作定轴转动时动量矩的计算：

$$L_z = J_z \boldsymbol{\omega}$$

（2）质点系的动量矩定理。

质点系对某一固定点的动量矩对时间的导数等于作用在质点系上的外力对同一点矩的矢量和(或称外力的主矩)，即

$$\frac{\mathrm{d}}{\mathrm{d}t}\boldsymbol{L}_O = \sum_{i=1}^{n} \boldsymbol{M}_O(\boldsymbol{F}_i^e)$$

其投影形式为

$$\begin{cases} \dfrac{\mathrm{d}}{\mathrm{d}t}L_x = \displaystyle\sum_{i=1}^{n} M_x(\boldsymbol{F}_i^e) \\ \dfrac{\mathrm{d}}{\mathrm{d}t}L_y = \displaystyle\sum_{i=1}^{n} M_y(\boldsymbol{F}_i^e) \\ \dfrac{\mathrm{d}}{\mathrm{d}t}L_z = \displaystyle\sum_{i=1}^{n} M_z(\boldsymbol{F}_i^e) \end{cases}$$

质点系动量矩守恒定律：

当作用在质点系上外力对某一点的矩等于零时，则质点系对该点的动量矩守恒；当作用在质点系上的外力对某一轴的矩等于零时，则质点系对该轴的动量矩守恒。

（3）质点系相对质心的动量矩定理。

质点系相对质心的动量矩对时间的导数等于作用在质点系上的外力对质心之矩的矢量和，即

$$\frac{\mathrm{d}\boldsymbol{L}_C}{\mathrm{d}t} = \boldsymbol{M}_C$$

3. 质点系的动能定理。

（1）质点系动能。

$$T = \sum_{i=1}^{n} \frac{1}{2} m_i v_i^2$$

对于刚体而言，根据刚体的不同运动形式，其动能表达式不同。

平移刚体的动能：

$$T = \frac{1}{2} M v_C^2$$

刚体作定轴转动时，动能为

$$T=\frac{1}{2}J_z\omega^2$$

刚体作平面运动时，动能为

$$T=\frac{1}{2}J_P\omega^2=\frac{1}{2}(J_C+md^2)\omega^2=\frac{1}{2}J_C\omega^2+\frac{1}{2}Mv_C^2$$

其中，点 P 为平面运动刚体的速度瞬心，C 为刚体的质心。

(2) 质点系动能定理。

质点系动能定理的微分形式：

$$\mathrm{d}T=\sum\delta W_i$$

即质点系动能的增量等于作用于质点系全部力所作元功的和。

质点系动能定理的积分形式：

$$T_2-T_1=\sum \boldsymbol{W}_i$$

即质点系在某一运动过程中动能的改变量，等于作用于质点系的全部力在这段过程中所作功的和。

4. 刚体定轴转动微分方程。

$$J_z\frac{\mathrm{d}\omega}{\mathrm{d}t}=\sum_{i=1}^{n}M_z(F_i)$$

或

$$J_z\alpha=\sum_{i=1}^{n}M_z(F_i)$$

刚体定轴转动微分方程与质点运动微分方程类似。

5. 刚体平面运动微分方程。

$$\begin{cases}M\boldsymbol{a}_C=\sum\limits_{i=1}^{n}\boldsymbol{F}_i^{(e)}\\ \dfrac{\mathrm{d}}{\mathrm{d}t}(J_C\omega)=\sum\limits_{i=1}^{n}M_C(\boldsymbol{F}_i^{(e)})\end{cases}$$

其投影形式为

$$\begin{cases}Ma_{Cx}=\sum\limits_{i=1}^{n}F_{ix}^{(e)}\\ Ma_{Cy}=\sum\limits_{i=1}^{n}F_{iy}^{(e)}\\ \dfrac{\mathrm{d}}{\mathrm{d}t}(J_C\omega)=\sum\limits_{i=1}^{n}M_C(\boldsymbol{F}_i^{(e)})\end{cases}$$

利用刚体定轴转动微分方程和刚体平面运动微分方程，可求解动力学的两类问题。

思　考　题

9-1　质点系动力学三个普遍定理与牛顿第二定律是什么关系？

9－2 刚体的平行移动、定轴转动及平面运动的运动微分方程与动力学三个普遍定理之间存在什么关系？

9－3 质点系动力学描述了质点系的受力情况与其运动规律之间的关系，这里的运动规律是指质点系的绝对运动还是相对运动？

9－4 质点系的动量定理与动量矩定理，分别建立了质点系的动量与外力，质点系的动量对某固定点的矩与外力对同一固定点的矩的关系，为什么仅考虑外力，不考虑内力？请举例说明。

9－5 质点系内各质点所受的力可以分为内力与外力，内力做功吗？什么情况下不做功？

习 题

9－1 图9－41所示滑轮中两重物 A 和 B 的重量分别为 P_1 和 P_2。如 A 物的下降加速度为 a，不计滑轮重量，求支座 O 的反力。

9－2 均质杆 OA 长为 $2l$，重 P，绕通过 O 端的水平轴在竖直面内转动如图9－42所示。设转动到与水平成角 φ 时，角速度与角加速度分别为 ω 及 ε，试求这时杆在 O 端所受的反力。

9－3 三个重物 $m_1=20$ kg，$m_2=15$ kg，$m_3=10$ kg，由一绕过两个定滑轮 M 和 N 的绳子相连接，如图9－43所示。当重物 m_1 下降时，重物 m_2 在四角截头锥 $ABCD$ 的上面向右移动，而重物 m_3 则沿侧面 AB 上升。截头锥重 $P=100$ N。如略去一切摩擦和绳子的质量，求当重物 m_1 下降 1 m 时，截头锥相对地面的位移。

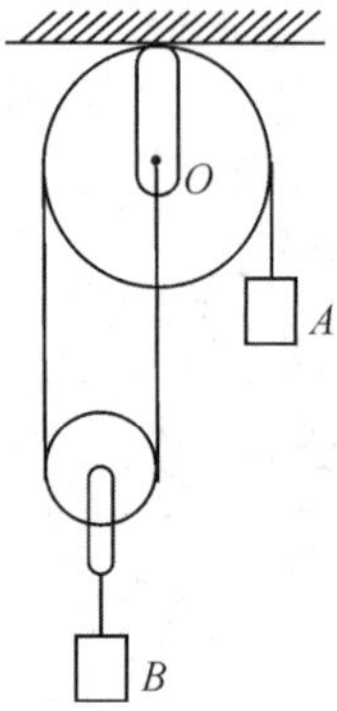

图 9－41

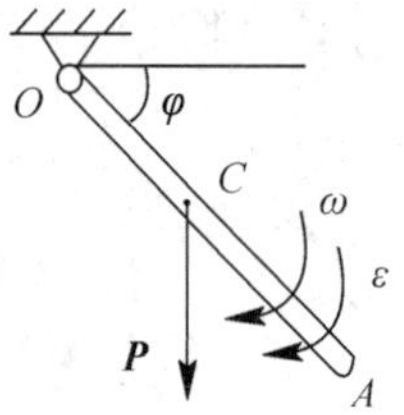

图 9－42

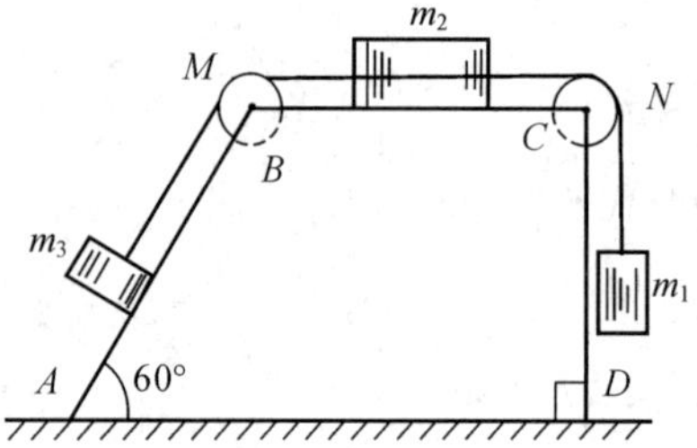

图 9－43

9－4 图9－44所示凸轮机构中，凸轮以等角速度 ω 绕定轴 O 转动。重量为 P 的滑杆借右端弹簧的推压而顶在凸轮上，当凸轮转动时，滑杆作往复运动。设凸轮为一均质圆盘，重量为 Q，半径为 r，偏心距为 e。求在任一瞬时机座螺钉的总动反力。

9－5 曲柄 AB 长为 r，重 P_1，受力偶作用，以不变的角速度 ω 转动，并带动滑槽连杆以及与它固连的活塞 D，如图9－45所示。滑槽、连杆、活塞共重 P_2，质心在 C 点。在活塞上作用一恒力 Q。如导板的摩擦略去不计，求作用在曲柄轴 A 上的最大水平分力。

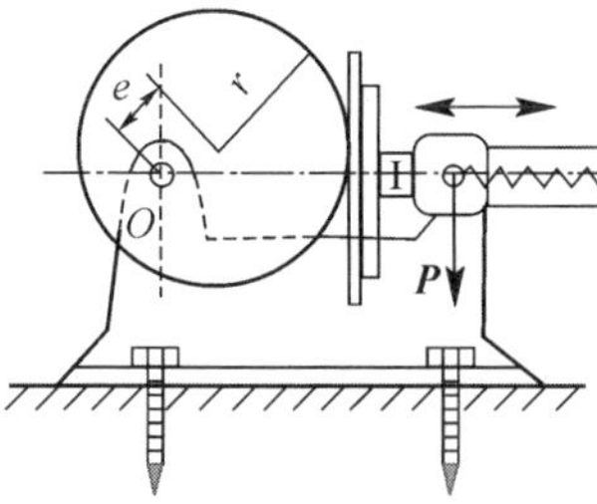

图　9-44

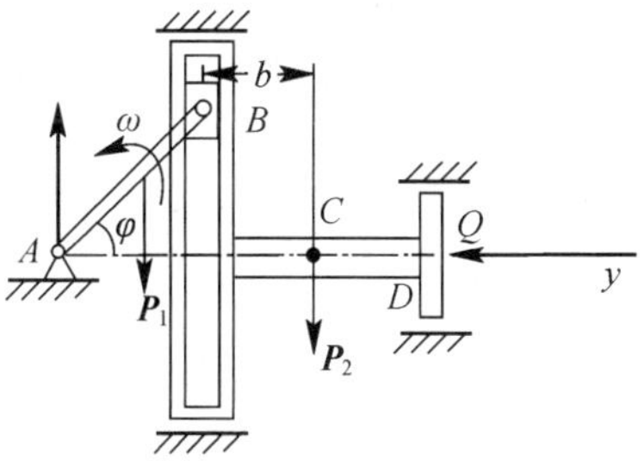

图　9-45

9-6　质量为 m 的点在平面 Oxy 内运动，其运动方程为

$$\begin{cases} x = a\cos\omega t \\ y = b\sin 2\omega t \end{cases}$$

式中，a、b 和 ω 为常量。求质点对原点 O 的动量矩。

9-7　如图 9-46 所示，质量为 m 的偏心轮在水平面上作平面运动。轮子轴心为 A，质心为 C，$AC = e$；轮子半径为 R，对轴心 A 的转动惯量为 J_A；C、A、B 三点在同一铅直线上。

(1) 当轮子只滚不滑时，若 v_A 已知，求轮子的动量和对地面上 B 点的动量矩。

(2) 当轮子又滚又滑时，若 v_A、ω 已知，求轮子的动量和对地面上 B 点的动量矩。

9-8　图 9-47 所示水平圆板可绕 z 轴转动。在圆板上有一质点 M 作圆周运动，已知其速度的大小为常量，等于 v_0，质点 M 的质量为 m，圆的半径为 r，圆心到 z 轴的距离为 l，M 点在圆板的位置由 φ 角确定。如圆板的转动惯量为 J，并且当点 M 离 z 轴最远在点 M_0 时，圆板的角速度为零。轴的摩擦和空气阻力略去不计，求圆板的角速度与 φ 角的关系。

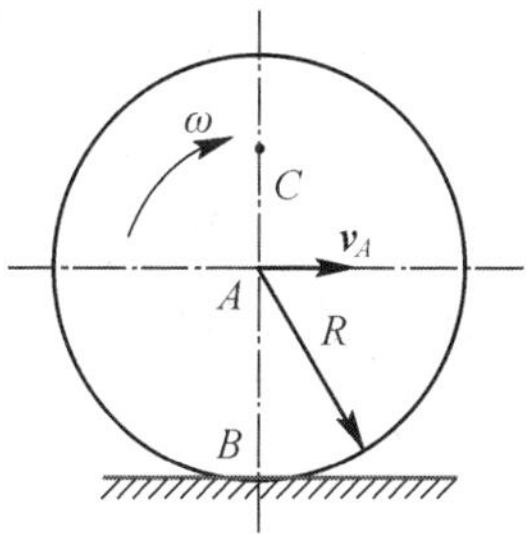

图　9-46

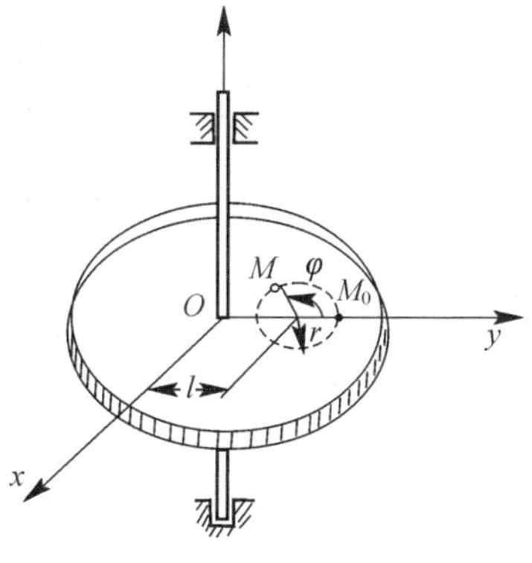

图　9-47

9-9　均质圆轮 A 质量为 m_1，半径为 r_1，以角速度 ω 绕杆 OA 的 A 端转动，此时将轮放置在质量为 m_2 的另一均质圆轮 B 上，其半径为 r_2，如图 9-48 所示。轮 B 原为静止，但可绕其中心自由转动。放置后，轮 A 的重量由轮 B 支持。略去轴承的摩擦和杆 OA 的重量，并设两轮间的摩擦系数为 f。问自轮 A 放在轮 B 上到两轮间没有相对滑动为止，经过多少时间？

9-10　图 9-49 所示两小球 A 和 B，质量分别为 $m_A = 2$ kg，$m_B = 1$ kg，用 $AB = l =$

0.6 m 的杆连接。在初瞬时，杆在水平位置，B 不动，而 A 的速度 $v_A=0.6\pi$ m/s，方向铅直向上。杆的质量和小球的尺寸忽略不计。求：

(1) 两小球在重力作用下的运动；

(2) 在 $t=2$ s 时，两小球相对于定坐标系 Oxy 的位置；

(3) $t=2$ s 时杆轴线方向的内力。

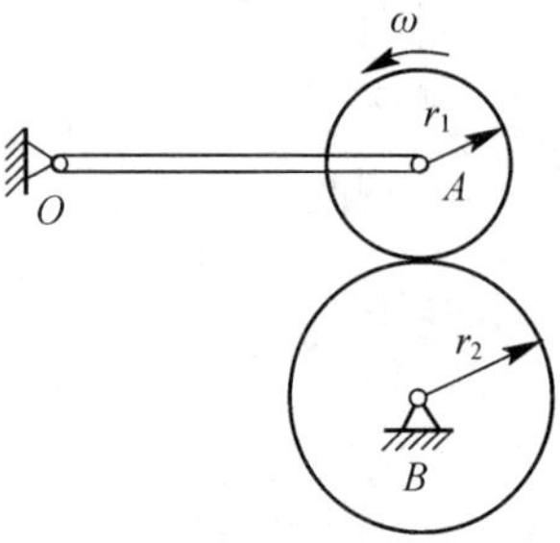

图 9-48

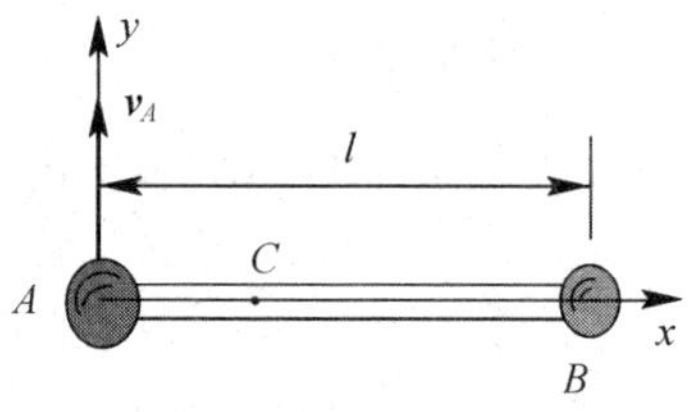

图 9-49

9-11 图 9-50 所示均质杆 AB 长为 l，放在铅直平面内，杆的一端 A 靠在光滑铅直墙上，另一端 B 放在光滑的水平地板上，并与水平面成 φ_0 角。此后，令杆由静止状态倒下。求：

(1) 杆在任意位置时的角加速度和角速度；

(2) 当杆脱离墙时，此杆与水平面所夹的角。

9-12 均质实心圆柱体 A 和薄铁环 B 的质量均为 m，半径都等于 r，两者用杆 AB 铰接，无滑动地沿斜面滚下，斜面与水平面的夹角为 θ，如图 9-51 所示。如杆的质量忽略不计，求杆 AB 的加速度和杆的内力。

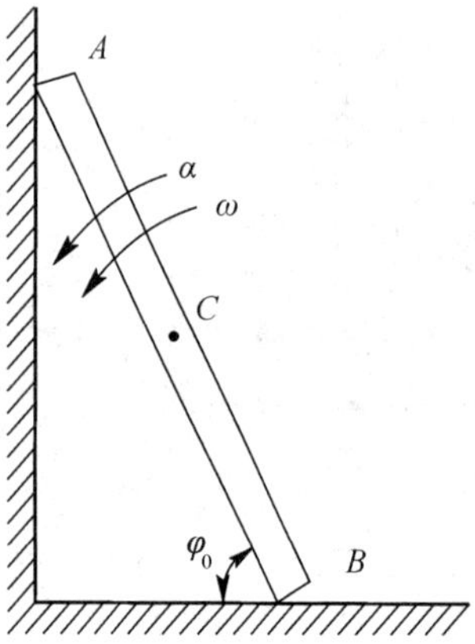

图 9-50

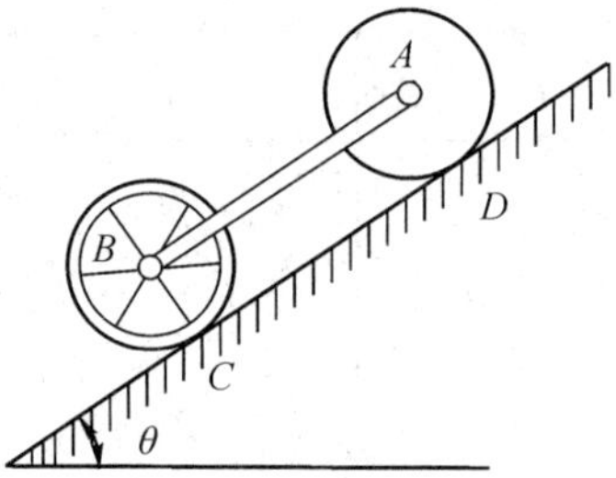

图 9-51

9-13 图 9-52 所示均质圆柱体的质量为 m，半径为 r，放在倾角为 60°的斜面上。一细绳缠绕在圆柱体上，其一端固定于点 A，此绳与 A 相连部分与斜面平行。若圆柱体与斜面间的摩擦系数为 $f=1/3$，试求其中心沿斜面落下的加速度 a_C。

9-14 均质圆柱体 A 和 B 的质量均为 m，半径为 r，一绳缠在绕固定轴 O 转动的圆柱 A 上，绳的另一端绕在圆柱 B 上，如图 9-53 所示。摩擦不计，求：

(1) 圆柱体 B 下落时质心的加速度；

(2) 若在圆柱体 A 上作用一逆时针转向，矩为 $\boldsymbol{M}$ 的力偶，试问在什么条件下圆柱体 B 的质心加速度将向上。

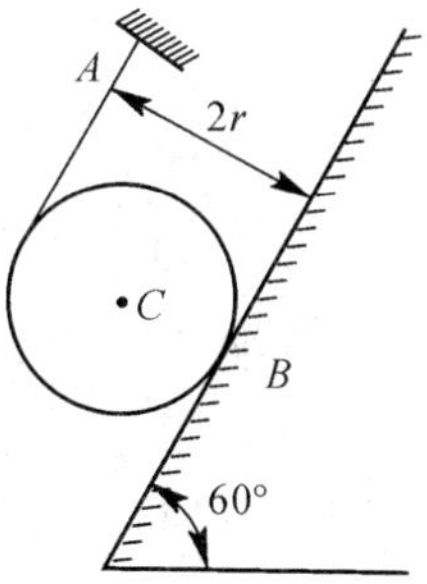

图　9-52

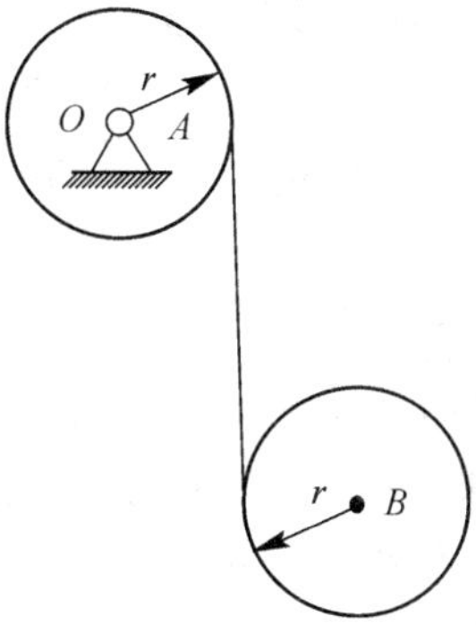

图　9-53

第 10 章　达朗贝尔原理

教学要求：

（1）正确理解惯性力的定义，熟练掌握刚体作平动、定轴转动和平面运动时惯性力系的简化结果，了解静平衡和动平衡概念。

（2）理解达朗贝尔原理的实质，并能熟练地应用达朗贝尔原理求解非自由质点系的动力学问题。

达朗贝尔原理提供了研究动力学的另一种普遍方法——动静法，即用静力学研究平衡问题的方法研究动力学中不平衡的问题。

10.1　惯性力的概念

达朗贝尔原理提供了一个处理非自由质点系动力学的普遍方法，这个方法的特点是用静力学中研究平衡的方法来研究动力学的问题，故称为动静法。

在动静法中，惯性力是一个重要的概念。由惯性定律知，当物体受到其他物体的作用而引起其运动状态发生改变时，它力图保持其原有的运动状态，因此对于施力物体有反作用力，这种反作用力称为惯性力。

例如，当人用手推动小车使其运动状态发生改变，如不计摩擦力，则小车所受的水平方向的力只有手的推力 $\boldsymbol{F}$，如小车的质量 m，若产生的加速度为 $\boldsymbol{a}$，由动力学第二定律知，$\boldsymbol{F}=m\boldsymbol{a}$。同时，人手感到有压力 $\boldsymbol{F}'$，即小车的惯性力。由作用与反作用定律知

$$\boldsymbol{F}'=-\boldsymbol{F}=-m\boldsymbol{a}$$

又如，当用手握住绳的一端，另一端系着小球使其在水平面内作匀速圆周运动时，质点在水平面内所受的真实的力只有绳的拉力 $\boldsymbol{F}$。如小球的质量为 m，速度为 $\boldsymbol{v}$，圆半径为 r，由动力学第二定律知，$\boldsymbol{F}=m\boldsymbol{a}=m\boldsymbol{a}_{\mathrm{n}}=m\dfrac{v^2}{r}\boldsymbol{n}$，即所谓的向心力。小球由于惯性必然给绳以反作用力 $\boldsymbol{F}'$，即小球的惯性力。$\boldsymbol{F}'$ 与 $\boldsymbol{F}$ 大小相等方向相反，称为离心力，即 $\boldsymbol{F}'=-\boldsymbol{F}=-m\boldsymbol{a}_{\mathrm{n}}$。人手感到有拉力就是这个力所引起的。

由上述可知，当质点受力作用而产生加速度时，质点由于惯性必然给施力物体以反作用力，即质点的惯性力。质点的惯性力的大小等于质点的质量与其加速度的乘积，方向与加速度的方向相反，它不作用于运动质点的本身，而作用于周围施力物体上。今后惯性力统一用 $\boldsymbol{F}_{\mathrm{I}}$ 表示，则有

$$\boldsymbol{F}_{\mathrm{I}}=-m\boldsymbol{a} \tag{10-1}$$

惯性力在直角坐标轴上的投影为

$$\left.\begin{aligned}F_{Ix}&=-ma_x=-m\frac{d^2x}{dt^2}\\F_{Iy}&=-ma_y=-m\frac{d^2y}{dt^2}\\F_{Iz}&=-ma_z=-m\frac{d^2z}{dt^2}\end{aligned}\right\}\tag{10-2}$$

惯性力在自然坐标轴上的投影为

$$\left.\begin{aligned}F_{I\tau}&=-ma_\tau=-m\frac{d^2s}{dt^2}\\F_{In}&=-ma_n=-m\frac{v^2}{\rho}\\F_{Ib}&=-ma_b=0\end{aligned}\right\}\tag{10-3}$$

10.2　达朗贝尔原理

首先研究质点的达朗贝尔原理。设有一非自由质点 M 在约束允许的条件下发生运动（见图 10－1）。如质点的质量为 m，在主动力 $\boldsymbol{F}$ 及约束力 $\boldsymbol{F}_N$作用下产生的加速度为 $\boldsymbol{a}$，根据动力学第二定律则有

$$\boldsymbol{F}_R=\boldsymbol{F}+\boldsymbol{F}_N=m\boldsymbol{a}$$

把它写成另一种形式为

$$\boldsymbol{F}+\boldsymbol{F}_N+(-m\boldsymbol{a})=0\tag{10-4}$$

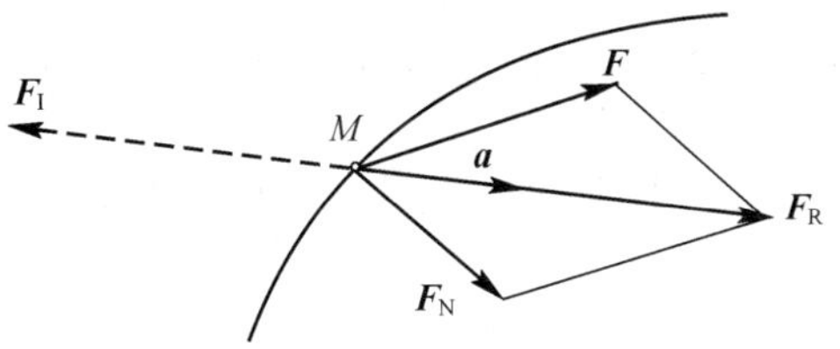

图　10－1

引入质点的惯性力 $\boldsymbol{F}_I=-m\boldsymbol{a}$，则可写成

$$\boldsymbol{F}+\boldsymbol{F}_N+\boldsymbol{F}_I=0\tag{10-5}$$

从数学形式上看，上面三式是一样的，但从力学角度看，式(10－4)、式(10－5)与动力学基本方程不同，它们是力的平衡方程，但惯性力不是实际作用于质点的力，只能当作一个虚拟的力，在图上用虚线箭头表示。这个方程表明：在质点运动的任一瞬时，作用于质点上的主动力、约束力和虚拟的惯性力在形式上组成平衡力系，这就是质点的达朗贝尔原理。

现在研究质点系的达朗贝尔原理。设有由 n 个质点组成的质点系，今取系中任一质点 M_i，其质量为 m_i，作用于质点 M_i 上的主动力的合力为 $\boldsymbol{F}_i$，约束力的合力为 $\boldsymbol{F}_{Ni}$，若加速度为 $\boldsymbol{a}_i$，则惯性力为 $\boldsymbol{F}_{Ii}=-m\boldsymbol{a}_i$。于是由质点的达朗贝尔原理有

$$\boldsymbol{F}_i+\boldsymbol{F}_{Ni}+\boldsymbol{F}_{Ii}=0\quad(i=1,2,\cdots,n)\tag{10-6}$$

式中，主动力 $\boldsymbol{F}_i$ 和约束力 $\boldsymbol{F}_{Ni}$都包括内力和外力。这就表明，在质点系运动的任一瞬时，

作用于每一质点上的主动力、约束力和虚拟的惯性力在形式上组成平衡力系，这就是质点系的达朗贝尔原理。

对于整个质点系来说，作用于质点系的主动力系、约束力系和虚拟的惯性力系在形式上组成平衡力系。由质点系内力的性质及静力学中力系的简化理论，这三个力系的主矢和对于任意点 O 的主矩应分别有

$$\begin{cases}\sum \boldsymbol{F}_i^e + \sum \boldsymbol{F}_{\mathrm{N}i}^e + \sum \boldsymbol{F}_{\mathrm{I}i}^e = 0 \\ \sum \boldsymbol{M}_O(\boldsymbol{F}_i^e) + \sum \boldsymbol{M}_O(\boldsymbol{F}_{\mathrm{N}i}^e) + \sum \boldsymbol{M}_O(\boldsymbol{F}_{\mathrm{I}i}^e) = 0\end{cases} \tag{10-7}$$

需要指出的是，惯性力是虚拟的，并不真实地作用于质点或质点系上。因此达朗伯原理只是提供一种用静力学方法写出动力学方程的简单而显明的手段，即引入惯性力，把动力学方程写成平衡方程的形式，实质仍是动力学问题。方程在形式上的这种变换，带来的是分析问题和列写方程的方便，同时引出新观点，即对于作任何运动的质点系，除真实作用的主动力和约束力外，只要在每个质点上加上它的惯性力，就可直接应用静力学中的平衡理论来建立质点系的运动与作用于质点系的力之间的关系，求解动力学的问题。这种处理问题的方法称为动静法，主要用于列写动力学方程、已知运动求解非自由质点及质点系束力和计算构件的动荷强度等问题。

例 10-1　重为 $\boldsymbol{P}$ 的小球 M 系于长为 l 的软绳下端，并以匀角速度绕铅垂线回转，如图 10-2 所示。如绳与铅垂线成 θ 角，求绳中拉力和小球的速度。

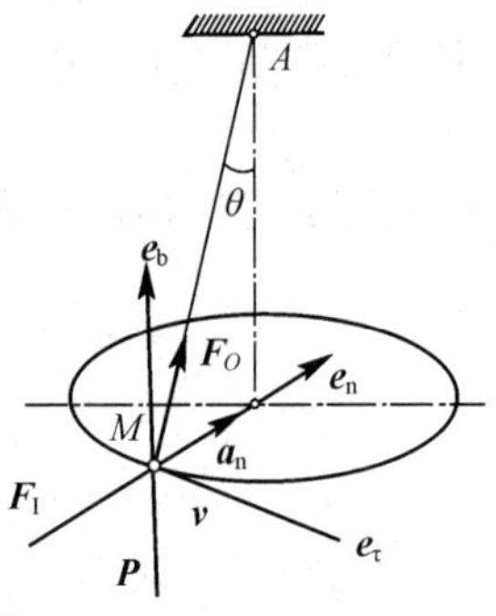

图　10-2

解　以小球 M 为研究对象，在任一瞬时其所受的力有重力 $\boldsymbol{P}$ 和绳子的拉力 $\boldsymbol{F}$。小球在水平面内作匀速圆周运动，在任一瞬时的加速度仅有法向加速度，即 $\boldsymbol{a}_{\mathrm{n}} = \dfrac{v^2}{l\sin\theta}\boldsymbol{e}_{\mathrm{n}}$，故惯性力 $\boldsymbol{F}_{\mathrm{I}} = -\dfrac{P}{g}\dfrac{v^2}{l\sin\theta}\boldsymbol{e}_{\mathrm{n}}$。由动静法，作用于小球 M 上的力 $\boldsymbol{P}$、$\boldsymbol{F}$ 和虚加的惯性力 $\boldsymbol{F}_{\mathrm{I}}$ 组成平衡力系。

取自然坐标系如图 10-2 所示，列动平衡方程：

$$\sum F_{\mathrm{n}} = 0：F\sin\theta - \frac{P}{g}\frac{v^2}{l\sin\theta} = 0$$

$$\sum F_{\mathrm{b}} = 0：F\cos\theta - P = 0$$

解得

$$F = \frac{P}{\cos\theta}$$

$$v = \sqrt{gl\frac{\sin^2\theta}{\cos\theta}}$$

例 10-2　在半径为 R 的光滑球顶上放一小物块，如图 10-3 所示。设物块沿铅垂面内的大圆自球面顶点静止滑下，求此物块脱离球面时的位置。

解　以物块为研究对象，在任一瞬时物块的位置以 φ 角表示，其所受的力有重力 $\boldsymbol{P}$ 和球面的约束力 $\boldsymbol{F}_{\mathrm{N}}$。设此时物块的速度为 $\boldsymbol{v}$，则其沿切向和法向加速度为 $\boldsymbol{a}_\tau = \dfrac{\mathrm{d}v}{\mathrm{d}t}\boldsymbol{e}_\tau$ 和 $\boldsymbol{a}_{\mathrm{n}} =$

$\frac{v^2}{R}\boldsymbol{e}_n$。作用于物块 M 上的力 $\boldsymbol{P}$、$\boldsymbol{F}_N$ 和虚加的切向 $\boldsymbol{F}_I^\tau$ 及法向惯性力 $\boldsymbol{F}_I^n$ 组成平衡力系。

取自然坐标系如图 10－3 所示，列动平衡方程：

$$\sum F_\tau = 0：P\sin\varphi - \frac{P}{g}\frac{\mathrm{d}v}{\mathrm{d}t} = 0 \tag{1}$$

$$\sum F_n = 0：P\cos\theta - F_N - \frac{P}{g}\frac{v^2}{R} = 0 \tag{2}$$

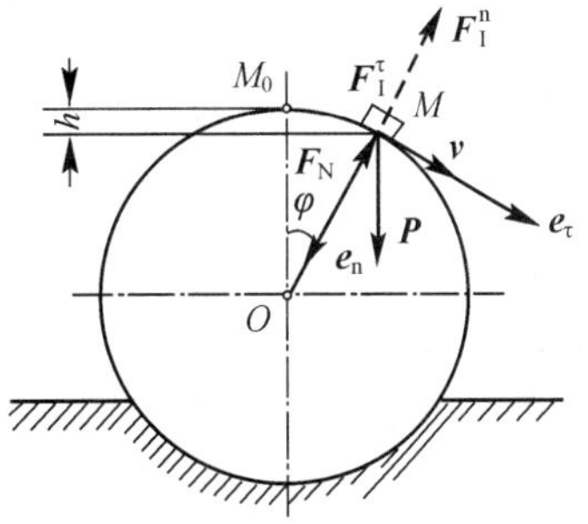

图　10－3

积分式(1)或直接由动能定理得

$$\frac{1}{2}\frac{P}{g}v^2 - 0 = PF(1-\cos\varphi)$$

求得

$$v^2 = 2gF(1-\cos\varphi) \tag{3}$$

将上式代入式(2)，解出

$$F_N = P(3\cos\varphi - 2)$$

可见，约束力 F_N 随 φ 角增加而减小。当球面对于物块的约束力等于零时，物块即开始与球面脱离，此时的位置以 φ_m 表示，于是得

$$\cos\varphi_m = \frac{2}{3}，\ \varphi_m = 48°11'$$

若以下降距离 h 表示脱离位置，由图可知：

$$\cos\varphi_m = \frac{R-h}{h} = \frac{2}{3}$$

求得

$$h = \frac{R}{3}$$

即物块下降的铅垂距离等于半径的 1/3 时，物块开始脱离球面。

例 10－3　杆 CD 长 $2l$，两端各装一重物($P_1 = P_2 = P$)，杆的中间与铅垂轴 AB 固结在一起，两者的夹角为 θ，轴 AB 以匀角速度 ω 转动，轴承 A、B 间的距离为 h(见图10－4)。不计杆与轴的重量，求轴承 A、B 的约束力。

解　以整体为研究对象，在图示位置取坐标系 Axy。在两重物上各加一法向惯性力 $\boldsymbol{F}_{I1}^n$ 和 $\boldsymbol{F}_{I2}^n$，其大小为

$$F_{I1}^n = F_{I2}^n = \frac{P}{g}(l\sin\theta)\omega^2$$

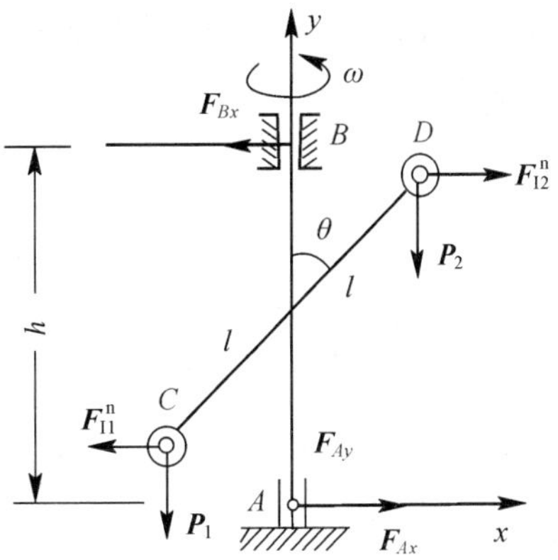

图　10－4

其方向如图所示。由动静法，作用于系统上的重力 $\boldsymbol{P}_1$、$\boldsymbol{P}_2$ 轴承 A、B 的约束力 $\boldsymbol{F}_{Ax}$、$\boldsymbol{F}_{Ay}$、$\boldsymbol{F}_{Bx}$ 和虚加的法向惯性力 $\boldsymbol{F}_{I1}^n$ 和 $\boldsymbol{F}_{I2}^n$ 组成平衡力系。于是动平衡方程为

$$\sum F_x = 0：F_{Ax} - F_{Bx} = 0$$

$$\sum F_y = 0:\ F_{Ay} - 2P = 0$$

$$\sum m_A(F) = 0:\ F_{Bx}h - 2\left(\frac{P}{g}l\omega^2\sin\theta\right)l\cos\theta = 0$$

由此解得

$$F_{Ax} = F_{Bx} = \frac{Pl^2\omega^2}{gh}\sin 2\theta$$

$$F_{Ay} = 2P$$

10.3　刚体惯性力系的简化

应用动静法解决刚体或刚体系的动力学问题时应将惯性力系进行简化。由静力学中力系的简化理论知道：任一力系向已知点简化的结果可得到一个作用于简化中心的力和一个力偶，它们由力系的主矢和对于简化中心的主矩决定；力系的主矢与简化中心的选择无关。

首先研究惯性力系的主矢。设刚体内任一质点 M_i 的质量为 m_i，加速度为 $\boldsymbol{a}_i$，刚体的质量为 m，其质心的加速度为 $\boldsymbol{a}_C$，则惯性力系的主矢为

$$\boldsymbol{F}_{IR} = \sum \boldsymbol{F}_{Ii} = \sum -m_i\boldsymbol{a}_i = -m\boldsymbol{a}_C \tag{10-8}$$

上式表明，无论刚体作什么运动，惯性力系的主矢都等于刚体的质量与其质心加速度的乘积，方向与质心加速度的方向相反。至于惯性力系的主矩，一般说来，则由于刚体运动的不同而不同。

现在仅就刚体的平动、绕定轴转动和平面运动这三种情形下惯性力系的简化结果说明。

1. 刚体的平动

刚体平动时其上各点的加速度都相同，惯性力系是与重力相似的平行力系，因此，刚体作平动时，惯性力系简化为通过质心 C 的一力 $\boldsymbol{F}_{IR} = -m\boldsymbol{a}_C$，如图 10－5 所示。

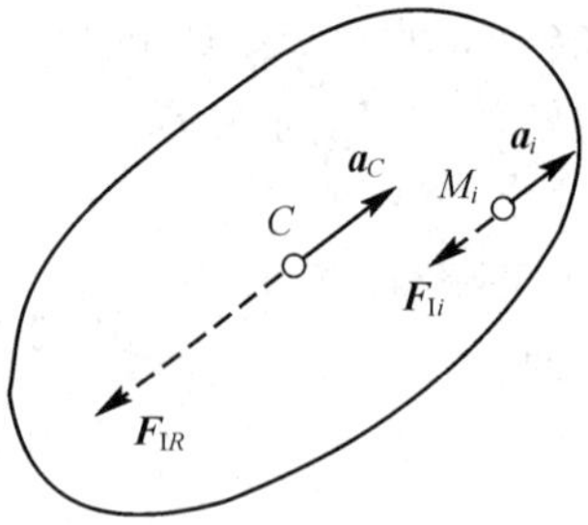

图　10－5

2. 刚体的定轴转动

仅讨论刚体具有质量对称平面且转轴垂直于此平面的情形。此时可先将刚体的空间惯性力系简化为在对称平面内的平面力系，再将此平面力系向对称平面与转轴的交点 O 简化，则惯性力系的主矢和对于 O 点的主矩为

$$\begin{cases}\boldsymbol{F}_{IR}=\sum\boldsymbol{F}_{\mathrm{I}i}=-m\boldsymbol{a}_C\\ M_{\mathrm{I}O}=\sum M_O(\boldsymbol{F}_{\mathrm{I}i})=\sum M_O(\boldsymbol{F}_{\mathrm{I}i}^{\tau})=\sum(-m_ir_i\alpha)=-\left(\sum-m_ir_i^2\right)\alpha=-J_z\alpha\end{cases}\tag{10-9}$$

上式表明，刚体作绕定轴转动时，惯性力系简化为通过 O 点的一力和一力偶，此力 $\boldsymbol{F}_{IR}=-m\boldsymbol{a}_C$，此力偶之矩 $M_{\mathrm{I}O}=-J_z\alpha$，如图 10－6 所示。

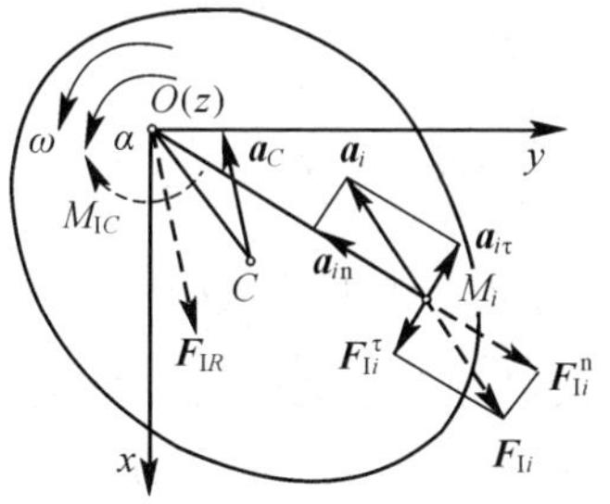

图　10－6

显然：① 若转轴通过质心 C，则主矢为零，此时惯性力系简化为一力偶；② 若刚体匀速转动，则主矩为零，此时惯性力系简化为通过 O 点的一力；③ 若转轴通过质心，刚体作匀速转动，则主矢和主矩都为零，此时惯性力系为一平衡力系。

3. 刚体的平面运动

仅讨论刚体具有质量对称平面且刚体平行此平面运动的情形。此时仍先将刚体的惯性力简化为在对称平面的平面力系，由于平面运动可分解为随同质心 C 点的平动和绕 C 点的转动，再将此平面力系向质心 C 点简化，根据上述则知惯性力系的主矢和对于质心 C 点的主矩为

$$\begin{cases}\boldsymbol{F}_{\mathrm{I}R}=\sum\boldsymbol{F}_{\mathrm{I}i}=-m\boldsymbol{\alpha}_C\\ M_{\mathrm{I}C}=\sum M_C(\boldsymbol{F}_{\mathrm{I}i})=-J_C\alpha\end{cases}\tag{10-10}$$

上式表明：刚体作平面运动时，惯性力系简化为通过质心 C 的一力和一力偶，此力 $\boldsymbol{F}_{\mathrm{I}R}=-m\boldsymbol{a}_C$，此力偶之矩 $M_{\mathrm{I}C}=-J_C\alpha$，如图 10－7 所示。

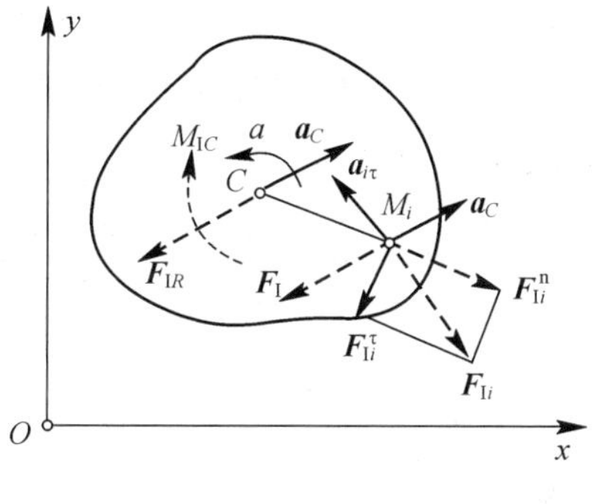

图　10－7

由动静法，具有质量对称平面的平面运动刚体可列三个平衡方程，即

$$\sum F_x=0：F_x^{(e)}+F_{\mathrm{I}x}=0$$

$$\sum F_y = 0：F_y^{(e)} + F_{Iy} = 0$$

$$\sum m_C(\boldsymbol{F}) = 0：\sum M_C(\boldsymbol{F}^{(e)}) + M_{IC} = 0$$

若写成动力学方程则为

$$\left.\begin{aligned} m\frac{\mathrm{d}^2 x_C}{\mathrm{d}t^2} &= \sum F_x^{(e)} \\ m\frac{\mathrm{d}^2 y_C}{\mathrm{d}t^2} &= \sum F_y^{(e)} \\ J_C\frac{\mathrm{d}^2 \varphi}{\mathrm{d}t^2} &= \sum m_C(F^{(e)}) \end{aligned}\right\} \tag{10-11}$$

这就是刚体的平面运动微分方程，式中 $\sum F_x^{(e)}$、$\sum F_y^{(e)}$ 和 $\sum m_C(F^{(e)})$ 分别为作用于刚体上的外力在轴 x，y 上的投影和对于通过质心 C 垂直于对称平面的轴之矩。

例 10-4　重为 P 的货箱放在一平车上，货箱与平车间的摩擦因数为 f，尺寸如图10-8；欲使货箱在平车上不滑也不翻，平车的加速度 $\boldsymbol{a}$ 应为多少？

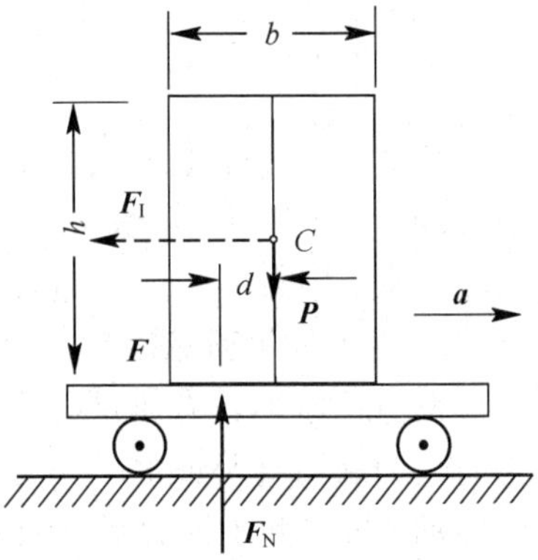

图　10-8

解　作用于货箱上的力有重力 $\boldsymbol{P}$、摩擦力 $\boldsymbol{F}$ 和和法向约束力 $\boldsymbol{F}_N$。由于货箱作平动，惯性力为 $F_I = \frac{P}{g}a$，虚加于质心 C，方向与加速度 $\boldsymbol{a}$ 相反。

由动平衡方程有

$$\sum F_x = 0：F - F_I = 0$$

$$\sum F_y = 0：F_N - P = 0$$

$$\sum M_C(\boldsymbol{F}) = 0：F\frac{h}{2} - F_N d = 0$$

解得

$$F = F_I = \frac{P}{g}a$$

$$F_N = P$$

$$d = \frac{ah}{2g}$$

货箱不滑的条件是 $F < fN$，即

$$\frac{P}{g}a \leqslant fP$$

由此得

$$a \leqslant fg$$

货箱不翻倒的条件是 $d \leqslant \frac{b}{2}$，即有

$$\frac{ah}{2g} \leqslant \frac{b}{2}$$

由此得

$$a \leqslant \frac{b}{h}g$$

例 10-5　图示一提升装置，已知转矩为 M，滚筒重为 G，转动惯量为 J，重物重 P，支座与梁共重 W，尺寸如图 10-9(a)所示。求重物上升的加速度和梁 A、B 处的约束力。

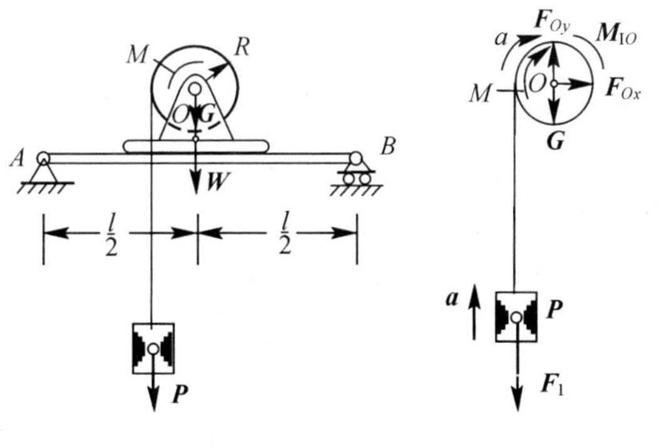

图　10-9

解　先研究重物滚筒系统，其所受的力有重力 $\boldsymbol{P}$、$\boldsymbol{G}$ 和支座约束力 $\boldsymbol{F}_{Ox}$、$\boldsymbol{F}_{Oy}$，虚加惯性力为 $\boldsymbol{F}_{\mathrm{I}}$ 及 $M_{\mathrm{I}O}$，$F_{\mathrm{I}}=\dfrac{P}{g}a$，$M_{\mathrm{I}O}=Ja=J\dfrac{a}{R}$，如图 10-9(b)所示。

由动平衡方程有

$$\sum F_x=0:\ F_{Ox}=0$$

$$\sum F_y=0:\ F_{Oy}-G-P-F_{\mathrm{I}}=0$$

$$\sum M_O(F)=0:\ (P+F_1)R-M+M_{\mathrm{I}O}=0$$

解得

$$a=\frac{M/R-P}{P/g+J/R^2}=\frac{M-PR}{PR^2+Jg}Rg$$

$$F_{Ox}=0,\qquad F_{Oy}=G+P+\frac{P}{g}a=g+P\,\frac{Jg+MR}{PR^2+Jg}$$

再研究支座与梁，由对称条件可知：

$$F_{Ax}=0,\qquad F_{Ay}=F_B=\frac{W+Y_O}{2}=\frac{1}{2}\left(W+G+P\,\frac{Jg+MR}{PR^2+Jg}\right)$$

例 10-6　车辆的主动轮沿水平直线轨道运动（见图 10-10）。设轮重为 G、半径为 R，对轮轴的回转半径为 ρ，车身的作用力可简化为作用于轮的质心 C 的力 $\boldsymbol{F}_1$ 和 $\boldsymbol{F}_2$ 及驱动力偶矩 M，轮与轨道间的摩擦因数为 f。不计滚动摩擦的影响，求轮心的加速度。

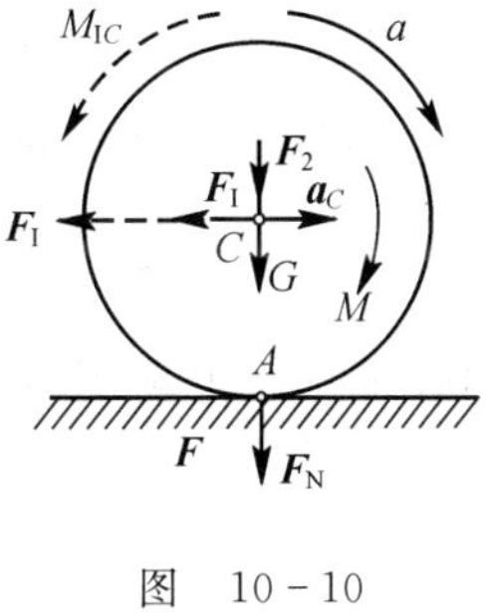

图　10-10

a

解　以主动轮为研究对象。作用于轮上的主动力有重力 $\boldsymbol{G}$，$\boldsymbol{F}_1$ 和 $\boldsymbol{F}_2$ 及驱动力偶矩 M；约束力有轨道的法向约束力 $\boldsymbol{F}_{\mathrm{N}}$ 和摩

擦力 $\boldsymbol{F}$；惯性力可简化为力 $\boldsymbol{F}_I$ 及矩 M_{IC} 的力偶，$F_I=\frac{G}{g}a_C$，$M_{IC}=J_C\alpha=\frac{G}{g}\rho^2\alpha$，方向如图 10－10 所示。

由动静法，作用于车轮的所有主动力、约束力和虚加的惯性力组成平衡力系，显然为一平面任意力系，可列出三个动平衡方程。然而未知量却有 a_C、α 和 $\boldsymbol{F}$、$\boldsymbol{F}_N$ 共四个，因此需要补充一个方程才能求解。

(1) 若车轮作纯滚动而不滑动，摩擦力为静摩擦力，则有

$$a_C=R\alpha$$

对于瞬心 A 点取矩列动平衡方程：

$$\sum M_A(\boldsymbol{F})=0:\quad (F_1+F_I)R-M+M_{IC}=0$$

或

$$\left(F_1+\frac{G}{g}a_C\right)R-M+\frac{G}{g}\rho^2\alpha=0$$

可求得

$$a_C=R\frac{M-F_1R}{G(R^2+\rho^2)}g$$

要保证车轮纯滚动而不滑动，必须

$$F\leqslant fF_N$$

由动平衡方程有

$$\sum F_x=0:F-F_1-F_I=0$$

$$\sum F_y=0:F_N-G-F_2=0$$

得到

$$F=F_1+\frac{F_2}{g}a_C=\frac{MR+F_1\rho^2}{R^2+\rho^2}$$

$$F_N=G+F_2$$

因此保证车轮作纯滚动的条件为

$$\frac{MR+F_1\rho^2}{R^2+\rho^2}\leqslant f(G+F_2)$$

或

$$M\leqslant f(G+F_2)\frac{R^2+\rho^2}{R}-F_1\frac{\rho^2}{R}$$

可见，当 M 一定时，摩擦因数 f 愈大，则车轮愈不易滑动，因此雨雪天行车常上防滑链，或从砂箱中向轨道撒砂以增大摩擦因数。

(2) 若车轮有滑动，摩擦力为动摩擦力，则有

$$F=f'F_N\approx fF_N$$

式中，f' 为动摩擦因数，或

$$F_1+\frac{G}{g}a_C=f(G+F_2)$$

由上式可求得这时的加速度为

$$a_C = \frac{f(G + F_2) - F_1}{G} g$$

显然，这也就是纯滚动时加速度所能达到的最大值。

例 10－7　设转子的质量 $m = 20$ kg，由于材料、制造和安装等原因造成的偏心距 $e = 0.01$ cm，转子安装于轴的中部，转轴垂直于转子的对称面(见图 10－11)。若转子以匀转速 $n = 12\ 000$ r/m 转动，求当转子的重心处于最低位置时轴承 A、B 的动约束力。

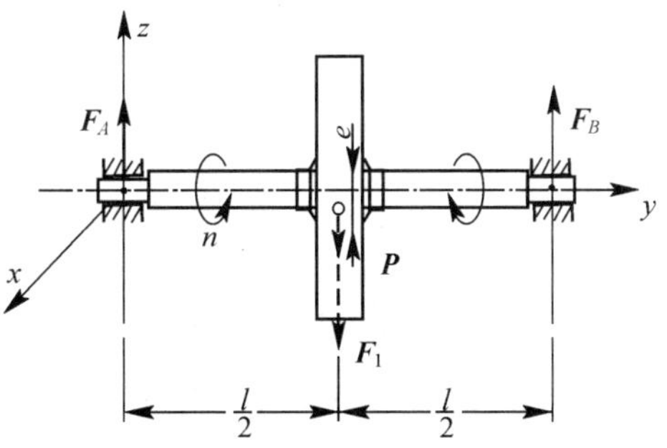

图　10－11

解　由于转轴垂直于转子的对称面，且转子作匀速转动，故其惯性力系可简化为通过质心 C 的一力 $\boldsymbol{F}_I$，其大小为

$$F_I = ma_C = \frac{P}{g} e\omega^2$$

方向与质心加速度(此处为法向加速度)的方向相反。

应用动静法，重力 $\boldsymbol{P}$，反力 $\boldsymbol{F}_A$、$\boldsymbol{F}_B$ 和惯性力 $\boldsymbol{F}_I$ 构成一平衡力系。选取固连于转轴的坐标系为投影轴系，设两轴承之间的距离为 l，列动平衡方程：

$$\sum F_z = 0: -P + F_A + F_B - F_I = 0$$

$$\sum M_x(\boldsymbol{F}) = 0: -P\frac{l}{2} + F_B l - F_I\frac{l}{2} = 0$$

由此解出

$$F_A = F_B = \frac{1}{2}(P + F_I)$$

将已知数据代入后得

$$F_A = F_B = \frac{1}{2}(P + F_I) = 1677\ \text{N}$$

如果只考虑重力(即主动力)的作用，则在轴承处引起的静约束力为

$$F'_A = F'_B = \frac{1}{2} mg = 98\ \text{N}$$

解答结果表明轴承动约束力由两部分组成：一部分是由主动力系所引起的约束力，称为静约束力；另一部分是由转动刚体的惯性力系所引起的约束力，称为附加动约束力；在本题的条件下附加动约束力为静约束力的 16 倍。

当刚体高速转动时，惯性力常常对于轴承引起巨大的附加动约束力，如不设法防止，容易造成机件的损坏。关于在一般情形下轴承动约束力的求法、消除条件的研究及平衡校正的方法，下节将进一步论述。

10.4　定轴转动刚体的动约束力及其静平衡和动平衡概念

本节用动静法研究一般情形下转动刚体的轴承动约束力的计算。设刚体在主动力系

$\boldsymbol{F}_1$，$\boldsymbol{F}_2$，…，$\boldsymbol{F}_n$作用下作定轴转动(见图 10-12)，轴承 A、B 间距离为l，求轴承 A、B 处的动约束力。

选取固定坐标系 $Axyz$。设刚体在任意瞬时的角速度为 ω，角加速度为 α。刚体内任一质点 M_i的质量为m_i，位置坐标为 x_i、y_i、z_i，由于

$$x_i = r_i\cos\varphi,\ y_i = r_i\sin\varphi,\ z_i = \text{常量}$$

则

$$\begin{cases} v_{ix} = \dfrac{\mathrm{d}x_i}{\mathrm{d}t} = (-r_i\sin\varphi)\omega = -y_i\omega \\ v_{iy} = \dfrac{\mathrm{d}y_i}{\mathrm{d}t} = (r_i\cos\varphi)\omega = x_i\omega \\ v_{iz} = \dfrac{\mathrm{d}z_i}{\mathrm{d}t} = 0 \end{cases}$$

$$\begin{cases} a_{ix} = \dfrac{\mathrm{d}^2x_i}{\mathrm{d}t^2} = -y_i\alpha - x_i\omega^2 \\ a_{iy} = \dfrac{\mathrm{d}^2y_i}{\mathrm{d}t^2} = x_i\alpha - y_i\omega^2 \\ a_{iz} = 0 \end{cases}$$

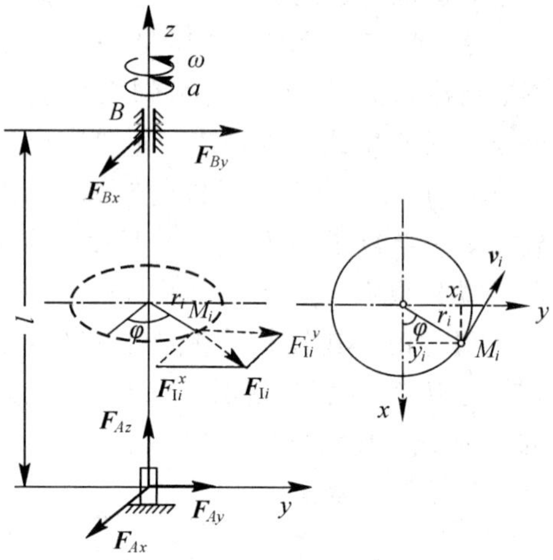

图　10-12

所以，质点 M_i的惯性力在坐标轴上的投影为

$$\begin{cases} F_{\mathrm{I}i}^x = -m_ia_{ix} = m_iy_i\alpha + m_ix_i\omega^2 \\ F_{\mathrm{I}i}^y = -m_ia_{iy} = -m_ix_i\alpha + m_iy_i\omega^2 \\ F_{\mathrm{I}i}^z = 0 \end{cases}$$

而惯性力系的主矢和对于原点 A 的主矩在坐标轴上的投影分别为

$$\begin{cases} F_{\mathrm{IR}}^x = \sum F_{\mathrm{I}i}^x = \sum m_iy_i\alpha + \sum m_ix_i\omega^2 = my_C\alpha + mx_C\omega^2 \\ F_{\mathrm{IR}}^y = \sum F_{\mathrm{I}i}^y = \sum -m_ix_i\alpha + \sum m_iy_i\omega^2 = -mx_C\alpha + my_C\omega^2 \\ F_{\mathrm{IR}}^z = \sum F_{\mathrm{I}i}^z = 0 \\ M_{\mathrm{I}x} = \sum(y_iF_{\mathrm{I}i}^z - z_iF_{\mathrm{I}i}^y) = 0 - \sum z_i(-m_ix_i\alpha + m_iy_i\omega^2) \\ \quad = \alpha\sum m_iz_ix_i - \omega^2\sum m_iy_iz_i = J_{zx}\alpha - J_{yz}\omega^2 \\ M_{\mathrm{I}y} = \sum(z_iF_{\mathrm{I}i}^x - x_iF_{\mathrm{I}i}^z) = \sum z_i(m_iy_i\alpha + m_ix_i\omega^2) - 0 \\ \quad = \alpha\sum m_iy_iz_i - \omega^2\sum m_iz_ix_i = J_{yz}\alpha - J_{zx}\omega^2 \\ M_{\mathrm{I}z} = \sum(x_iF_{\mathrm{I}i}^y - y_iF_{\mathrm{I}i}^x) = \sum x_i(-m_ix_i\alpha + m_iy_i\omega^2) - \sum y_i(m_iy_i\alpha + m_ix_i\omega^2) \\ \quad = -\alpha(\sum m_ix_i^2 + \sum m_iy_i^2) = -\alpha\sum m_i(x_i^2 + y_i^2) = -J_z\alpha \end{cases} \tag{10-12}$$

式中，$J_z = \sum m_i(x_i^2 + y_i^2)$ 是刚体对于转轴 z 的转动惯量；$J_{zx} = \sum m_iz_ix_i$，$J_{yz} = \sum m_iy_iz_i$ 是表征刚体的质量对于坐标系分布的几何性质的物理量，与转动惯量 J_z 具有相同的单位，分别称为刚体对于轴 z、x 和轴 y、z 的惯性积，又称为离心转动惯量。与转动

惯量不同的是它可以是正值，也可以是负值，由刚体的质量对于坐标系的分布情形而定。如刚体具有质量对称平面 Oxy，或 z 轴是对称轴时，则 J_{zx} 和 J_{yz} 都等于零。这就表明刚体的质量分布使所有对应点的坐标乘积相等而正负号相反，彼此相互抵消。这时 z 轴称为刚体在 A 点的惯性主轴，对于通过质心的惯性主轴则称为中心惯性主轴。

应用动静法，列动平衡方程：

$$\left\{\begin{array}{ll}\sum F_x=0: & F_{Ax}+F_{Bx}+F_{Rx}+F_{Ix}=0\\ \sum F_y=0: & F_{Ay}+F_{By}+F_{Ry}+F_{Iy}=0\\ \sum F_z=0: & F_{Az}+F_{Rz}+F_{Iz}=0\\ \sum M_x(\boldsymbol{F})=0: & -F_{By}l+M_{Fx}+M_{Ix}=0\\ \sum M_y(\boldsymbol{F})=0: & F_{Bx}l+M_{Fy}+M_{Iy}=0\\ \sum M_z(\boldsymbol{F})=0: & M_{Fz}+M_{Iz}=0\end{array}\right. \tag{10-13}$$

式中，F_{Rx}、F_{Ry}、F_{Rz} 和 M_{Fx}、M_{Fy}、M_{Fz} 为主动力系的主矢和对于原点 A 的主矩在各坐标轴上的投影。将式(10-12)代入上式，由前五式可得轴承 A、B 两处的约束力为

$$\left\{\begin{array}{l}F_{Bx}=-\dfrac{1}{l}\left[M_{Fy}+(J_{yz}\alpha+J_{zx}\omega^2)\right]\\ F_{By}=\dfrac{1}{l}\left[M_{Fx}+(J_{zx}\alpha-J_{yz}\omega^2)\right]\\ F_{Ax}=\left(\dfrac{M_{Fy}}{l}-F_{Rx}\right)+\left[\dfrac{1}{l}(J_{yz}\alpha+J_{zx}\omega^2)-(my_C\alpha+mx_C\omega^2)\right]\\ F_{Ay}=-\left(\dfrac{M_{Fx}}{l}-F_{Ry}\right)+\left[\dfrac{1}{l}(J_{zx}\alpha-J_{yz}\omega^2)+(mx_C\alpha-my_C\omega^2)\right]\\ F_{Az}=-F_{Rz}\end{array}\right. \tag{10-14}$$

由第六式可得刚体的定轴转动微分方程为

$$M_{Fz}+(-J_z\alpha)=0$$

即

$$J_z\alpha=J_z\frac{\mathrm{d}\omega}{\mathrm{d}t}=M_{Fz} \tag{10-15}$$

如已知主动力系和运动的初始条件，则由式(10-15)可得刚体的角加速度 α 和角速度 ω。若 $\omega=\alpha=0$，则前五式为静力学平衡方程，第六式为转动刚体的平衡条件。

求得的结果表明轴承的动约束力由两部分组成：一部分为主动力系所引起的静约束力；另一部分是由于转动刚体的惯性力系所引起的附加动约束力。与此对应，轴承所受的压力也可以分为静压力和附加动压力。

在理想情况下，要使附加动约束力等于零，则需

$$\left\{\begin{array}{l}\alpha y_C+\omega^2x_C=0\\ -\alpha x_C+\omega^2y_C=0\end{array}\right. \quad 及 \quad \left\{\begin{array}{l}\alpha J_{zx}-\omega^2J_{yz}=0\\ \alpha J_{yz}+\omega^2J_{zx}=0\end{array}\right.$$

这是以 x_C、x_C 及 J_{zx}、J_{yz} 为未知量的二元一次方程。在刚体转动时，其因数行列式 $\begin{vmatrix}\omega^2 & \alpha\\ -\alpha & \omega^2\end{vmatrix}$ 及 $\begin{vmatrix}\alpha & -\omega^2\\ \omega^2 & \alpha\end{vmatrix}$ 对于任意的 α、ω 都不为零，所以必须

$$\begin{cases} x_C = y_C = 0 \\ J_{zx} = J_{yz} = 0 \end{cases} \tag{10-16}$$

上式即是消除轴承的附加动约束力的条件。前一条件要求转轴 z 通过刚体的质心 C，可使惯性力系的主矢等于零；后一条件要求转轴 z 是刚体的惯性主轴，可使惯性力系对于 x 轴和 y 轴的主矩等于零。可见，要使附加动约束力为零，则应选取刚体的中心惯性主轴为转轴。

在计算约束力时，应首先明确惯性积的计算。

现在将常用到的相交轴系惯性积的关系介绍如下：

如已知刚体对某坐标系 $Oxyz$ 的惯性积，现在求对另一坐标系的 $Ox'y'z'$ 惯性积。设两坐标系中 z 轴与 z' 轴重合，由图 10-13 得知，任一点 M 对于这两个坐标系的坐标间的关系为

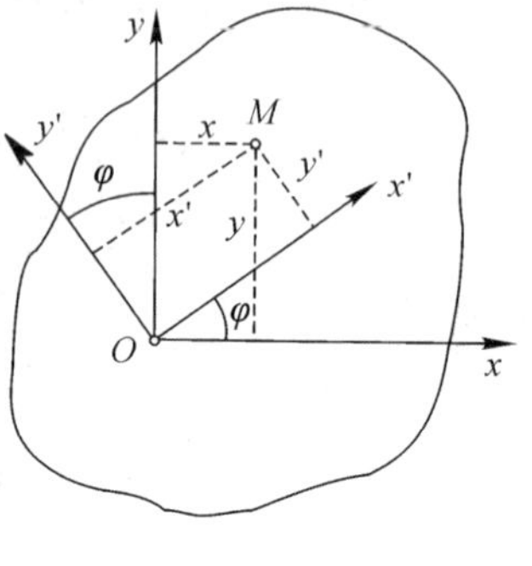

图 10-13

$$\begin{cases} x' = x\cos\varphi + y\sin\varphi \\ y' = y\cos\varphi - x\sin\varphi \end{cases}$$

于是刚体对于轴 $x'y'$ 的惯性积为

$$\begin{aligned} J_{x'y'} &= \sum m_i x'y' = \sum m_i (x\cos\varphi + y\sin\varphi)(y\cos\varphi - x\sin\varphi) \\ &= \sin\varphi\cos\varphi \sum m_i y^2 - \sin\varphi\cos\varphi \sum m_i x^2 + (\cos^2\varphi - \sin^2\varphi)\sum m_i xy \\ &= \sin\varphi\cos\varphi \sum m_i (x^2 + y^2) - \sin\varphi\cos\varphi \sum m_i (x^2 + z^2) \\ &\quad + (\cos^2\varphi - \sin^2\varphi)\sum m_i xy \end{aligned}$$

将 $J_z = \sum m_i (x^2 + y^2)$、$J_y = \sum m_i (y^2 + z^2)$、$J_{xy} = \sum m_i xy$ 代入上式，得

$$J_{x'y'} = \frac{1}{2}(J_x - J_y)\sin 2\varphi + J_{xy}\cos 2\varphi \tag{10-17}$$

最后，介绍静平衡和动平衡的方法。在工程实际中，由于材料、制造和安装等原因，致使转动部件产生偏心，旋转时都有惯性力并引起轴承的附加动约束力，使机器振动，影响机器的平稳运转，严重的造成机器的破坏。因此，对于旋转机械，尤其是对于高速和重型机器，除注意提高制造和装配精度外，都要根据需要进行平衡找正工作，使惯性力系的主矢和主矩减小至允许范围以内。

1. 静平衡

静平衡就是校正转动部件的质心的位置，使偏心距，亦即惯性力减小至允许程度。最简单的校正转动部件达到静平衡的方法是把转动部件放在静平衡架的水平刀口上，如图 10-14(a)所示，使其自由滚动或往复摆动，如果部件不平衡，即质心不在转轴上，当停止转动时它的重边总是朝下，这时可把校正用的平衡重量附加在部件的轻边上(如用铁片黄油相粘)，再让其滚动或摆动，这样试验校正反复多次，直至部件能够达到随遇平衡时为止。然后按所加平衡重量的大小和位置，在适当位置焊上锡块或镶上铅块，也可以在部件重的一边用钻孔的方法去掉相当的重量，使校正后的部件不再偏心，即达到静平衡。由图 10-14(b)，设部件重 G，偏心距为 e，平衡重量为 P，距轴线的距离 xx'(简称半径)为 l，当部件处于随遇平衡时，有

$$\sum M_O(\boldsymbol{F}) = 0 \quad 即 \quad Pl = Ge$$

这样当部件转动时，偏心质量的惯性力与平衡重量的惯性力正好相互抵消。

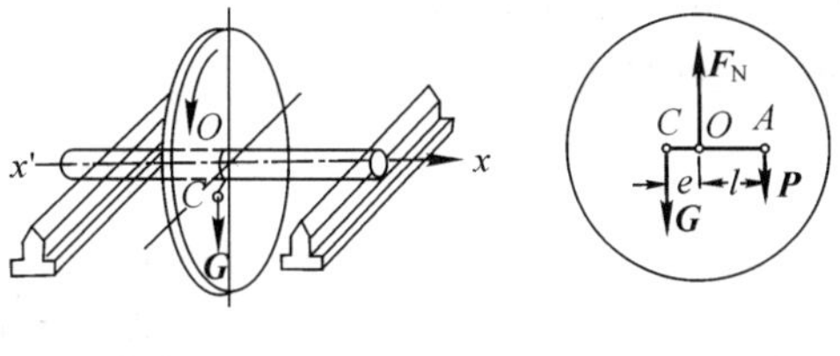

(a)　　(b)

图　10－14

平衡重量 P 与半径 l 的乘积 Pl 称为重径积，它表示转动部件的不平衡程度。实际上，静平衡校正的精度不可能很高，因此静平衡方法适用于轴向尺寸不大、要求不高、转速一般的转动部件，如齿轮、飞轮、离心水泵的叶轮、锤式破碎机的转子等，或为动平衡校正作初步平衡。

2. 动平衡

若转动部件的轴向尺寸较大(如电机转子、离心脱水机筛篮、多级涡轮机转子)，尤其是形状不对称的(如曲轴)或转速很高的部件，虽然作了静平衡校正，但是转动后仍然可使轴承产生较大的附加动约束力。这是因为惯性力偶所产生的不平衡只有在转动时才显示出来。如图 10－15 所示，两相同的集中质量与转轴相固连，对图 10－15(a)所示的情况是静力不平衡，可进行静平衡校正成平衡；对图 10－15(b)所示的情况是静力平衡，然而转动时惯性力组成一惯性力偶，仍然使轴承产生附加动约束力，这种情况成为动力不平衡；对图 15－16(c)所示的情况是静力和动力都平衡，转动时惯性力系自成平衡。

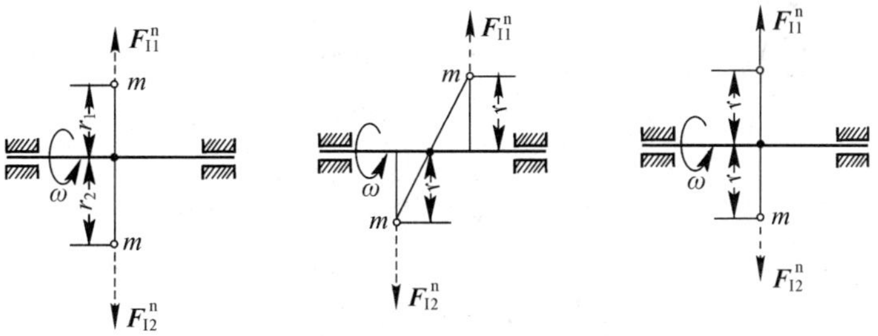

(a)　　(b)　　(c)

图　10－15

减小这种不平衡，要把转动部件放在专门的动平衡机上，测定出应在什么位置，附加多少重量从而使惯性力偶减小至允许程度，即达到动力平衡。在动平衡机上可将惯性力和惯性力偶一并减小。有关动平衡机的原理及操作，将在机械原理和有关专业课中讲述。对于重要的高速转动部件还应考虑转动时转轴的变形影响，这种动平衡将涉及更深的理论和试验。

例 10－8　涡轮转子可视为均质圆盘，其中心线由于制造与安装的误差与转轴成角 $\varphi=1°$，已知圆盘质量 $m=20$ kg，半径 $r=20$ cm，重心 O 在转轴上，重心与两轴承 A、B 间之距离各为 $a=b=0.5$ m，当圆盘以 $n=12\ 000$ r/m 作匀速转动时，求轴承所受的压力

(见图 10－16)。

解　取固定坐标系 $Oxyz$ 和固连于圆盘的对称轴系 $Ox'y'z'$，轴 x 铅垂向上，在图示瞬时轴 y' 与水平轴 y 重合。

首先计算圆盘的惯性积 J_{zx} 和 J_{yz}。由于 y 轴是对称轴，故知 $J_{yz}=0$。由式(10－17)有

$$J_{zx}=\frac{1}{2}(J_{x'}-J_{z'})\sin 2\varphi+J_{z'x'}\cos 2\varphi$$

式中，$J_{x'}=\frac{1}{4}mr^2$，$J_{z'}=\frac{1}{2}mr^2$，$J_{z'x'}=0$，于是

$$J_{zx}=-\frac{1}{8}mr^2\sin 2\varphi$$

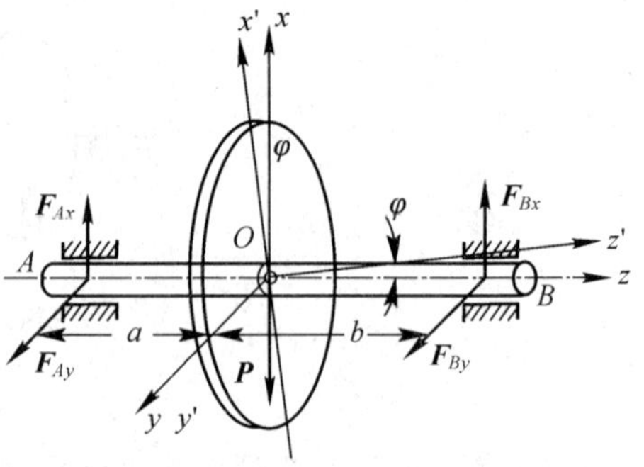

图　10－16

根据本题条件已知

$$x_C=y_C=0,\qquad \alpha=0$$
$$F_{Rx}=-mg,\qquad F_{Ry}=F_{Rz}=0$$
$$M_{Fx}=M_{Fy}=M_{Fz}=0$$
$$F_{Ix}=F_{Iy}=F_{Iz}=0,\ M_{Ix}=M_{Iz}=0,\ M_{Iy}=J_{zx}\omega^2$$

应用动静法，列动平衡方程：

$$\sum F_x=0:\ F_{Ax}+F_{Bx}-mg=0$$
$$\sum F_y=0:\ F_{Ay}+F_{By}=0$$
$$\sum M_x(F)=0:\ F_{Ay}a-F_{By}b=0$$
$$\sum M_y(F)=0:\ -F_{Ax}a+F_{Bx}b+J_{zx}\omega^2=0$$

由此解出

$$F_{Ax}=\frac{b}{a+b}mg+\frac{J_{zx}\omega^2}{a+b}$$
$$F_{Bx}=\frac{b}{a+b}mg-\frac{J_{zx}\omega^2}{a+b}$$
$$F_{Ay}=F_{By}=0$$

代入已知数据后，得 A、B 两轴承处的约束力为

$$F_{Ax}=-5413\ \text{N}$$
$$F_{Bx}=5609\ \text{N}$$

轴承所受的压力与它的约束力大小相等方向相反。

本章知识要点

1. 随着现代工程力学的发展，达朗贝尔原理发展成现在的形式。该原理提供了解决非自由质点系动力学的普遍方法，即动静法。由于这个方法研究问题简单有效，因而在工程技术中有着广泛的应用。

2. 惯性力不是作用于物体上的真实力，物体因为有加速度作用于施力物体上的“反向有效力”，对运动物体而言是虚拟的力。

应用动静法解决刚体或质点系问题时，需将惯性力系进行简化。刚体的惯性力系的简化结论应熟练掌握。

3. 研究刚体的动力学问题可应用动力学普遍定理，也可应用动静法。如将动量定理和动量矩定理的两矢量式即

$$\frac{\mathrm{d}\boldsymbol{p}}{\mathrm{d}t}=\sum \boldsymbol{F}_i^{(e)}\text{（或 } m\frac{\mathrm{d}^2\boldsymbol{r}}{\mathrm{d}t^2}=\sum \boldsymbol{F}_i^{(e)}\text{）}$$

$$\frac{\mathrm{d}\boldsymbol{L}_O}{\mathrm{d}t}=\boldsymbol{M}_O^{(e)}\text{（或}\frac{\mathrm{d}\boldsymbol{L}_C}{\mathrm{d}t}=\boldsymbol{M}_C^{(e)}\text{）}$$

改写成下列形式：

$$\sum \boldsymbol{F}_i^{(e)}-\frac{\mathrm{d}\boldsymbol{p}}{\mathrm{d}t}=0$$

$$\boldsymbol{M}_O^{(e)}-\frac{\mathrm{d}\boldsymbol{L}_O}{\mathrm{d}t}=0$$

从达朗贝尔原理的观点来看它们，方程左端的第二项$-\frac{\mathrm{d}\boldsymbol{p}}{\mathrm{d}t}$和$-\frac{\mathrm{d}\boldsymbol{L}_O}{\mathrm{d}t}$分别就是质点系的惯性力系的主矢和对于固定点 O 的主矩。可见应用动静法列写的动平衡方程，实际上是动量定理和动量矩定理的另一种表达形式。

应用动静法，可得到刚体作各种运动的运动微分方程。

4. 消除转动刚体轴承的附加动约束力的条件是转轴应为刚体的中心惯性主轴。

在工程上对转动物体需进行平衡找正工作，以使不平衡程度减小至允许范围以内。

*5. 对每一坐标系如 $Oxyz$，刚体有三个惯性积，即 $J_{xy}=\sum m_i x_i y_i$，$J_{yz}=\sum m_i y_i z_i$，$J_{zx}=\sum m_i z_i x_i$。

它们是表征刚体的质量对于坐标系分布的几何性质的物理量。通过坐标轴的变换，对于刚体的任一点都可以找到一个坐标系，使刚体对于这个坐标系的三个惯性积都等于零。刚体惯性积为零的坐标轴称为刚体对于该点的惯性主轴。在一般情况下，求刚体的惯性主轴须经过较繁的计算。在实用上，若刚体具有质量对称轴或对称平面，则可立即决定出：

（1）如果轴 Ox 是刚体的质量对称轴，则它是刚体对此轴上任一点的一根惯性主轴；

（2）如果轴 Ox 是垂直于刚体的质量对称平面的轴，则它是刚体对此轴与对称平面的交点的一根惯性主轴。

惯性积的计算同转动惯量，对简单形体可积分，对组合形体可相加减，也有平行轴定理，即

$$J_{xy}=J_{x'y'}^{C}+mab$$

式中，a、b 为质心 C 在坐标系 $Oxyz$ 中的坐标 x_C、y_C 之值。

思　考　题

10-1　均质圆盘作定轴转动，其中图 10-17(a)、(c)的转动角速度为常数，而图(b)、

(d)的角速度不为常量。试对图示四种情形进行惯性力的简化，并说明哪一种情形下，其惯性力为0。

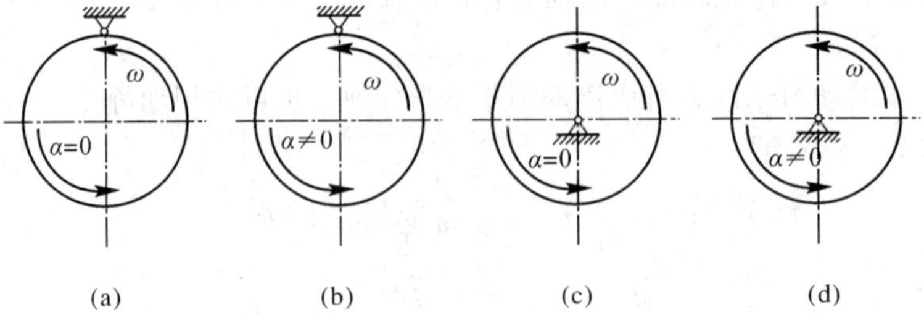

图　10－17

10－2　在什么条件下定轴转动刚体的惯性力系是个平衡力系？

习　　题

10－1　提升矿石用的传送带与水平成倾角 θ，见图 10－18。设传送带以匀加速度 $\boldsymbol{a}$ 运动，为保持矿石不在带上滑动，求所需的摩擦因数。

10－2　为研究交变的拉力和压力对金属杆的影响，将受实验的金属杆(见图 10－19)的上端固定在曲柄连杆机构的滑块 B 上，而在其下端系一重为 P 的重物。设连杆长为 l，曲柄长为 r，求当曲柄以匀角速度 ω 绕 O 轴转动时，金属试件所受的拉力。

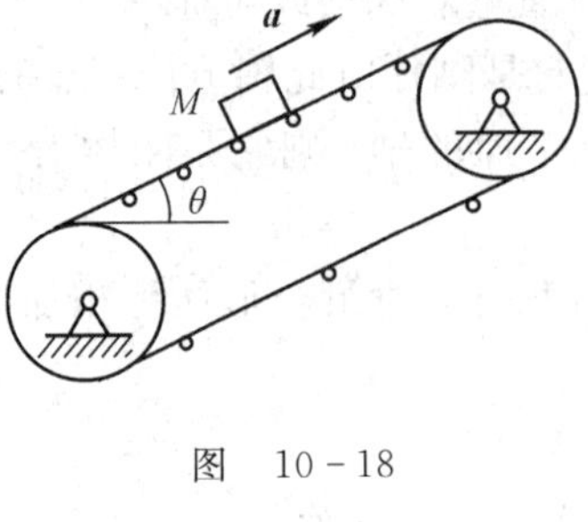

图　10－18

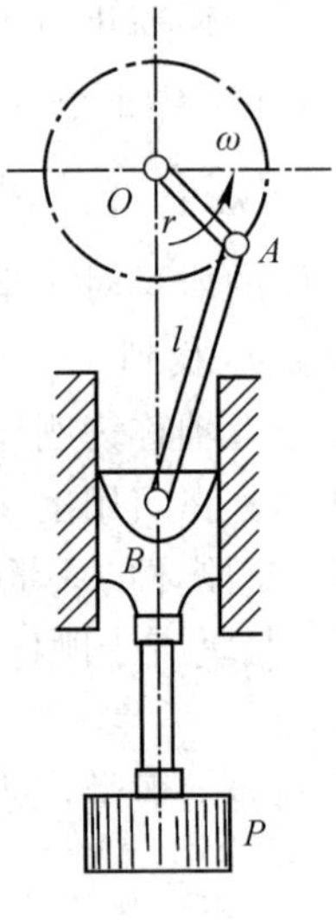

图　10－19

10－3　矿车重 P，以速度 $\boldsymbol{v}$ 沿角为 θ 的斜坡匀速下降，运动总阻力因数为 f，尺寸如图 10－20 所示。不计轮对的转动惯量，求钢丝绳的拉力。当制动时，矿车作匀减速运动，制动时间为 t，求此时钢丝绳的拉力和轨道法向约束力。

10－4　如图 10－21 所示，装载机铲斗插入料堆时，由于岩石阻力 $\boldsymbol{P}$ 的作用使装载机减速，其减速度为 $\boldsymbol{a}$；设装载机重为 G，其重心 C 的高度为 h，重心距前轮中心铅垂线的距离为 c，前后轮皆为主动轮，轮轴距为 l。求轨道的法向约束力及稳定条件。

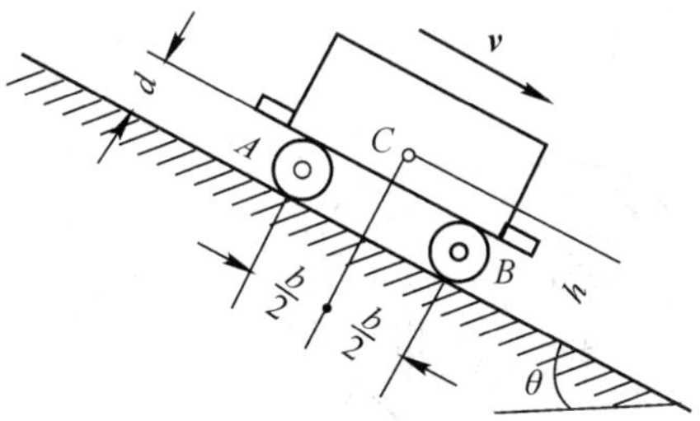

图 10-20

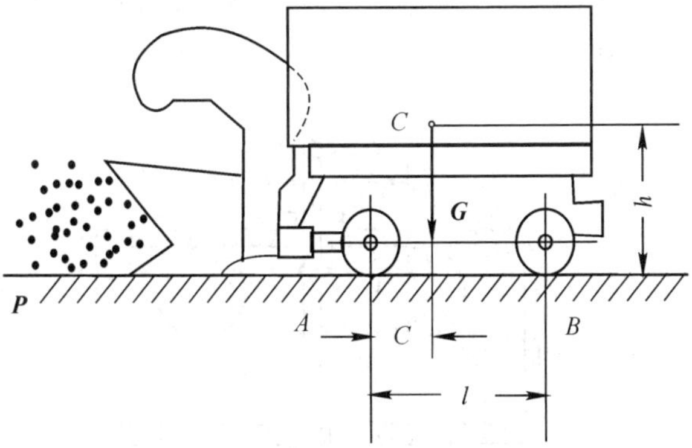

图 10-21

10-5 如图 10-22 所示，露天装载机转弯时，弯道半径为 ρ，装载机重 P，重心高出水平地面 h，内外轮间的距离为 b，设轮与地面的摩擦因数为 f。

(1) 求转弯时的极限速度，即不打滑和不倾倒的最大速度；

(2) 若要求当转弯速度较大时，先打滑后倾倒，则应有什么条件？

(3) 如装载机的最小转弯半径(自后轮外侧算起)为 570 cm，轮距为 225 cm，摩擦因数取 0.5，则极限速度为多少？

10-6 图 10-23 所示凸轮导板机构，偏心轮绕 O 轴以匀角速度 ω 转动，偏心距 $OA=e$，当导板 CD 在最低位置时，弹簧的压缩为 b，导板重为 P。为使导板在运动过程中始终不离开偏心轮，则弹簧的刚性系数 k 应为多少？

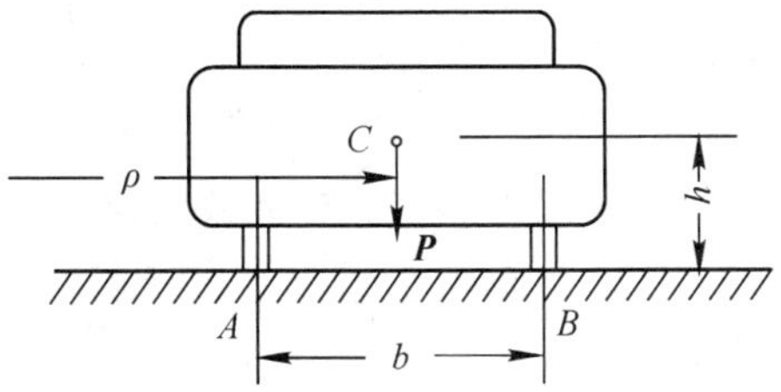

图 10-22

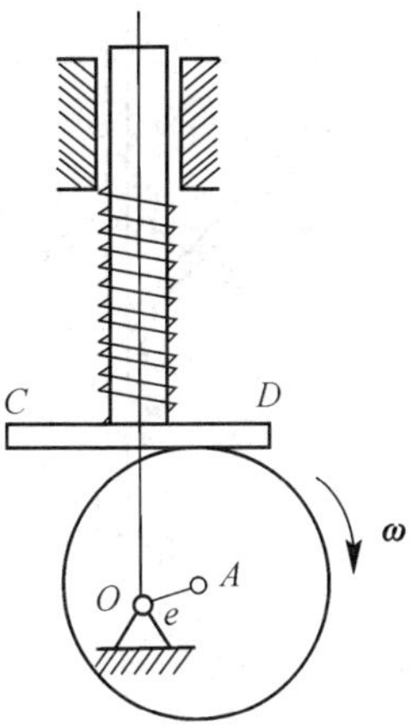

图 10-23

10-7 调速器由两个重为 P_1 的均质圆盘所构成，圆盘偏心地悬于距转轴为 a 的两方，圆盘中心至悬挂点的距离为 l，如图 10-24 所示。调速器的外壳重 P_2，放在这两个圆盘上并与调速装置相连。如不计摩擦，求调速器的匀角速度 ω 与圆盘离铅垂线的偏角 φ 之间的关系。

10-8　图10-25所示振动器用于压实土壤表面，已知机座重 G，对称的偏心锤重 $P_1=P_2=P$，偏心矩为 e；两锤以相同的匀角速度相向转动，求振动器对地面压力的最大值。

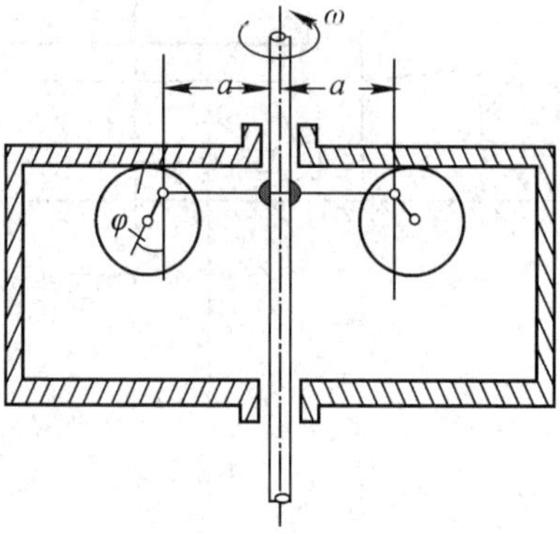

图　10-24

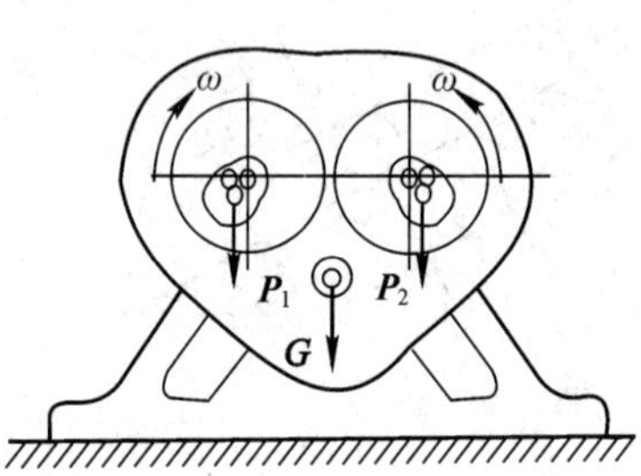

图　10-25

10-9　各长为 l、重为 P 的两均质杆 OA 与 OB，一端用铰链固定在铅垂轴上的 O 点，另一端用水平绳连在轴上的 D 处，杆与轴的夹角为 φ，如图10-26所示。今三角形 AOB 随轴 OD 以匀角速度 φ 转动，求绳的拉力及铰链 O 对杆 OB 的约束力。

10-10　均质圆柱重 P，半径为 R，在常力 $\boldsymbol{F}_T$ 作用下沿水平面作纯滚动，见图10-27。求轮心的加速度及地面的约束力。

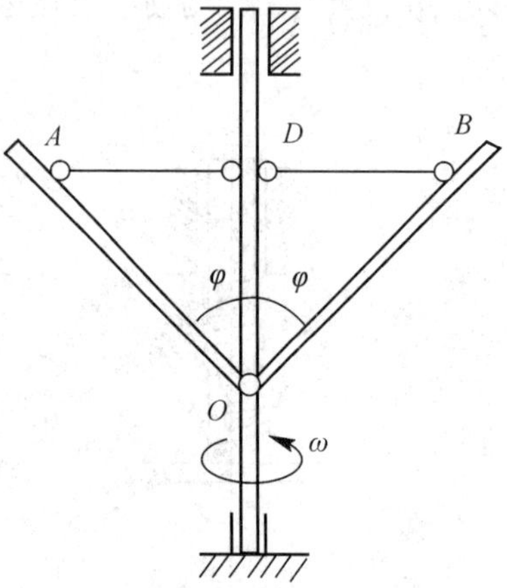

图　10-26

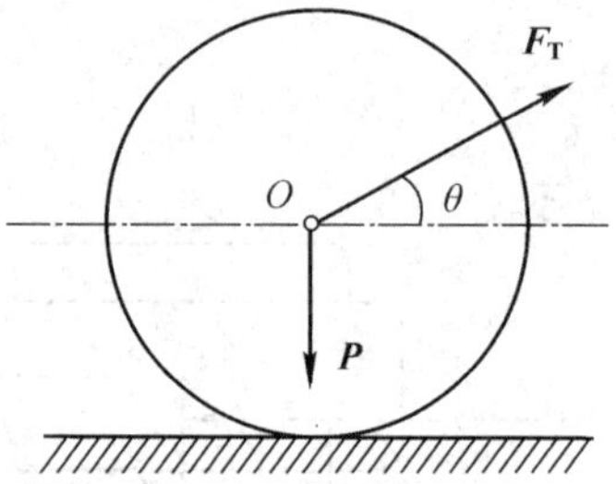

图　10-27

10-11　绕线轮重 P，半径为 R 及 r，对质心 C 的转动惯量为 J_C，在与水平成 θ 角的常力 F_T 作用下作纯滚动，见图10-28。不计滚阻，求：

(1) 轮心的加速度，并分析运动；

(2) 纯滚动条件。

10-12　圆轮重 G，半径为 R，沿水平面作纯滚动，见图10-29。不计滚阻，试问在下列两种情况下，轮心的加速度及接触面的摩擦力是否相等：

（1）在轮上作用一矩为 M 的顺时针力偶；

（2）在轮心上作用一水平向右、大小为 M/R 的力 $\boldsymbol{F}$。

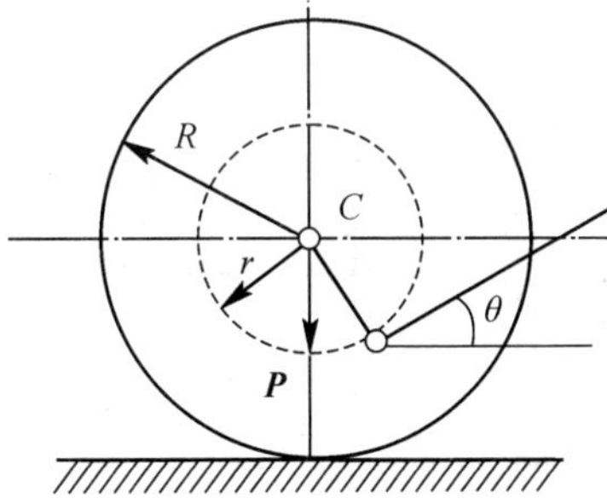

图　10－28

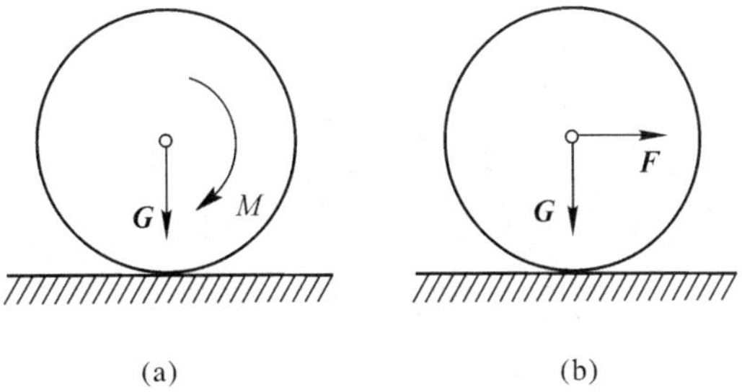

图　10－29

10－13　图 10－30 所示一拖车沿水平面作纯滚动，加速度为 $\boldsymbol{a}$，拖车总重为 G，其中车轮重 P，半径为 r，对轮轴的回转半径 $\rho=0.8\ r$，拖车的重心 C 认为与 A 在同一水平线上，距地面为 h，轮轴距 A 为 l。求 A、B 两处的约束力。

10－14　重为 P_1的重物 A 沿斜面 D 下降，同时借绕过滑轮 C 的绳使重为 P_2的重物 B 上升。斜面与水平成 θ 角，见图 10－31。不计滑轮和绳的质量及摩擦，求斜面 D 给地板 E 凸出部分的水平压力。

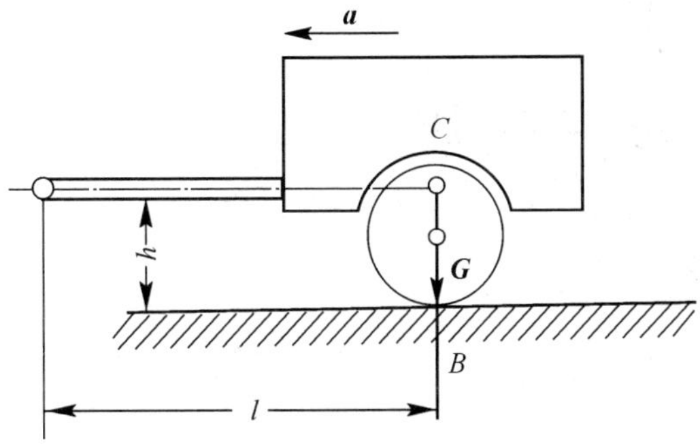

图　10－30

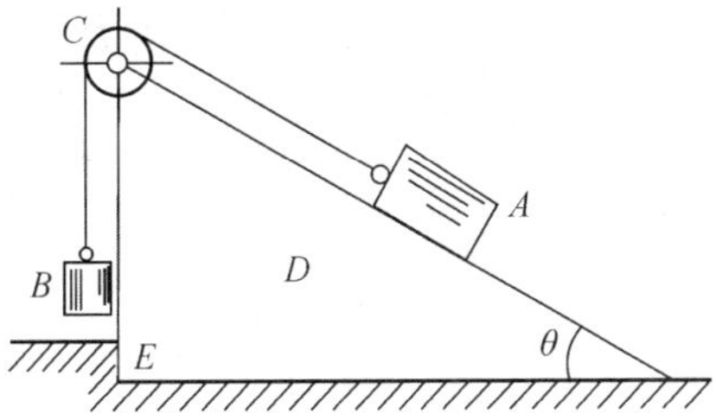

图　10－31

10－15　图 10－32 所示一打桩机装置，支架重 $W=20$ kN，重心为 C，$l=4$ m，$h=10$ m，$b=1$ m；锤重 $P=7$ kN；铰车滚筒重 $G=5$ kN，半径 $r=0.2$ m，回转半径 $\rho=0.2$ m，拉索与水平夹角 $\theta=60°$。今在铰车滚筒上作用一转矩 $M=2$ kN·m，不计滑轮 D 的重量和尺寸，求支座 A、B 的约束力。

10－16　圆盘 A、B、C 的质量各为 12 kg，固连在轴上，如图 10－33 所示，盘 A 的质心 G 距轴 $e_A=0.5$ cm，盘 B 和 C 的质心在轴上。今若将 1 kg 的平衡质量分别放在盘 B 和 C 上，问应如何放置可使物系达到动平衡？

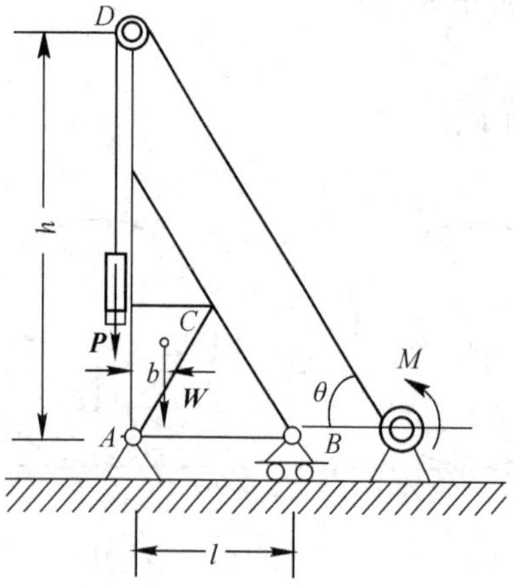

图　10-32

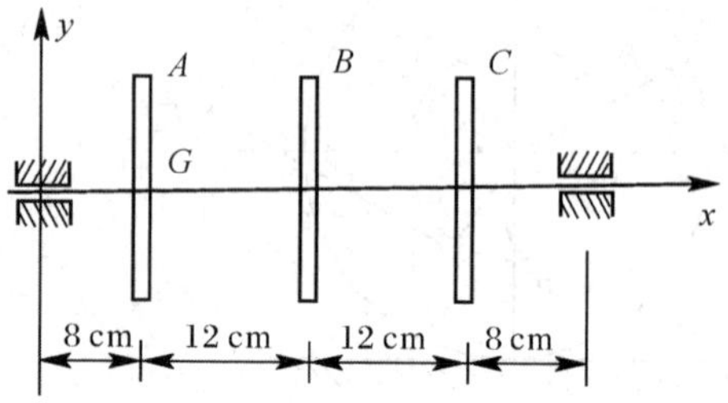

图　10-33

10-17　均质薄圆盘重 P，半径为 r，装在水平轴的中部，圆盘与轴线成交角 $(90°-\theta)$，且偏心距 $OC=e$。求当圆盘与轴以匀角速度 ω 转动时，轴承 A、B 处的附加动约束力。两轴承间的距离 $AB=2a$。

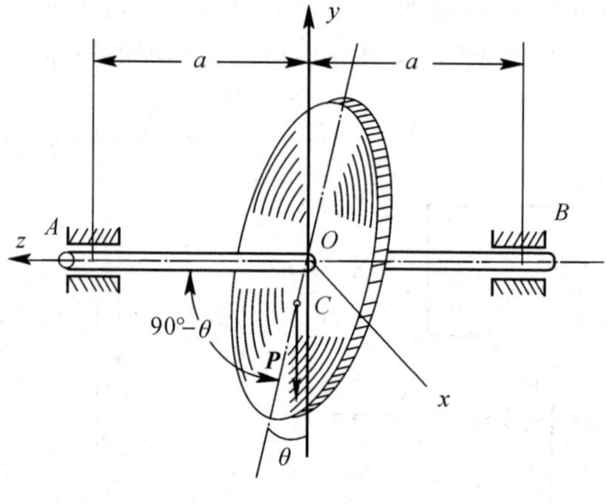

图　10-34

第 11 章　虚位移原理及拉格朗日方程

教学要求：

(1) 理解理想约束、虚位移、虚功的概念。

(2) 了解虚位移原理求解简单物体系平衡问题。

虚位移原理是应用功的概念分析系统的平衡问题，是研究静力学平衡问题的另一途径。对于只有理想约束的物体系，由于约束力不作功，有时应用虚位移原理求解更为方便。

在静力学中，通过几何矢量法建立了质点系的平衡方程，进而解决了物体间的平衡问题，虚位移原理主要是从力、位移和功的概念出发，运用数学分析的方法解决某些静力学问题。法国数学家拉格朗日将达朗贝尔原理和虚位移原理相结合，建立了解决动力学问题的动力学普遍方程，并且进一步导出了拉格朗日方程。

11.1　虚位移的基本概念

1. 约束和约束方程

非自由质点系受到预先给定、限制其运动的条件称为约束(与静力学中的概念有些差别)。用解析表达式表示的限制条件称为约束方程。

2. 约束的分类

在虚位移原理中，将约束分为 4 类：① 几何约束和运动约束；② 定常约束和非定常约束；③ 完整约束和非完整约束；④ 双面约束和单面约束。

约束方程的一般形式应为

$$f_j(x_1, y_1, z_1, \cdots, x_i, y_i, z_i \cdots) = 0 \qquad i = 1, 2, \cdots, n; \quad j = 1, 2, \cdots, s \tag{11-1}$$

下面详细介绍几何约束和运动约束、定常约束和非定常约束。

1) 几何约束和运动约束

几何约束——限制质点或质点系在空间的几何位置的条件。

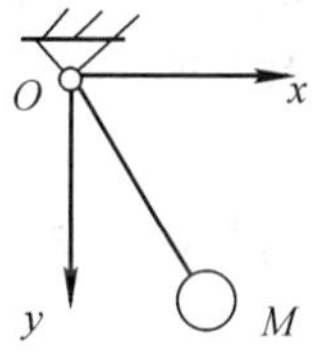

图　11-1

图 11-1 中所示的摆长为 l 的单摆，在 Oxy 面内摆动，质点 M 必须在以 O 为圆心、以 l 为半径的圆周上运动，其约束方程为：

$$x^2 + y^2 = l^2$$

图 11-2 中点 A 只能作以点 O 为圆心，以 r 为半径的圆周运动，点 B 与点 A 的距离始终保持为杆长 l；点 B 始终沿滑道作直线运动。其约束方程为：

$$x_A^2+y_A^2=r^2,\ (x_A-x_B)^2+(y_A-y_B)^2=l^2,\ y_B=0$$

上述约束都是限制物体的几何位置的，因此都是几何约束。

运动约束——限制质点系运动情况的运动学条件。

图 11-3 中，圆轮沿水平方向纯滚动，其几何约束方程为：$y_A=r$；运动约束方程为：$v_A=r\omega$。

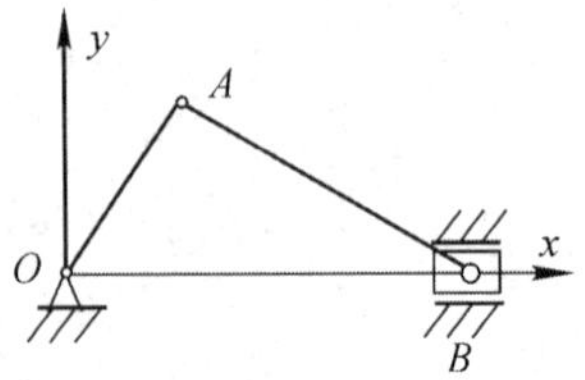

图　11-2

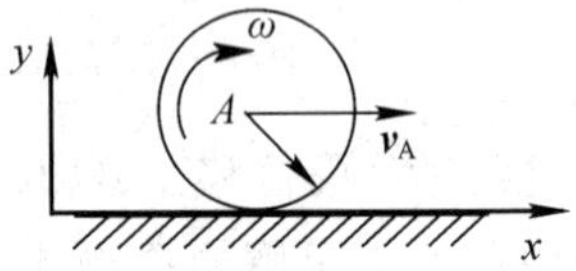

图　11-3

2）定常约束和非定常约束

定常约束——不随时间变化的约束。

非定常约束——随时间变化的约束。

图 11-4 为摆长随时间变化的单摆，设摆长开始时为 l_0，然后以不变的速度 $\boldsymbol{v}$ 拉动细绳另一端，此时单摆的约束方程为：$x^2+y^2=(l_0-vt)^2$，约束条件随时间变化，为非定常约束。

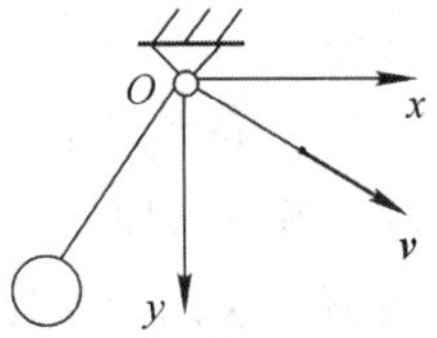

图　11-4

图 11-1 单摆的约束为定常约束。

3. 自由度

设某质点系由 n 个质点、s 个完整约束组成，则自由度数 k 为

$$k=3n-s$$

若质点系为平面问题，则

$$k=2n-s$$

设某质点系由 n 个刚体、s 个完整约束组成，则自由度数 k 为

$$k=6n-s$$

若为平面问题，则为

$$k=3n-s$$

4. 广义坐标

用来确定质点系位置的独立变参量称为广义坐标。在完整约束的质点系中，广义坐标的数目等于该系统的自由度数。此系统任一质点 M_i 的坐标可以表示为广义坐标的函数，即

$$r_i=r_i(q_1,\ q_2,\ \cdots,\ q_k)\quad i=1,\ 2,\ \cdots,\ n \tag{11-2}$$

这是用广义坐标 q_i 表示的质点系各质点位置的表达式。

11.2　虚位移及虚功

1. 虚位移

在给定的位置上，质点系为所有约束所允许的无限小位移，称为此质点或质点系的虚

位移。

虚位移有三个特点：第一，虚位移是约束所允许的位移；第二，虚位移是无限小的位移；第三，虚位移是虚设的位移。虚位移用δr_i表示，以区别于实位移 dr_i。这里的“δ”是等时变分算子符号，简称变分符号。在虚位移原理中，它的运算规则与微分算子“d”的运算规则相同。

静平衡问题中，质点系中各质点都是静止不动的。设想在约束允许的条件下，给其一个任意的、极小的位移，如图 11－5 中的 $\delta\varphi$、$\delta\boldsymbol{r}_A$、$\delta\boldsymbol{r}_B$ 为虚位移。

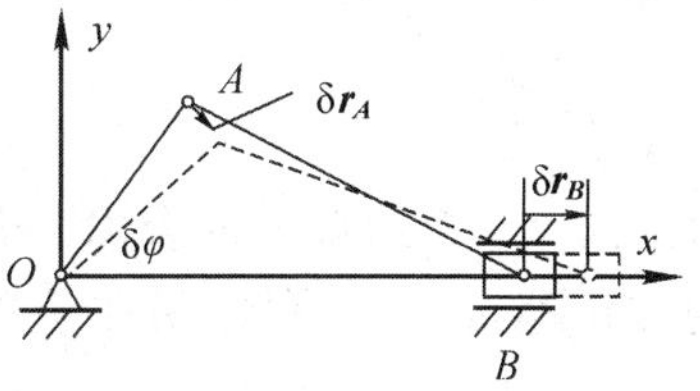

图　11－5

2. 虚功

作用于质点上的力在该质点的虚位移中所作的元功称为虚功。虚功的表达式为

$$\delta W_F = \boldsymbol{F} \cdot \delta \boldsymbol{r} \tag{11-3}$$

图 11－6 中，力 $\boldsymbol{F}$ 和力偶 M 的虚功为$-F\delta r_B$和$M\delta\varphi$。

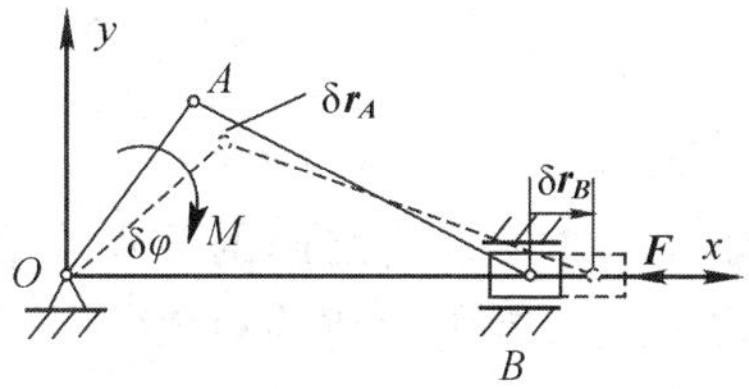

图　11－6

3. 理想约束

在质点系的任何虚位移中，如果约束反力所作的虚功之和等于零，这种约束称为理想约束。理想约束的条件可以表示为

$$\sum \delta W_F = \sum_{i=1}^{n} \boldsymbol{F}_{N_i} \cdot \delta \boldsymbol{r}_i = 0 \tag{11-4}$$

例如：① 光滑面约束；② 光滑铰链约束；③ 对纯滚动刚体的固定面约束；④ 无重钢杆(二力杆)约束；⑤ 不可伸长的绳索约束。这些都是理想约束。

11.3　虚位移原理及应用

1. 虚位移原理(又称虚功原理)

具有理想约束的质点系，在给定位置保持平衡的必要和充分条件是：所有作用于该质点系上的主动力在任何虚位移中所作的虚功之和等于零，即

$$\sum \delta W_F = 0 \tag{11-5}$$

虚位移原理的矢量表达式为

$$\sum_{i=1}^{n} \boldsymbol{F}_i \cdot \delta \boldsymbol{r}_i = 0 \tag{11-6}$$

在直角坐标系的投影表达式为

$$\sum_{i=1}^{n} (F_{xi}\delta x_i + F_{yi}\delta y_i + F_{zi}\delta z_i) = 0 \tag{11-7}$$

下面简要证明虚位移原理。

如图 11-7 所示，设一质点系处于静止平衡状态，则任一质点都处于平衡状态，因此有

$$\boldsymbol{F}_i + \boldsymbol{F}_{Ni} = 0$$

式中，$\boldsymbol{F}_i$为该质点上主动力的合力，$\boldsymbol{F}_{Ni}$为约束力的合力。若给质点系一虚位移，其中质点 m_i的虚位移为 δr_i，则作用在该质点上的力的虚功为

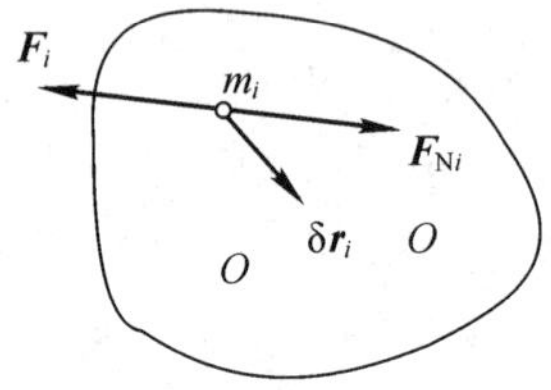

图　11-7

$$\boldsymbol{F}_i \cdot \delta\boldsymbol{r}_i + \boldsymbol{F}_{Ni} \cdot \delta\boldsymbol{r}_i = 0$$

对质点系，有 $\sum(\boldsymbol{F}_i \cdot \delta\boldsymbol{r}_i + \boldsymbol{F}_{Ni} \cdot \delta\boldsymbol{r}_i) = 0$，具有理想约束的质点系，有 $\sum \boldsymbol{F}_{Ni} \cdot \delta\boldsymbol{r}_i = 0$，所以

$$\sum \boldsymbol{F}_i \cdot \delta\boldsymbol{r}_i = 0$$

即 $\sum \delta W_F = 0$。

2. 虚位移原理的应用

虚位移原理一般可用来分析以下两类平衡问题：

(1) 已知质点系处于平衡状态，求主动力之间的关系或平衡位置。

(2) 已知质点系处于平衡状态，求其内力或约束力。

在此情况下，需要解除对应的约束，用相应的约束力代替，使待求的内力或约束力“转化”为主动力。从而使此系统获得相应的自由度，为使系统发生虚位移创造条件。

例 11-1　如图 11-8 所示，螺旋压榨机的手柄上作用一在水平面内的力偶($\boldsymbol{F}$, $\boldsymbol{F}'$)，其力偶矩等于 $2Fl$。设螺杆的螺距为 h，求平衡时作用于被压榨物体上的压力。

解　(1) 取手柄、螺杆和压板组成的系统研究，若忽略摩擦，则约束是理想的。

(2) 作受力分析，系统上的主动力为($\boldsymbol{F}$, $\boldsymbol{F}'$)和 $\boldsymbol{F}_N$。

(3) 给系统以虚位移，将手柄转过 $\delta\varphi$，则螺杆和压板向下位移为 δs。

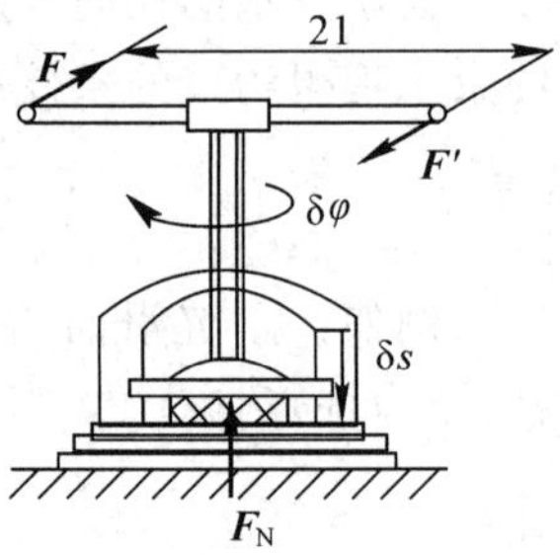

图　11-8

因手柄转一周，螺杆上升或下降一个螺距 h，故

$$\frac{\delta\varphi}{2\pi} = \frac{\delta s}{h}$$

(4) 列虚功方程：

$$\sum \delta W_F = 0,\ 2Fl \cdot \delta\varphi - F_N \cdot \delta s = 0$$

解得 $F_N=4\pi\frac{1}{h}F$。压榨力与 $\boldsymbol{F}_N$ 等值、反向。

例 11－2　如图 11－9 所示结构，各杆都以光滑铰链连接，$AC=CE=BC=CD=DG=l$。在点 G 作用一铅直方向的力 $\boldsymbol{F}$，求支座 B 的水平约束力 $\boldsymbol{F}_{Bx}$。

解　(1) 解除 B 处的水平约束，代以力 $\boldsymbol{F}_{Bx}$，将 $\boldsymbol{F}_{Bx}$ 当作主动力。

(2) 取系统研究。系统具有理想约束，系统所受主动力为 $\boldsymbol{F}$、$\boldsymbol{F}_{Bx}$。

(3) 列虚功方程：

$$\sum\delta W_F=0，F\delta y_G+F_{Bx}\delta x_B=0$$

(4) 建立如图 11－9 所示的坐标系，写出 B、G 的坐标：

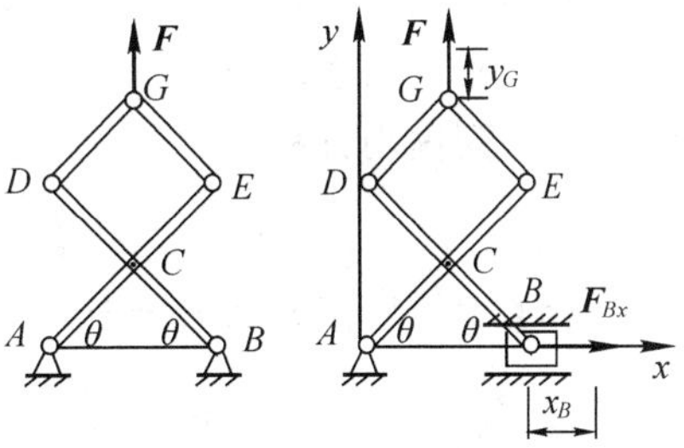

图　11－9

$$x_B=2l\cos\theta，y_G=3l\sin\theta$$

变分式为

$$\delta x_B=-2l\sin\theta\delta\theta，\delta y_G=3l\cos\theta\delta\theta$$

(5) 将之代入虚功方程得

$$F3l\cos\theta\delta\theta+F_{Bx}\cdot(-2l\sin\theta\delta\theta)=0$$

解得

$$F_{Bx}=\frac{3F\cos\theta}{2\sin\theta}=\frac{3}{2}F\cot\theta$$

例 11－3　如在图 11－9 所示结构的点 C、G 间连接一自重不计、刚度系数为 k 的弹簧，如图 11－10 所示，图示位置弹簧伸长 δ_0，其他条件不变，求 B 的水平约束力。

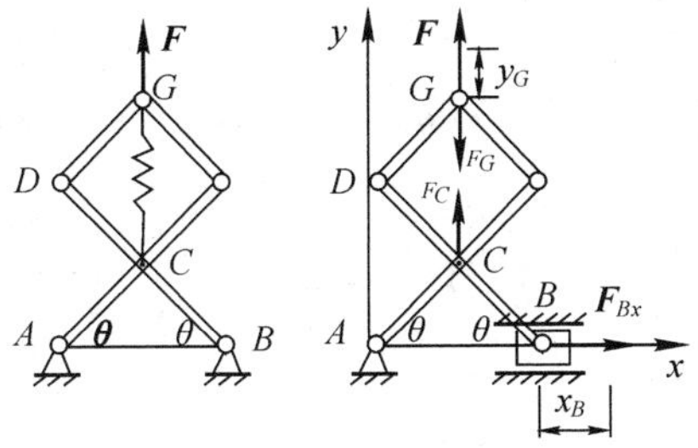

图　11－10

解　(1) 取整体研究，去除弹簧及 B 处水平约束，均以力代之。

(2) 列虚功方程：

$$\sum\delta W_F=0$$

$$F_{Bx}\cdot\delta x_B+F_C\cdot\delta y_C-F_G\cdot\delta y_G+F\cdot\delta y_G=0$$

(3) 建立坐标系，写出各点坐标：

$$x_B=2l\cos\theta，y_C=l\sin\theta，y_G=3l\sin\theta$$

变分式为

$$\delta x_B=-2l\sin\theta\delta\theta，\delta y_C=l\cos\theta\delta\theta，\delta y_G=3l\cos\theta\delta\theta$$

又因弹簧力 $F_C=F_G=k\delta_0$，将变分式代入虚功方程，解得

$$F_{Bx}=\frac{3}{2}F\cot\theta-k\delta_0\cot\theta$$

例 11-4 椭圆规机构如图 11-11 所示，连杆 AB 长为 l，滑块与杆重不计，忽略摩擦，机构在图示位置平衡。求主动力 $\boldsymbol{F}_A$ 与 $\boldsymbol{F}_B$ 间的关系。

解 (1) 取系统研究。

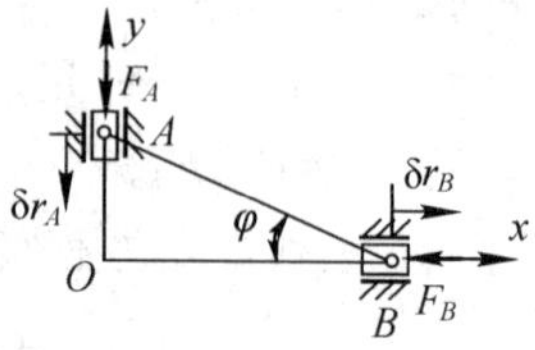

图 11-11

(2) 列虚功方程：

$$\sum\delta W_F=0,\ F_A\delta r_A-F_B\delta r_B=0$$

(3) 求解虚位移间的关系。可用“虚速度法”。虚速度为

$$v_A=\frac{\delta r_A}{\mathrm{d}t},\ v_B=\frac{\delta r_B}{\mathrm{d}t}$$

杆 AB 作平面运动，由速度投影定理有

$$v_B\cos\varphi=v_A\sin\varphi$$

将之代入虚功方程求解得

$$F_A=\frac{\delta r_B}{\delta r_A}F_B=\frac{v_B}{v_A}F_B=F_B\tan\varphi$$

11.4 用广义力表示质点系的平衡条件

具有完整、双面、定常的理想约束的质点系，在给定位置保持平衡的必要和充分条件是：对应于每一个广义坐标的广义力均等于零。即

$$F_{Qh}=0\qquad h=1,2,\cdots,k\tag{11-8}$$

直角坐标系下的广义力表达式为

$$F_{Qh}=\sum_{i=1}^{n}\left(F_{xi}\frac{\partial x_i}{\partial q_h}+F_{yi}\frac{\partial y_i}{\partial q_h}+F_{zi}\frac{\partial z_i}{\partial q_h}\right)\tag{11-9}$$

用几何法表示为

$$F_{Qj}=\frac{\delta W_F}{\delta q_j}\tag{11-10}$$

势力场中的广义力表示为

$$F_{Qh}=-\frac{\partial V}{\partial q_h}\qquad h=1,2,\cdots,k\tag{11-11}$$

即广义有势力等于势能函数对相应的广义坐标的一阶偏导数再冠以负号。

11.5 动力学普遍方程与拉格朗日方程

在具有理想约束的质点系中，在任一瞬时，作用于各质点上的主动力和虚加的惯性力在任一虚位移上所作虚功之和都等于零。

$$\sum_{i=1}^{n}(F_i-m_ia_i)\cdot\delta r_i=0\tag{11-12}$$

这就是动力学普遍方程(也称为达朗贝尔—拉格朗日方程)。写成直角坐标系上的投影式为

$$\sum_{i=1}^{n}\left[(F_{xi}-m_i\ddot{x}_i)\delta x_i+(F_{yi}-m_i\ddot{y}_i)\delta y_i+(F_{zi}-m_i\ddot{z}_i)\delta z_i\right]=0 \qquad (11-13)$$

在动力学普遍方程中不包含约束力。

由此可知，将达朗贝尔原理与虚位移原理相结合，建立了动力学普遍方程，避免了理想约束力的出现，再将普遍方程变为广义坐标形式，进一步转变为能量形式，可导出第二类拉格朗日方程，以实现用最少数目的方程来描述动力系统，即

$$\frac{\mathrm{d}}{\mathrm{d}t}\frac{\partial T}{\partial \dot{q}_h}-\frac{\partial T}{\partial q_h}=F_{Qh} \qquad h=1,2,\cdots,k \qquad (11-14)$$

这是一个方程组，方程的数目等于质点系的自由度数，称之为第二类拉格朗日方程，简称为拉格朗日方程。它揭示了系统动能的变化与广义力之间的关系。

若引入拉格朗日函数：

$$L=T-V \qquad (11-15)$$

则

$$\frac{\mathrm{d}}{\mathrm{d}t}\left(\frac{\partial L}{\partial \dot{q}_j}\right)-\frac{\partial L}{\partial q_j}=0 \qquad j=1,\ 2,\ \cdots,\ k \qquad (11-16)$$

称为保守系统的拉格朗日方程。它们是一个方程组，方程的数目等于该系统的自由度数（或广义坐标数）。

例 11-5　二均质轮的 m、R 相同，用轻质绳缠绕连接如图 11-12 所示。求在重力作用下轮Ⅱ中心的加速度。

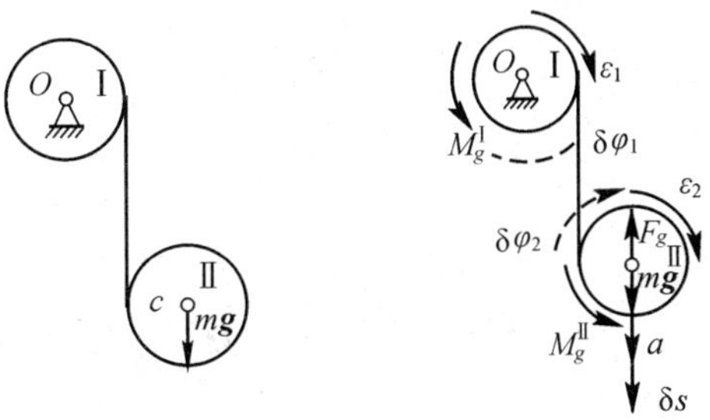

图　11-12

解　这是一个动力学问题，可应用动力学普遍方程求解，研究整个系统，引入惯性力及惯性力偶，方向如图，大小为

$$F_g=ma,\ M_g^{\mathrm{I}}=\frac{1}{2}mR^2\varepsilon_1,\ M_g^{\mathrm{II}}=\frac{1}{2}mR^2\varepsilon_2$$

其中，$\varepsilon_1=\varepsilon_2$。

设系统发生虚位移，由动力学普遍方程有

$$(mg-F_g)\delta s-\left(\frac{1}{2}mR^2\varepsilon_1\right)\delta\varphi_1-\left(\frac{1}{2}mR^2\varepsilon_2\right)\delta\varphi_2=0$$

几何关系为

$$\delta s=R\delta\varphi_1+R\delta\varphi_2,\quad a=R\varepsilon_1+R\varepsilon_2$$

$$\left(g-\frac{3}{2}R\varepsilon_1-R\varepsilon_2\right)\delta\varphi_1+\left(g-R\varepsilon_1-\frac{3}{2}R\varepsilon_2\right)\delta\varphi_2=0$$

由于 $\delta\varphi_1\neq0$，$\delta\varphi_2\neq0$，所以

$$g-\frac{3}{2}R\varepsilon_1-R\varepsilon_2=0,\quad g-R\varepsilon_1-\frac{3}{2}R\varepsilon_2=0$$

解得

$$a=\frac{4}{5}g$$

例 11-6 楔形体重为 P，倾角为α，在光滑水平面上，见图 11-13。圆柱体重 Q，半径为 r，只滚不滑。初始系统静止，圆柱体在斜面最高点。试求：

(1) 系统的运动微分方程；

(2) 楔形体的加速度。

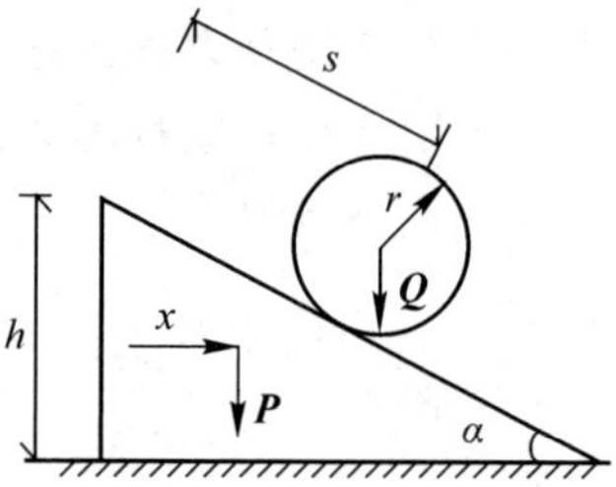

图 11-13

解 研究整体系统。它具有两个自由度。取广义坐标为 x，s；各坐标原点均在初始位置。取水平面为系统的零势点，则系统的势能为

$$V=\frac{1}{3}Ph+Q(h-s\cdot\sin\alpha+r\cos\alpha)$$

系统的动能为

$$\begin{aligned}T&=\frac{1}{2}\frac{P}{g}\dot{x}^2+\frac{1}{2}\frac{Q}{g}(\dot{x}^2+\dot{s}^2-2\dot{x}\dot{s}\cos\alpha)+\frac{1}{2}\cdot\frac{1}{2}\frac{Q}{g}r^2\left(\frac{\dot{s}}{r}\right)^2\\&=\frac{1}{2}\cdot\frac{P+Q}{g}\dot{x}^2+\frac{3}{4}\frac{Q}{g}\dot{s}^2-\frac{Q}{g}\dot{x}\dot{s}\cos\alpha\end{aligned}$$

拉格朗日函数为

$$\begin{aligned}L&=T-V\\&=\frac{1}{2}\frac{P+Q}{g}\dot{x}^2+\frac{3}{4}\frac{Q}{g}\dot{s}^2-\frac{Q}{g}\dot{x}\dot{s}\cos\alpha-\frac{1}{3}Ph-Q(h-s\cdot\sin\alpha+r\cos\alpha)\end{aligned}$$

代入保守系统拉氏方程：

$$\frac{\mathrm{d}}{\mathrm{d}t}\left(\frac{\partial L}{\partial\dot{q}_j}\right)-\frac{\partial L}{\partial q_j}=0\qquad j=1,2,\cdots,k$$

并适当化简，得到系统的运动微分方程：

$$(P+Q)\ddot{x}-Q\cdot\ddot{s}\cos\alpha=0$$
$$3\ddot{s}-2\ddot{x}\cos\alpha=2g\sin\alpha$$

解得楔形体的加速度为

$$\ddot{x}=\frac{Q\sin2\alpha}{3P+Q+2Q\sin^2\alpha}\cdot g$$

例 11-7 已知图 11-14 中弹簧刚度为 k，滑块质量为 m_1，B 球质量为 m_1。不计摆杆质量和摩擦，求此系统微幅振动的运动微分方程。

解 系统有两个自由度，选静平衡位置为广义坐标 x、φ 的起始位置，广义力和动能为

$$F_{Qx}=-kx,\ F_{Q\varphi}=-m_2gl\sin\varphi$$

$$T=\frac{1}{2}m_1\dot{x}^2+\frac{1}{2}m_2v_B^2$$

图中，AB 摆作平面运动，故

$$\boldsymbol{v}_B=\boldsymbol{v}_A+\boldsymbol{v}_{BA}$$

$$v_B^2=v_A^2+v_{BA}^2+2v_Av_{BA}\cos\varphi$$

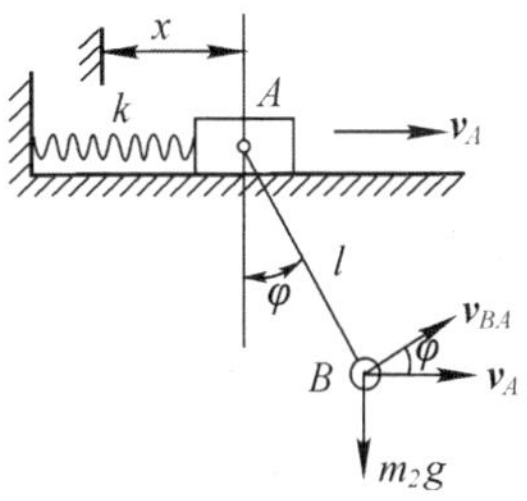

图　11－14

式中，$v_A=\dot{x}$，$v_{BA}=l\dot{\varphi}$，故动能可进一步写为

$$T=\frac{1}{2}m_1\dot{x}^2+\frac{1}{2}m_2[\dot{x}^2+(l\dot{\varphi})^2+2\dot{x}l\dot{\varphi}\cos\varphi]$$

代入拉格朗日方程：

$$\frac{\mathrm{d}}{\mathrm{d}t}\left(\frac{\partial T}{\partial\dot{x}}\right)-\frac{\partial T}{\partial x}=F_{Qx},\ \frac{\mathrm{d}}{\mathrm{d}t}\left(\frac{\partial T}{\partial\dot{\varphi}}\right)-\frac{\partial T}{\partial\varphi}=F_{Q\varphi}$$

运动微分方程为

$$(m_1+m_2)\ddot{x}+m_2l\ddot{\varphi}\cos\varphi-m_2l\dot{\varphi}^2\sin\varphi=-kx$$

$$m_2l\ddot{x}\cos\varphi+m_2l^2\ddot{\varphi}-m_2l\dot{x}\dot{\varphi}\sin\varphi=-m_2gl\sin\varphi$$

此系统是保守系统，所以也可取 $x=0$、$\varphi=0$ 处为该系统的零势能位置，系统在图示一般位置上的势能为

$$V=\frac{1}{2}kx^2+mgl(1-\cos\varphi)$$

代入保守系统的拉格朗日方程即可得到同样的运动微分方程。

若系统只在平衡位置附近作微幅振动，则

$$\cos\varphi\approx1,\ \sin\varphi\approx\varphi$$

令高阶小量 $\varphi^2=0$，则 $\dot{\varphi}\varphi=0$，所以运动微分方程可简化为

$$(m_1+m_2)\ddot{x}+m_2l\ddot{\varphi}+kx=0$$

$$\ddot{x}+l\ddot{\varphi}+g\varphi=0$$

本章知识要点

1. 在给定的位置上，质点系为所有约束所允许的无限小位移，称为此质点或质点系的虚位移。虚位移有三个特点：第一，虚位移是约束所允许的位移；第二，虚位移是无限小的位移；第三，虚位移是虚设的位移。虚位移用δr_i表示，以区别于实位移 $\mathrm{d}r_i$。这里的“δ”是等时变分算子符号，简称变分符号。在虚位移原理中它的运算规则与微分算子“d”的运算规则相同。

2. 作用于质点上的力在该质点的虚位移中所作的元功称为虚功。虚功的表达式为

$$\delta W_F=\boldsymbol{F}\cdot\delta\boldsymbol{r}$$

3. 具有理想约束的质点系，在给定位置保持平衡的必要和充分条件是：所有作用于该质点系上的主动力在任何虚位移中所作的虚功之和等于零，即

$$\sum \delta W_F = 0$$

虚位移原理的矢量表达式为

$$\sum_{i=1}^{n} \boldsymbol{F}_i \cdot \delta \boldsymbol{r}_i = 0$$

在直角坐标系的投影表达式为

$$\sum_{i=1}^{n} (F_{xi}\delta x_i + F_{yi}\delta y_i + F_{zi}\delta z_i) = 0$$

以上各式也称为虚功方程。

4. 具有完整、双面、定常的理想约束的质点系，在给定位置保持平衡的必要和充分条件是：对应于每一个广义坐标的广义力均等于零，即

$$F_{Qh} = 0 \qquad h = 1,2,\cdots,k$$

直角坐标系下的广义力表达式为

$$F_{Qh} = \sum_{i=1}^{n} \left(F_{xi} \frac{\partial x_i}{\partial q_h} + F_{yi} \frac{\partial y_i}{\partial q_h} + F_{zi} \frac{\partial z_i}{\partial q_h} \right)$$

用几何法表示为

$$F_{Qj} = \frac{\delta W_F}{\delta q_j}$$

势力场中的广义力表示为

$$F_{Qh} = -\frac{\partial V}{\partial q_h} \qquad h = 1,2,\cdots,k$$

即广义有势力等于势能函数对相应的广义坐标的一阶偏导数再冠以负号。

5. 在具有理想约束的质点系中，在任一瞬时，作用于各质点上的主动力和虚加的惯性力在任一虚位移上所作虚功之和等于零，即

$$\sum_{i=1}^{n} (F_i - m_i a_i) \cdot \delta r_i = 0$$

这就是动力学普遍方程(也称为达朗贝尔—拉格朗日方程)。写成直角坐标系上的投影式为

$$\sum_{i=1}^{n} \left[(F_{xi} - m_i \ddot{x}_i)\delta x_i + (F_{yi} - m_i \ddot{y}_i)\delta y_i + (F_{zi} - m_i \ddot{z}_i)\delta z_i \right] = 0$$

在动力学普遍方程中不包含约束力。

第二类拉格朗日方程，以实现用最少数目的方程来描述动力系统，即

$$\frac{\mathrm{d}}{\mathrm{d}t}\left(\frac{\partial T}{\partial \dot{q}_h}\right) - \frac{\partial T}{\partial q_h} = F_{Qh} \qquad h = 1,2,\cdots,k$$

简称为拉格朗日方程。它揭示了系统动能的变化与广义力之间的关系。

思 考 题

11-1 什么是虚位移？虚位移与物体的实际位移有什么区别？

11-2 什么是虚功？虚功与力所作的功相比，有什么不同？

习　题

11－1　椭圆规机构如图 11－15 所示，连杆 AB 长 l，铰链为光滑的，求在图示位置平衡时，主动力 $\boldsymbol{P}$ 和 $\boldsymbol{Q}$ 之间的关系。

11－2　不计各杆件的自重，机构如图 11－16 所示，求在图示位置平衡时，力 $\boldsymbol{F}_1$ 与 $\boldsymbol{F}_2$ 的关系。

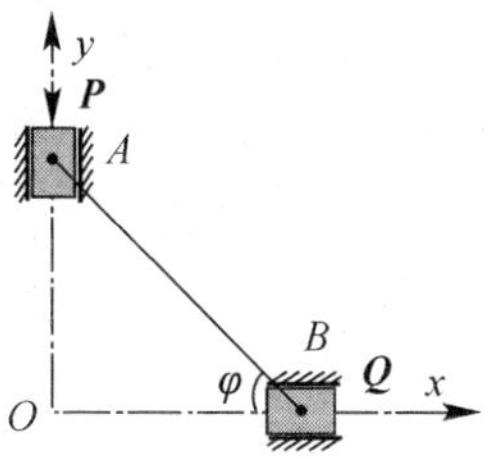

图　11－15

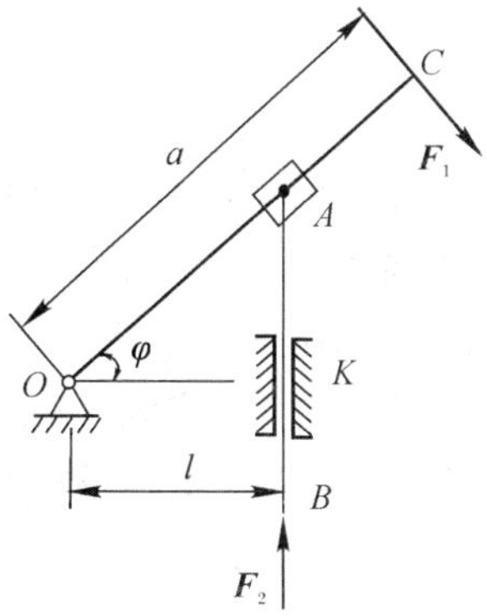

图　11－16

11－3　多跨静定梁如图 11－17 所示，求支座 B 处的反力。

11－4　如图 11－18 所示为三铰拱支架，求由于不对称载荷 $\boldsymbol{F}_1$ 和 $\boldsymbol{F}_2$ 作用在铰链 B 处所引起的水平约束力 F_{Bx}。

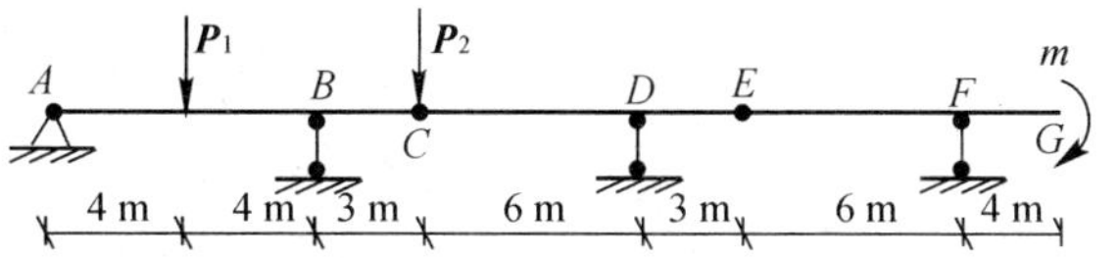

图　11－17

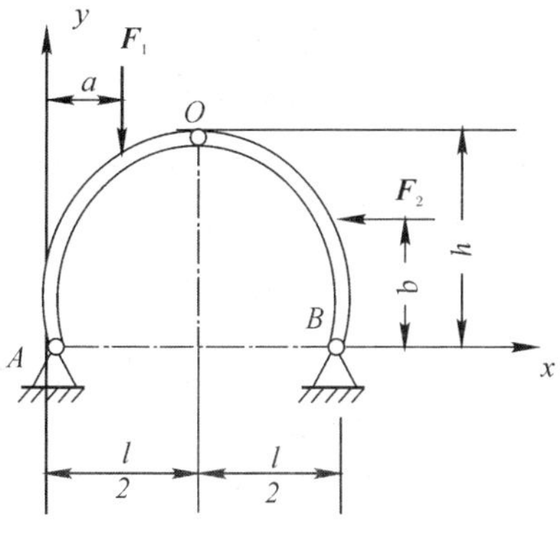

图　11－18

11－5　机构如图 11－19 所示，已知 $F_B=200$ N，$\theta=60°$，$\varphi=30°$，刚度系数 $k=10$ N/cm的弹簧在图示位置的总压缩量 $\delta=4$ cm，试求使该机构在图示位置保持平衡的力 $\boldsymbol{F}_A$ 的大小。

11－6　在图 11－20 所示曲柄滑道机构中，$r=h=0.4$ m，$l=1.0$ m，作用在曲柄 OB 上的驱动力矩 $M=5.0$ N·m。为了保证该机构在 $\varphi=30°$位置时处于平衡状态，C 点的水平作用力 $\boldsymbol{F}$ 应该多大？

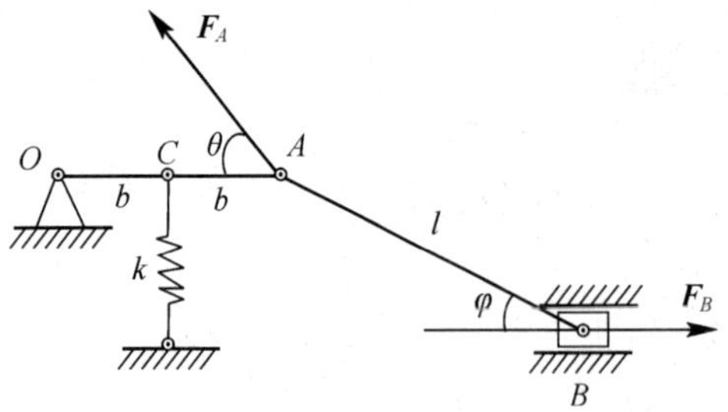

图　11-19

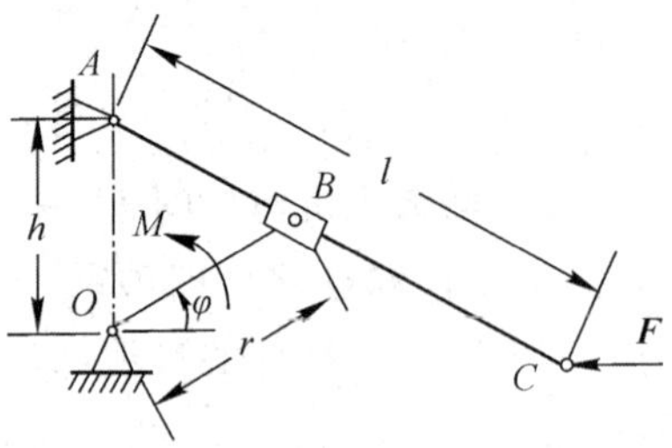

图　11-20

11-7　图 11-21 所示两等长杆 AB 与 BC 用铰链连接，又在杆的 D、E 两点加一弹簧，弹簧刚度系数为 k，当距离 $AC=d$ 时，弹簧的拉力为零。如在 C 点作用一水平力 $\boldsymbol{F}$，杆系处于平衡，求距离 AC 之值。已知 $AB=l$，$BD=b$，杆重不计。

11-8　图 11-22 所示两重物 P_1、P_2 系在细绳的两端，分别放在倾角为 α、β 的斜面上，细绳绕过两定滑轮，与一动滑轮相连。动滑轮的轴上挂一重物 P_3。试求平衡时 P_1、P_2 的大小。摩擦以及滑轮与绳索的质量忽略不计。

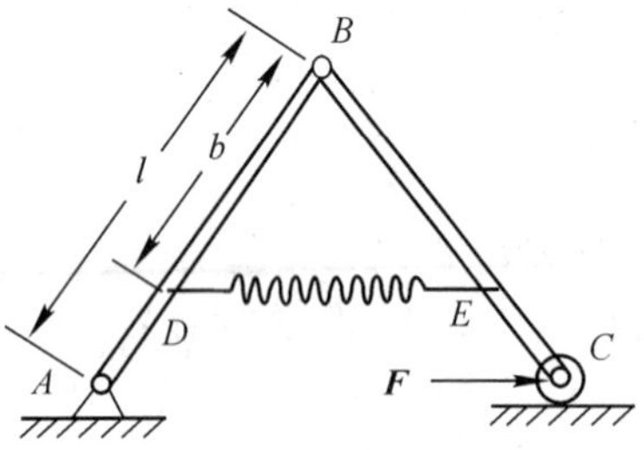

图　11-21

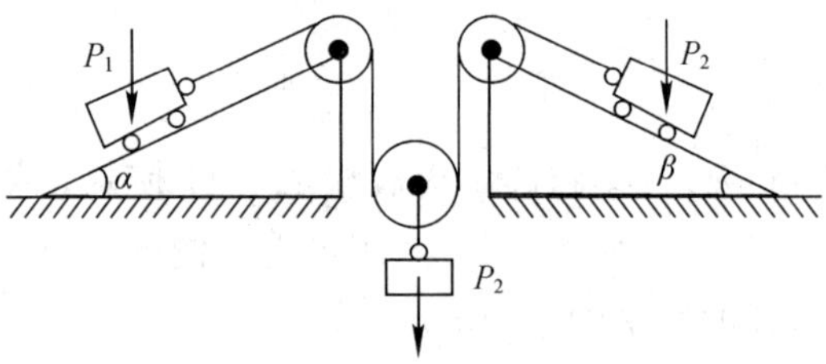

图　11-22

第四篇　动力学专题

第 12 章　碰　撞

教学要求：

(1) 了解碰撞现象和特点。

(2) 了解如何利用动量定理和动量矩定理解决碰撞问题。

碰撞是日常生活和工程实际中常见的力学现象，由于碰撞的时间短，而碰撞力的变化规律很复杂，因此难以准确描述其变化。本章针对碰撞过程的开始与结束时刻，利用动量定理和动量矩定理研究碰撞现象。

12.1　基本概念

1. 碰撞的概念

两个或两个以上相对运动的物体在瞬间接触，速度发生突然改变的力学现象称为碰撞。锤锻、打桩、各种球类活动中球的弹射与反跳、火车车厢挂钩的连接等都是碰撞的实例。飞机着陆、飞船对接与溅落中也有碰撞问题。

碰撞现象的特点是，碰撞时间极短(一般为 $10^{-3}\sim10^{-4}$ s)，速度变化为有限值，加速度变化相当巨大，碰撞力极大。例如，一锤头重 30 N，以速度 $v_1=3$ m/s 打在钉子上，测得碰撞时间为 0.002 s，锤头反弹速度为 $v_2=0.5$ m/s，为简化计算起见，设碰撞过程为匀减速运动，可得碰撞力为 3856.53 N，碰撞力约为锤头重量的 129 倍。此为平均值，若测得其最大峰值，碰撞力会更大。又如，鸟与飞行中的飞机相撞而形成所谓的“鸟祸”时，碰撞力甚至可达鸟重的 2 万倍。

由于碰撞时碰撞力极大而碰撞时间极短，在研究一般的碰撞问题时，通常做如下两点简化：

(1) 在碰撞过程中，由于碰撞力非常大，重力、弹性力等普通力远远不能与之相比，因此这些普通力的冲量忽略不计。

(2) 由于碰撞过程非常短促，碰撞过程中，速度变化为有限值，物体在碰撞开始和碰撞结束时的位置变化很小，因此在碰撞过程中，物体的位移忽略不计。

碰撞是工程与日常生活中一种常见而又非常复杂的动力学问题，本章在一定的简化条件下，讨论两个物体间的碰撞过程中的一些基本规律。

2. 碰撞的分类

设两碰撞刚体的接触面是光滑曲面，则过接触点可以做一公法线 $n-n$(见图 12-1)。如碰撞时两物体的质心都位于此公法线上，则称为对心碰撞(见图 12-1(a))，否则称为偏心碰撞(见图 12-1(b))。在对心碰撞的情况下，如碰撞开始时两刚体的质心的速度都沿公法线方向，则称为对心正碰撞(见图 12-1(c))，否则称为对心斜碰撞(见图 12-1(d))。

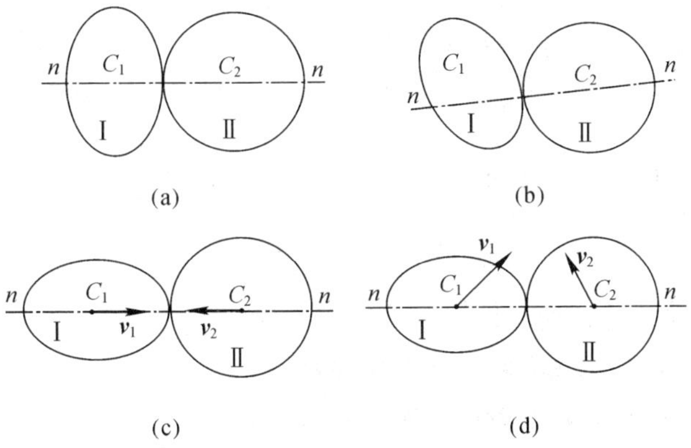

图　12-1

两物体相碰时，按其接触处有无摩擦，还可分为光滑碰撞与非光滑碰撞。

两物体相碰撞时，按物体碰撞后变形的恢复程度(或能量有无损失)，可分为完全弹性碰撞、弹性碰撞与塑性碰撞。

12.2　用于碰撞过程的基本定理

由于碰撞过程时间短而碰撞力的变化规律很复杂，因此不宜直接用力来量度碰撞的作用，也不宜用运动微分方程描述每一瞬时力与运动变化的关系，常用的分析方法是只分析碰撞前、后运动的变化。

同时，碰撞将使物体变形、发声、发热，甚至发光，因此碰撞过程中几乎都有机械能的损失。机械能损失的程度取决于碰撞物体的材料性质以及其他复杂的因素，难以用力的功来计算其机械能的消耗，因而，碰撞过程中一般不便于应用动能定理。因此，一般采用动量定理和动量矩定理的积分形式来确定力的作用与运动变化的关系。

1. 用于碰撞过程的动量定理——冲量定理

设质点的质量为 m ，碰撞过程开始瞬时的速度为 $\boldsymbol{v}$ ，结束时的速度为 $\boldsymbol{v}'$ ，则质点的动量定理为

$$m\boldsymbol{v}' - m\boldsymbol{v} = \int_0^t \boldsymbol{F}\,\mathrm{d}t = \boldsymbol{I} \tag{12-1}$$

式中，$\boldsymbol{I}$ 为碰撞冲量，普通力的冲量忽略不计。

对于碰撞的质点系，作用在第 i 个质点上的碰撞冲量可分为外碰撞冲量 $\boldsymbol{I}_i^{(e)}$ 和内碰撞冲量 $\boldsymbol{I}_i^{(i)}$，按照上式有

$$m_i\boldsymbol{v}'_i - m_i\boldsymbol{v}_i = \boldsymbol{I}_i^{(e)} + \boldsymbol{I}_i^{(i)}$$

设质点系有 n 个质点，对于每个质点都可列出如上的方程，将 n 个方程相加，得

$$\sum_{i=1}^{n} m_i\boldsymbol{v}'_i - \sum_{i=1}^{n} m_i\boldsymbol{v}_i = \sum_{i=1}^{n} \boldsymbol{I}_i^{(e)} + \sum_{i=1}^{n} \boldsymbol{I}_i^{(i)}$$

因为内碰撞冲量总是大小相等、方向相反、成对存在，因此 $\sum\limits_{i=1}^{n} \boldsymbol{I}_i^{(i)} = 0$，于是得

$$\sum_{i=1}^{n} m_i \boldsymbol{v}'_i - \sum_{i=1}^{n} m_i \boldsymbol{v}_i = \sum_{i=1}^{n} \boldsymbol{I}_i^{(e)} \tag{12-2}$$

式(12-2)是用于碰撞过程的质点系动量定理，在形式上，它与用于非碰撞过程的动量定理一样，但式(12-2)中不计普通力的冲量，因此又称为冲量定理：质点系在碰撞开始和结束时动量的变化，等于作用于质点系的外碰撞冲量的主矢。

质点系的动量可用总质量 m 与质心速度 v_C 的乘积来计算，于是式(12-2)可写成

$$m\boldsymbol{v}'_C - m\boldsymbol{v}_C = \sum_{i=1}^{n} \boldsymbol{I}_i^{(e)} \tag{12-3}$$

式中，v_C 和 v'_C 分别是碰撞开始和结束时质心的速度。

2. 用于碰撞过程的动量矩定理——冲量矩定理

质点系动量矩定理的一般表达式为导数形式，即

$$\frac{\mathrm{d}}{\mathrm{d}t}\boldsymbol{L}_O = \sum_{i=1}^{n} \boldsymbol{M}_O(\boldsymbol{F}_i^{(e)}) = \sum_{i=1}^{n} \boldsymbol{r}_i \times \boldsymbol{F}_i^{(e)}$$

式中，$\boldsymbol{L}_O$ 为质点系对于定点 O 的动量矩矢，$\sum_{i=1}^{n} \boldsymbol{r}_i \times \boldsymbol{F}_i^{(e)}$ 为作用于质点系的外力对点 O 的主矩。

上式可写成

$$\mathrm{d}\boldsymbol{L}_O = \sum_{i=1}^{n} \boldsymbol{r}_i \times \boldsymbol{F}_i^{(e)} \mathrm{d}t = \sum_{i=1}^{n} \boldsymbol{r}_i \times \mathrm{d}\boldsymbol{I}_i^{(e)}$$

对上式积分，得

$$\int_{L_{O1}}^{L_{O2}} \mathrm{d}\boldsymbol{L}_O = \sum_{i=1}^{n} \int_0^t \boldsymbol{r}_i \times \mathrm{d}\boldsymbol{I}_i^{(e)}$$

或

$$\boldsymbol{L}_{O2} - \boldsymbol{L}_{O1} = \sum_{i=1}^{n} \int_0^t \boldsymbol{r}_i \times \mathrm{d}\boldsymbol{I}_i^{(e)}$$

一般情况下，上式中 $\boldsymbol{r}_i$ 是未知的变量，上式难以积分。但在碰撞过程中，按基本假设，各质点的位置都是不变的，因此碰撞力作用点的矢径 $\boldsymbol{r}_i$ 是个恒量，于是有

$$\boldsymbol{L}_{O2} - \boldsymbol{L}_{O1} = \sum_{i=1}^{n} \boldsymbol{r}_i \times \int_0^t \mathrm{d}\boldsymbol{I}_i^{(e)}$$

或

$$\boldsymbol{L}_{O2} - \boldsymbol{L}_{O1} = \sum_{i=1}^{n} \boldsymbol{r}_i \times \boldsymbol{I}_i^{(e)} = \sum_{i=1}^{n} \boldsymbol{M}_O(\boldsymbol{I}_i^{(e)}) \tag{12-4}$$

式中，$\boldsymbol{L}_{O1}$ 和 $\boldsymbol{L}_{O2}$ 分别是碰撞开始和结束时质点系对点 O 的动量矩，$\boldsymbol{I}_i^{(e)}$ 是外碰撞冲量，称 $\boldsymbol{r}_i \times \boldsymbol{I}_i^{(e)}$ 为冲量矩，其中不计普通力的冲量矩。式(12-4)是用于碰撞过程的动量矩定理，又称为冲量矩定理：质点系在碰撞开始和结束时对点 O 的动量矩的变化，等于作用于质点系的外碰撞冲量对同一点的主矩。

3. 刚体平面运动的碰撞方程(用于刚体平面运动碰撞过程中的基本定理)

质点系相对于质心的动量矩定理与对于固定点的动量矩定理具有相同的形式。与此推证相似，可以得到用于碰撞过程的质点系相对于质心的动量矩定理：

$$\boldsymbol{L}_{C2} - \boldsymbol{L}_{C1} = \sum \boldsymbol{M}_C(\boldsymbol{I}_i^{(e)}) \tag{12-5}$$

式中，$\boldsymbol{L}_{C1}$、$\boldsymbol{L}_{C2}$ 为碰撞前、后质点系相对于质心 C 的动量矩，右端项为外碰撞冲量对质心之矩的矢量和(对质心的主矩)。

对于平行于其对称面的平面运动刚体，相对于质心的动量矩在其平行平面内可视为代数量，且有

$$\boldsymbol{L}_C = J_C\omega$$

式中，J_C 为刚体对于通过质心 C 且与其对称平面垂直的轴的转动惯量，ω 为刚体的角速度。由此，式(12-5)可写为

$$J_C\omega_2 - J_C\omega_1 = \sum \boldsymbol{M}_C(\boldsymbol{I}_i^{(e)}) \tag{12-6}$$

式中，ω_1、ω_2 分别为平面运动刚体碰撞前后的角速度。上式中不计普通力的冲量矩。

式(12-6)与(12-3)结合起来，可用来分析平面运动刚体的碰撞问题，称为刚体平面运动的碰撞方程。

12.3　恢复因数

两物体碰撞时，在接触点处产生的相互作用的碰撞力仍然满足牛顿第三定律，即作用力与反作用力等值、反向、共线。在不考虑摩擦时，碰撞力及其碰撞冲量的方向沿着相互碰撞物体表面的公法线(见图 12-2)。

现在以小球与固定地面的碰撞为例来分析恢复因数的概念。设一小球铅直地落到固定的平面上，如图 12-3 所示，此为正碰撞。碰撞开始时，质心速度为 $\boldsymbol{v}$，由于受到固定面的碰撞冲量的作用，质心速度逐渐减小，物体变形逐渐增大，直至速度等于零为止。此后弹性变形逐渐恢复，物体质心获得反向的速度。当小球离开固定面的瞬时，质心速度为 $\boldsymbol{v}'$，这时碰撞结束。

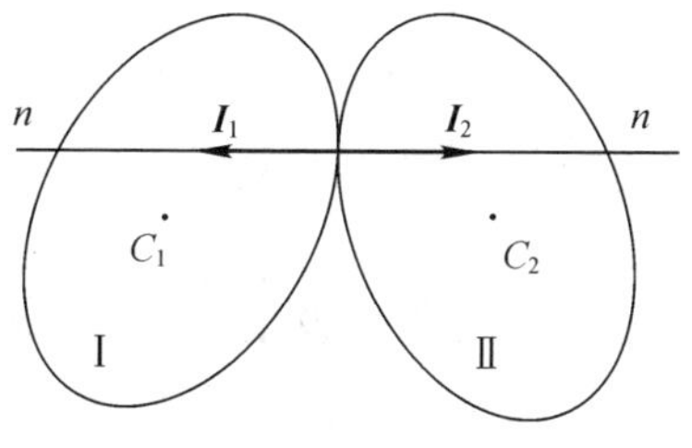

图　12-2

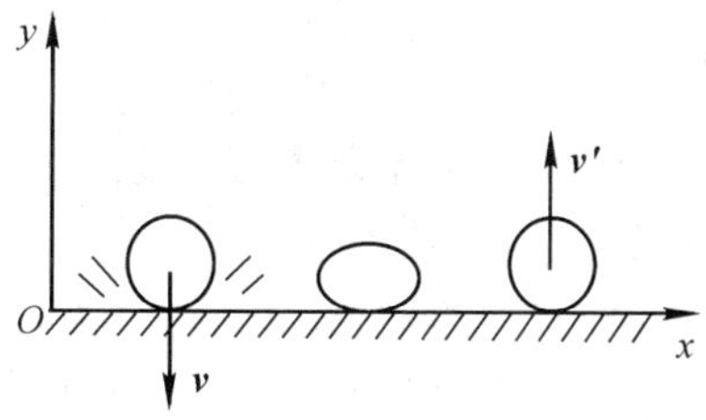

图　12-3

上述碰撞过程已分为两个阶段。在第一阶段中，物体的动能减小到零，变形增加，设在此阶段的碰撞冲量为 $\boldsymbol{I}_1$，则应用冲量定理在 y 轴的投影式，有

$$0-(-mv)=I_1$$

在第二阶段中，弹性变形逐渐恢复，动能逐渐增大，设在此阶段的碰撞冲量为 $\boldsymbol{I}_2$，则应用冲量定理在 y 轴的投影式，有

$$mv'-0=I_2$$

于是得

$$\frac{v'}{v}=\frac{I_2}{I_1} \tag{12-7}$$

由于在碰撞过程中，总要出现发热、发声，甚至发光等物理现象，许多材料经过碰撞后总保留或多或少的残余变形，因此，在一般情况下，物体将损失动能，或者说物体在碰撞结束时的速度 v' 小于碰撞开始时的速度 v。

牛顿在研究正碰撞的规律时发现，对于材料确定的物体，碰撞结束与碰撞开始的速度大小的比值几乎是不变的，即

$$\frac{v'}{v}=k \tag{12-8}$$

常数 k 恒取正值，称为恢复因数。

恢复因数需用实验测定。用待测恢复因数的材料做成小球和质量很大的平板。将平板固定，令小球自高 h_1 处自由落下，与固定平板碰撞后，小球返跳，记下达到最高点的高度 h_2，如图 12－4 所示。

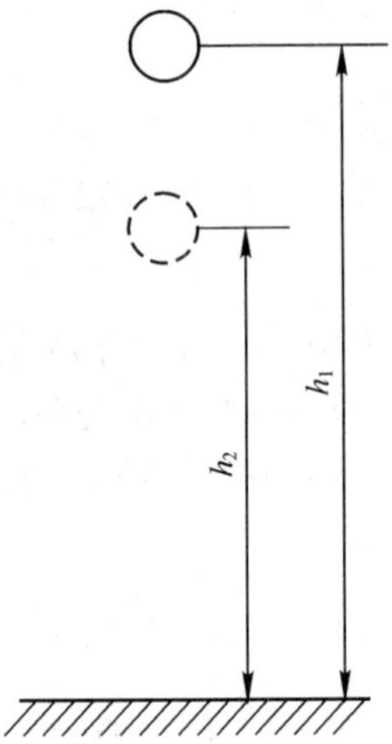

图　12－4

小球与平板接触的瞬时是碰撞开始的时刻，小球的速度为

$$v=\sqrt{2gh_1}$$

小球离开平板的瞬时是碰撞结束的时刻，小球的速度为

$$v'=\sqrt{2gh_2}$$

于是得恢复因数为

$$k=\frac{v'}{v}=\sqrt{\frac{h_2}{h_1}}$$

几种材料的恢复因数见表 12－1 所示。

表 12－1　几种材料的恢复因数

碰撞物体的材料	铁对铅	铅对铅	铁对铁	钢对钢	木对胶木	木对木	玻璃对玻璃
恢复因数	0.14	0.20	0.66	0.56	0.26	0.50	0.94

恢复因数表示物体在碰撞后速度恢复的程度，也表示物体变形恢复的程度，并且反映出碰撞过程中机械能损失的程度。

对于各种实际的材料，均有 $0<k<1$，由这些材料做成的物体发生碰撞，称为弹性碰撞。物体在弹性碰撞结束时，变形不能完全恢复，动能有损失。

$k=1$ 为理想情况，物体在碰撞结束时，变形完全恢复，动能没有损失，这种碰撞称为完全弹性碰撞。

$k=0$ 为极限情况，在碰撞结束时，物体的变形丝毫没有恢复，这种碰撞称为非弹性碰撞或塑性碰撞。

由式(12－7)和式(12－8)有

$$k=\frac{v'}{v}=\frac{I_2}{I_1}$$

即恢复因数又等于正碰撞的两个阶段中作用于物体的碰撞冲量大小的比值。

如果小球与固定面碰撞，碰撞开始瞬时的速度 $\boldsymbol{v}$ 与接触点法线的夹角为 θ，碰撞结束时返跳速度 $\boldsymbol{v}'$ 与法线的夹角为 β，如图 12－5 所示，此为斜碰撞。设不计摩擦，两物体只在法线方向发生碰撞，此时定义恢复因数为

$$k=\left|\frac{v'_n}{v_n}\right|$$

式中，v'_n和 v_n 分别是速度 $\boldsymbol{v}'$和 $\boldsymbol{v}$ 在法线方向的投影。

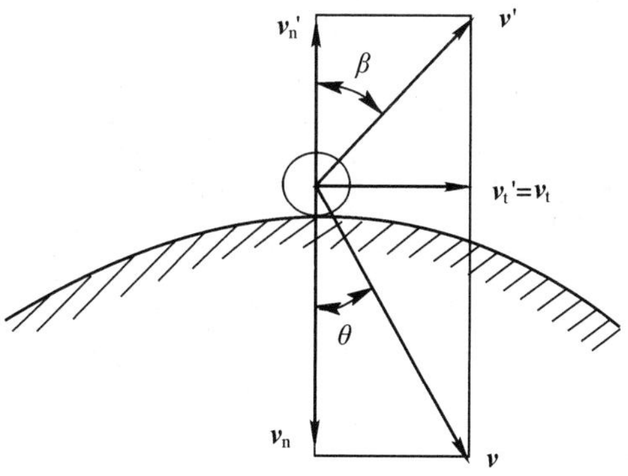

图　12-5

由于不计摩擦，$\boldsymbol{v}'$和 $\boldsymbol{v}$ 在切线方向的投影相等，由图可见：

$$|v'_n|\tan\beta=|v_n|\tan\theta$$

于是

$$k=\left|\frac{v'_n}{v_n}\right|=\frac{\tan\theta}{\tan\beta}$$

对于实际材料有 $k<1$，由上式可见，当碰撞物体表面光滑时，应有 $\beta>\theta$。

在不考虑摩擦的一般情况下，碰撞前后的两个物体都在运动，此时恢复因数定义为

$$k=\left|\frac{v'^n_r}{v^n_r}\right| \tag{12-9}$$

式中，v'^n_r 和 v^n_r 分别为碰撞后和碰撞前两物体接触点沿接触面法线方向的相对速度。

12.4　两刚体的对心碰撞

本节研究两刚体的对心碰撞问题。如 12.1 节所述，设两碰撞刚体的接触面是光滑曲面，则过接触点可以做一公法线，如碰撞时两物体的质心都位于此公法线上，则称为对心碰撞，如碰撞开始时两刚体的质心的速度都沿公法线方向，则称为对心正碰撞，否则称为对心斜碰撞。

1. 两刚体的对心正碰撞

1）碰撞前后的速度关系

两刚体的质量分别为 m_1 和 m_2，恢复因数为 k，产生对心正碰撞，如图 12-6 所示。两物体能碰撞的条件是 $v_1>v_2$，取两物体为研究的质点系，因无外碰撞冲量，质点系动量守恒。设碰撞结束时，两物体质心的速度分别为 $\boldsymbol{v}'_1$和 $\boldsymbol{v}'_2$，由冲量定理，取 BB 直线为投影轴，有

$$m_1v_1+m_2v_2=m_1v'_1+m_2v'_2 \tag{12-10}$$

由恢复因数定义及式(12-9)，有

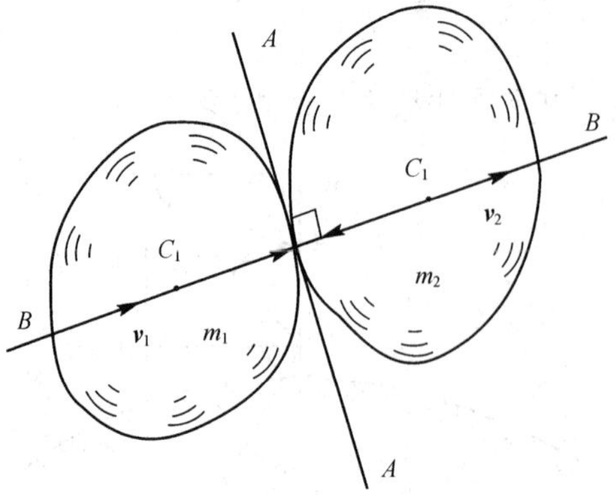

图　12-6

$$k=\frac{v'_2-v'_1}{v_1-v_2} \tag{12-11}$$

联立式(12-10)和式(12-11)，解得

$$\begin{cases} v'_1=v_1-(1+k)\dfrac{m_2}{m_1+m_2}(v_1-v_2) \\ v'_2=v_2+(1+k)\dfrac{m_1}{m_1+m_2}(v_1-v_2) \end{cases} \tag{12-12}$$

在理想情况下，$k=1$，有

$$v'_1=v_1-\frac{2m_2}{m_1+m_2}(v_1-v_2)，v'_2=v_2+\frac{2m_1}{m_1+m_2}(v_1-v_2)$$

如果 $m_1=m_2$，则 $v'_1=v_2$，$v'_2=v_1$，即两物体在碰撞结束时交换了速度。

当两物体做塑性碰撞，即 $k=0$ 时，有

$$v'_1=v'_2=\frac{m_1v_1+m_2v_2}{m_1+m_2}$$

即碰撞结束时，两物体速度相同，一起运动。

2）碰撞过程中的动能损失

以 T_1 和 T_2 分别表示此两物体组成的质点系在碰撞过程开始和结束时的动能，则有

$$T_1=\frac{1}{2}m_1v_1^2+\frac{1}{2}m_2v_2^2，T_2=\frac{1}{2}m_1v_1'^2+\frac{1}{2}m_2v_2'^2$$

在碰撞过程中质点系损失的动能为

$$\Delta T=T_1-T_2=\frac{1}{2}m_1(v_1^2-v_1'^2)+\frac{1}{2}m_2(v_2^2-v_2'^2)$$

$$=\frac{1}{2}m_1(v_1-v'_1)(v_1+v'_1)+\frac{1}{2}m_2(v_2-v'_2)(v_2+v'_2)$$

将式(12-12)代入上式，得两物体在正碰撞过程中损失的动能为

$$\Delta T=T_1-T_2=\frac{1}{2}(1+k)\frac{m_1m_2}{m_1+m_2}(v_1-v_2)\left[(v_1+v'_1)-(v_2+v'_2)\right]$$

由式(12-11)得

$$v'_1-v'_2=-k(v_1-v_2)$$

于是，得

$$\Delta T = T_1 - T_2 = \frac{m_1 m_2}{2(m_1 + m_2)}(1 - k^2)(v_1 - v_2)^2 \tag{12-13}$$

在理想情况下，$k=1$，$\Delta T = T_1 - T_2 = 0$。可见，在完全弹性碰撞时，系统动能没有损失，即碰撞开始时的动能等于碰撞结束时的动能。

在塑性碰撞时，$k=0$，动能损失为

$$\Delta T = T_1 - T_2 = \frac{m_1 m_2}{2(m_1 + m_2)}(v_1 - v_2)^2$$

如果第二个物体在塑性碰撞开始时处于静止，即 $v_2=0$，则动能损失为

$$\Delta T = T_1 - T_2 = \frac{m_1 m_2}{2(m_1 + m_2)} v_1^2$$

注意到 $T_1 = \frac{1}{2} m_1 v_1^2$，上式可改写为

$$\Delta T = T_1 - T_2 = \frac{m_2}{m_1 + m_2} T_1 = \frac{1}{\dfrac{m_1}{m_2} + 1} T_1 \tag{12-14}$$

可见，在此塑性碰撞过程中损失的动能与两物体的质量比有关。

当 $m_2 \gg m_1$ 时，$\Delta T \approx T_1$，即质点系在碰撞开始时的动能几乎完全损失于碰撞过程中。这种情况对于锻压金属是最理想的，因为我们希望在锻压金属时，锻锤的能量尽量消耗在锻件的变形上，而砧座尽可能不运动。因此在工程中采用比锻锤重很多倍的砧座。

当 $m_2 \ll m_1$ 时，$\Delta T \approx 0$，这种情况对于打桩是最理想的。因为我们希望在碰撞结束时，应使桩获得较大的动能去克服阻力前进，因此在工程中应取比桩柱重得多的锤打桩。日常生活中用锤子钉钉子也是如此。

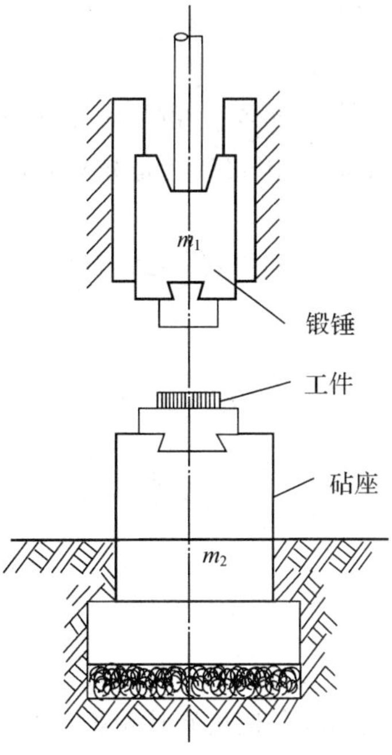

图　12-7

例 12-1　图 12-7 为蒸汽锤的示意图，设汽锤质量 $m_1 = 500$ kg，锻件与砧座的总质量为 $m_2 = 1000$ kg，恢复因数 $k=0.5$。求蒸汽锤的效率。

解　锻造金属时，锤头与砧座碰撞时损失的动能用来使锻件变形，因此蒸汽锤的效率定义为

$$\eta = \frac{\Delta T}{T}$$

设砧座不动，即 $v_2 = 0$，由式(12-14)，有

$$\Delta T = \frac{m_1 m_2}{2(m_1 + m_2)}(1 - k^2) v_1^2$$

而碰撞开始时系统的动能为 $T_0 = \frac{1}{2} m_1 v_1^2$，所以得

$$\eta = \frac{\Delta T}{T_0} = \frac{m_2}{m_1 + m_2}(1 - k^2) = \frac{1}{1 + \dfrac{m_1}{m_2}}(1 - k^2)$$

可见，质量比 m_1/m_2 越小，效率越高。将数据代入，得

$$\eta=\frac{1}{1+\frac{500}{1000}}(1-0.5^2)=71.4\%$$

当加热锻件到赤热时，恢复因数 k 近似于零，此时

$$\eta=\frac{1}{1+\frac{500}{1000}}=95.2\%$$

可见，随着 k 的减小，蒸汽锤的效率会增加。

2. 两刚体的对心斜碰撞

图 12-8 表示两球对心斜碰撞情况。仍视两球为一研究体，由于外碰撞冲量为零，因此系统满足动量守恒，取 $n-n$，$t-t$ 分别为沿两球接触面的公法线和公切线，分别在法向和切向有如下方程：

$$m_1v_{1n}+m_2v_{2n}=m_1v'_{1n}+m_2v'_{2n} \tag{12-15}$$

$$m_1v_{1t}+m_2v_{2t}=m_1v'_{1t}+m_2v'_{2t} \tag{12-16}$$

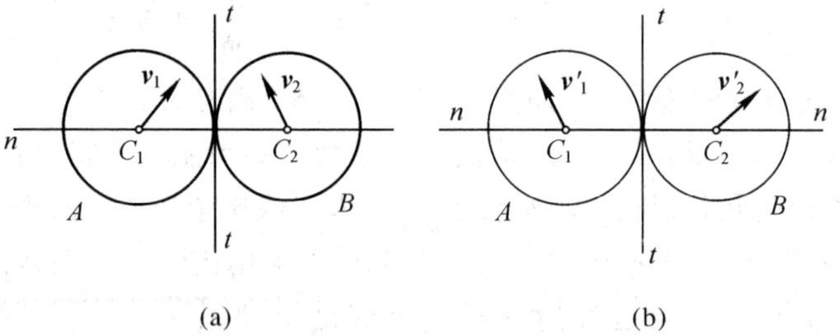

图 12-8　对心斜碰撞

上述两个方程中，含有 4 个未知量，为求碰撞后速度还需补充关系式。考虑任一球(如 A 球)，因接触面是光滑的，不考虑切向摩擦力的作用，因此有

$$v_{1t}=v'_{1t} \tag{12-17}$$

又法向速度应满足恢复因数关系：

$$k=\frac{v'_{2n}-v'_{1n}}{v_{1n}-v_{2n}} \tag{12-18}$$

联立式(12-15)～式(12-18)，得

$$\begin{cases}v'_{1n}=v_{1n}-\dfrac{m_2}{m_1+m_2}(1+k)(v_{1n}-v_{2n})\\[2ex] v'_{2n}=v_{2n}+\dfrac{m_1}{m_1+m_2}(1+k)(v_{1n}-v_{2n})\end{cases} \tag{12-19}$$

$$v_{1t}=v'_{1t},\ v_{2t}=v'_{2t} \tag{12-20}$$

式(12-19)与两球对心正碰撞所得的一般式(12-12)相类似。因此，对心斜碰撞与正碰撞除了速度在接触面的公切线上有分量外，其它并无原则上的分别。

例 12-2　质量分别为 m_1、m_2 的两球，以速度 $\boldsymbol{v}_1$、$\boldsymbol{v}_2$ 沿相互垂直的方向平移(如图 12-9所示)。碰撞瞬时两球质心连线与原两球运动方向成 45°角。假设两球为理想光滑弹性碰撞。已知 $m_1=2$ kg，$m_2=4$ kg，$v_1=4$ m/s，$v_2=5$ m/s，$k=0.6$。求碰撞结束时两球的速度。

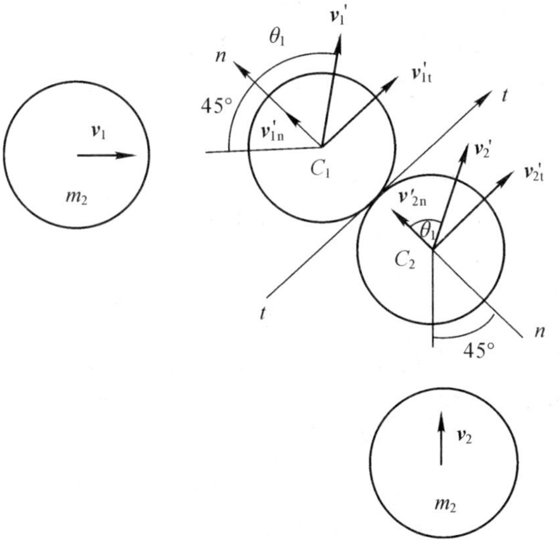

图 12-9

解 取两球接触面的公法线和公切线为 n、t 轴(见图 12-9)。碰撞后两球速度未知，设沿 n、t 轴的分量分别为 $\boldsymbol{v}_{1n}$、$\boldsymbol{v}_{1t}$、$\boldsymbol{v}_{2n}$、$\boldsymbol{v}_{2t}$。本题中两球相碰没有受到其它外碰撞冲量的作用，故可直接运用式(12-19)和式(12-20)得到求解结果。在代入公式时应注意速度投影的正负号，即各速度投影后，如果与 n、t 轴正方向相同的则为正，反之为负。

$$v'_{1n}=v_{1n}-\frac{m_2}{m_1+m_2}(1+k)(v_{1n}-v_{2n})$$

$$=-4\times\frac{\sqrt{2}}{2}-\frac{4}{2+4}(1+0.6)\left(-4\times\frac{\sqrt{2}}{2}-5\times\frac{\sqrt{2}}{2}\right)=\frac{12\sqrt{2}}{5}\ \text{m/s}$$

$$v'_{2n}=v_{2n}+\frac{m_1}{m_1+m_2}(1+k)(v_{1n}-v_{2n})$$

$$=5\times\frac{\sqrt{2}}{2}+\frac{2}{2+4}(1+0.6)\left(-4\times\frac{\sqrt{2}}{2}-5\times\frac{\sqrt{2}}{2}\right)=\frac{\sqrt{2}}{10}\ \text{m/s}$$

$$v'_{1t}=v_{1t}=4\times\frac{\sqrt{2}}{2}=2\sqrt{2}\ \text{m/s},\ v'_{2t}=v_{2t}=5\times\frac{\sqrt{2}}{2}=\frac{5\sqrt{2}}{2}\ \text{m/s}$$

故碰撞结束时两球的速度为

$$v'_1=\sqrt{\left(\frac{14\sqrt{2}}{5}\right)^2+(2\sqrt{2})^2}=4.86\ \text{m/s},\ \tan\theta_1=\frac{2\sqrt{2}}{14\sqrt{2}/5}=\frac{5}{7}\Rightarrow\theta_1=35.54^\circ$$

$$v'_1=\sqrt{\left(\frac{\sqrt{2}}{10}\right)^2+\left(\frac{5\sqrt{2}}{2}\right)^2}=3.54\ \text{m/s},\ \tan\theta_2=\frac{5\sqrt{2}/2}{\sqrt{2}/10}=25\Rightarrow\theta_2=87.7^\circ$$

12.5 两刚体的偏心碰撞

一般情况下刚体偏心碰撞问题非常复杂，本书只研究刚体具有质量对称面，而且该平面始终在其自身平面内运动的简单情形。这时，若碰撞冲量也处在该对称平面内，则碰撞结束后，刚体的质量对称面维持在此平面内运动。

对于偏心碰撞问题，若碰撞是塑性的，则只须运用冲量定理和冲量矩定理就可以求出全部未知量。若碰撞是弹性的，则除了运用上述方程外，还应列出恢复因数关系式，才能求出全部未知量。

1. 刚体绕固定轴转动的碰撞问题

在已知主动力冲量$\boldsymbol{I}_i$和碰撞前角速度ω_1的情况下，可运用冲量矩定理在固定轴z上的投影式：

$$J_z\omega_2 - J_z\omega_1 = \sum M_z(\boldsymbol{I}_i) \tag{12-21}$$

求出碰撞后刚体角速度ω_2，并由此求出碰撞后刚体质心的速度v'_C。由于轴承处约束反力的碰撞冲量对z轴的矩为零，所以它在上式中不出现。为了求出约束冲量可运用对质心的冲量定理投影式：

$$\begin{cases} Mv'_{Cx} - Mv_{Cx} = \sum I_{ix} \\ Mv'_{Cy} - Mv_{Cy} = \sum I_{iy} \end{cases} \tag{12-22}$$

式中，v_C为碰撞前刚体质心的速度，v'_C为碰撞后刚体质心的速度。

2. 刚体作平面运动的碰撞问题

对于平面运动情况，则须联立冲量定理与相对于质心的冲量矩定理：

$$\begin{cases} Mv'_{Cx} - Mv_{Cx} = \sum I_{ix} \\ Mv'_{Cy} - Mv_{Cy} = \sum I_{iy} \\ J_C\omega_2 - J_C\omega_1 = \sum M_C(\boldsymbol{I}_i) \end{cases} \tag{12-23}$$

式中，J_C为刚体对通过质心C并垂直于平面的轴的转动惯量；$\sum M_C(\boldsymbol{I}_i)$为碰撞冲量对质心的矩。

例 12-3　图 12-10 所示为一测量子弹速度的装置，称为射击摆，其是一个悬挂于水平轴O的填满砂土的筒。当子弹水平射入砂筒后，使筒绕轴O转过一偏角φ，测量偏角的大小即可求出子弹的速度。已知摆的质量为m_1，对于轴O的转动惯量为J_O，摆的重心C到轴O的距离为h。子弹的质量为m_2，子弹射入砂筒时子弹到轴O的距离为d。悬挂索的重量不计，求子弹的速度。

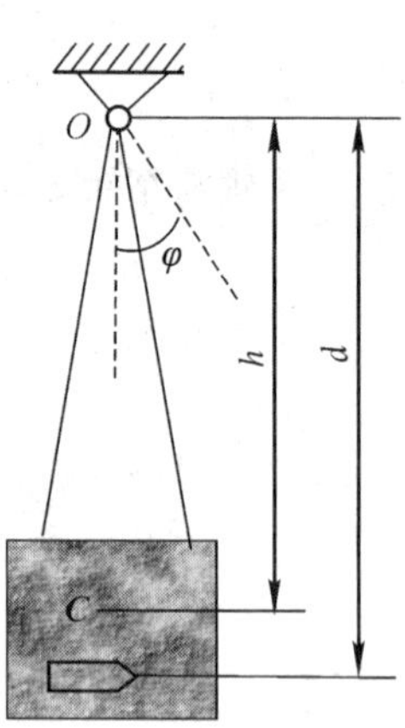

图　12-10

解　以子弹与摆组成的质点系为研究对象，子弹射入砂筒直到与砂筒一起运动可近似为碰撞过程。外碰撞冲量对轴O的矩等于零，因此碰撞开始时质点系的动量矩L_{O1}等于碰撞结束时的动量矩L_{O2}。

设碰撞开始时子弹速度为v，则

$$L_{O1} = m_2vd$$

设碰撞结束时摆的角速度为ω，则

$$L_{O2} = J_O\omega + m_2\omega d^2 = (J_O + m_2d^2)\omega$$

因$L_{O1} = L_{O2}$，解得

$$v=\frac{J_O+m_2d^2}{m_2d}\omega$$

碰撞结束后，摆与子弹一起绕轴 O 转过角度 φ，应用动能定理，有

$$0-\left(\frac{1}{2}J_O\omega^2+\frac{1}{2}m_2d^2\omega^2\right)=-m_1g(h-h\cos\varphi)-m_2g(d-d\cos\varphi)$$

即

$$\frac{1}{2}(J_O+m_2d^2)\omega^2=(m_1h+m_2d)g(1-\cos\varphi)$$

因此可以解得

$$\omega=\sqrt{\frac{2(m_1h+m_2d)g(1-\cos\varphi)}{J_O+m_2d^2}}$$

于是得子弹射入砂筒前的速度为

$$v=\frac{1}{m_2d}\sqrt{2(J_O+m_2d^2)(m_1h+m_2d)g(1-\cos\varphi)}$$

例 12-4　均质细杆长 l，质量为 m，速度 $\boldsymbol{v}$ 平行于杆，杆与地面成 θ 角，斜撞于光滑地面，如图 12-11 所示。如为完全弹性碰撞，求撞后杆的角速度。

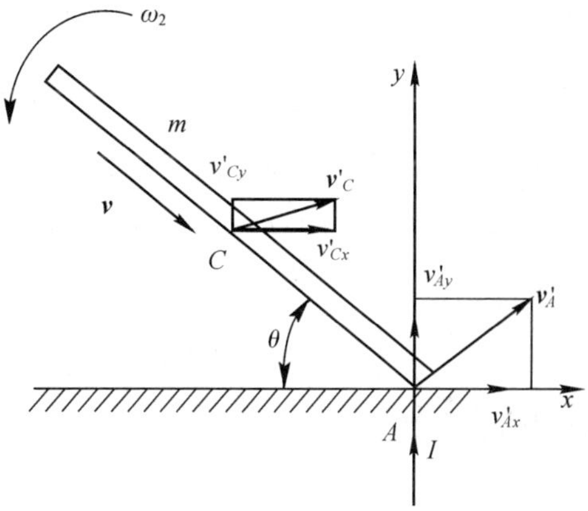

图　12-11

解　杆在碰撞过程中做平面运动，$\omega_1=0$，由刚体平面运动碰撞方程有

$$mv'_{Cx}-mv_{Cx}=\sum I_x \qquad \text{(a)}$$

$$mv'_{Cy}-mv_{Cy}=\sum I_y \qquad \text{(b)}$$

$$J_C\omega_2-J_C\omega_1=\sum M_C(I^{(e)}) \qquad \text{(c)}$$

地面光滑，杆只受 y 方向的碰撞冲量 I_y，$I_x=0$，从而有

$$v'_{Cx}=v_{Cx}=v\cos\theta$$

选质心为基点，有

$$v'_A=v'_C+v'_{AC}$$

沿 y 轴投影，有

$$v'_{Ay}=v'_{Cy}+\frac{1}{2}\omega_2 l\cos\theta \qquad \text{(d)}$$

将恢复因数

$$k=\frac{v'_{Ay}}{v_{Ay}}=\frac{v'_{Ay}}{v\sin\theta}=1$$

代入式(d)，得

$$v\sin\theta=v'_{Cy}+\frac{1}{2}\omega_2 l\cos\theta \qquad \text{(e)}$$

由(b)和(c)两式得

$$mv'_{Cy} + mv\sin\theta = I \tag{f}$$

$$\frac{1}{12}ml^2\omega_2 = I \cdot \frac{1}{2}l\cos\theta \tag{g}$$

由(f)和(a)两式消去 I_y，得

$$v'_{Cy} = \frac{\omega_2 l}{6\cos\theta} - v\sin\theta$$

代入式(e)，解得

$$\omega_2 = \frac{6v\sin 2\theta}{(1 + 3\cos^2\theta)l}$$

12.6　碰撞冲量对绕定轴转动刚体的作用及撞击中心

1. 定轴转动刚体受碰撞时角速度的变化

设绕定轴转动的刚体受到外碰撞冲量的作用，如图 12－12 所示。根据冲量矩定理在 z 轴上的投影式，有

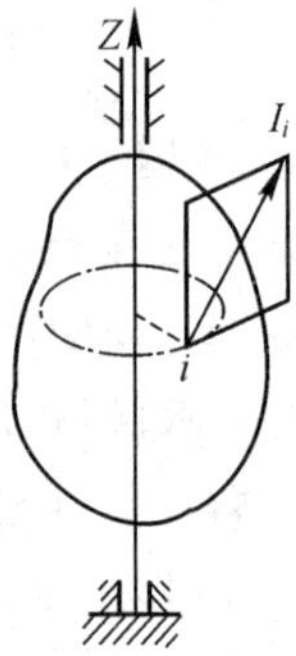

图　12－12

$$L_{z2} - L_{z1} = \sum_{i=1}^{n} M_z(\boldsymbol{I}_i^{(e)})$$

式中，L_{z1} 和 L_{z2} 是刚体在碰撞开始和结束时对 z 轴的动量矩。设 ω_1 和 ω_2 分别是这两个瞬时的角速度，J_z 是刚体对于转轴的转动惯量，则上式写为

$$J_z\omega_2 - J_z\omega_1 = \sum_{i=1}^{n} M_z(\boldsymbol{I}_i^{(e)})$$

角速度的变化为

$$\omega_2 - \omega_1 = \frac{\sum M_z(\boldsymbol{I}_i^{(e)})}{J_z} \tag{12-24}$$

2. 支座的反碰撞冲量 · 撞击中心

绕定轴转动的刚体，如图 12－13 所示，受到外碰撞冲量 $\boldsymbol{I}$ 的作用时，轴承与轴之间将发生碰撞。

设刚体有质量对称平面，且绕垂直于此对称面的轴转动，并设图 12－13 所示平面图形是刚体的质量对称面，则刚体的质心 C 必在图示平面内。

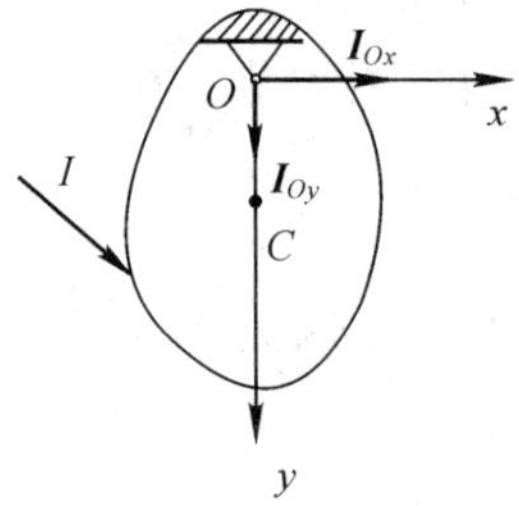

图　12－13

今有外碰撞冲量 $\boldsymbol{I}$ 作用在此对称面内，求轴承 O 的反碰撞冲量 $\boldsymbol{I}_{Ox}$ 和 $\boldsymbol{I}_{Oy}$。

取 Oy 轴通过质心 C，x 轴与 y 轴垂直。应用冲量定理有

$$mv'_{Cx} - mv_{Cx} = I_x + I_{Ox}$$

$$mv'_{Cy} - mv_{Cy} = I_y + I_{Oy}$$

上式中，m 为刚体质量，v_{Cx}、v'_{Cx} 和 v_{Cy}、v'_{Cy} 分别为碰撞前后质心速度沿 x、y 轴的投影。

若图示位置是发生碰撞的位置，且轴承没有被撞坏，则有 $v'_{Cy} = v_{Cy} = 0$。于是有

$$I_{Ox}=m(v'_{Cx}-v_{Cx})-I_x,\ I_{Oy}=-I_y \tag{12-25}$$

由此可见，一般情况下，在轴承处将引起碰撞冲量。

分析式(12－25)可见，若：① $I_y=0$；② $I_x=m(v'_{Cx}-v_{Cx})$，则有：$I_{Ox}=0$，$I_{Oy}=0$。这就是说，如果外碰撞冲量 $\boldsymbol{I}$ 作用在物体质量对称平面内，并且满足以上两个条件，则轴承反碰撞冲量等于零，即轴承处不发生碰撞。

由①的 $I_y=0$，即要求外碰撞冲量与 y 轴垂直，即 $\boldsymbol{I}$ 必须垂直于支点 O 与质心 C 的连线，如图 12－14 所示。

由②，设质心 C 到轴 O 的距离为 a，则 $I_x=ma(\omega_2-\omega_1)$，将式(12－21)代入，得

$$ma\frac{Il}{J_z}=I$$

式中，$l=OK$，点 K 是外碰撞冲量 $\boldsymbol{I}$ 的作用线与线 OC 的交点。解得

$$l=\frac{J_z}{ma} \tag{12-26}$$

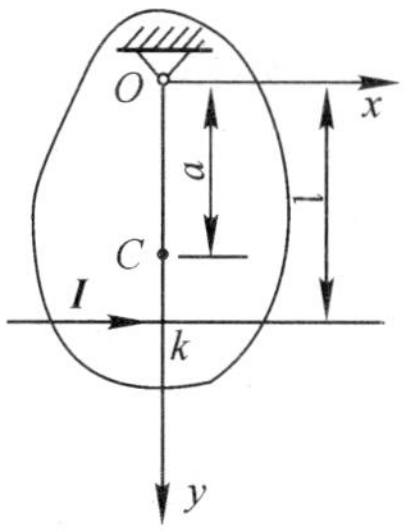

图　12－14

满足式(12－26)的点 K 称为撞击中心。

于是得出结论：当外碰撞冲量作用于物体质量对称平面内的撞击中心，且垂直于轴承中心与质心的连线时，在轴承处不引起碰撞冲量。

根据上述结论，设计材料试验中用的摆式撞击机，使撞击点正好位于摆的撞击中心，这样撞击时就不致在轴承处引起碰撞力。在使用各种锤子锤打东西或打垒球时，若打击的地方正好是锤杆或棒杆的撞击中心，则打击时手上不会感到有冲击。如果打击的地方不是撞击中心，则手会感到强烈的冲击。

例 12－5　均质杆质量为 m，长为 $2a$，自水平位置无初速地落下，撞上一固定的物块中心的位置。其上端由圆柱铰链固定，如图 12－15 所示。设恢复因数为 k，求：

(1) 轴承的碰撞冲量；

(2) 撞击中心的位置。

解　杆在铅直位置与物块碰撞，设碰撞开始和结束时，杆的角速度分别为 ω_1 和 ω_2。在碰撞前，杆自水平位置自由落下，应用动能定理：

$$\frac{1}{2}J_O\omega_1^2-0=mga$$

求得

$$\omega_1=\sqrt{\frac{2mga}{J_O}}=\sqrt{\frac{3g}{2a}}$$

撞击点碰撞前后的速度为 v 和 v'，由恢复因数：

$$k=\frac{v'}{v}=\frac{\omega_2 l}{\omega_1 l}=\frac{\omega_2}{\omega_1}$$

得 $\omega_2=k\omega_1$。对点 O 的冲量矩定理为

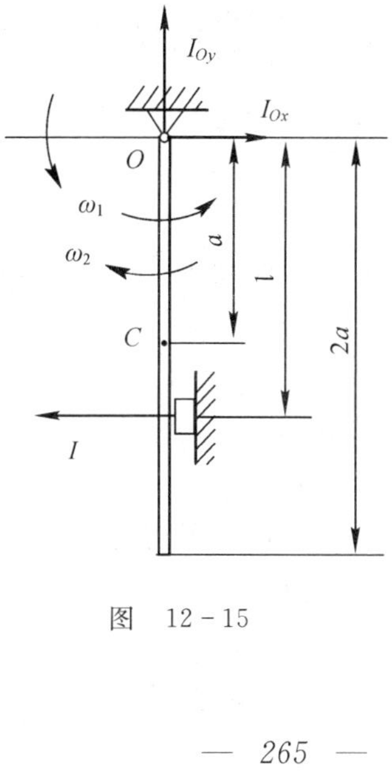

图　12－15

$$J_O\omega_2+J_O\omega_1=Il$$

于是碰撞冲量为

$$I=\frac{J_O}{l}(\omega_2+\omega_1)=\frac{4ma^2}{3l}(1+k)\omega_1$$

代入 ω_1 的数值，得

$$I=\frac{2ma}{3l}(1+k)\sqrt{6ag}$$

根据冲量定理，有

$$m(-\omega_2 a-\omega_1 a)=I_{Ox}-I,\ I_{Oy}=0$$

则

$$\begin{aligned}I_{Ox}&=-ma(\omega_1+\omega_2)+I=I-(1+k)ma\omega_1\\&=(1+k)m\left(\frac{2a}{3l}-\frac{1}{2}\right)\sqrt{6ag}\end{aligned}$$

由上式可见，当

$$\frac{2a}{3l}-\frac{1}{2}=0$$

时，$I_{Ox}=0$，此时撞于撞击中心，由上式得

$$l=\frac{4a}{3}$$

与式(12－23)的结果相同。

本章知识要点

1. 碰撞现象的特点是：碰撞过程时间极短，速度变化为有限量，碰撞力非常大。

2. 研究碰撞问题的两点简化为：① 在碰撞过程中，普通力的冲量忽略不计；② 在碰撞过程中，质点系内各点的位移均忽略不计。

3. 研究碰撞问题应用动量定理和动量矩定理的积分形式为

$$\sum_{i=1}^{n}m_i v'_i-\sum_{i=1}^{n}m_i v_i=\sum_{i=1}^{n}\boldsymbol{I}_i^{(e)}$$

$$\boldsymbol{L}_{O2}-\boldsymbol{L}_{O1}=\sum_{i=1}^{n}\boldsymbol{M}_O(\boldsymbol{I}_i^{(e)})$$

4. 两物体碰撞的恢复因数为

$$k=\left|\frac{v'^n_r}{v^n_r}\right|$$

式中，v'^n_r和 v^n_r 分别是两物体的碰撞点在碰撞结束和开始时沿公法线方向的相对速度。

$0<k<1$ 时为弹性碰撞；$k=1$ 时为完全弹性碰撞；$k=0$ 为非弹性碰撞或塑性碰撞。

5. 作用于绕定轴转动刚体的外碰撞冲量，将引起轴承支座的反碰撞冲量。

如果外碰撞冲量作用在刚体质量对称面内的撞击中心上，且垂直于质心与轴心的连线，则轴承反碰撞冲量等于零。

撞击中心到轴心的距离为

$$l=\frac{J_z}{ma}$$

式中，a 是质心到轴心的距离。

思 考 题

12-1　两球 M_1 和 M_2 的质量分别为 m_1 和 m_2。开始时 M_2 不动，M_1 以速度 v_1 撞于 M_2。设恢复因数 $k=1$，则在 $m_1 \ll m_2$、$m_1=m_2$ 和 $m_1 \gg m_2$ 三种情况下，两球碰撞后将如何运动？

12-2　碰撞过程中可以应用冲量矩定理，为什么一般情况下不便于应用动量矩定理的积分形式？

12-3　为什么弹性碰撞时不应用动能定理？当恢复因数 $k=1$ 时是否可以应用？

12-4　在不同碰撞情况下，恢复因数是如何定义的？在分析碰撞问题中，恢复因数起什么作用？

12-5　击打棒球时，有时震手，有时不感到震手，这是为什么？

12-6　定轴转动刚体上受碰撞力作用，为什么轴承处也会产生碰撞力？如果转轴恰好通过刚体的质心，能否找到撞击中心？

12-7　均质细杆，质量为 m，长为 l，静止放于光滑水平面上。如杆端受有水平并垂直于细杆的碰撞冲量 $\boldsymbol{I}$，则碰撞后杆中心的速度和杆的角速度为多少？欲使此杆某一端点碰撞结束瞬时的速度为零，碰撞冲量 $\boldsymbol{I}$ 应作用于杆的什么位置？

习　题

12-1　图 12-16 所示棒球质量为 0.14 kg，以速度 $v_0=50$ m/s 向右沿水平线运动。当它被棒击打后，其速度自原来的方向改变了角 $\theta=135°$ 而向左朝上，其大小降至 $v=40$ m/s。试求球棒作用于球的水平和铅垂方向的碰撞冲量。设球与棒的接触时间为 0.02 s，求击球时碰撞力的平均值。

12-2　图 12-17 所示小球与固定面作斜碰撞，入射角为 θ，反射角(反射速度方向与固定面法线之间的夹角)为 β，设固定面是光滑的，试计算其恢复因数。

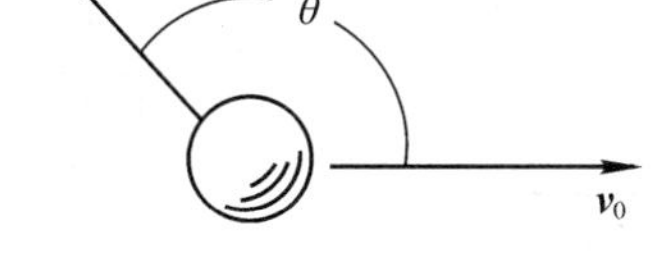

图　12-16

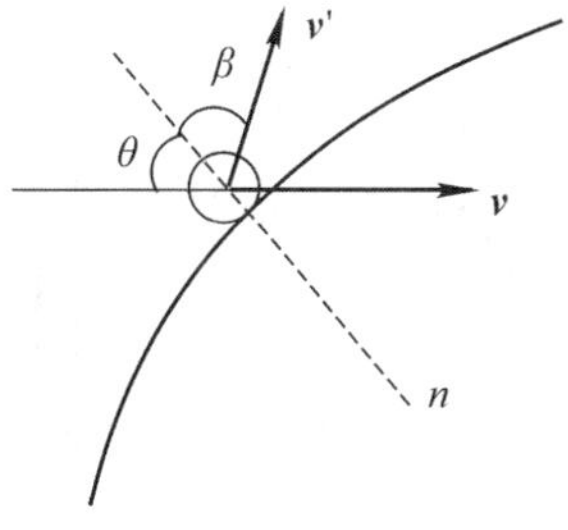

图　12-17

12-3　一小球从高 h 处自由落下与固定水平面相碰，经两次碰撞后，球自水平面回弹至 $\frac{h}{2}$ 的高度。试求恢复因数。

12-4　如图 12-18 所示，一钢球从高 1.6 m 处落到倾角为 15°的坚硬斜面上，已知恢复因数为 $k=0.6$。求球回跳的最大高度。

12-5　图 12-19 所示有 n 个质量均为 m 的球，用等长的金属线悬挂，并且相互接触。若球 1 从虚线的位置静止释放，并以速度 v_1 撞击球 2，从而引起一连串的碰撞，试写出第 n 个球碰撞后开始运动时的速度 v_n。已知各球碰撞的恢复因数均为 k。

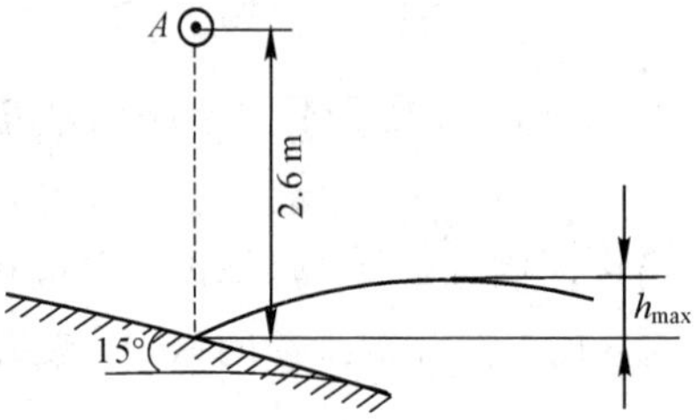

图　12-18

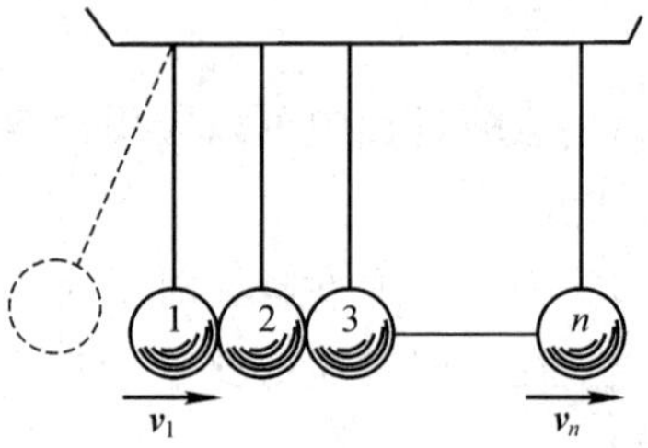

图　12-19

12-6　图 12-20 所示为一质量为 $m=0.05$ kg 的子弹 A，以 $v_A=450$ m/s 的速度射入一铅垂悬挂的均质杆 OB 内，且 $\varphi=60°$，木杆质量 $M=25$ kg，长为 $l=1.5$ m。O 端为铰链连接。已知射入前木杆静止。求子弹射入后木杆的角速度。

12-7　图 12-21 所示为一质量 30 kg 的物块 A，自 2 m 高度自由落下，打在弹簧秤的秤盘 B 上，秤盘的质量为 10 kg。设碰撞为塑性的，弹簧的刚度 $k=20$ kN/m，求秤盘的最大位移和弹簧的最大压缩量。

12-8　图 12-22 所示打桩机锤的重力 $W_1=4.5$ kN，自高 $h=2$ m 处下落，初速为零；桩重力 $W_2=500$ N，恢复因数 $k=0$。经过一次锤击后，桩下沉 $\delta=0.5$ cm。试求土壤对桩的平均阻力及碰撞时动能的损失 ΔT。

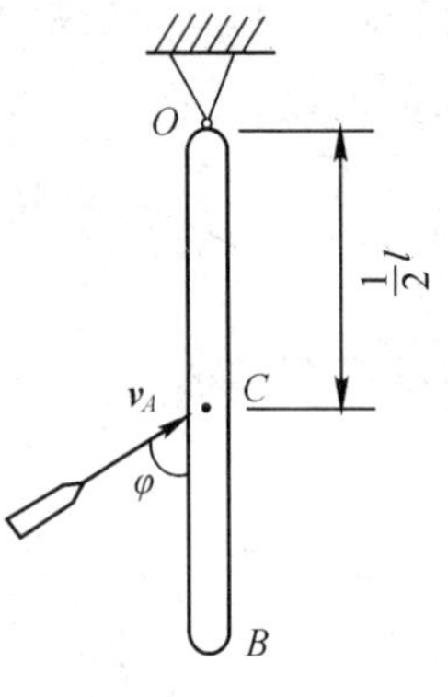

图　12-20

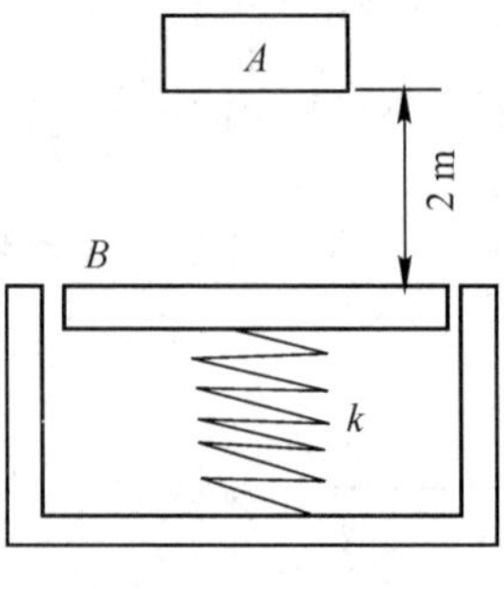

图　12-21

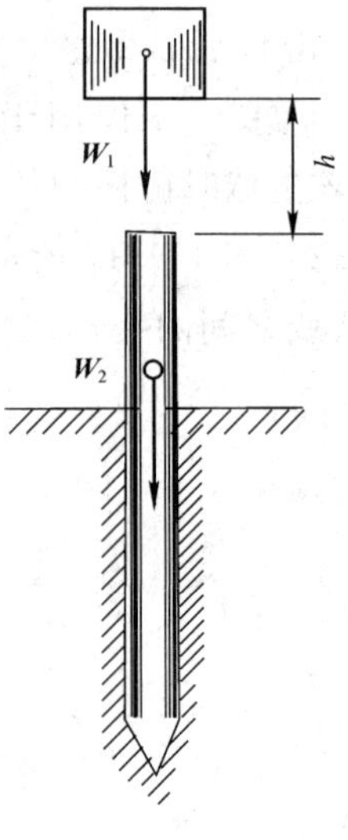

图 12-22

12－9　图 12－23 示一汽锤重力 $W=120$ kN，砧座连同锻件共重 2500 kN。碰撞前汽锤的速度为 $v_1=5$ m/s，砧座处于静止状态。设碰撞是完全塑性的，试求使锻件变形的有用功及汽锤的效率。

12－10　球 l 速度 $v_1=6$ m/s，方向与静止球 2 相切，如图 12－24 所示。两球半径相同、质量相等，不计摩擦。碰撞的恢复因数 $k=0.6$。求碰撞后两球的速度。

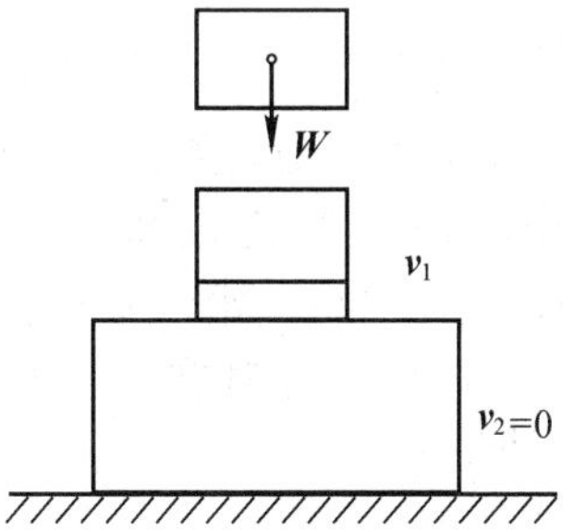

图　12－23

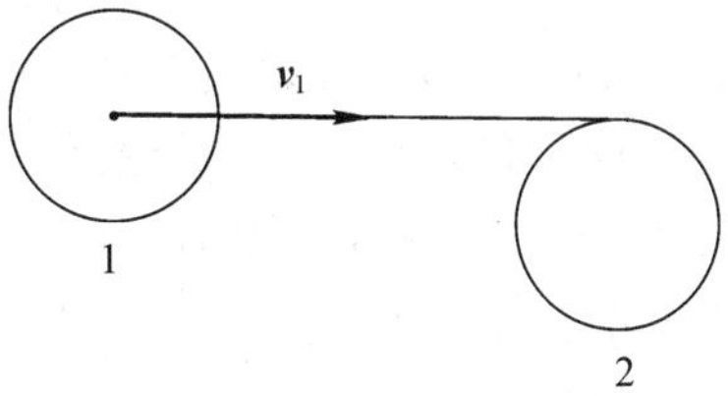

图　12－24

12－11　图 12－25 所示球 A、B 的质量均为 1 kg。球 B 静止悬挂在一根不可伸长的铅直绳下。当 A 与 B 相撞时，A 具有向右的初速度 $v_A=25$ m/s 。球的恢复因数 $k=0.8$。求碰撞后每个球的速度。

12－12　一均质杆的质量为 m_1，长为 l，其上端固定在圆柱铰链 O 上，如图 12－26 所示。杆由水平位落下，其初角速度为零。杆在铅直位置处撞到一质量为 m_2 的重物，使后者沿着粗糙的水平面滑动。动滑动摩擦因数为 f。如碰撞是非弹性的，求重物移动的路程。

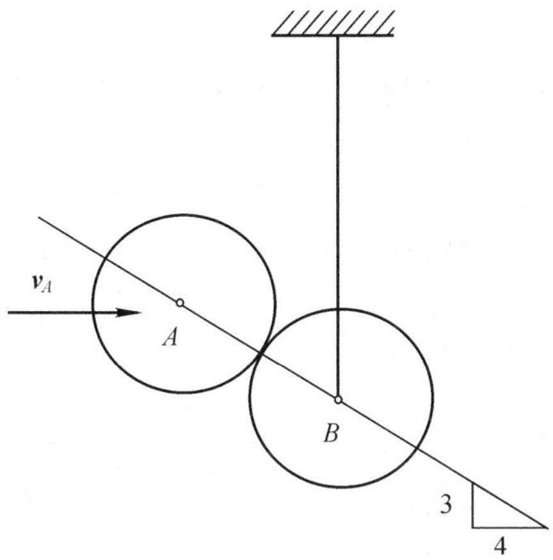

图　12－25

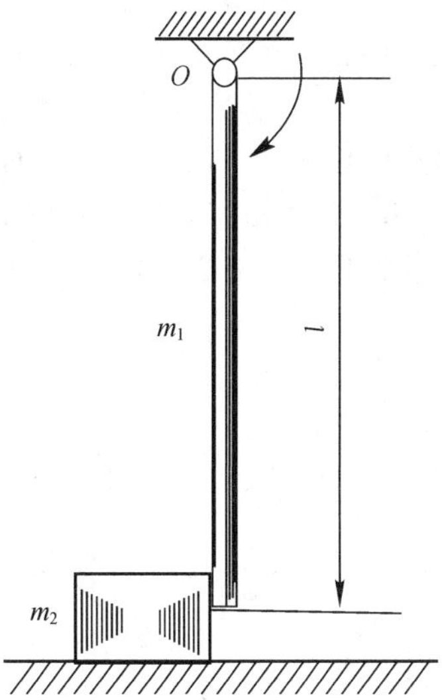

图　12－26

12－13　平台车以速度。沿水平路轨运动，其上放置均质正方形物块 A，边长为 a，质量为 m，如图 12－27 所示。在平台上靠近物块有一凸出的棱 B，它能阻止物块向前滑动，但不能阻止它绕棱转动。求当平台车突然停止时，物块绕棱 B 转动的角速度。

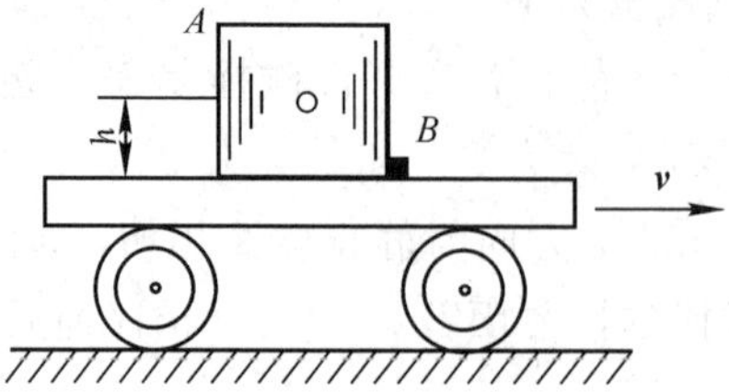

图　12 - 27

12 - 14　图 12 - 28 示质量为 m、长为 l 的均质杆 AB，水平地自由下落一段距离 h 后，与支座 D 碰撞($BD=l/4$)。假定碰撞是塑性的，求碰撞后的角速度 ω 和碰撞冲量 $\boldsymbol{I}$。

12 - 15　图 12 - 29 所示一均质圆柱体，质量为 m，半径为 r，沿水平面作无滑动的滚动。原来质心以等速 v_C 运动，突然圆柱与一高为 $h(h<r)$的凸台碰撞。设碰撞是塑性的，求圆柱体碰撞后质心的速度 v_C'、柱体的角速度和碰撞冲量。

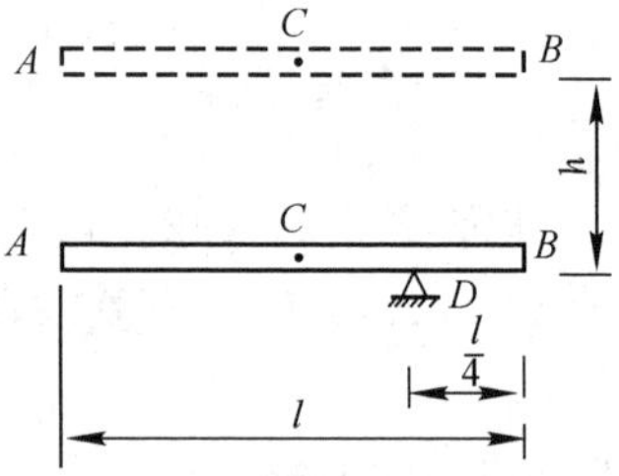

图　12 - 28

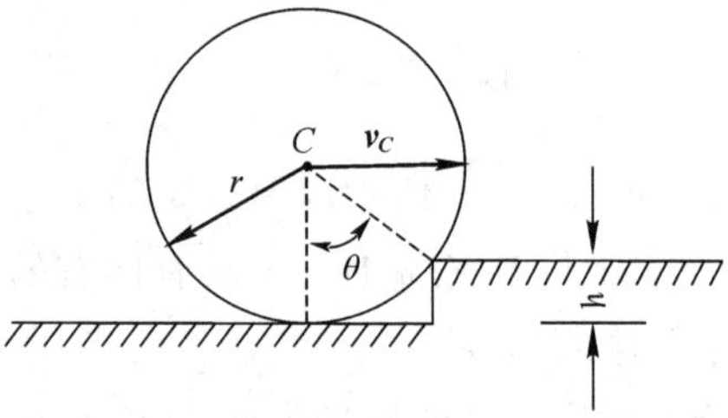

图　12 - 29

12 - 16　质量均为 m、长均为 l 的两均质杆 AB 和 CD，置于光滑水平面上。杆 CD 静止于图 12 - 30 所示位置，杆 AB 平行于 x 轴，以速度 v 沿 y 轴向上运动，刚好 B 端与 C 端相碰，撞击平面的法线正好平行于 y 轴。恢复因数为 k，求碰撞后两杆的角速度和质心的速度。

12 - 17　AB、BC 两均质杆刚连如图 12 - 31 所示。设 $l_{AB}=l_{BC}=l$，$m_{BC}=2m_{AB}$。求当以 A 端为支点时，撞击中心 K 的位置。

12 - 18　一摆由一直杆及一圆盘组成，如图 12 - 32 所示。设杆长 l，圆盘的半径为 r，$l=4r$。当摆的撞击中心正好与圆盘的重心重合时，求直杆重力 W_1 与圆盘重力 W_2 之比。

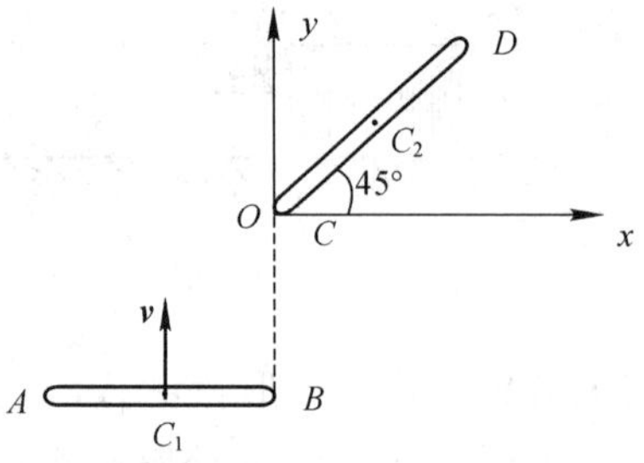

图　12 - 30

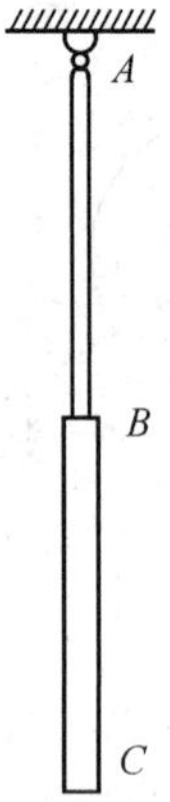

图　12 - 31

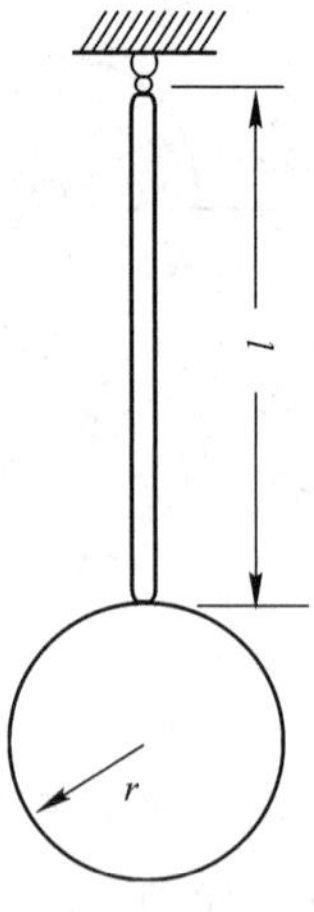

图　12 - 32

第 13 章　单自由度系统的振动

教学要求：

（1）了解单自由度系统的振动方程。

（2）了解单自由度系统的固有频率及等效单自由度系统固有频率。

（3）了解无阻尼单自由度系统和有阻尼单自由度系统的自由振动及简谐力激励下与基础简谐激励下的受迫振动特征。

（4）了解振动的隔离方式。

振动是工程实际中普遍存在的一种现象。例如，行驶的车轮会产生上下跳动；车辆过桥时，桥梁会产生晃动；在强风吹动时，高耸的大楼会产生明显的摆动；拨动琴弦时，弦的振动会产生悦耳的声音。为了能定性和定量地研究这些振动现象，需要建立起对应实际振动系统的数学力学模型。从力学的角度看，一个实际的振动系统可分解为惯性(质量)、弹性、阻尼三种构成要素，或称三种元件。质量是承载运动的实体，弹性元件提供振动的回复力，阻尼在振动过程中吸收消耗系统的能量。单自由度系统是振动研究中最简单的一类系统，仅用一个坐标就可以确定该类系统的运动。求解振动问题的主要目的是要确定在任何给定时刻系统的位移、速度、加速度等。为解决工程实际中复杂的振动问题，我们首先从最简单的单自由度振动系统入手。

13.1　单自由度系统振动方程

典型的单自由度系统力学模型如图 13-1 所示，该系统包含质量块、弹簧和阻尼器三个基本元件，在质量块上作用有随时间变化的外力。质量块、弹簧和阻尼器分别描述系统的惯性、弹性和耗能机制。任何具有惯性和弹性的系统都可产生振动。质量(块)是运动发生的实体，是研究运动的对象，运动方程是针对质量(块)建立的。

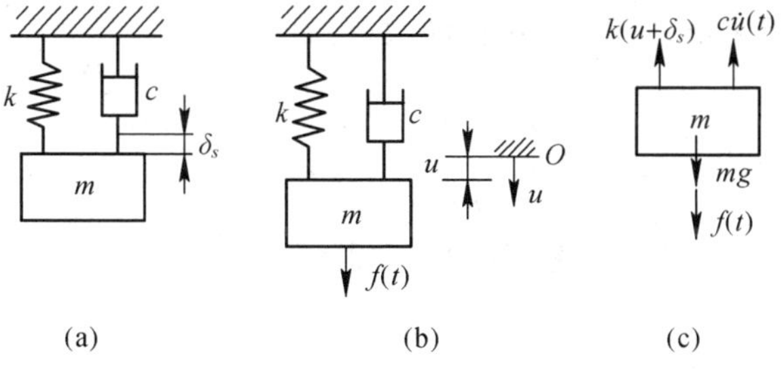

图　13-1

这样一个单自由度系统模型是对实际振动系统的高度抽象和概括。例如，升降机吊篮、列车的一节车厢、高楼的一层、弹性体上的一点在某一方向振动都可简化为该模型。用于描述图 13-1 中惯性、弹性和耗能机制的三个参数分别是质量 m、刚度系数 k 和黏性阻尼系数 c。黏性阻尼系数的特点是阻尼器产生的阻尼力与阻尼器两端的相对速度成正比。实际振动系统的阻尼不一定是黏性的，但可通过等效方法等效为相应的黏性阻尼。采用线性黏性阻尼可使运动方程的建立和求解得到简化。

建立系统振动方程步骤如下：

(1) 建立坐标系。通常将坐标系的原点选为相对地面静止一点(绝对坐标系)，画出坐标系的正方向。

(2) 将质量块作为分离体进行受力分析，画受力图。画图时，一般外力的作用方向与坐标正向相同，惯性力、弹性力和阻尼力的作用方向与坐标正向相反。

(3) 根据牛顿第二定律列出方程。

如图 13-1 所示，取静平衡位置对应的空间中的点为坐标原点 O，建立坐标系。对质量块进行受力分析，根据牛顿第二定律可得

$$m\ddot{u}(t)=-k[u(t)+\delta_s]-c\dot{u}(t)mg+f(t) \tag{13-1}$$

根据静力平衡有

$$mg=k\delta_s \tag{13-2}$$

将式(13-2)代入式(13-1)，整理得

$$m\ddot{u}(t)+c\dot{u}(t)+ku(t)=f(t) \tag{13-3}$$

这就是单自由度系统振动方程的一般形式。它是一个二阶常系数线性非齐次微分方程，其中 $\ddot{u}(t)$、$\dot{u}(t)$和 $u(t)$分别代表质量块的运动加速度、速度和位移。若上述方程的右端项为零，即系统不受外力作用，可得单自由度系统的自由振动方程为

$$m\ddot{u}(t)+c\dot{u}(t)+ku(t)=0 \tag{13-4}$$

若系统无阻尼，且不受外力作用，可得无阻尼单自由度系统的自由振动方程为

$$m\ddot{u}(t)+ku(t)=0 \tag{13-5}$$

这是单自由度系统最简单的振动方程，下面将研究它的解。

13.2 无阻尼单自由度系统的自由振动

13.2.1 振动的固有频率

根据上节可知，无阻尼系统的自由振动微分方程为

$$m\ddot{u}(t)+ku(t)=0 \tag{13-6}$$

设其解具有如下形式：

$$u(t)=\bar{u}e^{st} \tag{13-7}$$

其中，$\bar{u}$ 和 s 为常量。将上式代入方程(13-6)得

$$(ms^2+k)\bar{u}=0 \tag{13-8}$$

若系统的振动位移不恒为零，则有

$$ms^2+k=0 \tag{13-9}$$

这个以 s 为变量的代数方程称为特征方程，它的解 $s_{1,2}=\pm j\omega_n$，称为特征根，其中

$$\omega_n=\sqrt{\frac{k}{m}} \tag{13-10}$$

ω_n 称为系统的固有圆频率，常简称为固有频率。在国际单位制下，k、m 和 ω_n 的单位分别是牛顿/米(N/m)、千克(kg)和弧度/秒(rad/s)。方程(13-6)有 2 个特征解，它们分别为 $\bar{u}_1 e^{s_1 t}$ 和 $\bar{u}_2 e^{s_2 t}$。根据线性系统的叠加原理，方程(13-6)的通解为两个特征解的线性叠加，经化简后可得

$$u(t)=a_1\cos\omega_n t+a_2\sin\omega_n t \tag{13-11}$$

式中，a_1 和 a_2 为常数，由系统运动的初始条件来确定。初始条件是指系统在初始时刻的速度和位移。根据三角公式，式(13-11)又可写成

$$u(t)=a\sin(\omega_n t+\varphi) \tag{13-12}$$

式中，a 和 φ 分别称为振幅和初相位，而 $\omega_n t+\varphi$ 也总称为相位。

13.2.2　简谐振动及其特征

系统在无外力的作用下仍可能发生振动，这是因为系统可能受到一定的初始位移或初始速度的激励。系统在无外力作用下的振动称为自由振动，此时振动是在系统内力的驱动下进行的。设系统在初始时刻 $t=0$ 时的位移和速度为

$$u(0)=u_0,\quad \dot{u}(0)=\dot{u}_0 \tag{13-13}$$

上式称为系统的初始条件，也称为初始扰动。当然，上式中两个初始条件可能同时为零，此时系统在初始时刻未受到任何扰动，处于静平衡状态。令式(13-11)及其一阶导数中的 $t=0$ 并代入初始条件，可解出常数

$$a_1=u_0,\quad a_2=\frac{\dot{u}_0}{\omega_n} \tag{13-14}$$

故初始扰动引起的自由振动为

$$u(t)=u_0\cos\omega_n t+\frac{\dot{u}_0}{\omega_n}\sin\omega_n t \tag{13-15}$$

上式可简化为

$$u(t)=a\sin(\omega_n t+\varphi) \tag{13-16}$$

其中振幅和初相位分别为

$$a=\sqrt{u_0^2+\left(\frac{\dot{u}_0}{\omega_n}\right)^2},\quad \varphi=\arctan\frac{\omega_n u_0}{\dot{u}_0} \tag{13-17}$$

我们称式(13-16)所确定的振动为简谐振动。确定式(13-16)所表示的简谐振动需要三个要素：频率、振幅和初相位。简谐振动具有如下一些重要特征：

(1) 简谐振动是一种周期运动。周期运动满足：

$$u(t+T)=u(t) \tag{13-18}$$

上式表示每经过固定的时间间隔，振动将重复原来的过程，称常数 T（单位：秒）为振动周期。根据三角函数知识，可得式(13-16)对应的振动周期为

$$T_n=\frac{2\pi}{\omega_n}=2\pi\sqrt{\frac{m}{k}} \tag{13-19}$$

我们称 T_n 为无阻尼单自由度系统振动的固有周期。此处“固有”一词的含义是指不考虑阻尼等其它因素对振动频率或周期的影响。在工程中我们还常用到另外一个频率，它的定义为

$$f_n=\frac{\omega_n}{2\pi} \tag{13-20}$$

f_n 的单位是赫兹(Hz)或周/秒(r/s)，它表示 1 秒内重复振动多少次，其值可以为小数。在 ω_n 和 f_n 同时出现的场合，我们称 ω_n 为固有圆频率，f_n 为固有频率。由于 ω_n 的单位为弧度/秒，而一个圆周为 2π 弧度，因此式(13－20)可想象为：振动在 1 秒内重复的次数等价于一个运动光点在 1 秒内绕一圆周的圈数，因而有

$$f_n=\frac{1}{T_n} \tag{13-21}$$

(2) 简谐运动的位移、速度、加速度之间的关系。

对式(13－15)两边时间 t 求一次和两次导数可得速度和加速度为

$$\begin{cases}\dot{u}(t)=\omega_n a\cos(\omega_n t+\varphi)=\omega_n a\sin\left(\omega_n t+\varphi+\dfrac{\pi}{2}\right)\\ \ddot{u}(t)=-\omega_n^2 a\sin(\omega_n t+\varphi)=\omega_n^2 a\sin(\omega_n t+\varphi+\pi)\end{cases} \tag{13-22}$$

由此可见，简谐振动的位移、速度、加速度之间的关系为：它们振动频率相同；速度的相位超前位移 $\pi/2$，加速度的相位超前位移 π；速度和加速度振幅分别是位移振幅的 ω_n 和 ω_n^2 倍。三者之间关系可用图 13－2 表示。

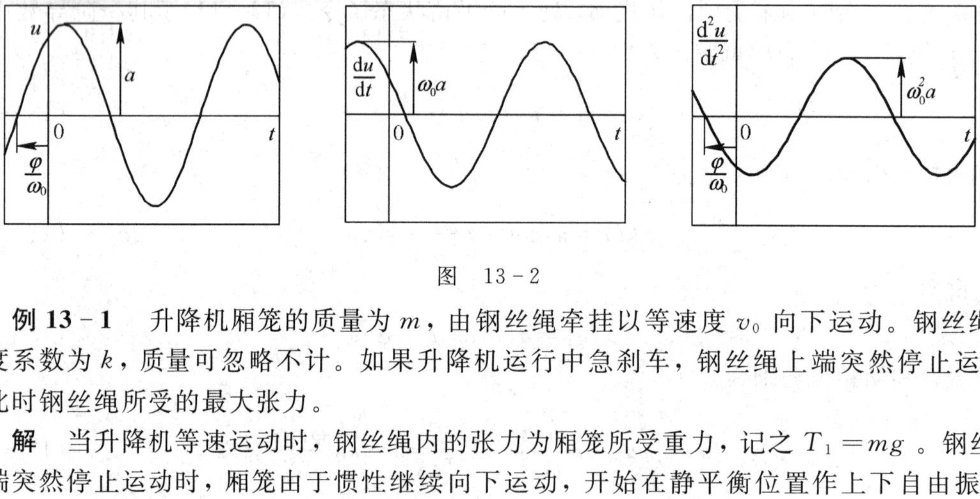

图　13－2

例 13－1　升降机厢笼的质量为 m，由钢丝绳牵挂以等速度 v_0 向下运动。钢丝绳的刚度系数为 k，质量可忽略不计。如果升降机运行中急刹车，钢丝绳上端突然停止运动，求此时钢丝绳所受的最大张力。

解　当升降机等速运动时，钢丝绳内的张力为厢笼所受重力，记之 $T_1=mg$。钢丝绳上端突然停止运动时，厢笼由于惯性继续向下运动，开始在静平衡位置作上下自由振动。这种情况可简化成单自由度无阻尼系统的自由振动，其固有频率为

$$\omega_n=\sqrt{\frac{k}{m}} \tag{a}$$

自由振动的初始条件是

$$u_0=0,\quad \dot{u}_0=v_0 \tag{b}$$

故振幅为

$$a=\sqrt{u_0^2+\left(\frac{\dot{u}_0}{\omega_n}\right)^2}=\frac{v_0}{\omega_n}=v_0\sqrt{\frac{m}{k}} \tag{c}$$

由振动而引起的钢丝绳中最大动张力为

$$T_2 = ka = v_0\sqrt{mk} \tag{d}$$

于是，钢丝绳中总张力的最大值是

$$T = T_1 + T_2 = mg + v_0\sqrt{mk} \tag{e}$$

显然，振动增加了钢丝绳中的张力。当钢丝绳的刚度 k 和运动速度 v_0 比较大时，最大动张力 T_2 会很大，可能导致钢丝绳损坏。因此，运行中应避免这种情况。由于最大动张力 T_2 与刚度 k 的平方根成正比，故对承受这种突然冲击载荷的零件，刚度小反而安全。为此，人们在吊钩与钢丝绳间加一个圆柱螺旋弹簧，这等于在钢丝绳上串联一个刚度较小的弹簧，降低了系统的刚度。这种吊钩称作弹簧减振钩。

13.3　等效单自由度系统

图 13-1 中所示为高度抽象的单自由度系统。在工程实际中这种单自由度系统具有许多不同的等效形式，其差异主要体现在位移的形式上。从数学的角度看，这些系统的运动方程是相同的，即它们是对等可比拟的。

以下具体讨论几个这样的单自由度系统。

13.3.1　单自由度扭振系统

考虑图 13-3 所示的扭振系统，假定盘和轴都为均质体，不考虑轴的质量。设扭矩 T 作用在盘面，此时圆盘产生一角位移 θ，根据材料力学可知：

$$\theta = \frac{Tl}{GJ} \tag{13-23}$$

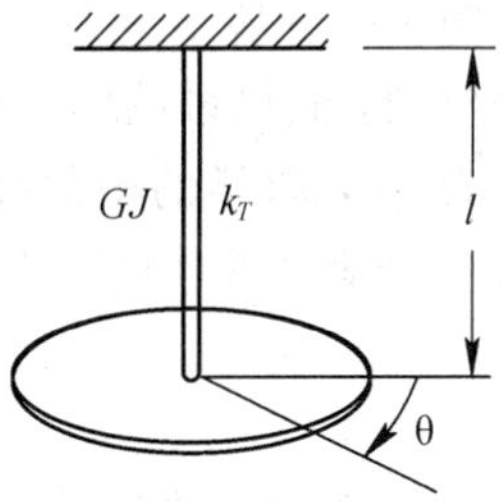

图　13-3

式中，G 为剪切模量；J 为截面极惯性矩，对圆截面该值为

$$J = \frac{\pi d^4}{32} \tag{13-24}$$

式中，d 为轴的直径。定义轴的扭转刚度为

$$k_T = \frac{T}{\theta} = \frac{GJ}{l} \tag{13-25}$$

根据扭转力矩的动态平衡可得扭转振动方程：

$$I\ddot{\theta} + k_T\theta = 0 \tag{13-26}$$

式中，$I\ddot{\theta}$ 为惯性力矩；$k_T\theta$ 为弹性回复力矩；I 是圆盘极转动惯量。扭转振动固有频率为

$$\omega_n = \sqrt{\frac{k_T}{I}} \tag{13-27}$$

系统对初始扰动的自由振动响应为

$$\theta(t) = \theta(0)\cos\omega_n t + \frac{\dot{\theta}(0)}{\omega_n}\sin\omega_n t \tag{13-28}$$

另外，与平动系统相比，各量的对应关系为 $u \Leftrightarrow \theta$，$m \Leftrightarrow I$，$k \Leftrightarrow k_T$。

13.3.2 单摆

图 13-4 为一单摆，不计摆线质量，选取角度 θ 为系统位移。该振动系统具有特殊性，即系统中不存在弹性元件，回复力由摆锤的重力分量提供，系统运动方程为

$$\ddot{\theta}(t)+\frac{g}{l}\sin\theta(t)=0 \tag{13-29}$$

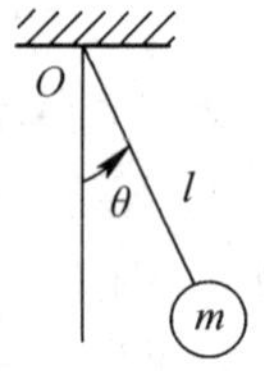

图 13-4

当振动的幅度很小时，此时 $\sin\theta\approx\theta$，上述方程可化为

$$\ddot{\theta}(t)+\frac{g}{l}\theta(t)=0 \tag{13-30}$$

系统振动的固有频率为

$$\omega_n=\sqrt{\frac{g}{l}} \tag{13-31}$$

由此可见，在微小振幅下，单摆的振动周期与摆锤的质量无关。利用频率与周期的关系可得

$$l=\frac{gT_n^2}{4\pi^2} \tag{13-32}$$

当摆动周期 $T_n=1$ 秒时，可算得摆线长约为 24.82 厘米。

13.3.3 简支梁横向振动

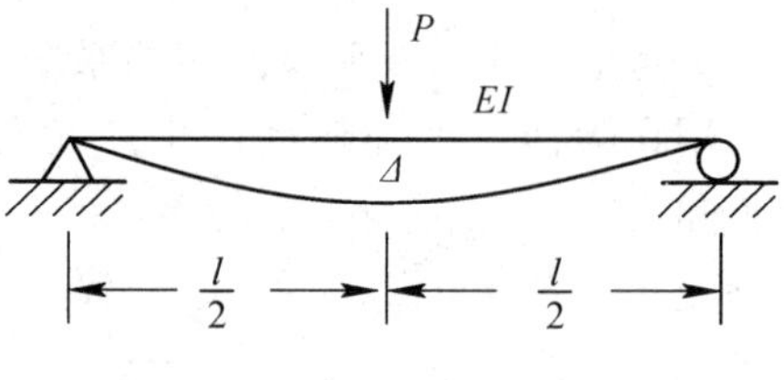

图 13-5

图 13-5 所示为一均匀简支梁简化的单自由度振动模型，假设系统的质量全部集中在梁的中部，且假定为 m，取梁的中部挠度 Δ 作为系统的位移，根据材料力学可得静挠度为

$$\Delta=\frac{Pl}{48EI} \tag{13-33}$$

式中，EI 为梁截面的抗弯刚度；I 为横截面的惯性矩。定义简支梁等效刚度如下：

$$k_e=\frac{P}{\Delta}=\frac{48EI}{l^3} \tag{13-34}$$

得到系统自由振动方程：

$$m\ddot{u}(t)+k_e u(t)=0 \tag{13-35}$$

振动固有频率为

$$\omega_n=\sqrt{\frac{k_e}{m}}=\sqrt{\frac{48EI}{ml^3}} \tag{13-36}$$

需要注意的是，m 不是梁的总质量，它可以通过梁上各点位移关系和动能等效的原则获得。

例 13-2 图 13-6 中的直升机桨叶经实验测出其质量为 m，质心 C 距铰中心 O 距离为 l。现给予桨叶初始扰动，使其微幅摆动，用秒表测得多次摆动循环所用的时间，除以循环次数获得近似的固有周期 T_n，试求桨叶绕垂直铰 O 的转动惯量。

解 取图示坐标系，将直升机桨叶视为一物理摆，根据绕固定铰的动量矩定理得到其

摆动微分方程：

$$I_0\ddot{\theta} = -mg\sin\theta \tag{a}$$

对于微摆动，可认为 $\sin\theta \approx \theta$，将上式近似为线性微分方程：

$$I_0\ddot{\theta} + mgl\theta = 0 \tag{b}$$

其固有频率及固有周期分别为

$$\omega_n = \sqrt{\frac{mgl}{I_0}},\quad T_n = 2\pi\sqrt{\frac{I_0}{mgl}} \tag{c}$$

于是得出桨叶绕垂直铰的转动惯量为

$$I_0 = \frac{mgl}{4\pi^2}T_n^2 \tag{d}$$

再根据平行移轴公式，得出桨叶绕质心的转动惯量为

$$I_C = I_0 - ml^2 \tag{e}$$

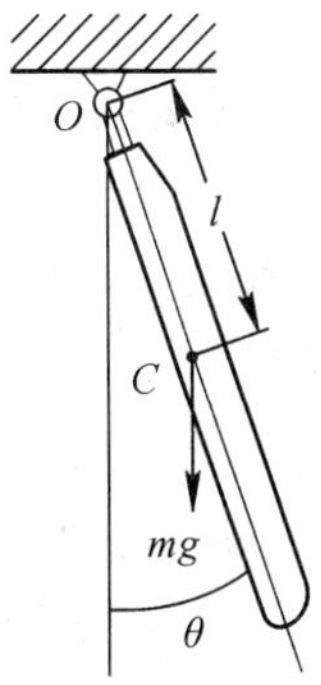

图　13－6

13.4　有阻尼单自由度系统的自由振动

以上讨论的无阻尼系统是一种理想化的系统，而实际系统总要受到阻尼的影响，因此系统模型中除了惯性元件和弹性元件外，还须有阻尼元件。本节分析线性粘性阻尼对系统自由振动的影响。

13.4.1　振动微分方程

根据式(13－4)，单自由度粘性阻尼系统的自由振动响应就是求下列方程的解：

$$\begin{cases} m\ddot{u}(t) + c\dot{u}(t) + ku(t) = 0 & (13-37a) \\ u(0) = u_0,\quad \dot{u}(0) = \dot{u}_0 & (13-37b) \end{cases}$$

根据常微分方程理论，它的解具有如下形式：

$$u(t) = \bar{u}e^{st} \tag{13-38}$$

将其代入式(13－37a)，得到相应的特征方程：

$$ms^2 + cs + k = 0 \tag{13-39}$$

解出一对特征根：

$$s_{1,2} = -\frac{c}{2m} \pm \sqrt{\left(\frac{c}{2m}\right)^2 - \frac{k}{m}} \tag{13-40}$$

13.4.2　阻尼对自由振动的影响

为了便于分析，引入一无量纲参数 ζ，使它等于根号内 $c/(2m)$ 和 $\sqrt{k/m}$ 之间相差的常数倍数，即

$$\zeta \overset{\text{def}}{=} \frac{\frac{c}{2m}}{\sqrt{\frac{k}{m}}} = \frac{c}{2\sqrt{mk}} = \frac{c}{2m\omega_n} = \frac{c}{c_c} \tag{13-41}$$

其中，ω_n 是系统的固有频率；定义 $c_c=2m\omega_n$ 为系统临界阻尼系数；参数 ζ 称为阻尼比。于是，式(13－40)可写成

$$s_{1,2}=-\zeta\omega_n\pm\omega_n\sqrt{\zeta^2-1} \tag{13-42}$$

显然，对于不同的阻尼比，上式将给出实特征根或复特征根，现分别讨论之。

1. 振动情况

1）过阻尼情况（$\zeta>1$）

这时特征根(13－42)是一对互异实根，方程(13－37a)的通解为

$$u(t)=a_1\mathrm{e}^{1-\zeta+\sqrt{\zeta^2-1}\omega_n t}+a_2\mathrm{e}^{1-\zeta-\sqrt{\zeta^2-1}\omega_n t} \tag{13-43}$$

其中，a_1 和 a_2 是由初始条件确定的两个积分常数。命上式及其导数中 $t=0$，代入式(13－37b)左端，解出这两个积分常数：

$$a_1=\frac{\dot{u}_0+(\zeta+\sqrt{\zeta^2-1})\omega_n u_0}{2\omega_n\sqrt{\zeta^2-1}},\quad a_2=\frac{-\dot{u}_0-(\zeta-\sqrt{\zeta^2-1})\omega_n u_0}{2\omega_n\sqrt{\zeta^2-1}} \tag{13-44}$$

将之代入式(13－43)即得系统位移响应。图 13－7 中实线是一典型时间历程，运动按指数规律衰减。可以证明，这种运动至多只过平衡位置一次就会逐渐回到平衡位置，没有振荡特性。

2）临界阻尼情况（$\zeta=1$）

这时特征根是一对相等的实根：

$$s_{1,2}=-\omega_n \tag{13-45}$$

方程(13－37a)的通解为

$$u(t)=(a_1+a_2t)\mathrm{e}^{-\omega_n t} \tag{13-46}$$

命上式及其导数中 $t=0$，代入式(13－37b)左端，解出积分常数：

$$a_1=u_0,\quad a_2=\dot{u}_0+\omega_n u_0 \tag{13-47}$$

将之代入式(13－46)得到系统的位移响应。这种运动也按指数规律很快衰减，至多只过平衡点一次，没有振荡特性。图 13－8 中实线是临界阻尼条件下典型的位移时间历程。

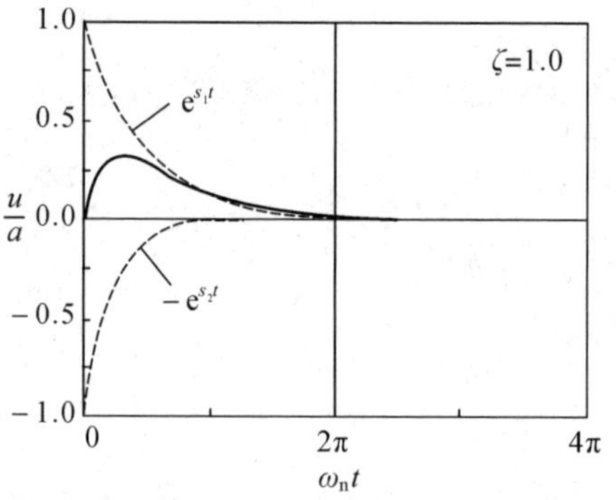

图　13－7

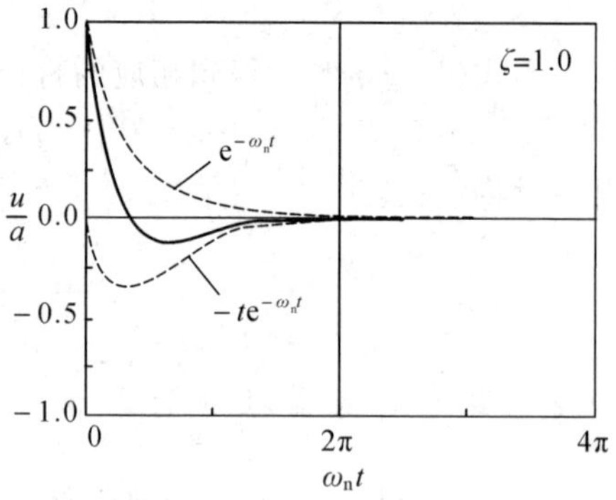

图　13－8

3）欠阻尼情况（$0<\zeta<1$）

这时特征根是一对共轭复根：

$$s_{1,2}=-\zeta\omega_n\pm \mathrm{j}\omega_n\sqrt{1-\zeta^2} \tag{13-48}$$

方程(13－37a)的通解是

$$u(t)=\mathrm{e}^{-\zeta\omega_{n}t}(a_{1}\cos\omega_{d}t+a_{2}\sin\omega_{d}t) \tag{13-49}$$

其中，

$$\omega_{d}=\omega_{n}\sqrt{1-\zeta^{2}} \tag{13-50}$$

称为系统的阻尼振动频率或自然频率。显然，它小于系统的固有频率。令式(13－49)及其导数中 $t=0$，代入式(13－37b)左端，解出积分常数：

$$a_{1}=u_{0},\quad a_{2}=\frac{\dot{u}_{0}+\zeta\omega_{n}u_{0}}{\omega_{d}} \tag{13-51}$$

将其代入式(13－49)，得到系统的位移为

$$u(t)=\mathrm{e}^{-\zeta\omega_{n}t}\left(u_{0}\cos\omega_{d}t+\frac{\dot{u}_{0}+\zeta\omega_{n}u_{0}}{\omega_{d}}\sin\omega_{d}t\right)=U(t)u_{0}+V(t)\dot{u}_{0} \tag{13-52}$$

其中，

$$U(t)=\mathrm{e}^{-\zeta\omega_{n}t}\left(\cos\omega_{d}t+\frac{\zeta}{\sqrt{1-\zeta^{2}}}\sin\omega_{d}t\right),\quad V(t)=\frac{\mathrm{e}^{-\zeta\omega_{n}t}}{\omega_{d}}\sin\omega_{d}t \tag{13-53}$$

分别是单位初始位移和单位初始速度引起的自由振动。

式(13－52)还可等价写作

$$u(t)=a\mathrm{e}^{-\zeta\omega_{n}t}\sin(\omega_{d}t+\varphi) \tag{13-54}$$

其中，

$$a=\sqrt{u_{0}^{2}+\left(\frac{\dot{u}_{0}+\zeta\omega_{n}u_{0}}{\omega_{d}}\right)^{2}},\varphi=\arctan\frac{\omega_{d}u_{0}}{\dot{u}_{0}+\zeta\omega_{n}u_{0}} \tag{13-55}$$

图 13－9 中实线是一典型的位移时间历程。它是在系统平衡位置附近的往复振动，但幅值不断衰减，不再是周期振动。

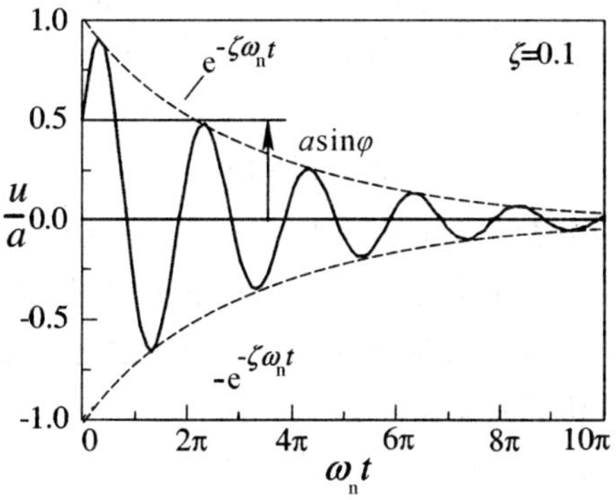

图　13－9

2. 振动特性

实际系统多属于欠阻尼情况，且一般 $\zeta<0.2$。所以，通常所说的阻尼系统自由振动，都是指欠阻尼情况。现在来分析其振动特性：

(1) 阻尼系统的自由振动振幅按指数规律 $a\mathrm{e}^{-\zeta\omega_{n}t}$ 衰减。

(2) 阻尼系统的自由振动是非周期振动，但其相邻两次沿同一方向经过平衡位置的时间间隔均为

$$T_d = \frac{2\pi}{\omega_d} = \frac{2\pi}{\omega_n\sqrt{1-\zeta^2}} = \frac{T_n}{\sqrt{1-\zeta^2}} \tag{13-56}$$

这种性质称为等时性。借用周期这一术语，称该时间间隔 T_d 为阻尼固有周期或自然周期。显然它大于无阻尼自由振动的周期 T_n 。必须指出，衰减振动的周期只是说明它具有等时性，并不意味着它具有周期性。

(3) 阻尼固有频率 ω_d 和阻尼固有周期 T_d 是阻尼系统自由振动的重要参数。当阻尼比很小时，它们与系统的固有频率 ω_n 、固有周期 T_n 差别很小，甚至可忽略。

(4) 为了描述振幅衰减的快慢，引入振幅对数衰减率。它定义为经过一个自然周期相邻两个振幅之比的自然对数：

$$\delta = \ln\frac{e^{-\zeta\omega_n t}}{e^{-\zeta\omega_n(t+T_d)}} = \zeta\omega_n T_d = \frac{2\pi\zeta}{\sqrt{1-\zeta^2}} \tag{13-57}$$

由此可见，振幅对数衰减率仅取决于阻尼比。图 13－10 中实线是两者间关系曲线。对于小阻尼比情况，式(13－57)可近似取为

$$\delta \approx 2\pi\zeta \tag{13-58}$$

图 13－10 中虚线即是这一线性化近似。当阻尼比 ζ 为 0.1、0.2 和 0.3 时，这一近似式的误差分别为 0.5%、2%和 4.6%。

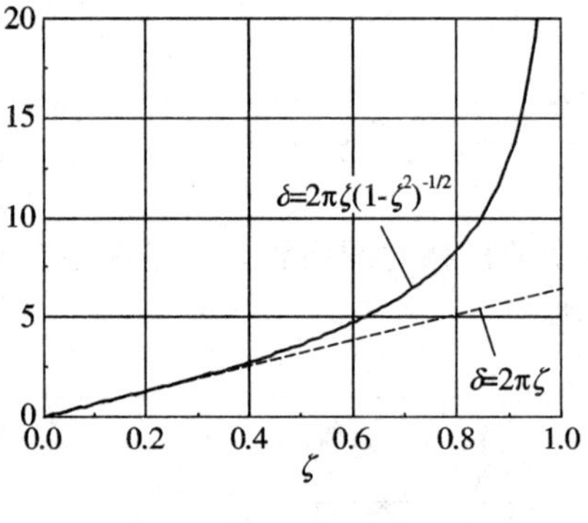

图　13－10

(5) 自由振动中含有的阻尼信息提供了由实验确定系统阻尼的可能性。通常，可根据实测的自由振动，通过计算振幅对数衰减率来确定系统的阻尼比。

例 13－3　图 13－11 所示为一摆振系统，不计刚性摆杆质量，$a/l=\alpha$ 。求系统绕 O 点小幅摆动时的阻尼振动频率和临界阻尼系数。

解　选取刚性杆转角 θ 作为系统位移，设 θ 逆时针转动方向为正。根据动量矩定理可得系统运动方程为

$$ml^2\ddot{\theta} = -ka^2\theta - ca^2\dot{\theta} \tag{a}$$

上式可进一步简化成如下标准形式：

$$\ddot{\theta} + \left(\frac{c\alpha^2}{m}\right)\dot{\theta} + \left(\frac{k\alpha^2}{m}\right)\theta = 0 \tag{b}$$

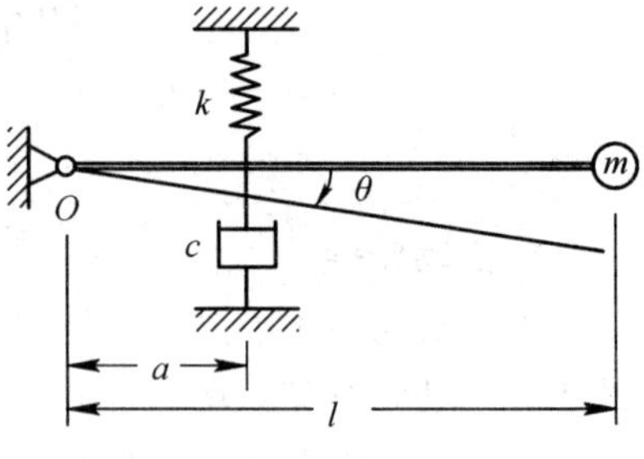

图　13－11

系统的固有频率为

$$\omega_n = \alpha\sqrt{\frac{k}{m}} \tag{c}$$

阻尼比为

$$\zeta = \frac{c\alpha^2/m}{2\omega_n} = \frac{c\alpha}{2\sqrt{km}} \tag{d}$$

阻尼振动频率为

$$\omega_d = \omega_n\sqrt{1-\zeta^2} \tag{e}$$

在式(d)中当 $\zeta = 1$ 时可得系统的临界阻尼系数：

$$c = 2\frac{\sqrt{km}}{\alpha} \tag{f}$$

13.5　简谐力激励下的受迫振动

13.5.1　简谐力激励下受迫振动的解

受简谐力作用的单自由度系统运动方程为

$$m\ddot{u}(t) + c\dot{u}(t) + ku(t) = f_0\sin\omega t \tag{13-59}$$

这是一个二阶线性非齐次常微分方程。根据微分方程理论，该方程的解由两部分组成，即齐次方程的通解与非齐次方程任意一个特解：

$$u(t) = \tilde{u}(t) + u^*(t) \tag{13-60}$$

其中，$\tilde{u}(t)$ 和 $u^*(t)$ 分别满足下列方程：

$$m\ddot{\tilde{u}}(t) + c\dot{\tilde{u}}(t) + k\tilde{u}(t) = 0 \tag{13-61}$$

$$m\ddot{u}^*(t) + c\dot{u}^*(t) + ku^*(t) = f_0\sin\omega t \tag{13-62}$$

方程(13-61)的通解为

$$\tilde{u}(t) = e^{-\zeta\omega_n t}(a_1\cos\omega_d t + a_2\sin\omega_d t) \tag{13-63}$$

由微分方程关于解的理论，方程(13-62)的特解具有如下形式：

$$u^*(t) = B_d\sin(\omega t + \psi_d) \tag{13-64}$$

将特解(13-64)代入方程(13-62)可得

$$(-m\omega^2 + k)B_d\sin(\omega t + \psi_d) + c\omega B_d\cos(\omega t + \psi_d) = f_0\sin\omega t \tag{13-65}$$

将上式右端改写成

$$\begin{aligned} f_0\sin\omega t &= f_0\sin(\omega t + \psi_d - \psi_d) \\ &= f_0\sin(\omega t + \psi_d)\cos\psi_d - f_0\cos(\omega t + \psi_d)\sin\psi_d \end{aligned} \tag{13-66}$$

比较方程(13-65)中 $\sin(\omega t + \psi_d)$ 和 $\cos(\omega t + \psi_d)$ 前的系数，得到

$$\begin{cases} (-m\omega^2 + k)B_d = f_0\cos\psi_d \\ c\omega B_d = -f_0\sin\psi_d \end{cases} \tag{13-67}$$

因而解出

$$\begin{cases} B_d = \dfrac{f_0}{\sqrt{(k - m\omega^2)^2 + (c\omega)^2}} \\ \tan\psi_d = -\dfrac{c\omega}{k - m\omega^2} \end{cases} \tag{13-68}$$

从而确定特解 $u^*(t)$ 。给定系统(13－59)的初始条件 $u(0)=u_0, \dot{u}(0)=\dot{u}_0$，则可确定通解中的常数为

$$\begin{cases} a_1 = u_0 + \dfrac{2\zeta\omega_n^3\omega B_0}{(\omega_n^2-\omega^2)^2+(2\zeta\omega_n\omega)^2} \\ a_2 = \dfrac{\dot{u}_0+\zeta\omega_n u_0}{\omega_d} - \dfrac{\omega\omega_n^2 B_0[(\omega_n^2-\omega^2)-2\zeta^2\omega_n^2]}{\omega_d[(\omega_n^2-\omega^2)^2+(2\zeta\omega_n\omega)^2]} \end{cases} \tag{13-69}$$

式中，$B_0=f_0/k$ 。

图 13－12 绘出了式(13－60)给出的一个解，从图中可以看到，在简谐力作用下受迫振动响应具有以下特征：

(1) 总振动响应可分为一个类似于自由振动响应的通解和一个简谐振动的特解叠加。

(2) 随时间增加，通解部分的幅值逐渐衰减，以致可忽略不计，故称其为瞬态振动；而特解部分响应振幅不随时间变化，它是标准的简谐振动，故称其为稳态振动。稳态振动的频率等于激励频率 ω ，而幅值和相位取决于激励幅值和系统参数，与初始条件无关。

(3) 由给定的初始条件出发，系统的振动响应由指数衰减振动 $\tilde{u}(t)$ 和简谐振动 $u^*(t)$ 叠加而成，呈现较为复杂的波形。随着时间增长，$\tilde{u}(t)$ 趋于零，而简谐振动 $u^*(t)$ 成为主要成分。这个阶段称为过渡过程。过渡过程只经历一个不长的时间，阻尼越大，过渡过程持续的时间越短。

(4) 经过一段时间后，受迫振动响应将以简谐振动 $u^*(t)$ 为主，这一阶段称作稳态过程。只要有简谐激振力作用，稳态振动将一直持续下去。

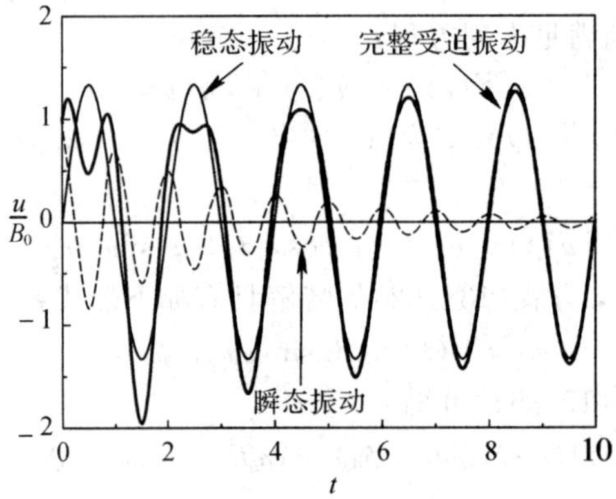

图　13－12

13.5.2　稳态振动响应及特征

因系统的过渡过程很短暂，故在大多数实际问题中主要关心系统的稳态响应。为了便于分析，定义两个无量纲参数：频率比 λ 和位移振幅放大因子 β_d ，即

$$\lambda \overset{\text{def}}{=} \frac{\omega}{\omega_n} \tag{13-70}$$

$$\beta_d \overset{\text{def}}{=} \frac{B_d}{B_0} = \frac{B_d}{(f_0/k)} \tag{13-71}$$

其中，B_d 为稳态振动振幅；$B_0=f_0/k$ ，是拟静态位移。此时式(13－68)化为

$$\begin{cases}\beta_d = \dfrac{1}{\sqrt{(1-\lambda^2)^2+(2\zeta\lambda)^2}} & (13.72a)\\ \psi_d = \arctan\left(-\dfrac{2\zeta\lambda}{1-\lambda^2}\right) & (13.72b)\end{cases}$$

一旦给出系统的 f_0、k 和 m，则 B_0 和 ω_n 即为常量，故稳态振动的幅值 B_d 随外激励频率 ω 的变化可通过 β_d - λ 之间的关系曲线描述；同样，稳态振动的初相位 ψ_d 随外激励频率 ω 的变化可通过 ψ_d - λ 之间的关系曲线描述。我们称 β_d - λ 之间的关系曲线为位移幅频特性曲线，称 ψ_d - λ 之间的关系曲线为位移相频特性曲线。显然，系统的阻尼对这两条曲线是有影响的，因此每一条幅频特性曲线或相频特性曲线都是在给定的阻尼比下绘制的，如图 13 - 13 所示。

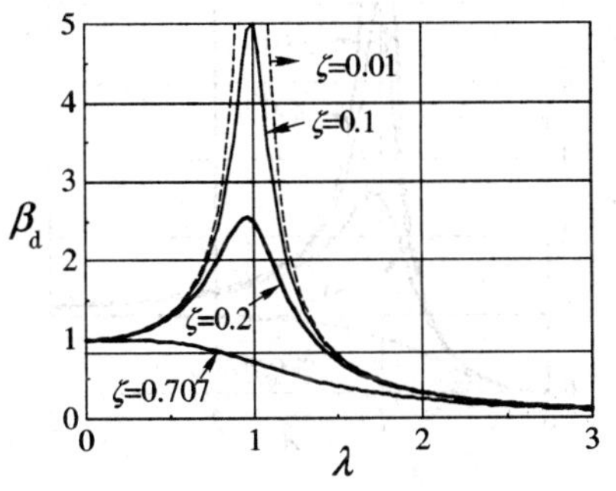

(a)

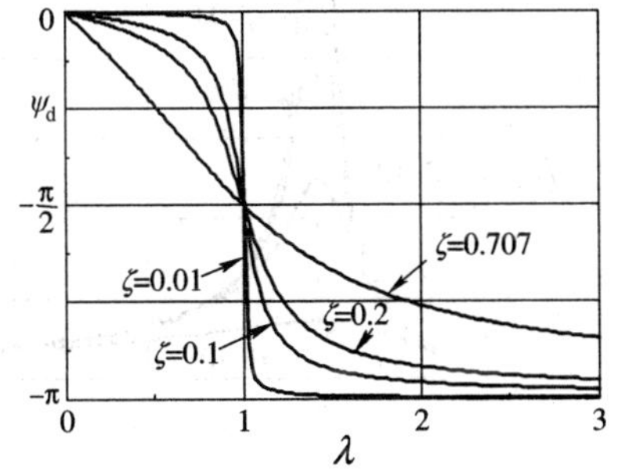

(b)

图　13 - 13

从图 13 - 13(a)可见：① 在 $\lambda=1(\omega=\omega_n)$ 左侧附近位移幅频特性曲线出现峰值时，阻尼比越小峰值越高；② 在激励频率相对系统固有频率很小，即 $\lambda \ll 1$ 时，$\beta_d \approx 1$，此时稳态振动的振幅 B_d 与拟静态位移 $B_0=f_0/k$ 接近；③ 在激励频率相对系统固有频率很大，即 $\lambda \gg 1$ 时，$\beta_d \approx 0$，此时稳态振动的振幅 $B_d \approx 0$，系统在稳态时几乎静止不动。

从图 13 - 13(b)可见：① 在 $\lambda=1$ 上，不管阻尼比如何变化，位移在相位上总是落后于激励 $\pi/2$；② 当阻尼比很小时，在 $\lambda=1$ 左右两侧 ψ_d 相位差接近 π，因而通常称 $\lambda=1$ 为“反相点”；③ 当 $\zeta=0.707$ 时，ψ_d - λ 之间的关系曲线在 $\lambda<1$ 时接近为直线。

容易得到稳态响应的速度时间历程为

$$\dot{u}^*(t)=\omega B_d\cos(\omega t+\psi_d)\overset{\text{def}}{=}B_v\sin(\omega t+\psi_v) \tag{13-73}$$

其中，B_v 和 ψ_v 分别是速度振幅和速度与激励之间的相位差，分别为

$$\begin{cases}B_v=\omega B_d=\dfrac{\omega\omega_n^2 B_0}{\sqrt{(\omega_n^2-\omega^2)^2+(2\zeta\omega_n\omega)^2}} & (13.74a)\\ \psi_v=\psi_d+\dfrac{\pi}{2} & (13.74b)\end{cases}$$

类似地，可定义速度振幅放大因子：

$$\beta_v \overset{\text{def}}{=} \frac{B_v}{\omega_n B_0}=\lambda\beta_d=\frac{\lambda}{\sqrt{(1-\lambda^2)^2+(2\zeta\lambda)^2}} \tag{13-75}$$

绘出速度幅频特性曲线如图 13 - 14 所示。同样，可给出稳态响应的加速度时间历程：

$$\ddot{u}^*(t) = -\omega^2 B_d \sin(\omega t + \psi_d) \overset{\text{def}}{=} B_a \sin(\omega t + \psi_a) \tag{13-76}$$

其中，B_a 和 ψ_a 分别是加速度振幅和加速度与激励之间的相位差，分别为

$$\begin{cases} B_a \overset{\text{def}}{=} \omega^2 B_d = \dfrac{\omega^2 \omega_n^2 B_0}{\sqrt{(\omega_n^2 - \omega^2)^2 + (2\zeta\omega_n\omega)^2}} & (13-77a) \\ \psi_a \overset{\text{def}}{=} \psi_d + \pi & (13-77b) \end{cases}$$

加速度振幅放大因子定义为

$$\beta_a \overset{\text{def}}{=} \frac{B_a}{\omega_n^2 B_0} = \lambda^2 \beta_d = \frac{\lambda^2}{\sqrt{(1-\lambda^2)^2 + (2\zeta\lambda)^2}} \tag{13-78}$$

对应的加速度幅频特性曲线如图 13-15 所示。

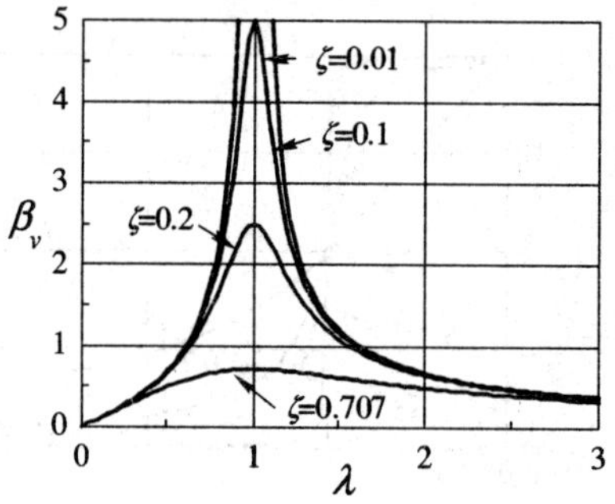

图 13-14

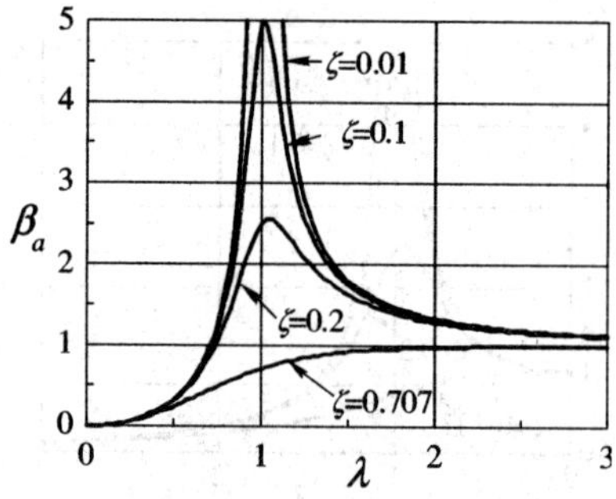

图 13-15

根据上述分析可知稳态响应具有如下特征：

(1) 在低频段（$0 \leqslant \lambda \leqslant 1$），由各幅频特性曲线可知：

$$\beta_d \approx 1, \quad \beta_v \approx 0, \quad \beta_a \approx 0 \tag{13-79}$$

这说明：在低频段振动的位移振幅近似等于激振力幅作用下的静位移，而速度振幅、加速度振幅趋近于零，此时可将系统看作为静态。因而，稳态位移幅值可近似取为

$$B_d = \beta_d B_0 \approx B_0 = \frac{f_0}{k} \tag{13-80}$$

稳态振动与激振力间的相位差分别由相频曲线得到，即

$$\psi_d \approx 0, \quad \psi_v \approx \frac{\pi}{2}, \quad \psi_a \approx \pi \tag{13-81}$$

上式表明，位移与激振力基本同相位，系统运动主要由弹性力与激振力的平衡关系给出，系统基本呈弹性。

(2) 在高频段（$\lambda \gg 1$）有

$$\begin{cases} \beta_d \approx 0, \quad \beta_v \approx 0, \quad \beta_a \approx 1 \\ \psi_d \approx -\pi, \quad \psi_v \approx -\dfrac{\pi}{2}, \quad \psi_a \approx 0 \end{cases} \tag{13-82}$$

这表明，系统在高频段的稳态位移和速度都很小，而稳态加速度幅值为

$$B_a = \beta_a \omega_n^2 B_0 \approx \omega_n^2 B_0 = \frac{\omega_n^2 f_0}{k} = \frac{f_0}{m} \tag{13-83}$$

同时，加速度与激振力基本同相位，故系统运动主要由惯性力与激振力间的平衡关系给

出，系统基本呈惯性。

（3）共振（$\lambda \approx 1$）时，对于 $0 < \zeta < 1/\sqrt{2} \approx 0.707$ 的欠阻尼系统，当激励频率由低向高缓慢增加时，系统稳态振动的位移、速度、加速度振幅都会出现极大值，系统发生强烈振动。类似于无阻尼系统，称这种现象为共振。对式(13-72a)求极值，可求出位移振幅达到极大值的频率比为

$$\lambda_d = \sqrt{1-2\zeta^2} \tag{13-84}$$

若称这种极值现象是位移共振，则位移共振频率略低于系统固有频率。类似地，可求出速度共振的激励频率恰好就是系统固有频率，即

$$\lambda_v = 1 \tag{13-85}$$

而加速度共振的频率比为

$$\lambda_a = \frac{1}{\sqrt{1-2\zeta^2}} \tag{13-86}$$

即加速度共振频率略高于系统固有频率。

对于常见的小阻尼比系统，上述几种共振频率差异很小。为统一起见，定义系统的共振频率比为 $\lambda = 1$，即激振频率等于系统固有频率时为共振。显然，速度共振频率恰好就是共振频率，速度共振精确地反映了系统共振特性。

易见，当 $\lambda = 1$ 时，系统的位移、速度、加速度振幅放大系数均相等，即

$$\beta_d = \beta_v = \beta_a = \frac{1}{2\zeta} \tag{13-87}$$

从而有稳态速度幅值

$$B_v = \beta_v \omega_n B_0 \approx \frac{\omega_n B_0}{2\zeta} = \frac{f_0}{2\zeta\sqrt{mk}} = \frac{f_0}{c} \tag{13-88}$$

而位移、速度、加速度与激振力间的相位差分别是

$$\psi_d \approx -\frac{\pi}{2}, \quad \psi_v \approx 0, \quad \psi_a \approx \frac{\pi}{2} \tag{13-89}$$

上式表明，共振时系统振动速度与激振力同相位，故又称之为相位共振。从相频特性曲线上可清楚地看出，不同阻尼比的相频特性曲线都通过对应频率比 $\lambda = 1$ 的公共点。共振时弹性力和惯性力平衡，系统响应由阻尼力与激振力间的平衡关系所确定，系统基本呈阻尼特性。

应当注意，共振对多数工程系统是有害的，共振会使系统产生过大的振动、噪声和动应力，导致系统功能失效，甚至完全破坏。但有时共振又能为我们服务，例如在振动试验中希望用较小的力使系统产生较大振动，就要利用共振。此外，在振动筛、压路机等振动机械的设计中，可以合理地利用共振来提高产品的工效。

从图 13-13(a)、图 13-14 和图 13-15 可以看到，系统的剧烈振动不仅在共振频率处出现，而且在其附近的一个频段内都可能较显著。通常，将速度振幅放大系数 β_v 下降到其峰值的 $1/\sqrt{2}$ 倍所对应的频段定义为共振区。为了描述共振的强烈程度和共振区的宽度，无线电学中最早引入了系统品质因数的概念，该品质因数定义为

$$Q \overset{\text{def}}{=} \frac{1}{2\zeta} = \beta_d \big|_{\lambda=1} = \beta_v \big|_{\lambda=1} = \beta_a \big|_{\lambda=1} \tag{13-90}$$

如图 13－16 所示，在共振区两个端点 A 和 B 处的速度振幅放大系数是 $Q/\sqrt{2}$，它们对应的系统功率恰好是共振频率对应功率的一半，故称点 A 和 B 为半功率点。由半功率点处速度振幅放大系数的平方：

$$\beta_v^2=\frac{\lambda^2}{(1-\lambda^2)^2+(2\zeta\lambda)^2}=\frac{Q^2}{2}=\frac{1}{8\zeta^2} \tag{13-91}$$

可解出两个半功率点所对应的频率比：

$$\lambda_A=\sqrt{1+\zeta^2}-\zeta,\quad \lambda_B=\sqrt{1+\zeta^2}+\zeta \tag{13-92}$$

于是，共振区的带宽(又称作半功率带宽)为

$$\Delta\lambda\stackrel{\text{def}}{=}\lambda_B-\lambda_A=2\zeta=\frac{1}{Q} \tag{13-93}$$

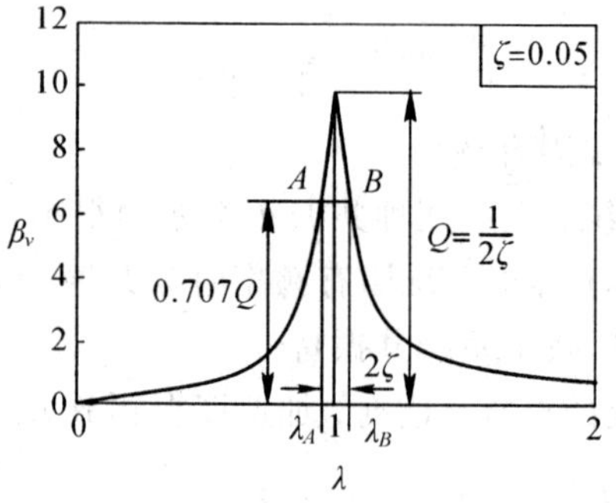

图　13－16

这表明：阻尼比小，则品质因数高，共振区窄，共振峰陡峭；反之，阻尼比大，品质因数低，共振区宽，共振峰平坦。在无线电通信中，要求信号发射和接收装置的品质因数 Q 大小适中，从而保证一定通信选择性和频带。

由于共振时系统呈阻尼特性，因此可利用共振现象实测系统阻尼。通常，可在幅频特性曲线上确定半功率带宽，即由式(13－93)确定

$$\zeta=\frac{\Delta\lambda}{2} \tag{13-94}$$

例 13－4　考察一欠阻尼系统，激励频率 ω 与固有频率 ω_n 相等，初瞬时系统静止在平衡位置上。试求在激振力 $f_0\cos\omega t$ 作用下系统运动的全过程。

解　系统的运动微分方程为

$$m\ddot{u}(t)+c\dot{u}(t)+ku(t)=f_0\cos\omega_n t=f_0\sin\left(\omega_n t+\frac{\pi}{2}\right) \tag{a}$$

上式通解为

$$u(t)=e^{-\zeta\omega_n t}(a_1\cos\omega_d t+a_2\sin\omega_d t)+B_d\sin\left(\omega_n t+\psi_d+\frac{\pi}{2}\right) \tag{b}$$

由前面分析可知，在 $\lambda=1$ 处，$\psi_d=-\pi/2$，再由式(13－68)得此时

$$B_d=\frac{f_0}{c\omega_n} \tag{c}$$

于是

$$u(t)=\mathrm{e}^{-\zeta\omega_n t}(a_1\cos\omega_d t+a_2\sin\omega_d t)+\frac{f_0}{c\omega_n}\sin\omega_n t \tag{d}$$

令上式及其导数中 $t=0$，代入初始条件 $u(0)=0$、$\dot{u}(0)=0$ 解出 a_1 和 a_2，并代回上式得

$$u(t)=\frac{f_0}{c\omega_n}\left(\sin\omega_n t-\frac{1}{\sqrt{1-\zeta^2}}\mathrm{e}^{-\zeta\omega_n t}\sin\sqrt{1-\zeta^2}\,\omega_n t\right) \tag{e}$$

对于 $\zeta\ll 1$，可取近似 $\sqrt{1-\zeta^2}\approx 1$，从而将式(e)简化为

$$u(t)\approx\frac{f_0}{c\omega_n}(1-\mathrm{e}^{-\zeta\omega_n t})\sin\omega_n t \tag{f}$$

系统响应的时间历程如图 13-17 所示，它给出了共振初期的过渡过程。

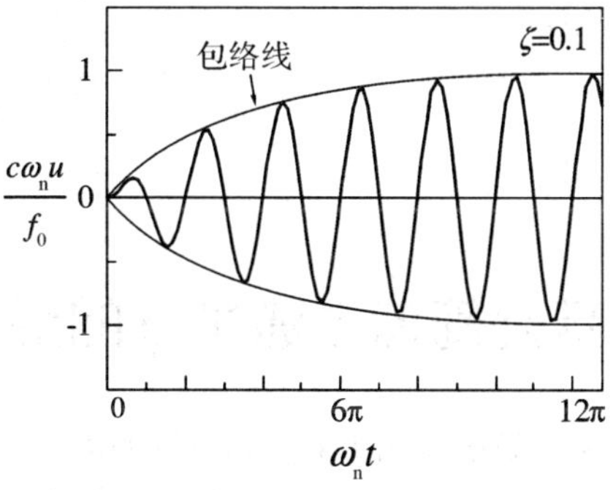

图　13-17

例 13-5　试分析图 13-18(a)旋转机械由于转子的偏心而导致的稳态振动。设旋转机械的总质量为 M，转子的偏心质量为 m，偏心距为 e，转子的角速度为 ω。

解　用坐标 u 来表示非旋转部分质量 $M-m$ 偏离平衡位置的垂直位移，则偏心质量的垂直位移为 $u+e\sin\omega t$ 。由牛顿第二定律得到系统在垂直方向的运动微分方程为

$$(M-m)\frac{\mathrm{d}^2u(t)}{\mathrm{d}t^2}=-c\dot{u}(t)-ku(t)-m\frac{\mathrm{d}^2}{\mathrm{d}t^2}[u(t)+e\sin\omega t] \tag{a}$$

整理后得

$$M\ddot{u}(t)+c\dot{u}(t)+ku(t)=me\omega^2\sin\omega t \tag{b}$$

因此，图 13-18(a)中旋转机械的力学模型可简化为图 13-18(b)所示的单自由度受迫振动系统，离心力 $me\omega^2$ 在铅垂方向上的分量相当于幅值为 $me\omega^2$ 的简谐激振力。将方程(b)与方程(13-59)对比可见，该系统稳态振动形如

$$u^*(t)=B_c\sin(\omega t+\psi_c) \tag{c}$$

其中稳态位移的幅值和相位分别为

$$B_c=\frac{me\omega^2}{\sqrt{(k-M\omega^2)^2+(c\omega)^2}},\quad \psi_c=\arctan\frac{c\omega}{M\omega^2-k} \tag{d}$$

将稳态位移幅值化为无量纲形式，得

$$\beta_c\overset{\mathrm{def}}{=}\frac{B_cM}{em}=\frac{\lambda^2}{\sqrt{(1-\lambda^2)^2+(2\zeta\lambda)^2}}=\beta_a \tag{e}$$

从上式可见，位移幅频特性曲线与常幅值简谐力激励系统的加速度幅频特性曲线相

同。参见图 13-15 可知：低速旋转($0\leqslant\lambda\ll 1$)时离心力很小，系统稳态位移自然很小；高速旋转($\lambda\gg 1$)时 $\beta_c\to 1$，系统稳态位移是偏心距的 $m/M\ll 1$ 倍；危险的是产生共振的转速($\lambda\approx 1$)，即转速 ω 接近系统固有频率 ω_n。工程上称对应 $\omega=\omega_n$ 的转速为转子的临界转速。

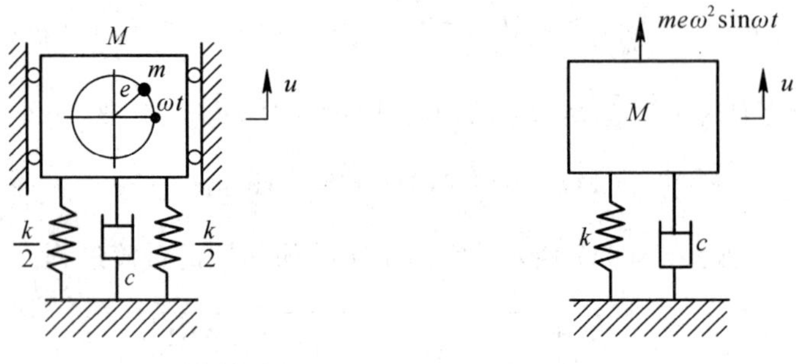

(a)　　(b)

图　13-18

13.6　基础简谐力激励下的受迫振动

在许多情况下，系统受到的激励来自基础或支承的运动。例如，车辆在不平路面上行驶时的车体振动，车体振动引起车内仪表和电子设备的振动，地震引起的建筑物振动等都属于基础运动引起的振动。

13.6.1　振动微分方程

考察图 13-19 所示的单自由度系统，其基础作简谐运动 $v(t)=\bar{v}\sin\omega t$。取质量 m 为分离体，由牛顿第二定律建立系统振动微分方程：

$$m\ddot{u}(t)=-c[\dot{u}(t)-\dot{v}(t)]-k[u(t)-v(t)] \tag{13-95}$$

绝对运动 $u(t)$ 满足：

$$m\ddot{u}(t)+c\dot{u}(t)+ku(t)=c\dot{v}(t)+kv(t)=c\bar{v}\omega\cos\omega t+k\bar{v}\sin\omega t \tag{13-96}$$

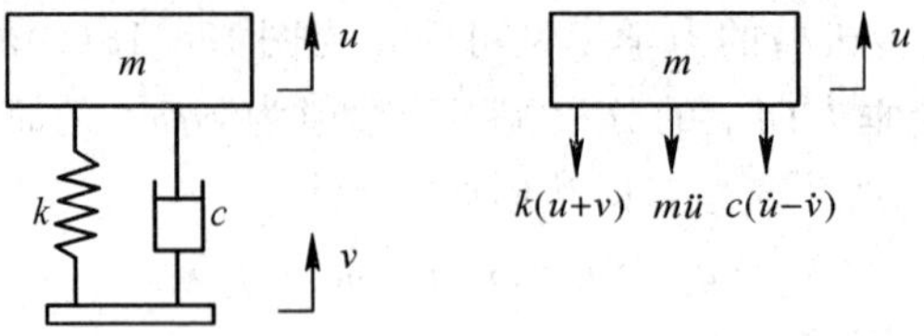

图　13-19

分析基础激励下系统的受迫振动时，有时需要了解系统相对于基础的运动。为此，引入相对位移：

$$u_r(t)\overset{\text{def}}{=}u(t)-v(t) \tag{13-97}$$

此时方程(13-96)简化为相对位移的微分方程：

$$m\ddot{u}_r(t)+c\dot{u}_r(t)+ku_r(t)=-m\ddot{v}(t)=m\bar{v}\omega^2\sin\omega t \tag{13-98}$$

13.6.2 稳态振动响应

1. 绝对运动

根据线性系统的叠加原理，可将绝对运动的微分方程(13－96)的解分为两部分：

$$u(t)=u_1(t)+u_2(t) \tag{13-99}$$

其中，$u_1(t)$，$u_2(t)$ 分别满足：

$$m\ddot{u}_1(t)+c\dot{u}_1(t)+ku_1(t)=c\bar{v}\omega\cos\omega t \tag{13-100}$$

和

$$m\ddot{u}_2(t)+c\dot{u}_2(t)+ku_2(t)=k\bar{v}\sin\omega t \tag{13-101}$$

稳态响应 $u_1(t)$ 和 $u_2(t)$ 分别为

$$u_1^*(t)=B_1\cos(\omega t+\psi_1) \tag{13-102}$$

和

$$u_2^*(t)=B_2\sin(\omega t+\psi_2) \tag{13-103}$$

上两式中的 B_i，$\psi_i(i=1,2)$ 可借助式(13－68)确定，此时 $\psi_1=\psi_2$，因而系统总的稳态响应可表示为

$$\begin{aligned}u^*(t)&=u_1^*(t)+u_2^*(t)=B_1\cos(\omega t+\psi_1)+B_2\sin(\omega t+\psi_1)\\&=\sqrt{B_1^2+B_2^2}\sin(\omega t+\psi_1+\psi)=B_d\sin(\omega t+\psi_d)\end{aligned} \tag{13-104}$$

式中，

$$B_d=\sqrt{B_1^2+B_2^2}=\bar{v}\sqrt{\frac{k^2+(c\omega)^2}{(k-m\omega^2)^2+(c\omega)^2}}=\bar{v}\sqrt{\frac{1+(2\zeta\lambda)^2}{(1-\lambda^2)^2+(2\zeta\lambda)^2}} \tag{13-105}$$

$$\begin{aligned}\psi_d&=\psi_1+\psi=\arctan\left(-\frac{c\omega}{k-m\omega^2}\right)+\arctan\left(\frac{B_1}{B_2}\right)\\&=\arctan\frac{-mc\omega^3}{k(k-m\omega^2)+(c\omega)^2}=\arctan\frac{-2\zeta\lambda^3}{1-\lambda^2+(2\zeta\lambda)^2}\end{aligned} \tag{13-106}$$

定义绝对运动传递率：

$$T_d\overset{\text{def}}{=}\frac{B_d}{\bar{v}} \tag{13-107}$$

则由式(13－105)可导出：

$$T_d=\sqrt{\frac{k^2+(c\omega)^2}{(k-m\omega^2)^2+(c\omega)^2}}=\sqrt{\frac{1+(2\zeta\lambda)^2}{(1-\lambda^2)^2+(2\zeta\lambda)^2}} \tag{13-108}$$

稳态绝对位移与基础运动的相位差是

$$\psi=\arctan\frac{-mc\omega^3}{k(k-m\omega^2)+(c\omega)^2}=\arctan\frac{-2\zeta\lambda^3}{1-\lambda^2+(2\zeta\lambda)^2} \tag{13-109}$$

以阻尼比 ζ 为参数，由式(13－108)和式(13－109)绘出绝对运动传递率的频率特性，如图 13－20 所示。

(1) 从图 13－20 可以看出，在低频段($0\leqslant\lambda\ll1$)，有

$$T_d\approx1,\quad \psi\approx0 \tag{13-110}$$

这说明系统的绝对运动接近于基础的运动，它们之间基本上没有相对运动。

(2) 在共振频段 ($\lambda\approx1$)附近，T_d 有峰值。这说明基础运动经过弹簧和阻尼器后被放

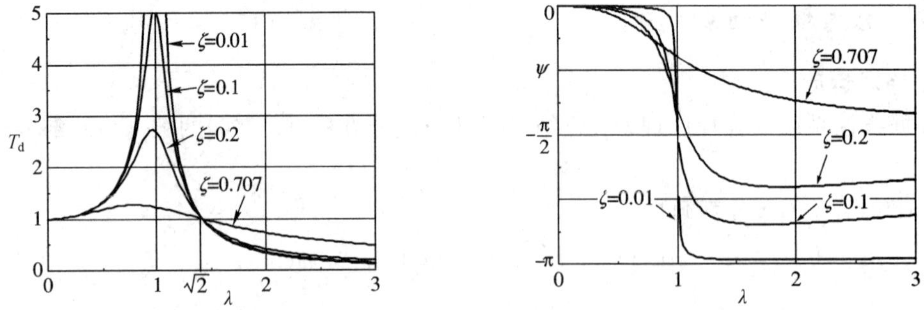

幅频特性曲线　　　　相频特性曲线

图　13-20

大传递到质量块。

(3) 根据幅频特性曲线的提示不难证明，对应不同阻尼比的幅频特性曲线都在 $\lambda=\sqrt{2}$ 时通过 $T_d=1$。

(4) 在高频段 ($\lambda \gg \sqrt{2}$)，$T_d \approx 0$。这说明基础运动被弹簧和阻尼器隔离了。

2. 相对运动

相对运动微分方程(13-98)与旋转部件偏心质量引起的强迫振动微分方程(例 13-5 式(b))相似，因此，稳态相对运动为

$$u_r(t)=B_r\sin(\omega t+\psi_r) \tag{13-111}$$

其中，

$$\begin{cases} B_r=\dfrac{m\bar{v}\omega^2}{\sqrt{(k-m\omega^2)^2+(c\omega)^2}} & (13.112a) \\ \psi_r=\arctan\dfrac{c\omega}{m\omega^2-k} & (13.112b) \end{cases}$$

将它们无量纲化后得到

$$\begin{cases} T_r\overset{\text{def}}{=}\dfrac{B_r}{\bar{v}}=\dfrac{\lambda^2}{\sqrt{(1-\lambda^2)^2+(2\zeta\lambda)^2}}=\beta_a & (13.113a) \\ \psi_r=\arctan\dfrac{2\zeta\lambda}{\lambda^2-1} & (13.113b) \end{cases}$$

这里称 T_r 为相对运动传递率，它与常幅值简谐力作用下的系统加速度振幅放大系数 β_a 相同，其幅频特性曲线参见图 13-15。

13.7　振动的隔离

隔离振动(简称隔振)研究的是物体之间振动的传递关系，研究目的是减小相互间所传递的振动量。隔振一般分为两类：第一类称做隔力，即通过弹性支撑来隔离振源传到基础的力；第二类称做隔幅，即通过弹性支撑减小基础传到设备的振动幅值。在这两类问题中，弹性支撑均称为隔振器。

13.7.1　第一类隔振

飞机、汽车等运载工具上的发动机是一个振源。为了减小发动机传向座舱的振动，一般将发动机通过隔振器安装在运载工具上，以减少其输出的激振力。这些都是第一类隔振(隔力)问题。

考虑刚性基础上的设备隔力问题，其力学模型如图 13－21(a)所示。在简谐激振力 $f_0\sin\omega t$ 作用下，根据单自由度系统稳态位移关系式(13－73)，经隔振器传到刚性地基的弹性力和阻尼力分别为

$$\begin{cases} ku(t)=kB_d\sin(\omega t+\psi_d) \\ c\dot{u}(t)=c\omega B_d\cos(\omega t+\psi_d) \end{cases} \tag{13-114}$$

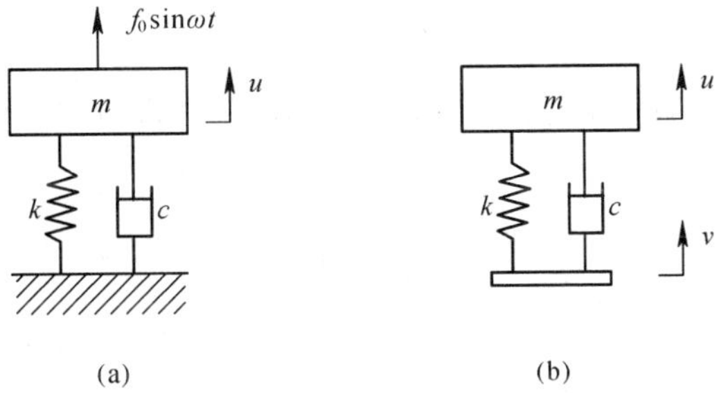

图 13－21　隔力与隔幅问题的力学模型

因二者相位差 $\pi/2$，故其合力幅值为

$$\bar{f}=B_d\sqrt{k^2+(c\omega)^2}=\frac{f_0\sqrt{k^2+(c\omega)^2}}{\sqrt{(k-m\omega^2)^2+(c\omega)^2}}=f_0\sqrt{\frac{1+(2\zeta\lambda)^2}{(1-\lambda^2)^2+(2\zeta\lambda)^2}} \tag{13-115}$$

将经过隔振器传到基础的力幅 $\bar{f}$ 与激励幅值 f_0 之比定义为力传递率，即

$$T_f\overset{\text{def}}{=}\frac{\bar{f}}{f_0}=\sqrt{\frac{1+(2\zeta\lambda)^2}{(1-\lambda^2)^2+(2\zeta\lambda)^2}} \tag{13-116}$$

它与基础简谐激励下系统绝对运动的传递率 T_d 形式完全相同。因此，当 $\lambda>\sqrt{2}$ 时，$T_f<1$，此时有隔力效果。

13.7.2　第二类隔振

飞机、直升机上的仪表和电子设备安装在机身上，当机身发生振动时必然会导致它们的振动。一般在机身和仪表盘之间配置隔振器，以降低仪表的振动。这就是第二类隔振(隔幅)问题。

考察已知基础运动的隔幅问题，其力学模型如图 13－21(b)所示。基础作简谐运动时，系统的绝对运动传递率已由式(13－108)给出。显然，只有当 $\lambda>\sqrt{2}$ 且 $T_d<1$ 时，隔振器才有效果。

综上所述，不论是隔力还是隔幅，只有当 $\lambda>\sqrt{2}$ 时，才有隔振效果。因此，隔振器的刚度系数 k 应满足：

$$\sqrt{\frac{k}{m}}=\omega_{\mathrm{n}}<\frac{1}{\sqrt{2}}\omega \tag{13-117}$$

从传递率的幅频特性曲线图 13-20 中可以看出：当 $\lambda>\sqrt{2}$ 时，阻尼越小传递率越低，隔振效果越好。但为了减少系统通过共振区时的振幅，必须为隔振器配置适当的阻尼。

由于阻尼一般很小，T_f 或 T_{d} 在高频段可近似为

$$T_{\mathrm{d}}=T_f=\frac{1}{\lambda^2-1},\quad \lambda\gg\sqrt{2} \tag{13-118}$$

例 13-6 某直升机在旋翼额定转速 360 r/m 时机身强烈振动，为使直升机上某电子设备的隔振效果达到 $T_{\mathrm{d}}=0.2$，试求隔振器弹簧在设备自重下的静变形。

解 记隔振器弹簧在设备自重作用下的静变形为 δ_s，则隔振系统的固有频率可写作：

$$\omega_{\mathrm{n}}=\sqrt{\frac{k}{m}}=\sqrt{\frac{g}{\delta_s}} \tag{a}$$

若工作频率为 ω，要求隔振效果达到 $T_{\mathrm{d}}<1$，由式(13-118)和式(a)得到隔振器弹簧的静变形为

$$\delta_s=\frac{g}{\omega^2}\left(1+\frac{1}{T_{\mathrm{d}}}\right) \tag{b}$$

将参数 $\omega=2\pi\times 360/60$ rad/s、$T_{\mathrm{d}}=0.2$ 和 $g=9.8\ \mathrm{m/s^2}$ 代入，得到

$$\delta_s=\frac{9.8}{(2\pi\times 360/60)^2}\left(1+\frac{1}{0.2}\right)\approx 4.14\times 10^{-2}\ \mathrm{m} \tag{c}$$

由式(b)可见，低频隔振器的弹簧必须很柔软。柔软弹簧带来的问题一是隔振系统要有足够大的静变形空间，二是侧向稳定性差。对于本例，这样静变形量级的隔振器只能适用于大中型机载电子设备。因此，隔离低频振动是工程实践中的难题。

例 13-7 在图 13-21(a)中，$f_0=15$ N，$\omega=10$ rad/s。初始设计时，$m=15$ kg，$k=400$ N/m，$c=0$，此时系统振动强烈。为此采用下列三种措施进行减振：① 将质量增加至 22.5 kg；② 将刚度增加至 500 N/m；③ 将阻尼系数增加至 180 Ns/m。试计算各种状态下的绝对位移和传递到基础上力的振幅。

解 根据式(13-68)和式(13-115)可算出每一种状态下绝对位移和传递到基础上力的振幅，即初始设计：$B_{\mathrm{d}}=0.15$ m，$\bar{f}=240$ N。措施①：$B_{\mathrm{d}}=0.02308$ m，$\bar{f}=36.9$ N。措施②：$B_{\mathrm{d}}=0.030$ m，$\bar{f}=60.0$ N。措施③：$B_{\mathrm{d}}=0.00832$ m，$\bar{f}=20.0$ N。

由上述计算可见，在本例中，各种减振措施均有效，但增加阻尼的隔振措施效果最好。

本章知识要点

1. 振动现象是工程实际中的普遍存在。单自由度系统是振动研究中最简单的一类系统，仅用一个坐标就可以确定该类系统的运动。之所以研究单自由度系统的振动，是因为很多系统可以简化为单自由度系统，而且单自由度系统的振动是一切振动问题的基础，需要引起重视。

2. 单自由度系统包含质量块、弹簧和阻尼器三个基本元件，在质量块上作用有随时间变化的外力。质量块、弹簧和阻尼器分别描述系统的惯性、弹性和耗能机制，分别对应质

量 m、刚度系数 k 和黏性阻尼系数 c。

3. 根据无阻尼单自由度系统，可以得到振动的固有频率 $\omega_n=\sqrt{\frac{k}{m}}$ 这一重要概念。简谐振动的三要素是：频率、振幅和初相位。

4. 工程上，很多系统可以等效为单自由度系统，如单自由度扭振系统、单摆和简支梁的横向振动。

5. 有阻尼单自由度系统的自由振动根据阻尼的不同，可以分为过阻尼情况、临界阻尼情况和欠阻尼情况，其中欠阻尼是工程中最常见的情况，振动特性表现为衰减特性。

6. 简谐力作用下的受迫振动的总振动响应可分为一个类似于自由振动响应的通解和一个简谐振动的特解叠加。其中，通解部分是瞬态振动，特解部分响应振幅不随时间变化，它是标准的简谐振动，故称其为稳态振动，可以用幅频特性曲线和相频特性曲线描述。

7. 在许多情况下，系统受到的激励来自基础或支承的运动，即为基础简谐激励下的受迫振动。

8. 隔振一般分为两类：第一类称做隔力，即通过弹性支撑来隔离振源传到基础的力；第二类称做隔幅，即通过弹性支撑减小基础传到设备的振动幅值。在这两类问题中，弹性支撑均称为隔振器。

思　考　题

13－1　何为单自由度系统？

13－2　振动系统的固有频率为什么与其承载情况无关？固有频率与固有振型的关系是什么？

13－3　隔振的方式有哪些？请以工程中具体实例加以说明。

习　　题

13－1　一物体作简谐振动，当它通过距平衡位置为 0.05 m、0.1 m 时的速度分别为 0.2 m/s和 0.08 m/s。求其振动周期、振幅和最大速度。

13－2　一物体放在水平台面上，当台面沿竖直方向作频率为 5 Hz 的简谐振动时，要使物体不跳离台面，试问对台面的振幅有何限制？

13－3　求简谐位移 $u_1(t)=5e^{j(\omega t+30^\circ)}$ 与 $u_2(t)=7e^{j(\omega t+90^\circ)}$ 的合成运动 $u(t)$，并求 $u(t)$ 和 $u_1(t)$ 的相位差。

13－4　写出图 13－22 所示系统的等效刚度表达式。当 $m=2.5$ kg，$k_1=k_2=2\times10^5$ N/m，$k_3=3\times10^5$ N/m 时，求系统的固有频率。

13－5　图 13－23 中简支梁长 $l=4$ m，抗弯刚度 $EI=1.96\times10^6\ \mathrm{Nm^2}$，且 $k=4.9\times10^5$ N/m，$m=400$ kg。分别求图示两种系统的固有频率。

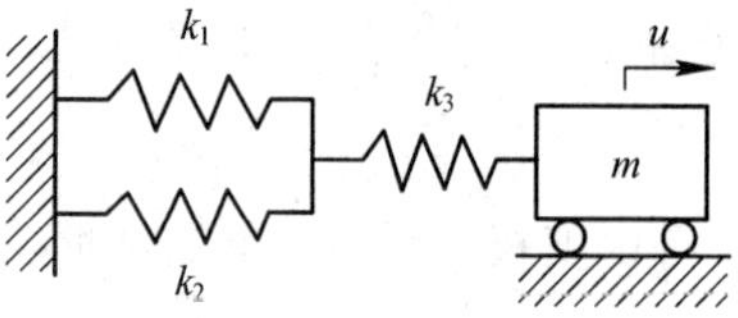

图 13-22

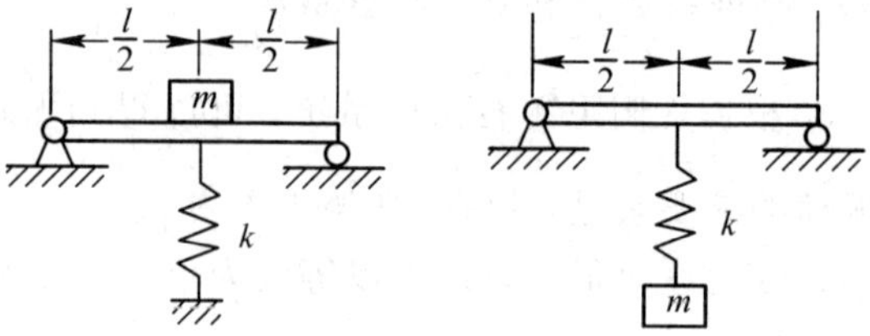

图 13-23

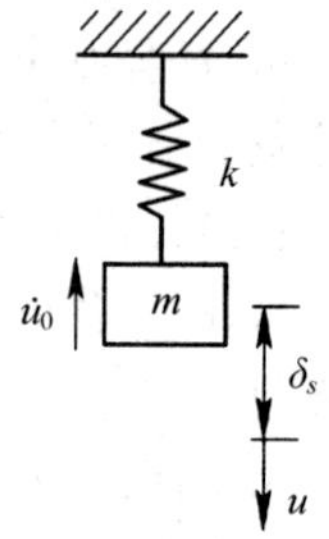

图 13-24

13-6 钢索的刚度为 4×10^5 N/m，绕过定滑轮吊着质量为 1000 kg 的物体以匀速0.5 m/s下降。若钢索突然卡住，求钢索内的最大张力。

13-7 图 13-24 所示重物挂在弹簧上使弹簧静变形为 δ_s。现重新将重物挂在未变形弹簧的下端，并给予向上的初速度 $\dot{u}_0$，求重物的位移响应和从开始运动到它首次通过平衡位置的时间。

13-8 证明对于临界阻尼或过阻尼，系统从任意初始条件开始运动至多越过平衡位置一次。

13-9 一单自由度阻尼系统，$m=10$ kg 时，弹簧静伸长 $\delta_s=0.01$ m。自由振动 20 个循环后，振幅从 6.4×10^{-3} m 降至 1.6×10^{-3} m。求阻尼系数 c 及 20 个循环内阻尼力所耗能量。

13-10 已知单自由度无阻尼系统的质量和刚度分别为 $m=17.5$ kg、$k=7000$ N/m，求该系统在零初始条件下被简谐力 $f(t)=52.5\sin(10t-30°)$ N 激发的响应。

13-11 质量为 100 kg 的机器安装在刚度 $k=9\times10^4$ N/m 和阻尼系数 $c=2.4\times10^3$ Ns/m 的隔振器上，受铅垂方向激振力 $f(t)=90\sin\omega t$ N 作用而上下振动。求：

(1) 当 $\omega=\omega_n$ 时的稳态振幅 B_d；

(2) 振幅具有最大值时的激振频率 ω；

(3) $\max\{B_d\}$ 与 B_d 之比值。

13-12 一质量为 m 的单自由度系统，经试验测出其阻尼自由振动频率为 ω_d，在简谐激振力作用下位移共振的激振频率为 ω。求系统的固有频率、阻尼系数和振幅对数衰减率。

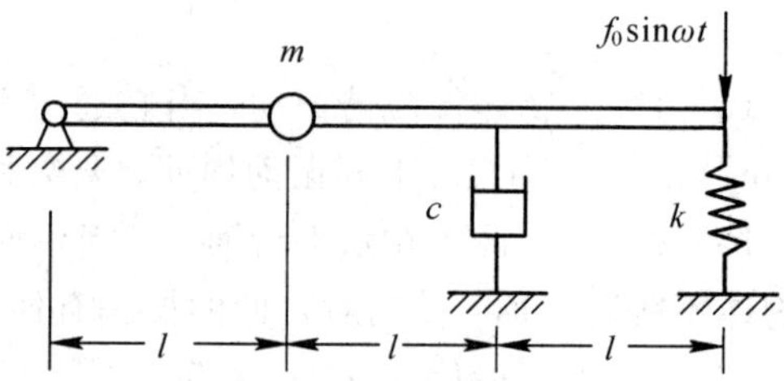

图 13-25

13-13 图 13-25 所示系统中刚性杆质量不计，写出运动微分方程。并分别求出 $\omega=\omega_n$ 和 $\omega=\omega_n/2$ 时质量 m 的线位移幅值。

13-14 一电机质量为 22 kg，转速为 3000 转/分，通过 4 个同样的弹簧对称地支承在基础上。欲使传到基础上的力为偏心质量惯性力的 10%，求每个弹簧的刚度系数。

13-15 发动机的工作转速为 1500～2000 转/分，要隔离发动机引起的电子设备 90% 以上的振动，若不计阻尼，求隔振器在设备自重下的静变形 δ_s。

13-16 为测量频率为 5 Hz 的简谐运动，分别设计位移传感器和加速度传感器，并要求其误差不超过 10%。若取 $\zeta=0.707$，问对传感器的固有频率有何限制？

第 14 章　动应力

教学要求：

（1）了解动载荷、动应力的概念。

（2）了解匀加速直线运动构件和匀速旋转构件的动应力以及冲击载荷和冲击应力。

在材料力学中，我们解决了杆件在静载荷作用下的强度、刚度和稳定性的计算问题。所谓静载荷，就是指加载过程缓慢，认为载荷从零开始平缓地增加，以致在加载过程中，杆件各点的加速度很小，可以忽略不计，并且载荷加到最终值后不再随时间而改变。

本章讨论动载荷下应力、应变的计算，只要应力不超过比例极限，胡克定律仍适用于动载荷下应力、应变的计算，弹性模量也与静载下的数值相同。

本章讨论下述两类问题：

（1）构件有加速度时的应力计算。

（2）冲击。

14.1　动载荷及动应力

在工程实际中，会遇到许多运动的构件，这些构件在外力作用下产生加速度。如涡轮机的长叶片，由于旋转时的惯性力所引起的拉应力可以达到相当大的数值；高速旋转的砂轮，由于离心惯性力的作用而有可能炸裂；又如锻压汽锤的锤杆、紧急制动的转轴等构件，在非常短暂的时间内速度发生急剧的变化；等等。由于惯性力的作用，使构件出现不可忽视的动力效应，这种因动力效应而引起的载荷称为动载荷。实验结果表明，只要应力不超过比例极限，虎克定律仍适用于动载荷下应力、应变的计算，弹性模量也与静载下的数值相同。

动载荷可依其作用方式的不同，分为以下三类：

（1）构件作加速运动。这时构件的各个质点将受到与其加速度有关的惯性力作用，故此类问题习惯上又称为惯性力问题。

（2）载荷以一定的速度施加于构件上，或者构件的运动突然受阻，这类问题称为冲击问题。

（3）构件受到的载荷或由载荷引起的应力的大小或方向，是随着时间而呈周期性变化的，这类问题称为交变应力问题。

实践表明：构件受到前两类动载荷作用时，材料的抗力与静载时的表现并无明显的差异，只是动载荷的作用效果一般都比静载荷大。因而，只要能够找出这两种作用效果之间的关系，即可将动载荷问题转化为静载荷问题处理。

动应力(dynamic stress)是指在动载荷作用下构件内产生的应力。

14.2　匀加速直线运动构件的动应力

本节只讨论构件内各质点的加速度为常数的情形，即匀加速运动构件的应力计算。

设吊车以匀加速度 a 吊起一根匀质等直杆，如图 14-1(a)所示。杆件长度为 l，横截面面积为 A，杆件单位体积的重量为 γ，现在来分析杆内的应力。

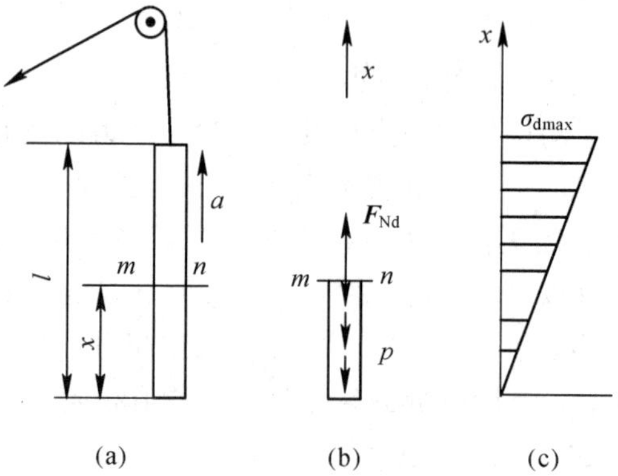

图　14-1

由于匀质等直杆作匀加速运动，故其所有质点都具有相同的加速度 a，因而只要在每质点上都施加一个大小等于其质量 m 与加速度 a 的乘积，而方向与 a 相反的惯性力，则整个杆件即可认为处于平衡状态。于是这一动力学问题即可作为静力学问题来处理。这种通过施加惯性力系而将动力学问题转换为静力学问题的处理方法，称为动静法。

对于作匀加速直线运动的匀质等直杆来说，在单位长杆上应施加的惯性力，亦即它所受到的动载荷显然为

$$p_d = \frac{A\gamma}{g}a$$

它的方向与 a 相反，并沿杆件的轴线均匀分布。

为了计算此杆的应力，首先来分析它的内力。为此，应用截面法，在距下端为 x 处将杆假想地切开，并保留下面一段杆，其受力情况如图 14-1(b)所示。此段杆受到沿其长度均匀分布的轴向载荷的作用，其集度即单位长杆所受到的载荷为

$$p = p_{st} + p_d = A\gamma + \frac{A\gamma}{g}a = A\gamma\left(1 + \frac{a}{g}\right)$$

式中，$p_{st} = A\gamma$ 是单位长杆所受到的重力，即 $a=0$ 时单位长杆所受到的载荷，亦即静载荷。在上述轴向载荷作用下，直杆横截面上的内力应为一轴力，由平衡条件 $\sum F_x = 0$ 得此轴力的大小为

$$F_{Nd} = px = A\gamma\left(1 + \frac{a}{g}\right)x \qquad (14-1)$$

轴力在横截面上将引起均匀分布的正应力，于是，该截面上的动应力为

$$\sigma_d = \frac{F_{Nd}}{A} = \gamma x\left(1+\frac{a}{g}\right) \tag{14-2}$$

由式(14－2)可知，这一动应力是沿杆长按线性规律变化的，其变化规律如图 14－1(c)所示。

若此杆件静止悬挂或匀速提升时，亦即受静载荷作用时，由于 $a=0$，由公式(14－2)得其静应力为

$$\sigma_{st} = \gamma x$$

于是动应力又可以表示为

$$\sigma_d = \sigma_{st}\left(1+\frac{a}{g}\right) = K_d \sigma_{st} \tag{14-3}$$

$$K_d = \frac{\sigma_d}{\sigma_{st}} = 1+\frac{a}{g} \tag{14-4}$$

K_d称为动荷系数。于是，构件作匀加速直线运动的强度条件为

$$\sigma_{dmax} = \sigma_{stmax} K_d \leqslant [\sigma] \tag{14-5}$$

由于在动载荷系数 K_d 中已经包含了动载荷的影响，所以 $[\sigma]$ 即为静载下的许用应力。

动载荷系数的概念在结构的动力计算中是非常有用的，因为通过它可将动力计算问题转化为静力计算问题，即只需要将由静力计算的结果乘上一个动载荷系数就是所需要的结果。但应注意，对不同类型的动力问题，其动载荷系数 K_d 是不相同的。

例 14－1　如图 14－2 所示，梁由钢丝绳起吊匀加速上升，加速度为 a。已知梁的横截面面积为 A，抗弯截面系数为 W，材料的密度为 ρ，求梁的最大动应力。

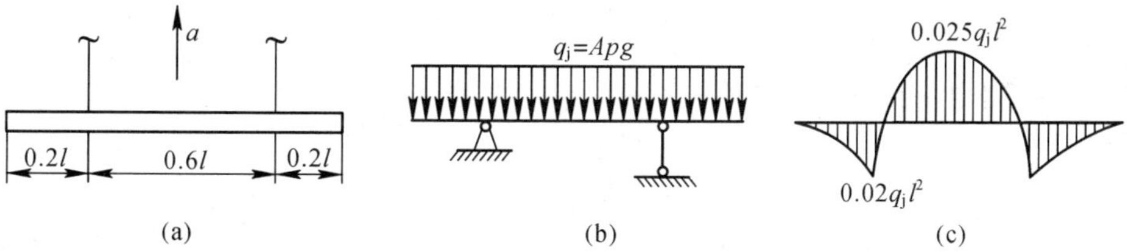

图　14－2

解　(1) 梁的计算简图如图 14－2 所示，这是一个外伸梁。

(2) 若梁静止或匀速上升，那么梁受到由自重引起的均布载荷的作用，其载荷集度为

$$q_j = A\rho g$$

最大静应力为

$$\sigma_j = \frac{M_j}{W} = \frac{0.025A\rho l^2 g}{W}$$

(3) 考虑梁匀加速运动，动载荷因数为

$$K_d = 1+\frac{a}{g}$$

构件实际受到的最大应力为

$$\sigma_d = K_d\sigma_j = \left(1+\frac{a}{g}\right)\frac{0.025A\rho l^2 g}{W}$$

14.3　匀速旋转构件的动应力

构件作匀角速转动时，构件内各点具有向心加速度，施加离心惯心力后，可采用动静法求解。

图 14 - 3(a)所示为一等直杆绕铅直轴 O(垂直于纸面)作匀角速转动，现求杆内最大动应力及杆的总伸长。设匀角速度为 ω(rad/s)，杆的横截面积为 A。杆的重量密度为 γ，弹性模量为 E。

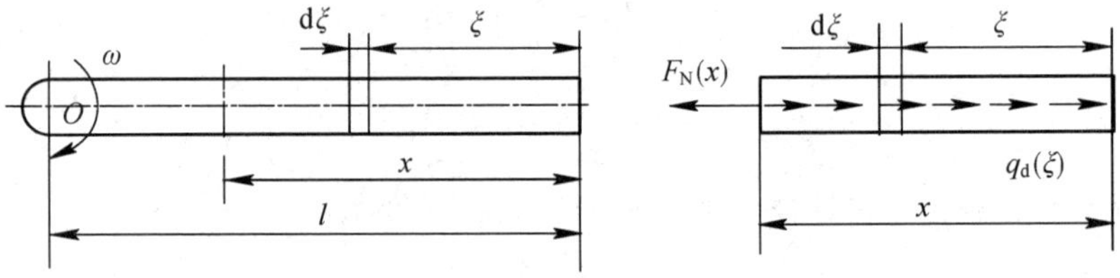

图　14 - 3

因杆绕 O 轴作匀角速转动，杆内各点到转轴 O 的距离不同，而有不同的向心加速度。对细长杆距杆右端为 ξ 的截面上各点的加速度为

$$a_n = \omega^2 (l - \xi)$$

该处的惯性力集度为

$$q_d(\xi) = \frac{\gamma A \omega^2}{g}(l - \xi)$$

取微段 dξ，此微段上的惯性力为

$$dF = \frac{\gamma A \omega^2}{g}(l - \xi)d\xi$$

计算距杆右端为 x 处截面上的内力，运用截面法，保留杆 x 截面以右部分，在保留部分上作用有轴力 $F_N(x)$ 及集度为 q_d 的分布惯性力，如图 14 - 3(b)所示，由平衡条件 $\sum F_x = 0$ 得

$$F_N(x) = \int_0^x \frac{\gamma A \omega^2}{g}(l - \xi)d\xi$$

由此得出

$$F_N(x) = \frac{\gamma A \omega^2}{g}\left(lx - \frac{x^2}{2}\right)$$

最大轴力发生在 $x = l$ 处：

$$F_{N\max} = \frac{\gamma A \omega^2}{2g} l^2$$

最大动应力为

$$\sigma_{\max} = \frac{\gamma \omega^2}{2g} l^2 \qquad (14 - 6)$$

可见，本例中杆的动应力与杆的横截面面积无关。

下面计算杆的总伸长。距杆右端为 x 处取微段 dx，应用虎克定律，此微段的伸长为

$$d(\Delta l)=\frac{F_{N}(x)}{EA}dx$$

进行积分，求得杆的总伸长为

$$\Delta l=\int_{0}^{l}\frac{F_{N}(x)}{EA}dx=\int_{0}^{l}\frac{\gamma\omega^{2}}{Eg}\left(lx-\frac{x^{2}}{2}\right)dx=\frac{\gamma\omega^{2}l^{3}}{3Eg} \tag{14-7}$$

例 14-2　图 14-4(a)所示之薄壁圆环，以匀角速 ω 绕通过圆心且垂直于圆环平面的轴转动，试求圆环的动应力及平均直径 D 的改变量。已知圆环的横截面面积为 A，材料单位体积的质量为 ρ，弹性模量为 E。

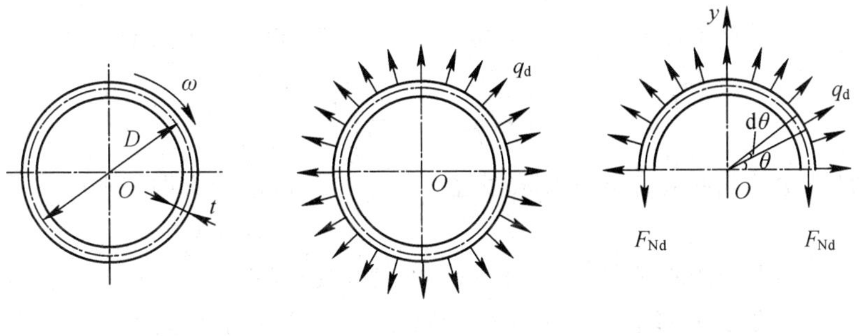

图　14-4

解　因圆环作匀角速运动，所以环内各点只有向心加速度。对于薄壁圆环，其壁厚远小于平均直径 D，可近似认为环内各点向心加速度大小相同，且等于平均直径为 D 的圆周上各点的向心加速度，即

$$a_{n}=\frac{D\omega^{2}}{2}$$

于是，沿平均直径为 D 的圆周上均匀分布的离心惯性力集度 q_{d} 为

$$q_{d}=A\rho a_{n}=A\rho\frac{D\omega^{2}}{2}$$

按动静法，离心惯性力 q_{d} 自身组成一平衡力系。为了求得圆环的周向应力，先求通过直径截面上的内力。为此将圆环沿直径分成两部分。研究上半部分，见图 14-4(c)，内力以 F_{Nd} 表示，由平衡条件 $\sum F_{y}=0$，得

$$2F_{Nd}=\int_{0}^{\pi}q_{d}\sin\theta\frac{D}{2}d\theta$$

解得

$$F_{Nd}=\frac{D}{2}q_{d}=\frac{A\rho D^{2}\omega^{2}}{4}$$

圆环的周向应力为

$$\sigma_{d}=\frac{F_{Nd}}{A}=\frac{\rho D^{2}\omega^{2}}{4}$$

根据强度条件

$$\sigma_d = \frac{\rho D^2 \omega^2}{4} \leqslant [\sigma]$$

可确定圆环的极限匀角速度为

$$\omega_u = \frac{2}{D}\sqrt{\frac{[\sigma]}{\rho}}$$

可见 ω_u 与横截面面积无关，即面积 A 对强度没有影响。

下面计算平均直径的改变量 δ 。若周向应变为 ε_d ，有

$$\varepsilon_d = \frac{\pi(D+\delta)-\pi D}{\pi D} = \frac{\delta}{D}$$

即 $\delta = \varepsilon_d D$。根据虎克定律有 $\varepsilon_d = \frac{\sigma_d}{E}$ ，将之代入上式，得平均直径的改变量为

$$\delta = \frac{\sigma_d}{E}D = \frac{\rho D^3 \omega^2}{4E}$$

若圆环是飞轮的轮缘，它与轮心采用过盈配合，当转速过大时，则由于变形过大而可能自行脱落。

例 14－3　在 AB 轴的 B 端有一个质量很大的飞轮(见图 14－5)。与飞轮相比，轴的质量可以忽略不计。轴的另一端 A 装有刹车离合器，飞轮的转动惯量为 $I_x = 0.5\ \text{kN}\cdot\text{m}\cdot\text{s}^2$，轴的直径 $d=100$ mm，转速 $n=300$ r/min，刹车时使轴在 10 秒内均匀减速停止转动。试求轴内最大动应力。

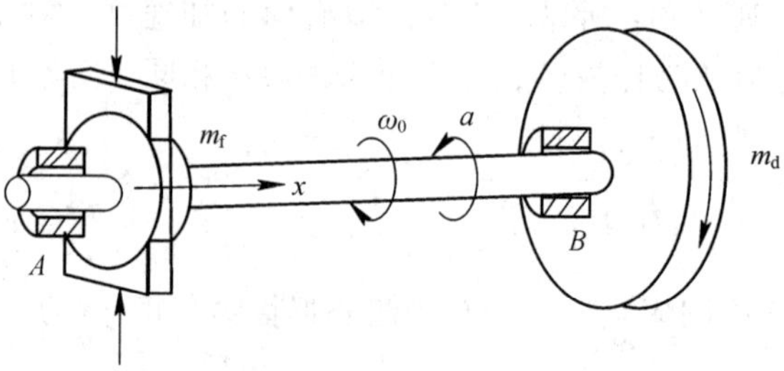

图　14－5

解　轴与飞轮的角速度(rad/s)为

$$\omega_0 = \frac{\pi n}{30} = \frac{300\pi}{30} = 10\pi$$

刹车时的角加速度(rad/s^2)为

$$\alpha = \frac{\omega_1 - \omega_0}{t} = \frac{0-10\pi}{10} = -\pi$$

等号右边的负号只是表示 a 与 ω_0 的方向相反。按动静法，飞轮的惯性力偶矩 m_d 与轮上的摩擦力矩 m_f 组成平衡力系。惯性力偶矩(kN·m)为

$$m_d = -I_x a = 0.5\pi$$

由平衡条件 $\sum M_x = 0$，得 $m_f = m_d = 0.5\pi$。轴横截面上的最大切应力为

$$\tau_{max} = \frac{m_d}{W_p} = \frac{0.5\pi\times10^3}{\frac{\pi}{16}\times0.1^3}\text{Pa} = 8\ \text{MPa}$$

14.4　冲击载荷和冲击应力

当不同速度的两个物体相接触，其速度在非常短的时间内发生改变时，或载荷迅速地作用在构件上，便发生了冲击现象。例如汽锤锻造、金属冲压加工、传动轴的突然制动等情况下都会出现冲击问题。通常冲击问题按一次性冲击考虑，对多次重复性冲击载荷来说将产生冲击疲劳。

14.4.1　冲击问题的理想化

冲击应力的计算是一个复杂问题，其困难在于需要分析物体在接触区内的应力状态和冲击力随时间变化的规律。冲击发生时，冲击区和支承处因局部塑性变形等会引起能量损失。同时，由于物体的惯性作用会使冲击时的应力或位移以波动的形式进行传播。考虑这些因素时，问题就变得十分复杂了，其中许多问题仍是目前正在研究和探索的问题。

因此，在工程中通常都在假设的基础上，采用近似的方法进行分析计算。即首先根据冲击物被冲击物在冲击过程中的主要表现，将冲击问题理想化，以便于求解。

这里介绍一种建立在一些假设基础上的按能量守恒原理分析冲击应力和变形的方法，可对冲击问题给出近似解答。

假设当冲击发生时：

(1) 冲击物为刚体，即略去其变形的影响。

(2) 被冲击物的惯性可以略去不计，并认为两物体一经接触就附着在一起，成为一个运动系统。

(3) 材料服从虎克定律，并略去冲击时因材料局部塑性变形和发出声响等而引起的一切其它能量损失。

基于上述假设，任何受冲击的构件或结构都可视为一个只起弹簧作用，而本身不具有质量的受冲击的弹簧。例如图 14-6(a)、(b)、(c)、(d)所示的受自由落体冲击时的构件或结构，都可简化为图 14-7 所示的冲击模型，只是各种情况下与弹簧等效的各自的弹簧常数不同而已。例如图 14-6(a)、(b)所示的构件，其等效的弹簧常数应分别为 $\dfrac{EA}{l}$ 和 $\dfrac{3EA}{l^3}$ 。

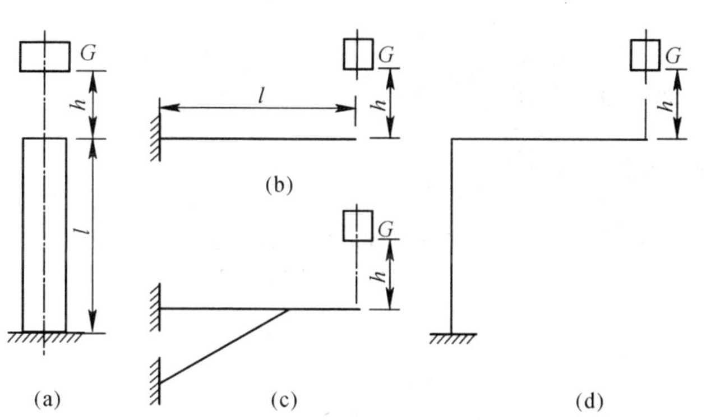

图　14-6

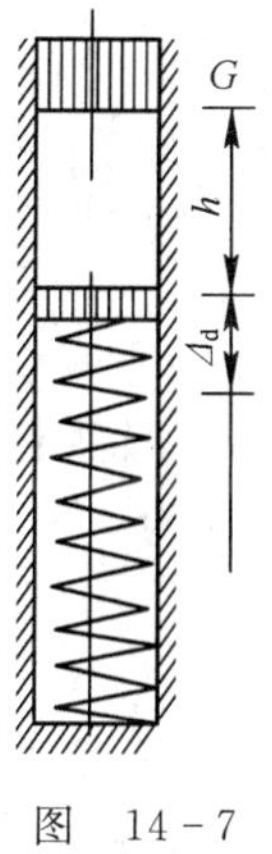

图　14-7

14.4.2　简单冲击问题的解法

1. 自由落体冲击

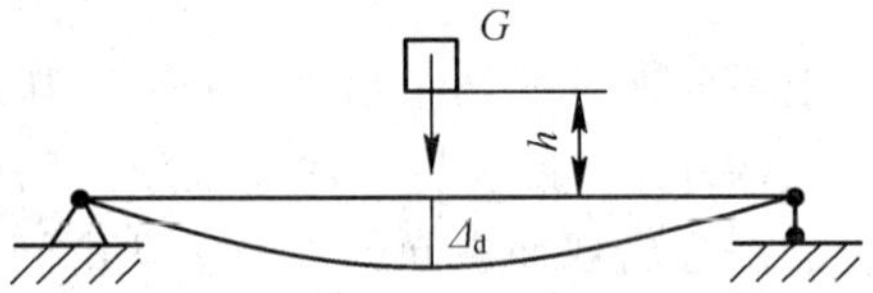

图　14-8

设一简支梁(线弹性体)受自由落体冲击如图 14-8 所示，试分析此梁内的最大动应力。

设重物的重量为 G，到梁顶面的距离为 h，并设冲击时梁所受到的冲击力为 F_d，其作用点的相应位移为 Δ_d，则冲击物在冲击前的瞬间所具有的速度为

$$v=\sqrt{2gh}$$

而在它与被冲击物一起下降 Δ_d 后，这一速度变为零。于是，冲击物在冲击过程中的能量损失包括两部分，一部分是动能损失：

$$T=\frac{G}{2g}v^2$$

另一部分是势能损失：

$$V=G\Delta_d$$

而被冲击物在这一过程中所储存的变形能，即等于冲击力所作的功。对于线弹性体，有

$$U_d=\frac{F_d\Delta_d}{2}$$

根据前面的假设，在冲击过程中，冲击物所损失的能量，应等于被冲击物所储存的变形能，则有

$$U_d=T+V$$

即

$$\frac{F_d\Delta_d}{2}=\frac{G}{2g}v^2+G\Delta_d \tag{a}$$

如设冲击点在静载荷 G 作用下的相应位移为 Δ_{st}，对于理想线弹性体，显然有

$$\frac{F_d}{\Delta_d}=\frac{G}{\Delta_{st}}$$

所以得到

$$\frac{F_d}{G}=\frac{\Delta_d}{\Delta_{st}}=K_d \tag{b}$$

式中，K_d 为动荷系数。将动载荷系数的表达式(b)代入能量转换式(a)，并经整理后得

$$K_d^2-2K_d-\frac{v^2}{g\Delta_{st}}=0 \tag{c}$$

方程(c)显然有两个根，其中负根对于这里讨论的问题来说是无意义的，故舍弃。于是动载荷系数为

$$K_d=1+\sqrt{1+\frac{v^2}{g\Delta_{st}}} \tag{14-8}$$

式(14-6)适用于所有自由落体冲击，但对于其它形式的冲击不适用。各种冲击形式下的动载荷系数，均可根据各自的能量转换关系导出。

由于 $v^2=2gh$，则式(14-6)可表示为

$$K_d=1+\sqrt{1+\frac{2h}{\Delta_{st}}} \tag{14-9}$$

当动载荷系数确定以后，只要将静载荷的作用效果放大 K_d 倍，即得动载的作用效果。即有：

$$F_d=K_dG$$
$$\Delta_d=K_d\Delta_{st}$$
$$\sigma_d=K_d\sigma_{st}$$

于是，梁的最大动应力为

$$\sigma_{dmax}=K_d\sigma_{stmax}$$

故梁的强度条件为

$$\sigma_{dmax}=K_d\sigma_{stmax}\leqslant[\sigma]$$

在上述讨论中，由于忽略了其它形式的能量损失，如振动波、弹性回跳以及局部塑性变形所消耗的能量，而认为冲击物所损失的能量，全部都转换成了被冲击物的变形能，因而这一算法事实上是偏于安全的。但是，值得注意的是，如果按这一算法算出的构件的最大工作应力，超过了材料的比例极限，即

$$\sigma_{dmax}>\sigma_p$$

时，上述算法将不再适用，因为这一算法是在被冲击物为理想线弹性体的前提下导出的。

例 14-4　重量 $G=1$ kN 的重物自由下落在矩形截面的悬臂梁上，如图 14-9 所示。已知 $b=120$ mm，$h=200$ mm，$H=40$ mm，$l=2$ m，$E=10$ GPa，试求梁的最大正应力与最大挠度。

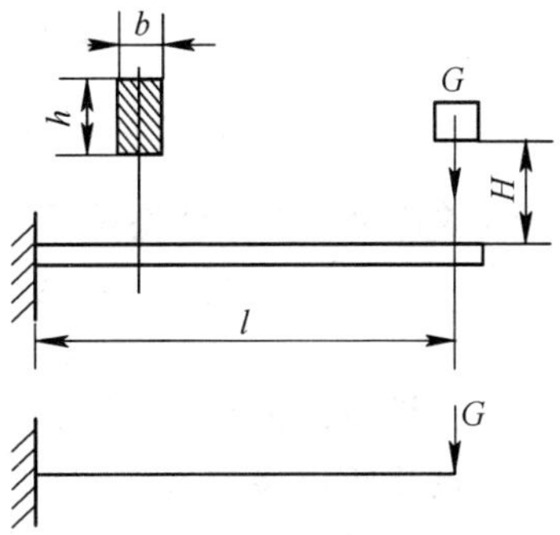

图　14-9

解　此题属于自由落体冲击，故可直接应用前面导出的公式计算，即

$$\sigma_{dmax}=K_d\sigma_{stmax}$$
$$\Delta_{dmax}=K_d\Delta_{stmax}$$

而动载荷系数：

$$K_d=1+\sqrt{1+\frac{2H}{\Delta_{st}}}$$

于是求解过程可分为两个步骤。

(1) 动载荷系数的计算。为了计算 K_d，应先求冲击点的静位移 Δ_{st}。悬臂梁受静载荷 G 作用时，载荷作用点的静位移，即自由端的挠度为

$$\Delta_{st}=\Delta_{stmax}=\frac{Gl^3}{3EI}=\frac{1\times10^3\times(2\times10^3)^3}{3\times10\times10^3\times\dfrac{120\times200^3}{12}}\ \text{mm}=\frac{10}{3}\ \text{mm}$$

则动载荷系数：

$$K_d=1+\sqrt{1+\frac{2\times40}{10/3}}=6$$

(2) 静载荷作用下的应力与变形。如图 14-9 所示，悬臂梁受静载荷 G 作用时，最大

正应力发生在靠近固定端的截面上，其值为

$$\sigma_{stmax}=\frac{M_{max}}{W}=\frac{6Gl}{bh^2}=\frac{6\times1\times10^3\times2\times10^3}{120\times200^2}\ \text{MPa}=2.5\ \text{MPa}$$

而最大挠度发生在自由端，即

$$\Delta_{stmax}=\frac{10}{3}\ \text{mm}$$

于是，此梁的最大动应力与最大动挠度分别为

$$\sigma_{dmax}=2.5\times6\ \text{MPa}=15\ \text{MPa}$$

$$\Delta_{dmax}=\frac{10}{3}\times6\ \text{mm}=20\ \text{mm}$$

2. 水平冲击

重量为 G 的重物以水平速度 v 撞在直杆上，如图 14－10 所示。若已知杆的抗弯刚度 EI 为常数，而抗弯截面系数为 W，试求杆内的最大正应力。

此问题不属于自由落体冲击，因而一些相关的公式，需要根据冲击过程中的能量转换关系重新推导。

设杆件受到的水平方向的冲击力为 F_d，其作用点的相应位移为 Δ_d，则杆件的变形能为

$$U_d=\frac{F_d\Delta_d}{2}$$

而重物在冲击过程中早有动能损失，其值为

$$T=\frac{G}{2g}v^2$$

于是，这时的能量转换关系为

$$\frac{F_d\Delta_d}{2}=\frac{G}{2g}v^2$$

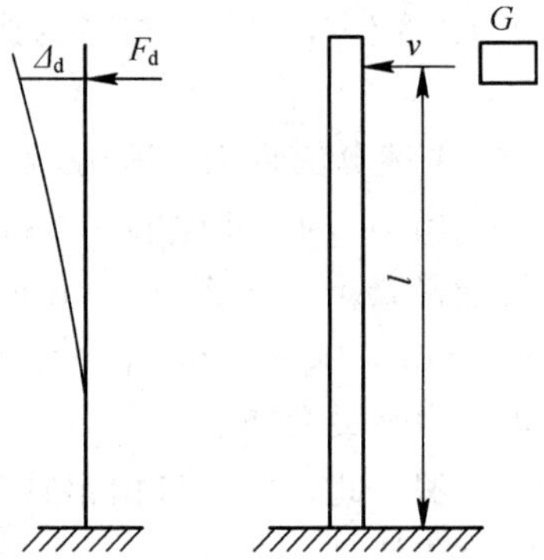

图　14－10

如设沿冲击方向，即水平方向，作用静载荷 G 时，其作用点的相应位移为 Δ_{st}，对于线弹性体则有下述关系存在：

$$\frac{F_d}{G}=\frac{\Delta_d}{\Delta_{st}}=K_d$$

将这一关系式，代入上面的能量转换关系式，并经整理后得

$$K_d^2=\frac{v^2}{g\Delta_{st}}$$

舍去无意义的负根，得水平冲击时的动载荷系数为

$$K_d=\sqrt{\frac{v^2}{g\Delta_{st}}}$$

此杆在静载荷 G 作用下，其作用点的相应静位移为

$$\Delta_{st}=\frac{Gl^3}{3EI}$$

而杆内的最大静应力为

$$\sigma_{stmax}=\frac{M_{max}}{W}=\frac{Gl}{W}$$

于是，杆内的最大动应力为

$$\sigma_{\mathrm{dmax}}=K_{\mathrm{d}}\sigma_{\mathrm{stmax}}=\sqrt{\frac{v^2}{g\frac{Gl^3}{3EI}}}\frac{Gl}{W}=\frac{v}{W}\sqrt{\frac{3GEI}{gl}} \tag{14-10}$$

例 14－5　图 14－11 中所示的变截面杆 a 的最小截面与等截面杆 b 的截面相等，在相同的冲击载荷下，试比较柱两杆的强度。两杆的材料相同。

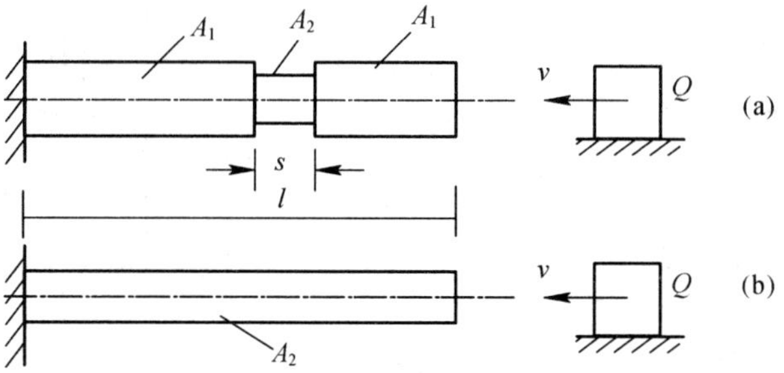

图　14－11

解　在相同的静载荷作用下，两杆的静应力 σ_{st} 相同，但杆 a 的静变形 $\Delta_{\mathrm{st}}^{\mathrm{a}}$ 显 然小于杆 b 的静变形 $\Delta_{\mathrm{st}}^{\mathrm{b}}$，则杆 a 的动应力必然大于杆 b 的动应力。而且杆 a 的削弱部分的长度 s 越小，则静变形越小，就更加增大了动应力的数值。

从式(14－8)、式(14－9)都可看到，在冲击问题中，如能增大静位移 Δ_{st}，就可以降低冲击载荷和冲击应力。这是因为静位移的增大表示构件较为柔软，因而能更多地吸收冲击物的能量。但是，增加静变形 Δ_{st} 应尽可能地避免增加静应力 σ_{st}，否则，降低了动载荷系数 K_{d}，却又增加了 σ_{st}，结果动应力未必就会降低。汽车大梁与轮轴之间安装叠板弹簧，火车车厢架与轮轴之间安装压缩弹簧，某些机器或零件上加上橡皮座垫或垫圈，都是为了既提高静变形 Δ_{st}，又不改变构件的静应力。这样可以明显地降低冲击应力，起很好的缓冲作用。

由弹性模量较低的材料制成的杆件，其静变形较大。所以如用弹性模量较低的材料代替弹性模量较高的材料，也有利于降低冲击应力。但弹性模量较低的材料往往许用应力也较低，所以还应注意是否能满足强度条件。

上述计算方法，省略了其它形式能量的损失。事实上，冲击物所减少的动能和势能不可能全部转变为被冲构件的变形能。所以，按上述方法算出的被冲构件的变形能的数值偏高，由这种方法求得的结果偏于安全。

14.3.3　其它类型的冲击问题

为了进一步掌握冲击过程中的能量转换关系，现在讨论几例工程中常见的冲击问题。图 14－12 所示吊索的一端悬挂着重量为 G 的重物，另一端绕在绞车的鼓轮上。已知吊索的横截面面积为 A，弹性模量为 E，重物以匀速 v 下降。当吊索的长度为 l 时，绞车突然刹住，试求吊索内的最大正应力。

此例与前面问题的差别就在于，刹车前吊索已经受到静载荷 G 的作用，产生了静变形 Δ_{st}，并且已经储存了变形能 $U_{\mathrm{st}}=G\Delta_{\mathrm{st}}/2$。因此，如设吊索最终变形为 Δ_{d}，相应的载荷为 F_{d}，则由图 14－12 知，吊索在冲击过程中所储存的变形能为

$$U_d = \frac{F_d \Delta_d}{2} - \frac{G\Delta_{st}}{2}$$

则重物在这一过程中，损失的能量有动能：

$$T = \frac{G}{2g} v^2$$

及势能：

$$V = G(\Delta_d - \Delta_{st})$$

于是，这时的能量转换关系为

$$\frac{F_d \Delta_d}{2} - \frac{G\Delta_{st}}{2} = \frac{G}{2g} v^2 + G(\Delta_d - \Delta_{st})$$

再借助于

$$\frac{F_d}{G} = \frac{\Delta_d}{\Delta_{st}} = K_d$$

即可求得此时的动载荷系数为

$$K_d = 1 + \sqrt{\frac{v^2}{g\Delta_{st}}}$$

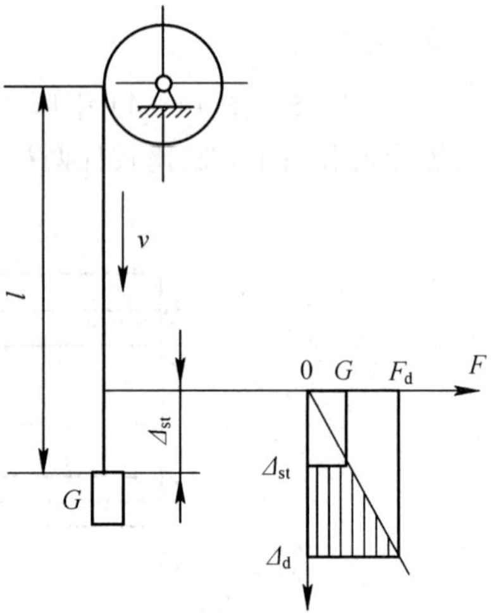

图 14-12

吊索在静载荷 G 作用下的静应力与静变形分别为

$$\sigma_{st} = \frac{G}{A}, \quad \Delta_{st} = \frac{Gl}{AE}$$

于是，突然刹车时吊索中的最大动应力为

$$\sigma_d = K_d \sigma_{st} = \left(1 + \sqrt{\frac{v^2}{g\Delta_{st}}}\right)\frac{G}{A} = \left(1 + \sqrt{\frac{AEv^2}{gGl}}\right)\frac{G}{A} \tag{14-11}$$

例 14-6 若例 14-3 中的 AB 轴在 A 端突然刹车(即 A 端突然停止转动)，试求轴内最大动应力。设切变模量 $G=80$ GPa，轴长 $l=1$ m。

解 当 A 端刹车时，B 端飞轮具有动能，固而 AB 轴受到冲击，发生扭转变形。在冲击过程中，飞轮的角速度最后降低为零，它的动能 T 全部转变为轴的变形能 U_d。飞轮动能的改变为

$$T = \frac{1}{2} I_x \omega^2$$

AB 轴的扭转变形能为

$$U_d = \frac{T_d^2 l}{2GI_p}$$

由 $U_d = T$ 解出扭矩：

$$T_d = \omega \sqrt{\frac{I_x G I_p}{l}}$$

轴内最大切应力为

$$\tau_{dmax} = \frac{T_d}{W_t} = \omega \sqrt{\frac{I_x G I_p}{l W_t^2}}$$

对于圆轴有

$$\frac{I_p}{W_t^2}=\frac{\pi d^4}{32}\times\left(\frac{16}{\pi d^3}\right)2=\frac{2}{A}$$

所以

$$\tau_{\mathrm{dmax}}=\omega\sqrt{\frac{2I_xG}{Al}}$$

可见扭转冲击时的最大动应力 τ_{dmax} 与轴的体积有关。体积 Al 越大，τ_{dmax} 越小。把已知数据代入上式，得

$$\tau_{\mathrm{dmax}}=10\pi\sqrt{\frac{2\times0.5\times10^{-3}\times80\times10^{3}}{\pi\times(50\times10^{-3})^2\times1}}\ \mathrm{MPa}=3171\ \mathrm{MPa}$$

与例 14－3 比较，可知这里求得的 τ_{dmax} 是在那里所得最大切应力的 396 倍。对于常用钢材，许用扭转切应力约为 $[\tau]=80\sim100$ MPa，上面求出的 τ_{dmax} 已经远远超过了许用应力。所以对保证轴的安全来说，冲击载荷是十分有害的。

例 14－7　横截面积为 A_1，弹性模量为 E_1，长度为 l_1，单位体积重量为 γ 的匀质等直杆 1 以水平速度 v 与等直杆 2 相撞，如图 14－13 所示。若杆 2 的长度为 l_2，横截面积为 A_2，弹性模量为 E_2，试求两杆中的最大动应力。

解　在这一冲击过程中，两杆都将产生变形，因而两杆都储存了变形能。如设两杆之间的冲击力为 $\boldsymbol{F}_{\mathrm{d}}$，则杆 2 的变形能为

$$U_{\mathrm{d2}}=\frac{F_{\mathrm{d}}^2l_2}{2A_2E_2}$$

这时，杆 1 将受到沿轴线均匀分布的惯性力的作用，如图 14－13 所示，其集度为

$$p=\frac{F_{\mathrm{d}}}{l_1}$$

于是，任意横截面上的轴力为

$$F_{\mathrm{Nd}}=px=\frac{F_{\mathrm{d}}}{l_1}x$$

故其变形能为

$$U_{\mathrm{d1}}=\int_0^{l_1}\frac{F_{\mathrm{Nd}}^2\mathrm{d}x}{2A_1E_1}=\frac{F_{\mathrm{d}}^2l_1}{6A_1E_1}$$

而这两部分变形能都是由杆 1 的动能转换而来的。在这一冲击过程中，杆 1 损失的动能为

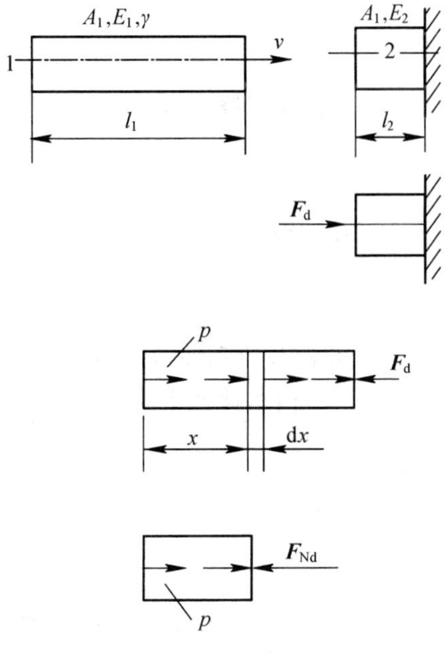

图　14－13

$$T=\frac{A_1l_1\gamma}{2g}v^2$$

于是，由 $U_{\mathrm{d1}}+U_{\mathrm{d2}}=T$ 解出冲击力：

$$F_{\mathrm{d}}=\sqrt{\frac{A_1l_1\gamma v^2}{\left(\frac{l_1}{3A_1E_1}+\frac{l_2}{A_2E_2}\right)g}}$$

故两杆的最大动应力分别为

$$\sigma_{d1}=\frac{F_d}{A_1},\ \sigma_{d2}=\frac{F_d}{A_2}$$

本章知识要点

1. 匀加速直线运动构件的动应力。

动荷系数为

$$K_d=\frac{\sigma_d}{\sigma_{st}}=1+\frac{a}{g}$$

构件作匀加速直线运动的强度条件为

$$\sigma_{dmax}=\sigma_{stmax}K_d\leqslant[\sigma]$$

2. 匀速旋转构件的动应力。

(1) 构件围绕一个端点旋转时，最大动应力为

$$\sigma_{max}=\frac{\gamma\omega^2}{2g}l^2$$

杆的总伸长为

$$\Delta l=\frac{\gamma\omega^2 l^3}{3Eg}$$

(2) 圆环围绕自身圆心旋转时，最大动应力为

$$\sigma_d=\frac{\rho D^2\omega^2}{4}$$

平均直径的改变量为

$$\delta=\frac{\sigma_d}{E}D=\frac{\rho D^3\omega^2}{4E}$$

3. 冲击载荷和冲击应力。

(1) 自由落体冲击时，动荷系数为

$$K_d=1+\sqrt{1+\frac{2h}{\Delta_{st}}}$$

最大动应力为

$$\sigma_{dmax}=K_d\sigma_{stmax}$$

(2) 水平冲击时，动荷系数为

$$K_d=\sqrt{\frac{v^2}{g\Delta_{st}}}$$

最大动应力为

$$\sigma_{dmax}=\frac{v}{W}\sqrt{\frac{3GEI}{gl}}$$

(3) 对于突然刹车吊索引起的冲击，动荷系数为

$$K_d=1+\sqrt{\frac{v^2}{g\Delta_{st}}}$$

最大动应力为

$$\sigma_d = \left(1 + \sqrt{\frac{AEv^2}{gGl}}\right)\frac{G}{A}$$

思　考　题

14－1　什么叫静载荷？什么叫动载荷？什么叫动应力？

14－2　构件中各质点的加速度已知时，如何计算构件内的应力？与构件处于平衡状态相比较，在应力和强度计算方法上有什么相同和不同的地方？

14－3　什么叫动载荷因数？物体作等加速直线运动时和受冲击时的动载荷因数各与哪些因素有关？

14－4　突加载荷与静载荷有什么不同？

14－5　一铅垂方向放置的简支梁，受水平速度为 $\boldsymbol{v}_0$ 的质量 $\boldsymbol{m}$ 的冲击，见图 14－14。梁的弯曲刚度为 EI。那么梁内的最大冲击应力与冲击位置有没有关系？为什么？

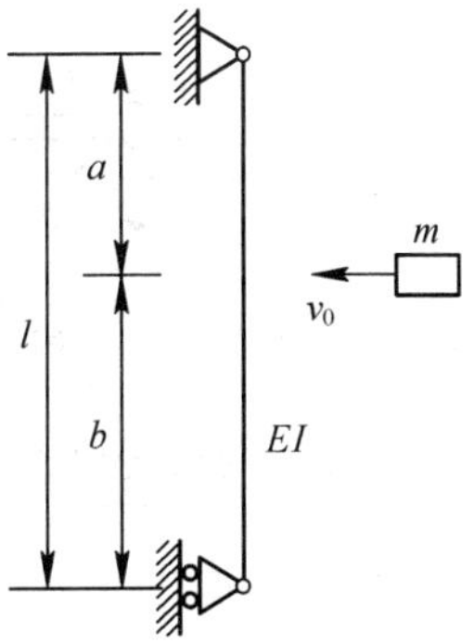

图　14－14

习　题

14－1　如图 14－15 所示，杆 AB 以匀角速度 w 绕 y 轴在水平面内旋转，杆材料的密度为 ρ，弹性模量为 E，试求：

（1）沿杆轴线各横截面上正应力的变化规律（不考虑弯曲）；

（2）杆的总伸长。

14－2　图 14－16 所示桥式起重机主梁由两根 16 号工字钢组成，主梁以匀速度 $v=1$ m/s向前移动（垂直纸面），当起重机突然停止时，重物向前摆动，试求此瞬时梁内最大正应力（不考虑斜弯曲影响）。

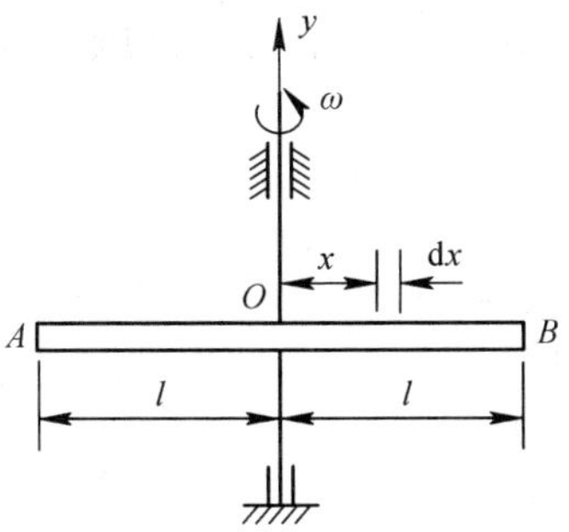

图　14－15

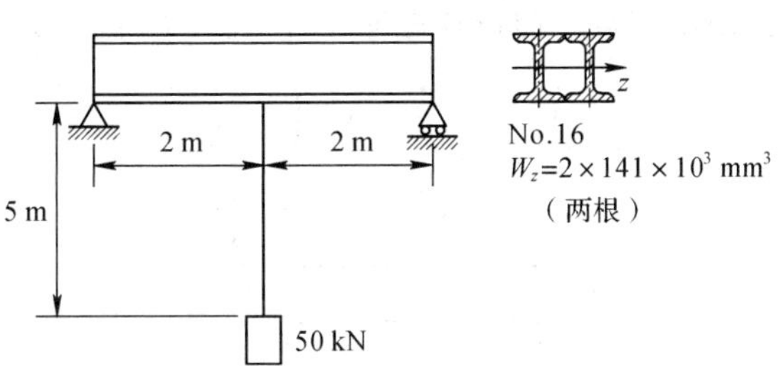

图　14－16

14－3　图 14－17 所示钢轴 AB 的直径 $d=80$ mm，轴上连有一相同直径的钢质圆杆 CD，钢材密度 $\rho=7.95\times10^3$ kg/m³。若轴 AB 以匀角速度 $w=40$ rad/s 转动，材料的许用应力 $[\sigma]=70$ MPa，试校核杆 AB、CD 的强度。

14－4　图 14－18 所示连杆 AB，A 与曲轴的曲柄颈相连，曲轴以等角速度 w 绕轴 O

旋转。B 与滑块相连，作水平往复运动。设 $l \gg R$，连杆密度 ρ 、横截面面积 A、弯曲截面系数 W_z 均为已知。试求连杆所受的最大正应力。

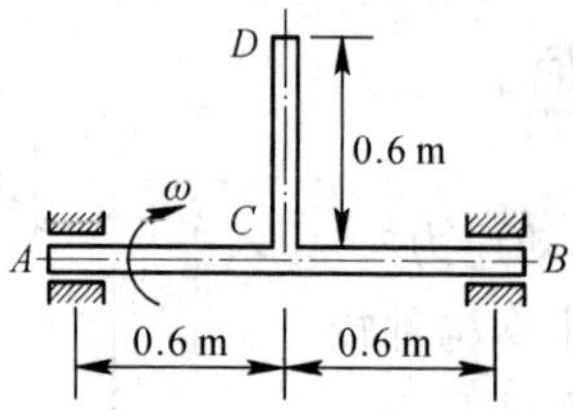

图　14-17

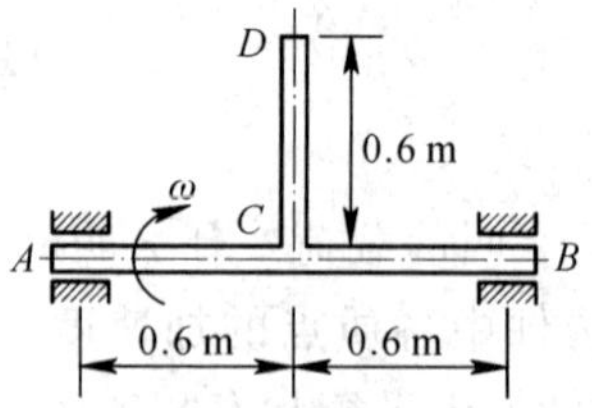

图　14-18

14-5　两根悬臂梁如图 14-19 所示，其弯曲截面系数均为 W，区别在于图(b)梁在 B 处有一弹簧，重物 P 自高度 h 处自由下落。若动荷因数为 $K_d=\sqrt{\dfrac{2h}{\Delta_{st}}}$，试回答：

(1) 哪根梁的动荷因数较大，为什么？

(2) 哪根梁的冲击应力大，为什么？

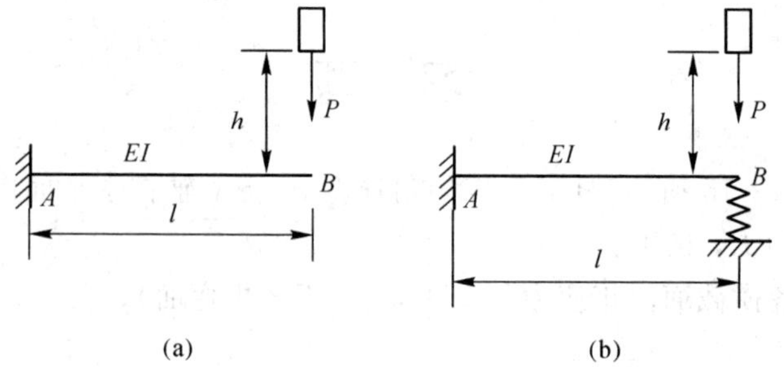

图　14-19

14-6　图 14-20 所示等截面刚架的弯曲刚度为 EI，弯曲截面系数为 W，重量为 P 的重物自由下落时，试求刚架内 σ_{dmax}（不计轴力）。

14-7　图 14-21 所示密度为 ρ 的等截面直杆 AB，自由下落与刚性地面相撞，试求冲击时的动荷因数。假设杆截面 x 上的动应力 $\sigma_d(x)=\sigma_{dmax}\cdot x/l$。

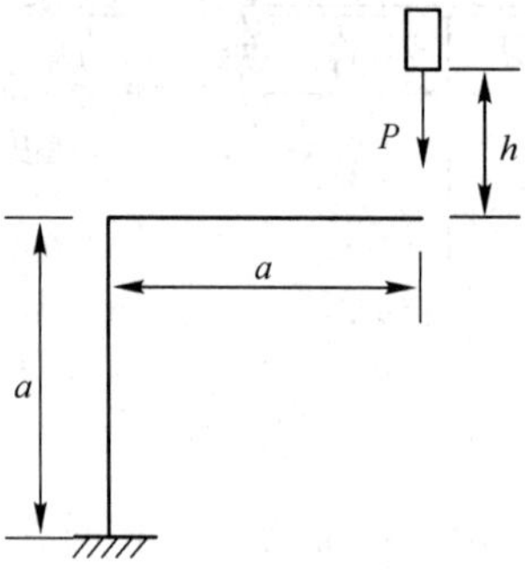

图　14-20

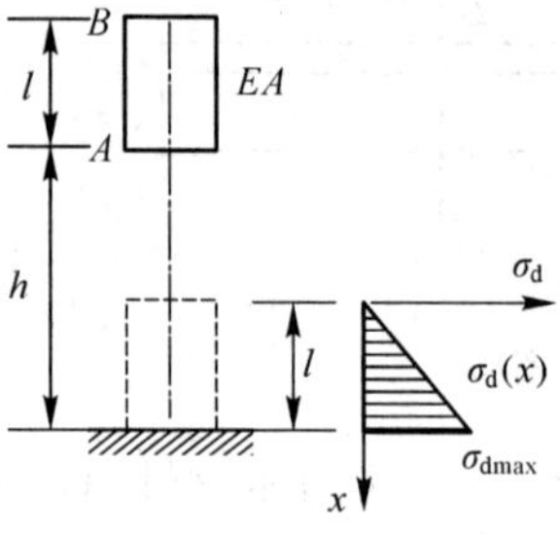

图　14-21

14-8　自由落体冲击如图 14-22 所示，冲击物重量为 P，离梁顶面的高度为 h_0，梁

的跨度为 l，矩形截面尺寸为 $b\times h$，材料的弹性模量为 E，试求梁的最大挠度。

14－9　图 14－23 所示等截面折杆在 B 点受到重量 $P=1.5$ kN 的自由落体的冲击，已知折杆的弯曲刚度 $EI=5\times10^4$ N·m^2。试求点 D 在冲击载荷下的水平位移。

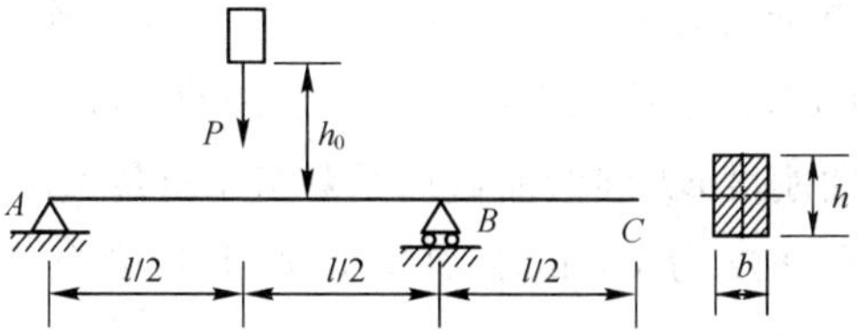

图　14－22

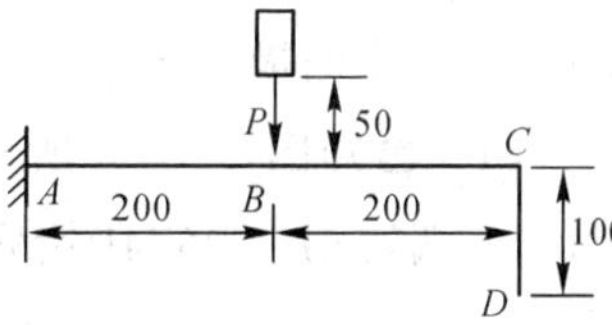

图　14－23

14－10　图 14－24 所示等截面折杆，重量为 P 的重物自 h 高处自由下落于 B 处，设各段的弯曲刚度均为 EI，已知 P、a、h、EI。试求 D 处的铅垂位移(被冲击结构的质量不计)。

14－11　重物 P 可绕点 B 在纸平面内转动，当它在图 14－25 所示位置时，其水平速度为 v_0。梁 AC 的长度 l 和弯曲刚度 EI 为已知，试求冲击时梁内最大正应力。

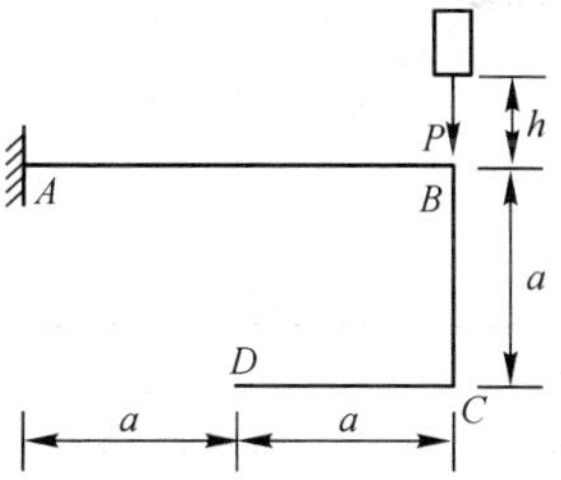

图　14－24

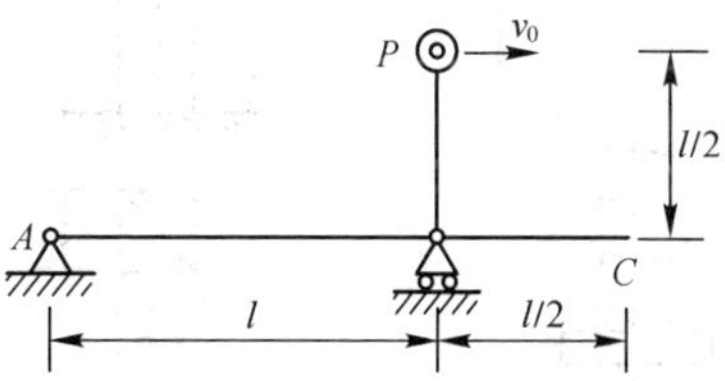

图　14－25

14－12　图 14－26 所示悬臂梁 AB，其截面高度 $h=20$ mm，宽度按等腰三角形变化，B 端的宽度为 $b_0=50$ mm，梁长 $l=1$ m，在 A 端受到重量 $P=200$ N 的重物自高度 $h=200$ mm 处自由下落的冲击作用，设材料的弹性模量 $E=200$ GPa。

(1) 求冲击时梁内的最大正应力。

(2) 若将梁改为宽度 $b=b_0=50$ mm 的等宽梁，h 不变，冲击时梁内的最大正应力为原来的多少倍?

14－13　图 14－27 所示重物 P 从高度 h_0 处自由下落到钢质曲拐上，AB 段为圆截面，CB 段为矩形截面，试按第三强度理论写出截面 A 的危险点的相当应力(自重不计)。

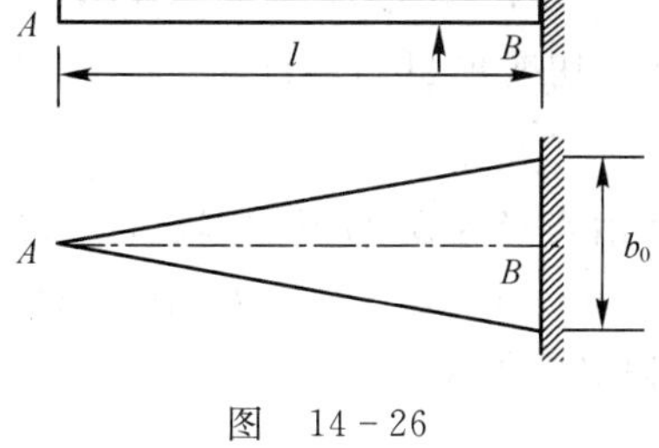

图　14－26

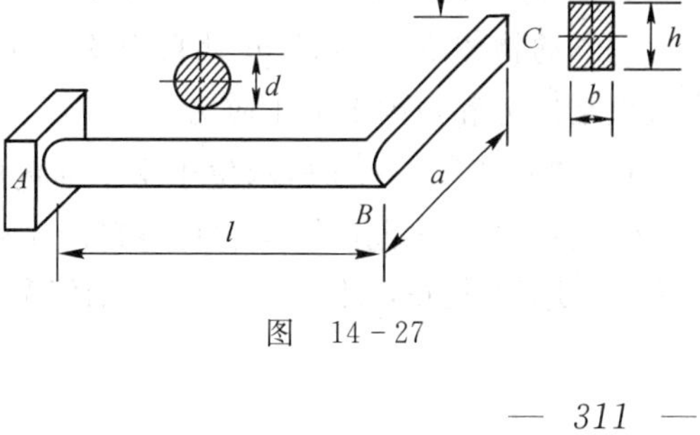

图　14－27

14－14　图14－28所示钢质圆杆，受重为 P 的自由落体冲击，已知圆杆的弹性模量 $E=200$ GPa，直径 $d=15$ mm，杆长 $l=1$ m，弹簧刚度 k=300 kN/m，$P=30$ N，$h=0.5$ m，试求钢杆的最大应力。

14－15　已知图14－29所示方形钢杆的截面边长 $a=50$ mm，杆长 $l=1$ m，弹性模量 $E=200$ GPa，比例极限 $\sigma_p=200$ MPa，$P=1$ kN。试按稳定条件计算允许冲击高度 h 值。

14－16　已知图14－30所示梁 AB 的弯曲刚度 EI 和弯曲截面系数 W，重量为 P 的物体绕梁的 A 端转动，当它在铅垂位置时，水平速度为 v，试求梁受 P 冲击时梁内最大正应力。

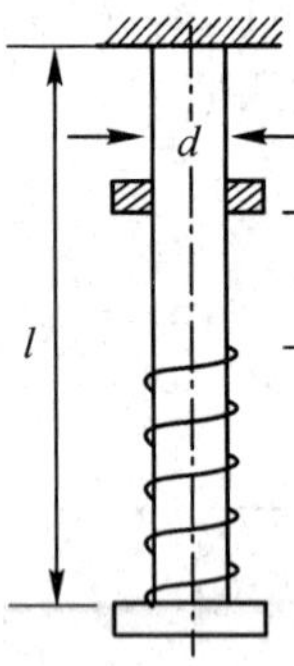

图　14－28

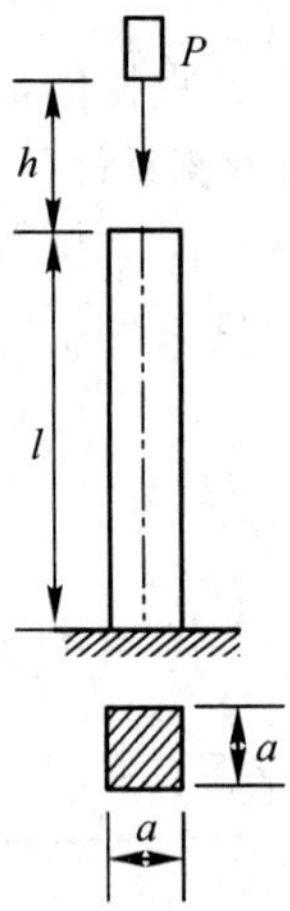

图　14－29

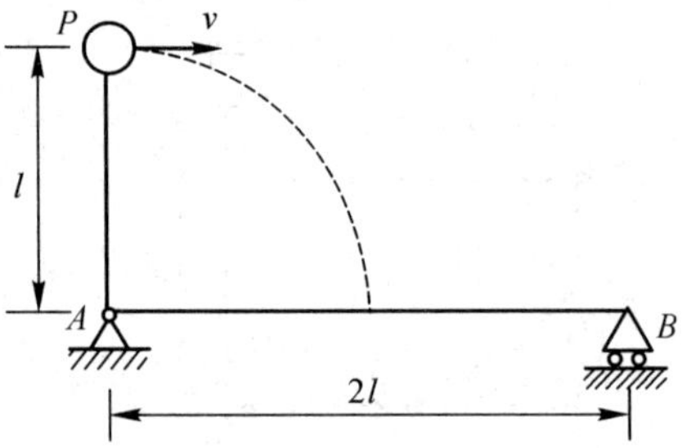

图　14－30

14－17　图14－31所示带微小切口之细圆环，横截面面积为 A，弯曲刚度为 EI，半径为 R，材料密度为 ρ，当此圆环绕其中心以角速度 w 在环所在面内旋转时，试求环切口处的张开位移(小变形)。

4－18　图14－32所示有切口的薄壁圆环，下端吊有重物 P，吊索与环的弹性模量 E 相同，吊索横截面积为 A，圆环截面惯性矩为 l，圆环平均半径为 R，当重物 P 以速度 v 下降至吊索长度为 l 时，突然刹住，试求此时薄壁切口张开量的大小。

$\left(\text{提示}:K_d=1+\sqrt{\dfrac{v^2}{g\Delta_{st}}}\right)$

14－19　图14－33所示圆杆直径 $d=60$ mm，长 $l=2$ m，右端有直径 $D=0.4$ m的鼓轮，轮上绕以绳，绳长 $l_1=10$ m，横截面积 $A=100\ \text{mm}^2$，弹性模量 $E=200$ GPa，重量 $P=1$ kN的物体自 $h=0.1$ m 处自由落下于吊盘上，若杆的切变模量 $G=80$ GPa，试求杆内最大切应力和绳内最大正应力。

14－20　图14－34所示位于水平面内的托架 $ABCD$ 由直径为 d 的圆钢制成，A 端固定，D 端自由。一重量为 P 的物体自高 h 处自由下落在点 D。已知 a、P、h、d、弹性模量 E 及切变模量 G，且 $E=2.5G$。试按第三强度理论求相当应力 σ_{r3}。

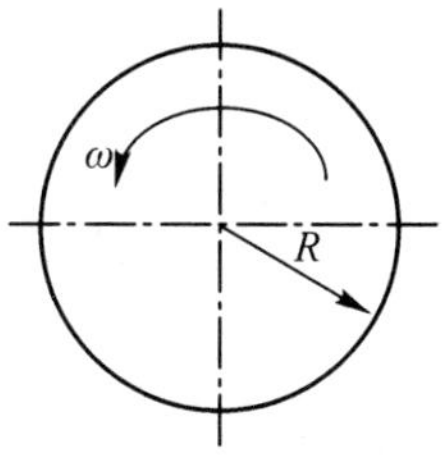

图　14-31

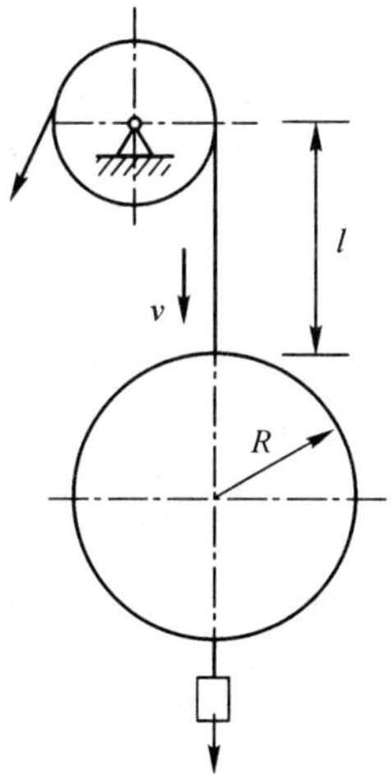

图　14-32

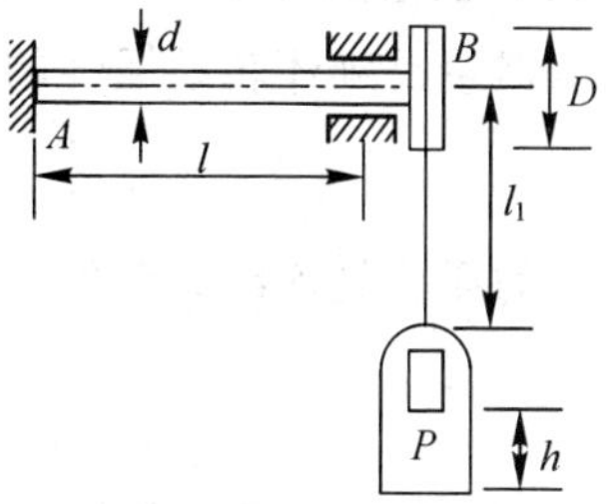

图　14-33

14-21　如图 14-35 所示，直杆 AC 长为 l，弯曲刚度为 EI，弯曲截面系数为 W，在水平面内绕过 A 点的铅垂轴以匀角速度 w 转动，杆的 C 端为一重为 P 的物体。如因支座 B 的约束，杆 AC 突然停止转动，试求杆 AC 内的最大冲击应力(忽略杆 AC 的质量)。

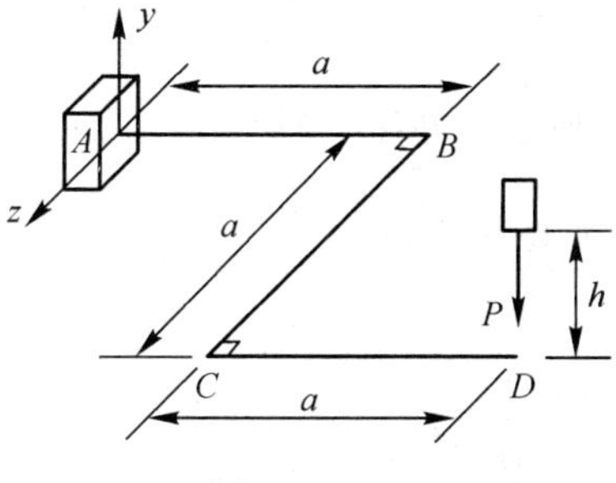

图　14-34

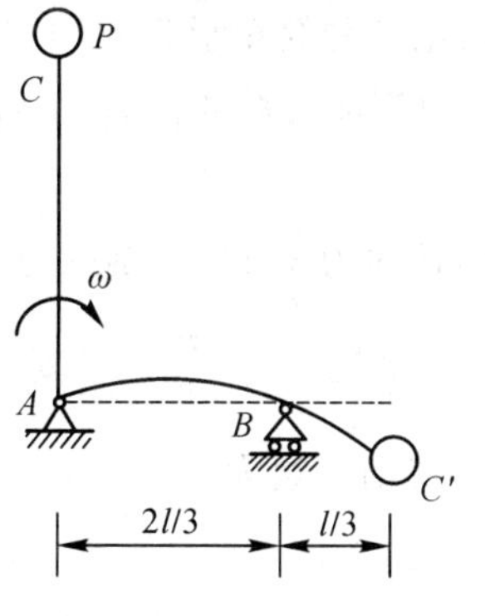

图　14-35

14-22　图 14-36 所示钢杆 AB 以速度 v 作水平运动，在杆前端装有缓冲弹簧。不计弹簧质量，已知其刚度系数为 $k=\dfrac{EA}{21l}$，杆的横截面积为 A，长度为 l，材料的密度为 ρ，弹性模量为 E。试求此杆冲击在刚性墙上时杆中的最大应力。

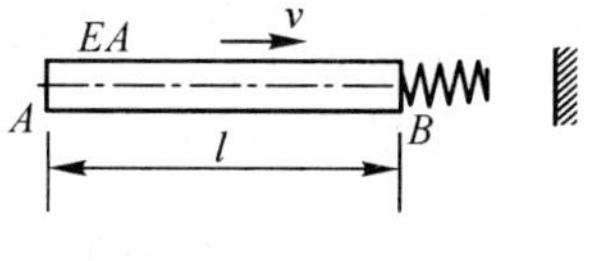

图　14-36

附 录 转动惯量

1. 转动惯量的计算

转动惯量是刚体转动惯性的度量，其表达式为

$$J_z=\sum m_i r_i^2 \tag{1}$$

如果刚体的质量是连续分布的，则转动惯量的表达式可写成积分的形式：

$$J_z=\int_M r_i^2\,\mathrm{d}m \tag{2}$$

转动惯量为一恒正标量，其值取决于轴的位置、刚体的质量及其分布，而与运动状态无关。

刚体转动惯量的计算方法，原则上都是根据式(1)导出的。对于简单的规则形状刚体可以用积分方法求得；对于组合形体可用类似求重心的组合法来求得，这时要应用转动惯量的平行轴定理；对于形状复杂的或非均质的刚体，通常采用实验法进行测定。

下面讨论几种简单形状的均质物体的转动惯量的计算。

(1) 设均质细长杆的长为 l，质量为 m，求它对于质心 C 且与杆的轴线相垂直的 z 轴的转动惯量。

取杆的轴线为 x 轴，z 轴的位置如附图 1-1 所示。在距 z 轴为 x 处取一长度为 $\mathrm{d}x$ 的微段，它的质量为 $\mathrm{d}m=\frac{m}{l}\mathrm{d}x$，对于 z 轴的转动惯量为 $x^2\mathrm{d}m=\frac{m}{l}x^2\mathrm{d}x$。于是整个细长杆对于 z 轴的转动惯量为

$$J_z=\int_{-\frac{l}{2}}^{\frac{l}{2}}\frac{m}{l}x^2\,\mathrm{d}x=\frac{1}{12}ml^2 \tag{3}$$

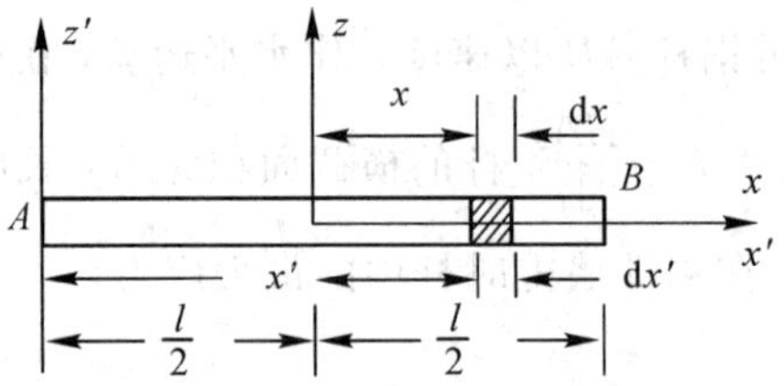

附图 1-1

同法可得细长杆对于通过杆端 A 且与 z 轴平行的 z_1 轴的转动惯量为

$$J_z=\int_{-\frac{l}{2}}^{\frac{l}{2}}\frac{m}{l}\left(\frac{l}{2}+x\right)^2\mathrm{d}x=\frac{m}{l}\int_{-\frac{l}{2}}^{\frac{l}{2}}\left(\frac{l}{2}+x\right)^2\mathrm{d}\left(\frac{l}{2}+x\right)=\frac{1}{3}ml^2 \tag{4}$$

(2) 设均质矩形薄板的边长为 a 和 b；质量为 m，求它对于 y 轴的转动惯量。

将矩形板分成许多平行于 x 轴的细长条，如附图 1－2 所示。任意细长条的质量为 Δm_i，由上题知它对于 y 轴的转动惯量为 $\frac{1}{3}\Delta m_i a^2$。于是整个矩形板对于 y 轴的转动惯量为

$$J_y=\sum\frac{1}{3}\Delta m_i a^2=\frac{1}{3}a^2\sum m_i=\frac{1}{3}ma^2 \qquad (5)$$

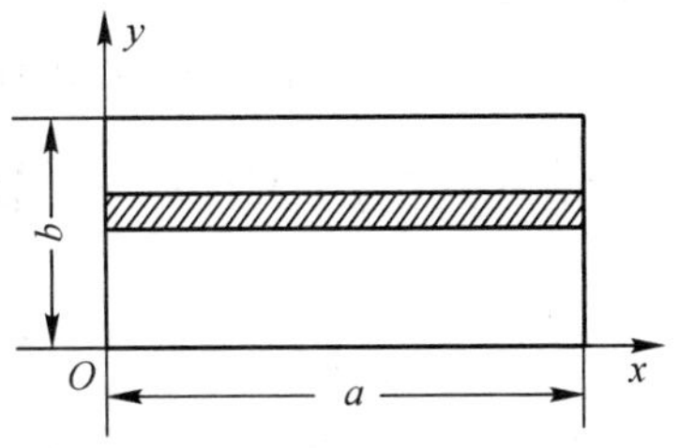

附图　1－2

同法可得矩形薄板对于 x 轴的转动惯量为

$$J_x=\frac{1}{3}mb^2 \qquad (6)$$

(3) 设均质细圆环的半径为 R，质量为 m，求它对于垂直于圆环平面过中心 O 的 z 轴的转动惯量。

将圆环分成许多微小段，如附图 1－3 所示，任意小段的质量为 Δm_i，它对于 z 轴的转动惯量为 $\Delta m_i R^2$，于是整个细圆环对于 z 轴的转动惯量为

$$J_z=\sum\Delta m_i R^2=R^2\sum\Delta m_i=mR^2 \qquad (7)$$

(4) 设均质薄圆板的半径为 R，质量为 m，求它对于垂直于板面过中心 O 的 z 轴的转动惯量。

将圆板分成许多同心圆环，如附图 1－4 所示，任意圆环的半径为 r，宽度为 $\mathrm{d}r$，它的质量为 $\mathrm{d}m=\frac{m}{\pi R^2}2\pi r\,\mathrm{d}r=\frac{2m}{R^2}r\,\mathrm{d}r$，由(3)知此圆环对于 z 轴的转动惯量为 $r^2\mathrm{d}m=\frac{2m}{R^2}r^3\mathrm{d}r$，于是整个圆板对于 z 轴的转动惯量为

$$J_z=\int_0^R\frac{2m}{R^2}r^3\mathrm{d}r=\frac{2m}{R^2}\int_0^R r^3\mathrm{d}r=\frac{1}{2}mR^2 \qquad (8)$$

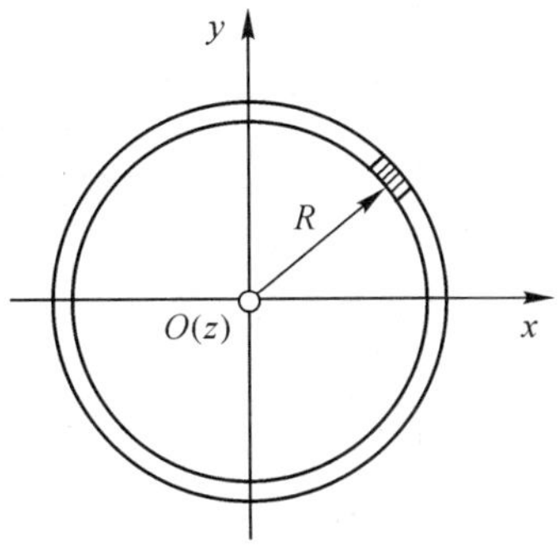

附图　1－3

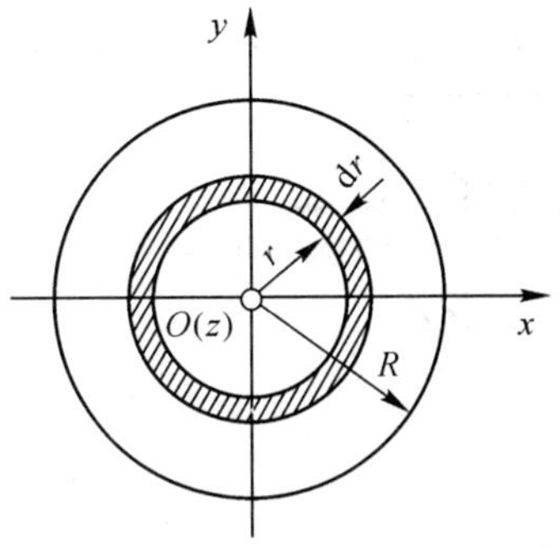

附图　1－4

上述(2)～(4)均属平面情形，它们对于过 O 点且与图面垂直的轴的转动惯量有时也称为对于 O 点的转动惯量，并记作 J_O。

(5) 设均质圆柱的半径为 R，质量为 m，求它对于纵向中心轴 z 的转动惯量。

将圆柱分成许多薄圆板，如附图 1－5 所示，任意圆板的质量为 Δm_i，由（4）知它对于 z 轴的转动惯量为 $\frac{1}{2}\Delta m_i R^2$，于是整个圆柱对于 z 轴的转动惯量为

$$J_z=\sum\frac{1}{2}\Delta m_i R^2=\frac{1}{2}R^2\sum\Delta m_i=\frac{1}{2}mR^2 \tag{9}$$

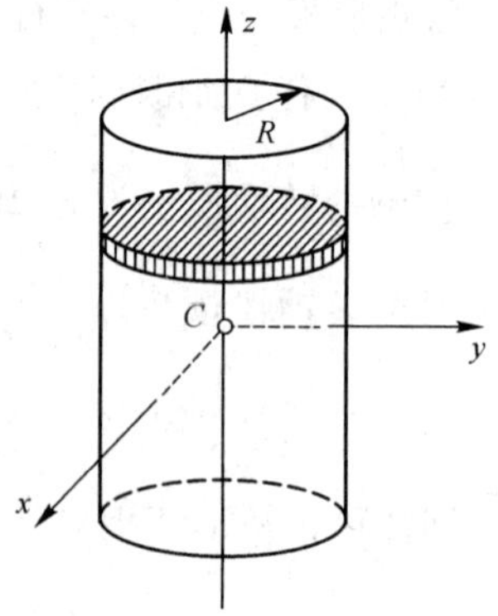

附图 1－5

一般简单形状的均质物体的转动惯量可以从有关手册中查到，也可用上述方法计算。查阅时应注意所给的转动惯量是对于哪根轴的。现将几种常用的简单形状的均质物体的转动惯量列于附表 1－1，表中 m 表示物体的质量，图中 z 轴通过质心且与轴 x、y 垂直。

附表 1－1　简单形状均质物体的转动惯量

物体形状	转动惯量	回转半径
细长杆 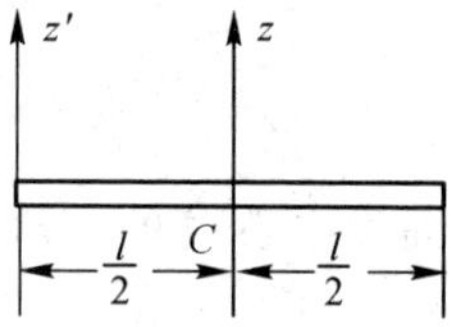	$J_z=\frac{1}{12}ml^2$ $J_{z'}=\frac{1}{3}ml^2$	$\rho_z=\frac{l}{2\sqrt{3}}=0.289l$ $\rho_{z'}=\frac{l}{\sqrt{3}}=0.577l$
矩形薄板 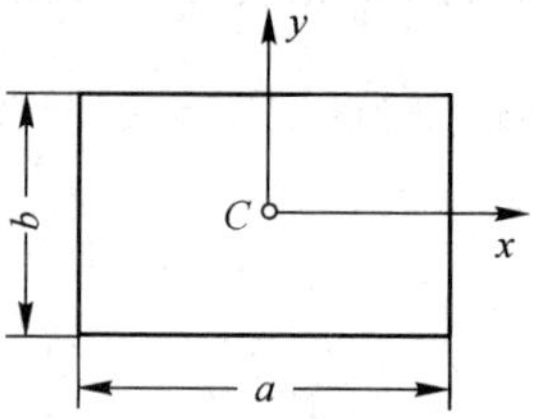	$J_x=\frac{1}{12}mb^2$ $J_y=\frac{1}{12}ma^2$ $J_z=\frac{1}{12}m(a+b)^2$	$\rho_x=\frac{b}{2\sqrt{3}}=0.289b$ $\rho_y=\frac{a}{2\sqrt{3}}=0.289a$ $\rho_z=\frac{\sqrt{a^2+b^2}}{2\sqrt{3}}=0.289\sqrt{a^2+b^2}$
长方体 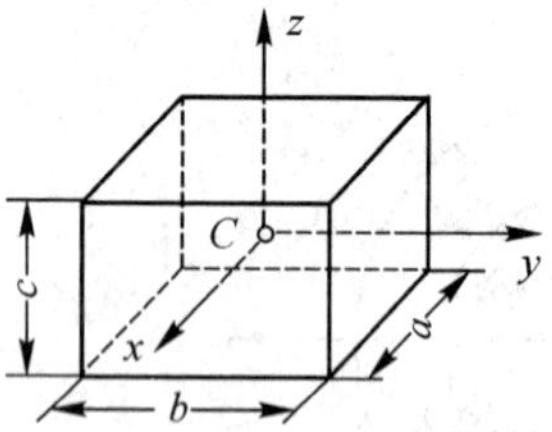	$J_x=\frac{1}{12}m(b^2+c^2)$ $J_y=\frac{1}{12}m(c^2+a^2)$ $J_z=\frac{1}{12}m(a^2+b^2)$	$\rho_x=\sqrt{\frac{(b^2+c^2)}{12}}$ $\rho_y=\sqrt{\frac{(c^2+a^2)}{12}}$ $\rho_z=\sqrt{\frac{(a^2+b^2)}{12}}$
细圆环 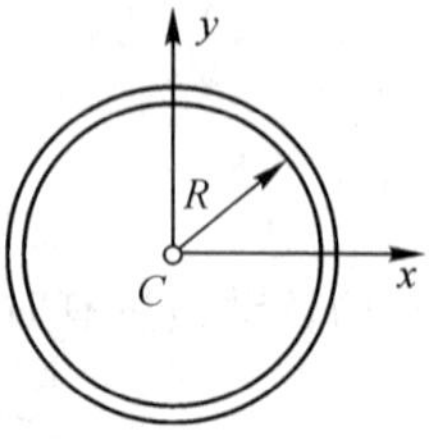	$J_x=J_y=\frac{1}{12}mR^2$ $J_z=mR^2$	$\rho_x=\rho_y=\frac{R}{\sqrt{2}}$ $\rho_z=R$

续表

物体形状	转动惯量	回转半径
薄圆板 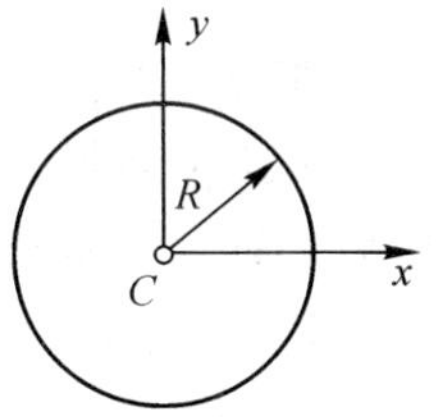	$J_x = J_y = \frac{1}{4}mR^2$ $J_z = \frac{1}{2}mR^2$	$\rho_x = \rho_y = \frac{R}{\sqrt{2}}$ $\rho_z = \frac{R}{\sqrt{2}}$
圆柱 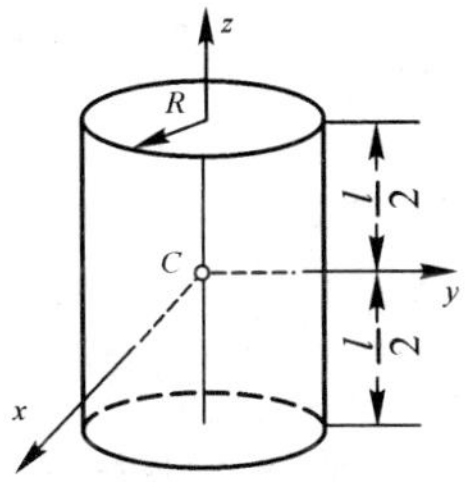	$J_x = J_y = \frac{1}{12}m(l^2 + 3R^2)$ $J_z = \frac{1}{2}mR^2$	$\rho_x = \rho_y = \sqrt{\frac{l^2 + 3R^2}{12}}$ $\rho_z = \frac{R}{\sqrt{2}}$
厚壁圆筒 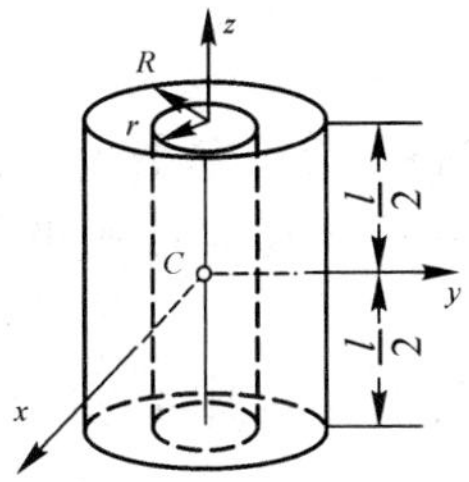	$J_x = J_y$ $= \frac{1}{12}m[l^2 + 3(R^2 + r^2)]$ $J_z = \frac{1}{2}mR^2$	$\rho_x = \rho_y = \sqrt{\frac{l^2 + 3(R^2 + r^2)}{12}}$ $\rho_z = \sqrt{\frac{R^2 + r^2}{2}}$
实心球 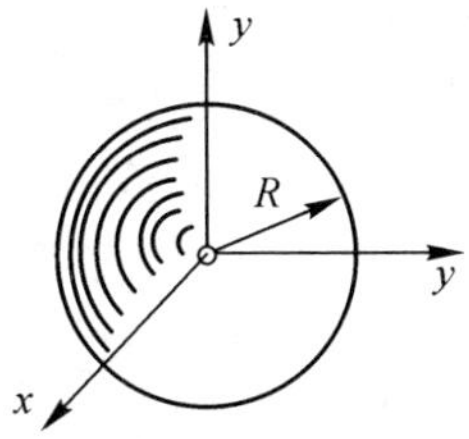	$J_x = J_y = J_z = \frac{2}{5}mR^2$	$\rho = \sqrt{\frac{2}{5}}R = 0.632R$
正圆锥 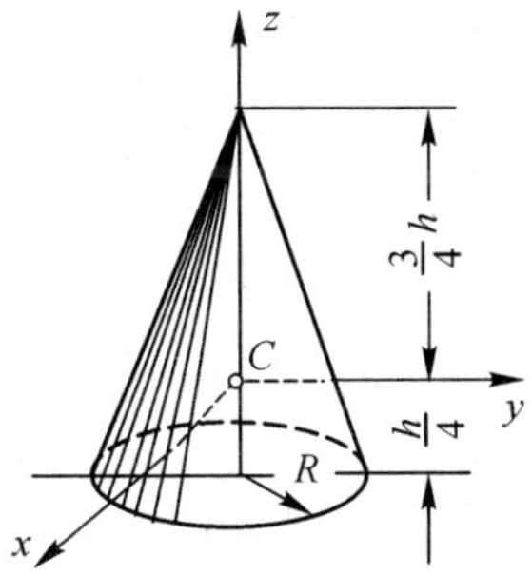	$J_x = J_y = \frac{3}{80}m(4R^2 + h^2)$ $J_z = \frac{3}{10}mR^2$	$\rho_x = \rho_y = \sqrt{\frac{3(4R^2 + h^2)}{80}}$ $\rho_z = \sqrt{\frac{3}{10}}R = 0.548R$

2. 转动惯量的平行轴定理

手册中给出的转动惯量一般都是对于某些通过质心的轴的，但有时还需知道对于不通过质心的轴的转动惯量，因此需要研究刚体对于两平行轴的转动惯量之间的关系。

设有一刚体其质量为 m，z 轴通过刚体的质心 C，取另一轴 z' 与 z 轴平行，两平行轴之间的距离为 d，已知刚体对于 z 轴的转动惯量为 J_z，求刚体对于 z' 轴的转动惯量。

取两组坐标系 $Cxyz$ 与 $O'x'y'z'$，使 x' 轴和 x 轴平行，y' 轴和 y 轴重合，如附图 1-6 所示。将刚体看做由许多质点组成，设任意质点 M_i 的质量为 m_i，它至 z 轴与 z' 轴的距离分别为 r_i 和 r'_i，则刚体对于 z 轴的转动惯量为

$$J_z = \sum m_i r_i^2 = \sum m_i (x_i^2 + y_i^2) \tag{10}$$

而刚体对于 z' 轴的转动惯量为

$$J_{z'} = \sum m_i r_i'^2 = \sum m_i (x_i'^2 + y_i'^2) \tag{11}$$

由于 $x'_i = x_i$，$y'_i = y_i + d$，于是式(2)变为

$$\begin{aligned} J'_z &= \sum m_i [x_i^2 + (y_i + d)^2] = \sum m_i [x_i^2 + y_i^2 + 2dy_i + d^2] \\ &= \sum m_i (x_i^2 + y_i^2) + 2d \sum m_i y_i + d^2 \sum m_i \end{aligned} \tag{12}$$

上式右端第一项就是 J_z，第三项为 md^2，而第二项由于 $y_C = 0$，根据质心坐标公式知 $\sum m_i y_i = m y_C = 0$，因此式(3)变成

$$J_{z'} = J_z + md^2 \tag{13}$$

上式表明，刚体对于任何轴的转动惯量，等于刚体对于通过质心并与该轴平行的轴的转动惯量加上刚体的质量与这两轴间距离平方的乘积，这个关系就是转动惯量的平行轴定理。

由此定理可知，在相互平行的各轴中，刚体对于通过其质心的轴的转动惯量为最小。

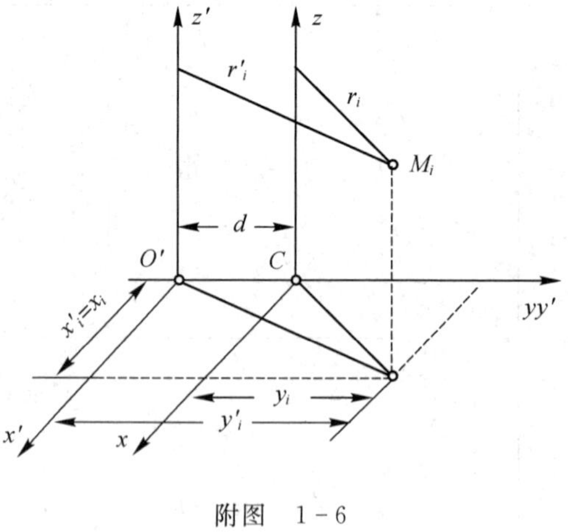

附图 1-6